CHANYE ZHUANLI
FENXI BAOGAO

产业专利分析报告

（第26册）——氟化工

杨铁军◎主编

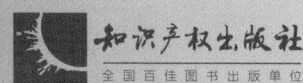

图书在版编目（CIP）数据

产业专利分析报告. 第26册, 氟化工/杨铁军主编. —北京：知识产权出版社，2014.5
ISBN 978-7-5130-2640-6

Ⅰ. ①产… Ⅱ. ①杨… Ⅲ. ①氟化物—专利—研究报告—世界 Ⅳ. ①G306.71②O613.41

中国版本图书馆 CIP 数据核字（2014）第 050310 号

内容提要

本书是氟化工行业的专利分析报告。报告从氟化工行业的专利（国内、国外）申请、授权、申请人的已有专利状态、其他先进国家的专利状况、同领域领先企业的专利壁垒等方面入手，充分结合相关数据，展开分析，并得出分析结果。本书是了解该行业技术发展现状并预测未来走向，帮助企业做好专利预警的必备工具书。

责任编辑：卢海鹰　胡文彬　　　　　　责任校对：韩秀天
装帧设计：王祝兰　胡文彬　　　　　　责任出版：刘译文

产业专利分析报告（第26册）
——氟化工

杨铁军　主　编

出版发行：	知识产权出版社有限责任公司	网　　址：	http://www.ipph.cn
社　　址：	北京市海淀区马甸南村1号	邮　　编：	100088
责编电话：	010-82000860 转 8031	责编邮箱：	huwenbin@cnipr.com
发行电话：	010-82000860 转 8101/8102	发行传真：	010-82000893/82005070/82000270
印　　刷：	保定市中画美凯印刷有限公司	经　　销：	各大网络书店、新华书店及相关专业书店
开　　本：	787mm×1092mm　1/16	印　　张：	26
版　　次：	2014年5月第1版	印　　次：	2014年5月第1次印刷
字　　数：	579千字	定　　价：	84.00元

ISBN 978-7-5130-2640-6

出版权专有　侵权必究
如有印装质量问题，本社负责调换。

精研专利技术
导航发展方向
助推行业腾飞

李方武
二〇二四年春

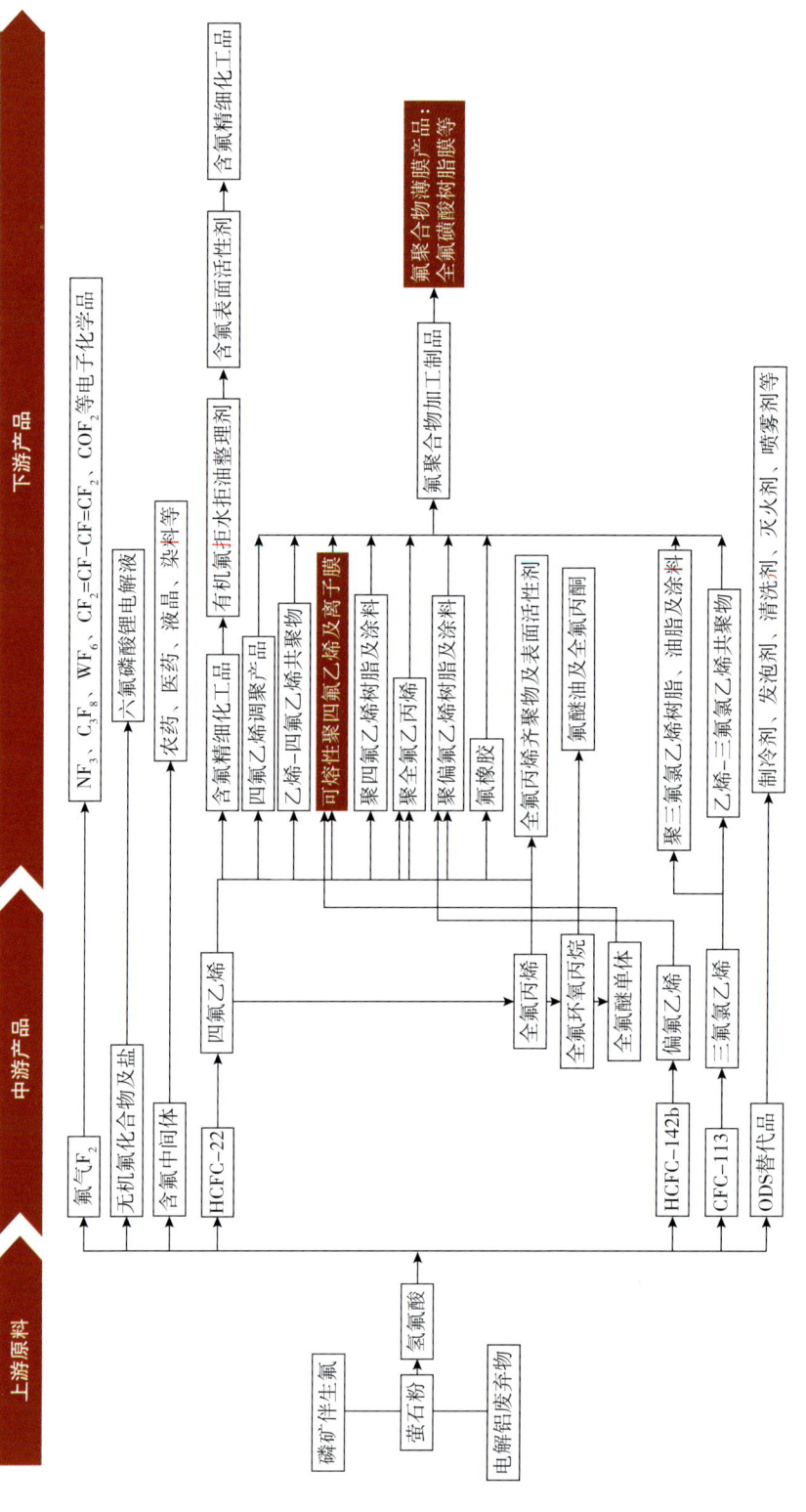

图1-1 氟化工行业产业链
（正文说明见第5页）

基础原料			氟烷烃	含氟聚合物	氟精细化学品

倍数标注（自下而上）:
- 6~8倍
- 10~20倍
- 10~140倍
- 80~500倍
- 500~5000倍

基础原料
- 萤石
- 氢氟酸
- 氟化盐

氟烷烃

氢氯氟烃HCFCs
- HCFC-22
- HCFC-141b
- HCFC-142b
- HCFC-123
- HCFC-124

氢氟烃HFCs
- HFC-134a（2.3万元/吨）
- HFC-152a
- HFC-125
- HFC-32
- HFC-143a
- HFC-227ea
- HFC-245fa
- HFC-235fa

含氟聚合物

氟树脂
- PTFE（6万元/吨）
- PEP
- PVDF
- PCTFE
- PFA
- ETFE

氟橡胶
- 二元共聚氟橡胶
- 三元共聚氟橡胶
- 四丙橡胶
- 氟硅橡胶
- 氟醚橡胶

氟精细化学品

含氟中间体
- 氟苯类
- 三氟甲苯类
- 其他芳香族类
- 四氟丙醇
- 三氟丙醇
- HFPO

- 含氟医药
- 含氟农药
- 含氟染料
- 含氟表面活性剂
- 含氟电子化学品

图1-2 氟化工产业价值链

（正文说明见第7页）

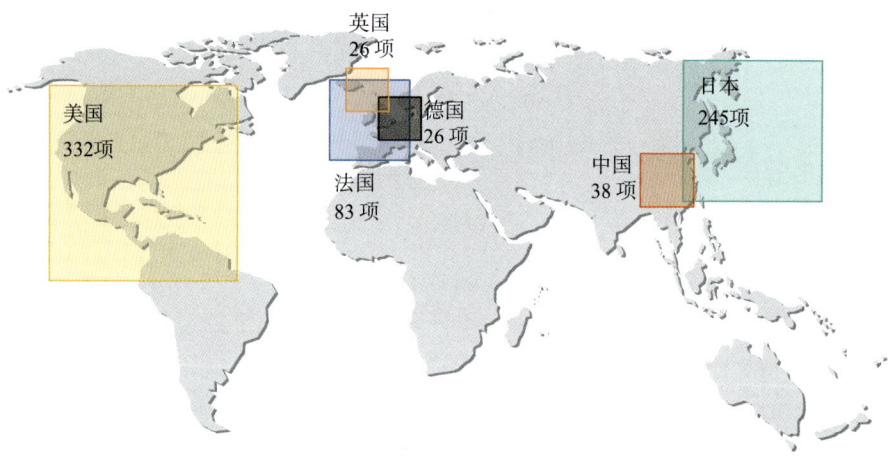

（a）全球申请量区域分布

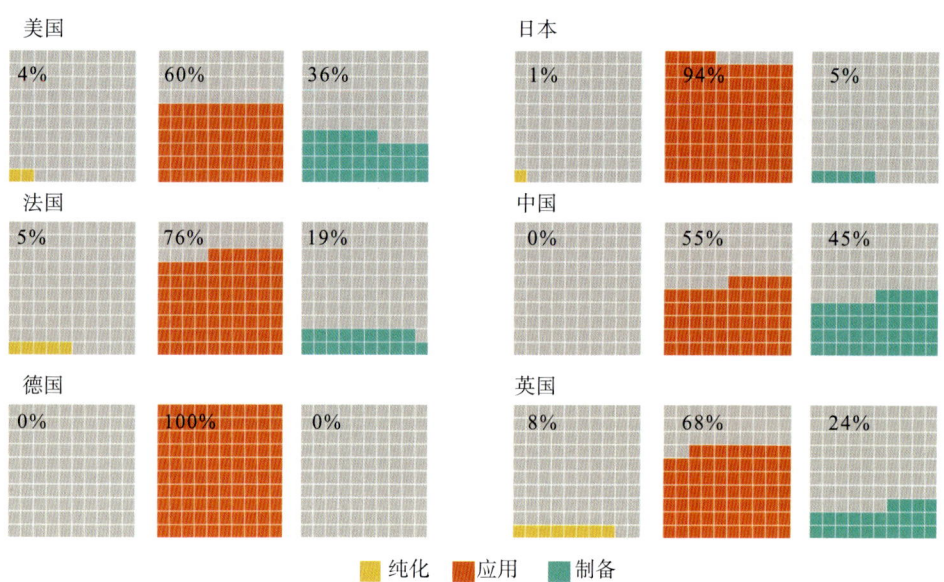

（b）各国技术构成比较

注：图中百分数表示某技术分支在某国家的专利申请量占比

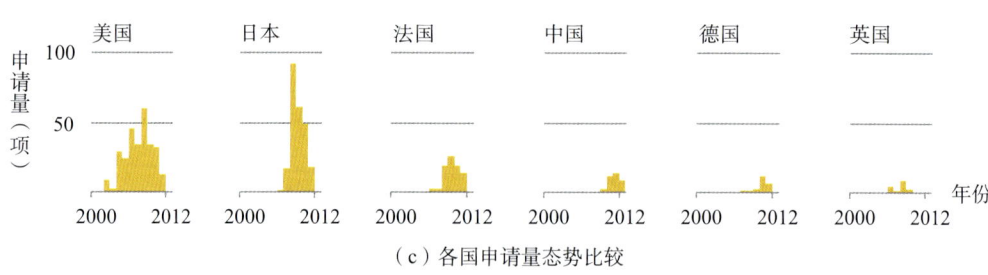

（c）各国申请量态势比较

图3-8　HFO-1234yf专利申请区域分布、各国技术构成和申请量态势

（正文说明见第39页）

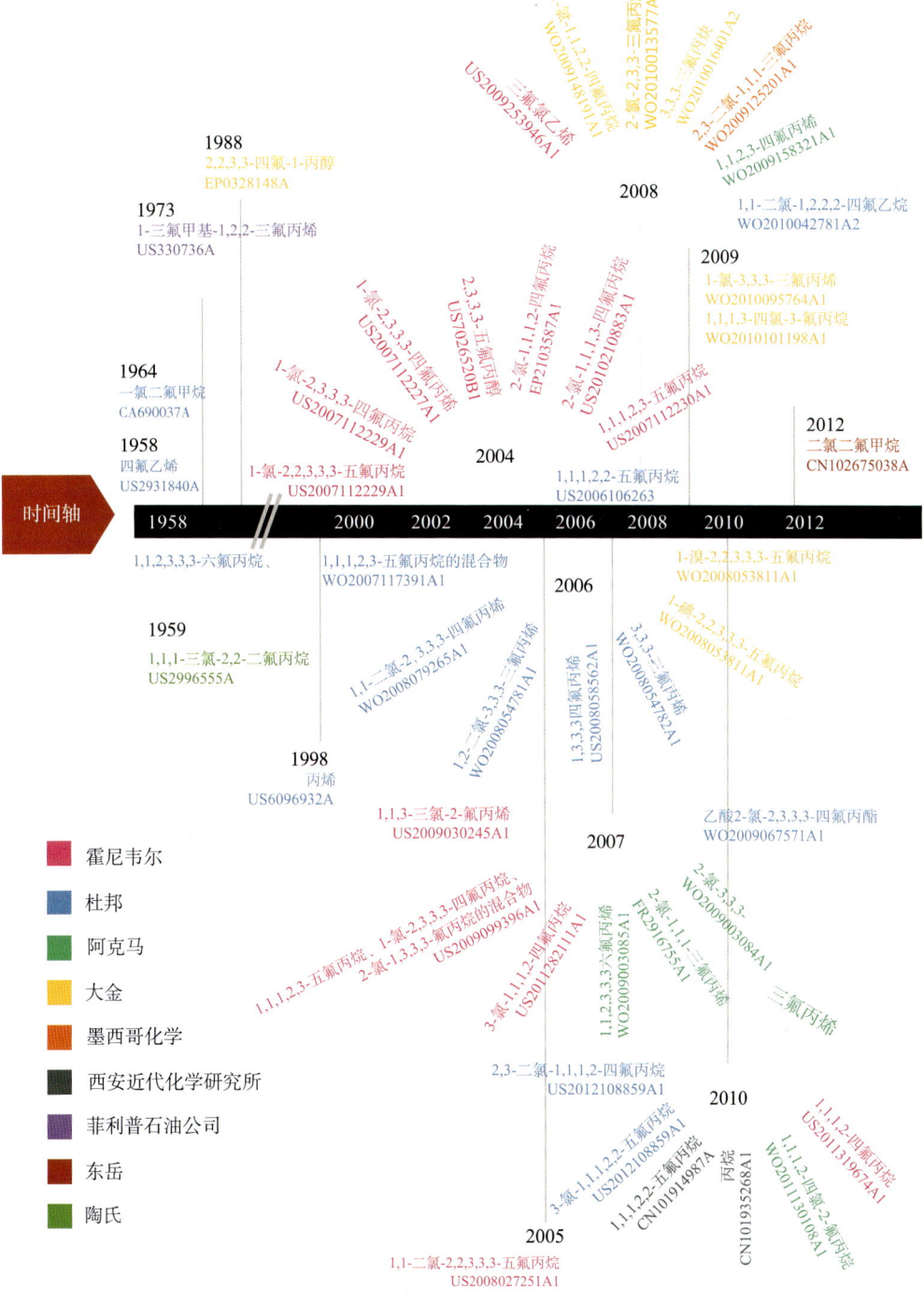

图3-16 HFO-1234yf专利制备技术的演进路线

（正文说明见第47页）

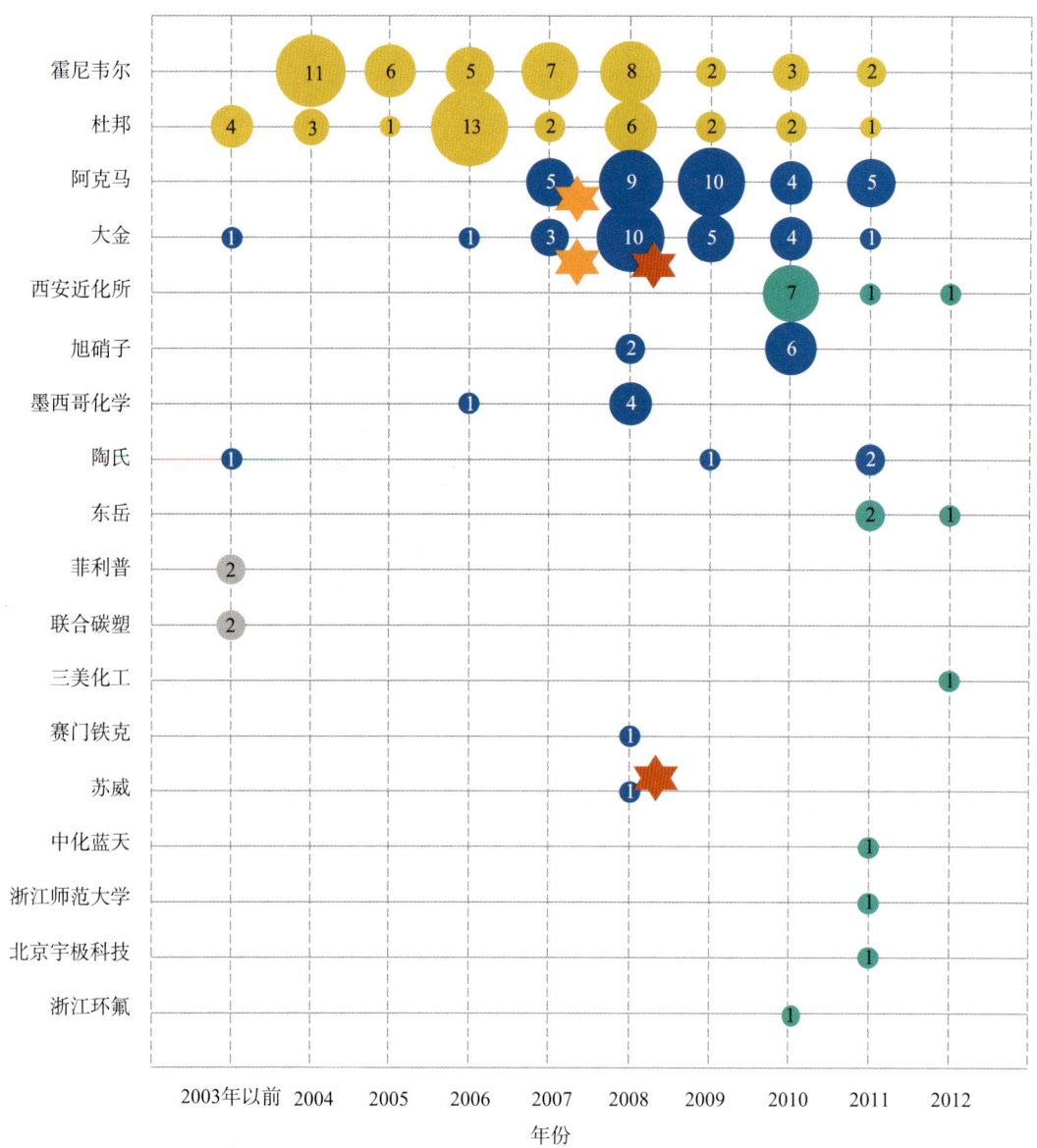

图3-33　HFO-1234yf领域各申请人专利申请量随时间变化

注：图中圈内数字表示申请量，单位为项。

（正文说明见第61页）

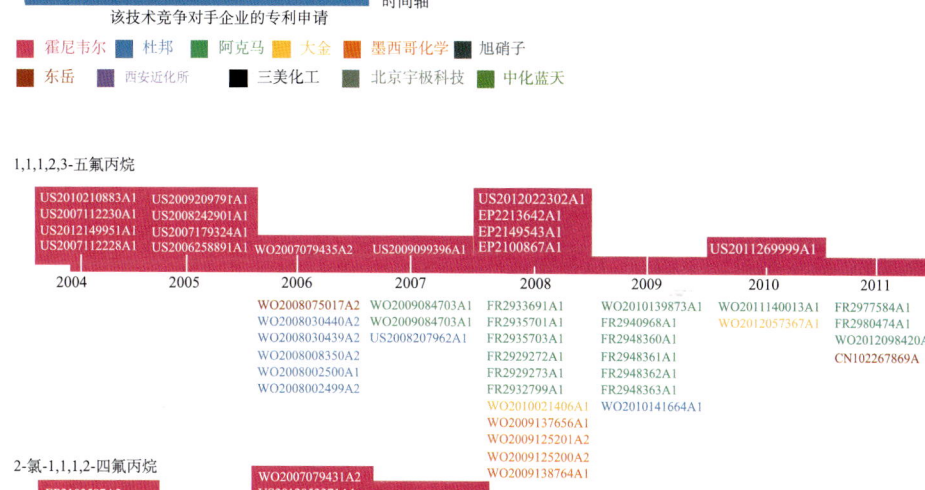
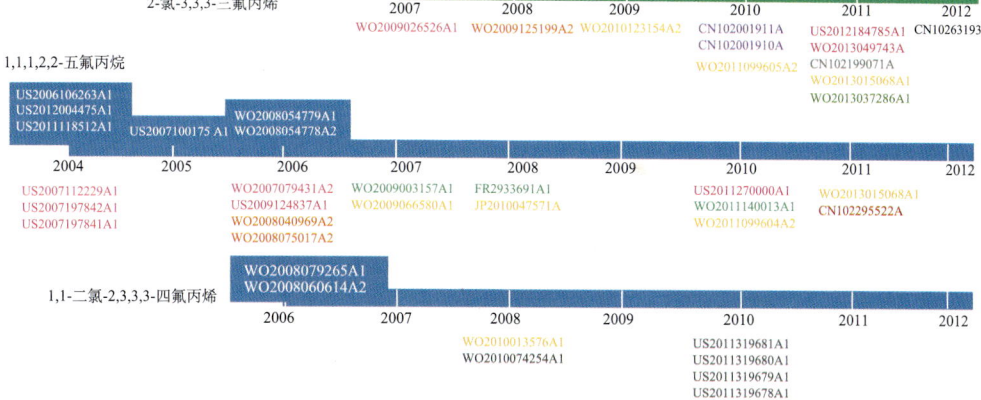

图3-35　HFO-1234yf领域五条重要合成路线的技术演进史

（正文说明见第62页）

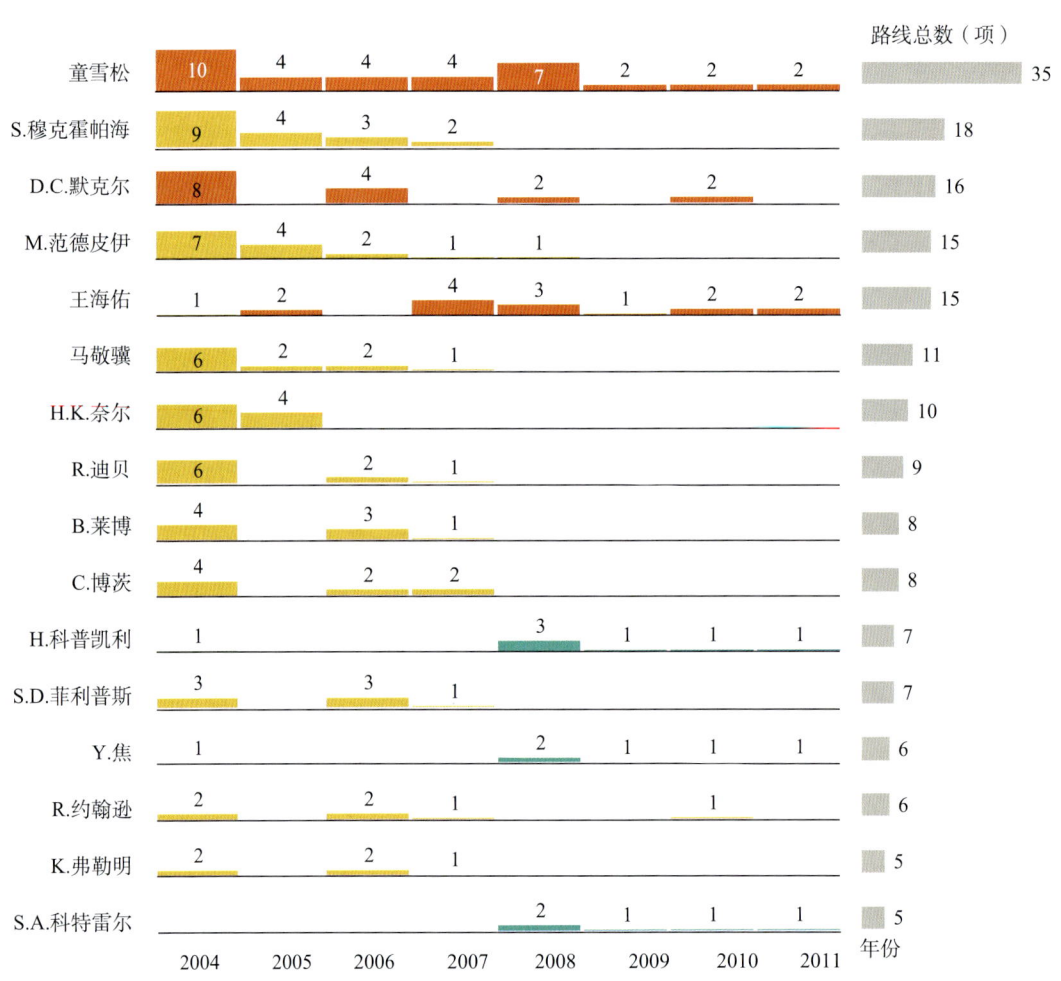

图3-36 霍尼韦尔HFO-1234yf制备研发团队主要发明人申请情况

（正文说明见第69~71页）

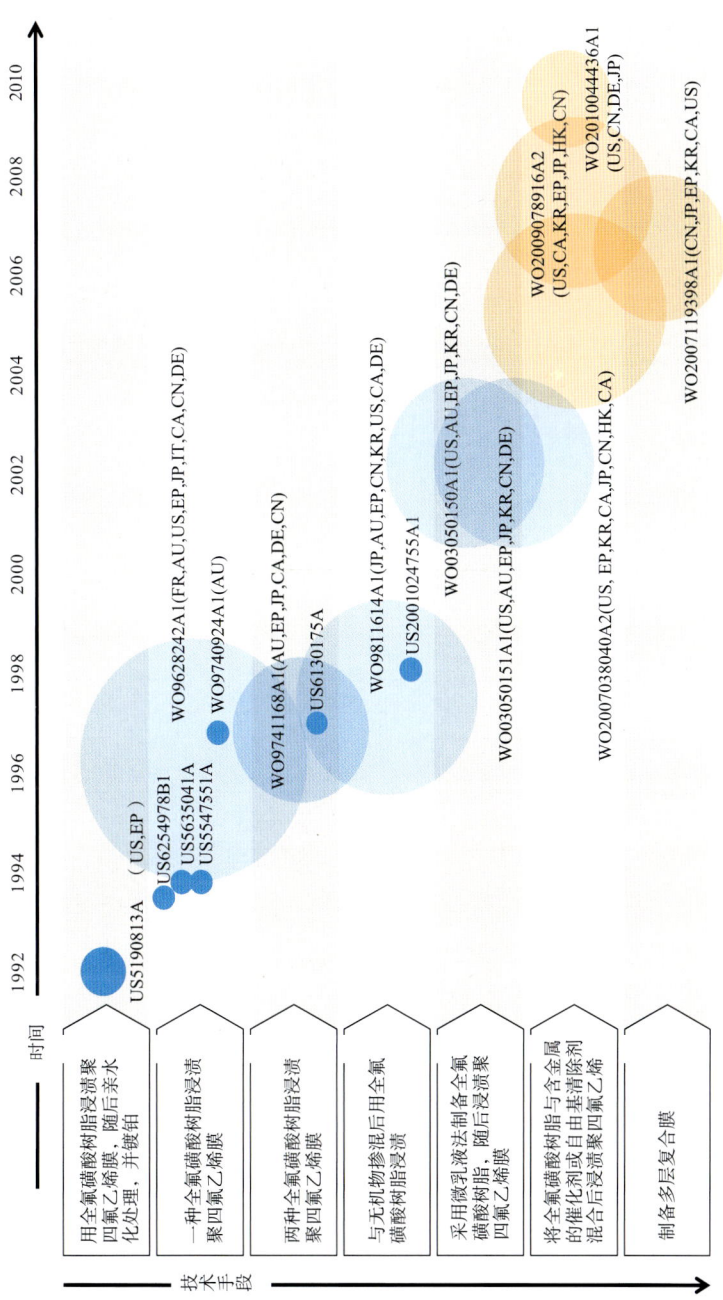

图4-41 戈尔在全氟磺酸树脂领域的技术发展路线

（正文说明见第138页）

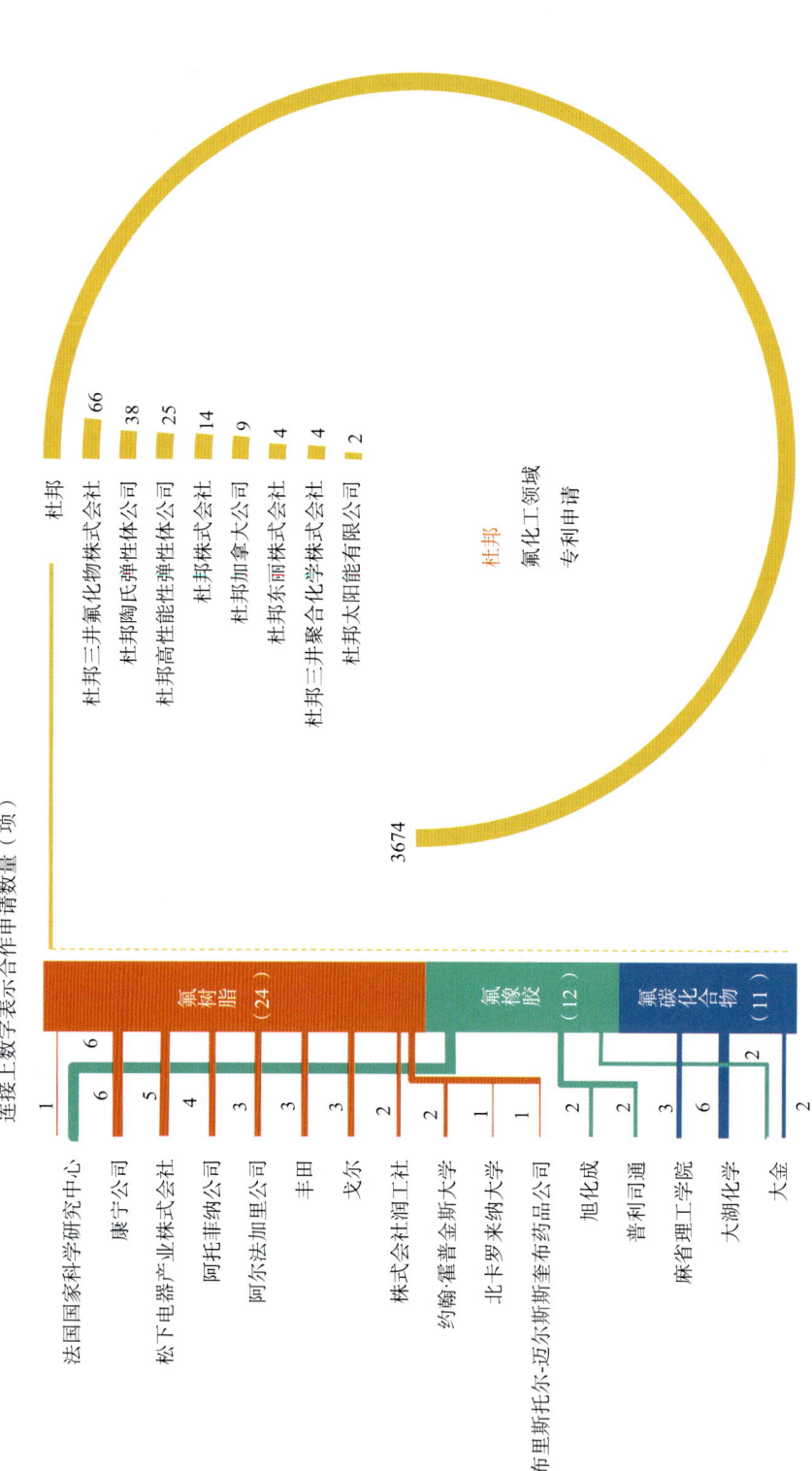

图7-9 杜邦全球氟化工领域合作申请概况
（正文说明见第319页）

编委会

主　任：杨铁军

副主任：葛　树　冯小兵

编　委：卜　方　崔伯雄　魏保志　朱仁秀

　　　　孟俊娥　李　超　宫宝珉　曾武宗

　　　　张伟波　闫　娜　曲淑君　张小凤

　　　　李超凡

序

党的十八届三中全会和第十二届全国人大二次会议政府工作报告中明确提出要加强知识产权运用和保护工作，这是中央对知识产权工作提出的新任务和更高要求。在新形势下，让专利信息分析更好地融入产业发展决策，对于提升我国创新主体运用知识产权的能力和发展的质量效益都具有重要的意义。

国家知识产权局在"十二五"期间组织实施的专利分析普及推广项目已经走过四个年头，该项目着眼于战略性新兴产业、高新技术产业等关系国计民生的重点产业，在定量与定性、专利与市场、技术与经济等方面对专利技术分析方法作出有益的尝试，形成了一系列服务于产业发展和企业创新的专利分析研究成果，并基于这些成果广泛开展与产业紧密结合的宣传推广活动。作为项目研究成果的重要载体，《产业专利分析报告》丛书致力于回答和解决产业发展的实际问题，一方面力求数据准确论证充分，经得起时间检验，另一方面紧密联系实际，力争在产业发展中有更多的参考价值。

《产业专利分析报告》丛书的出版受到相关行业、企业和科研人员的一致认可，也受到专利分析和竞争情报研究机构的广泛关注。衷心希望，《产业专利分析报告》丛书的相继出版，能够推动我国相关产业专利运用和保护的水平，为企业的创新发展注入新的活力。

国家知识产权局副局长

杨铁军

前 言

"十二五"期间国家知识产权局组织实施了专利分析普及推广项目,该项目紧密结合国家的产业发展方向,围绕企业对专利信息运用和产业发展的需求,发挥国家知识产权局的专利人才优势,开展专利分析研究工作,形成并发布专利分析报告。作为项目成果的重要载体,《产业专利分析报告》丛书第1~16册自出版以来,受到各行业广大读者的广泛欢迎,有力推动了各产业的技术创新和转型升级。

2013年度专利分析普及推广项目继续秉承"源于产业、依靠产业、推动产业"的工作原则,在综合考虑来自行业主管部门、行业协会、企业创新主体的众多需求之后,最终选定12个行业开展研究工作。这12个行业包括燃气轮机、增材制造、工业机器人、卫星导航终端、LED照明、浏览器、电池、物联网、特种光学与电学玻璃、氟化工、通用名化学药和抗体药物,均属于我国科技创新和经济转型的核心产业。近一年来,约200名专利审查员参与项目研究,分析了150余万条专利数据,几经易稿,形成12份内容实、分析透、质量高、特色多、紧扣行业需求的专利分析研究报告,共计近600万字、千余幅图表。

2013年度的专利分析报告继续加强分析方法创新,深化对申请人、研发团队、侵权诉讼、"337调查"等方面的分析方法研究,并在课题研究中得到充分应用和验证。如抗体药物课题组将专利诉讼的应对策略划分为实体抗辩、证据抗辩和程序抗辩,理清个案专利诉讼的分析思路,为企业应对专利诉讼提供新选择。氟化工、工业机器人、LED照明、卫星导航终端等课题组对"337调查"中的专利分析进行不同程度的探索,为企业应对"337调查"提供新策略。工业机器人课题组将

TRIZ 理论引入专利分析，融合技术创新理论和专利分析方法，为企业技术创新开辟新途径。

2013 年度专利分析普及推广项目的研究得到社会各界的大力支持。例如，抗体药物课题组的行业指导专家沈倍奋院士多次来到课题组指导分析工作，并对课题研究成果给予充分肯定；工业机器人课题组的行业指导专家蔡鹤皋院士、燃气轮机课题组的行业指导专家蒋洪德院士均对专利分析报告给予较高的评价。氟化工课题组的合作单位中国石油和化学工业联合会组织大量企业参与课题具体研究工作，为课题研究的顺利开展奠定了基础。《产业专利分析报告》（第 17~28 册）凝聚社会各界的智慧，形成服务于产业发展的专利分析成果。希望这些成果能够为专利信息利用提供工作指引，为行业政策研究提供有益参考，为行业技术创新提供有效支撑。

由于报告中专利文献的数据采集范围和专利分析工具的限制，加之研究人员水平有限，报告的数据、结论和建议仅供社会各界借鉴、研究。

《产业专利分析报告》丛书编委会
2014 年 4 月

项目联系人

李超凡　62083762/13810803618/lichaofan@ sipo. gov. cn
褚战星　62084456/13810154361/chuzhanxing@ sipo. gov. cn

氟化工行业专利分析课题研究团队

一、项目指导

国家知识产权局：杨铁军　廖　涛　葛　树　徐　聪　毛金生

二、项目管理

国家知识产权局专利局：张小凤　李超凡　褚战星　汪　勇

三、课题组

承 担 部 门：国家知识产权局专利局化学发明审查部　国家知识产权局专利局材料工程发明审查部

课题负责人：张伟波　闫　娜

课题组组长：郭　俭　张小凤

课题组副组长：秦　奋　李超凡

课题组成员：王进锋　李银锁　谭　磊　张　莉　杨建勇　赵妍妍
　　　　　　　张　倩　李宗韦　陈春晖　刘灵燕　郝　健　朱　伟
　　　　　　　刘　伟　褚战星　阚　泓

四、研究分工

数据检索：李宗韦　刘灵燕　郝　健　杨建勇　张　倩　张　莉

数据清理：张　倩　刘灵燕　谭　磊　陈春晖　王进锋　李银锁

数据标引：王进锋　陈春晖　赵妍妍　朱　伟　李宗韦　张　莉

图表制作：阚　泓　赵妍妍　张　倩　郝　健　李宗韦

报告执笔：郭　俭　秦　奋　王进锋　李银锁　谭　磊　张　莉
　　　　　　杨建勇　张　倩　李宗韦　郝　健　朱　伟　刘　伟

报告统稿：郭　俭　秦　奋　王进锋　张　莉

报告编辑：刘　伟　赵妍妍

报告审校：张伟波　闫　娜　张小凤　李超凡　褚战星　王秀江
　　　　　　周　强

五、报告撰稿

郭　俭：主要执笔第1章，参与执笔第4章第4.1节、第4.2节、第4.3节、第4.4节，第9章

秦　奋：主要执笔第5章第5.1节、第5.4节，第6章第6.1节、第6.8

节，参与执笔第 6 章第 6.7 节

王进锋：主要执笔第 4 章第 4.1 节、第 4.2 节、第 4.3 节、第 4.4 节、第 4.5 节、第 4.8 节，第 9 章

李银锁：主要执笔第 6 章第 6.7 节，参与执笔第 6 章第 6.2 节、第 6.3 节、第 6.5 节、第 6.8 节

谭　磊：主要执笔第 2 章，第 4 章第 4.6 节

张　莉：主要执笔第 6 章第 6.2 节、第 6.3 节，参与执笔第 6 章第 6.8 节

杨建勇：主要执笔第 5 章

赵妍妍：主要执笔第 6 章第 6.5 节，参与执笔第 6 章第 6.7 节、第 6.8 节

张　倩：主要执笔第 4 章第 4.7 节，参与执笔第 4 章第 4.6 节

李宗韦：主要执笔第 3 章第 3.4 节、第 3.5 节、第 3.7 节，第 8 章，参与执笔第 9 章

陈春晖：主要执笔第 6 章第 6.6 节，参与执笔第 6 章第 6.4 节、第 6.8 节

刘灵燕：主要执笔第 6 章第 6.4 节，参与执笔第 6 章第 6.6 节、第 6.8 节

郝　健：主要执笔第 7 章第 7.1 节、第 7.2 节、第 7.3 节、第 7.6 节

朱　伟：主要执笔第 3 章第 3.1 节、第 3.2 节、第 3.3 节、第 3.6 节

刘　伟：主要执笔第 7 章第 7.4 节、第 7.5 节，参与执笔第 8 章

六、指导专家

行业专家

王秀江　中国石油和化学工业联合会

梅胜放　中国氟硅有机材料工业协会

王孝峰　中国无机盐工业协会无机氟化物分会

技术专家

张永明　上海交通大学

李　鹏　中国石油大学（华东）化学工程学院

周　强　巨化集团公司

于修源　东岳集团有限公司

候红军　多氟多化工股份有限公司
刘海霞　多氟多化工股份有限公司
韩卫宾　青岛黄海橡胶股份有限公司
黄顺道　江苏荣昌集团
王汉利　山东华夏神舟新材料有限公司

专利分析专家

李超凡　国家知识产权局专利局审查业务管理部
褚战星　国家知识产权局专利局审查业务管理部
阚　泓　国家知识产权局专利局化学发明审查部

七、合作单位（排序不分先后）

中国石油和化学工业联合会、中国氟硅有机材料工业协会、中国无机盐工业协会无机氟化物分会、中国科学院宁波技术与工程研究所、中国科学院长春应用化学研究所、东岳集团有限公司、巨化集团公司、多氟多化工股份有限公司、中化蓝天集团有限公司、中昊晨光化工研究院有限公司、江苏荣昌集团、青岛黄海橡胶股份有限公司、山东华夏神舟新材料有限公司

目 录

第1章　研究概况 / 1
　1.1　研究背景 / 1
　　1.1.1　发展概况 / 3
　　1.1.2　产业现状 / 5
　　1.1.3　制约因素 / 9
　　1.1.4　重点技术 / 11
　1.2　研究目的和意义 / 14
　1.3　研究对象和方法 / 15
　　1.3.1　技术分解 / 15
　　1.3.2　数据检索和处理 / 17
　　1.3.3　查全率、查准率评估 / 18
　　1.3.4　相关术语或现象的说明 / 18

第2章　氟化工行业专利现状 / 20
　2.1　全球专利概况 / 20
　　2.1.1　申请量变化趋势 / 20
　　2.1.2　国别分析 / 21
　　2.1.3　技术构成 / 22
　　2.1.4　重点申请人 / 23
　2.2　中国专利概况 / 24
　　2.2.1　申请量变化趋势 / 25
　　2.2.2　申请来源国分析 / 26
　　2.2.3　技术构成 / 26
　　2.2.4　重点申请人 / 27
　　2.2.5　法律状态分布 / 28
　2.3　本章小结 / 29

第3章　ODS替代品 / 31
　3.1　技术概况 / 31
　3.2　全球专利概况 / 32

3.2.1　申请量态势分析 / 32
3.2.2　申请国分析 / 33
3.2.3　目标国分析 / 34
3.2.4　主要申请人分析 / 34
3.3　中国专利概况 / 34
3.3.1　申请量态势分析 / 34
3.3.2　申请国分析 / 35
3.3.3　主要申请人分析 / 35
3.3.4　专利申请法律状态分析 / 36
3.4　重点产品HFO-1234yf的专利分析 / 37
3.4.1　HFO-1234yf近年大事记 / 37
3.4.2　申请量趋势分析 / 38
3.4.3　区域分布分析 / 39
3.4.4　中国专利概况分析 / 43
3.4.5　申请人分析 / 44
3.5　HFO-1234yf的制备工艺 / 45
3.5.1　专利总体情况 / 45
3.5.2　技术的演进与分布 / 47
3.5.3　重点路线分析 / 52
3.5.4　申请人分析 / 60
3.5.5　行业巨头在重要路线的专利竞争 / 62
3.5.6　霍尼韦尔研发团队及研发方向分析 / 69
3.5.7　小结 / 72
3.6　HFO-1234yf制冷工质 / 72
3.6.1　专利现状 / 73
3.6.2　专利技术特点分析 / 76
3.6.3　小结 / 81
3.7　本章小结 / 82

第4章　氟树脂 / 83
4.1　技术概述 / 83
4.2　全球专利现状 / 86
4.2.1　申请量趋势分析 / 86
4.2.2　区域分布分析 / 87
4.2.3　技术构成分析 / 88
4.2.4　申请人分析 / 89
4.2.5　小结 / 90
4.3　中国专利现状 / 90

4.3.1 申请量趋势分析 / 90
4.3.2 申请国分析 / 91
4.3.3 技术构成分析 / 92
4.3.4 申请人分析 / 93
4.3.5 小结 / 95
4.4 重点产品之一：聚四氟乙烯树脂 / 95
4.4.1 全球专利现状 / 96
4.4.2 中国专利现状 / 98
4.4.3 小结 / 101
4.5 重点产品之二：高压缩比聚四氟乙烯分散树脂 / 101
4.5.1 聚合方法的专利分析 / 102
4.5.2 应用、复合和后处理的专利分析 / 114
4.5.3 杜邦的技术路线和发明人团队 / 115
4.5.4 大金的技术路线和发明人团队 / 117
4.5.5 中国企业的专利现状 / 120
4.5.6 专利保护策略研究 / 120
4.5.7 小结 / 125
4.6 重点产品之三：全氟磺酸树脂膜 / 125
4.6.1 全氟磺酸树脂膜的专利概况 / 127
4.6.2 技术构成分析 / 131
4.6.3 技术功效分析 / 133
4.6.4 重要申请人之一：美国戈尔 / 138
4.6.5 小结 / 141
4.7 PFOA替代品的专利分析 / 141
4.7.1 PFOA替代品的专利概况 / 142
4.7.2 PFOA替代品的主要产品分析 / 144
4.7.3 重点申请人分析 / 150
4.7.4 小结 / 163
4.8 本章小结 / 164

第5章 氟橡胶 / 165
5.1 技术概述 / 165
5.2 专利概况 / 167
5.2.1 专利申请趋势 / 167
5.2.2 中国专利申请授权趋势分析 / 169
5.2.3 区域分布 / 170
5.2.4 申请人分析 / 174
5.3 大金 / 179

5.3.1 大金概述 / 179
5.3.2 全球申请趋势 / 180
5.3.3 专利申请质量分析 / 181
5.3.4 区域分布 / 182
5.3.5 技术主题和功效分析 / 183
5.3.6 重点专利分析 / 186
5.4 杜邦 / 189
5.4.1 杜邦简介 / 189
5.4.2 专利申请趋势 / 190
5.4.3 专利申请质量分析 / 191
5.4.4 区域分布 / 192
5.4.5 技术功效分析 / 193
5.4.6 重点专利分析 / 194
5.5 我国企业的氟橡胶聚合技术现状 / 200
5.6 本章小结 / 201

第6章 无机含氟化合物的专利分析 / 203
6.1 技术现状 / 203
6.2 全球专利概况 / 204
6.2.1 申请量趋势分析 / 204
6.2.2 技术分布分析 / 205
6.2.3 申请人分析 / 209
6.3 中国专利概况 / 211
6.3.1 申请趋势分析 / 211
6.3.2 区域分布分析 / 213
6.3.3 申请人分析 / 216
6.4 氢氟酸的专利分析 / 219
6.4.1 氢氟酸专利概况分析 / 219
6.4.2 氢氟酸提纯技术专利分析 / 227
6.4.3 小结 / 246
6.5 六氟磷酸锂的专利分析 / 248
6.5.1 技术概况 / 248
6.5.2 专利概况 / 249
6.5.3 各国专利技术发展历程 / 254
6.5.4 技术路线分析 / 261
6.5.5 中央硝子在六氟磷酸锂领域的专利分析 / 270
6.5.6 小结 / 276
6.6 氟硅酸盐 / 277

6.6.1 氟硅酸综合利用的专利概况 / 278
6.6.2 氟硅酸制备氢氟酸的专利概况 / 282
6.6.3 小结 / 296
6.7 森田化工 / 298
6.7.1 森田化工简介 / 298
6.7.2 森田化工的专利布局 / 298
6.7.3 注重环保的均衡发展 / 299
6.7.4 注重实用性的海外布局 / 300
6.7.5 贴近下游需求的合作开发 / 301
6.7.6 森田化工与环保 / 303
6.7.7 小结 / 305
6.8 本章小结 / 305
6.8.1 无机氟化工行业的整体发展态势 / 305
6.8.2 氢氟酸的发展现状 / 307
6.8.3 六氟磷酸锂的发展现状 / 307
6.8.4 氟硅酸的综合利用现状 / 308

第7章 杜邦 / 310
7.1 杜邦简介 / 310
7.2 全球专利布局 / 311
7.2.1 技术布局 / 311
7.2.2 市场布局 / 314
7.3 中国专利布局 / 317
7.3.1 技术构成 / 317
7.3.2 技术发展趋势 / 318
7.4 合作申请 / 319
7.4.1 氟树脂合作申请 / 320
7.4.2 氟橡胶合作申请 / 321
7.4.3 氟碳化合物合作申请 / 322
7.4.4 重要合作申请人 / 322
7.5 研发团队 / 323
7.5.1 氟树脂研发团队 / 323
7.5.2 氟碳化合物研发团队 / 324
7.5.3 氟橡胶研发团队 / 327
7.6 本章小结 / 328

第8章 专利对氟化工市场的影响 / 329
8.1 "337调查" / 329
8.1.1 "337调查"简介 / 329

8.1.2 "337调查"之337-TA-623 / 331
8.2 中国企业的本土防御战：
星腾化工、鹰鹏化工、永和氟化工VS杜邦 / 340
8.2.1 案情回顾 / 340
8.2.2 案例小结 / 341
8.3 美国企业的本土防御战 / 342
8.3.1 霍尼韦尔VS苏威 / 342
8.3.2 霍尼韦尔VS阿克马 / 345
8.4 美国企业的专利空降遭遇欧洲企业围剿 / 346
8.4.1 案情回顾 / 346
8.4.2 案例小结 / 348
8.5 本章小结 / 348

第9章 结论与建议 / 350
9.1 结论 / 350
9.2 建议 / 358

附录 / 363

第1章 研究概况

1.1 研究背景

氟化工行业兴起于20世纪初,是化工行业中增长迅速的一个子行业。氟化工产品因为具有耐化学品性、耐高低温性、耐老化性、低摩擦性和绝缘性等优异性能,被广泛应用于军工、化工、机械和冶金等领域。近年来,随着技术的进步、需求的增长以及对"温室效应"的日渐关注,氟化工产品以其优异的性能已广泛应用于汽车、建筑、电子、能源、环保和生物医药等领域。目前全球氟化工产品已达到千种以上,总产量超过600万吨,形成了上千亿美元的销售市场。

氟化工行业具有低端产品依赖资源、高端产品依赖技术的显著特点。萤石矿资源是氟化工产业链的起点,低端氟化工产品严重依赖萤石矿资源;高端氟化工产品的研发和生产对化学合成、聚合工艺、提纯分离和改性等技术十分依赖,因此,目前全球氟化工行业呈现出高度集中和高度垄断的特点。美国杜邦公司(Du pont,以下简称"杜邦")、日本大金工业株式会社(Daikin,以下简称"大金")、比利时苏威公司(Solvay,以下简称"苏威")、美国3M公司(3M,以下简称"3M")、日本旭硝子株式会社(Asahi glass,以下简称"旭硝子")、法国阿克马公司(Arkema,以下简称"阿克马")、墨西哥化学公司(Mexichem,以下简称"墨西哥化学")和美国霍尼韦尔国际公司(Honeywell,以下简称"霍尼韦尔")八大国际著名氟化工企业具有明显的技术和资金优势,其产品均已覆盖整个氟化工产业链,并长期占据世界有机氟材料总产能的80%、气体氟化学品产能的70%。

我国氟化工行业起步于20世纪50年代,经过60多年的发展,形成了由无机氟化物、氟碳化合物、含氟聚合物和含氟精细化学品组成的四大类产品体系。21世纪以来,尤其是"十一五"期间,我国氟化工行业高速发展,取得了令人瞩目的成就。至"十一五"末,我国从事氟化工的企业有1000多家,各类氟化工产品的总产能超过300万吨/年,产量超过200万吨/年,销售额超过300亿元人民币,已成为氟化工产品的生产和消费大国。[1] 到"十二五"末,行业总产值预计将达1500亿元,年均增长率达37%以上。

我国政府非常关注氟化工行业的发展,《国务院关于加快培育和发展战略性新兴产业的决定》(国发〔2010〕32号)把新材料产业作为我国加快培育和发展的战略性新

---

[1] 中国氟化工行业"十二五"发展规划〔EB/OL〕.(2012-06-12). http://www.doc88.com/P-289792572492.html.

兴产业，随后工业和信息化部在《新材料产业"十二五"发展规划》中将氟化工列为专项规划。氟化工产品不仅自身具有化工新材料的优异性能和开发潜力，而且也是新能源和节能环保等其他战略性新兴产业不可或缺的重要原料和配套材料。氟化工行业的发展对促进我国传统行业升级和产业结构调整具有重要的支撑作用，因此，氟化工行业已成为我国战略性新兴产业的重要组成部分。

随着氟化工行业在全球和中国的飞速发展，氟化工领域的专利申请量在近60年间持续增长，特别是最近3年的专利申请量居于历史高位，可以预期未来5年氟化工行业的专利申请量将持续增加。专利信息中通常包含了行业内主要创新主体公开的各种技术信息。通过统计这些信息，可获知该行业主要的市场参与者和技术掌控者；而深入挖掘这些专利信息，可获知该领域主要的技术热点和走向。

本报告通过深入挖掘专利信息，提炼出专利文件的技术创新点，获得了国外重要创新主体的技术发展脉络，从而为我国氟化工行业的创新驱动发展和产业升级提供技术支持。

氟化工行业技术复杂，涉及产品众多，产业链相互交叉，本报告仅示例性地统计分析了消耗臭氧层物质（ODS）替代品、氟树脂、氟橡胶和无机含氟化合物等各个子行业中的申请量变化趋势、重点申请人、技术构成、专利来源国和目标国以及在中国的法律状态等信息。在此基础上，重点选取了HFO-1234yf、高压缩比聚四氟乙烯分散树脂、全氟磺酸树脂膜、全氟辛酸铵替代品、高纯级氢氟酸、六氟磷酸锂和氟硅酸盐等重点产品，深入研究了其制备工艺、提纯工艺和技术路线等信息。此外，还以杜邦、霍尼韦尔、大金和森田化工等为例，剖析了其技术进展路线、研发思路和研发团队等信息，从而为国内企业在技术研发或技术引进中提供参考。本报告还研究了氟化工领域相关的美国"337调查"和专利诉讼，深入研究了相关专利纠纷对氟化工市场的影响，以便我国企业了解解决相关专利纠纷的国际规则，使其可以从容面对专利纠纷，从而可以更好地走出国门，走向世界。

结合氟化工行业全球的市场发展状况和专利申请情况，可以初步认为：目前全球氟化工行业处于产品研发活跃、经济效益明显、市场主体积极参与的行业景气周期内。

我国的氟化工产品主要分布于产业链的初级和中级，具体体现为：萤石资源储量全球第一，通用级氟化工产品产能过剩，高附加值产品依赖进口。我国虽然有某些技术已达到国际先进水平，但整体技术仍落后于跨国企业。随着市场对氟化工产品性能和环境保护的要求越来越高，我国氟化工企业正面临技术升级、产品更新换代等多方面的问题。

随着全球一体化的逐步深入，我国企业产品外销时所面临的知识产权窘境日益明显，如何应对国外知识产权保护体系已成为我国企业必须正视的问题。党的十八大提出的"创新驱动发展"战略，为我国科技进步和产业发展进一步指明了方向。对于我国氟化工企业来说，从专利信息中了解并掌握技术现状和技术发展方向，特别是业内重要研发主体的最新技术和专利布局现状，并进行消化吸收，可提高企业的核心竞争力，促进我国经济快速发展。

本节从发展概况、产业现状和制约因素三个方面介绍我国氟化工行业的现状。

1.1.1 发展概况

氟化工的资源基础是萤石，其是与稀土类似的世界级稀缺资源。我国是世界萤石资源第一大国，具备发展氟化工产业的资源优势。我国氟化工产业的产品包括无机氟化物和有机氟化物，其中无机氟化物主要包括氢氟酸、无机氟化盐和含氟特种气体等，有机氟化物产品主要包括氟碳化合物、含氟聚合物和含氟精细化学品等。其中，无机氟化盐主要包括六氟磷酸锂等，氟碳化合物主要包括ODS替代品等，含氟聚合物主要包括氟树脂和氟橡胶等，含氟精细化学品主要包括氟碳表面活性剂等。

具体来说，我国氢氟酸的生产工艺技术和装置已大型化，整套装备完全实现国产化；干法氟化铝的总体生产技术水平与国外先进水平相当；含氟聚合物的单体生产技术成熟，并拥有自主知识产权；氯碱用含氟离子交换膜取得突破性进展，已在推广应用；含氟聚合物的合成中已开发出连续聚合和后处理生产工艺，其质量和消耗均已接近国际大公司水平，品种也逐渐增多；在ODS替代品方面已成功地开发了一批具有自主知识产权的替代品生产技术，国际上主要的ODS替代品基本都已在我国实现规模化生产，但自主创新品种和具有自主知识产权的专利技术较少。

1.1.1.1 主要产品

（1）无机氟化物

无机氟化物主要包括氟化氢、无机氟化盐、含氟特种气体及延伸产品等。

氟化氢也称氢氟酸，产品主要分为通用级和电子级，两者的区别在于产品纯净度，后者也被称为超净超纯氢氟酸或高纯级氢氟酸。无机氟化盐包括氟化铝、冰晶石、氟化钠、氟化钾和氟化铵等常规氟化盐，稀土氟化盐以及其他无机氟化盐。作为铝电解工业生产原料的氟化铝和冰晶石占氟化盐产品总产量的绝大部分，其他产品产量较小。目前国内需求较多的无机氟化盐还包括六氟磷酸锂。含氟特种气体可分为氟气、六氟化硫和其他含氟特种气体。我国含氟特种气体已有十几个品种，其中六氟化硫产量最大，已工业化的产品有纯氟气、三氟化氮和四氟化碳等。

（2）氟化烷烃及ODS替代品

氟化烷烃主要指分子结构中包含氟元素的烷烃，根据氟元素取代数目的不同以及分子结构的不同，被分为不同种类，例如含氢氯氟烃（HCFCs）、全氯氟烃（CFCs）、氢氟烃（HFCs）等。部分氟化烷烃对环境特别是臭氧层具有破坏作用，ODS替代品可以克服对臭氧层的消耗，并保留氟化烃的相关性能。目前全氯氟烃已于"十一五"期间全部淘汰，根据《关于消耗臭氧层物质的蒙特利尔议定书》（以下简称《蒙特利尔议定书》）的有关决议，我国从2013年起逐步淘汰HCFCs，至"十二五"末的2015年，将实现削减10%的阶段目标；截至2040年将完全淘汰HCFCs。我国目前含氢氯氟烃和氢氟烃的主要产品有：HCFC-22、141b、142b、123、124，HFC-134a、152a、125、32、143a、227ea、245fa、236fa等，主要用作制冷剂、发泡剂、喷雾剂、清洗剂和灭火剂等。

（3）含氟聚合物

含氟聚合物主要包括氟树脂与氟橡胶两大类。其中氟树脂主要分为聚四氟乙烯（PTFE）、聚六氟丙烯（FEP）、聚偏氟乙烯（PVDF）、聚三氟氯乙烯（PCTFE）等。氟橡胶主要分为偏氟乙烯/六氟丙烯二元共聚氟橡胶、偏氟乙烯/四氟乙烯/六氟丙烯三元共聚氟橡胶、四氟乙烯/丙烯共聚四丙橡胶、氟硅橡胶和氟醚橡胶等。我国氟树脂的主要品种是聚四氟乙烯，氟橡胶的主要品种是26型氟橡胶，均占总产量的80%。其他品种的氟树脂和氟橡胶产量较小，部分尚处于研发中。

（4）含氟精细化学品

含氟精细化学品主要包括含氟医药、含氟农药、含氟染料、含氟中间体、氟碳表面活性剂、含氟整理剂、含氟溶剂及其他含氟精细化学品。我国已开发出100多种含氟中间体及多种精细化学品，其中含氟中间体发展迅速，生产能力迅速增加。目前国内氟碳表面活性剂包括全氟辛酸类、全氟烷基羧酸类、全氟磺酸类和全氟辛基磺酸类等；氟碳涂料包括PVDF涂料、氟烯烃与烷基乙烯基醚或酯的共聚物（FEVE）氟碳涂料和PTFE涂料等，高档氟涂料主要依赖进口。

1.1.1.2 生产技术

进入21世纪以来，我国氟化工企业通过自身的技术开发和产业化，并与国外氟化工企业进行技术合作，改进生产工艺，扩大生产规模，成效显著。具体表现为：

（1）氟化氢

氟化氢生产工艺技术和装置已大型化，整套装备完全实现国产化。磷化工产业的副产物氟硅酸回收制备无水氟化氢（AHF）已获成功，为氟化工提供了第二氟资源。氟化氢生产过程中副产物氟石膏的综合利用获得突破。

（2）无机氟化盐

干法氟化铝的总体生产技术水平与国外先进水平相当。我国企业充分利用磷肥副产氟资源，已自主开发出氟硅酸钠法制冰晶石联产白炭黑工艺技术。

（3）氟化烃及ODS替代品

氟化烃及ODS替代品的开发、研究和生产取得了重大进展，成功开发了一批具有自主知识产权的替代品生产技术。国际上主要的ODS替代品都已在我国实现规模化生产，但自主创新品种和具有自主知识产权的专利技术较少。

（4）含氟聚合物

含氟聚合物的生产技术成熟，并拥有自主知识产权，已开发出1万吨/年的聚四氟乙烯、1000吨/年的聚六氟丙烯、1000吨/年聚偏氟乙烯和1000吨/年氟橡胶等工艺技术，并已研发出8立方米悬浮聚合釜、4立方米分散聚合釜和8立方米捣碎桶等设备，生产规模接近国际先进水平，设备的单耗降低，生产设备与控制手段日益进步，产品质量明显提升。我国企业已经先后开发出以聚烯烃为主的氟橡胶、羧基亚硝基氟橡胶、全氟醚橡胶和氟硅橡胶等品种。氯碱用含氟离子交换膜取得突破性进展，目前正在推广应用。含氟聚合物合成中已成功开发出连续聚合和后处理等生产工艺，质量和消耗均已接近国际先进水平，产品的品种也日益增多。

1.1.2 产业现状

我国氟化工产业发展的市场环境较好，具有以下有利条件：①国家产业政策鼓励行业发展；②氟化工产业链和门类体系健全，产品不可替代；③资源优势明显；④市场空间广阔；⑤履行国际环境公约的各项行动促进氟化工行业健康可持续发展；⑥国际大公司的合资合作推动了技术和产品升级；⑦中国氟硅有机材料工业协会等团体组织有效运行。在上述有利条件的基础上，我国氟化工产业的发展具有较好的基础。下面介绍我国氟化工的产业现状。

1.1.2.1 产业链

一般来讲，氟化工的产业链主要包括三个主要阶段（参见图1-1，见文前彩色插图第2页）：

原料——萤石的提取及加工：萤石是最重要的上游原材料，通过加工萤石可获得生产氟化合物的原料氟。

中游——无机氟化物和氟碳化合物：无机氟化物是有机氟工业、电子工业、冶金工业等的重要原料和辅料；氟碳化合物主要用于冷冻设备及空调行业，亦可用作生产含氟聚合物的原料。

下游——含氟聚合物和精细化学品：含氟聚合物被广泛应用于如管道工程、机器零件、建筑涂层、汽车零件、电工绝缘以及光电零件等众多行业中；含氟精细化学品产品众多，应用领域广泛，但产量相对较小，产品附加值高，是氟化工行业中的高端产品。

从图1-1中可以看出，从原料萤石开始，随着产品加工深度的增加，产品的附加值呈几何倍数增加，氟化工行业的价值重心在产业链的中下游。其中，萤石的价格只有近千元/吨，无水氟化氢的价格为数千元/吨，一氯二氟甲烷（F22）的价格约1万元/吨，聚四氟乙烯的价格为数万元/吨，而氟橡胶的价格则要十几万元/吨，高端含氟精细化学品的价格达到数百万元/吨。

无机氟化物是氟化学工业中重要的组成部分，是有机氟工业、冶金、电子工业等行业的重要原料和辅料。除中国外，美国、俄罗斯、加拿大、墨西哥、意大利和印度是无机氟化物的主要生产国。目前，氟化盐等无机氟化物的产能无法满足全球市场的需求，国外对电解铝需求的平稳增长，也将稳步扩大对氟化盐产品的市场需求。

目前，在无机氟化物众多的产品中，作为氟化工原料的氟化氢、铝工业生产原料的氟化铝和冰晶石等少数产品占总产量的绝大部分，占总消耗量的75%以上；其次是氟化剂用氟化钾、焊剂用氟化钠、酸洗剂用氟化氢铵等，约占总消耗量的23%；其他产品（军工特种产品、电子产品等），例如单氟磷酸钠、六氟化硫、三氟化氮、六氟磷酸锂等精细化学品的产量很少，约占总消耗量的2%，但价值较高。我国氟化氢的产能已达145万吨/年，2010年产量约90万吨，其中磷肥副产回收AHF产量2万吨/年，出口氟化氢15.95万吨/年，电子级氟化氢产能约4万吨/年。作为铝电解工业生产原料的氟化铝和冰晶石，占氟化盐产品总产量的绝大部分，其他产品的产量较少。2010年氟化铝产能为102.5万吨/年,产量51.4万吨/年;冰晶石产能为36.5万吨/年,产量10.5万吨/年。我国含氟特种气体已有十多个品种,其中2010年氟气产量约4000吨/年,三氟化氮约500吨/年,四氟化碳约1200吨/年,六氟化硫约8000吨/年。❶

近几年,一方面,我国的无水氟化氢、有水氢氟酸、氟化铝、冰晶石和氟化铵等产品已有大量出口;另一方面,通过对引进技术的消化吸收和创新,部分氢氟酸和氟化铝生产装置的技术水平已得到很大提高。但是,我们也必须认识到:我国无机氟化物产业总体上还处于初级阶段,产品结构存在不合理之处。具体表现为:在无机氟化物众多产品中,处于产业链上游的氟化工基础原料氟化氢以及铝工业生产原料氟化铝和冰晶石等少数产品的产量占绝大部分,处于产业链中游的氟硅酸盐、氟化氢铵、氟化钠和氟化钾的产量占少数,处于产业链下游且附加值较高的高纯三氟化氮、六氟磷酸锂等精细化学品的产量极少。因此,只有提高我国氟化工产业的技术水平,培育高端应用市场,才能带动高附加值精细无机氟化物的发展。

有机氟是指氟化工产品中含有氟元素的碳氢化合物,主要包括氟碳化合物、含氟聚合物和含氟精细化学品三大类。目前应用最广的氟碳化合物是ODS替代品,即以淘汰消耗臭氧层物质全氯氟烃和溴氟烃等为目的而研究开发的产品。ODS在日常生活中几乎无处不在,例如,在冰箱、空调、电子产品、灭火器材、烟草、泡沫塑料、发胶和杀虫剂等产品的生产过程或使用过程中,人们大量使用的人造化学物质很多都具有破坏臭氧层的能力。在《中国逐步淘汰消耗臭氧层物质国家方案》中主要涉及泡沫、制冷空调、清洗、消防、烟草、气雾剂等行业。氟烷烃主要为氢氯氟烃(HCFCs)和氢氟烃(HFCs)两类。2010年HCFC-22产能为70万吨/年,产量54万吨/年;HCFC-141b产能14.9万吨/年,产量13.3万吨/年;HCFC-142b产能10.5万吨/年,产量6万多吨/年。2009年HFC总产能为36万吨/年,其中HFC-134a产能12万吨/年,产量5.9万吨/年;HFC-152a产能9.9万吨/年,产量5.3万吨/年;HFC-32产能5.6万吨/年,产量1.9万吨/年;HFC-125产能5.4万吨/年,产量1.9万吨/年。❷

含氟聚合物主要有氟树脂、氟橡胶和氟涂料等。我国含氟聚合物产能约8万吨/年,占世界总产能的约1/3,产量约6万吨/年,已成为世界第二大氟聚合物生产国。2010年PTFE产能6万多吨/年,产量4万多吨/年;FEP产能0.5万吨/年,产量0.4万吨/年;PVDF产能0.65万吨/年,产量0.4万吨/年;氟橡胶产能0.8万吨/年,产量0.58万吨/年。此外,我国氟碳涂料总用量已超过2万吨/年,其中PVDF涂料产能2万吨/年,产量8000吨/年;FEVE氟碳涂料产能在万吨/年以上,产量约8000吨/年;PTFE涂料有70多家企业生产,表观消费量5000~6000吨/年。

含氟精细化学品2010年的总产能约为15万吨/年。在含氟精细化学品中,含氟中间体2010年的产能超过10万吨/年,产量6万吨/年,80%以上出口。含氟中间体中,氟苯类产量约8000吨/年、三氟甲苯类产量约3万吨/年、其他芳香族类产量约6000

---

❶❷ 中国氟化工行业"十二五"发展规划[EB/OL]. (2012-06-12). http://www.doc88.com/P-289792572492.html.

吨/年、四氟丙醇产量约 1300 吨/年、三氟乙醇产量约 3000 吨/年、HFPO 类产量约 2000 吨/年。含氟医药中，已开发出氟哌酸、氟康唑等十多种产品，生产能力约 8000 吨/年。含氟农药已有氟草隆、氟乐灵、乙氧氟草醚和除虫脲等实现了工业化生产，但尚满足不了市场需要，需大量进口。氟碳表面活性剂中的全氟辛酸和全氟磺酸类产能共约 460 吨/年，其中全氟辛基磺酸类产量约 120 吨/年，全氟烷基羧酸类产量约 80 吨/年，其他品种约 50 吨/年。含氟电子化学品主要包括高纯氟化氢、高纯氟化铵和六氟磷酸锂，其中高纯氟化氢 2010 年的产量约 6000 吨/年，高纯氟化铵产量约 1200 吨/年，六氟磷酸锂产量约 200 吨/年。❶

从图 1-2（见文前彩色插图第 3 页）和图 1-3 中可以明显看出，我国氟化工产业目前主要集中在产业链较上游的氟化氢、氟化盐和氟烷烃上，而附加值较高的含氟聚合物和含氟精细化学品所占的份额较低。相对而言，对美国、欧盟和日本等发达国家和地区而言，含氟精细化学品和含氟聚合物所占的比例很大，特别是日本，其产业链上游的氟化氢和氟化盐所占的比例几乎可以忽略不计。

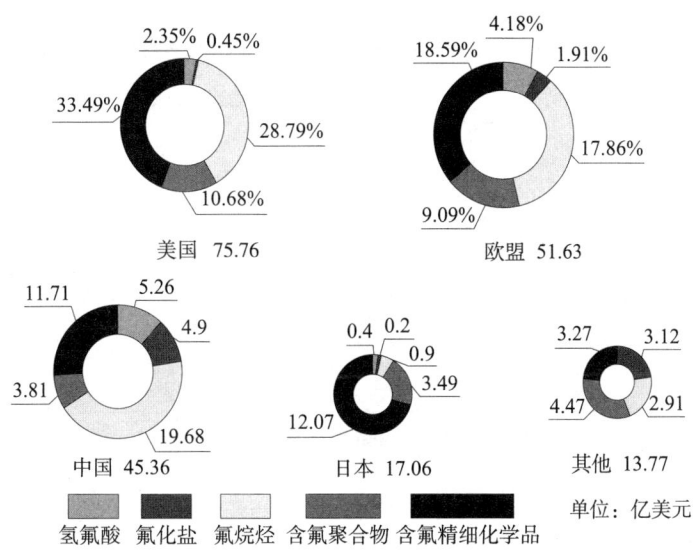

图 1-3　2009 年世界氟化工总产值分布

从图 1-2 和图 1-3 中还可以看出，目前我国氟化工产业链的明显特征为前粗后细，氟资源消耗过速，萤石资源得不到优化配置，产业链集中趋向于上游一端，简单的资源型企业过多，相对于国际企业缺乏竞争力。

1.1.2.2　市场供需

在氟化工市场供应方面，随着中国等发展中国家氟化工产业的崛起以及初级产品装置规模的迅速扩大，基础原料、低端 PTFE 树脂和普通芳香氟化物的生产大部分由中国等发展中国家进行；国外著名氟化工企业已经开始逐步退出上述领域，转而进行其

---

❶ 中国氟化工行业"十二五"发展规划［EB/OL］．（2012-06-12）．http：//www.doc88.com/P-289792572492.html.

他技术含量更高、附加值更高的新型功能性含氟聚合物和含氟精细化学品的开发生产。氟化工领域的高端生产技术和产品的供应主要集中于发达国家手中。目前,主要的生产企业有杜邦、大金、旭硝子、霍尼韦尔和3M等,它们基本占据了氟化工高端市场,在高端氟化工产品的品种和质量方面遥遥领先,比如超细粉末聚四氟乙烯、可熔性聚四氟乙烯、常温固化型氟树脂涂料、含氟织物整理剂、新型活性涂料、液晶显示材料、光纤涂覆材料、医用含氟材料、含氟医药和新型含氟农药等。

在氟化工市场需求方面,目前全球高端氟化工产品需求强劲,价格较高;通用级氟化工产品产能充足(见表1-1)。这种情况在中国国内市场尤其显著。在中国,通用级产品的低水平重复建设现象严重,产能过剩,利润率明显下降。以萤石开采和萤石-硫酸制无机氟化物的初级产品,产能过剩现象尤为突出;通用级聚四氟乙烯的生产能力扩张过快,ODS替代品的普通产品过多,氟苯系列、氟氯苯胺系列等传统中间体的生产能力过剩(见表1-2)。与之相反,高端产品主要依赖进口,国内缺口较大。高附加值的含氟精细化学品和高性能含氟聚合物的开发与生产十分有限。

表1-1 氟化工产品国际市场发达经济体需求

产品	单位	2009年消费量	2015年需求预测	年均增长率
氢氟酸	万吨	56.1	75.4	5.1%
氟化盐	万吨	29.17	37.54	4.3%
HCFCs	万吨	24.69	30.5	3.6%
HFCs	万吨	26.62	35.29	4.8%
含氟聚合物	万吨	11.88	18.09	7.3%
含氟精细化学品	亿美元	67.33	140	13%

注:含氟精细化学品2015年产品价格按2009年产品价格计。[1]

表1-2 氟化工产品国内市场需求

产品	2010年消费量(万吨)	2015年预测消费量(万吨)	年增长率
氟化氢	65~70	90~95	6.5%
氟化盐	55	65	3%
HCFCs	49	55	2%
HFCs	9.5	25	15%
含氟聚合物	5.5	8.18	8%~10%
含氟精细化学品	3	7.3	15%

---

[1] 中国氟化工行业"十二五"发展规划 [EB/OL]. (2012-06-12). http://www.doc88.com/P-289792572492.html.

国内氟化工企业需要注意的是，国内企业在通用级产品上的产能过剩，已经导致部分产品的价格下降。例如，数据显示[1]，作为氟烷烃主要产品之一的R134a，2012年总产能已经达到18万吨/年，但全年市场总需求约12万吨/年。产能的扩大却导致价格一路呈下行趋势，2011年上半年R134a的价格还能维持在7万元/吨的高位，而到2013年初已经跌破3万元/吨。

1.1.3 制约因素

1.1.3.1 资源因素

我国氟化工行业面临的资源问题主要体现在：萤石资源消耗过快，影响可持续发展。具体来说，由于萤石是不可再生的战略资源，长期大量粗放式无节制的开采和大量出口，使其必将面临资源枯竭的局面。目前，我国氟化工产业园区的建设主要围绕萤石资源富集的区域进行分布，导致华东地区的萤石资源已逐步开采完毕，开采重心逐渐向华中和西北腹地转移。过去国外企业的竞争焦点集中在对萤石资源的争夺上，但随着我国对萤石出口的限制，国外企业开始在中国建厂生产氟化工的下游产品，产能转移开始加快。当前全球每年耗用萤石约500万吨，其中约260万吨来自中国。未来20年，中国萤石需求量约为3700万吨，而目前中国具有开采价值的萤石富矿储量只有约3000万吨，加上可用于制酸的萤石，也仅可供中国使用25年。因此，中国氟化工的发展面临着严峻的资源短缺问题。

1.1.3.2 产业结构因素

产业结构不合理，无序发展和低水平重复建设现象较普遍，具体表现为：产业链低端的企业数量大，产能过剩；产业链高端的企业数量少，产能有限，依赖进口；产品结构不合理，国内以中低端产品为主，高端产品种类不丰富且产量不足，国产高端产品在面对国外同类产品时竞争力不足。

具体以2009年中国与其他主要国家氟化工产业链的各产品的产能和产值的分布为例进行分析。

从表1-3至表1-6中可以看出，与全球主要经济体相比，我国氟化工的产业链虽然比较完整，高中低端均有产品，但从产值与产能的比较可以看出，低端产品居多，低附加值产品产量大，高端产品产量较低，产业链体现出前大后小的分布，与美国、日本等发达国家相比具有较大差距。举例来说，2009年我国和美国的氢氟酸产量分别为72万吨和17.5万吨，而相应的产值是5.26亿美元和2.40亿美元，中国氢氟酸的平均价格是美国的一半左右，这意味着我国生产的氢氟酸在质量上低于美国，这可能是因为我国低端氢氟酸的产量远高于高纯氢氟酸的产量。另外，2009年中国和日本的含氟聚合物的产量分别为6.42万吨和1.76万吨，而产值却比较接近，分别为3.81亿美元和3.49亿美元，再次说明我国含氟聚合物中低附加值产品产量大而高附加值产品的产量少，产业链分布不均衡，不利于氟化工产业的合理有序可持续发展。这可能会导

---

[1] 资料来源：中化蓝天的中国氟化工产业分布图（2013）。

致未来国内低端产能过剩，低端产品陷入价格战，最终使得我国发展氟化工行业中有限的资源和资金大部分都浪费在内耗上，阻碍行业进步。

表1-3 2009年世界氟化工总产值分布❶ 单位：亿美元

产值结构	氢氟酸	氟化盐	氟烷烃	含氟聚合物	含氟精细化学品	总计
美 国	2.40	0.48	28.78	10.68	33.42	75.76
欧 盟	4.18	1.93	17.85	9.10	18.57	51.63
日 本	0.40	0.20	0.90	3.49	12.07	17.06
中 国	5.26	4.90	19.68	3.81	11.71	45.36
其 他	3.12	2.91	4.47	0.00	3.27	13.77
合 计	15.36	10.42	71.68	27.08	79.04	203.58

表1-4 2009年世界氢氟酸产能产量

国家或地区	产能（万吨/年）	产能占比	产量（万吨/年）	产量占比
美 国	21.6	9.70%	17.5	12.30%
日 本	13.8	6.20%	3.6	2.50%
中 国	111.2	49.70%	72	50.40%

表1-5 2009年世界氟烷烃产值❷ 单位：亿美元

国家或地区	HCFCs产值	HFCs产值
美 国	10.66	18.12
欧 盟	8.34	9.51
日 本	0.00	0.90
中 国	13.77	5.91
其 他	3.13	1.34
合 计	35.90	35.78

表1-6 2009年世界含氟聚合物产量

国家或地区	氟树脂（万吨）	氟橡胶（万吨）	总计（万吨）
美 国	6.10	0.47	6.57
欧 盟	4.51	0.58	5.09
日 本	1.47	0.29	1.76
中 国	6.02	0.40	6.42
其 他	0.24	0.29	0.53
合 计	18.34	2.03	20.37

❶❷ [EB/OL]. [2013-11-01]. http://www.sif.org.cn.

1.1.3.3 自主创新因素

国内企业对于氟化工的基础研究薄弱,对氟化工产品的应用研究滞后,原料生产与深加工脱节,加工技术落后;同时行业整体研发投入不足,技术上以模仿为主,自主创新能力不强,在高端产品市场技术薄弱,自主知识产权较少。

举例来说,使用原料萤石制备氢氟酸的工艺简单,操作容易,因此我国的氢氟酸产量较大,产能过剩;但氢氟酸的提纯分离对于技术和设备具有较高要求,我国企业尚不具备将通用级氢氟酸提纯分离为高纯级氢氟酸技术的自主知识产权,导致我国高纯级氢氟酸的产量较小。我国氟化工行业在自主创新方面存在明显不足,主要体现为:我国氟化工行业基本上还处于跟踪和仿制阶段,自主研发、原始创新技术比例较低,总体上处于初级和中级水平,与国外先进水平相比还存在不小的差距。具体来说:

(1)含氟精细化学品制备的反应技术、高纯氟化学品的化学分离技术与装备等尚未取得大的突破,在高品质、高附加值含氟精细化学品的研发和生产方面与国际先进水平相比有很大差距;

(2)在ODS替代品的研究开发与生产方面,自主知识产权不多,核心技术主要掌握在跨国大公司手中,国内企业缺少话语权;

(3)与国际大公司相比,氟树脂的生产技术和产品质量还存在一定的差距,高端产品差距更大;

(4)氟橡胶品种少,在高端产品的开发和应用的关键技术上差距较大,加工技术落后,尚不能以预混胶或混炼胶的形式直接供应用户。

另外,我国氟化工行业科研投入不足,创新能力差,特别是基础研究与应用研究的薄弱,已逐渐成为制约我国氟化工行业纵深发展的瓶颈。与国际大企业科研投入基本上占销售收入5%以上(有的甚至高达10%)相比,国内氟化工企业的科研投入只占销售收入的2%左右,并且一些产品尽管已经研制出来,但要满足终端用户的要求从而推广应用仍有很大障碍。另外,国内知识产权保护较差的客观环境也使一些企业对于科研开发积极性不高。

我国的产品结构不合理,普通产品产能过剩,低价出口,而高端产品缺口较大,需要高价进口。同时,低水平重复建设与恶性竞争比较严重。一方面,由于高端产品存在知识产权的制约,氟化工企业为了取得成本竞争优势,只能在低端领域扩大生产规模;另一方面,有萤石资源的企业也纷纷进入氟化工产业,这些企业技术力量薄弱,能够进入的也基本是低端产业,因而低水平重复建设与恶性竞争难以避免。

1.1.4 重点技术

1.1.4.1 "十二五"规划中提到的重点技术

面临氟化工行业发展的三大制约因素,我国氟化工行业内部首先提出了重点发展的产品。根据中国氟硅有机材料工业协会发布的《中国氟化工行业"十二五"发展规划》,在"十二五"期间我国重点发展的氟化工产品和技术如下。

(1) 无机氟化物

1) 氢氟酸

a. 产业规模：到 2015 年，氟化氢总产能控制在 160 万吨/年左右，产量 110 万吨/年左右。

b. 产品结构：鼓励中低品位萤石的采选利用和磷肥副产氟硅酸等制氢氟酸，并鼓励制备超纯无水氟化氢。

2) 氟化盐

a. 产业规模：到 2015 年，氟化盐总产能应控制在 120 万吨/年左右，产量 90 万吨/年左右。

b. 产品结构：优化产品结构，重点发展利用磷肥副产氟硅酸生产冰晶石以及干法氟化铝、高分子比冰晶石、高活性氟化钾等的制备技术，淘汰湿法工艺的生产装置以及落后的生产技术。

c. 技术开发：开发低品位萤石和副产氟硅酸原料干法生产氟化铝的技术和生产装置，提高资源综合利用率，减少环境污染。

(2) 氟碳化合物及 ODS 替代品

1) 产业规模

2015 年总产能应控制在 100 万吨/年左右。

2) 产品结构

按履约要求，到 2015 年，HCFCs 用于 ODS 的产量在 2013 年冻结的基础上减少 10%；到 2015 年，HFCs 预测产能将由 36 万吨/年增长到 50 万吨/年左右，产量由 16.5 万吨/年增长到 30 万吨/年左右，年均增幅在 10% 以上。

3) 技术开发

为积极应对 HCFCs 淘汰和全球气候变暖对 HFCs 带来的挑战，加大对新一代低全球变暖潜值（GWP）的 ODS 替代品的开发力度，加强原料用途的研发和高端用途的开发，突破关键技术，实现产业化，提升产业整体水平。

(3) 含氟聚合物

"十二五"期间，我国含氟聚合物要加大结构调整和科技创新的力度，以市场为导向，重点发展高品质、系列化、多品种、精细化和高附加值的含氟聚合物。

1) 产业规模

2015 年，含氟聚合物总产能将达到 13.4 万吨/年，产量达到 9.4 万吨/年，年均增长率为 9.8%。

2) 产品结构

在"十二五"期间，最大品种 PTFE 的产能占含氟聚合物总产能的比例由 72% 下降到 63%，产量占比由 80% 下降到 70%，年均增长率为 8% 左右；而熔融性氟树脂的产能占比将由 14% 上升到 19%，产量占比将由 10% 逐步增加到 16%，年均增长率为 15% 左右。

3）技术开发

重点开展六氟环氧丙烷（HFPO）系列产品的开发，解决 HFPO 工业放大中的技术问题，发展高端含氟高分子材料；重点开发 PVDF、PVF 和 F40 膜材料，PCTFE, e-PTFE，全氟磺酸离子膜材料和四氟纤维加工技术，形成配套生产能力；重点发展高性能的共聚改性氟树脂，具体包括改性 PTFE、PVDF、PFA、ETFE、PCTFE、高速挤出 FEP 等含氟功能树脂；解决高端涂料级 PVDF 工业放大技术难题，优化生产技术方案，使产品技术接近国际先进水平；重点开发环保型氟橡胶等技术。

(4) 含氟精细化学品

"十二五"期间要加大结构调整力度，加快自主创新，使仿制和创新相结合，提高整体水平。

1）产业规模

2015 年，含氟精细化学品总产能达到 20 万吨/年，总产量达到 10 万吨/年以上，销售额超过 120 亿元/年，年均增长率 15% 左右。

2）产业结构

我国含氟精细化学品产品大都处于中低端水平，技术与国外相比差距较大，基本均为附加值较低的通用产品。"十二五"期间要提高含氟精细化学品在氟化工产品中的比例，加快发展。对普通芳香族类如氟苯、三氟甲苯，四氟丙醇和六氟化硫等产品要进行总量控制，提高准入标准，限制其发展。淘汰高污染的重氮化工艺，向清洁生产和综合利用的方向发展。含氟中间体要向脂肪族和杂环化合物方向发展。

1.1.4.2 专利技术

针对我国氟化工的产业现状和我国企业面临的主要问题，课题组分析了氟化工领域的专利技术信息，重点研究了氟化工行业内的以下技术。

(1) 无机氟化物：研究了无机氟化物的全球和中国专利概况，重点研究了氢氟酸、六氟磷酸锂和氟硅酸盐等产品的技术发展趋势和技术现状，高纯级氢氟酸和高纯级六氟磷酸锂的制备工艺，该领域主要创新主体杜邦、大金、旭硝子和森田化工在氢氟酸提纯和六氟磷酸锂提纯方面的技术路线和关键技术。该部分的具体研究内容和研究成果参见本报告第 6 章。

(2) 氟碳化合物中的 ODS 替代品：研究了 ODS 替代品的全球和中国专利现状，重点研究了新一代 ODS 替代品 HFO-1234yf 的制备工艺和制冷工质，并深入研究了该领域技术领先的杜邦和霍尼韦尔等跨国企业涉及 HFO-1234yf 制备工艺和制冷工质的专利技术和布局策略。该部分的具体研究内容和研究成果参见本报告第 3 章。

(3) 含氟聚合物：研究了氟树脂和氟橡胶的全球和中国专利现状，重点研究了氟树脂中的重点产品高压缩比聚四氟乙烯分散树脂和燃料电池用全氟磺酸树脂膜。针对高压缩比聚四氟乙烯分散树脂，重点研究了其聚合工艺中的每个影响因素，关注了本领域主要创新主体在各个影响因素上的专利技术分布，并深入研究了杜邦和大金在该领域的技术发展路线和研发团队。针对燃料电池用全氟磺酸树脂膜，重点研究了该领域主要技术手段与要解决的技术问题之间的对应关系，得到了全球和各主要国家的技术功效图,并深入研究了戈尔在该领域的技术发展路线。该部分的具体研究内容和研究成果参见本报告第4章和第5章。

(4)含氟精细化学品:研究了重点产品全氟辛酸及其盐(PFOA)替代品的生产技术和产品改进工艺,统计得出全球PFOA替代品的种类,深入研究了该领域主要创新主体在每种PFOA替代品中的专利技术保护情况,深入分析了杜邦、旭硝子、大金、苏威等在POFA替代品领域的技术研发路线。该部分的具体研究内容和研究成果参见本报告第4章。

本报告的研究内容不仅涉及低端氟化工产品如氢氟酸和六氟磷酸锂的精制提纯技术,也涉及高端氟化工产品如HFO-1234yf、全氟磺酸树脂膜、高压缩比聚四氟乙烯和氟橡胶等的制备技术,同时还研究了各领域主要创新主体的专利技术发展路线、专利布局策略和发明人团队,供我国企业在产业升级、自主创新、技术引进、人才培养和专利布局等方面进行参考。

1.2 研究目的和意义

为使我国氟化工行业可持续发展,促进我国氟化工行业的技术升级和产业升级,本报告重点从产业结构和自主创新两个方面对我国氟化工行业的现状进行分析,对国外主要创新主体的产业结构、产业链、技术发展趋势和最新技术进展等进行研究。本报告重点关注了新一代ODS替代品HFO-1234yf制备技术和制冷工质;具有优异性能的高附加值氟树脂——高压缩比聚四氟乙烯分散树脂的制备技术;环保压力巨大的氟树脂聚合用PFOA乳化剂的替代技术;与我国相关产品存在激烈竞争的燃料电池用全氟磺酸树脂的制备技术;高纯级氢氟酸和高纯级六氟磷酸锂制备和提纯技术。本报告还深入研究了该领域主要创新主体杜邦、大金、戈尔、森田化工和霍尼韦尔等的专利技术发展路线和专利布局策略。

针对目前我国氟化工行业通用级产品低水平重复建设现象严重且低端产品产能过剩的情况,本研究试图通过专利分析的手段,深入挖掘低端氟化工领域的专利技术,通过借鉴国内外相关企业的专利技术,改进低端氟化工产品的生产方法和提纯工艺,提高低端氟化工产品的价值。即:通过专利分析来促进行业技术和产品的升级,进而提高产品的附加值,改变低端产品产能过剩的局面。

同时,针对我国氟化工行业中部分产品与国外相关产品相比互有优劣但竞争力较弱的情况,通过专利分析的手段,深入研究所属领域主要研发主体采用的生产方法和工艺条件等,通过研究其主要技术手段和技术功效图,为国内相关企业进行产品研发提供借鉴,以促进国内企业在相关领域的发展。

针对我国氟化工行业中高端氟化工产品的技术基础薄弱且需要较多借鉴国外先进技术的情况,通过专利分析的手段,深入挖掘所属领域主要研发主体的先进技术,了解相关领域的专利技术保护情况,重点分析主要研发主体所采用的技术路线和工艺条件,为国内企业自主研发或者引进国外先进技术提供技术指导。

通过与我国主要氟化工企业的沟通交流,根据我国氟化工行业面临的主要问题和产业现状，本课题组从专利的角度重点研究了以下四类产品的技术发展趋势和技术现状：（1）ODS替代品，特别是HFO-1234yf；（2）氟树脂，特别是聚四氟乙烯、燃料电池用全氟磺酸树脂膜和PFOA替代品；（3）氟橡胶；（4）无机氟化物，特别是氢氟酸、六氟磷酸锂和氟硅酸盐。本报告还研究了杜邦公司的专利布局、合作研发和研发团队的信息。课题组还结合美国"337调查"和氟化工领域相关的专利诉讼情况分析了专利对氟化工市场的影响，供我国氟化工企业在技术研发、技术引进和专利布局等方面进行参考。

1.3 研究对象和方法

1.3.1 技术分解

经过前期的技术和产业现状调研，对氟化工行业有了全面的认识。在此基础上，课题组与合作单位进行了氟化工技术分解的研讨，最终形成技术分解表（参见表1-7）。

表1-7 氟化工行业的技术分解表

一级技术分支	二级技术分支	三级技术分支
无机氟化工	氢氟酸	制备
		纯化
	简单金属氟化盐	氟化铵
		氟化钾
		氟化钠
		氟化锂
		氟化钙
		氟化镁
		氟化钡
		氟化锶
		氟化稀土
	铝电解用含氟盐	氟化铝
		冰晶石
	电池用含氟电解质盐	六氟磷酸锂
		二氟磷酸锂
		六氟砷酸锂
		四氟硼酸锂
		氟氯酸锂

续表

一级技术分支	二级技术分支	三级技术分支
无机氟化工	特种含氟气体	三氟化氮
		四氟化碳
		六氟化硫
		六氟化钨
		五氟化磷
		五氟化碘
		三氟化硼
		氟气
	含氟X酸及其盐	氟硼酸
		氟硼酸盐
		氟硅酸
		氟硅酸盐
氟碳化合物	ODS替代品	氢氟烯烃HFO
		含氢的氯氟烃（HCFCs）
		氢氟烃（HFCs）
		氟溴代烷烃（HBFC）
		其他
	含氟烯烃单体	四氟乙烯
		偏氟乙烯
		六氟丙烯
		三氟氯乙烯
		其他烯烃类单体
	其他氟碳化合物	全氟环氧丙烷
		全氟醚
		……
氟树脂	聚四氟乙烯	乳液法聚合（PTFE）
		分散法聚合（PTFE）
		悬浮法聚合（PTFE）
	聚偏氟乙烯	
	聚氟乙烯	
	特种氟树脂	氟树脂膜
		氟碳树脂涂料
	其他氟树脂	

续表

一级技术分支	二级技术分支	三级技术分支
氟橡胶	氟碳橡胶	26 型
		246 型
		23 型
		TFE – P
		E – TFE – PMVE
		TFE – VDF – P
		VDF – PMVE – P
	氟硅橡胶	
	氟膦腈橡胶	
	其他	
精细化学品	氟碳表面活性剂	全氟羧酸类
		全氟磺酸类
		其他
	含氟电子化学品	无机电子化学品
	含氟中间体	药物中间体
		其他中间体

1.3.2 数据检索和处理

中文数据库的检索策略由课题组所有成员和指导专家共同协商确定。各技术分支在检索中均考虑了不同数据库的特点，并根据各技术分支的不同技术特点确定最终检索策略。各分支均以中国专利文献检索系统（CPRS 数据库）为主，采用中国专利文摘深加工数据库（CNABS 数据库）和中国专利全文数据库（CNTXT 数据库）的数据进行补充。根据课题一级技术分支的平行独立性，主要采用"分－总"式检索策略。对于一个技术分支，先全面检索，保证查全，再通过各种去噪方式（包括分类号、关键词去噪以及人工阅读手工去噪）逐步剥离无关文献，达到可接受的查准率。随后根据分析重点的不同，通过人工阅读的方式对每篇文献进行各技术分支的标引。

全球专利的检索在世界专利索引数据库（WPI 数据库）和欧洲专利文摘数据库（EPODOC 数据库）中进行。在检索中均考虑了不同数据库的特点，并根据技术特点确定检索要素和策略。基本的策略是：检索—验证—分析原因—继续检索—验证，如此反复，以至达到预期目标。具体的检索方式是：采用关键词和多种分类号相结合的方式，先确定一个技术分支的范围，然后利用分类号、关键词或二者的结合进行初步去噪、个别情况下用申请人进行初步去噪。然后对初步去噪的结果进行查全率、查准率验证，根据验证的结果分析漏检和引入噪声的原因，再进一步调整检索式；然后对结果进行再次验证，再根据验证的结果分析漏检和引入噪声的原因，调整检索式；如此往复，逐步完善检索结果，以达到可接受的查全率、查准率。在检索过程中同时完成各技术分支的标引工作。

1.3.3 查全率、查准率评估

通过对各技术分支的数据进行查全率和查准率评估，判断是否可以终止检索过程。主要目的是要保证数据的查全率和查准率，使检索过程可靠且检索结果可信。

本报告查全率的评估方法是：（1）选择一名重要申请人，一般为该技术领域申请量排名前十的申请人或者行业内普遍认可的重要申请人，以该申请人为入口检索其全部申请，通过人工阅读确定其在本技术领域的申请文献量，形成母样本。对于所选的申请人，需要注意：a. 该申请人是否有多个名称；b. 该申请人是否存在兼并收购或者被兼并收购；c. 该申请人是否有子公司或者分公司。（2）在检索结果数据库中以申请人为入口检索其申请文献量，形成子样本。（3）子样本/母样本×100% = 查全率。

本报告查准率的评估方法是：（1）在结果数据库中随机选取一定数量的专利文献作为母样本；对母样本中的每篇专利文献进行阅读，确定其与技术主题的相关性，与技术主题高度相关的专利文献形成子样本。（2）子样本/母样本×100% = 查准率。

检索过程中针对得到的各个数据池，通过专利分类号、关键词和人工阅读的方式进行文献标引，并通过抽取样本进行查全率和查准率的评价。不断对数据进行清理去噪，使得查全率和查准率均达到95%以上（见表1-8）。

表1-8 氟化工领域专利申请检索结果

分 类	全球申请量（项）	中文申请量（件）	查全率	查准率
无机氟化工	3036	589	95%	95%
含氟聚合物	129366	14430	95%	95%
氟碳化合物	36101	4572	95%	95%

1.3.4 相关术语或现象的说明

本报告上下文中出现的术语或现象解释如下：

（1）**同族专利**：同一项发明创造在多个国家申请专利而产生的一组内容相同或基本相同的专利文献出版物，称为一个专利族或同族专利。从技术角度来看，属于同一专利族的多件专利申请可视为同一项技术。在本报告中，针对技术和专利技术原创国进行分析时，对同族专利进行了合并统计；针对专利在各个国家或地区的公开情况进行分析时，各件专利分别进行了统计。

（2）关于专利申请量统计中的"项"和"件"的说明：

项：同一项发明可能在多个国家或地区提出专利申请，WPI数据库将这些相关的多件申请作为一条记录收录。在进行专利申请数量统计时，对于数据库中以一族（这里的"族"指的是同族专利中的"族"）数据的形式出现的一系列专利文献，计算为"1项"。一般情况下，专利申请的项数对应于技术的数目。

件：在进行专利申请数量统计时，例如为了分析申请人在不同国家、地区或组织所提出的专利申请的分布情况，将同族专利申请的分开分别进行统计，所得到的结果对应于申请的件数。1项专利申请可能对应于1件或多件专利申请。

（3）**多边申请**：同一项发明可能在多个国家或地区提出专利申请。本报告中的"多边申请"是指同时在三个以上国家或地区提出申请的专利申请。

（4）**近两年专利文献数据不完整导致申请量下降的原因**：在本次专利分析所采集的数据中，由于下列多种原因导致2011年后提出的专利申请的统计数量比实际的申请量要少：PCT专利申请可能自申请日起30个月甚至更长时间之后才进入国家阶段，从而导致与之相对应的国家公布时间更晚；中国发明专利申请通常自申请日起18个月（要求提前公布的专利申请除外）才能被公布。

（5）**专利所属国家或地区**：在本报告中，专利所属的国家或地区是以专利首次申请的优先权国别来确定的，没有优先权的专利申请以该项申请的最早申请国别确定。

（6）**有效**：在本报告中，"有效"专利是指截止到检索日，专利权处于有效状态的专利申请。

（7）**未决**：在本报告中，专利申请未显示结案状态，称为"未决"。此类专利申请可能还未进入实质审查程序或者处于实质审查程序中，也有可能处于复审等其他法律程序中。

（8）申请人名称统一约定见附录。

第 2 章 氟化工行业专利现状

专利数据能够反映行业内各主体对技术的关注程度、产品的开发进度以及重点产品的研发路线等信息。通过统计分析一定时间范围内行业各主体公开的专利数据，能够分析出市场主流产品的研发历程、遇到的主要技术问题及其解决方法、行业内技术领先的市场主体在特定产业的专利布局情况等，为企业在进行自主研发时提供技术参考，并为企业确定技术合作伙伴和引进技术提供技术参考。

本章重点分析氟化工行业的专利现状，从无机和有机氟产品两方面关注全球和国内申请量变化趋势。重点申请人和专利技术构成等信息。

2.1 全球专利概况

全球专利概况包括全球氟化工领域专利申请量变化趋势、有机和无机氟化工领域专利申请量变化趋势、主要申请国分布和技术构成等内容。

2.1.1 申请量变化趋势

图 2-1 给出了 1911～2011 年间氟化工行业全球专利申请量随时间的变化趋势。从中可以看出氟化工全球专利申请量变化趋势可以分为三个阶段：(1) 1911～1952 年，申请量较少；(2) 1952～2000 年，申请量逐步增加；(3) 2000 年之后，申请量迅速增加，在 2011 年的年申请量达到约 9000 项，为历年申请量的峰值。这意味着经过 100 多年的技术积累和进步，进入 21 世纪后，氟化工产品的种类日益增多，应用范围日益广泛，相关专利申请逐年增多。目前，氟化工行业的发展正处于景气阶段。从该趋势图还可以预期得出，在未来的 3～5 年间，氟化工领域专利申请量将维持在每年 9000 项或更高的水平。这意味着未来 3～5 年期间，全球氟化工行业仍将维持高速发展。

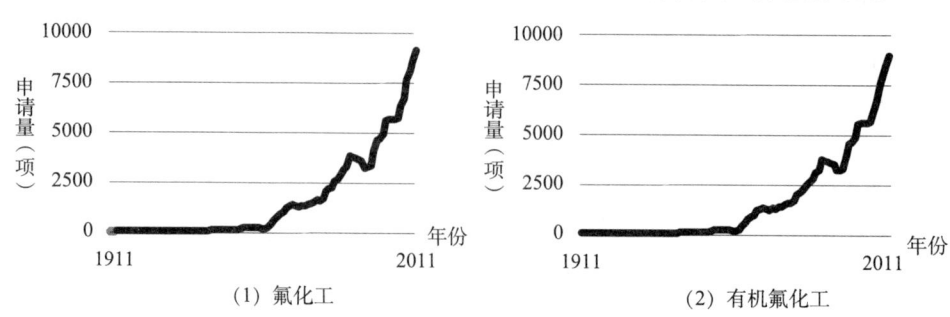

图 2-1 氟化工和有机氟化工领域全球专利申请量变化趋势

图 2-1 还给出了 1911~2011 年间有机氟化工领域全球专利申请量随时间的变化趋势,从该图中可以看出有机氟化工全球专利申请量整体呈现逐年增多的趋势,2011 年达到了约 9000 项,为历年申请量的峰值。通过对比氟化工和有机氟化工领域全球专利申请量变化趋势图可以看出,两者的申请量趋势非常接近,在数量上也非常接近。由于氟化工行业主要分为无机氟化工和有机氟化工,结合图 2-1 的信息可以得出:在全球氟化工研域,研究的重点是有机氟化工相关的技术和产品。这与市场上销售的氟化工产品相一致,例如仅氟烷烃这一类有机氟化工产品,由于其结构的多样性,导致产品种类非常多;而无机氟化工的产品结构简单明确,导致其产品种类相对较少。因此,可以预期在未来的 3~5 年间,有机氟化工相关产品和技术仍会是氟化工领域研发热点,有机氟化工产品仍将是氟化工领域市场销售的重点。

图 2-2 给出了 1958~2011 年间无机氟化工领域全球专利申请量随时间的变化趋势。从该图中可以看出:无机氟化工领域全球专利申请量整体保持稳定,年申请量长期保持在 50 项左右;2000 年后专利申请量有所增加;2011 年达到 174 项,为历年申请量的峰值。这意味着无机氟化工行业在较长时间内一直处于较低的研发程度,从专利申请量变化趋势中无法看出新研究热点的出现。直到 2000 年之后,随着六氟磷酸锂等含氟盐逐渐被应用于新能源汽车领域,对六氟磷酸锂等含氟盐的研发逐渐增多,相应的专利申请也迅速增加,使得无机氟化工领域全球专利申请量明显增加。但相对于有机氟化工领域每年数千项的专利申请,无机氟化工领域的专利申请量相对较少。这也与氟化工行业目前市场上销售的无机氟化工产品种类较少的现状相一致。

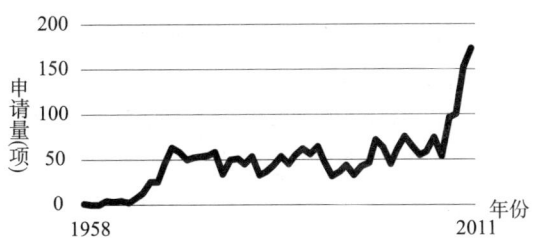

图 2-2 无机氟化工领域全球专利申请量变化趋势

2.1.2 国别分析

在图 2-3 中,统计了氟化工领域全球专利申请的申请国分布。参照本章第 2.1.1 节的申请量变化趋势,可以看出有机氟化工和整个氟化工领域的专利申请量非常接近,氟化工领域和有机氟化工领域的专利申请国分布也应该基本相同,因此,将整个氟化工和有机氟化工领域的申请国分布放在一张图中;而无机氟化工领域专利申请量与整个氟化工领域相比数量较少,因此,将其单独做一张图。从图 2-3 中,可以看出所在国家的市场和研发热点。在某些领域专利申请量较多的国家,相应产品的应用和市场前景也会更好,市场的争夺也更加激烈。

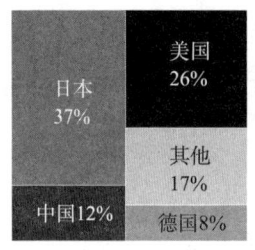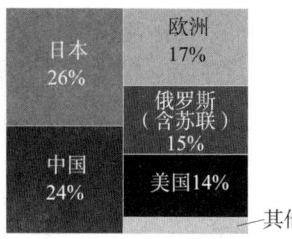

图 2-3 全球氟化工专利申请的申请国分布

在氟化工领域全球专利申请中,来自日本的专利申请占据首位,达到总申请量的37%;之后是美国,达到26%;中国位居第三位,达到12%。从中可以看出,在氟化工领域,日本和美国毫无争议是行业龙头,来自日本和美国的企业是有机氟化工研究的中坚力量。另外,在全球八大氟化工企业中,来自美国和日本的杜邦、大金、3M、旭硝子和霍尼韦尔占据了5个席位,充分说明专利申请量大的国家更容易出现市场占有率高的龙头企业。

在无机氟化工领域,全球专利申请总量为2946项,其中来自日本的有772项,占26%;中国700项,占24%;欧洲493项,占17%;苏联(含俄罗斯)436项,占15%;美国418项,占14%。可以看出,来自日本的申请位居首位,随后依次是中国、欧洲、苏联和美国。

2.1.3 技术构成

通过统计全球氟化工专利申请中各主要技术分支的专利申请数量,得到氟化工领域的全球技术构成。其中氟化工包括无机氟化工和有机氟化工,有机氟化工又分为含氟聚合物和氟碳化合物。目前,我国业内将氟化工行业主要分为无机氟化物、氟烷烃、含氟聚合物及含氟精细化学品四大类,但由于检索效率等问题,本节将含氟精细化学品直接归到其对应的无机氟化物、含氟聚合物和氟碳化合物各个技术分支中。

在图2-4中,统计了全球氟化工专利申请总量以及各个主要技术分支的申请量。氟化工领域全球申请总量为168413项,其中有机氟化工为165467项,占氟化工领域申请总量的98%。在有机氟化工中,含氟聚合物相关的专利申请有129366项,其次是氟碳化合物的36101项。由此可见,在氟化工领域,含氟聚合物是研究的热点,氟化工领域专利申请的73%以上都涉及含氟聚合物。

含氟聚合物相关的专利申请量在氟化工领域中占的比例最大。这一方面与含氟聚合物的结构组成多样化有关,含氟聚合物的结构组成受到聚合单体的种类、聚合单体之间的用量比例和聚合工艺等多种因素的影响,而不同结构和组成的含氟聚合物通常都会采用不同的专利申请进行保护;另一方面也与含氟聚合物具有的不同性能有关,性能的多样化可以满足市场对新材料和新性能的不断追求,同时不同性能含氟聚合物的应用领域也并不相同,性能和用途差别较大的含氟聚合物通常也会采用不同的专利申请进行保护。

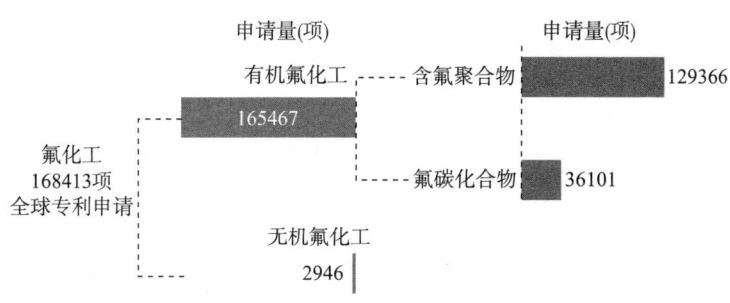

图 2-4 氟化工领域的全球专利技术构成

2.1.4 重点申请人

本节统计了氟化工领域全球重点的申请人。申请人是相关领域技术研发的主体，是专利权的确权主体。因此，针对申请人的统计分析能够明确在相关领域中占据主要地位的研发主体。同时，针对申请人的统计不受国别和地域的影响，结果更加客观准确。

图 2-5 统计了氟化工领域全球专利申请量排名前十位的申请人及其专利申请量。从图 2-5 中可以看出，在氟化工领域，杜邦的申请量最大，达到 4028 项；排名前十位的申请人中，来自日本的有旭硝子、大金、松下、日本电工、佳能和富士胶片，共 6 家；来自美国的有杜邦、3M 和戈尔，共 3 家。

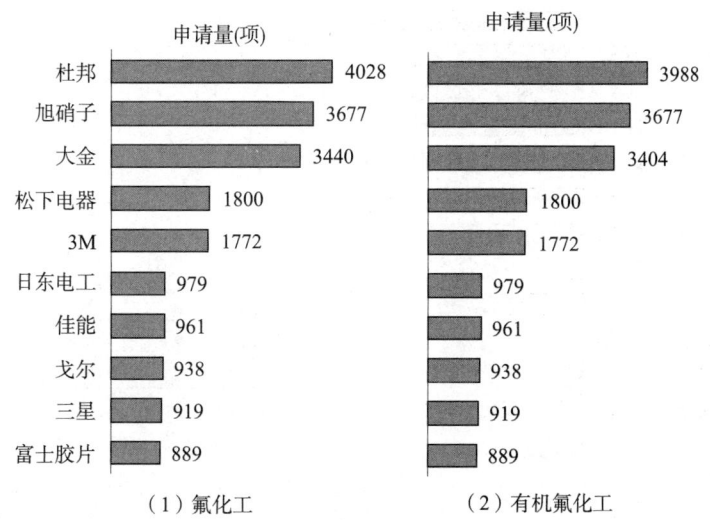

图 2-5 全球氟化工/有机氟化工领域专利申请量排名前十位的申请人

在氟化工领域，这 10 家公司可以说掌握了该领域大多数的先进技术。尽管它们在各分支上的技术先进程度各有不同，但整体而言，这 10 家公司的研发思路和方向代表了全球氟化工领域的主流研究方向，甚至能够反映出未来一段时间氟化工领域的技术和产品走向。

由于杜邦、旭硝子和大金3家公司的专利申请量之和比后7位申请人的专利申请量之和还多,因此,杜邦、旭硝子和大金是氟化工行业当之无愧的领军者。

密切关注这10家公司(特别是前三家公司)的专利申请文件,从专利文件中深入挖掘这些企业在产品研发期间所遇到的各种技术问题、解决相应技术问题所采用的技术手段以及相应产品的性能和应用,使得我国企业在自主创新时可以将有限的资金和技术人员应用在最亟待解决的问题上。

有机氟化工领域专利申请量排名前十位的申请人与氟化工领域的排名一致,再次说明全球氟化工的研究重点是有机氟化工,这些申请人的研究重点应该都集中在有机氟化工领域。

从图2-6可以看出,无机氟化物领域排名前三的申请人依次为三井化学、中央硝子和多氟多,其中首次出现了中国企业(多氟多)的身影,其申请量达到84项,位居第三位。多氟多是中国六氟磷酸锂的主要生产商,在技术上具有一定优势。作为无机氟化工领域的重要成员,多氟多可以多跟踪该领域技术领先的三井化学和中央硝子的专利技术,通过专利申请文件深入挖掘相关技术信息,从而提高自身的技术水平,改善六氟磷酸锂产品的性能。

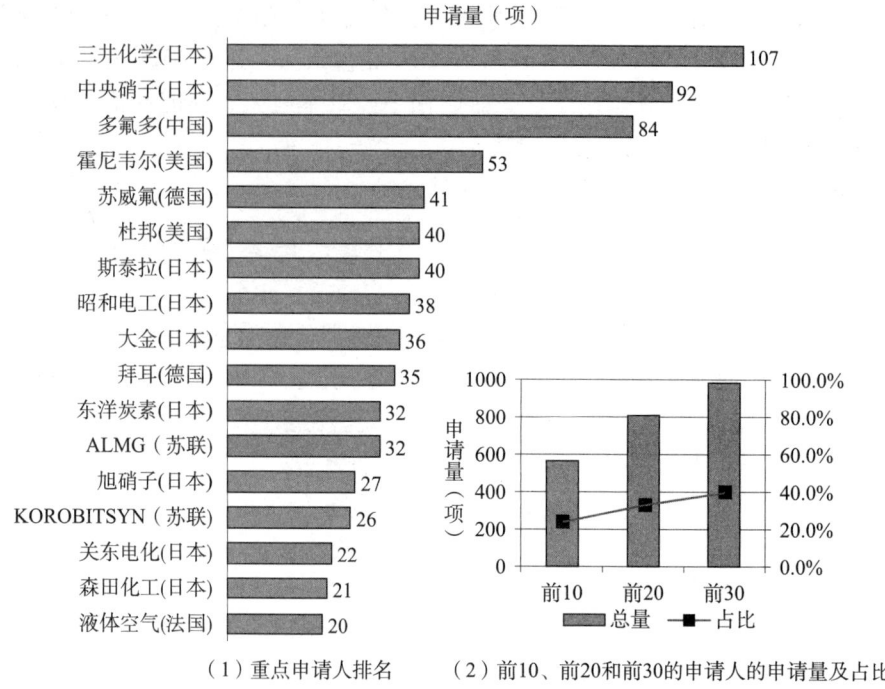

(1)重点申请人排名　　(2)前10、前20和前30的申请人的申请量及占比

图2-6　全球无机氟化工领域重点申请人

2.2　中国专利概况

本节主要分析的是中国氟化工领域专利申请的概况,主要包括申请量变化趋势、

申请人国别分布、重点申请人分析和技术构成等内容。

2.2.1 申请量变化趋势

图2-7给出了中国氟化工领域专利申请量随时间的变化趋势。从图2-7中可以看出,中国氟化工领域专利申请量整体逐年增多,并且保持着越来越快的增长趋势,在2011年达到约2800件。相对于全球氟化工申请量变化趋势(参见图2-1)而言,我国氟化工领域专利申请量在2000年以后所占比例明显增大。相对于2011年全球约9000件的申请量,中国的专利申请量达到约2800件,占全球申请量的30%以上,这意味着中国是目前氟化工领域的热点研究区域;同时,这也意味着未来20年中国的氟化工市场专利竞争将非常激烈,国际行业巨头利用专利权在中国市场跑马圈地或有发生。

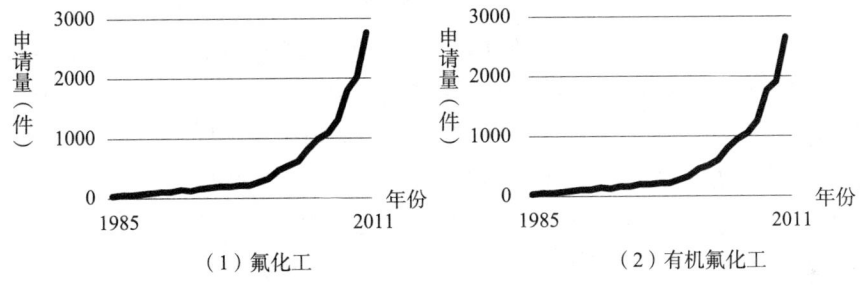

图2-7 中国氟化工和有机氟化工领域专利申请量变化趋势

图2-7还给出了1985~2011年间有机氟化工领域中国专利申请量随时间的变化趋势。从图2-7中可以看出,有机氟化工领域中国专利申请量整体逐年增多,2011年达到了约2700件。通过比较可以看出,氟化工和有机氟化工领域的专利申请量变化趋势非常接近,数量上也较为接近。由于氟化工行业主要分为无机氟化工和有机氟化工两类,因此通过图2-7中的(2)和(1)的比较可知,中国在氟化工研域的研究重点是有机氟化工技术以及其产品。这与全球氟化工领域的研究重点相同。

图2-8给出了无机氟化工领域中国专利申请量的变化趋势。从图2-8中可以看出,2000年之前,中国在无机氟化工领域的专利申请较少,年申请量常年保持在10件左右;2000年后专利申请量迅速增加,2011年达到127件。这意味着中国无机氟化工行业在较长时间内都维持着较低的研发热度,从专利数据中无法看到新研究热点的出现。直到2000年之后,人们认识到六氟磷酸锂的电化学性能,并逐渐将其应用到新能源汽车领域,六氟磷酸锂等含氟盐的研发和专利申请量开始逐渐增多,这也使得无机氟化工领域的专利申请量开始增加。通过比较图2-2和图2-8可以看出,2011年中国无机氟化工领域专利申请量达到127件,而全球为174项,全球专利申请的2/3都在中国申请了专利保护,中国已经成为无机氟化工产品的主要研究区域。

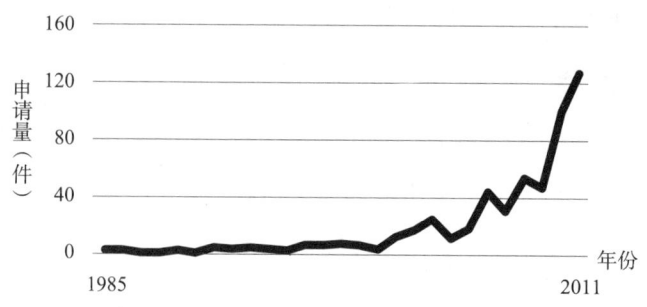

图 2-8 中国无机氟化工领域专利申请量变化趋势

2.2.2 申请来源国分析

图 2-9 统计了不同国家申请人在中国申请专利的情况，分别统计了整个氟化工领域及有机和无机氟化工领域的数据。其中，在整个氟化工领域的专利申请中，来自中国的专利申请占据了 75%，之后是美国 12%、日本 10% 和法国 2% 等。这意味着除了中国本国的申请人外，来自美国和日本的申请人也是重要的组成部分。另外，在有机氟化工领域中国专利申请中，来自中国申请人的专利申请占据 73%，之后是日本 10%、美国 9% 和韩国 1% 等。由申请国分布可以看出，在中国氟化工行业中，中国企业是主要参与者，但外国企业也是其中的重要力量。

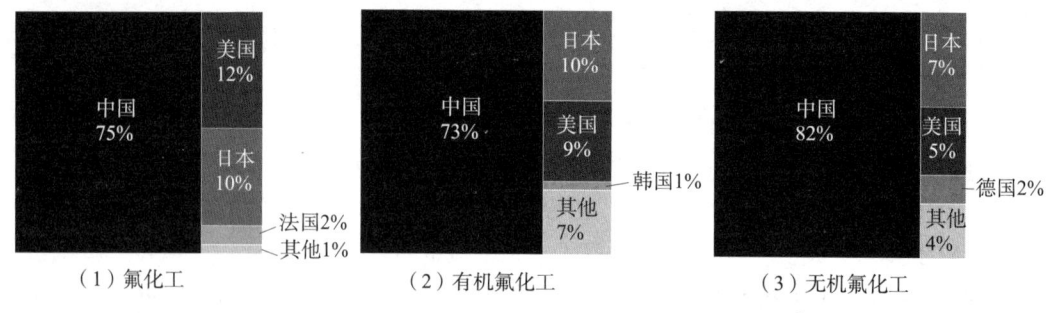

(1) 氟化工　　　　(2) 有机氟化工　　　　(3) 无机氟化工

图 2-9 中国氟化工领域专利申请的申请来源国分析❶

2.2.3 技术构成

截至 2011 年，氟化工领域中国专利申请总计 18908 件，其中有机氟化工领域有 18054 件，占比 95%。在有机氟化工领域，含氟聚合物的申请量达到 14430 件，占氟化工领域中国专利申请的 76% 以上。该结果与全球氟化工专利申请的技术构成类似，含氟聚合物相关的专利申请量最大。

---

❶ 在本节中，来自中国合资公司的专利申请被算作来自中国的申请人，例如美国杜邦公司与中国某企业的合资公司作为中国申请人予以统计。

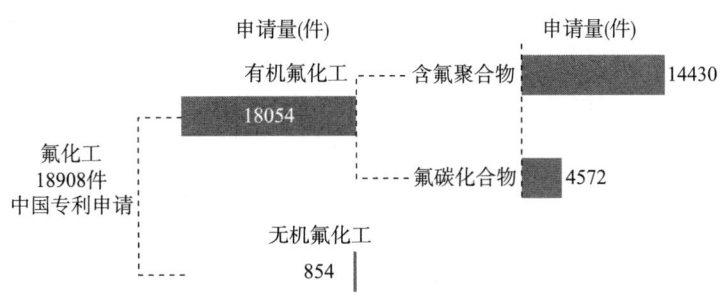

图 2-10 中国氟化工领域的技术构成

2.2.4 重点申请人

图 2-11 统计了氟化工/有机氟化工领域中国专利申请量排名前十位的申请人。由图 2-11 可以看出，在中国氟化工领域的专利申请中，最重要的申请人是杜邦，其申请量达到 698 件；排名前十位的申请人中来自中国的有：浙江大学（164 件）、东岳（156 件）、清华大学（140 件）、天津大学（120 件）和上海交大（113 件）。其中，杜邦和大金的申请量之和与排名第三位至第十位的 8 位申请人的申请量总和相当，可以认为中国专利申请的技术集中度较高。

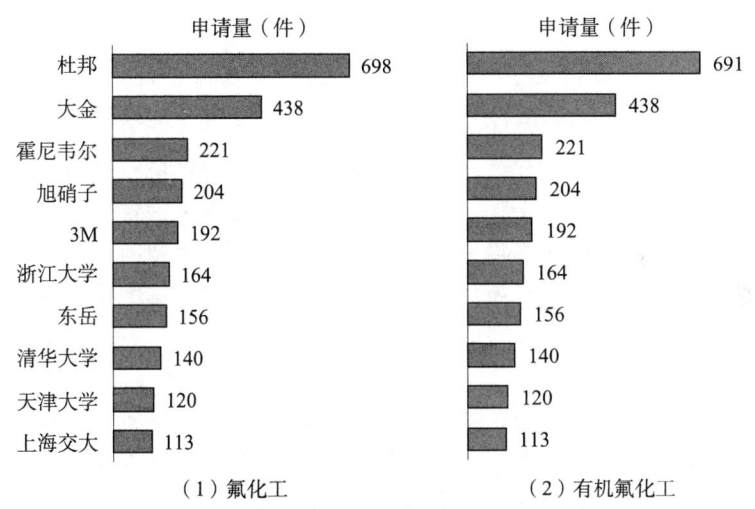

图 2-11 氟化工/有机氟化工领域中国专利申请量排名前十位的申请人

另外，杜邦在中国的申请量为 698 件，约占其全球申请量（4028 项）的 17%，大金在中国的申请量（438 件）约占其全球申请量（3440 项）的 13%。由此可见，杜邦和大金都已经将中国作为其重要的目标市场，对中国氟化工市场虎视眈眈，并提交了大批的专利申请，未来中国氟化工市场的竞争可能成为专利权的竞争，中国企业的自主创新和研发刻不容缓。而来自中国的申请人主要是科研机构，仅有东岳一家企业。这意味着目前我国氟化工产业较多的研究成果尚处于研究阶段，将科研成果应用到产品中已变得刻不容缓。因此，非常需要通过专利分析，从专利文献中深入挖掘先进技术，以促进并加快我国企业的自主研发；同时，也需要及时将国内科研机构和企业的科研成果转化为专利权，为国内企业的发展争取空间。

无机氟化工领域中国重要的申请人排名中（见图2-12），以中国的企业和科研机构为主，其中多氟多的专利申请量位居第一，之后是天津泰源、天津泰亨和天津泰旭。中国企业在无机氟化工领域的专利申请主要集中在以六氟磷酸锂为代表的含氟无机盐领域。

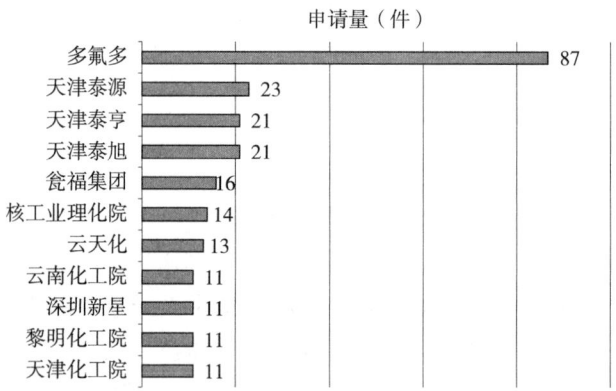

图2-12 无机氟化工中国专利申请主要申请人分布

2.2.5 法律状态分布

专利的法律状态主要包括专利文件申请、公开、授权、有效和失效。一般认为，申请量的大小反映了对技术的关注程度，申请量较大表明专利申请人在一定时间段内对该技术进行了较多的研究。如果专利申请能够获得专利授权，则意味着该专利技术相对于现有技术具有新颖性和创造性，符合《专利法》规定的授权条件，因此授权量的大小可反映出申请人对该领域技术的掌握程度。有效的专利通常是企业较为重视的技术，也是其在市场竞争中的有力武器，是保护企业知识产权的主要工具，因此有效量在一定程度上体现了专利权人的核心技术。有效专利越多，越容易构建企业专利池，形成知识产权壁垒，为企业产品的生产、利润和市场占有率保驾护航。

专利权特别是有效专利权是企业竞争的有力武器，具有较多专利权的申请人之间存在相互竞争又紧密合作的关系，而专利权较少的申请人则很难参与到游戏规则的制定中，或许将只能通过购买专利权等手段来进入相应的市场。

从图2-13可以看出，虽然杜邦的专利申请量较排名第二的大金多300件左右，但是两个企业的专利授权量和专利有效量数据都比较接近，这意味着两大公司的专利权数量不分上下，它们也是整个氟化工领域和有机氟化工领域的技术领先者。东岳的专利申请量虽然仅排在第七位，但其授权量和有效量均排在第三位，仅次于杜邦和大金。这意味着东岳在氟化工某分支领域已形成自己的专利池，具有一定的技术积累。在有机氟化工领域，专利权数量排名前五的申请人依次是杜邦、大金、东岳、旭硝子和3M。

在无机氟化物领域，中国多氟多的专利授权量和有效量最多，其次为日本的核工业理化院。日本的核工业理化院专利申请的授权率非常高，且大部分都维持有效。

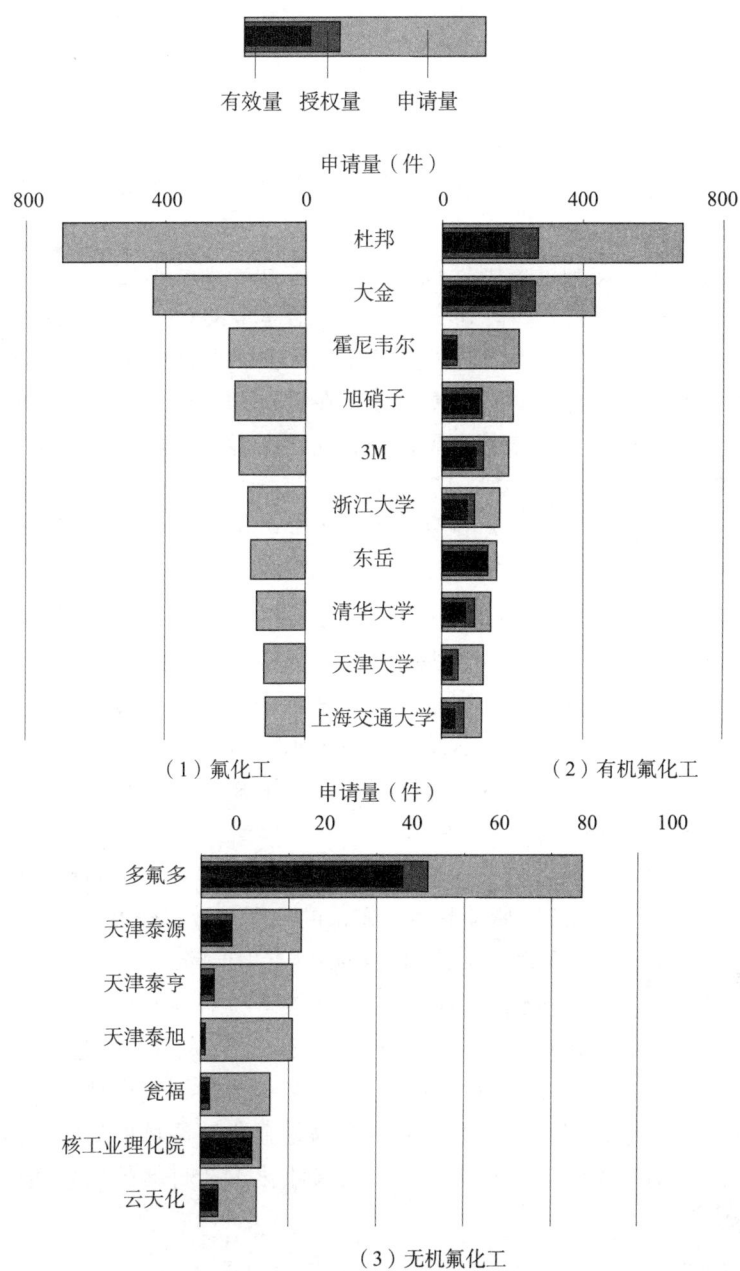

图 2-13 氟化工领域中国主要申请人的专利法律状态分布

2.3 本章小结

通过对氟化工领域全球和中国专利申请的分析,本章主要研究了其申请量变化趋势、申请人国别分布、重点申请人、技术构成及在中国的法律状态等内容,得到以下结论。

(1) 从申请量变化趋势来看,目前氟化工领域全球和中国专利申请量都呈上升的趋势，2011年的专利申请量均处于历史高位。这意味着在目前和今后一段时间内，对氟化工领域的相关技术研究将继续深入，氟化工产品的性能将不断提升，应用也将不断拓展，氟化工行业整体处于行业景气周期中。

2000年之后，来自中国的专利申请量迅速增加，在2011年已占据全球专利申请总量的30%以上，这意味着中国对氟化工领域的相关技术研究逐渐增加，中国已成为全球氟化工行业的重要新兴市场。

（2）从全球和中国专利申请国分布来看，日本和美国是氟化工领域最重要的专利申请国，两国的专利申请量之和占到全球专利申请总量的63%。这意味着日本和美国是氟化工行业的主要研究区域，同时也是氟化工产品主要的销售市场，氟化工领域的重点专利技术和未来的市场竞争也将集中分布在日本和美国。来自中国的专利申请量占全球总申请量的12%，这意味着中国作为氟化工行业新兴的研究区域和重要的新兴市场，在全球氟化工产业中已占据一席之地。

（3）从全球和中国专利申请人分布来看，杜邦、旭硝子和大金是全球最重要的专利申请人，其专利申请量之和占据了全球排名前十位专利申请人申请量的一半。同时，杜邦在中国的专利申请量占到其全球专利申请总量的约17%，这意味着杜邦已经开始重视中国市场，逐渐开始在中国进行专利布局，为其产品的销售提供知识产权保障。

（4）中国申请量排名前十位的申请人中，来自中国本土的申请人有4位，包括三家大学和一家企业，其申请量总和不及杜邦在中国的申请量。这意味着在产业技术和专利布局方面，我国企业远远落后于跨国公司，我国氟化工行业整体上仍处于发展阶段，需要把研究成果及时应用到产品中。

（5）从专利申请法律状态分布来看，在我国具有有效专利权的专利权人主要是杜邦和大金，东岳、旭硝子和3M紧随其后。东岳的专利有效量较多，这有利于企业形成自身专利池，为参与市场竞争和产品出口外销提供有力保障。

值得关注的是，在无机氟化工领域，中国多氟多位居专利申请量的前列，其在六氟磷酸锂方面的专利申请数量较多，目前在该领域处于较为领先的地位。

（6）从氟化工领域的技术构成来看，在全球和中国的专利申请中，有机氟化工均占据了氟化工研究的绝大部分，其中含氟聚合物是氟化工领域的研究重点。这意味着目前全球氟化工的研究重点是含氟聚合物，未来氟化工新材料的创新很可能会出现在含氟聚合物领域。

第3章 ODS替代品

全氯氟烃和溴氟烃在国民经济中占有重要位置,广泛应用于制冷、空调、发泡、清洗、消防、气雾剂等领域。但由于其对臭氧层有破坏作用,被列为ODS,正被逐步淘汰并最终禁止使用。因此,ODS替代品这一新兴行业应运而生,并迅速发展。

我国对自主开发ODS替代品生产技术很重视。在1991年签署修改后的《蒙特利尔议定书》后,我国就立即将ODS替代品的制备研究列入国家计划,并明确要求形成我国自己的技术特色。另外,我国对ODS替代品的应用技术也很重视,先后立项多个省部级科研项目,同时我国企业也积极推广应用这些技术。

虽然我国从政府到企业对ODS替代品行业都很重视,但仍然存在不足之处,突出表现为:(1)关键产品研发和应用滞后;(2)企业专利实力不强,如专利申请少,特别是国外专利申请更少。因此,通过对ODS替代品行业进行专利分析,引导我国企业利用专利信息和加强专利保护,是非常必要的。本章将对ODS替代品的总体情况进行宏观分析,并选取关注度最高的ODS替代品之一——HFO-1234yf进行深入的分析。

3.1 技术概况

消耗臭氧层物质是指能诱发臭氧损耗,从而破坏大气臭氧层、危害人类生存环境的化学物质,其英文为Ozone Depleting Substances,简称ODS。

为保护臭氧层,各国于1985年和1987年相继签署了《保护臭氧层维也纳公约》和《蒙特利尔议定书》,分别就淘汰ODS作了原则性与细致性的规定。其中,涉及氟化工行业的ODS主要有CFCs和HCFCs,它们主要用于制冷剂、发泡剂和清洗剂领域。截至2013年,CFCs已被完全淘汰;而按照《蒙特利尔议定书》规定的ODS淘汰时间表,截至2040年将淘汰包含HCFCs在内的所有ODS。

HFCs作为ODS替代品在履行《蒙特利尔议定书》的过程中扮演着重要角色。其在安全性能、应用性能、替代技术成熟性和替代成本等方面表现出了明显优势,是当前ODS替代品的主流产品。然而,大多数HFCs的GWP较高。随着气候变化特别是全球变暖问题日益突出,各国于1997年签署了《京都议定书》,将HFCs规定为6种受控温室气体之一。在该形势下,包括欧盟在内的一些发达国家和地区陆续制定了相应的法规和提案,旨在逐步限制HFCs的生产、消费和进出口贸易,并且积极要求将HFCs类物质纳入《蒙特利尔议定书》框架内进行管理和减排。HFCs的生产和应用推广因此受到很大影响,发展前景也越来越不明朗。对此,氟化工行业的跨国公司巨头纷纷加大投入,开发更新一代具有低GWP的ODS替代品。例如美国的霍尼韦尔开发了以2,

3,3,3-四氟丙烯（HFO-1234yf）为主的替代工质，其 GWP 为 4，可以直接替代 HFC134a。

我国相继加入/签署了《保护臭氧层维也纳公约》、《蒙特利尔议定书》伦敦修正案和《京都议定书》。受到国际公约关于 HCFCs 和 HFCs 的限制，我国作为当前全球最大的 HCFCs 和 HFCs 的生产和消费国，与国际公约相关的氟化工行业受到较大冲击。在面临技术升级和产品更新换代的当下，尽早跟踪国际 ODS 替代品发展趋势，加大 ODS 替代品的研发投入和力度，促进国内 ODS 替代品良性发展，显得尤为迫切。

3.2 全球专利概况

3.2.1 申请量态势分析

氟化工产业与人们的生活密切相关。随着氟化工产业重要性日益突出，作为其主要分支之一的 ODS 替代品行业的相关专利申请量也持续增长。截至统计日❶，全球范围内关于 ODS 替代品的专利申请共 9189 项。

图 3-1 是 ODS 替代品全球相关专利申请量的发展态势。从图 3-1 中可以看出，该领域的专利申请最早可追溯到 1901 年，之后缓慢增长，但幅度不大；直到 20 世纪 80 年代中叶，ODS 替代品的专利申请量迎来了井喷式发展：1987 年首次超过 100 项（108 项），1988 年达到 197 项，之后每年申请量均保持在 300 项左右的水平。出现这种情况的原因主要在于《保护臭氧层维也纳公约》（1985 年）和《蒙特利尔协定书》（1987 年）的签订。这两项国际公约对 ODS 的淘汰分别作了原则性和细致性的规定，从而大大促进了 ODS 替代品的研发和专利申请量的增长。自此，ODS 替代品相关专利申请量一直保持在较高水平。

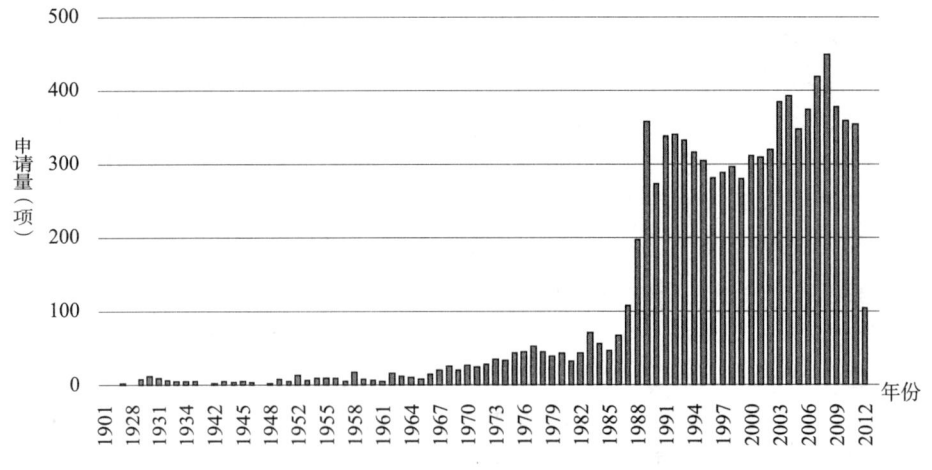

图 3-1　ODS 替代品全球专利申请态势

---

❶ 该统计日期为 2013 年 9 月 22 日。

3.2.2 申请国分析

图3-2由ODS替代品全球申请量区域分布和全球主要市场区域分布两部分组成。其中,全球申请量区域分布反映的是全球范围内ODS替代品相关专利申请的申请国及其主要申请人信息,全球主要市场区域分布则通过这些专利申请的目标国信息来体现。❶

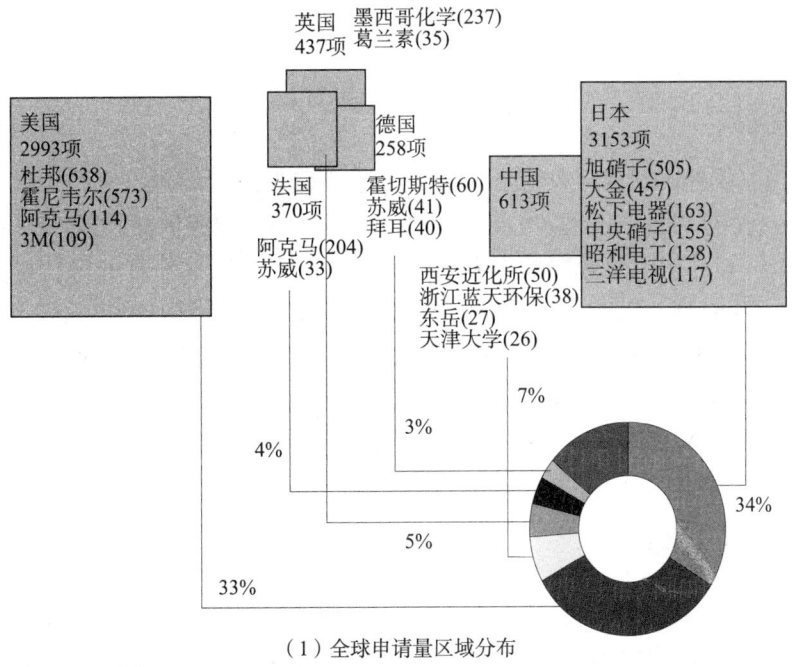

(1)全球申请量区域分布

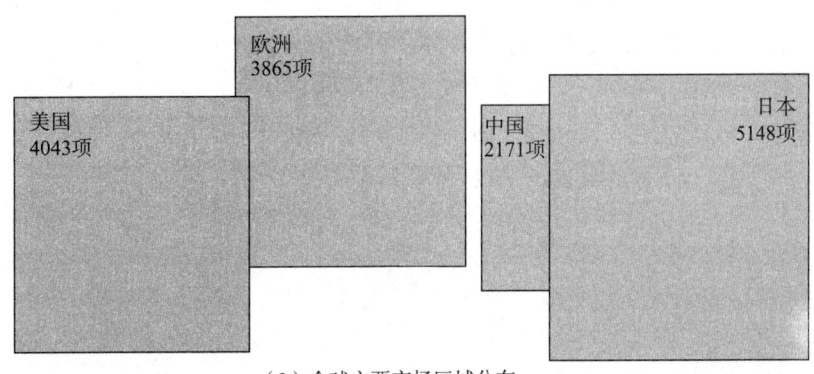

(2)全球主要市场区域分布

图3-2　ODS替代品全球专利申请的申请国及其主要申请人以及主要市场分布

注:图中方块大小表示该图所代表的国家/地区在ODS替代品领域的专利申请量;括号中数字表示各图主要申请人的专利申请量,单位:项。

---

❶ 申请国是指首先提出该项专利技术的国家,即专利技术的来源国;目标国则是指要求获得专利技术保护的国家或地区。例如,美国一家公司首先在美国提出一项ODS替代品技术的专利申请,随后以其为优先权,分别在中国、日本和欧洲进行了申请,则该项专利申请的申请国是美国,目标国有美国、中国、日本和欧洲。

在申请国方面,如图3-2(1)所示,日本和美国在ODS替代品研发实力方面当之无愧地属于第一梯队,源于它们的申请分别达到了3153项和2993项,约占申请总量的34%和33%。如此高的申请量充分证实了两国在ODS替代品领域的引领地位。

中国ODS替代品研发在近些年有了很快发展。截至统计日,源于中国的专利申请量达到613项,约占全球总量的7%,居于全球第三位。与中国一样同属第二梯队的国家还有英国、法国和德国,三国申请量分别为437项、370项和258项,约占全球总量的5%、4%和3%。

3.2.3 目标国分析

在一个国家或地区的专利申请公开量可以直接反映该国家/地区在全球市场中的地位。由图3-2(b)的信息可以看出,日本、美国、中国和欧洲是当前ODS替代品领域的主要市场,以它们为目标国的专利申请量(即在各自区域公开的申请量)分别达到了5148项、4043项、2171项和3865项,均明显多于本国/区域的申请量。

若将专利申请的申请国和目标国的专利量比值作为衡量国家/区域自主知识产权程度的一项指标,那么结合本章第3.2.2节中关于申请国的分析,可以明显看到,作为四个最大的研发主体和市场,美国和日本的比值分别为0.74和0.61,远高于中国和欧洲的0.28。

3.2.4 主要申请人分析

在主要申请人方面,如图3-2(a)所示,日本主要有旭硝子(505项)、大金(457项)、松下电器(163项)、中央硝子(155项)、昭和电工(128项)和三洋电机(117项)。美国则主要有杜邦(638项)、霍尼韦尔(573项)、阿克马(114项)和3M(109项)。中国的申请人分布相对分散,各申请人的申请量均不超过50项,主要有西安近代化学研究所(以下简称"西安近化所")(50项)、浙江蓝天环保(38项)、东岳(27项)、天津大学(26项)等。英、法、德三国则主要有墨西哥化学(237项)、阿克马(204项)、苏威(74项)和霍切斯特(60项)等。

3.3 中国专利概况

3.3.1 申请量态势分析

中国是最大的ODS生产和使用国之一,也是ODS替代品的一个主要市场。随着ODS替代品研发的深入,世界各国的申请人积极在中国进行专利申请,以期望取得技术和市场先机。截至统计日,中国相关专利申请量达到了2171件。

图3-3是ODS替代品中国相关专利申请量的发展态势图。从图3-3中可以看出,ODS替代品的中国专利申请始于1987年,随后保持稳定但缓慢增长的态势;直到进入21世纪后,申请量迅速升高,在2006~2010年这一时间段的申请量达到了1012件。

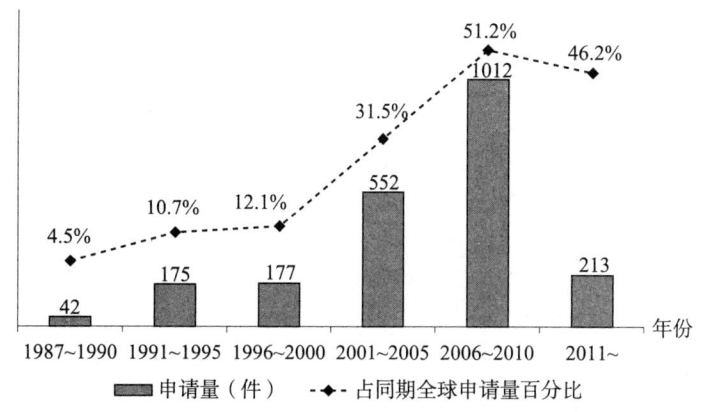

图 3-3　ODS 替代品中国专利申请态势

各时间段内中国申请量占全球申请量的百分比值也呈现出了相同的增长态势。进入 21 世纪后，后一时间段所占比例均比前一时间段高出 20% 左右。这在很大程度上说明我国作为 ODS 替代品的重要市场已得到越来越多的关注，而在带动我国 ODS 替代品行业发展的同时，国外企业在中国的抢滩登陆势必会对我国行业的自主发展造成冲击。

3.3.2　申请国分析

在专利技术来源方面，我国自主知识产权的申请量为 592 件，约占全部申请的 27.3%；源自国外申请人的申请量则为 1579 件，约占全部申请的 72.7%。从图 3-4 可知，在国外申请人中，美国、日本、法国、英国和德国的申请量名列前茅，其总量占国外申请的绝大多数。这种分布情况与前文提到的全球专利申请国信息大致相当，也再次证明了这些国家在 ODS 替代品领域的主导地位。

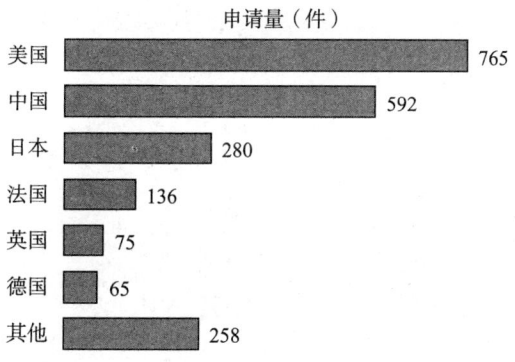

图 3-4　ODS 替代品中国专利申请的申请国分布

3.3.3　主要申请人分析

在主要申请人方面，图 3-5 给出了中国专利申请量超过 30 件的主要申请人及其申请量。如图 3-5 中所示，申请超过 30 件的申请人共有 9 个，其中杜邦、霍尼韦尔、阿克马和大金居于前四位，申请量分别为 244 件、160 件、96 件和 72 件；而中国本土申请人仅 2 家，分别是西安近化所和浙江蓝天环保，申请量分别为 50 件和 38 件。

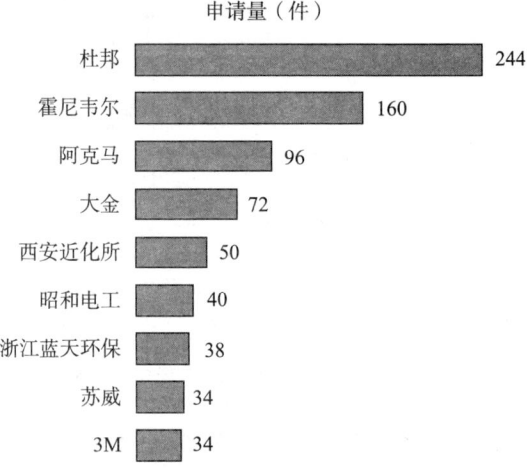

图 3-5 ODS 替代品中国专利申请的主要申请人及其申请量

结合上述申请国信息不难看出，目前涉及 ODS 替代品的中国专利申请是以国外大型企业为主要申请人，相比于如杜邦、霍尼韦尔等公司，我国 ODS 替代品相关企业存在巨大差距。长此以往，在缺少充足自主知识产权的支撑下，国内 ODS 替代品行业的后继发展必然会受到极大的制约。

3.3.4 专利申请法律状态分析

如图 3-6 所示，在 2171 件 ODS 替代品中国相关专利申请中，目前已获得授权的共有 1000 件，约占申请总量的 46.6%。其中，国内申请人的授权专利共 311 件，约占国内申请总量（592 件）的 52.5%；国外申请人的授权专利共 689 件，约占国外申请总量（1579 件）的 43.6%。

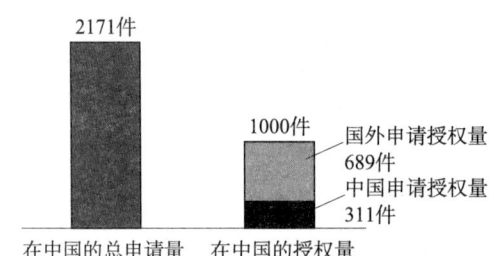

图 3-6 ODS 替代品中国专利申请的授权及法律状态信息

在上述 1000 件授权专利中，截至统计日仍处于有效专利权状态的共有 785 件，包括国内申请人的 268 件和国外申请人的 517 件。专利失效（共 215 件）的原因包括因费用终止、有效期届满、主动放弃和被宣告全部无效 4 种，相关专利量分别为 194 件、18 件、2 件和 1 件。

3.4 重点产品 HFO-1234yf 的专利分析

HFO-1234yf，化学名 2，3，3，3-四氟丙烯，IUPAC 名为 2，3，3，3-tetrafluoroprop-1-ene，化学式为 $CH_2=CFCF_3$，ODP=0，GWP=4。其 GWP 远低于目前主要的汽车空调中的制冷剂 R134a，因此被认为是最可能取代 R134a 成为汽车空调中使用的制冷剂。除此之外，HFO-1234yf 可以应用于灭火剂、传热介质、推进剂、发泡剂、起泡剂、气体介质、灭菌剂载体、聚合物单体、移走颗粒流体、载气流体、研磨抛光剂、替换干燥剂、电循环工作流体等领域。

3.4.1 HFO-1234yf 近年大事记

2006 年 5 月，欧盟出台了关于汽车空调系统排放物的法规 IDRECTIVE2006/40/EC，规定 2011 年 1 月 1 日起，在欧盟境内生产和销售的所有新的设计车型，不允许使用 GWP 大于 150 的制冷剂；2017 年 1 月 1 日起，在欧盟境内生产和销售的所有新车，禁止使用 GWP 大于 150 的制冷剂。❶

2012 年，欧洲市场采用 HFO-1234yf 制冷剂的汽车斯巴鲁 SUBARU XV 已经上市，而现代汽车也计划在其海外市场采用 HFO-1234yf 制冷剂。❷

然而，欧盟在 2012 年又表示，允许汽车制造商在新生产汽车中继续使用高 GWP 制冷剂 R134a，原因是杜邦和霍尼韦尔不能提供足够的 HFO-1234yf 制冷剂。究其原因是由于 2011～2012 年，HFO-1234yf 在中国和日本的生产被打乱，如 2011 年 3 月日本地震对生产影响很大。

根据欧盟的一些相关化学品和安全法规规定，HFO-1234yf 需要在 2012 年进行检测和认证。因此，德国环境、自然保护和核安全部（BMU）指定相关国家机构负责与欧盟 REACH 机构共同对该制冷剂的环境和健康影响进行评估。❸

戴姆勒积极地进行 HFO-1234yf 的安全评估，在 2012 年 8 月的碰撞实验中发现 HFO-1234yf 具有引起火灾的隐患，因而拒绝使用 HFO-1234yf。其他各大车企对 HFO-1234yf 态度不一。除了戴姆勒之外，德国企业大众及宝马均对该制冷剂持抵制态度，而美国企业通用则认为其并不存在安全问题而坚持使用。❹

制冷剂 HFO-1234yf 的倡导者之一霍尼韦尔很快出面反驳，认为戴姆勒所做的实验是完美条件下的测试，不受认可，并指出起火原因是由于戴姆勒设计导致。❺

---

❶ 曹霞. HFO-1234YF——新一代汽车空调制冷剂 [J]. 制冷与空调, 2008 (6): 55-61.
❷ 浙江省化工研究院. 欧洲首款采用 HFO-1234yf 制冷剂汽车已经投放市场 [J]. 浙江化工, 2012 (4): 38.
❸ 欧盟延长汽车空调使用高 GWP 值制冷剂 [EB/OL]. (2012-05-17) [2013-09-01]. http://auto.ifeng.com/usecar/news/20120517/781384.shtml.
❹ 戴姆勒拟开发新型空调系统拒绝使用 HFO-1234yf [EB/OL]. (2013-03-08) [2013-09-01]. http://aoto.gasgoo.com/news/2013/03/07115220522060184230154.shtml.
❺ 制剂商将起火原因归为戴姆勒设计导致 [EB/OL]. (2013-04-24) [2013-09-01]. http://auto.ifeng.com/xinwen/20130424/855122.shtml.

2013年7月,法国政府因制冷剂问题拒绝多款奔驰新车在境内注册,戴姆勒状告法国政府,欧盟支持法国政府,而德国政府力挺戴姆勒;2013年8月,法国最高行政法院废除了法国政府的禁令。

2013年9月,阿克马宣布计划在江苏常熟建新厂生产HFO-1234yf,预计在2016年投入运营。

由上可知,对于HFO-1234yf,各国政府和企业态度迥异、纷争不断。美国的霍尼韦尔、通用汽车、美国汽车学会和法国阿克马支持HFO-1234yf推广应用,而德国戴姆勒、宝马、大众和日本丰田抵制HFO-1234yf的推广应用。各公司不同的态度其实是由各自的专利实力所决定的。

3.4.2 申请量趋势分析

截至2013年4月29日公开的数据,明确记载HFO-1234yf的专利共有784项。以各专利族的申请日统计,其分布情况如图3-7所示,此变化趋势可以分为三个阶段。

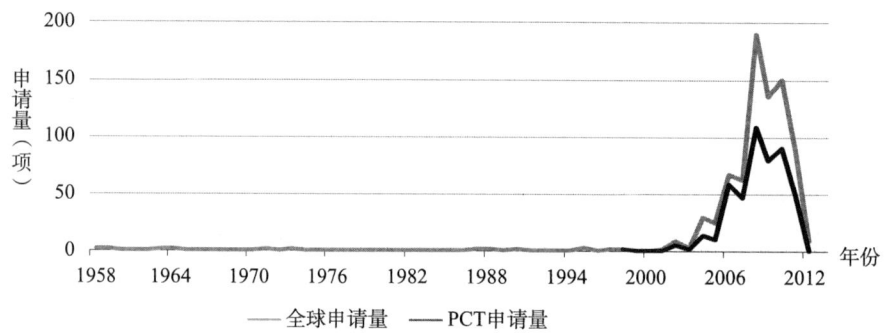

图3-7 HFO-1234yf的全球专利/PCT专利申请随年代变化趋势

第一阶段:1958~1990年,非主流的聚合单体。

HFO-1234yf最早是在1958年杜邦申请的专利文献中记载,是作为聚合单体使用。其后几十年中(1990年之前),HFO-1234yf的专利申请时断时续且专利申请量并不大,共有专利申请12项。HFO-1234yf仅是作为一种备选的制备聚合物的单体使用,生产成本较高且不是生产含氟聚合物必不可少的单体。因此,在此期间没有多少发展,专利申请量也维持较低的水平。

第二阶段:1990~2004年,非主流的制冷剂。

1990年大金首次提出HFO-1234yf可以作为制冷剂使用,并且制冷性能与R12、R22或R502相当,但并没有引起制冷剂业界的重视。在此期间,全球共有20项专利申请。

第三阶段:2004年至今,被寄予厚望的制冷剂。

2004年,HFO-1234yf的专利申请才开始了近10年的大发展,期间共有752项专利申请问世。2001年3月,美国布什政府以"减少温室气体排放将会影响美国经济发展"和"发展中国家也应该承担减排和限排温室气体的义务"为借口,宣布拒绝执行《京都议定书》。然而,美国公司霍尼韦尔和杜邦却开始寻找既符合《蒙特利尔议定书》（ODP = 0）又利于执行《京都议定书》（GWP 极小）的新型制冷剂。2004 年，霍尼韦尔和杜邦合作推出了 HFO - 1234yf 作为新一代制冷剂，引领了近 10 年的 HFO - 1234yf 专利申请数量的井喷。在 2008 年在亚利桑那州斯科戴尔市召开了汽车空调制冷剂替代方案大会，讨论结果为 HFO - 1234yf 是最适合的新一代制冷剂，将在未来成为全球最主要的汽车空调制冷剂；❶ HFO - 1234yf 的申请数量达到了顶峰，在 2008 年中有 189 项专利申请。在全球所有的 784 项专利中，有 463 项是通过 PCT 途径申请的，占比 59%。这说明关注 HFO - 1234yf 的申请人比较注重专利申请的全球性布局。从时间上来看，HFO - 1234yf 的首次 PCT 申请出现在 2001 年；从 2004 年起开始有较多的 PCT 专利布局，说明业内看好 HFO - 1234yf 作为制冷剂的前景。在 2008 ~ 2010 年阶段，PCT 专利申请趋于平稳，且相比 2004 ~ 2007 年阶段的 PCT 申请比例有所下降。这可能是由于本领域申请人确定 HFO - 1234yf 未来的市场格局，将一部分 HFO - 1234yf 的发明通过《巴黎公约》的形式或国内申请的形式进行专利保护。这样的布局针对性更强、申请成本更低。这也说明 2008 年之后，HFO - 1234yf 的专利布局策略从追求速度的"圈地运动"变为追求专利布局质量的精细化操作阶段。

3.4.3 区域分布分析

如图 3 - 8（见文前彩色插图第 4 页）从专利优先权所在国看全球专利的来源地，美国和日本的申请人是 HFO - 1234yf 专利申请的主力，分别占比约 44% 和 32%；法国申请人排名第三，占比约 11%；中国申请人占约 5%。HFO - 1234yf 的专利申请总体来说被美国、日本、法国的申请人所把持，三国的专利申请量约占总量的 87%，牢固控制着 HFO - 1234yf 的专利命脉，也可以说 HFO - 1234yf 的生产和制备技术被美国、日本和法国垄断。

除了美、日、法之外，全球还有中国、德国、英国、欧盟、俄罗斯、韩国、荷兰、加拿大和印度 9 个国家或地区的申请人在申请 HFO - 1234yf 专利。各国申请人除了在申请数量上有差异，在申请的类型上也有不同。美国申请人在 HFO - 1234yf 制备专利、纯化专利和应用专利上布局较为均衡，在制备和应用两种专利上都没有短板。法国和中国的申请人布局格局和美国申请人的申请风格较为类似，制备和应用专利的比例较为均衡，但专利申请数量远不及美国申请人的申请数量。日本申请人重点关注的是应用专利，HFO - 1234yf 的应用专利构成了其专利申请数量的绝对主体。德国申请人与日本申请人类似，申请的有关 HFO - 1234yf 的专利都与应用有关。另外，值得注意的是，美国申请人掌握着多数 HFO - 1234yf 的纯化专利，从专利数量上看，美国拥有 HFO - 1234yf 纯化技术的领先优势。

从各国申请量的态势来看，HFO - 1234yf 作为制冷剂的应用是从 2004 年之后开始被广泛看好。2004 年，美国申请人首先开始大量申请专利，并在 2004 ~ 2010 年总体维

---

❶ 制冷剂 R1234yf 将替代 R134a 成为最主要汽车空调制冷剂 [EB/OL]. (2012 - 09 - 22) [2013 - 09 - 11]. bao. hvacr. cn/201209_ 2028575. html.

持增长态势，是 HFO-1234yf 专利申请的先行者。日本申请人从 2007 年开始大量申请专利，并且在随后的 2008~2010 年的申请量一直居于首位，是积极的跟随者和改进者。法国、英国和德国申请人从 2007 年开始申请专利，其中法国申请人的申请量稍多，但这三国企业的申请量都输于美国和日本企业。我国申请人从 2009 年开始有 HFO-1234yf 的专利申请。

从时间上看，美国申请人是 HFO-1234yf 专利申请的领导者，并且从开始就以大量专利抢占 HFO-1234yf 专利布局的制高点；日本申请人是最敏感的追随者，在意识到 HFO-1234yf 在制冷行业的战略地位后，立即以更大量的专利进行追随和包围；法国、英国和德国申请人在 HFO-1234yf 布局的起步时间相对较晚，在专利布局上可突破的技术空白点已经相对较少。我国申请人的 HFO-1234yf 专利申请的起跑点更晚，虽然在专利权获取上难度更大，但也更容易看清 HFO-1234yf 的市场发展趋势和技术发展趋势，在 HFO-1234yf 的专利布局上更容易寻找技术突破口。中国申请人在对 HFO-1234yf 进行技术研发和专利申请时可充分利用这一点，扬长避短，不可盲从。

图 3-9 是 HFO-1234yf 专利的主要来源国/地区和主要进入国/地区对应图。美国是最大的技术输出地，其最关注的是美国市场，其次是欧盟地区、中国和日本，在韩国和墨西哥也有较多的专利布局。这说明美国企业首先立足于本国市场的稳固，在此基础上大量在其他国家和地区进行布局。推测美国申请人如此布局的原因是由于 HFO-1234yf 是由美国企业首先发现其制冷剂应用的巨大潜力，因此美国企业大量在欧盟、中国和日本进行布局；这一方面是其认为这 3 个国家和地区是 HFO-1234yf 的潜在最大的市场，另一方面也防止来自欧盟、中国和日本 3 个国家和地区的企业在 HFO-1234yf 上的技术逆袭。

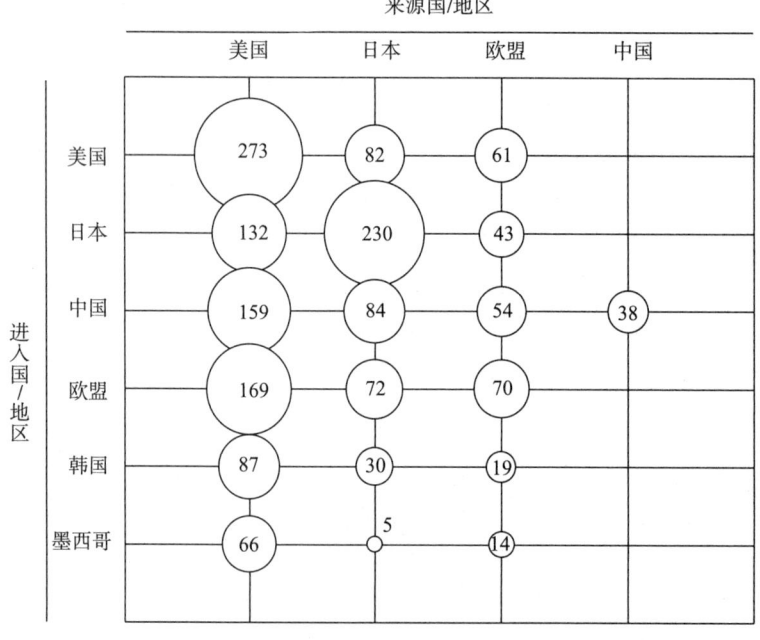

图 3-9　HFO-1234yf 专利主要来源国和主要进入国/地区对应图

注：图中的圈内数字表示申请量，单位为项。

日本是第二技术输出地。日本企业最关注本国市场的布局，在日本本国市场的专利申请量几乎是在美国、中国和欧盟的总和。虽然日本企业的专利申请量已经相对较大，但其在美国引领的 HFO-1234yf 技术领域还是谨慎地采取重防守轻进攻的策略，先保证国内市场的数量优势。

欧盟国家在各国家和地区的申请量较为平均。中国企业在申请量上排名第六位，目前所申请的专利全部限于国内，并且在中国国内的申请量也远落后于美国和日本企业，处于被动防守的境地。在这种态势下，中国企业的当务之急应该是首先在国内提高专利申请数量，并且从具体的技术点入手获得一批高质量的专利以保护自身利益；另外，中国企业也可以采用技术引进的方式防止可能的专利纠纷。

如图 3-10 所示，从 HFO-1234yf 专利进入的国家和地区的数量来看，美国和日本分居第一位和第二位，分别布局有 419 件专利申请和 406 件专利申请；紧随其后的是中国和欧盟，分别布局有 338 件专利申请和 314 件专利申请。在这四个国家和地区布局的专利申请总数远超过其他的国家和地区。在中国台湾和中国香港的专利申请也分别有 52 件和 16 件，在 HFO-1234yf 专利分布的国家和地区中全球排名分列第 9 位和第 18 位。

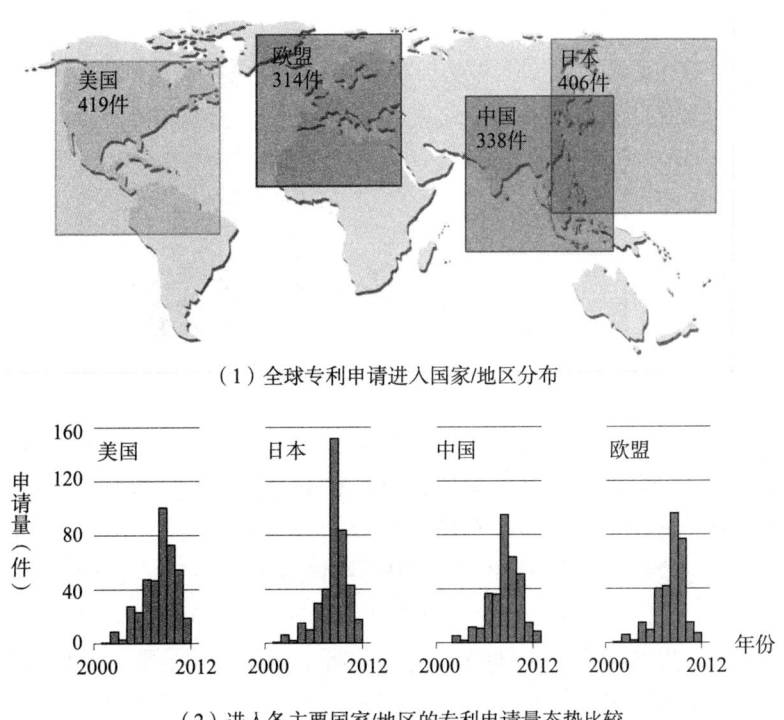

(1) 全球专利申请进入国家/地区分布

(2) 进入各主要国家/地区的专利申请量态势比较

图 3-10　HFO-1234yf 专利申请量的地区和态势分布

图 3-11 是 HFO-1234yf 专利申请在进入各国/地区的类型分布图。从专利的类型来看，全球 HFO-1234yf 的专利申请约有 67% 是应用方面的，包括 HFO-1234yf 用于传热、

发泡，以及采用 HFO-1234yf 作为制冷剂或传热介质等的装置和系统；约 30% 的专利申请是有关 HFO-1234yf 的制备；另外，约 3% 的申请关注 HFO-1234yf 的纯化。

	进入该国家或地区的专利申请量	各技术分支占比		
		纯化	应用	制备
美国	407	4.2%	65.1%	30.7%
日本	397	2.0%	78.1%	19.9%
中国内地	335	2.7%	61.2%	36.1%
欧盟	310	3.2%	66.5%	30.3%
韩国	136	2.9%	66.2%	30.9%
墨西哥	86	2.3%	52.3%	45.4%
法国	83	4.8%	75.9%	19.3%
加拿大	73	2.7%	71.2%	26.1%
中国台湾	51	3.9%	66.7%	29.4%
澳大利亚	53	1.9%	83.0%	15.1%
印度	39	2.6%	35.9%	61.5%
德国	35	0.0%	91.4%	8.6%
俄罗斯	35	11.4%	34.3%	54.3%
中国香港	18	5.6%	44.4%	50.0%
西班牙	15	0.0%	26.7%	73.3%
英国	9	0.0%	88.9%	11.1%
巴巴多斯	10	0.0%	100.0%	0.0%
巴西	8	0.0%	87.5%	12.5%
南非	4	0.0%	100.0%	0.0%
新加坡	4	0.0%	100.0%	0.0%
海湾地区	2	0.0%	100.0%	0.0%
越南	2	0.0%	100.0%	0.0%
荷兰	1	0.0%	100.0%	0.0%
菲律宾	1	0.0%	100.0%	0.0%
捷克	1	0.0%	100.0%	0.0%
挪威	1	0.0%	100.0%	0.0%
马来西亚	1	0.0%	100.0%	0.0%
以色列	1	0.0%	100.0%	0.0%

图 3-11　HFO-1234yf 专利申请进入各国的类型分布

从 HFO-1234yf 专利申请具体进入国家/地区的类型来看，专利申请布局量较大的美国、日本、中国、欧盟、韩国等都是应用专利申请较多，但制备和提纯专利申请也占有相当的比例。而 HFO-1234yf 布局量较少的国家和地区，如巴巴多斯、巴西、南非、新加坡、海湾地区等，则几乎没有 HFO-1234yf 制备和纯化的专利申请，都是 HFO-1234yf 的应用专利申请。因此，可以认为，HFO-1234yf 专利的各申请人都认为最有可能具备条件生产 HFO-1234yf 的国家和地区仍然是美国、日本、中国和欧盟，最大的销售市场也可能是美国、日本、中国和欧盟。而巴巴多斯、巴西、南非、新加坡、海湾地区只是作为 HFO-1234yf 销售市场而进行专利布局。

这些 HFO-1234yf 专利申请进入国中，有几个国家和地区的专利布局比较有特点。首先是日本，布局在日本的应用专利申请的比例明显超过专利布局量同样较多的美国、中国和欧盟。其次是印度、俄罗斯和西班牙，在这三个国家布局的应用专利申请很少，但制备专利和纯化专利申请布局量的比例较高。俄罗斯在 ODS 替代品方面的研发实力不容小视，例如，俄罗斯应用化学科学中心（RSCAC）是较早进行 HFC-245fa 商业生产研发的机构，这也许是行业巨头在俄罗斯重点部署 HFO-1234yf 制备专利的原因之一。

从 HFO-1234yf 主要分布的 4 个国家和地区（美国、日本、中国和欧盟）来看，专利申请量随着时间的变化趋势基本吻合，都是从 2004 年开始专利申请量有快速的增长。总体而言，分布在美国的专利几乎在每年都是最多的。

然而，在 2008 年，日本的专利布局量呈现爆炸式的增长，从 2007 年的 40 件剧增到 2008 年的 152 件；在 2009 年虽然有回落，但依然是 4 个国家和地区中当年专利布局量最大的国家。那么 2008 年，HFO-1234yf 在日本的专利布局发生了什么变化？

通过对 2008 年相关日本专利申请人分析，我们发现，这一年的日本专利申请的 152 件中有 101 件是由日本本土公司申请的。大金和三菱电机是当年日本专利申请的冠军和亚军，分别有 48 件和 23 件专利。除此之外，日本三电、日立、松下、旭硝子、出光兴产株式会社、中央玻璃有限公司、新日本石油公司等多家日本本土企业也参与了当年的 HFO-1234yf 专利申请。因此，可以认为，2008 年日本企业普遍意识到了 HFO-1234yf 的重要性和发展趋势，在这年开始加大了对 HFO-1234yf 的专利申请，从在日本本土的专利申请开始，走向了一条通过增加专利申请量与美欧业内巨头抗衡的道路。

另外，我们发现，2008 年在日本大量申请专利的并非只有制冷剂企业，以制冷设备为最大利润来源的大金和制冷剂的应用厂商三菱电机、日立、松下等企业申请量排名反而更加靠前，这说明了日本企业强烈的危机感。制冷产业链的上下游各显神通开辟出路，即使本土的制冷剂企业不敌美欧，日本的制冷设备厂商也掌握一定量应用专利，不至于毫无还手之力。这一点值得我们国内制冷设备企业和汽车企业借鉴。

3.4.4 中国专利概况分析

在中国布局的 HFO-1234yf 专利申请中有 159 件是以美国优先权进入中国的，约占申请总量的 47%；84 件来自日本，约占 25%；中国内地本土企业的申请量仅 38 件，约占 11%（见图 3-12）。

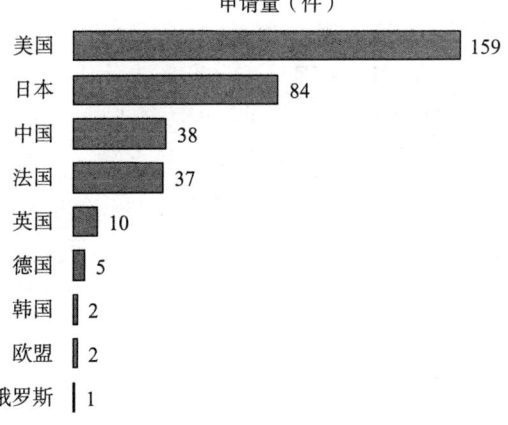

图 3-12　进入中国的专利来源国/地区分布

在中国申请量排名前十的申请人依次为阿克马、霍尼韦尔、杜邦、大金、松下、三菱电机、墨西哥化学、旭硝子、西安近化所、新日本石油。在前十名的申请人中，只有西安近化所是中国申请人，且其专利申请量排名第九（见图3-13）。

	总申请量（件）	纯化（件）	应用（件）	制备（件）
阿科玛	60	3	35	23
霍尼韦尔	57	0	23	34
杜邦	51	4	26	21
大金	29	2	17	10
松下	13	0	13	0
三菱电机	11	0	10	0
墨西哥化学	10	0	4	6
旭硝子	9	0	0	8
西安近化所	9	0	0	9
新日本石油	8	0	8	0

图3-13 在中国大陆申请量前十位的申请人

注：一些同时涉及多个技术分支的文献会重复标引到多个技术分支，所以三个技术分支的申请量之和有时会大于总申请量。

另外，进入中国的各申请人对 HFO-1234yf 专利保护的侧重点也并不相同。我们对前十位的申请人的技术内容按照制备技术、纯化技术和应用技术三个技术分支进行统计，若一项专利中同时涉及多种技术分支，则分别统计。在前十位的申请人中，对 HFO-1234yf 的制备技术、纯化技术和应用技术都有布局的只有阿克马、杜邦和大金，仅关注 HFO-1234yf 制备技术的是旭硝子和西安近代化学研究所，仅关注 HFO-1234yf 应用技术的是松下、三菱电机和新日本石油公司。其中 HFO-1234yf 制备专利申请数量较多的申请人依次为霍尼韦尔、阿克马和杜邦。

3.4.5 申请人分析

HFO-1234yf 专利申请量全球排名前十位的申请人如图3-14所示，其中霍尼韦尔以109项专利申请位居榜首，杜邦、大金和阿克马紧随其后，这4家公司共有383项专利申请，占所有 HFO-1234yf 专利申请总数784项的半壁江山。

这10家企业中，美国企业有2家，法国企业有2家，墨西哥企业有1家，而日本企业有5家。虽然美国企业在 HFO-1234yf 具有领先优势，开创了 HFO-1234yf 作为第四代制冷剂的新纪元，但日本企业在专利申请数量上却是迎头赶上。

这前十家企业中，霍尼韦尔、杜邦、大金、阿克马、墨西哥化学和新日本石油公司主营业务是化学相关，申请的专利多为 HFO-1234yf 的制备、纯化专利和应用专利的混合工质专利，属于 HFO-1234yf 的核心技术专利。三菱电机、松下、法雷奥、日本三电主营业务是机械、设备相关，申请的专利多为 HFO-1234yf 应用的装置和系统专利，属于 HFO-1234yf 的外围技术专利。

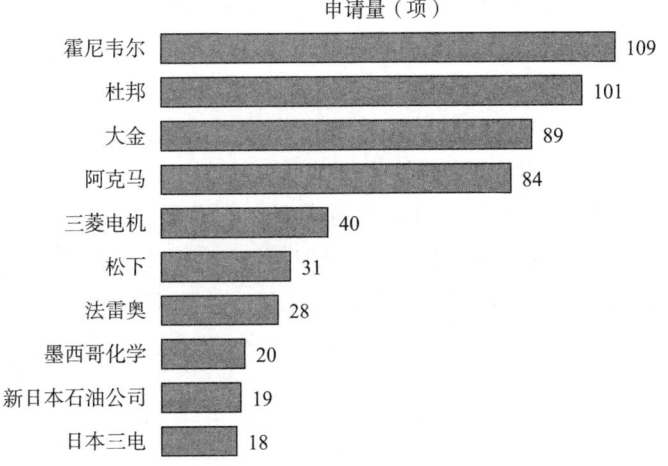

图3-14 HFO-1234yf全球专利申请量排名前十位的申请人

3.5 HFO-1234yf的制备工艺

HFO-1234yf最初是作为聚合单体被合成，2004年后由于发现其具有零ODP、低GWP且具有较好的致冷效果而被认为是最有前途的第四代制冷剂。HFO-1234yf优良的性能和广泛的用途，使其合成技术越来越受人们的关注。本章将分析现有HFO-1234yf制备专利技术，并从HFO-1234yf制备专利的总体情况、技术的演进、重要技术分析、行业巨头之间的竞争等方面展开分析。本章所称的"HFO-1234yf制备专利"指明确记载了HFO-1234yf这一化合物，且明确记载了HFO-1234yf反应路线或反应步骤的专利申请。

3.5.1 专利总体情况

全球HFO-1234yf的制备专利共有175项专利申请，其中多数为近10年内申请。HFO-1234yf的制备专利最早在1958年开始申请，在半个世纪的时间里一直没有大的发展，只是断断续续有零星的专利申请问世。在2004年时申请量开始井喷，涉及HFO-1234yf的制备专利突然开始大量出现，并在随后的近10年里维持较大申请量。其中在2008年，HFO-1234yf的制备专利数量达到了一个小高潮，有40项专利申请问世。HFO-1234yf化合物本身已经不具备可专利性❶，因此，在发现HFO-1234yf可以作为制冷剂的新用途后，寻求低成本、高质量的HFO-1234yf生产方法成为各公司所面临的最紧迫的问题，HFO-1234yf的制备专利随后大量出现。

从HFO-1234yf专利进入国/地区分布数量上来看，在美国布局的专利量居于首位，为125件，占进入国家阶段专利总量的1/5强；在中国布局的专利申请以121件紧

---

❶ HFO-1234yf最初的专利是由杜邦在1958年申请，迄今已经超过20年的保护期。

随其后，约占 19%。在欧洲和日本布局的专利分别为 94 件和 80 件，都不如在美国和中国的专利数量，甚至在中国台湾和中国香港的专利数量都超过了澳大利亚（见图 3 – 15）。这证明各申请人认为中国对于第四代制冷剂 HFO – 1234yf 的制备具有重要的战略意义，重要性超过欧洲和日本，更远超其他国家。由此可以推测，制冷剂行业的国际巨头认为中国可能成为 HFO – 1234yf 重要的生产或代工基地，或者认为中国可能出现生产 HFO – 1234yf 的强有力的竞争者，因此提前进行专利布局。2012 年，国内三爱富公司与杜邦合作年产 3000 吨的 HFO – 1234yf 一期项目，二期生产线也预期 2014 年年底投产。❶ 2013 年，阿克马也宣布将在常熟建造新工厂，生产 HFO – 1234yf 制冷剂。❷

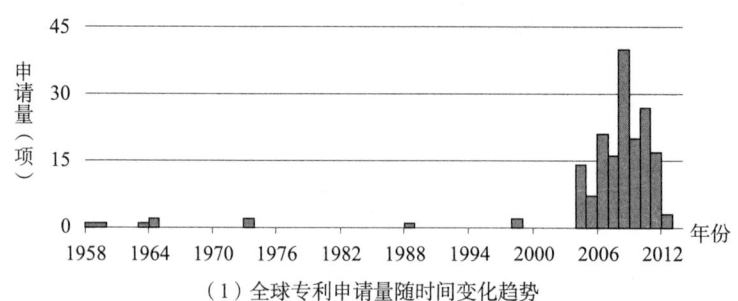

（1）全球专利申请量随时间变化趋势

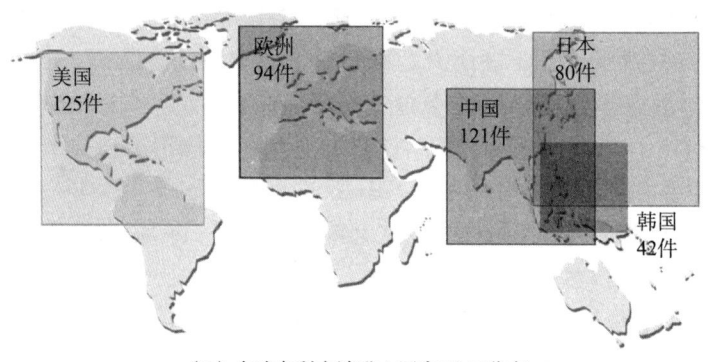

（2）全球专利申请进入国家/地区分布

图 3 – 15　HFO – 1234yf 制备专利申请的区域和态势分布

随着世界各国履行《蒙特利尔议定书》和《京都议定书》等国际条约，加速淘汰 ODP 和 GWP 过高的制冷剂，中国作为负责任的发展中大国，对零 ODP 和低 GWP 的新型制冷剂会有广阔的市场需求。虽然 HFO – 1234yf 由于其可燃性而在美国和欧盟的汽车公司中引起了广泛的争执，争议双方涉及戴姆勒、宝马、奔驰、欧宝、奥迪、通用、丰田等汽车业巨头，但由于 HFO – 1234yf 具有超低的 GWP，其具有很大市场潜力。因此，在 HFO – 1234yf 化合物专利已经无效的情况下制备方法专利大量在中国出现就不

---

❶　三爱富第四代环保制冷剂二期生产线明年底投产 [EB/OL]. (2013 – 08 – 13) [2013 – 09 – 21]. bao. hvacr. cn/201308_ 2038340. html.
❷　法国阿科玛拟在常熟建新厂生产 1234yf 新型制冷剂 [EB/OL]. (2013 – 09 – 13) [2013 – 09 – 21]. auto. gasgoo. com/news/2013/09/12030434443460255485361. shtml.

足为奇。当美欧汽车公司之间争执尘埃落定且 HFO-1234yf 走向市场化时,销售市场虽然会首先出现在欧洲和美国,但专利的纠纷也容易大量出现在中国。

3.5.2 技术的演进与分布

HFO-1234yf 制备技术的开发在 20 世纪中叶就开始了。在 2004 年,HFO-1234yf 的制备专利呈现大发展态势,不仅在专利数量上有了井喷,而且制备专利技术的种类也有了大幅增加。

如图 3-16(见文前彩色插图第 5 页)所示,HFO-1234yf 专利申请记载了多种不同的制备方法。本小节针对制备 HFO-1234yf 直接反应物(或中间体)来分析。每种路线在专利文献中第一次明确记载的情况如下:

1958 年,杜邦采用四氟乙烯制备 HFO-1234yf(US2931840A)。

1959 年,陶氏采用了 1,1,1-三氯-2,2-二氟丙烷(US2996555A)。

1964 年,杜邦采用了一氯二氟甲烷(CA690037A)。

1973 年,菲利普石油公司采用 1-三氟甲基-1,2,2-三氟丙烯制备 HFO-1234yf(US330736A)。

1988 年,大金采用 2,2,3,3-四氟-1-丙醇(EP0328148A)。

1998 年,杜邦采用丙烯(US6096932A)。

2004 年,霍尼韦尔采用 2-氯-1,1,1,3-四氟丙烷(US2010210883A1)、2-氯-1,1,1,2-四氟丙烷(EP2103587A2)、2,2,3,3,3-五氟丙醇(US7026520B1)、1-氯-2,3,3,3-四氟丙烷(US2007112227A1)、1-氯-2,2,3,3,3-五氟丙烷和 1-氯-2,3,3,3-四氟丙烯(US2007112229A1)、1,1,1,2,3-五氟丙烷(US2007112230A1)制备 HFO-1234yf;杜邦公司采用了 1,1,1,2,2-五氟丙烷制备 HFO-1234yf(US2006106263A1)。

2005 年,霍尼韦尔采用 1,1-二氯-2,2,3,3,3-五氟丙烷制备 HFO-1234yf(US2008027251A1)。

2006 年,杜邦采用了 3,3,3-三氟丙烯(WO2008054782A1)、1,3,3,3-四氟丙烯(US2008058562A1)、1,2-二氯-3,3,3-三氟丙烯(WO2008054781A1)、1,1-二氯-2,3,3,3-四氟丙烯(WO2008079265A1)、1,1,2,3,3,3-六氟丙烷与 1,1,1,2,3-五氟丙烷混合原料(WO2007117391A1)制备 HFO-1234yf;大金采用了 1-碘-2,2,3,3,3-五氟丙烷和 1-溴-2,2,3,3,3-五氟丙烷(WO2008053811A1)制备 HFO-1234yf。

2007 年,霍尼韦尔采用了 1,1,3-三氯-2-氟丙烷(US2009030245A1)、1,1,1,2,3-五氟丙烷与 1-氯-2,3,3,3-四氟丙烷以及 2-氯-1,3,3,3-四氟丙烷三元混合原料(US2009099396A1)制备 HFO-1234yf;杜邦采用了乙酸 2-氯-2,3,3,3-四氟丙酯制备 HFO-1234yf(WO2009067571A1);阿克马采用了 2-氯-3,3,3-三氟丙烯(WO2009003084A1)、1,1,2,3,3,3-六氟丙烯(WO2009003085A1)制备 HFO-1234yf。

2008年，大金采用了3,3,3-三氟丙炔（WO2010016401 A2）、2-氯-2,3,3-三氟丙烯（WO2010013577A1）、1-氯-1,1,2,2-四氟丙烷（WO2009148191A1）制备HFO-1234yf；霍尼韦尔采用了三氟氯乙烯制备HFO-1234yf（US2009253946A1）；杜邦采用了1,1-二氯-1,2,2,2-四氟乙烷制备HFO-1234yf（WO2010042781A2）；墨西哥化学采用了2,3-二氯-1,1,1-三氟丙烷制备HFO-1234yf（WO2009125201A2）；阿克马采用了1,1,2,3-四氯丙烯（WO2009158321A1）。

2009年，大金采用了1-氯-3,3,3-三氟丙烯（WO2010095764A1）、1,1,1,3-四氯-3-氟丙烷（WO2010101198A1）制备HFO-1234yf。

2010年，阿克马采用了1,1,1,2-四氯-2-氟丙烷制备HFO-1234yf（WO2011130108A1）；西安近化所采用了丙烷（CN101935268A）、1,1,1,2,2-五氯丙烷（CN101913987A）制备HFO-1234yf；杜邦采用了3-氯-1,1,1,2,2-五氟丙烷和2,3-二氯-1,1,1,2-四氟丙烷（US2012108859A1）制备HFO-1234yf；霍尼韦尔采用了1,1,1,2-四氟丙烷（US2011319674A1）制备HFO-1234yf。

2012年，东岳采用了二氯二氟甲烷制备HFO-1234yf（CN102675038A）。

各申请人的HFO-1234yf制备专利首创路线的反应物及时间，参见表3-1。

表3-1 各申请人HFO-1234yf制备专利首创路线表

申请人	反应物	年份
霍尼韦尔	1,1,1,2,3-五氟丙烷	2004
	1-氯-2,2,3,3,3-五氟丙烷	
	1-氯-2,3,3,3-四氟丙烷	
	1-氯-2,3,3,3-四氟丙烯	
	2,2,3,3,3-五氟丙醇	
	2-氯-1,1,1,2-四氟丙烷	
	2-氯-1,1,1,2-四氟丙烷	
	1,1-二氯-2,2,3,3,3-五氟丙烷	2005
	1,1,1,2,3-五氟丙烷、1-氯-2,3,3,3-四氟丙烷、2-氯-1,3,3,3-四氟丙烷的混合物	2007
	1,1,3-三氯-2-氟丙烯	
	三氟氯乙烯	2008
	1,1,1,2-四氟丙烷	2010

续表

申请人	反应物	年份
杜邦	四氟乙烯	1958
	一氯二氟甲烷	1964
	丙烯	1998
	1,1,1,2,2-五氟丙烷	2004
	1,1,2,3,3,3-六氟丙烷、1,1,1,2,3-五氟丙烷的混合物	2006
	1,1-二氯-2,3,3,3-四氟丙烯	
	1,2-二氯-3,3,3-三氟丙烯	
	1,3,3,3-四氟丙烯	
	3,3,3-三氟丙烯	
	乙酸2-氯-2,3,3,3-四氟丙酯	2007
	1,1-二氯-1,2,2,2-四氟乙烷	2008
	2,3-二氯-1,1,1,2-四氟丙烷	2010
	3-氯-1,1,1,2,2-五氟丙烷	
大金	2,2,3,3-四氟-1-丙醇	1988
	1-碘-2,2,3,3,3-五氟丙烷	2006
	1-溴-2,2,3,3,3-五氟丙烷	
	1-氯-1,1,2,2-四氟丙烷	2008
	2-氯-2,3,3-三氟丙烯	
	3,3,3-三氟丙炔	
	1,1,1,3-四氯-3-氟丙烷	2009
	1-氯-3,3,3-三氟丙烯	
阿克马	1,1,2,3,3,3-六氟丙烯	2007
	2-氯-3,3,3-三氟丙烯	
	1,1,2,3-四氯丙烯	2008
	1,1,1,2-四氯-2-氟丙烷	2010
菲利浦	1-三氟甲基-1,2,2-三氟丙烯	1973
西安近化所	1,1,1,2,2-五氯丙烷	2010
	丙烷	
东岳	二氯二氟甲烷	2012
墨西哥化学	2,3-二氯-1,1,1-三氟丙烷	2008
陶氏	1,1,1-三氯-2,2-二氟丙烷	1959

专利文献记载的制备 HFO-1234yf 的路线总计有 43 条，其中霍尼韦尔首先研发申请专利的有 12 条路线，杜邦则有 13 条路线。仅这两家公司路线的数量就约占总路线数目的 58%，凸显了它们在 HFO-1234yf 制备领域强劲的研发实力；大金和阿克马排名第三和第四。排名前四的公司具有 37 条，约占所有路线数的 86%。

另外，HFO-1234yf 制备专利申请人共有 17 家，其中 9 家申请人具有路线独创能力。这一方面可以说明这个领域的申请人的研发意识较强、研发投入较多、路线开发能力较强；另一方面，如此高比例的申请人能够研发新的合成路线，也说明 HFO-1234yf 的制备技术还处于技术发展期，也能够说明 HFO-1234yf 制备路线还有想象和挖掘的空间。或许技术最成熟、商业价值最高的合成路线并不存在于现有的专利技术中，仍然需要进一步的探索。

从图 3-17 中可以看出，2004 年霍尼韦尔大举杀入 HFO-1234yf 的制备领域，并在一年之内推出了 7 条新的合成路线，占其首创路线总数的近一半；尔后几年仍然维持一定的开创能力，是 HFO-1234yf 制备路线开创的领先者。杜邦虽然是首创路线最多的公司，但在 2004~2005 年间仅给出了一条新的制备路线，在 2006 年才开始给出较多首创路线，因此杜邦在制备路线上的及时性逊于霍尼韦尔。大金、阿克马在 2006~2007 年间才首创出 HFO-1234yf 制备路线，在路线开拓能力上落后于霍尼韦尔和杜邦。国内的申请人中只有西安近化所、东岳分别给出了新的制备路线。

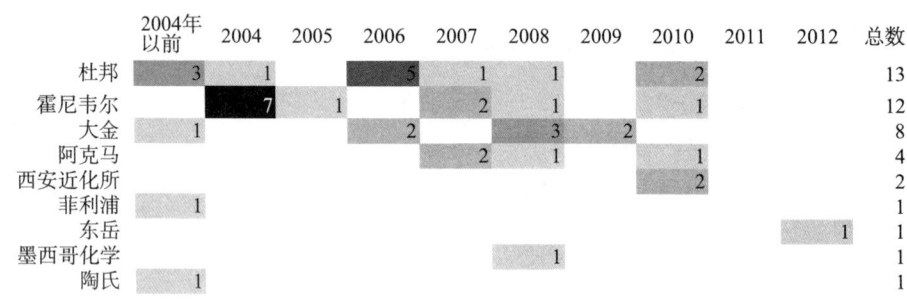

图 3-17　各申请人 HFO-1234yf 制备专利首创路线年度分布

下文将 HFO-1234yf 的合成路线进行梳理，分析重要路线的分布情况，并寻找几种重要路线的技术特点。在此统计的项以每条路线涉及的专利项数为依据，若同项专利中出现多种不同路线，则分别统计。

从路线数量上来看，涉及各路线专利申请数量超过 10 项的反应原料分别为 1,1,1,2,3-五氟丙烷、2-氯-1,1,1,2-四氟丙烷、1,1,1,2,2-五氟丙烷、2-氯-3,3,3-三氟丙烯、1,1-二氯-2,3,3,3-四氟丙烯。这五条路线的专利数量约占所有路线专利数量的 64.1%，为各申请人布局的重点。其中尤其以 1,1,1,2,3-五氟丙烷制备 HFO-1234yf 的专利最多，以 48 项占总数的约 1/4 强（见图 3-18）。

从申请时间上看，这 5 条路线都出现在 2004 年之后的专利申请中，即这 5 条路线都是在 HFO-1234yf 被发现可作为制冷剂之后研发出来的；并且在 2004 年之后，这 5 条反应路线从出现时就呈现压倒优势，在 2004~2012 年中每年从数量比例上一直没有

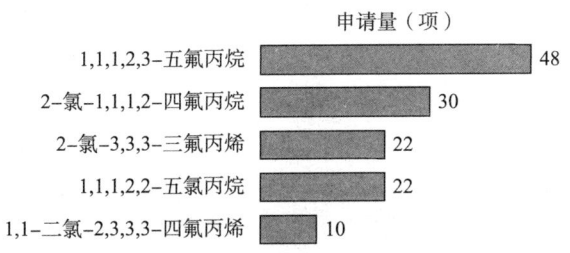

	申请量（项）
1,1,1,2,3-五氟丙烷	48
2-氯-1,1,1,2-四氟丙烷	30
2-氯-3,3,3-三氟丙烯	22
1,1,1,2,2-五氟丙烷	22
1,1-二氯-2,3,3,3-四氟丙烯	10

图 3-18　专利申请量排名前五位的 HFO-1234yf 合成路线

低于年申请总量的 60%。各申请人都将这 5 条反应路线作为布局的重点，是各申请人认为目前最有商业价值的制备路线。这五条路线中，专利申请数量最多的申请人为霍尼韦尔、阿克马、杜邦。本报告将这申请量最大的 5 条反应路线命名为"TOP5 路线"，各申请人在这 5 条反应路线上的主要分布情况如图 3-19 所示。

	1,1,1,2,3-五氟丙烷	2-氯-1,1,1,2-四氟丙烷	2-氯-3,3,3-三氟丙烯	1,1,1,2,2-五氟丙烷	1,1-二氯-2,3,3,3-四氟丙烯
霍尼韦尔		16	3	6	
阿克马	18	1	10	3	
杜邦	8	6		6	2
大金	2	1	3	4	2
旭硝子			1		7
墨西哥化学	4		1	2	
西安近化所		5	2		
东岳	1			1	
三美化工			1		
北京宇极科技			1		
中化蓝天			1		

图 3-19　各申请人在 HFO-1234yf 合成 TOP5 路线上的专利申请量

注：单位为项。

虽然这五条路线是目前申请量较多的路线，且数量领先的申请人也是业内巨头，但各公司在这五条路线上的布局重点却各不相同。霍尼韦尔重点布局的是 1,1,1,2,3-五氟丙烷和 2-氯-1,1,1,2-四氟丙烷路线；杜邦重点不太突出，相对而言，1,1,1,2,3-五氟丙烷、2-氯-1,1,1,2-四氟丙烷和 1,1,1,2,2-五氟丙烷路线是其重点，并没有关于 2-氯-3,3,3-三氟丙烯路线的专利申请；阿克马重点布局的是 1,1,1,2,3-五氟丙烷和 2-氯-3,3,3-三氟丙烯路线；大金在各路线的数量非常平均，战略重点极不突出，与其总量排名靠前的地位不相匹配；旭硝子重点布局的是 1,1-二氯-2,3,3,3-四氟丙烯路线；墨西哥化学重点布局的是 1,1,1,2,3-五氟丙烷路线；西安近化所重点布局的是 2-氯-1,1,1,2-四氟丙烷路线；其他申请人的申请量过少，无法分析其重点。

总体而言，霍尼韦尔、阿克马和墨西哥化学的技术路线重点略相近，特别重视 1,1,1,2,3-五氟丙烷路线，尤其是霍尼韦尔和阿克马在该路线上专利申请量较大，竞争态势明显；另外，霍尼韦尔在 2-氯-1,1,1,2-四氟丙烷路线上重点布局，专利申请数量远超过其他公司；阿克马虽然制备专利申请总量不及霍尼韦尔，但在两条重点路线1，1，1，2，3-五氟丙烷和2-氯-3，3，3-三氟丙烯路线上却占有优势，尤其是在2-氯-3，3，3-三氟丙烯路线上超过霍尼韦尔专利申请数量的一倍，在该路线上稳居数量首位；而旭硝子重视相对冷门的1，1-二氯-2，3，3，3-四氟丙烯路线，在该路线上占有七成的申请量，并且该路线也是旭硝子自身布局的重点，约占其HFO-1234yf制备专利申请总量的87.5%；在国内申请人中，西安近化所重视的2-氯-1，1，1，2-四氟丙烷路线，三美化工、中化蓝天、北京宇极科技涉及的2-氯-3，3，3-三氟丙烯路线并非霍尼韦尔、杜邦、阿克马的最热路线。由此可见，上述国内申请人避开了国外公司专利布局最严密的路线。

3.5.3 重点路线分析

本小节对图3-19中TOP5路线的技术总体特点进行归纳分析，寻求各路线的技术重点和各公司的技术偏好。

3.5.3.1 路线1：1，1，1，2，3-五氟丙烷（245eb）作为中间体

该路线上的专利申请量共计48项，其中申请量排名前三的申请人分别为阿克马、霍尼韦尔和杜邦。参与该路线研发的申请人有阿克马、霍尼韦尔、杜邦、墨西哥化学、大金和东岳，参见图3-20。

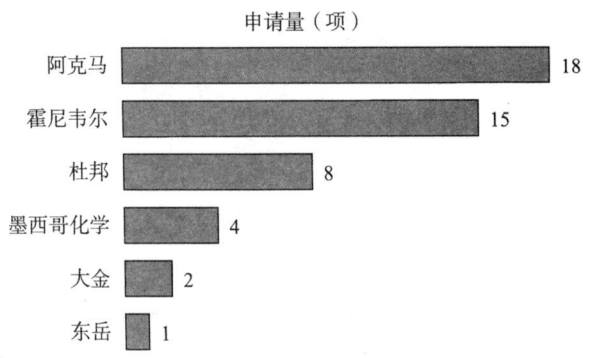

图3-20 245eb为中间体的合成路线中申请人分布

1，1，1，2，3-五氟丙烷作为中间体制备HFO-1234yf的路线是HFO-1234yf制备专利中出现数量最多的，但各申请人的技术特点并不相同。

（1）只关注产物制备 vs 兼顾中间体制备

如图3-21所示，1，1，1，2，3-五氟丙烷制备HFO-1234yf的方法根据制备步骤的数量分为两种：一种是通过其他化合物制备得到1，1，1，2，3-五氟丙烷中间体，再通过中间体制备得到HFO-1234yf，我们将这种反应过程认定为兼顾中间体制备的反应工艺；另一种是直接使用1，1，1，2，3-五氟丙烷中间体制备HFO-1234yf，我们将这种反应过程认定为仅关注产物制备的反应工艺。

从专利申请量上来看，各申请人在该路线上的反应工艺多数仅关注产物制备，即直接由已有的1，1，1，2，3-五氟丙烷制备得到HFO-1234yf，这部分专利申请量约

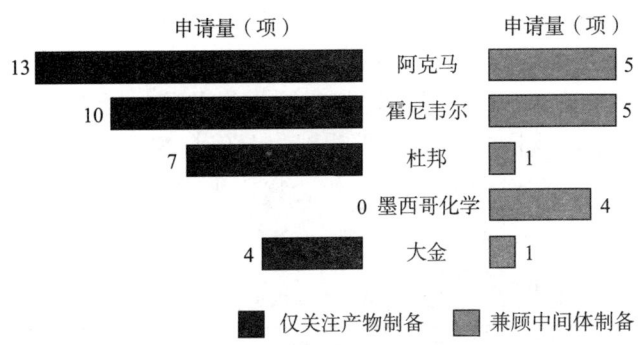

图 3-21 以 245eb 为中间体的制备方法类型分布

占该路线上专利申请总量的 66%；而约 34% 的专利申请记载的是由其他反应物制备得到 1，1，1，2，3-五氟丙烷后再制备 HFO-1234yf，即兼顾中间体的制备。

具体来看，阿克马、霍尼韦尔和杜邦更重视仅关注产物制备的工艺，而墨西哥化学仅提出了兼顾中间体制备的反应工艺申请，大金兼顾中间体制备和仅关注产物制备的专利都涉及 1 项。

(2) 催化剂

另外，虽然用 1，1，1，2，3-五氟丙烷制备 HFO-1234yf 的专利申请中反应底物相同，产物也相同，但各公司采用的催化剂不同。对各公司用 1，1，1，2，3-五氟丙烷制备 HFO-1234yf 专利的说明书实施例中明确记载的催化剂进行统计。各类催化剂随年代变化的趋势如图 3-22 所示。

	2004	2005	2006	2007	2008	2009	2010	2011 (年份)
金属单质、氧化物或盐及其混合物	6	8	5		10	5	8	2
无机碱				1	3	4	1	
无催化剂			1					
相转移催化剂	1		3	1				

图 3-22 245eb 路线中所使用的催化剂种类按年分布

注：图中数字表示该技术分支中对应年份的专利申请量，单位：项。

从图 3-22 中可以发现，除了 2007 年之外，金属单质、氧化物或盐及其组合物（如 Ni、Cr_2O_3、AlF_3）作为催化剂的制备专利申请量每年基本稳定，且金属氧化物或盐是 1，1，1，2，3-五氟丙烷制备 HFO-1234yf 的主要催化剂种类；在 2004~2007 年，有一定数量制备专利采用相转移催化剂（如三辛基甲基氯化铵、18-冠-6）；在 2006~2011 年，有较多的专利采用无机碱（如 KOH、$Ca(OH)_2$）；而采用无催化剂的热分解方法仅在 2006 年出现过一次。根据催化剂的申请趋势可知，金属单质、氧化物或盐及其组合物是 1，1，1，2，3-五氟丙烷路线中较成熟的催化剂，相转移催化剂在 1，1，1，2，3-五氟丙烷路线中逐渐淡出，而采用无机碱作为催化剂可能成为 1，1，1，2，3-五氟丙烷制备 HFO-1234yf 的一种技术趋势。

另外，对各公司用1，1，1，2，3-五氟丙烷制备 HFO-1234yf 的专利申请中采用的催化剂进行分析，发现各公司在1，1，1，2，3-五氟丙烷路线中偏好的催化剂不同（参见表3-2）。霍尼韦尔主要采用的催化剂为 Sb 卤化物、无机碱、含 Cr 组合物，杜邦主要采用的催化剂为无机碱、相转移催化剂，大金主要采用含 Cr 化合物，阿克马主要采用的是无机碱、含 Ni 组合物、含 Al 组合物催化剂，墨西哥化学主要采用的是含 Zn/Cr 组合物催化剂。

表3-2 245eb 路线中主要申请人的重点催化剂

主要申请人	重点催化剂类型	重点选用的催化剂
霍尼韦尔	无机碱、Sb 卤化物、含 Cr 组合物	卤化 Sb（4项）
杜邦	无机碱、相转移催化剂	
阿克马	无机碱、含 Ni 组合物、含 Al 组合物	Ni-Cr/AlF$_3$（4项）
大金	含 Cr 化合物	
墨西哥化学	含 Zn/Cr 组合物	Zn/氧化铬（3项）

在用1，1，1，2，3-五氟丙烷制备 HFO-1234yf 的专利申请中，具体催化剂的选择并不十分集中，但各公司也有侧重点。霍尼韦尔在2004~2006年申请的4项专利都采用卤化 Sb 作为催化剂，阿克马在2008~2011年申请的4项专利都采用了 Ni-Cr/AlF$_3$ 作为催化剂，墨西哥化学在2008年申请的3项专利都采用了 Zn/氧化铬作为催化剂。

3.5.3.2 路线2：2-氯-1，1，1，2-四氟丙烷（244bb）作为中间体

如图3-23所示，该路线上的专利申请量共计28项，其中申请量排名前三的申请人分别为霍尼韦尔、杜邦和西安近化所。2-氯-1，1，1，2-四氟丙烷路线的申请主力是霍尼韦尔，杜邦、大金、阿克马和旭硝子也有参与。我国的西安近化所也在该路线上有一定的专利申请量。

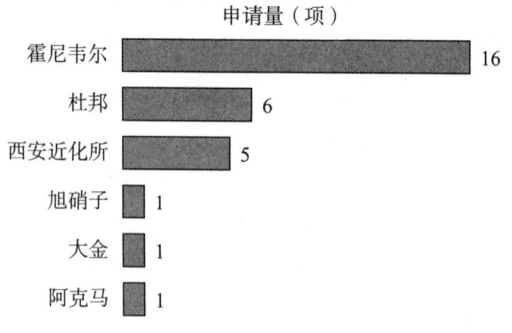

图3-23 244bb 为中间体的合成路线中申请人分布

(1) 只关注产物制备 vs 兼顾中间体制备

与路线1相同，我们将2-氯-1，1，1，2-四氟丙烷路线制备 HFO-1234yf 的方

法根据制备步骤的数量分为兼顾中间体制备和仅关注产物制备两类。

从专利申请量上来看,各申请人在该路线上的反应工艺多数还是仅关注产物制备,即直接由已有的2-氯-1,1,1,2-四氟丙烷制备得到 HFO-1234yf,这部分专利申请量占该路线上专利申请总量的80%;而20%的专利记载的是由其他反应物制备得到 2-氯-1,1,1,2-四氟丙烷后再制备 HFO-1234yf,即兼顾中间体的制备。

具体来看,霍尼韦尔申请量较大,其中仅关注产物制备的专利申请占多数;杜邦、阿克马、西安近化所仅关注了2-氯-1,1,1,2-四氟丙烷到1234yf 制备的产物制备;旭硝子、大金仅申请了兼顾中间体制备的反应工艺申请(见图3-24)。

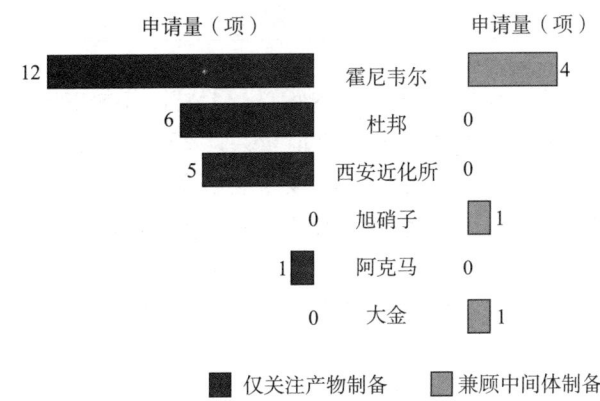

图3-24 以244bb 为中间体的制备方法类型分布

(2)催化剂

在该路线上,各公司采用的催化剂各不相同。对各公司用2-氯-1,1,1,2-四氟丙烷制备 HFO-1234yf 专利的说明书实施例中明确记载的催化剂进行统计,可得出各类催化剂随年代变化的趋势(如图3-25所示)。

	2004	2006	2007	2008	2009	2010	2011	2012 (年份)
金属单质、氧化物或盐及其混合物	3	4	3	6	2	4	1	1
无催化剂				2		2		
相转移催化剂						1		
活性炭						1		

图3-25 244bb 路线中所使用的催化剂种类按年分布

注:图中数字表示该技术分支中对应年份的专利申请量,单位:项。

金属单质、氧化物或盐及其组合物催化剂是该路线的绝对主流的催化剂,少量的专利申请采用无催化剂、相转移催化剂或活性炭作为催化剂。

如表3-3所示,霍尼韦尔和杜邦在该路线上的催化剂各有侧重点。霍尼韦尔在2004~2008年申请的9项专利都采用 CsCl/MgO(3项)或 $CsCl/MgF_2$(6项)作为催化剂。杜邦对于催化剂的具体描述不多,在该路线的主要创新不在于催化剂的选择,2008年的两项专利申请是不采用催化剂的。阿克马、大金和旭硝子在该路线上申请量都分别只有1项。国内的西安近化所申请的5项专利,有不采用催化剂的情况,有采用金属盐或氧化物的,重点不突出。

表3-3 244bb路线中主要申请人的重点催化剂

主要申请人	重点选用的催化剂
霍尼韦尔	CsCl/MgO(3项)、CsCl/MgF$_2$(6项)
杜邦	无催化剂(2项专利)

3.5.3.3 路线3:2-氯-3,3,3-三氟丙烯(1233xf)作为中间体

如图3-26所示,在该路线上的专利申请量共计25项,其中申请量排名前三的申请人分别为阿克马、霍尼韦尔、大金。参与该路线研发的申请人有阿克马、霍尼韦尔、大金、西安近化所、三美化工、北京宇极科技、中化蓝天和墨西哥化学。

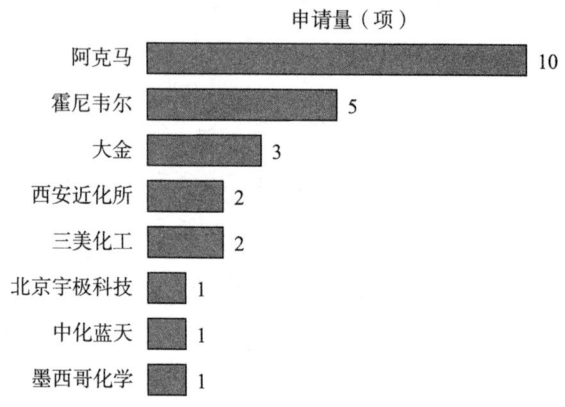

图3-26 1233xf为中间体的合成路线中申请人分布

该路线与2-氯-1,1,1,2-四氟丙烷路线有相通之处,因为不同的专利中采用的工艺不同,1233xf可以先制备244bb后再制备1234yf(路线2),也可以直接采用1233xf制备1234yf(路线3)。

(1)只关注产物制备 vs 兼顾中间体制备

从专利申请量上来看,各申请人在该路线上的反应工艺多数还是仅关注产物制备,即直接由已有的2-氯-3,3,3-三氟丙烯制备得到HFO-1234yf,这部分专利申请量约占该路线上专利申请总量的59%;而约41%的专利记载的是由其他反应物制备得到2-氯-3,3,3-三氟丙烯后再制备HFO-1234yf,即兼顾中间体的制备。

具体来看,阿克马申请量最多,对于兼顾中间体制备的方法和仅关注产物制备的方法分别有专利申请5项;大金、霍尼韦尔、中化蓝天、三美化工、北京宇极科技重视直接由244bb反应得到1234yf的制备方法;西安近化所、墨西哥化学重视兼顾中间体1233xf制备的方法(参见图3-27)。

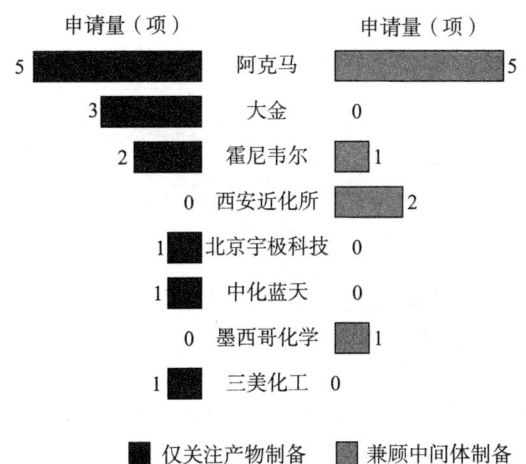

图 3-27 以 1233xf 为中间体的制备方法类型分布

（2）催化剂

在该路线上，各申请人采用的催化剂从大类上来说是高度统一的，都采用了金属氧化物或金属盐作为催化剂。各申请人重点选用的具体催化剂如表 3-4 所示。

表 3-4 1233xf 路线中主要申请人的重点催化剂

主要申请人	重点选用的催化剂（涉及专利数量）
阿克马	Ni-Cr/AlF$_3$（6 项）
大金	氟化 CrO$_2$（3 项）
霍尼韦尔	无重点

阿克马重点选用的催化剂是 Ni-Cr/AlF$_3$，和在 245eb 路线选用的催化剂一致；大金重点选用的是氟化 CrO$_2$ 催化剂；霍尼韦尔的 3 项专利各有不同，没有侧重。

3.5.3.4　路线 4：1,1,1,2,2-五氟丙烷（245cb）作为中间体

如图 3-28 所示，在该路线上的专利申请量共计 22 项，其中申请量排名前三的申请人分别为霍尼韦尔、杜邦和大金。参与该路线研发的申请人有霍尼韦尔、杜邦、大金、阿克马、墨西哥化学和东岳。

该路线与 1,1,1,2,3-五氟丙烷路线有相通之处，在制备路线 1 的中间体 245eb 的过程，有的制备方法会产生路线 4 的 245cb 作为副产物。

（1）只关注产物制备 vs 兼顾中间体制备

从专利数量上来看，各申请人在该路线上的反应工艺多数还是仅关注产物制备，即直接由已有的 1,1,1,2,2-五氟丙烷制备得到 HFO-1234yf，这部分专利申请量约占该路线上专利申请总量的 68%；而约 32% 的专利记载的是由其他反应物制备得到 1,1,1,2,2-五氟丙烷后再制备 HFO-1234yf，即兼顾中间体的制备。

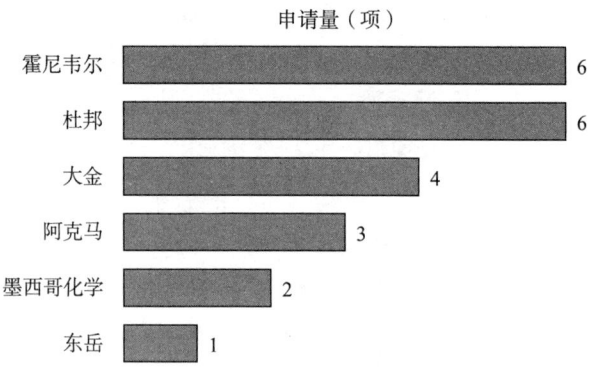

图 3-28 245cb 为中间体的合成路线中申请人分布

具体来看,排名前五的申请人杜邦、霍尼韦尔、大金、阿克马、墨西哥化学都重点关注 245cb 制备 HFO-1234yf 的过程,东岳的 1 项专利兼顾中间体 245cb 的制备(见图 3-29)。

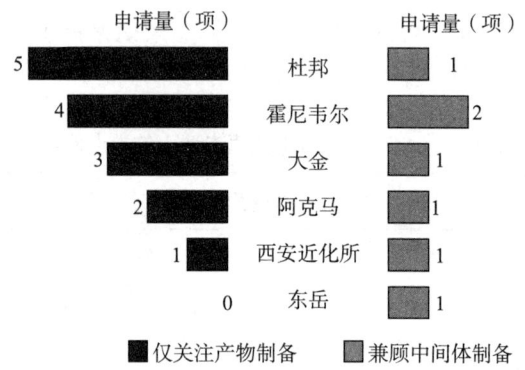

图 3-29 以 245cb 为中间体的制备方法类型分布

(2)催化剂

在该路线上,各申请人采用的催化剂种类很多,相转移催化剂、碳、金属氧化物或其盐及其组合物都有涉及。各申请人重点选用的具体催化剂如表 3-5 所示。

表 3-5 245cb 路线中主要申请人的重点催化剂

主要申请人	重点催化剂类型	重点选用的催化剂(涉及专利数量)
杜邦	碳、氟化氧化物	活性炭(6 项)
霍尼韦尔	碳、金属卤化物	活性炭(3 项)
大金	氟化氧化铬	氟化 CrO_2(3 项)

杜邦和霍尼韦尔重点选用的具体催化剂高度一致,都是活性炭,只是在不同的申请中的名称不同,如碳、多孔碳、活性炭,但都属于活性炭的范畴。大金主要研究氟化氧化铬作为催化剂,甚至开发出了 41.2% 的高氟化氧化铬。

3.5.3.5 路线5：1,1-二氯-2,3,3,3-四氟丙烯（1214ya）作为中间体

在该路线上的专利申请量总计10项，其中申请人按申请量排名依次为旭硝子、杜邦和大金。该路线是旭硝子几乎技术垄断的一条路线，其申请量占据绝对多数（见图3-30）。

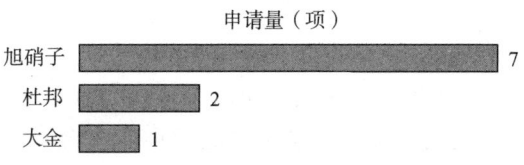

图3-30　1214ya为中间体的合成路线中申请人分布

（1）只关注产物制备 vs 兼顾中间体制备

该路线共10项专利，只有杜邦的一项专利是兼顾中间体制备过程的，中间体1,1-二氯-2,3,3,3-四氟丙烯是采用1,1-二氯-2,2,3,3,3-五氟丙烷（HCFC-225ca）制备得到。旭硝子和大金仅关注从1,1-二氯-2,3,3,3-四氟丙烯制备HFO-1234yf的方法（见图3-31）。

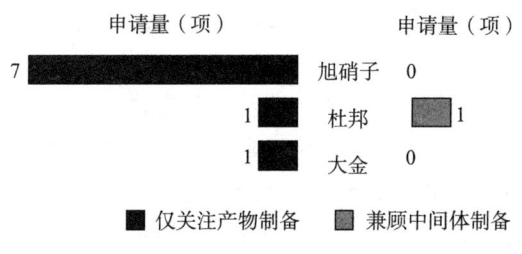

图3-31　以1214ya为中间体的制备方法类型分布

（2）催化剂

在该路线上，各申请人采用的催化剂非常相近，都是含钯（Pd）催化剂。各申请人具体选用的催化剂如表3-6所示。

表3-6　1214ya路线中主要申请人的重点催化剂

主要申请人	催化剂	重点选用的催化剂（涉及专利数量）
旭硝子	Pd、Pd/C、Pd/Au、Pd/硅胶、Pd/氧化铝	Pd/C（4项）
杜邦	Pd/Al_2O_3	Pd/Al_2O_3（2项）
大金	Pd/C	Pd/C（1项）

旭硝子和大金采用的催化剂很类似，都是重点选用了Pd/C催化剂。旭硝子还在与Pd混合或Pd负载的其他组分上作了改进，选取了金、硅胶和氧化铝作为共催化剂。杜邦的两项专利都是采用Al_2O_3和Pd的混合催化剂。

3.5.3.6　重点路线分析小结

从这5条申请量最多的路线可以看出，每条路线都有各自的特点，尤其反映在催化剂上。在各路线的现有技术上寻求突破还是找到现有技术的盲区重点攻坚，需要结

合自身条件进行权衡。在本章第3.5.5节中，会对这5条路线上重点申请人之间展开的技术竞争展开分析。

3.5.4 申请人分析

3.5.4.1 申请人的分布

HFO-1234yf制备专利申请量排名前四位的申请人依次为霍尼韦尔、杜邦、阿克马和大金。它们具有专利数量绝对优势，其中排名第四的大金专利申请量已超过国内所有申请人专利申请量的总和。全球只有17家公司、科研院所或高校申请了HFO-1234yf制备专利，其中公司申请人15家，申请专利165项；科研院所或高校两家，申请专利10项。HFO-1234yf制备的研究工作主要集中在业内公司中，该领域是公司尤其是大公司博弈的战场。我国在该领域的申请人按申请量排名依次为西安近化所、东岳、三美化工、中化蓝天、北京宇极科技、浙江师范大学和浙江环氟。

在全部175项专利申请中，同项专利申请中公司申请人超过1个的专利申请仅有2项：2007年阿克马和大金共同申请的WO2009084703A1、2008年大金和赛门铁克共同申请的WO2010050373A2。这说明各公司较重视专利的权属，独立研发制备方法并独立申请专利。

HFO-1234yf制备专利集中度很高。排名前四位的霍尼韦尔、杜邦、阿克马和大金的专利申请量约占HFO-1234yf制备专利申请总量的76.6%，如图3-32所示。在2004~2009年中，HFO-1234yf制备专利申请主要为国外申请人尤其是申请量最多的前四位的四家公司霍尼韦尔、杜邦、阿克马和大金所拥有。

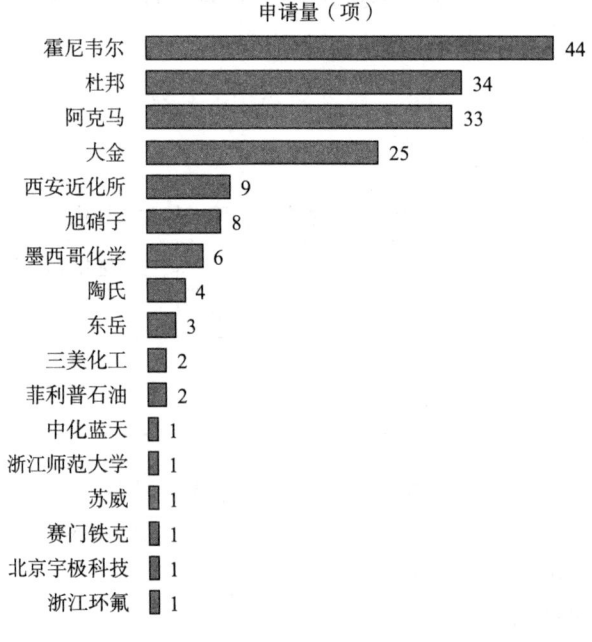

图3-32 HFO-1234yf的制备专利申请人分布

3.5.4.2 各申请人专利申请量随时间的变化

HFO-1234yf 领域各申请人专利申请量随时间变化情况如图3-33（见文前彩色插图第6页）所示。

HFO-1234yf 最早的制备专利是杜邦在1958年申请的，制备得到的 HFO-1234yf 用作聚合单体。从1958年起的近半个世纪，HFO-1234yf 的制备专利寥寥无几。

在2004年，HFO-1234yf 被发现可以作为制冷剂使用，且由于其具有零 ODP 和低 GWP（GWP=4），可能成为新一代制冷剂。霍尼韦尔和杜邦两大公司率先开始寻求 HFO-1234yf 的新制备方法，并在2004年各自开始大量申请 HFO-1234yf 的制备专利。这两家公司几乎每年都有 HFO-1234yf 制备专利申请，尤其是从2004年到2008年一直维持着较高的申请量，成为 HFO-1234yf 制备专利申请的第一军团。

2006~2009年，大金、墨西哥化学（包括英力士氟）、阿克马、旭硝子、苏威、陶氏和赛门铁克先后开始了 HFO-1234yf 制备专利的申请，是 HFO-1234yf 制备专利申请的第二军团。大金和阿克马尤其重视 HFO-1234yf 制备专利，在2007~2009的3年时间分别申请了24项和18项之多。大金和阿克马两公司在申请初期还有一次合作专利申请的经历（图3-33中橙色六角星所示），这说明第二军团活跃的竞争者为了打破第一军团已有的技术壁垒在追赶第一军团的初期通力合作。墨西哥化学、旭硝子关于 HFO-1234yf 制备专利的申请时断时续，专利申请并非每年都有，而苏威和陶氏分别仅仅申请了一项专利就退出了这个领域。另外，赛门铁克经营的领域本与化学无关，但却在2008年与大金公司合作申请 HFO-1234yf 制备专利（图3-33中红色六角星所示），这实在是一件匪夷所思的事情。

2010年是中国申请人开始 HFO-1234yf 制备专利申请的一年，它们是 HFO-1234yf 制备专利申请的第三军团。从2010年到2011年两年内，西安近化所、三美化工、东岳、中化蓝天、北京宇极科技、浙江环新氟材料公司（以下简称浙江环新氟）和浙江师范大学各自开始申请 HFO-1234yf 的制备专利。从专利申请量上看，西安近化所是当之无愧的国内申请人领跑者。

从第一军团开始申请 HFO-1234yf 制备专利之后，第二军团国外公司申请人反应时间最短2年（2004~2005年）即有自己的专利申请问世，即第一军团在2004年申请的专利刚公开的第一年，第二军团就监控到了第一军团公司申请人研发的方向从而进行专利跟进；而第三军团中国申请人的反应时间最短是6年（2004~2009年），即在第一军团2004年申请的专利公开后的第六年才开始有相关领域专利问世。国内申请人技术跟进的速度远落后于国外申请人技术跟进的速度，这至少说明两方面的问题。一方面，国内企业对于新技术的敏感度不够，在目前产品能够有足够经济效益的情况下，对于行业总体发展趋势的前瞻性不足，导致其在对新一代产品研发力量投入不够，进而导致技术储备不足。另一方面，国内企业通常对竞争对手的市场监控较为及时，但对竞争对手尤其是国外行业巨头的技术监控和专利监控不足；通常在行业巨头已将专利布局完毕，产品投入市场后，国内企业才开始进行技术跟进和寻求技术突破点，如此必然会处于难以逆转的竞争劣势。

在暂不具备技术领跑能力的情况下，国内企业的研发能力和技术敏感度还需要进一步提高。在业内巨头非常明确的情况下，国内企业应监控竞争对手的专利申请态势，分析专利内容的变化并定期梳理竞争对手的技术研发方向，从而密切跟踪、追随，如此能一定程度上节省研发成本和研发时间，同时也让自己在以后可能的专利纠纷中处于相对有利位置。另外，在技术跟进的过程中，国内企业若能够发现 HFO-1234yf 制备关键技术的空白点，并集中研发力量加以突破，甚至可以以四两之力拨千斤之重，在 HFO-1234yf 制备技术中占据更加有利的位置。

3.5.5 行业巨头在重要路线的专利竞争

图 3-34 是 2004 年之后各申请人的专利申请涉及的制备路线数量。将该图中数据与表 3-1 中 HFO-1234yf 首创路线数据比较，我们不难发现包括霍尼韦尔在内的申请人的专利申请并不仅局限于自己首创的制备路线，还对其他申请人首创的路线进行优化和专利跟进。本报告研究了 HFO-1234yf 五条重要合成路线的技术演进史，具体参见图 3-35（见文前彩色插图第 7 页）。本小节将对 2004 年后国内外申请人在 5 条主要制备路线竞争中做的具体工作进行分析。

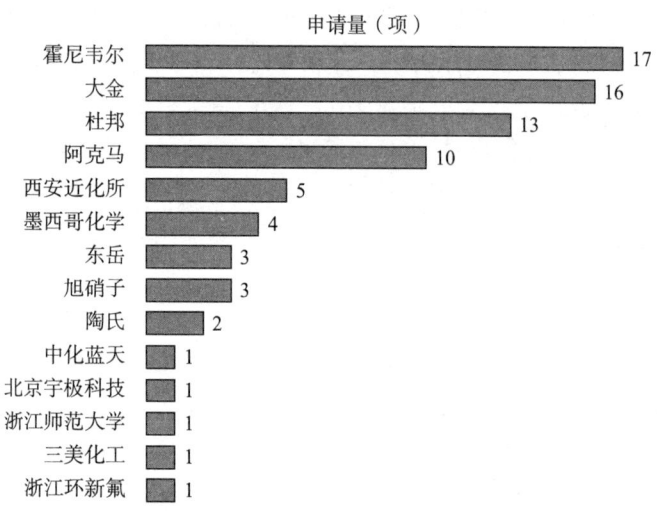

图 3-34 各申请人申请专利涉及制备路线数量

3.5.5.1 大处见方略

（1）2004 年：新机遇、新征途

霍尼韦尔、杜邦在 1,1,1,2,2-五氟丙烷路线上同时各申请了 3 项专利；另外，霍尼韦尔还在 1,1,1,2,3-五氟丙烷路线和 2-氯-1,1,1,2-四氟丙烷路线上分别有 4 项和 3 项专利申请。这一年，霍尼韦尔赢在了起跑线上。

（2）2005 年：沉默地远航

霍尼韦尔继续在 1,1,1,2,3-五氟丙烷路线增强专利布局力度，申请了 4 项专利。杜邦也在其原有的 1,1,1,2,2-五氟丙烷路线上申请了 1 项专利。这一年，

2004年申请的专利尚未公开，霍尼韦尔和杜邦在沉默的蓝海变成竞争激烈的红海之前继续扩大专利申请量的优势。

（3）2006年：敏感的追随者

霍尼韦尔和杜邦在各自原有的路线上继续申请。另外，杜邦追随霍尼韦尔在1，1，1，2，3-五氟丙烷路线上进行了重点跟进（5项专利申请），并新推出了1，1-二氯-2，3，3，3-四氟丙烯路线。墨西哥化学（包括原英力士）敏锐地捕捉到了新技术的气息，在1，1，1，2，2-五氟丙烷和1，1，1，2，3-五氟丙烷路线上进行了专利跟进。

（4）2007年：山雨欲来风满楼

霍尼韦尔和杜邦整体上减少了HFO-1234yf制备专利申请，霍尼韦尔在2-氯-1，1，1，2-四氟丙烷路线上有3项专利申请，将该路线作为当年的重点。这一年，2004年申请的专利陆续公开。阿克马、大金成为新进入的竞争者，阿克马还提出了新路线2-氯-3，3，3-三氟丙烯路线，并在1，1，1，2，2-五氟丙烷和1，1，1，2，3-五氟丙烷进行了专利跟进；大金在1，1，1，2，2-五氟丙烷路线上有1项专利申请。

（5）2008~2009年：群雄并起

2008年是HFO-1234yf制备专利申请数量的一个小高潮，拥有TOP5路线的所有国外公司都有专利申请问世，有的公司在个别路线上申请量较大，且把这种势头延续到2009年。阿克马在两年间在1，1，1，2，3-五氟丙烷路线上有12项专利申请，该路线成为该公司最关注的路线；另外，阿克马在1，1，1，2，2-五氟丙烷和2-氯-3，3，3-三氟丙烯路线上也有专利申请。大金在1，1，1，2，2-五氟丙烷、1，1，1，2，3-五氟丙烷、1，1-二氯-2，3，3，3-四氟丙烯和2-氯-3，3，3-三氟丙烯路线上各有1项专利申请。领先者霍尼韦尔和杜邦收缩阵线，放弃了1，1，1，2，2-五氟丙烷路线的申请；这两年间霍尼韦尔和杜邦对1，1，1，2，3-五氟丙烷路线和2-氯-1，1，1，2-四氟丙烷路线重新加强了布局，其中霍尼韦尔侧重1，1，1，2，3-五氟丙烷路线，而杜邦侧重2-氯-1，1，1，2-四氟丙烷路线。墨西哥化学从2009年开始推出了在5条HFO-1234yf主要制备路线上的专利申请。

（6）2010年：正奇相生

这一年国内申请人西安近化所和浙江环新氟也开始加入到5条路线的专利申请当中。它们以及霍尼韦尔、杜邦、阿克马和大金仍然在之前的重点热门路线1，1，1，2-五氟丙烷、1，1，1，2，3-五氟丙烷和2-氯-1，1，1，2-四氟丙烷路线上进行专利布局。但这一年旭硝子在1，1-二氯-2，3，3，3-四氟丙烯路线上突然发力，申请了6项专利，也奠定了其在该路线上的专利数量优势。

（7）2011年：长江后浪推前浪

这一年霍尼韦尔和杜邦在主要5条路线上各仅有1项制备专利。追随者阿克马有5项专利申请，申请重点在1，1，1，2，3-五氟丙烷路线（3项）。东岳、中化蓝天和北京宇极科技开始在这5条路线中申请专利。

3.5.5.2 小处看端倪

各申请人通过对技术细节的改进加强在各路线上的技术优势。相同申请人专利技术具有连续性，同时也学习其他申请人的技术优点。各申请人在相同路线上呈现技术竞争的态势。下面介绍各申请人在 TOP5 路线上的具体技术细节。

(1) 路线1：1，1，1，2，3-五氟丙烷（245eb）作为中间体

霍尼韦尔的专利申请 US2007112230A1（CN101351427A）公开了是采用镍网、镍/碳、氟氧化铬、碳、钯/碳、三氯化铁/碳等催化剂的存在下，在 250～600℃ 条件下将 HFC-245eb 脱氟化氢转化为 HFO-1234yf；在各实施例中明确记载，HFO-1234yf 选择性最高达 100%，HFC-245eb 转化率最高为 100%，但两者不同时达到；或与无机碱 KOH 在真空高压釜条件下反应制备 HFO-1234yf。

霍尼韦尔的专利申请 US2007179324A1（CN101553453A）和 US2009209791A1 都公开了采用钯/碳、氟化镁/氟化铝/氟化铈、氟氧化铝和氧化铬作催化剂以 245eb 制备 HFO-1234yf 的过程，245eb 转化率和 1234yf 选择性能够同时超过 90%。

杜邦的专利申请 WO2008002499A2（CN101479219A）采用热分解的方法，主要生成的是 HFO-1234yf 和 1234ze 的混合物；WO2008002500A1（CN101479217A）采用氟化氧化铝作为催化剂的方法；WO2008008350A2（CN101489960A）采用铬氟氧化物的方法；WO2008030439A2（CN101535225A）采用了冠醚等相转移催化剂的方法；WO2008030440A2（CN101535227A）采用了三辛基甲基氯化铵、钯/碳、氟化氧化铝、多孔碳、铬钴氧化物作为催化剂的方法，并且公开了以 1，2，3，3，3-六氟丙烯作为初始原料制备得到 245eb 中间体的过程。

墨西哥化学（英力士氟）的专利申请 WO2008075017A2（CN101563308A）采用了以苯甲基三乙基氯化铵、18 冠 6 作为催化剂，在 KOH 存在下将 245eb 转化为 HFO-1234yf，其中 245eb 以乙烯作为初始原料制备得到；根据实施例记载，245eb 的转化率最高达 100%，HFO-1234yf 的选择性达 99.6%。墨西哥化学在初次介入该路线的工艺就达到很高的选择性和转化率，一方面说明其研发实力较高，另一方面可能是在霍尼韦尔和杜邦公开技术的基础上选择优化的结果。

阿克马的专利申请 WO2009084703A1 初次介入该路线，没有明确优选的催化剂，主要在反应的流程控制方面进行优化。

霍尼韦尔的专利申请 US2009099396A1（CN101868435A）采用以 KOH、三氧化二铬、镍、活性炭、钯/碳、镍/碳作为催化剂将 245eb 转化为 HFO-1234yf，反应方法似工业化制备方法，245eb 转化率和 HFO-1234yf 选择性分别最高达 100%，最高的情况转化率和选择性能同时达 80% 左右。在本章第 3.5.6 节介绍霍尼韦尔研发团队时会提到其主力研发团队，这项专利是霍尼韦尔主力研发团队在该路线上的收官之作，值得注意。

墨西哥化学（即并购之前的英力士氟）在 2008 年申请了 3 项专利，这 3 项专利均采用锌/氧化铬作为催化剂，由 245eb 制备 HFO-1234yf。其主要区别在于采用不同的初始原料制备中间体 245eb，其中 WO2009138764A1（CN102026947A）以 1，1，2，3，3，3-六氟丙烯作原料，245eb 的转化率和 HFO-1234yf 选择性分别达 77.96% 和 58.44%，但该专利是工业化生产方法而且可能并未给出最好的实验数据；

WO2009125200A2 以 3，3，3 - 三氟丙烯作为原料；WO2009125201A2 以聚乙烯和四氯化碳作原料。

霍尼韦尔的专利申请 EP2100867A1（CN101544536A）、EP2213642A1 采用六氟丙烯作为初始原料制备中间体 245eb；EP2149543A1（CN101665405A）使 245eb 在氟化三氧化铬或氟化氧化镁催化下制备 HFO - 1234yf；US2012022302A1 采用 KOH 和 245eb 制备 HFO - 1234yf。此时霍尼韦尔主力研发团队已经换血，在该路线上侧重于反应流程条件的变化。

阿克马申请了 6 项专利，其中 3 项专利都采用了 Ni - Cr/AlF$_3$ 催化 245eb 制备 HFO - 1234yf，不同的是其中 FR2932799A1（CN102066295A）以 1，1，1，2，2，3 - 六氟丙烷作为初始原料；FR2929272A1（CN101980994A）以六氟丙烯作为初始原料；FR2929273A1（CN101980993A）直接用 245eb 制备 HFO - 1234yf。另外，FR2935703A1（CN101671229A）和 FR2935701A1（CN101671230A）都采用 KOH 与 245eb 反应制备 HFO - 1234yf，其中 FR2935703A1 也以六氟丙烯作为初始原料制备 245eb 中间体。FR2933691A1（CN102089265A）只是简单提及了 245eb 制备 HFO - 1234yf 的过程。其中 FR2932799A1（CN102066295A）中 245eb 转化率为 87%，HFO - 1234yf 选择性为 90%；从数据上看超出了霍尼韦尔最好数据，但不如墨西哥化学的最好数据。

阿克马的专利申请 WO2012098420A1（CN103328422A）依然采用 Ni - Cr/AlF$_3$ 催化 245eb 制备 HFO - 1234yf，但没有直接给出转化率和选择性数据。

东岳的专利申请 CN102267869A 采用了 Cr/Al 及其氧化物的氟化物催化 245eb 制备 HFO - 1234yf，其中 245eb 以六氟丙烯制备得到。虽然选择性和转化率都很高，超过了 95%，但从实施例的实验条件上看，更似处于实验室阶段。

总体而言，该路线上技术研发大致分为三个阶段：

1）第一阶段，2004 ~ 2007 年

对于工艺的探索在于寻求新的催化剂，这一阶段主要的申请人是霍尼韦尔和杜邦。

2）第二阶段，2008 ~ 2009 年

各公司都逐渐产生了各自偏好的催化剂，在该路线上的主要投入在于寻求中间体 245eb 不同的制备方法，采用多种初始原料制备 245eb 后再制备 HFO - 1234yf 的多步反应。并且，各公司已经展开中试或生产性试验方法的优化。

3）第三阶段，2010 年至今

各公司在该路线的专利布局基本成熟，对该生产路线的申请较少且没有重点。国内公司的申请还停留在实验室阶段。

该路线的专利申请大潮已经退去，申请量已经减少。据分析至少存在两种可能：一种是各申请人认为该路线上已经难以寻求可申请专利的技术点，布局已经相对饱和，再申请的专利只是对已有专利布局进行修修补补；另一种可能是该路线由于生产成本的问题显得日趋鸡肋，对于各公司来说食之无味弃之可惜。据悉，杜邦和三爱富公司在常熟投产的 HFO - 1234yf 的生产线采用的 HFP 路线按照本章统计标准来说也属于 1，1，1，2，3 - 五氟丙烷路线。业内人士认为该路线面临的问题是原料成本较高、催化

剂寿命短、分离能耗高。然而，专利申请的数量表明，该路线仍然是HFO-1234yf合成中最重要的路线。

（2）路线2：2-氯-1,1,1,2-四氟丙烷（244bb）作为中间体

霍尼韦尔的专利申请WO2009140563A1（CN102026944A）提出了SbF_5催化2-氯-1,1,1,2-四氟丙烷（244bb）制备HFO-1234yf，中间体244bb以四氯丙烯作为初始原料制备得到；US2012149951A1采用了$SbCl_5$等催化244bb制备HFO-1234yf；EP2103587A2（CN101597209A）采用了$CsCl/MgF_2$催化244bb制备HFO-1234yf，中间体244bb由1,1,2,3-四氯丙烯/2,3,3,3-四氯丙烯制备得到。其中EP2103587A2（CN101597209A）采用的是霍尼韦尔在该路线上的重点催化剂之一$CsCl/MgF_2$，按照实施例的记载，具体是10wt% CsCl/90wt% MgF_2，244bb转化率最高为53%，HFO-1234yf选择性最高达98%。

霍尼韦尔的专利申请US2009030247A1（CN101815693A）和US2012053371A1都采用$CsCl/MgF_2$催化244bb制备HFO-1234yf，其中US2012053371A1以1,1,2,3-四氯丙烯为初始原料制备244bb中间体；US2009124837A1（CN101440017A）采用的是碳和卤化锡催化剂；WO2007079431A2采用是$SbCl_5$等多种催化剂，并以1,2,3-三氯丙烷为初始原料。按照实施例的记载，转化率和选择性没有明显的突破，这可能是霍尼韦尔在2006年不断变化催化剂的原因。

霍尼韦尔的专利申请US2009149680A1（CN101468323A）采用$CsCl/MgF_2$、$CsCl/NiF_2$、$LiCl/MgF_2$、$LiCl/MgF_2$催化剂；WO2009009421A1（CN101687737A）采用NaF、MgF_2、CaF_2、氟化MgO、$CsCl/MgF_2$、Ni/MgF_2、$Pd/BaSO_4$、Ni、INCONEL 600、INCONEL 625作为催化剂。2007年，霍尼韦尔在该路线上依旧忙于尝试新的催化剂。

从2008年开始，霍尼韦尔在US2009299107A1中开始采用CsCl/MgO作为催化剂；US2012129687A1（CN102046569A）采用CsCl/MgO作为催化剂，244bb转化率大于30%，HFO-1234yf选择性超过95%。

杜邦的专利申请US2012232316A1和US2012232317A1仅提及了采用氟化催化剂；WO2009137658A2和US2010105967A1（CN102197012A）没有采用催化剂，在INCONEL镍管中反应，从数据上看取得了突破，244bb转化率和HFO-1234yf选择性分别高达99.8%和83%。

旭硝子的专利申请WO2010071136A1（CN102245547A）采用镍/活性碳催化244bb制备HFO-1234yf，中间体244bb以1,2-二氯-2-氟丙烷原料制备，转化率和选择性都不如霍尼韦尔和杜邦相应专利申请。阿克马的专利申请WO2011130108A1采用Sb/C和氯气存在下由244bb制备HFO-1234yf，但没有给出具体的实施方式，只是给出预言型实施例。大金的WO2012033088A1（CN103108852A）采用MgF_2催化制备HFO-1234yf，主要发明点为HFO-1234yf的纯化。这3家公司都没有在该路线上继续耕耘下去，可能是在该路线上遇到了技术瓶颈。

西安近化所的专利申请CN101913988A、CN101913989A采用热裂解的方法从244bb制备HFO-1234yf；CN101961658A采用$FeCl_3/NiCl_2/CaCO_3$催化244bb制备HFO-

1234yf；CN102513136A 以 Ce、La、Nd、Y 的氧化物的混合物作为催化剂制备 HFO – 1234yf；CN102603464A 以三氧化二铬为催化剂，244bb 转化率达 40%，HFO – 1234yf 选择性为 73.5%，从数据看与行业巨头仍有差距。

从研发策略来看，各申请人各有特点。霍尼韦尔在催化剂的选择上重点申请了大量专利，而重点尝试的催化剂为碱金属卤化盐和碱土金属氧化物或氟化物的混合物，采用最多的是 $CsCl/MgF_2$ 和 $CsCl/MgO$。杜邦在催化剂方面没有明显反映出偏好，其申请多数是采用热裂解的方法。阿克马、旭硝子、大金在该路线上分别只有 1 项专利申请。西安近化所在寻求新的催化剂，并且也研究了热裂解工艺。

从各申请人在该路线上的分布时间来说，霍尼韦尔从 2004 年介入该路线后，几乎一直在对该路线进行优化。杜邦从 2008 年介入，并在当年有较多申请，随后 2010～2011 年分别有 1 项专利；与杜邦在其他路线上的布局数量横向比较后，可知该路线也是杜邦重视的制备方法。总体而言，该路线上杜邦和霍尼韦尔掌握技术优势和专利数量优势。其中杜邦的技术的转化率和选择性较高。霍尼韦尔的专利保护更加完善，专利申请量更大；其一有技术创新就申请专利，虽然阻挡了其他申请人的专利申请空间，但研发思路的细节也透露得更多，有利于技术追随者思路的跟进。

由上可知，该路线有较多的变数，反应温度和压力、是否采用催化剂以及采用何种催化剂、中间体 244bb 的合成都有多种不同的技术。按照专利文献的记载，虽然 244bb 转化 HFO – 1234yf 的选择性较高，但 244bb 的转化率普遍较低，从技术方面或许还可以有进一步探索的空间。

(3) 路线 3：2 – 氯 – 3, 3, 3 – 三氟丙烯（1233xf）作为中间体

该路线可看做路线 2 的变种，其是路线 2 的基础上衍生出的新的制备 HFO – 1234yf 的技术路线。

阿克马的专利申请 WO2009003084A1（CN101687731A）采用了双段反应，两段分别采用 $SbCl_5$/C 催化剂 + Calgon 活性炭催化剂，初始原料为 1, 1, 2, 3 – 四氯丙烯，1233xf 转化率为 93%，HFO – 1234yf 选择性为 77%。

霍尼韦尔申请的 WO2009026526A1（CN101835729A）也采用了 $SbCl_5$/C 催化剂 + Calgon 活性炭催化剂。但从专利文件记载的数据上看，其技术明显差于阿克马，HFO – 1234yf 选择性仅为大约 50%。

阿克马的专利申请 FR2935700A1（CN102143930A）采用初始原料 2, 3 – 二氯 – 1, 1, 1 – 三氯丙烯，重点在于 2, 3 – 二氯 – 1, 1, 1 – 三氯丙烯到 1233xf 的制取过程。WO2010059493A1（CN102216245A）可以由 245cb 或 244bb 作为中间体，催化剂选择较宽泛，发明点在于 1233zd 到 HFO – 1234yf 的异构化。

阿克马从 US2011155942A1（CN102686543A）开始使用 Ni – Cr/AlF_3 作为催化剂，HFO – 1234yf 的选择性最高达到 72%；US2012172637A1、US2011160497A1（CN102686542A）、WO2012052797A1、WO2012098421A1 和 WO2012098422A1 这 6 项专利都是采用该催化剂。最后申请的 WO2012098422A1 中 1233xf 的转化率在反应 10 小时后达 60% 左右，1234yf + 245cb 的整体选择性达 98% 左右，但该文件中也记载了催化

剂失活问题和催化剂再生的方法。

在该路线中，国内申请人参与度较高。西安近化所、中化蓝天、三美化工、北京宇极科技都有介入，还尝试了稀土盐催化剂。从专利文件记载的数据看，该路线是这5条重点路线中国内申请人与行业巨头的差距最小的，1233xf转化率可达60%左右，HFO-1234yf选择性可达到近80%。

该路线是阿克马几乎垄断的一条路线，但阿克马在2009年后催化剂单一，在很狭窄的技术空间内进行摸索，而其他的国外行业巨头在该路线上的申请量不大。这或许可成为我国企业技术研发与专利申请的突破口，2013~2014年可能是申请该路线上相关专利的最佳时间。

(4) 路线4：1, 1, 1, 2, 2-五氟丙烷 (245cb) 为中间体

1, 1, 1, 2, 2-五氟丙烷 (245cb) 为中间体的路线与1, 1, 1, 2, 2-五氟丙烷 (245eb) 为中间体的路线有一定的交叉。由于245cb和245eb都可以从其他初始原料制备得到，因此在某些专利申请中会同时涉及两种路线。

杜邦的专利申请US2006106263A1 (CN101351429A) 公开了大量氟化催化剂催化245cb制备HFO-1234yf，但实施例中采用的是12~20目的氧化铝在Hastelloy管反应器内以HF/N_2制备得到的活化的氟化氧化铝催化剂，同时也采用了碳催化剂。从数据上看，其转化率和选择性都超过了90%。另外，US2012004475A1采用了多孔碳催化剂；US2011118512A1和WO2008054779A1 (CN101589010A) 采用了氟化氧化铝、碳催化剂；US2007100175A1 (CN101351428A) 采用了氧化铝催化剂。

霍尼韦尔的专利申请US2007197842A1和US2011118512A1采用Monel管中由245cb制备1234yf，245cb转化率和HFO-1234yf的选择性此消彼长，最高转化率为93%，最高选择性为73%。

大金的专利申请WO2009066580A1 (CN101868436A) 采用的是41.5重量%的高氟化-氟氧化铬催化剂，HFO-1234yf选择性近100%，245cb的转化率能达到近80%；JP2010047571A仅是简单提及245cb脱HF制备HFO-1234yf；WO2011099604A2 (CN102753506A) 和WO2013015068A1也采用氟化氧化铬作为催化剂。

东岳的专利申请CN102295522A采用了氟化氧化铝和氟化铬混合物催化245cb制备HFO-1234yf，转化率超过80%，选择性超过90%，但其实施例条件类似于实验室制备方法。

在该路线上，杜邦、霍尼韦尔、大金的技术自成体系，催化剂的系统都不相同，各家最终的产品选择性和转化率也都算中上。然而，各公司在2006年之后几乎都撤出了该路线，这可能是受原料来源、生产成本等因素的影响。

(5) 路线5：1, 1-二氯-2, 3, 3, 3-四氟丙烯 (1214ya) 为中间体

以1214ya为中间体的路线是由杜邦先提出的，但旭硝子在该路线上占有申请量的优势。

杜邦的专利申请WO2008079265A1 (CN101553452A) 和WO2008060614A2采用了负载在氧化铝上的钯催化剂催化1214ya制备HFO-1234yf，HFO-1234yf的转化率大

概只有 30%。大金 WO2010013576A1 采用 Pd/C 催化剂催化 1214ya，HFO-1234yf 转化率为 74%。随后，这两家公司退出了该路线的优化研究，可能是由于 1214ya 的转化率太低而放弃了该路线。

旭硝子在 2008 年提出涉及该路线的专利申请 WO2010074254A1（CN102264675A），其中以负载了 0.5% 重量钯的活性炭作为催化剂和 Inconel 反应管作为容器，1214ya 的转化率几近 100%，HFO-1234yf 的选择性最高也有 80%，从数据上看超越了杜邦和大金。两年后，旭硝子在该路线上爆发式申请：US2011319676A1（CN102947254A）、US2011319677A1（CN102958879A）、US2011319680A1（CN102947253A）、US2011319681A1（CN102947252A）均采用 Pd/C 催化剂；US2011319678A1（CN102947257A）采用了 Pd/Au 催化剂；US2011319679A1（CN102947255A）采用了 Pd/硅胶、Pd/Al_2O_3 催化剂。

该路线是杜邦和大金进入后又放弃的路线，而霍尼韦尔、阿克马等国际巨头和国内申请人均未涉足。但是，该路线从专利数据上看也具有产业化的可能，目前旭硝子正活跃在该路线。另外，从旭硝子在该路线上的专利申请进入的国家和地区来看，与其他公司不同的是几乎每项专利都进入了我国台湾地区。由此推测旭硝子近年会在我国台湾地区有所动作，比如投资建厂。

从这 5 条路线上各申请人近年的专利申请方面的举动来看，多数申请人都是采用闷声做研发和爆发式申请专利相结合。在各条路线的优化过程中，各申请人之间既有明显的互相模仿痕迹，也有独立的技术体系。随着时间变化，总的趋势是技术差异性变大，每家公司在同一条路线上形成自己独到的技术特点。

霍尼韦尔和杜邦虽然是制冷剂 HFO-1234yf 的首倡企业，但并非在每条路线上都有优势，相反在最近 5 年专利申请量上呈现颓势；而阿克马和旭硝子是这几条路线上强有力的竞争者，在近几年专利申请非常活跃。

我国企业虽然在个别路线上工艺有所突破，效果数据也与行业巨头逐年拉近，但应当看到，我国企业多数专利申请从反应条件上看仍停留在实验室阶段，难以评价产业化可行性，也不能与国外公司专利申请的数据简单比较。另外，我国企业虽然技术有创新，但围绕技术创新点的专利保护还不成体系，应当对核心技术构建专利群并且积极走出国门，布局目标市场和竞争对手所在国；否则我们仍然会遭遇类似"337 调查"的海外狙击（参见第 8 章"337 调查"）。

3.5.6　霍尼韦尔研发团队及研发方向分析

霍尼韦尔是积极倡导 HFO-1234yf 用作新一代制冷剂的行业巨头，在 10 年前就开始进行大规模的技术储备和专利申请。本节对 HFO-1234yf 制备专利申请量排名首位的霍尼韦尔的研发团队进行分析，并尝试寻找霍尼韦尔 HFO-1234yf 研发团队的研发方向和研发重点。

以发明人参与的制备路线数量频次统计，霍尼韦尔在 HFO-1234yf 制备中申请专利路线超过 5 条次的核心研发人员有 16 人。他们逐年参与 HFO-1234yf 制备专利申请的情况如图 3-36（见文前彩色插图第 8 页）所示。

从图 3-36 中可看到,霍尼韦尔公司主要发明人分成明显的三组,如该图中所示红色组、黄色组和蓝色组。

A. 红色第一组:3 人

从 2004 年之后,第一发明人童雪松、D. C. 默克尔和王海佑总体上一直维持有 HFO-1234yf 制备专利申请。这三人是研发总监级的发明人。

童雪松博士是霍尼韦尔的元老,原就职于联合信号公司(Allied Signal),后随着联合信号公司与原霍尼韦尔合并加入了新的霍尼韦尔,目前还在对 HFO-1234yf 做一些学术演讲推广活动。

丹尼尔·C. 默克尔(Daniel C. Merkel)是霍尼韦尔的首席工程师,1989 年从纽约州立大学化学工程专业学士毕业后进入霍尼韦尔。默克尔在霍尼韦尔功勋卓著,深受霍尼韦尔器重,其在 2006 年和 2013 年两次获得霍尼韦尔杰出创新奖,并于 2008 年和 2011 年两次获得霍尼韦尔氟产品专利年度奖。此外,默克尔在 2005 年取得了六西格马黑带认证(six sigma plus black belt certification),这个资质认证是为公司解决棘手技术或管理问题,并为公司培养精兵强将。默克尔以本科毕业生的身份进入霍尼韦尔,在 20 年的时间里逐步成为首席工程师,这与霍尼韦尔的培养是难以分开的,这也显示了霍尼韦尔的人才培养观念。

B. 黄色第二组:10 人

这一组是人数最多的研发团队,是霍尼韦尔 HFO-1234yf 制备领域研发的主力军。这 10 名研发人员——M. 范德皮伊、S. 穆克霍帕海、H. K. 奈尔、R. 迪贝、马敬骥、C. 博茨、R. 约翰逊、S. D. 菲利普斯、B. 莱特、K. 弗勒明在 2004~2007 年之间有大量的专利申请,在 2008 年突然撤出了 HFO-1234yf 的合成研发,几乎没有任何 HFO-1234yf 制备专利申请。

C. 蓝色第三组:3 人

2004~2007 年几乎没有涉足 HFO-1234yf 制备的研发人员。H. 科普凯利、S. A. 科特雷尔、Y. 焦以及一些资历更浅的研发人员在 2008 年之后填补了 HFO-1234yf 合成研发的空缺。

很显然,2008 年霍尼韦尔 HFO-1234yf 合成的研发团队经历了一次大规模的换血。研发的主力队伍(黄色组 10 人)撤出了,而资历相对较浅的研发人员(蓝色组 3 人等)接过了 HFO-1234yf 合成研究的工作。但这 10 人的主力团队并没有离开霍尼韦尔,而是展开了新的工作。霍尼韦尔在 2008 年已经完成对 HFO-1234yf 制备专利的阶段性布局,逐渐将研发重点从探索 HFO-1234yf 的新制备方法撤出,对研发方向作了战略调整。

我们对黄色组 10 名发明人进行专利追踪检索,发现这 10 名发明人在 2008 年以后申请专利共 56 项,其中半数的专利涉及氟聚合物。霍尼韦尔在 2008 年起重点进军氟聚合物领域,并从各相关领域抽调研发力量增加研发投入。

另外,这 56 项专利申请中半数涉及 ODS 替代品,其发明内容主要涉及 2-氯-1,1,1,2-四氟丙烷(7 项)、1-氯-3,3,3-三氟丙烯(7 项)、2-氯-3,3,3-

三氟丙烯（5项）、HFO-1234yf组合物及用途（4项）、HFO-1234ze组合物及用途（3项）。其中，2-氯-1,1,1,2-四氟丙烷和2-氯-3,3,3-三氟丙烯都是制备HFO-1234yf的中间体，1-氯-3,3,3-三氟丙烯是制备HFO-1234ze的中间体。因此，2004~2008年霍尼韦尔HFO-1234yf制备研发团队的主力人员在2008年之后的研发重点是HFO-1234重要中间体的研发和HFO-1234yf的应用。这说明霍尼韦尔从HFO-1234制备工艺的上游和下游分别进行专利布局。

图3-37为霍尼韦尔HFO-1234yf制备专利路线分布。其中，2-氯-1,1,1,2-四氟丙烷路线和2-氯-3,3,3-三氟丙烯路线在2008年后也有专利申请，这两条路线中采用的中间体是黄色组10名发明人在2008年后的专利申请中重点涉及的HFO-1234yf制备中间体。由此可见，2-氯-1,1,1,2-四氟丙烷和2-氯-3,3,3-三氟丙烯制备HFO-1234yf的合成路线是霍尼韦尔近5年的研发重点；霍尼韦尔不仅对这两种制备方法申请专利，且对这两种制备方法中使用中间体的制备和纯化申请了专利。

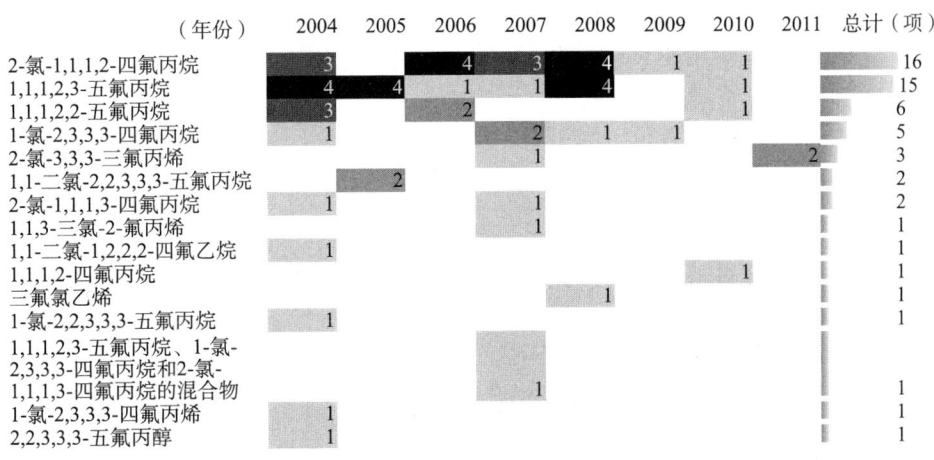

图3-37　霍尼韦尔HFO-1234yf制备专利路线分布

下面结合本章第3.5.3节各申请人对这两条路线的布局情况分析：

A. 2-氯-1,1,1,2-四氟丙烷（244bb）作为中间体的路线。霍尼韦尔在该路线上的专利申请量已稳居首位，而2008年后加大对2-氯-1,1,1,2-四氟丙烷路线的专利申请，一方面是扩大其在该路线上的技术优势和专利优势，另一方面也说明霍尼韦尔在该路线的技术日趋成熟。因此，2-氯-1,1,1,2-四氟丙烷路线是最有可能成为霍尼韦尔产业化的技术路线之一，该路线的技术细节可参见本章第3.5.3.2节和第3.5.5.2节。

B. 2-氯-3,3,3-三氟丙烯（1233xf）作为中间体的路线。各申请人在2-氯-3,3,3-三氟丙烯路线的参与度最高，涉及该条路线的专利申请人数量最多。阿克马在该路线上的专利申请量居于首位；相比之下，霍尼韦尔在该路线上的势力明显处于下风。霍尼韦尔在2008年后对1233xf中间体的制备方法进行布局，这或许是其认为难以在阿克马的制备专利布局中找到突破口，转而围绕该路线的中间体1233xf进行专利布局以寻求该路线的优势。此外，围绕1233xf中间体进行专利布局更加针对技术路线而不针对特定申请人，在该路线各公司参与度很高的情况下，对中间体的布局更起到"打蛇七寸"的作用。这一点我国企业可以视情况借鉴。

另外，这两条路线也是国内申请人专利布局的方向，尤其是西安近化所对两条路线均申请了专利。这说明国内申请人对于业内领军公司的研发思路追随度较高，这也是国内公司在HFO-1234yf制备路线探索上非常值得称道的地方。

3.5.7 小结

（1）HFO-1234yf的问世虽然已有半个多世纪的时间，但其制备专利技术的大发展集中在近10年。在世界各国中，HFO-1234yf的制备专利申请量最多的国家或地区是美国、中国、欧洲和日本。美国是HFO-1234yf制备专利几个重要申请人的所在国，而中国则被认为将成为HFO-1234yf的主要生产国之一。从中长期看，若HFO-1234yf继续引领第四代制冷剂的潮流，则HFO-1234yf从中国销往美国和欧洲时，也容易触发新一轮"337调查"和专利诉讼。

（2）目前专利技术中明确记载的HFO-1234yf制备路线共有43条，而霍尼韦尔、杜邦、大金、阿克马首创的制备路线就有37条。其中重要的制备路线依次为以1，1，1，2，3-五氟丙烷、2-氯-1，1，1，2-四氟丙烷、2-氯-3，3，3-三氟丙烯、1，1，1，2，2-五氟丙烷或1，1-二氯-2，3，3，3-四氟丙烯为中间体制备1234yf的路线。

（3）各申请人在各条路线上的技术既有趋同的一面，又各具特点。我国企业在借鉴和引进制备技术的时候应当注意比较。

（4）HFO-1234yf制备专利的合作申请非常少，显示了各公司之间非常重视专利权的权属。即使合作推出新一代制冷剂HFO-1234yf的霍尼韦尔和杜邦也未共同申请专利。

（5）在2004年霍尼韦尔、杜邦开始大举申请HFO-1234yf制备专利后，国外其他公司反应时间最短为2年，就有专利追随问世；而国内公司的最短反应时间为6年，才有专利问世。因此，国内公司的技术敏感度还有进一步提升的空间。

（6）行业巨头霍尼韦尔在2008年有一次大的转向，主力研发团队支援氟聚合物的研发；另外，在HFO-1234yf技术上，霍尼韦尔从专注于HFO-1234yf制备路线的研究转而围绕上游中间体和下游HFO-1234yf/ze的应用进行专利申请。2-氯-1，1，1，2-四氟丙烷和2-氯-3，3，3-三氟丙烯制备HFO-1234yf的合成路线是霍尼韦尔近5年的研发重点。其中，2-氯-1，1，1，2-四氟丙烷路线非常有可能是霍尼韦尔产业化的技术路线，值得关注。

3.6 HFO-1234yf制冷工质

制冷工质，又称制冷剂，它是在制冷系统中不断循环并通过本身状态变化以实现热量传输的工作物质,是决定制冷系统特别是蒸汽压缩型系统制冷性能的一项关键因素。自1834年帕金斯发明第一个蒸汽压缩制冷循环以来,制冷剂的发展迄今已历经三代。

第一代制冷剂以易获取的单组分物质为主,包括乙基醚、二氧化碳(R744)、氨(R717)、氯甲烷(R40)、异丁烷(R600a)、丙烷(R290)、二氯甲烷(R30)等。这些制冷剂在早期制冷系统中表现出了一定的效果,但应用中发现,多数第一代制冷剂具有可燃、有毒、稳定性低、腐蚀性强和/或压力过高的缺陷。

第二代制冷剂是指卤代烃类制冷剂,以含氯卤代烃为主,主要包括CFCs和HCFCs,其出现以1926年二氟二氯甲烷(CFC12)制冷剂的公开为标志。相比于第一代制冷剂,第二代制冷剂在制冷性能、安全性和稳定性方面有着明显优势。1931年,杜邦正式将CFC12工业化,随后一系列卤代烃类制冷剂商品相继出现,主要产品有CFC11、CFC113、CFC114、HCFC22、R502等。到1963年,这些制冷剂已占到整个有机氟工业产量的98%。

第三代制冷剂是HFCs类制冷剂。研究发现,作为第二代制冷剂主要组分的CFCs或HCFCs泄漏后能够引发臭氧分解,不利于臭氧层保护,且GWP高,与当今加强环境保护的理念相违背。根据《蒙特利尔议定书》的规定,含氯制冷剂将被限制生产且逐步淘汰。在该形势下,HFCs类制冷剂被提出并用以替代第二代制冷剂。相比而言,HFCs类制冷剂不含氯,不破坏臭氧层且GWP较低,制冷性能则与第二代相当。时至今日,第三代制冷剂已占据市场主导地位,产品主要有R134a、R407C、R410A、R507和R404A等。

尽管第三代制冷剂在环保方面已经大大优于第二代制冷剂,但是进一步研究表明,常用HFCs类制冷剂中大多仍是GWP较高的温室气体。在全球变暖的形势下,该类制冷剂的使用必然会逐步受到限制。因此,寻求具有更佳环保性能且安全性能、制冷性能以及与现有制冷设备的适配性都能够满足应用要求的下一代制冷剂就变得尤为关键。

在寻找能够替代HFCs类制冷剂的第四代产品的过程中,HFO类化合物特别是HFO-1234yf被业内认为是最有可能的新一代制冷剂。制冷行业巨头如霍尼韦尔、杜邦等公司均已对该领域进行了大量研发,并逐步进行专利技术布局。本节将以制冷工质领域涉及HFO-1234yf的专利申请[1]为对象,对该领域的专利现状和技术特点进行分析。

3.6.1 专利现状

3.6.1.1 全球专利概况

自1992年大金公开HFO-1234yf可用作制冷剂以来,全球范围内要求保护以HFO-1234yf为组分的制冷剂的相关专利申请总量[2]已有180项。

---

[1] 此类申请的权利要求书中,均存在权利要求以要求保护包含HFO-1234yf的制冷剂/传热流体;并且提到的年份均为专利申请首次公开的时间。

[2] 统计日期为2013年4月29日。

(1) 专利申请态势

图3-38是以HFO-1234yf为组分的制冷剂的专利申请态势图。根据申请量的逐年变化趋势可以看出，含HFO-1234yf制冷剂的相关申请大致可分为三个阶段。

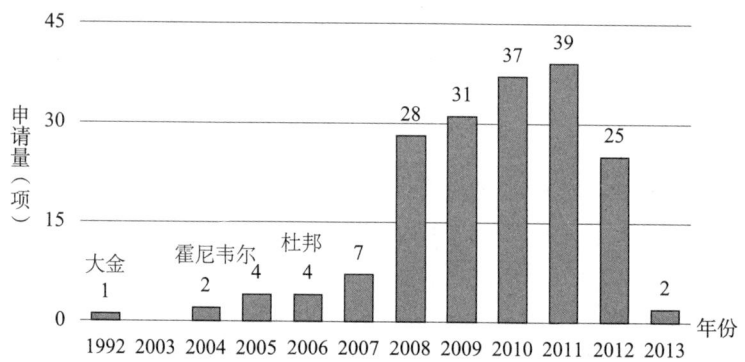

图3-38　HFO-1234yf为组分的制冷剂全球专利申请态势图

第一个阶段为1992~2003年。在该阶段，制冷行业使用的产品以第三代制冷剂为主，对具有高GWP的制冷剂的限制并不急迫。因此，尽管大金在1992年就首次提出了HFO-1234yf可作为制冷剂且性能与R12、R22或R502相当，但之后的十几年并没有出现跟进性研究。

第二个阶段是2004~2007年。2004年，霍尼韦尔提出氢氟烯烃类制冷剂的概念，并在这方面开始进行专利布局；杜邦紧随其后，于2006年也开始出现这方面的申请。这段时期仍可视为初期阶段，年均申请量不足10项，但作为全球制冷行业的两大巨头，在第三代制冷剂逐渐受到限制且急需第四代制冷剂的形势下，霍尼韦尔和杜邦同时介入HFO-1234yf领域无疑成为制冷剂行业发展的一个风向标。HFO-1234yf自此才真正引起整个制冷行业的关注。

第三个阶段是2008年至今。2008年，制冷领域的知名企业相继开始在HFO-1234yf领域进行专利布局，抢占技术先机。而随着越来越多研发团队的加入，全球相关申请量显著提高，年均维持在25项以上。

(2) 主要申请人

如图3-39所示，含HFO-1234yf制冷剂的相关专利申请在申请人分布方面非常集中。

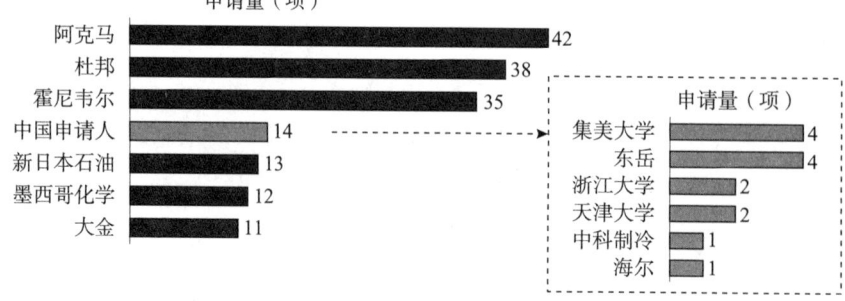

图3-39　含HFO-1234yf制冷剂专利申请的申请人分布图

申请数量超过 5 项的申请人包括阿克马（42 项）、杜邦（38 项）、霍尼韦尔（35 项）、新日本石油（13 项）、大金（11 项）和墨西哥化学（12 项），它们的申请量占到申请总量的约 83.9%。我国自主知识产权的申请量仅 14 项，占总量的约 7.8%，而涉及的国内申请人中没有任何一家达到 5 项以上。

另外，在技术开发和专利布局持续性方面，从图 3 - 40 可以看到，霍尼韦尔一直延续着 HFO - 1234yf 的开发工作，自 2004 年起每年均有一定量的相关专利申请；杜邦紧随其后，其申请量在 2008 年和 2009 年达到了顶峰；阿克马则自 2008 年起专利申请量逐年大幅递增，呈现后来居上的态势。相比而言，我国直到 2010 年才出现了第一件相关申请，并且在随后的时间内并没有特别明显的增长。

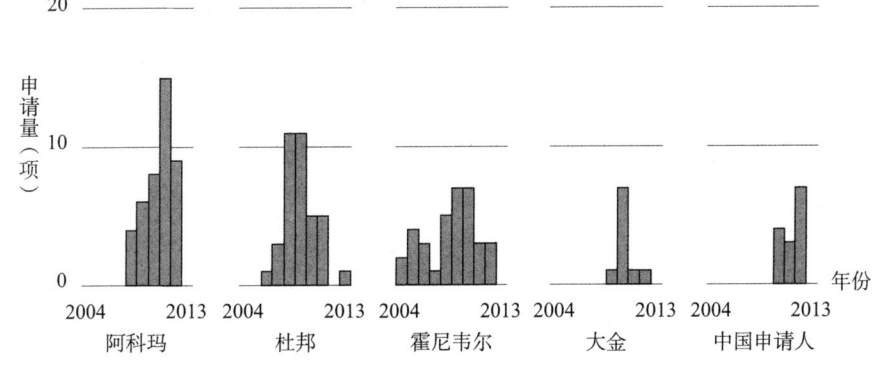

图 3 - 40 主要申请人技术开发和专利布局持续性

3.6.1.2 中国专利概况

随着第四代制冷剂研发的深入，国际知名制冷企业积极在全球范围内就 HFO - 1234yf 基制冷剂进行专利布局，而中国更是他们抢占的一个重要市场。截至 2013 年 4 月 29 日，涉及 HFO - 1234yf 基制冷剂的中国专利申请总量达到了 100 件，约占同期全球申请量的 55.6%。

（1）专利申请态势

从申请量的变化趋势来看，中国专利申请态势与全球态势具有很好的对应性。如图 3 - 41 所示❶，2004~2007 年，中国专利申请量为 2 件/年或 3 件/年，而随着全球申请量的提高，自 2008 年起，中国专利申请量显著增加，达到 10 件/年以上，在 2010 年和 2011 年更是达到顶峰。

此外，通过对比图 3 - 41 中同期全球申请量和中国申请量可以看出，在每年的全球申请中，相当大比例的国外申请选择了进入中国，这种情况无疑会对我国制冷行业的发展造成不利影响。

就本国申请而言，我国制冷行业直到 2010 年才出现了第一件自主知识产权的专利申请，大大落后于霍尼韦尔、杜邦等国际知名制冷企业，并且在近几年申请量也没有

---

❶ 为便于与全球态势进行对比，此处所提年份的定义与之前相同，均是指所有同族专利申请中首次公开的时间。

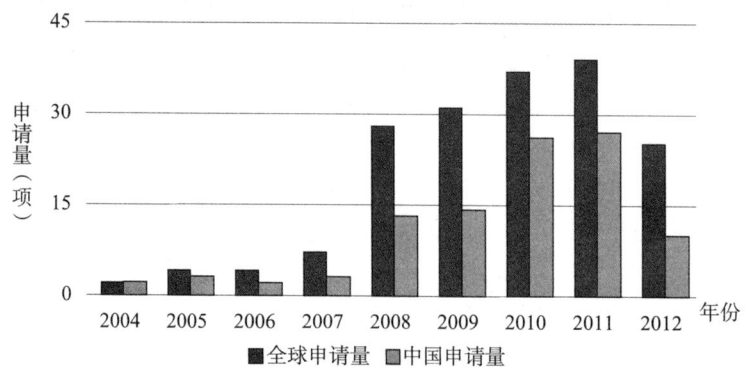

图 3-41 中国专利申请量及同期全球申请量信息

明显的增加,这在很大程度上反映出了我国制冷行业在研发水平和技术敏感性上的不足。

(2) 主要申请人

在 100 件中国专利申请中,国外申请人占到 86 件,我国自主产权的申请仅 14 件。

如图 3-42 所示,在申请人排名方面,第一位是阿克马,申请量有 29 件;杜邦和霍尼韦尔紧随其后,达到 18 件;新日本石油、大金和墨西哥化学则分别有 6 件、4 件和 4 件。这个排名与各企业的全球申请量排名大致相当。

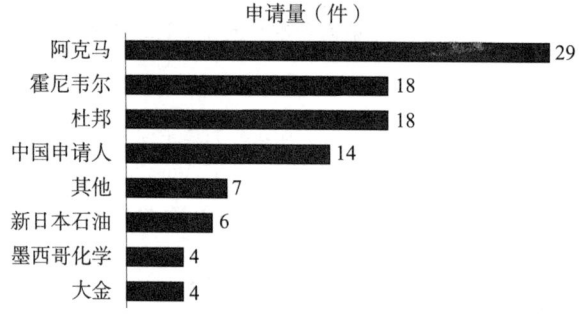

图 3-42 中国专利申请的申请人分布

就本国申请而言,14 件申请包括集美大学 4 件、东岳 4 件、浙江大学和浙江衢化氟化学 2 件、天津大学 2 件、中科制冷和海尔各 1 件。

(3) 授权情况

由于发明专利申请的实质审查周期较长,因此截至 2013 年 10 月 7 日,100 件中国专利申请中仅 33 件已首次结案,其中授权量仅 16 件。值得一提的是,霍尼韦尔于 2004 年最早公开的 2 件申请迄今仍处于实质审查阶段。

3.6.2 专利技术特点分析

制冷剂的核心在于配方。一般而言,单一组分的制冷剂在制冷性能以及与现有制冷系统的适配性方面存在诸多限制,而通过不同制冷剂组分的组合,可以对制冷剂各方面性能如效能系数（COP）、单位容积制冷量、可燃性等进行灵活调整。因此，混合工质一直是制冷行业的主要研究领域。

对混合工质而言，其技术核心主要涉及组分和配比两个方面。其中，配比选择可以在组分确定后结合相图和常规试验进行。也就是说，组分的选择在混合工质研究中是重中之重。

本部分将主要以制冷剂的组分为切入点，对含 HFO - 1234yf 制冷剂的专利技术特点进行分析。

3.6.2.1 整体专利技术特点

对 180 项含 HFO - 1234yf 的制冷剂相关专利申请的配方进行分析。其中，有 20 项申请在权利要求书中仅提及上位概念"氢氟烯烃"或"氟烯烃"，有 10 项申请在权利要求书中提到了单组分制冷剂 HFO - 1234yf。进一步研究发现，除首项涉及 HFO - 1234yf 单组分制冷剂的 JP4110388A 之外，其他 29 项申请主要涉及含 HFO - 1234yf 和功能助剂如润滑油、稳定剂等的组合物。此类发明的核心并不在于制冷剂配方，专利布局的目的大于技术方案本身。

统计结果表明，含 HFO - 1234yf 制冷剂的研发以混合工质为主。在确保环保性能的前提下，通过混入其他制冷组分以对产品的制冷性能、安全性能等进行优化，是目前混合工质研究的焦点。自 2005 年公开第一种 HFO - 1234yf 基混合工质以来，至今已有 150 项相关专利申请，约占到了含 HFO - 1234yf 制冷剂的相关申请总量的 83.3%。

课题组围绕上述 150 项混合工质的专利申请，对其中与 HFO - 1234yf 配合使用的制冷剂组分进行了提取和归类，并关注了其首次公开的时间。结果显示，与 HFO - 1234yf 配合使用的已知制冷剂组分种类有近百种。其中，霍尼韦尔和杜邦在 2005～2006 年针对 HFO - 1234yf 基混合工质作了大量布局，使用的制冷剂组分囊括了前三代制冷剂中 ODP 为零且 GWP 较低的那些常用组分，主要有低碳原子数的 HFOs（包括 1225ye、1234ye、1243zf、1234ze）、HFCs（包括 32、161、152a、143a、134、134a、125、227ea、236ea、236fa、245fa、365mfc）、HCs（包括 290、600、600a、正戊烷、异戊烷、环戊烷），以及 CF_3I、CO_2、DME 和 $(CF_3)_2S$。自 2007 年后，尽管也有新的配伍用制冷剂组分出现，但大多没有脱离 HFOs、HFCs、HCs 以及天然工质的范畴。值得一提的是，2007 年后出现了一些含氯制冷剂组分如 CFCs、HCFCs、HCFOs 的报道，但是相关申请量很小，且申请在时间上缺乏延续性。考虑到含氯组分会破坏臭氧层的特点，这类混合工质在应用上必然存在很大局限，且很难成为 HFO - 1234yf 基制冷剂研发和应用的主流。

在近百种配伍用制冷剂组分中，真正引起广泛关注并得到深入研究的仅是少数，相关申请量[1]达到 10 项以上的仅 18 种，达到 20 项以上的更是只有 9 种。图 3 - 43 给出了上述 18 种制冷剂组分的具体类别，并根据混合工质的组分对相关专利申请进行了归类。

---

[1] 指权利要求书中涉及同时包含 HFO - 1234yf 和相应配合使用的制冷剂组分的混合工质。

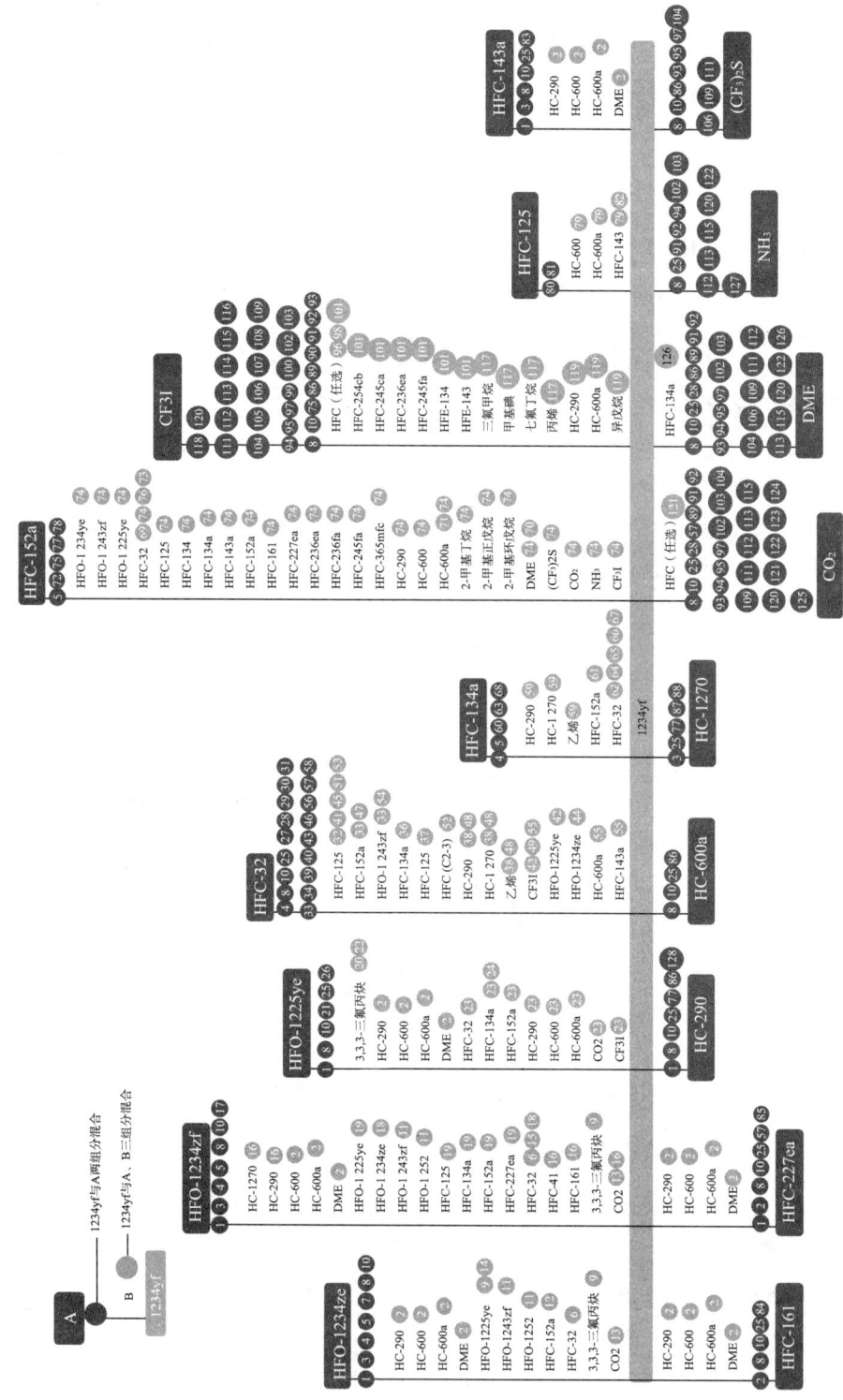

① WO2009137656A1
② US2009272931A1
③ WO2009137658A2
④ FR2954342A1
⑤ FR2957083A1
⑥ CN102516945A
⑦ EP2431441A2
⑧ US2008230738A1
⑨ WO2012004487A2
⑩ WO2006094303A2
⑪ WO2010119265A1
⑫ CN101851490A
⑬ GB2480517A
⑭ FR2962442A1
⑮ WO2010064011A1
⑯ WO2010064005A1
⑰ US2010119460A1
⑱ FR2964977A1
⑲ WO2009047535A2
⑳ FR2962130A1
㉑ US2005233932A1
㉒ WO2012001255A2
㉓ WO2008065011A1
㉔ WO2009018117A1
㉕ WO2008009923A2
㉖ US2006022166A1
㉗ WO2011030027A1
㉘ WO2009151669A1
㉙ US2009249864A1
㉚ FR2936806A1
㉛ WO2011084813A1
㉜ WO2011141655A2
㉝ WO2013032908A2
㉞ WO2011093521A1
㉟ FR2937906A1
㊱ WO2010002023A1
㊲ WO2010129920A1
㊳ FR2938550A1
㊴ CN102635931A
㊵ WO2011030026A1
㊶ WO2010002014A1
㊷ US2008121837A1
㊸ WO2010002016A1
㊹ WO2011141656A2
㊺ WO2012151238A2
㊻ INDEL200901571
㊼ WO2011030028A1
㊽ FR2938549A1
㊾ KR20100013288A
㊿ WO2010059677A2
(51) US2009250650A1
(52) EP2149592A2
(53) WO2011163117A1
(54) WO2011141654A2
(55) US2009249809A1
(56) JP2010002074A
(57) WO2007002625A2
(58) JP2012236884A
(59) FR2942237A1
(60) WO2010022018A2
(61) FR2932494A1
(62) WO2011030030A2
(63) WO2010002020A1
(64) FR2932492A1
(65) WO2011030031A1
(66) WO2011030032A1
(67) WO2011023923A1
(68) WO2011130237A1
(69) CN102516946A
(70) CN101864277A
(71) CN101671542A
(72) US2010122545A1
(73) WO2011030029A1
(74) US2011204279A1
(75) CN101747867A
(76) FR2932493A1
(77) US2010123095A1
(78) FR2936807A1
(79) US2009277194A1
(80) US2009278072A1
(81) WO2009104784A1
(82) WO2010002022A1
(83) WO2010042781A2
(84) CN102229794A
(85) FR2961520A1
(86) US2009255285A1
(87) CN102229793A
(88) FR2938551A1
(89) WO2009057475A1
(90) WO2009042855A1
(91) WO2008027514A1
(92) WO2008027513A2
(93) JP2009221375A
(94) WO2008027595A1
(95) JP2011195725A
(96) WO2008061079A2
(97) JP2011195726A
(98) GB2439392A
(99) US2005233934A1
(100) JP2009074022A
(101) US2008111100A1
(102) WO2008027594A2
(103) WO2008027515A2
(104) JP2009126979A
(105) WO2005103190A1
(106) WO2011024663A1
(107) WO2007105718A1
(108) JP2008239814A
(109) US2012132848A1
(110) CN102311719A
(111) WO2008105256A1
(112) WO2008027517A1
(113) WO2008042066A1
(114) WO2006069362A2
(115) WO2008027512A2
(116) WO2007126760A2
(117) US2008111099A1
(118) US2009283712A1
(119) US2006033072A1
(120) WO2008027596A2
(121) WO2012110801A1
(122) WO2011091404A1
(123) US2005241805A1
(124) FR2910016 A1
(125) US2010127209A1
(126) CN102703033A
(127) EP2487216A1
(128) CN102241962A

图 3-43　与 HFO-1234yf 配合使用的 18 种主要制冷剂组分及相关申请

第 3 章

值得一提的是，上述18种制冷剂组分中，有16种是由霍尼韦尔和杜邦在2005～2006年间提出。这一现象充分说明了两家企业在制冷剂领域的领航者地位，而在技术上的前瞻性使得它们在制冷行业规则制定上具有很大的话语权，且最终将从市场上得到丰厚的回报。

3.6.2.2 主要申请人专利技术特点

现阶段，HFO-1234yf基制冷剂被视为最有可能推广应用的第四代制冷剂，这一点已在很大范围内达成了共识。依靠良好的技术前瞻性和强大的技术后盾，制冷领域知名公司如霍尼韦尔、杜邦等已在专利布局方面建立起巨大优势。然而，在专利技术方面，这些公司又各有侧重。

(1) 大金

大金早在1992年就提出了HFO-1234yf可作为制冷剂，并指出其制冷性能与R12、R22或R502相当，且环保性能优异，但之后的十几年大金并没有继续在这方面进行深入研究。出现这种情况的原因可能是当时HFC类制冷剂对环境的影响还没有引起大家的足够重视。在HFC类制冷剂"如日中天"的大环境下，研发者缺乏深入研究的动力。2009年，大金时隔17年后重新介入HFO-1234yf基制冷剂领域。截至2012年，大金共有相关专利申请11项。

在混合工质研究方面，大金注重具体配方的深入研究，在选择与HFO-1234yf配合使用的制冷剂组分上目标非常明确，仅限于HFC32、HFC134a和HFC125三种。对这三种化合物单独配伍使用以及两两组合后再配伍使用的情况均有涉猎，代表申请有WO2009104784A1、WO2010002020A1、WO2010002016A1、WO2010002023A1、WO2010002014A1和WO2010002022A1。

此外，与HFO-1234yf基制冷剂配合使用的助剂如稳定剂也是大金的一个研究方向，相关申请有WO2010098451A1、WO2010098447A1和WO2012074121A1。

(2) 阿克马

阿克马首项涉及HFO-1234yf基制冷剂的专利申请出现在2008年。此后阿克马后来居上，申请量稳步上升，2011年更是创下单年15项的最高纪录，这一数值大于我国迄今为止在该领域的申请总量。

阿克马在研究中侧重对具体配方的探索，42项申请中有38项涉及混合工质。根据与HFO-1234yf配伍用制冷剂组分的类别，阿克马在混合工质研发方面大体可分为三个阶段。第一个阶段是2008～2010年，使用的配伍用制冷剂组分集中于HFC和HC类化合物，主要是HFC32、HFC152a、HFC134a、HFC125、HC290、HC1270和HC1150，代表性申请有FR2932494A1、FR2942237A1等。第二个阶段是2011年，该阶段属于过渡阶段，在保持对HFC和HC类化合物研发的同时，在配方中开始引入HFO-1234yf之外的HFO类化合物，特别是HFO-1234ze和HFO-1243zf；它们可单独与HFO-1234yf配合使用，也可与HFC或HC组合后再与HFO-1234yf配合使用，代表性申请有FR2954342A1、FR2957083A1、WO2011163117A1和WO2011141654A2。第三个阶段是2012年，阿克马进一步加大了对HFO类配伍用制冷剂组分的研究，配方中大多含有

HFO-1234yf 之外的其他 HFO 类化合物，代表性申请有 FR2968009A1、WO2012004487A2 和 FR2964977A1。

（3）霍尼韦尔

霍尼韦尔于 2004 年提出了氢氟烯烃制冷剂，从而拉开了 HFO-1234yf 基制冷剂发展的序幕。但不同于随后跟进的阿克马、大金等企业，霍尼韦尔利用其早先一步的优势，更为注重专利布局。

自 2004 年以来，霍尼韦尔利用氢氟烯烃的概念申请了 10 项专利。尽管大金在 1992 年便公开了氟代丙烯可作为制冷剂使用，但霍尼韦尔还是通过氢氟烯烃或其与润滑剂、增溶剂等助剂的组合物的形式在该领域进行了大量专利布局。

在混合工质方面，霍尼韦尔共有 25 项申请，由其提出并得到推广的配伍用制冷剂组分包括 HFO-1225ye、CF_3I 和 CO_2 三种。2005~2008 年间的配方统计结果显示，CF_3I 是该时间段内霍尼韦尔的一个重要研究对象，相关申请有 8 项，约占到同期混合工质申请（13 项）的 61.5%。2009 年之后，霍尼韦尔在混合工质的组分配方研发方面并未表现出明显的特色。

（4）杜邦

杜邦既不是首次提出 HFO-1234yf 制冷剂的企业，也不是首次提出氢氟烯烃制冷剂概念的申请人，但是它具有很高的技术敏感性。在 2004 年霍尼韦尔公开氢氟烯烃制冷剂之后，杜邦及时跟进，在这方面做了大量工作。截至统计日，杜邦共有相关专利申请 38 项。

一方面，杜邦极为重视配伍组分的研发，注重混合工质的专利布局。在所有 38 项申请中，有 37 项涉及混合工质。并且，在 18 种引起广泛关注并得到深入研究的配伍组分中，11 种是由杜邦首次提出的。另一方面，杜邦将该类制冷剂的助剂如稳定剂等作为一个重要的研究对象。在其他企业还单纯侧重混合工质配方的时候，杜邦就已经在助剂领域进行了大量专利布局，代表性申请有 WO2008027514A1、WO2008027594A2 和 WO2008042066A1 等。

3.6.2.3 我国专利技术特点

我国到 2010 年才出现首件涉及 HFO-1234yf 基制冷剂的专利申请，截至 2013 年 4 月 29 日，相关申请量为 14 件。

这 14 件申请分属 6 个不同的申请人，因此它们在整体上缺乏系统性。并且，长达数年的时间差和薄弱的技术研发水平使得我国申请人在配方开发上面临很大的困难，很难避开霍尼韦尔、杜邦、阿克马等企业布下的专利壁垒，原始创新成果少，无相关基础专利，在技术创新高度上有待商榷。

3.6.3 小结

（1）含 HFO-1234yf 制冷剂已成为现阶段国际制冷行业在寻求新一代制冷剂过程中的一个重要目标，很可能成为第四代制冷剂的主力产品，相关专利申请量稳步提升。

（2）以霍尼韦尔、杜邦、阿克马和大金为代表的国际知名制冷企业通过领先一步的技术研发，积极在全球范围内进行专利布局和利益划分，建立起了强大的技术优势和专利壁垒。

（3）我国在专利申请量和发展后劲上存在巨大差距。可以预见，在缺乏有力的知识产权支撑的情况下，一旦该类制冷剂被推广使用，那么我国制冷行业的整体发展必然受到极大限制。从目前的形势来看，若要摆脱这种被动局面，则应在坚持自主创新的同时寻求对外技术合作，这兴许是一个不错的选择。

3.7 本章小结

（1）ODS 替代品专利申请量在过去的近 10 年内有了大幅增长，其中尤其以在中国的专利申请量增长最多。这说明我国成为行业巨头普遍看好的市场，中国本土企业也成为全球业内重视的竞争对手。然而我国企业的专利申请量仍然不多，在专利纠纷中容易处于劣势。

（2）HFO－1234yf 在全球的专利被美国、日本和法国所控制。在中国的大量专利布局对我国发展 HFO－1234yf 制备和应用技术形成巨大的障碍。

（3）HFO－1234yf 的制备可行性的根本在于生产成本。目前专利技术中明确记载的 HFO－1234yf 制备路线共有 43 条，其中各申请人认为具有产业可行性的制备路线依次为 1，1，1，2，3－五氟丙烷路线、2－氯－1，1，1，2－四氟丙烷路线、2－氯－3，3，3－三氟丙烯路线、1，1，1，2，2－五氟丙烷路线、1，1－二氯－2，3，3，3－四氟丙烯路线，但这五条路线也最容易引起专利纠纷。其中值得注意的是，旭硝子虽然专利申请总量不多，但重视相对冷门的 1，1－二氯－2，3，3，3－四氟丙烯路线，并且在该路线上的专利数量具有绝对优势。在相同的技术路线上，各申请人采用的技术工艺也不尽相同，各自都有自己的技术特点。

（3）HFO－1234yf 的混合工质专利被霍尼韦尔、杜邦、阿克马、大金所垄断。我国企业在专利自主研发同时，寻求对外合作也是可行的发展之路。另外，对于保护范围明显过大的混合工质专利，积极进行专利无效是扫除障碍的必经之路。在汽车厂商或制冷设备厂商采用我国生产的 HFO－1234yf 时，其容易被霍尼韦尔、杜邦、阿克马、大金发起侵权诉讼。因此，为了保住 HFO－1234yf 的销售市场，混合工质的专利必须由制冷剂企业发起无效宣告请求并扫除。

第4章 氟树脂

经过40余年的发展，特别是近十多年来的蓬勃发展，我国的氟树脂行业已经取得了令人瞩目的成就。目前，我国已经形成了以东岳、三爱富、巨化、中昊晨光、梅兰化工、永和氟化工等为代表的众多可生产氟树脂的企业，在产品总量、品种和质量上已基本满足国内机械、石化、汽车、电子等行业的需求。

虽然我国氟树脂行业已经取得了快速的发展，但是与国际上先进的氟化工企业相比还存在明显差距，主要表现为：技术创新能力不够，自主知识产权少，缺少对氟树脂加工应用的基础研究；产品质量的稳定性不足，高品级的产品仍需要进口等。因此，迫切需要对氟树脂行业的专利技术状况进行分析，为我国企业的相关研究和产品开发提供有价值的参考。同时，本章还对氟树脂行业非常关注的以下几种产品进行了较为详尽的研究和分析：（1）氟树脂领域产销量最大的聚四氟乙烯树脂，特别是高端的高压缩比聚四氟乙烯分散树脂；（2）燃料电池用全氟磺酸树脂膜；（3）四氟乙烯分散聚合中使用的乳化剂PFOA的替代品。

4.1 技术概述

氟树脂主要指高分子主链或侧链中具有与碳原子直接共价相连的氟原子的树脂聚合物。由于氟原子的存在，使得氟树脂具有一系列优异的性能。C—F键的键能高达485kJ/mol，是所有共价单键中键能最大的化学键。氟原子还具有较低的极化率、最强的电负性（4.0）、较小的范德瓦尔斯半径（1.32Å）。大量C—F键的存在使氟树脂呈现出优异的耐热性、耐化学腐蚀性、耐久性、耐候性、耐溶剂性、耐酸碱性、低可燃性、高透光性、低摩擦性、低折射率、低电容、低表面能、低吸湿性和超强的抗氧化性能。❶ 因此，氟树脂是综合性能最优异的树脂材料之一。

由于氟树脂的上述各种特殊性能，使得其在各个领域都有极其广泛的应用。氟树脂最早是被用于军事工业，例如，最早开发的聚四氟乙烯和聚三氟氯乙烯等都被用于原子弹的生产中。随着技术日益成熟和产品成本逐渐下降，氟树脂逐步普及各个行业和各个领域，例如航空航天、汽车、信息电子、化学化工、新能源、电力、食品和环保等，其应用形式主要有薄膜、线缆绝缘保护层、涂层、垫片、护套、内衬、O型圈、密封条、密封环、管状制品、容器、支架、光缆芯材、润滑油脂、高档化妆品助剂等。

常见的氟树脂主要有四氟乙烯聚合物、聚偏氟乙烯（PVDF）、聚氟乙烯（PVF）、

---

❶ 张永明，李虹，张恒. 含氟功能材料 [M]. 北京：化学工业出版社，2008：1.

聚三氟氯乙烯（PCTFE）和聚六氟丙烯等。其中，四氟乙烯聚合物又包括聚四氟乙烯（PTFE）、四氟乙烯－全氟烷基乙烯基醚共聚物、四氟乙烯－六氟丙烯共聚物、四氟乙烯－乙烯共聚物等。聚四氟乙烯在氟树脂中产量最大，应用最广，约占氟树脂总产量的60%～80%。

聚四氟乙烯是1938年美国杜邦的Plunkett博士在研究含氟制冷剂的过程中偶然发现的。经试验，这种聚合物不溶于任何酸、碱和有机溶剂，并且直到熔融也只形成韧性的透明胶体而不发生流动。随后，杜邦在1943年完成聚四氟乙烯的中试。之后，美国政府很快将其应用到曼哈顿计划中，用作处理六氟化铀的设备的内衬和密封材料。直到第二次世界大战结束，美国政府还一直对外严守发现这种聚合物的秘密。

聚四氟乙烯因为具有优异的化学稳定性、耐高低温性、不粘性、润滑性、电绝缘性、耐老化性、抗辐射性等特点，被称为"塑料王"。目前，聚四氟乙烯的应用已从最初的航空、航天和军工等国防领域扩展到石油石化、机械、电子、建筑、纺织等国民经济的各个领域。

聚四氟乙烯是完全对称的无支链线性高分子，分子无任何极性。由于C—F键在单键中键能最高，因此，聚四氟乙烯具有高度的稳定性。而且，氟原子的范德瓦尔斯半径比氢原子大，这使得聚四氟乙烯分子中原子之间的范德瓦尔斯相互作用力较大，产生较强的排斥力。因此，聚四氟乙烯分子在静态中采取螺旋的构象。加上氟原子恰当的原子半径，使每一个氟原子恰好能和间隔的碳原子上的氟原子紧靠，这样的构象使氟原子能包围在C—C主链的周围形成一个低表面能的保护层。这也是聚四氟乙烯具有优良的化学稳定性和热稳定性的重要原因。

聚四氟乙烯可以通过γ－辐射聚合或者在水溶性自由基引发剂存在下通过溶液聚合、悬浮聚合、乳液聚合（即分散聚合）等来制备。工业上一般采用悬浮或乳液聚合法来制备聚四氟乙烯。悬浮聚合和乳液聚合工艺的差异在于：悬浮聚合时不加乳化剂，在剧烈搅拌的条件下得到沉淀的聚四氟乙烯树脂；而乳液聚合时加入少量的乳化剂（表面活性剂），在中等搅拌强度下得到粒径较小的聚四氟乙烯粒子，该聚四氟乙烯粒子能够分散在水介质中。

聚四氟乙烯产品目前主要分为粗粒级、填料级、粉末级、水性分散级和石蜡级。市场上的聚四氟乙烯主要有三大种类：悬浮树脂、分散树脂和浓缩分散液，分别占消费量的50%～60%、20%～35%和15%～20%。悬浮法聚四氟乙烯主要用于制造机械工业用密封圈、垫片以及化工设备用泵、阀、管配件和设备衬里等，另外还可制造电绝缘零件、薄膜等。分散法聚四氟乙烯主要用于制造耐腐蚀、耐高温、高介电的电线电缆，另外在化工方面主要用于制造丝扣密封生胶带、管道衬里等。聚四氟乙烯浓缩分散液主要用于食品、纺织、印染、造纸等领域中的防粘涂层以及浸渍玻璃布、石棉等。[1]

1962年，美国杜邦首次开发出商品名为Nafion®的全氟磺酸离子交换膜，并将其

---

[1] 张永明，李虹，张恒. 含氟功能材料［M］. 北京：化学工业出版社，2008：71-72.

作为化学稳定性极高的高聚物固体电解质用于宇航开发的燃料电池中,开创了全氟离子交换膜应用的先河。全氟离子交换树脂材料的分子骨架为聚四氟乙烯结构,支链是端基为磺酸基团的全氟乙烯基醚结构。主链的聚四氟乙烯结构使得全氟磺酸离子交换树脂具有较高的机械强度、优良的热稳定性和化学稳定性。同时,氟原子强烈的吸电子作用使得支链上磺酸基团的酸性得以增强至与硫酸相当的程度,进而大大提高了全氟磺酸树脂的电导率。❶

20 世纪 70 年代中期,全氟离子交换膜成功地应用于氯碱工业,是氯碱工业发展史上的里程碑。从此,人们开始认识到全氟离子交换树脂作为新型功能性材料所具有的重要应用价值和意义。20 世纪 80 年代起,全氟磺酸离子交换膜开始用于质子交换膜燃料电池(PEMFC)中,在清洁能源方面的应用取得突破性进展。全氟磺酸离子交换膜是目前所有用于燃料电池的离子交换膜中综合性能最好的离子膜。

同时,全氟离子交换树脂及其膜在其他各种电解制备装置、电渗析、化学催化、气体分离、气体干燥、污水处理、海水淡化等方面也有其他材料不可比拟的优势。❷ 因此,全氟磺酸离子交换树脂是新时代具有重大战略意义的一类极其重要的功能材料。

乳液聚合(分散聚合)是一种用于制备氟树脂的重要方法,其中需要加入一定量的乳化剂(分散剂)。全氟辛酸及其盐(PFOA)是其中应用最广泛的乳化剂。全氟辛酸是一种全氟有机酸,分子式为 $C_8F_{15}O_2H$,最早由美国 3M 在 1951 年研制成功。由于具有优良的热稳定性、化学稳定性、高的表面活性以及疏水疏油特性,PFOA 被广泛应用于化学化工、机械、纺织、油墨、涂料、家庭用品、造纸等行业。其中,PFOA 作为乳化剂,是制备高性能氟聚合物过程中必要的加工助剂。尤其是在四氟乙烯分散聚合中,PFOA 可以使分散体中的颗粒达到较小的粒度,具有聚合产率高、分散稳定性良好的优点。

有关研究表明,PFOA 难以在自然环境中降解,具有持久性环境有机污染物的基本特征。尽管 PFOA 对人体的影响还不明确,但高剂量的 PFOA 在动物实验中已经显示出引起动物身体多个部位发生癌变的作用。❸

美国环保署(EPA)自 2003 年起提出 PFOA 会对人体健康产生不利影响。2006 年 1 月 25 日,在 EPA 的倡导下,包括杜邦在内的 8 家公司与 EPA 签订了 PFOA 问题的伙伴计划,承诺分阶段消减和最终停止使用 PFOA。最迟在 2010 年之前,在 2000 年的基础上减少 PFOA 95% 的生产排放量,同时确保 95% 的消费产品中不能含有能派生出 PFOA 的化合物。到 2015 年,所有产品中都将禁止使用 PFOA 和能派生出 PFOA 的化合物。❹PFOA 问题目前已经成为全球事件,其安全问题已经引发业界和使用者的广泛关注。为了适应全球化发展步伐,保护切身环境并推进可持续发展,寻找具有较好经济效益且环境友好的全氟辛酸替代品已经迫在眉睫。

---

❶ 张永明,李虹,张恒. 含氟功能材料[M]. 北京:化学工业出版社,2008:343.
❷ 刘凤岭,王贫清,曾蓉. 全氟离子聚合物的特性及其应用[J]. 化工新型材料,2002(11):19-22.
❸❹ 顾文怡,冯东东,粟小理. PFOA 替代品研究进展[J]. 有机氟化工,2009(3):28-30.

4.2 全球专利现状

截至 2013 年 8 月 30 日,涉及氟树脂的专利申请在全球共有 122658 项,是目前氟化工领域专利申请量最大的分支。在本节中,有关氟树脂的专利申请是指提到氟树脂的所有专利申请,包括涉及氟树脂的制备、加工、复合和应用等各方面的专利申请。

下面对氟树脂的全球专利概况进行分析。

4.2.1 申请量趋势分析

对氟树脂领域的全球专利申请量随年代的变化趋势进行分析,结果如图 4-1 所示。

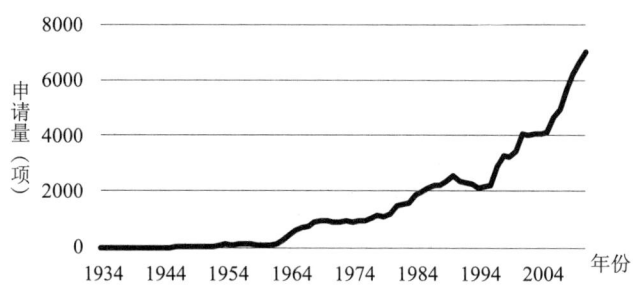

图 4-1 氟树脂全球专利申请发展趋势

从图 4-1 中可以看出,从 1934 年首次出现氟树脂相关专利申请以来,申请量一直保持增长的态势。目前,该领域的专利申请量还处于快速增长的阶段,2011 年的申请量已达到 7072 项。

其中,1934 年出现第一项氟树脂相关的专利申请。之后较长一段时间内,申请量的增长较为缓慢。20 世纪 60 年代,专利申请进入第一个快速增长阶段,年申请量迅速攀升至接近 1000 项(1969 年为 962 项)。可以看出,在首次出现相关专利申请之后,氟树脂引起了广泛关注,其相关研究在 20 世纪 60 年代取得了重大进展,这使得其申请量在该时期增长迅速。随后,技术和市场等方面的制约使得该领域的快速增长趋势得以放缓,申请量在 20 世纪 70 年代进入第一个稳定期,年申请量一直维持在 1000 项左右。

从 20 世纪 70 年代末开始,该领域进入了第二个快速增长阶段,1986 年的申请量已突破 2000 项。经过 20 世纪 70 年代的稳定发展,氟树脂技术有所突破。同时,氟树脂产品也已经开始从军工领域转向民用领域,市场迅速扩大。上述因素导致氟树脂的专利申请量在该段时间内迅速增加。20 世纪 90 年代,申请量进入稳步增长阶段。增长率不大,并一直持续到 2005 年左右。在此期间,年申请量从约 2000 项逐步攀升至 4000 项左右。在该段时间内,随着应用领域的扩展,越来越多的企业开始进入氟树脂领域。特别是中国等发展中国家的大批企业快速涌入该领域,并开展了大量的研究工作，使得在此期间的专利申请量维持稳定增长的趋势。

从 2006 年开始，该领域进入了第三个快速增长阶段，年申请量基本维持直线增长的趋势。专利申请从 2006 年的 4000 多项跃升至 2011 年的 7000 项左右。该阶段申请量的快速增长可能与大量出现氟树脂应用方面的专利申请有关。随着氟树脂在航空航天工业、汽车工业、信息电子产业、化学工业、新能源、电力工业、食品工业和环境保护等众多领域的广泛应用，形成了许多氟树脂应用方面的专利申请，使得在该阶段的申请量飞速发展。

综合来看，氟树脂在全球的专利申请量分别在 20 世纪 60 年代、20 世纪 70 年代末至 80 年代中期和 2006 年之后出现了 3 个快速增长阶段。目前，氟树脂领域处于专利申请量快速增长的阶段，可以说该领域又迎来了一个新的黄金发展时期。

4.2.2 区域分布分析

对氟树脂全球专利申请的主要申请国和目标国进行统计，结果如图 4-2 所示。

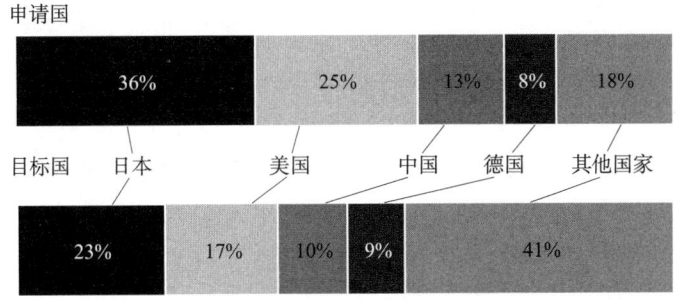

图 4-2 氟树脂全球主要专利申请国和目标国

从图 4-2 中可以看出，该领域的专利申请来源国主要包括日本、美国、中国、德国 4 个国家。其中，来自日本的专利申请量最大，达到了全球总申请量的 36% 左右；其次为美国和中国，各自占约 25% 和 13%。同时，图 4-2 中还给出了在主要国家/地区的专利申请公开量所占的比例（即目标国信息）。专利申请公开量可以直接反映该国家/地区在全球市场中的地位。从图 4-2 中可以看出：日本、美国、中国和德国也是当前氟树脂领域的主要市场，其专利申请公开量分别占到了总公开量的 23%、17%、10% 和 9%。

可以看出，日本和美国在氟树脂领域都占有明显的优势，其专利申请量远远超过其他各国的申请量。这也与日本和美国目前在氟树脂领域所占的地位相符。首先，日本和美国是目前世界上氟树脂领域技术最领先的国家。它们拥有该领域大部分的重要申请人，例如旭硝子、大金、杜邦、3M 等。该领域关键的技术大部分也都掌握在这两个国家手中；其次，日本和美国也是目前氟树脂最大的生产和销售地。由于这两个国家在航空航天、汽车、信息电子等氟树脂的重点应用领域都处于明显的优势地位，所以日本和美国也是各国申请人重点进行专利布局的国家，其专利公开量同样位居氟树脂专利目标国的前两位。

同时，从图4-2中还可以看到，来自中国的专利申请数量已经超过了德国和其他一些发达国家，达到第三位。我国氟树脂行业经过40多年来的发展，特别是进入21世纪以来的快速发展，目前已经形成了一大批在该领域实力较强的公司，例如东岳、三爱富、巨化、中昊晨光、梅兰化工等。它们在该领域都进行了大量的研究工作并拥有大量的专利申请。

我们也应清醒地认识到，目前我国在氟树脂领域真正在行业领先的独创技术并不多。特别是我国企业目前在氟树脂领域大多集中在较低端的通用产品上，高端的氟树脂产品大部分还需要进口，这与我国在氟树脂领域专利申请量居第三位的排名并不相符。从我国专利申请的公开情况来看，目前在我国的专利公开量同样位居全球的第三位。这也说明随着我国企业在该领域的快速崛起，各国申请人都开始重视中国市场，并将大量的技术在中国寻求专利保护。

综合来看，日本和美国在氟树脂领域占据明显的优势，在全球的专利申请国和目标国排名中都位居前列。我国经过多年的发展在氟树脂领域也取得了一定的进步，目前在全球的专利申请量位居第三位。我国申请人应该继续加大在该领域的研发投入，争取早日在高端氟树脂领域占据一席之地。

4.2.3 技术构成分析

根据氟树脂领域的技术现状，将氟树脂分为聚四氟乙烯、聚偏氟乙烯、聚氟乙烯、聚三氟氯乙烯和聚六氟丙烯5个主要品种。分别对这5类主要氟树脂的全球专利申请量进行统计分析，结果如图4-3所示。

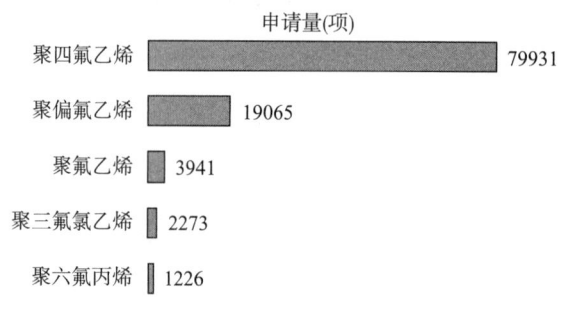

图4-3 氟树脂主要品种的全球专利申请量

从图4-3中可以看出，聚四氟乙烯的专利申请量最多，约占总申请量的65%。在其他几种氟树脂中，聚偏氟乙烯的申请量较多，约占总申请量的15%；聚氟乙烯、聚三氟氯乙烯和聚六氟丙烯的申请量分别约占总申请量的3%、2%和1%。这也基本与氟树脂领域各种树脂的产销量相符。

在所有种类的氟树脂中，聚四氟乙烯产量最高，应用最广，约占氟树脂总产量的60%~80%。因此，聚四氟乙烯是氟树脂在全球范围内专利申请的焦点。虽然其出现的时间已经很长，但由于其独有的性质、较为完备的基础研究和巨大的应用市场，其申请量在未来较长一段时间内会维持氟树脂领域申请量第一的位置。

聚偏氟乙烯出现的时间相对较晚，是从20世纪70年代起发展起来的一种具有优良综合性能的功能材料。聚偏氟乙烯的刚性、硬度和抗蠕变性能尤为突出，同时在氟树脂领域中价格最便宜，因而将具有更为广泛的应用前景。迄今为止，聚偏氟乙烯树脂的申请量已经跃居氟树脂领域的第二位，是世界上仅次于聚四氟乙烯的氟树脂品种。

其他氟树脂中，聚氟乙烯最早由杜邦提出，是一种生产量较小的塑性树脂，目前主要用于制备薄膜和涂料。聚三氟氯乙烯是第一个开发的氟树脂，它是一种可以熔融加工的热塑性氟塑料。与四氟乙烯类树脂相比，聚三氟氯乙烯硬度大、耐蠕变、具有较低的水蒸气和气体渗透性，但其产量一直不高。聚六氟丙烯同样是氟树脂领域一种小产量的产品。这也与目前这三种产品在氟树脂领域的专利申请量相符。

综合来看，聚四氟乙烯是氟树脂领域最重要且申请量最多的品种，聚偏氟乙烯由于其价格较低等优势也已经取得了较大发展，而其他氟树脂的申请量还相对较少。

4.2.4 申请人分析

对氟树脂领域的申请人按照全球的申请量进行排序，其中排名前十位的申请人及其申请量如图4-4所示。❶

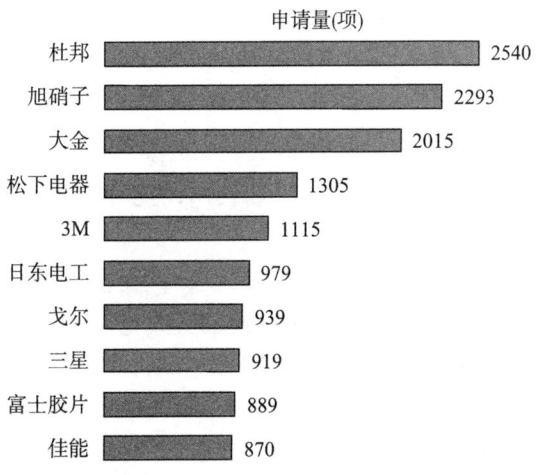

图4-4 全球氟树脂申请量排名前十位的申请人及其申请量

从图4-4中可以看出，排名前十位的申请人中，日本企业多达6家，分别为旭硝子、大金、松下电器、日东电工、富士胶片和佳能。这与日本在氟树脂领域申请量最大的地位相符。日本不仅总申请量位居第一位，还拥有较多的大型氟树脂企业。其中，旭硝子、大金等都是氟化工行业的领军企业，在氟树脂的聚合、生产、加工等领域占据明显的优势。松下电器、富士胶片等企业是氟树脂领域较重要的应用厂商，其在氟树脂应用领域占据较大的优势。综合来看，日本企业在包括氟树脂的生产、加工和应

---

❶ 对申请人排名的说明：由于检索时对氟树脂领域的定义中包括了氟树脂的应用，因此，在统计时可能会出现较多的应用方面的专利申请，导致申请人排名时会出现三星、富士胶片、佳能等重心不在氟树脂制备和加工方面的公司，它们的大部分专利申请中涉及的是氟树脂的应用。

用等环节在内的全产业链中都具有明显的优势。

此外，在排名前十位的申请人中，来自美国的企业有3家，分别为杜邦、3M和戈尔。这也与美国在氟树脂领域申请量排名第二位的地位相符。这3家企业同样也是氟化工领域的领军企业，在氟树脂的聚合、加工等领域都拥有大量的技术积累和专利。

我国的专利申请量虽然在全球排名第三位，却没有一家企业能够进入申请人的前十位。我国企业在该领域已经取得了进步，并初步形成了一些相对较大的企业。但是，这些企业毕竟属于该领域的后起之秀，基本上还处于技术研发的初期，并没有形成太多的技术积累。从统计结果来看，我国企业在氟树脂领域的专利申请较为分散，许多中小企业纷纷进军该行业，使得该领域总的申请量已达到一定的水平。但是，中小企业专利申请的技术集中度不够，使得我国目前还没有形成在世界范围内能够排在前列的企业。

4.2.5 小结

（1）氟树脂在全球的专利申请量在20世纪60年代、20世纪70年代末至80年代中期和2006年之后出现了3个快速增长阶段，目前正处于新的黄金发展时期。

（2）日本和美国是氟树脂领域最大的专利申请国和目标国，该领域重要的申请人也基本集中在这两个国家。

（3）氟树脂领域申请量较多的品种依次为聚四氟乙烯、聚偏氟乙烯、聚氟乙烯、聚三氟氯乙烯和聚六氟丙烯等。其中，聚四氟乙烯的申请量已占总申请量的65%，是目前申请量最多的品种。

（4）我国的专利申请量已经跃居全球第三位，但在全球排名前十位的申请人中并没有来自中国的申请人。我国企业在氟树脂领域虽然已经取得了较大的进步，但申请人较为分散，技术集中度不够，核心技术不多，还没有形成在该领域可以排在前列的企业。

4.3 中国专利现状

截至2013年8月30日，涉及氟树脂的中国专利申请有13074件，是中国氟化工领域专利申请量最大的技术分支。下面对氟树脂的中国专利概况进行分析。

4.3.1 申请量趋势分析

对氟树脂领域的中国专利申请量随年份的变化趋势进行分析，结果如图4-5所示。

从图4-5中可以看出，从1985年我国受理专利申请开始，就出现了氟树脂领域的相关专利申请。由此可见，氟树脂领域的申请人非常重视专利的申请和保护工作，从中国专利制度建立之初我国就是氟树脂领域比较重要的市场。

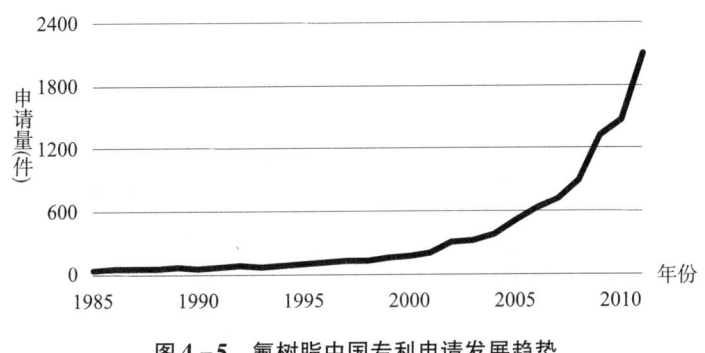

图 4-5 氟树脂中国专利申请发展趋势

1985～1996 年期间，申请量一直保持平稳增长的趋势。然而，与全球专利申请相比，中国专利申请量的增长较为平缓。这可能是因为在此期间我国在氟树脂领域还没有出现较大的企业，我国在该领域的研究较少且水平较低，一直没有取得技术的突破。另外，由于我国技术水平较低，国外企业也并不重视在我国进行专利保护，导致在较长时间内申请量均维持在较低的水平。

到 1996 年，氟树脂领域的中国专利申请量已达 100 多件。此后，年申请量增长明显加快，并于 2005 年和 2009 年分别突破了 500 件和 1000 件。之后，年申请量的增速更快，2010 年已达 1463 件，2011 年更是达到 2105 件，年增长率达到了大约 44%。这也与氟树脂领域全球专利申请在近些年快速发展的趋势相符。这说明在经历了前期的萌芽和稳定发展期之后，从 1996 年起，我国企业在该领域发展迅速。同时，国内企业的快速崛起也带动国外企业日益重视在我国的专利布局情况，导致我国的专利申请量快速增长。特别是近几年是我国氟树脂领域发展最快速的几年。东岳、三爱富、巨化、中昊晨光等国内大型氟化工企业或科研院所在氟树脂领域都取得了巨大的发展，这也导致了我国氟树脂领域专利申请量的快速增长。

综合来看，从我国开始实行专利制度起就出现了多项氟树脂相关专利申请，但在较长时间内申请量都维持在较低水平。从 1996 年起，增速明显变快。特别是 2005 年之后，进入快速增长阶段。目前，我国的氟树脂领域正处于黄金发展阶段。

4.3.2 申请国分析

氟树脂中国专利申请的主要来源国的申请量和授权量如图 4-6 所示。

从图 4-6 中可以看出，氟树脂领域的中国专利申请主要来源国依次为中国、日本、美国、德国等。特别是来自中国的申请占总申请量的 84% 左右，远远超过其他国家。这也说明我国氟树脂行业已经具有了一定的规模，形成了大批的新技术且我国申请人的专利意识较强，注意对技术申请专利保护。但还应该正确认识我国目前在氟树脂领域所处的地位。虽然我国申请量已经较多，但真正在行业领先的独创技术并不多。我国企业目前开发的氟树脂产品也大多集中在较低端的通用产品上，高端的氟树脂大部分还需要进口。从图 4-6 中还可以看出，专利申请量排在中国之后的国家依次为日本和美国，其申请量都占总申请量的 6% 左右。然而，从全球氟树脂的专利概况可知，

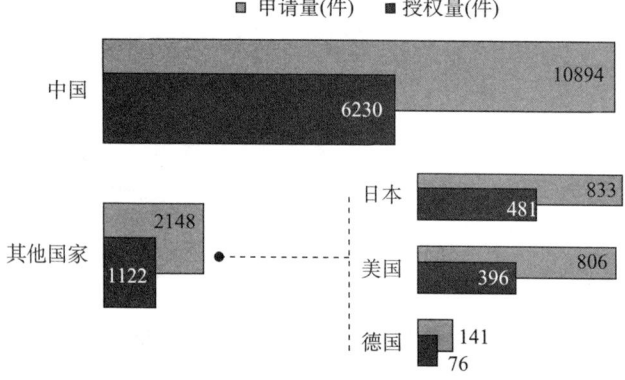

图 4-6 氟树脂中国专利申请主要来源国的申请量和授权量

来自日本和美国的专利申请分别占据全球总申请量的约 36% 和 25%。这说明日本和美国虽然引领着氟树脂技术的发展方向,并在该领域占据明显的优势地位,但其并不是非常重视在中国的专利保护。这也进一步说明虽然我国目前在氟树脂领域已经取得了长足的进步,但距离全球领先的水平还有一定的距离,无法对国外大公司造成威胁,使得它们不太重视在我国进行专利布局。我国企业应该从中看到差距,努力提高自己的技术水平。同时,由于国外公司在我国的专利申请并不多,其大量的国外专利技术在我国不受保护,因此在我国都属于可以免费使用的公共技术。我国企业应该充分利用这些公共技术,尽量避免重复的研究工作,使自己能够尽快达到国际领先的水平。

从授权量对比可以看出,来自中国申请人的专利申请的授权量同样遥遥领先,占据了总授权量的接近 85%,授权率也达到了 57%,略高于来自其他国家的专利授权率(52%)。尽管如此,我们还应清醒地认识到,虽然来自我国的专利申请的授权率略高,但并不代表其技术水平或撰写技巧就高于来自国外的专利申请。相反,来自我国的专利申请的保护范围一般都比较小,导致这些专利申请在授权后的保护力度也较小。相对而言,来自国外的专利申请虽然授权率比来自中国的低,但其保护范围通常较大,授权后能够形成较强的保护作用,对我国企业的制约作用非常明显。即使其最终没有获得授权,也已经将很多技术进行了公开,使得我国企业无法在相应领域获得专利保护。

综合来看,氟树脂的中国专利申请绝大多数都来自中国,其授权率也相对较高。这说明我国企业在氟树脂领域已经取得了较大的进步,出现了一些具有一定技术水平的企业。来自日本、美国和德国等国家的专利申请量都不大,说明其并不特别重视在中国的专利保护,这也为我国企业在该领域的发展提供了较好的机会。

4.3.3 技术构成分析

对氟树脂主要品种的中国专利申请按照聚四氟乙烯、聚偏氟乙烯、聚氟乙烯、聚三氟氯乙烯和聚六氟丙烯进行分类统计,结果如图 4-7 所示。

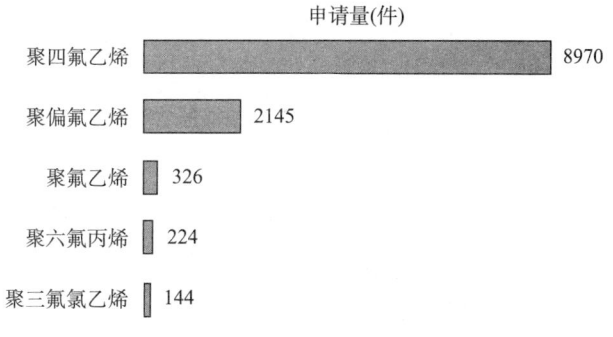

图4-7 氟树脂主要品种的中国专利申请量

从图4-7中可以看出，中国专利申请中涉及聚四氟乙烯的专利申请量最多，约占总申请量的69%。这也与聚四氟乙烯目前在我国氟树脂领域所处的绝对优势地位相符。在其他几种氟树脂中，聚偏氟乙烯的申请量较多，约占总申请量的16.5%；其次依次为聚氟乙烯、聚六氟丙烯和聚三氟氯乙烯等。这也基本与我国氟树脂领域各种树脂的产销量相符。

由于聚四氟乙烯独有的性质，其一直是全球范围内研究的热点。此外，聚四氟乙烯的应用市场广阔且技术门槛较低。因此，我国氟树脂领域的许多企业目前都将其作为主要产品。2012年，我国企业聚四氟乙烯的产能依次为东岳27000吨/年、巨化15000吨/年、中昊晨光12000吨/年、梅兰化工10000吨/年等。❶聚四氟乙烯的产能比其他各种氟树脂的总产能还要大，且该领域的研究者众多，各大企业都把聚四氟乙烯作为重点研发对象。这使得聚四氟乙烯的专利申请量遥遥领先。

聚偏氟乙烯是我国企业目前产能第二大的氟树脂产品。其中，2012年的产能依次为东岳3600吨/年、巨化1000吨/年和三爱富8000吨/年。❷

其他氟树脂产品在全球的产销量明显落后于上述其他两个氟树脂品种，在我国的产销量和市场需求都不大。目前各大公司对其的研究工作也不多，导致其申请量较低。

综合来看，聚四氟乙烯是中国氟树脂领域最重要也是申请量最大的品种，聚偏氟乙烯由于其价格低等优势也已经取得了较大发展，是我国目前产能和申请量第二的氟树脂品种，而其他氟树脂的专利申请量相对较少。

4.3.4 申请人分析

对氟树脂领域中国专利申请的申请人按照申请量进行排序，其中排名前十位的申请人及其申请量如图4-8所示。

从图4-8中可以看出，中国专利申请排名前十的申请人中，有4家为国外公司，分别为位于第一位、第二位、第六位和第七位的杜邦、大金、3M和旭硝子。这些公司不仅是全球氟化工领域的领军者，同样也比较重视在我国的专利保护，在我国的申请

---

❶❷ 资料来源：中化蓝天的中国氟化工产业分布图（2013）。

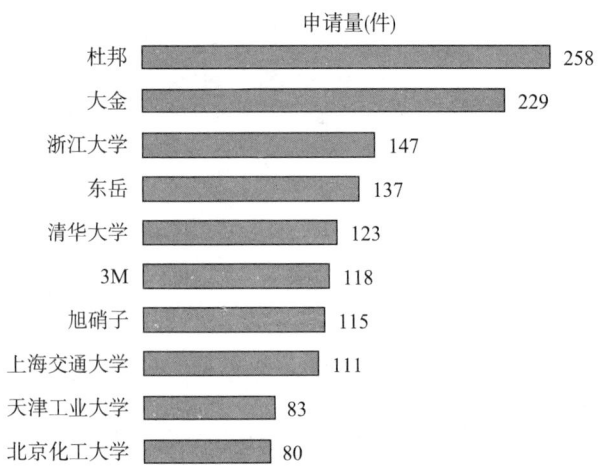

图4-8 氟树脂中国申请量排名前十位的申请人及其申请量

量已经远远超过其他国内企业。对这4家公司来说，旭硝子在全球的申请量排名第二位，但在中国的专利申请却落后于大金和3M等。这说明旭硝子相对其他几家公司而言，不太重视在中国的专利保护，其在中国的专利申请远远不能与其全球专利申请量相匹配。相对而言，杜邦和大金更重视中国市场。虽然来自这几家公司的专利申请量已经位居前列，但是其专利申请量相对于各家公司在全球的专利申请量来说还是少了许多。其中某些申请人在中国的专利申请量甚至不到其全球专利申请量的10%，有大量的专利技术并没有在我国寻求专利保护，这些技术是我国企业在研发和生产中可以直接借鉴和利用的。

中国专利申请排名前十位的中国申请人依次为浙江大学、东岳、清华大学、上海交通大学、天津工业大学和北京化工大学。其中，5个为高校申请人，只有1个为企业申请人。从中可以看出，虽然我国氟树脂领域发展迅速，已经形成了一些初具规模的企业，但是由于各企业进入氟树脂领域的时间不长，使得我国企业目前在氟树脂领域的专利申请量并不多。相对而言，在申请量排名前十的申请人中有多达5所高校，说明我国在氟树脂领域的研究还基本集中在高校等研究单位中。高校的研究有些还处于实验室阶段，真正走向市场进入企业的技术并不多。高校与企业的合作开发也比较少，产学研的结合不够。这使得我国虽然有较大量的专利申请，但企业的技术水平及市场化程度却无法与国外大公司相提并论。

同时，还可以看到，中国专利申请中来自中国的申请已经有1万多件，但我国申请人的申请量最多的浙江大学也只有不到150件相关专利申请。虽然许多高校、公司或个人都努力在该领域进行了一定的研究工作，并申请了大批的专利，但是却没有一家成为在氟树脂行业的领导者。这说明我国目前在氟树脂领域的发展过于分散，没有形成真正有影响力的申请人。分散式的发展显然不利于行业整体的进步，这是我国申请人必须重点关注的。

综合来看，杜邦和大金相对较为重视在我国的专利保护工作，其申请量位居中国申请的前两位。然而，来自国外公司的大批专利并没有在中国申请专利保护，这是我国企业可以重点关注的。来自中国的申请人相对较为分散，主要以高校为主。这说明我国申请量虽然很高，但大部分研究工作都集中在高校。来自高校的技术的转化度不高，与企业的联合研发较少，并没有形成真正有影响力的企业。这是我国氟化工企业在以后发展中需要注意的。

4.3.5 小结

（1）我国自1985年开始实行专利制度起就已经出现了氟树脂相关的专利申请。专利申请量在1985~1995年保持平稳增长的趋势，从1996年起开始快速增长，目前处于增长最快的阶段。

（2）来自中国的专利申请占据了中国专利申请的84%左右，远远超过其他国家的申请量，这说明我国近年来氟树脂行业取得了长足的发展。但是，在中国专利申请排名前十的申请人中，只有东岳1家是来自中国的企业，其他中国申请人都为高校。我国申请人在该领域的研究比较分散，并且以高校为主，与企业的联合研发较少。

（3）日本和美国是在中国申请量排名第二位和第三位的国家。来自这两个国家的申请人杜邦、大金、3M和旭硝子都排在中国申请量前十的申请人中，说明两个国家都较为重视在中国的专利保护。同时，两个国家也有大量的专利技术没有在中国进行专利保护，这些专利技术是我国企业发展中可以借鉴和利用的。

4.4 重点产品之一：聚四氟乙烯树脂

聚四氟乙烯是由四氟乙烯单体聚合得到的聚合物。聚四氟乙烯在氟树脂中产量最大，应用最广，约占氟树脂总产量的60%~80%，重要性居于首位。我国企业东岳、巨化、中昊晨光、梅兰化工和三爱富等在2012年的聚四氟乙烯产量都达到6000吨/年以上。特别是东岳在2012年的产量已达22130吨/年。❶ 这足以表明聚四氟乙烯在我国氟树脂领域所占的重要地位。但同时我国通用级聚四氟乙烯的生产能力扩张过快，已经出现产能过剩的现象。目前各大公司都不能满负荷开工，有些企业的开工率甚至不到30%。因此，本节对聚四氟乙烯树脂的技术和专利概况进行分析，以便为我国申请人在该领域的发展提供参考。

涉及聚四氟乙烯的专利申请在全球共有79931项，其中中国的相关专利申请有8970件。本节中有关聚四氟乙烯的专利申请是指申请文件中提到聚四氟乙烯的所有专利申请，包括涉及四氟乙烯均聚物或共聚物及其制备、加工、复合和应用等各方面的专利申请。

下面分别对聚四氟乙烯在全球和中国的专利申请概况进行分析。

---

❶ 资料来源：中化蓝天集团有限公司，中国氟化工产业分布图（2013）。

4.4.1 全球专利现状

4.4.1.1 专利申请趋势分析

对聚四氟乙烯树脂的专利申请量随年份的变化趋势进行分析,结果如图 4-9 所示。

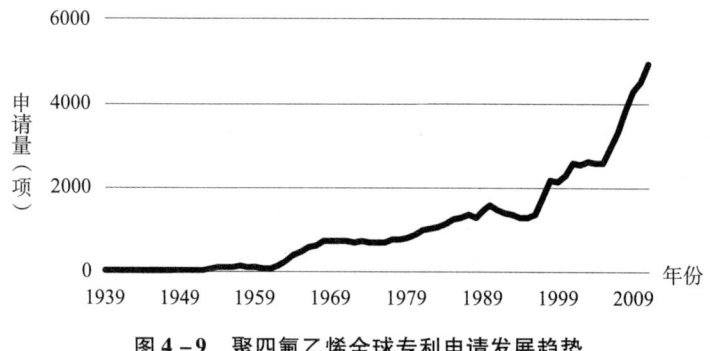

图 4-9 聚四氟乙烯全球专利申请发展趋势

从图 4-9 中可以看出,1939 年第一次出现聚四氟乙烯相关的专利申请,此后申请量一直保持增长态势。目前该领域的专利申请量处于快速发展的阶段,2011 年的申请量已达到 4953 项。同时,聚四氟乙烯的专利申请随年份的变化趋势与氟树脂的非常接近。这是因为聚四氟乙烯是氟树脂领域最重要的产品,其申请量占氟树脂总申请量的 65% 以上。

其中,从 1939 年首次出现聚四氟乙烯相关的专利申请开始,申请量的增长并不明显。1959 年之前,专利申请量基本维持在每年 100 项以下。20 世纪 60 年代,专利申请进入第一个快速增长阶段,年申请量迅速攀升至 700 项以上(1968 年和 1969 年的申请量分别达到 717 项和 734 项)。随后在 20 世纪 70 年代,专利申请进入第一个稳定期,年申请量一直维持在 700 项左右。

20 世纪 80 年代,该领域进入了第二个快速增长阶段,1987 年的申请量已突破 1361 项。从 20 世纪 90 年代开始,申请量进入稳步增长阶段,2005 年的申请量已达到 2500 多项。

从 2005 年开始,该领域进入了第三个快速增长阶段,年申请量基本维持直线增长的趋势。从 2005 年的 2562 项专利申请开始,到 2011 年已经跃升至 4953 项。可以看出,聚四氟乙烯的申请量在近年来增长迅速,目前正处于黄金发展时期。

综合来看,聚四氟乙烯全球专利申请量分别在 20 世纪 60 年代、20 世纪 80 年代和 2005 年之后出现了三个快速增长阶段。目前聚四氟乙烯树脂的专利申请量增长迅速,可以说聚四氟乙烯又迎来了一个新的黄金发展时期。

4.4.1.2 区域分布分析

对聚四氟乙烯全球专利申请的申请国和目标国进行了统计,结果如图 4-10 所示。

从图 4-10 中可以看出,聚四氟乙烯的专利申请主要来自于日本、美国、中国、德国等 4 个国家。其中来自日本和美国的申请最多,分别占全球总申请量的 28% 和

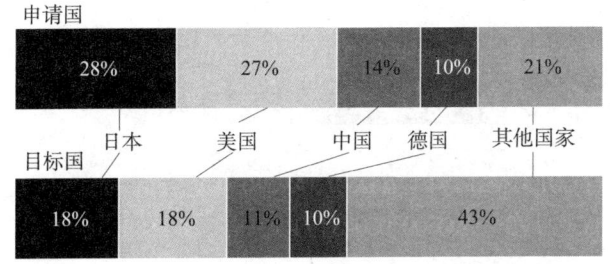

图 4-10 聚四氟乙烯全球主要专利申请国和目标国

27%，均超过了全球总申请量的 1/4；其次为中国和德国，分别占 14% 和 10%。同时，这 4 个国家也是聚四氟乙烯领域主要的目标国，其专利公开量分别占总量的 18%、18%、11% 和 10%。这也与氟树脂领域的主要申请国和目标国的数据较为接近。

从中可以看出，日本和美国在聚四氟乙烯领域都占有明显的优势，来自两国的专利申请量遥遥领先其他国家，该领域重要的技术都掌握在这两个国家手中。同时，日本和美国也是目前聚四氟乙烯最大的生产和销售地，所以其相关的专利申请量和公开量都占据前两位。另外，与氟树脂的来源国和公开国数据比较来看，美国比日本更重视聚四氟乙烯的研发和生产其他。

来自中国的专利申请量和公开量都位居第三位，这说明我国的申请人也非常重视对聚四氟乙烯的研发工作，目前已经形成了大量的相关专利申请。

综合来看，日本和美国在聚四氟乙烯领域占据明显的优势。它们在全球聚四氟乙烯领域的专利申请量分为位居第一位和第二位，且在日本和美国聚四氟乙烯专利申请的公开量同样分别位居第一位和第二位。我国经过多年的发展在聚四氟乙烯领域也取得了一定的进步，目前相关专利申请量以及在中国的专利申请公开量都已跃居第三位。

4.4.1.3 申请人分析

对聚四氟乙烯领域的申请人按照在全球的申请量进行排序，其中排名前十的申请人及其申请量如图 4-11 所示。❶

从图 4-11 中可以看出，杜邦以 1359 项相关专利申请排名第一位，也是聚四氟乙烯领域唯一一家申请量超过 1000 项的企业，其次依次为大金、戈尔、旭硝子等。排名前十的申请人基本都是来自日本和美国的企业，这也与日本和美国在该领域所占据的位置相符。

对比氟树脂的全球主要申请人可以发现，杜邦和戈尔相对都非常重视聚四氟乙烯的研发，其在聚四氟乙烯领域的专利申请量排名比在氟树脂领域的排名都有了较大的提升。这说明上述两家企业在聚四氟乙烯领域已经形成了独特的优势。相对而言，旭硝子可能更重视其他氟树脂的研发，聚四氟乙烯的申请量所占比例不是特别大。

---

❶ 对申请人排名做出说明，由于检索时对聚四氟乙烯领域的定义中包括了聚四氟乙烯的应用，因此，在统计时可能会出现较多的应用方面的专利申请，导致申请人排名时会出现日东电工、松下、三星等重心不在聚四氟乙烯制备和加工方面的公司，它们的大部分专利申请中涉及的是聚四氟乙烯的应用。

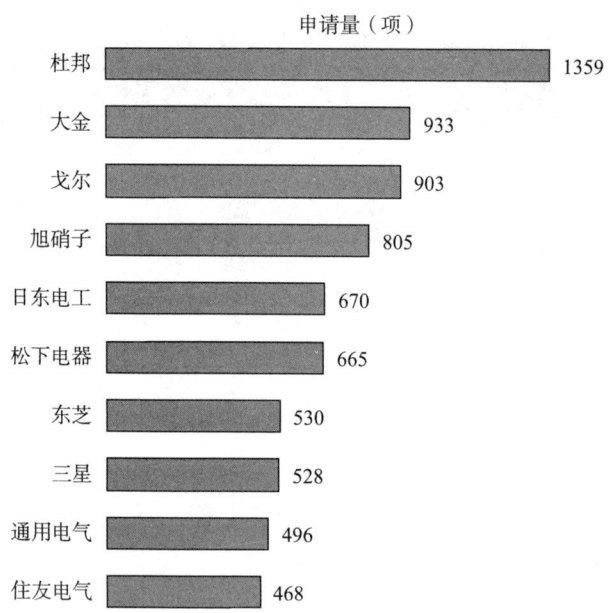

图4-11 全球聚四氟乙烯领域申请量排名前十位的申请人及其申请量

在全球排名前十的申请人中,同样没有来自中国的申请人。我国的聚四氟乙烯技术在近年来虽然已经取得了长足的进步,但距离国际先进水平还存在较大的差距,同时技术研发的集中度不够,申请人过于分散。

综合来看,全球聚四氟乙烯领域申请量排名前十位的企业绝大多数都来自美国和日本,这也与这两个国家在氟树脂领域的领先地位相符,而我国没有一家企业能够排进前十位。

4.4.2 中国专利现状

4.4.2.1 专利申请趋势分析

对聚四氟乙烯中国专利申请量随年份的变化趋势进行分析,结果如图4-12所示。

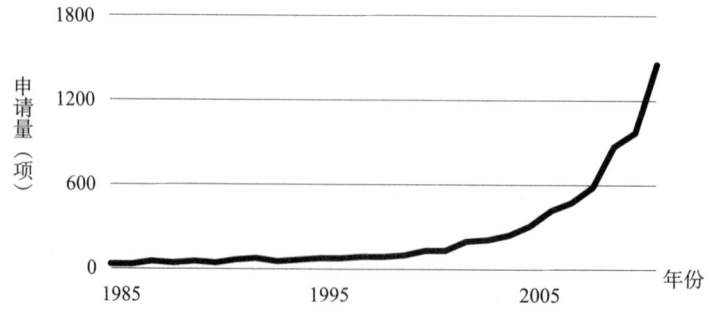

图4-12 聚四氟乙烯中国专利申请量发展趋势

从图4-12中可以看出,聚四氟乙烯中国专利申请发展趋势与氟树脂中国专利申请发展趋势较为相似，都是从 1985 年开始就出现了相关专利申请，之后一直保持稳定增长的趋势。进入 21 世纪之后，专利申请量迅速增加，2011 年的专利申请量已达到 1466 件。

与聚四氟乙烯全球专利申请发展趋势相比，在 21 世纪之前，中国在该领域的专利申请量的增长较为平缓，进入 21 世纪之后则保持较快的增速。这说明我国聚四氟乙烯行业在进入 21 世纪之后得到了快速的发展。21 世纪之前，我国在聚四氟乙烯领域还较为落后，国外公司也不太重视在我国的专利布局，导致其申请量一直增速较慢。进入 21 世纪之后，随着我国企业在聚四氟乙烯领域的快速发展，产生了大量的相关专利申请。国外公司在感觉到我国企业带来的压力之后，也纷纷开始在我国进行专利布局。这引起了我国聚四氟乙烯领域专利申请量在进入 21 世纪以来的快速增长。

综合来看，从我国开始实行专利制度起的较长时间内，申请量都维持在较低水平。从 1996 年起，申请量的增速明显变快。特别是 2005 年之后，申请量进入快速增长阶段。目前，申请量增长最快，我国的聚四氟乙烯产业处于黄金发展阶段。

4.4.2.2　申请国分析

对聚四氟乙烯领域中国专利申请主要来源国的申请量和授权量进行了统计，结果如图 4－13 所示。

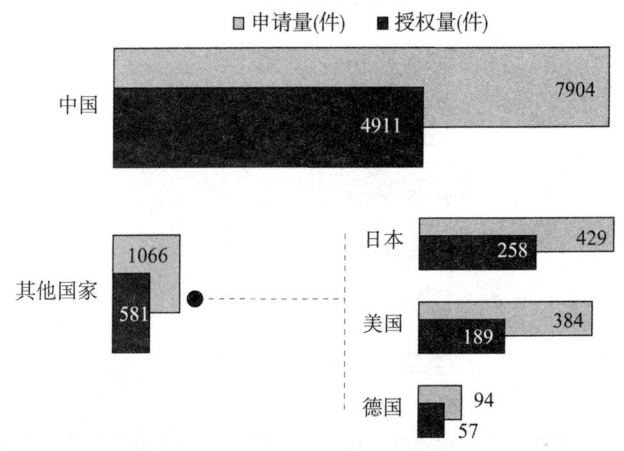

图 4－13　氟树脂中国专利申请主要来源国的申请量和授权量

从图 4－13 中可以看出，氟树脂领域的中国专利申请主要来源国依次为中国、日本、美国、德国等。特别是来自中国的申请已经占到了总申请量的 88% 左右，远远超过其他国家。这说明我国聚四氟乙烯行业目前已经取得了较大的进步和发展，同时相关企业和高校等也非常重视在该领域的专利保护工作。但我国企业也应认清我国高端聚四氟乙烯大部分还需要进口的现状，注意加强对高端聚四氟乙烯的研究，争取早日获得突破。

中国专利申请量排名第二位至第四位的国家依次为日本、美国和德国。与全球聚四氟乙烯的专利概况比较可知，这些国家都有大量的专利技术并没有在中国申请专利保护，说明国外公司早期没有意识到中国聚四氟乙烯树脂的巨大市场。

在授权量方面，来自中国的授权量遥遥领先，授权率也达到了62%，高于来自其他国家的专利授权率（55%）。这说明我国申请人不仅开始重视专利的申请，相关专利申请也都具备了一定的技术水平。然而，不可否认来自中国的授权专利中，一些专利的保护范围较小，其保护力度和作用非常有限。我国申请人需注意继续加强专利文件的撰写工作，争取尽快在技术水平和专利撰写技巧上都达到国际领先水平。

综合来看，聚四氟乙烯中国专利申请绝大多数都来自中国，其授权率也相对较高，说明我国企业在聚四氟乙烯领域已经取得了较大的进步。来自其他国家的专利申请量不是很多，这说明我国企业在该领域具有优势。

4.4.2.3　申请人分析

对聚四氟乙烯领域中国专利申请的申请人按照中国专利申请量进行排序，其中排名前十位的申请人的申请量和授权量如图4-14所示。

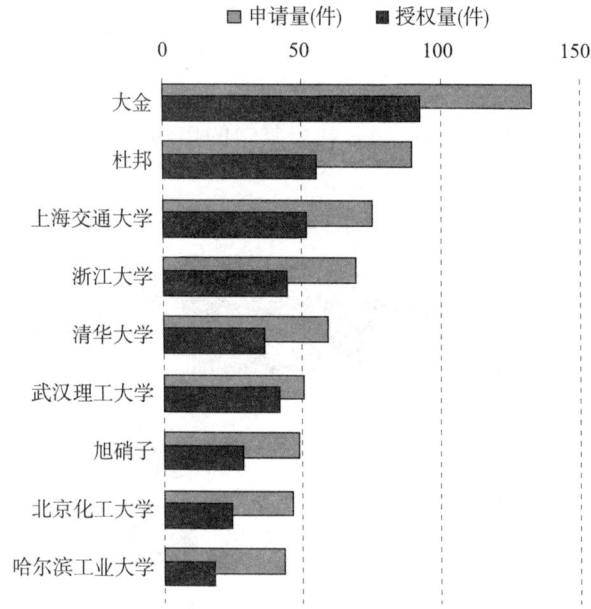

图4-14　聚四氟乙烯领域在中国申请量前十位申请人的申请量和授权量

从图4-14中可以看出，中国专利申请排名前十位的申请人中，有3家为国外公司，分别为居于第一位、第二位和第七位的大金、杜邦和旭硝子。这也与这几家企业在全球聚四氟乙烯领域的领先地位基本相符。比较而言，杜邦在全球的专利申请量最大，但在中国却落后于大金，这说明大金更加重视对中国市场的保护。此外，虽然来自这几家企业的专利申请量已经位居前列，但是其专利申请量相对于各家公司在全球的专利申请量来说还是少了很多，其中某些申请人在中国的专利申请量甚至不到其全球专利申请量的10%。这些申请人的大量专利技术并没有在我国寻求专利保护，我国企业可以借鉴使用这些技术。

中国专利申请排名前十位的申请人中，来自中国的申请人全部为大学，没有一家企业能够排进中国专利申请的前十位。这说明虽然我国聚四氟乙烯领域目前发展迅速，基本已经可以满足国内市场对通用级聚四氟乙烯的需求，但我国企业在该领域的研发较为薄弱，没有形成太多相关的专利技术。相对而言，高校在该领域的研发较为活跃，但研究的重点都集中在基础研究或还处于实验室试验阶段，真正用于生产的专利技术并不多，高校与企业的合作开发也比较少。这使得我国虽然有较大量的专利申请，但企业的技术水平却无法与国外大公司相提并论。

综合来看，大金和杜邦较为重视在我国的专利保护工作，其申请量也位居前两位。来自中国的申请人相对较为分散，主要以高校为主，目前国内还没有形成技术较为领先的企业，同时企业与高校的合作开发较少。

4.4.3 小结

（1）聚四氟乙烯在全球的专利申请趋势中已经出现了 3 个快速增长阶段，目前处于增长最迅速的阶段。在中国很早就出现了相关的专利申请，但直到 1996 年起申请量增速才开始加快，目前也处于增长最快的阶段。

（2）聚四氟乙烯全球专利申请主要来自日本、美国、中国和德国等。日本和美国在该领域占据明显的优势地位，全球申请量排名前十位的申请人也基本都来自这两个国家。中国的专利申请中来自中国的最多，但是在排名前十位的申请人中却没有中国企业的身影。这说明我国聚四氟乙烯行业虽然已取得较大的发展，但是企业的技术水平与国际大公司还存在较大的差距。高校是我国聚四氟乙烯领域研发的主力，但与企业的合作研发很少，产学研的结合较差。

4.5 重点产品之二：高压缩比聚四氟乙烯分散树脂

分散树脂是聚四氟乙烯的一个重要品种，它是四氟乙烯单体在介质中，由乳化剂分散成乳液状态进行聚合的产物。根据使用要求以及国际上流行的分类方法，一般依据压缩比（Reduction Ratio，RR）的大小分为低压缩比（小于500:1）分散树脂、中压缩比（1000:1～500:1）分散树脂以及高压缩比（大于1000:1）分散树脂。[1] 其中，压缩比定义为模压成型的预成型物截面积与推压成型制品的截面积之比。低压缩比聚四氟乙烯主要用作生产低密度生胶带和弹性制品。中压缩比聚四氟乙烯主要生产高密度生胶带和挤出管等。高压缩比聚四氟乙烯主要生产薄壁管、毛细管和电线电缆等。高压缩比聚四氟乙烯不仅能加工小尺寸制品，而且还可以提高生产效率，用大料胚在一次挤出中加工更多的制品。特别在对长度有一定要求的时候，可以用大量高压缩比聚四氟乙烯一次挤出连续的较长制品。

高压缩比聚四氟乙烯主要用作绝缘电线的绝缘材料，常用在飞机、火箭及导弹、各种电子仪器和高温用的导线；发电机输油管及火箭染料输油管；粘滞物用软管、液

---

[1] 孙成强，孟章富，付师庆. PTFE 分散树脂及分散推出管的加工与应用［J］. 有机氟工业，2008（3）：58-60.

压控制设备用软管等,是聚四氟乙烯产品中价值最高的品种之一,其价格可以达到普通聚四氟乙烯树脂价格的 10 倍以上。

根据本章第 4.4 节的报告可知,我国企业目前具有较大的聚四氟乙烯产能。然而,由于我国通用级聚四氟乙烯的生产能力扩张过快,已经出现产能过剩的现象。另外,我国聚四氟乙烯产品质量的稳定性不足,高品级的产品仍需要进口。因此,有必要对高品级的聚四氟乙烯之一"高压缩比聚四氟乙烯分散树脂"进行专利技术的分析,以期为我国企业在聚四氟乙烯产品方面的转型提供帮助。

目前,全球有关高压缩比聚四氟乙烯的专利申请总共有 49 项,进入中国的共有 20 项,如图 4 - 15 所示。其中涉及聚合方法的专利申请共有 44 项,涉及应用的专利申请有 4 项,涉及聚四氟乙烯分散树脂与其他材料混合制备组合物的专利申请有 1 项,还有 1 项涉及对现有聚四氟乙烯分散树脂进行后处理。

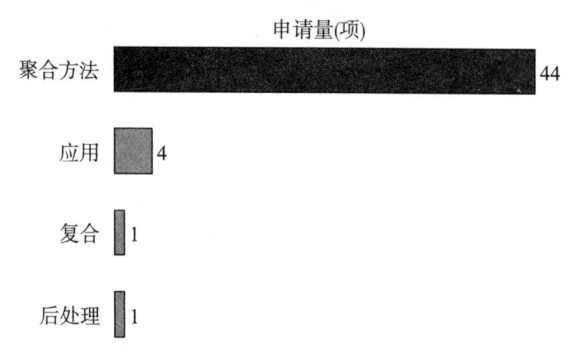

图 4 - 15　高压缩比聚四氟乙烯分散树脂全球专利申请的技术分布

下面分别对涉及聚合方法、应用、复合和后处理的专利技术现状进行分析。

4.5.1　聚合方法的专利分析

高压缩比聚四氟乙烯分散树脂的制备流程大概如下:在反应釜中,以水为反应介质,加入合适的分散剂和稳定剂,将四氟乙烯单体以气相引入到反应釜内,再加入一定量的引发剂,引发反应进行。反应开始之前可以选择性加入改性单体,在反应期间还可以选择性补加分散剂、引发剂和改性单体等,并可以在反应期间选择性加入调聚剂,最后得到高压缩比聚四氟乙烯分散树脂。其简单工艺流程如图 4 - 16 所示。

对所有涉及聚合方法的专利文献进行研究后发现,目前提高聚四氟乙烯分散树脂压缩比的手段主要有以下几种:(1)加入不同的改性单体;(2)采用不同的改性单体加入方法;(3)加入调聚剂;(4)采用不同类型的引发剂;(5)改变引发剂的加入方式;(6)采用不同的分散剂。下面就结合图 4 - 17 分别针对上面各种改进手段进行具体分析。

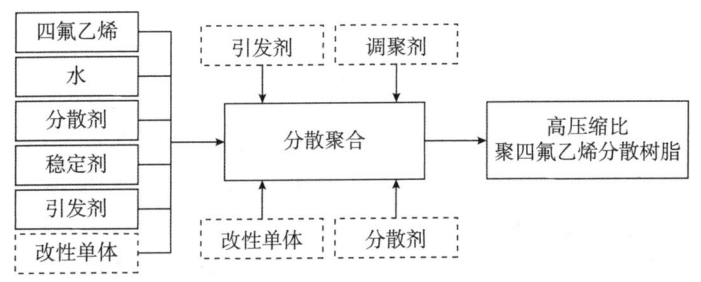

图 4-16　高压缩比聚四氟乙烯分散树脂制备流程

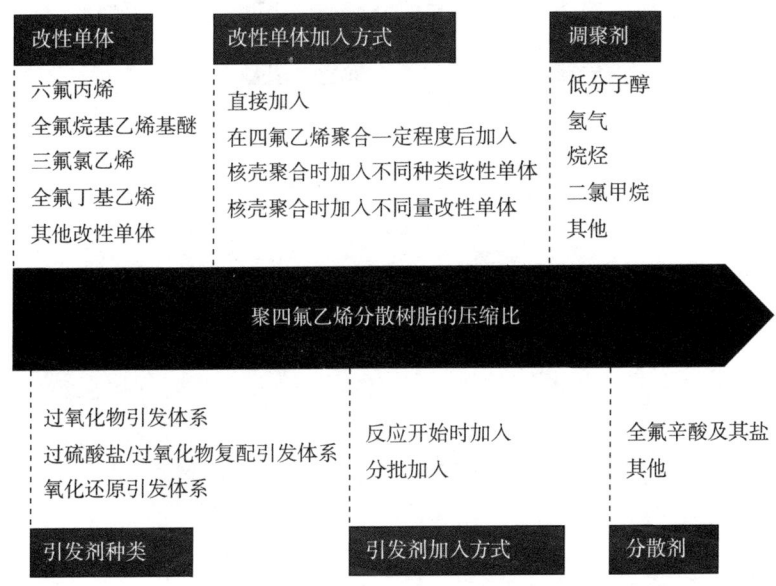

图 4-17　提高聚四氟乙烯分散树脂压缩比的技术手段

4.5.1.1　改性单体

目前，制备高压缩比聚四氟乙烯分散树脂最主要的手段是在其中加入共聚单体，相关的专利申请共有 40 项。采用的改性单体主要包括六氟丙烯、全氟烷基乙烯基醚、三氟氯乙烯、全氟丁基乙烯和其他改性单体，每种单体相关的申请量情况如图 4-18 所示。

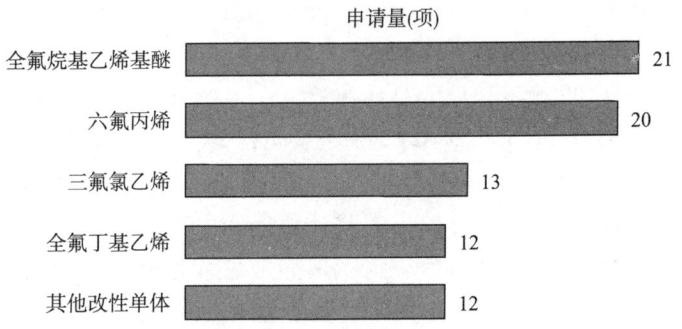

图 4-18　高压缩比聚四氟乙烯分散树脂各改性单体的全球申请量

下面分别对每种改性单体的专利技术现状进行分析。

（1）六氟丙烯

六氟丙烯作为聚四氟乙烯分散树脂的改性单体最早由杜邦在20世纪60年代在其专利JP37004643B1和US3142665A中提出，这也是本领域最先出现的改性单体。随后，各大公司也都开展了相关的研究工作，共形成相关专利申请20项，其研究工作一直延续至今（如大金于2010年申请的专利WO2012086710A1和东岳于2012年申请的专利CN103012649A中均涉及六氟丙烯改性单体）。六氟丙烯改性单体专利申请量分布如图4-19所示。

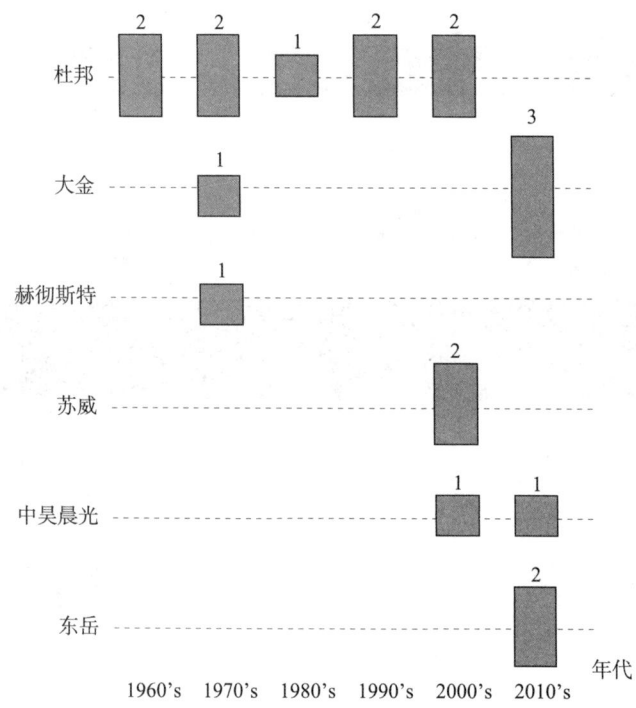

图4-19 六氟丙烯改性单体全球专利申请量分布（单位：项）

从图4-19中可以看出，在该领域提出过专利申请的公司主要有杜邦、大金、赫彻斯特、苏威、中昊晨光和东岳等。其中，杜邦相关的专利申请有9项（分别为：JP37004643B1、US3142665A、US4036802A、US4186121A、US4952636A、WO9702301A1、US6011113A、WO02072653A2、WO2004020524A1），大金有4项（分别为US4134995A、WO2012043754A1、WO2012086717A1、WO2012086710A1），赫彻斯特有1项（US4391940A），苏威有2项（EP1174448A1、EP1279693A2），中昊晨光有2项（CN1986577A、CN102127181A），东岳有2项（CN102344519A、CN103012649A）。

可以看出，六氟丙烯作为最早提出的改性单体，由于其独特的优势，直至目前仍有大量的企业在进行研究。六氟丙烯一直以来都是最有竞争力的改性单体之一，也是各大公司一直坚持研究的重点。比如杜邦已经在该领域申请了9项专利，并且在每个时间段都提交了相关的专利申请，可以看出其研究工作的延续性较好，在该领域占据绝对的优势地位。大金、苏威、赫彻斯特等公司在该领域的研究相对较晚，大部分专利申请都是在2000年以后提出的。我国企业进入该领域较晚。中昊晨光于2006年申请的专利CN1986577A才首次提到六氟丙烯作为改性单体制备高压缩比聚四氟乙烯分散树脂。随后，东岳从2011年初也开始申请相关的专利（CN102344519A）。两家企业目前在该领域已有4项相关专利申请。可以看出，我国企业已经认识到六氟丙烯在该领域的重要地位，都已经投入了一定的时间和精力进行研究。但该领域属于比较成熟的技术领域，各大公司都已经申请了一批相关的专利。我国企业在进行相关研究时，应该注意避免侵犯其他公司有效的专利权，同时，可以多借鉴其他公司已经过期或未在中国申请专利保护的技术，避免重复研究。

（2）全氟烷基乙烯基醚

全氟烷基乙烯基醚作为聚四氟乙烯分散树脂的改性单体最早是由杜邦在20世纪60年代的专利US3142665A中提出的，其研究工作也一直持续至今，目前共形成相关专利申请21项。全氟烷基乙烯基醚改性单体全球专利申请量分布如图4-20所示。

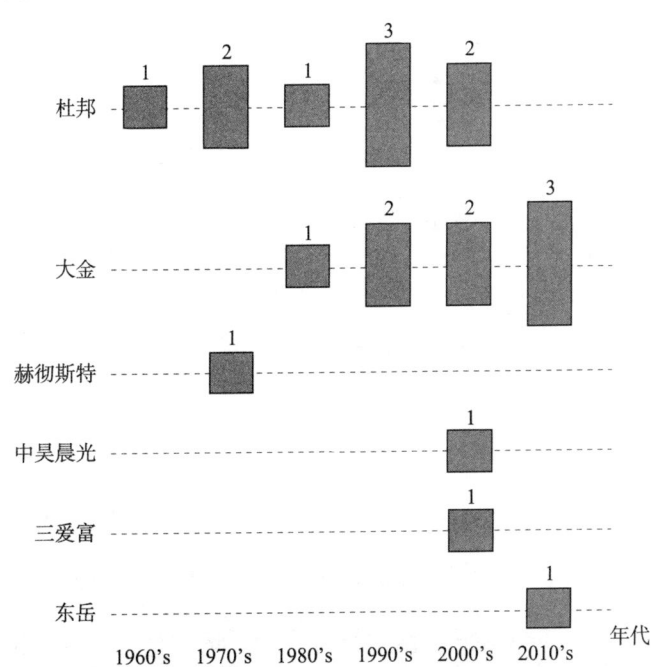

图4-20 全氟烷基乙烯基醚改性单体全球专利申请量分布（单位：项）

从图4-20中可以看出，在该领域进行过专利申请的公司主要有杜邦、大金、赫彻斯特以及中国的中昊晨光、三爱富和东岳，其中杜邦相关专利申请有9项（分别为US3142665A、US3819594A、US4036802A、US4837267A、WO9702301A1、US6011113A、EP0774473A1、WO02072653A2、WO2004020524A1），其相关专利申请也从20世纪60年代起一直持续至今。这说明杜邦一直坚持该领域的研究工作。大金共有8项相关专利申请（EP0257644A2、WO9806762A1、WO0002935A1、WO2005097847A1、WO2006054612A1、WO2012043754A1、WO2012086717A1、WO2012086710A1），其申请主要集中在2000年之后。此外，赫彻斯特有

1项（US4391940A）、中昊晨光有1项（CN1986577A）、三爱富有1项（CN101328235A）、东岳有1项（CN102344519A）。

可以看出，全氟烷基乙烯基醚作为改性单体虽然提出时间比六氟丙烯晚，但申请量却已经超越六氟丙烯单体，成为申请量最大的改性单体。因此，可推测它也是各大公司研发投入最大的一种改性单体。同时，杜邦和大金掌握了该领域绝大多数的专利技术，两家的申请量已达到该领域的80%左右，占有绝对的优势地位。我国企业目前在该领域共有3项申请，说明我国企业也已经意识到全氟烷基乙烯基醚在该领域的重要地位，都已经开始开展相关的研究工作。由于杜邦和大金在该领域已申请了大量的专利，我国企业在进行相关研究时候应该注意规避侵权的风险。

（3）三氟氯乙烯

三氟氯乙烯作为聚四氟乙烯分散树脂的改性单体最早由赫彻斯特于1968年在其专利申请US3654210A中提出。随后大金、杜邦等公司也开展了相关的研究工作，其研究工作一直持续至今，目前形成相关专利申请共13项。三氟氯乙烯改性单体全球专利申请量分布如图4-21所示。

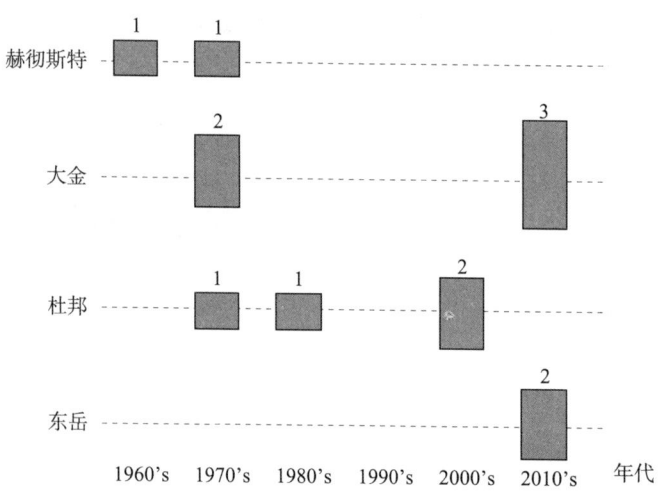

图4-21 三氟氯乙烯改性单体全球专利申请量分布（单位：项）

从图4-21中可以看出，在该领域进行过专利申请的公司主要有赫彻斯特、大金、杜邦和东岳。其中赫彻斯特相关专利申请有2项（US3654210A和US4391940A）、大金相关专利申请有5项（JP51036291A、US4134995A、WO2012086717A1、WO2012086710A1、WO2012043754A1）、杜邦相关专利申请有4项（US4036802A、US4837267A、WO02072653A2、WO2004020524A1）、东岳相关专利申请有2项（CN102344519A、CN103012649A）。

三氟氯乙烯作为高压缩比聚四氟乙烯分散树脂的改性单体最早是由赫彻斯特虽然在1968年提出的，但本领域的领军企业大金和杜邦都很快发现了这个发展趋势，迅速开展了相关的研究工作，分别于1974年和1975年申请了相关的专利。赫彻斯特由于其专利保护策略的问题（具体参见本章第4.5.6节内容），目前在该领域也只有2项专利申请，已远远落后于大金和杜邦。我国企业在形成自己的技术之后，进行专利申请和保护时也一定要注意专利保护策略问题。

涉及专利保护策略的具体内容请参见本章第 4.5.6 节内容。

（4）全氟丁基乙烯

全氟丁基乙烯作为聚四氟乙烯分散树脂的改性单体最早由杜邦于 1984 年在其专利申请 EP0126559A1 中提出，其全球专利申请量分布如图 4-22 所示。目前在该领域进行过研究的公司也只有杜邦和大金，共形成相关专利申请 12 项。

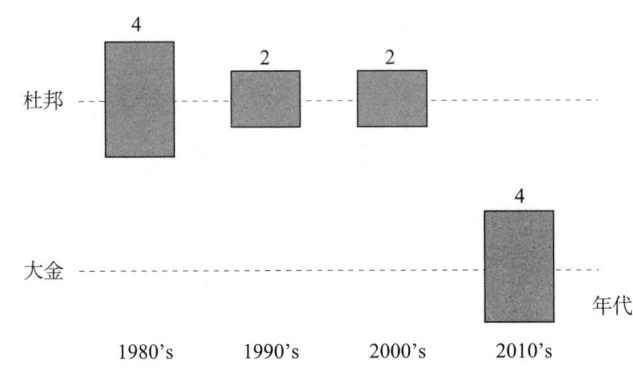

图 4-22　全氟丁基乙烯改性单体全球专利申请量分布（单位：项）

大金在 2010 年之后才开始该领域的研究，共申请相关专利 4 项（分别为 WO2012043754A1、WO2012086717A1、WO2012086710A1、US2012184665A1）。杜邦则一直坚持该领域的技术研究，已经形成了 8 项相关专利申请（分别为 EP0126559A1，US4636549A、 US4792594A、 US4952636A、 WO9702301A1、 US6011113A、 WO02072653A2、WO2004020524A1）。

可以看出，在杜邦首次提出全氟丁基乙烯单体作为改性单体的专利申请之后，直至 2010 年才有其他公司（大金）开始提出相关的专利申请。这可能是因为该领域的技术门槛较高，或者是因为杜邦在该领域的技术优势过于明显，其专利布局早已经完成，使得其他公司较难进入该领域。

大金目前正在全力进军该领域，从 2010 年之后已经申请相关专利申请 4 项，说明大金目前非常重视对全氟丁基乙烯单体的研究。从中也可以看出全氟丁基乙烯单体可能是高压缩比聚四氟乙烯分散树脂领域中下一个比较重要的改性单体。

（5）其他改性单体

除了上述研究比较多的 4 种改性单体外，目前还存在多种其他改性单体。其他各种改性单体首次提出的专利申请人和时间如图 4-23 所示。

下面就对各种改性单体分别进行介绍：

偏二氟乙烯：1979 年赫彻斯特在其专利申请 US4391940A 中首次公开该改性单体，随后很长时间都没有新的专利申请出现。直到 2010 年之后，大金在该领域提交了 3 项专利申请（分别为 WO2012043754A1、WO2012086717A1、WO2012086710A1）。我国企业可以在研究中对该改性单体予以关注。

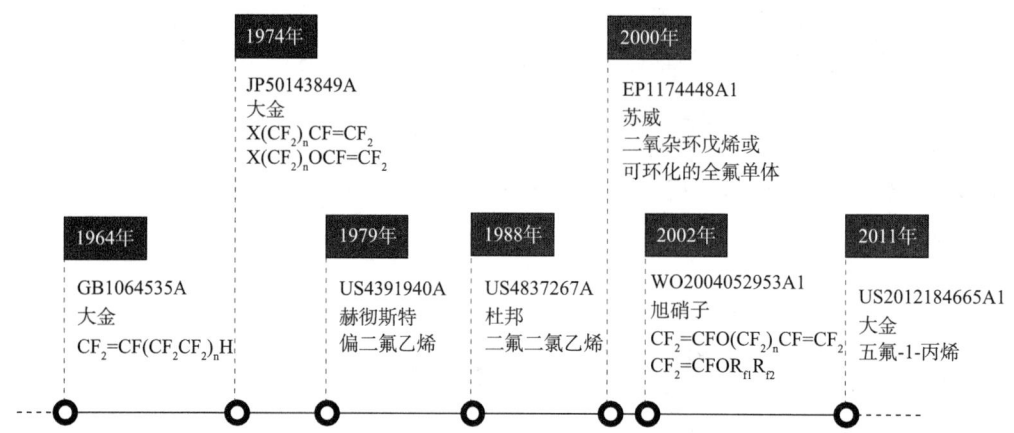

图 4-23 其他高压缩比聚四氟乙烯分散树脂改性单体发展历程

$CF_2=CF(CF_2CF_2)_nH$：最早由大金在其 1964 年申请的专利 GB1064535A 中公开，但目前也只有大金申请过相关专利 2 项（分别为 GB1064535A、US4134995A）。

氟烷基三氟乙烯（$X(CF_2)_nCF=CF_2$）：大金在其 1974 年申请的专利 JP50143849A 中公开。

氟烷基三氟乙烯基醚（$X(CF_2)_nOCF=CF_2$）：大金在其 1974 年申请的专利 JP50143849A 中公开。

二氟二氯乙烯：杜邦在 1988 年申请的专利 US4837267A 中公开，大金于 2011 年申请的专利 WO2012043754A1 中公开。

二氧杂环戊烯或可环化的全氟单体：苏威在其 2000 年申请的专利 EP1174448A1 中公开。

$CF_2=CFO(CF_2)_nCF=CF_2$：旭硝子在其 2002 年申请的专利 WO2004052953A1 中公开。

$CF_2=CFOR_{f_1}R_{f_2}$：旭硝子在其 2002 年申请的专利 WO2004056887A1 中公开。

五氟-1-丙烯：大金在其 2011 年申请的专利 US2012184665A1 中公开。

综上所述，目前改性单体方面的研究主要集中在六氟丙烯、全氟烷基乙烯基醚、三氟氯乙烯、全氟丁基乙烯等改性单体上。杜邦和大金等国外公司都已经申请了较多专利，基本已经完成了在该领域的专利布局，而我国企业的研究也都集中在这些单体上。在国外大公司在该领域已研究多年且已进行了专利布局的情况下，我国相关企业若想挤进该领域必然存在种种困难，也可能存在侵权的风险，这是我国企业进行研究时需要关注的。

而有关其他改性单体（如偏二氟乙烯、$CF_2=CF(CF_2CF_2)_nH$、氟烷基三氟乙烯、氟烷基三氟乙烯基醚等）的专利申请较少。我国企业在研究时可以重点关注这些单体。特别是对于一些最近出现的新型改性单体，如 $CF_2=CFO(CF_2)_nCF=CF_2$、$CF_2=CFOR_{f_1}R_{f_2}$、五氟-1-丙烯等。由于这些新型改性单体提出的时间较晚，各企业暂时还未形成技术优势，也没有完成相应的专利布局。这些单体正是我国企业可以努力的方向。

4.5.1.2 改性单体加入方式

改性单体的加入方式也是高压缩比聚四氟乙烯分散树脂领域的研究热点。目前，共有 38 项专利申请涉及改性单体加入方式的改进，其中涉及的加入方式主要分为以下 4 种：(1) 在四氟乙烯聚合一定程度后加入；(2) 直接加入改性单体；(3) 核壳聚合时分别加入不同种类的改性单体；(4) 核壳聚合时分别加入不同量的改性单体。该领域的技术演进路线图和每种加入方式的申请量和申请人信息如图 4-24 所示。

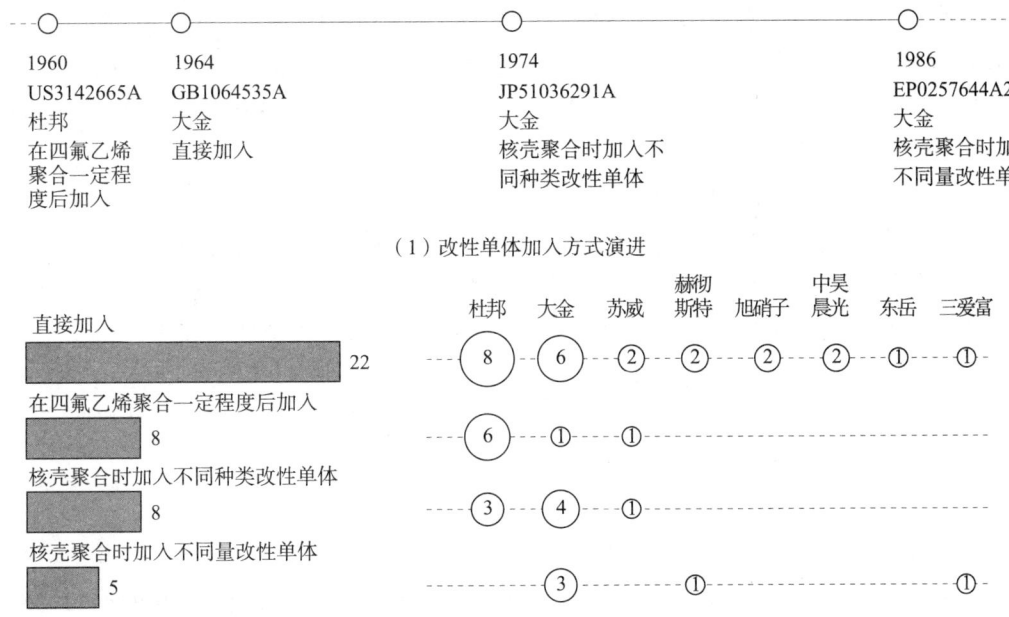

图 4-24 各种改性单体加入方式的演进及其专利申请量和申请人信息

下面就分别对四种不同的改性单体加入方式进行详细的分析。

(1) 在四氟乙烯聚合一定程度后加入改性单体

高压缩比聚四氟乙烯分散树脂领域最早的专利申请（JP37004643B1 和 US3142665A）公开的都是在四氟乙烯聚合到一定程度后再加入改性单体的方法。杜邦提出该加入方法后，一直坚持该领域的研究工作，目前已经申请相关专利 5 项（分别为 JP37004643B1、US3142665A、US4952636A、WO02072653A2、WO2004020524A1）。此外，苏威有一项相关的专利申请（EP1279693A2）。

可以看出，杜邦占据了该领域专利申请中的绝大多数，说明该领域的核心技术主要掌握在杜邦手中。这也给我国相关企业提出了一个启示，即杜邦在开发出自己独有的技术之后，会对该领域进行持续的研究工作，并尽可能快地完成在该领域的专利布局，使其他公司难以进入该领域，从而能够使自己长期处于优势地位。

(2) 直接加入改性单体

在开始聚合之前，直接将改性单体与四氟乙烯单体同时加入反应釜中进行聚合反应是目前应用最多的加入方法。大金在其 1964 年提出的专利申请 GB1064535A 中首次公开该加入方式。随后，杜邦、赫彻斯特、旭硝子等公司都开展了相关的研究工作。我国企业中昊晨光、三爱富、东岳在该领域也都有专利申请。

从该技术出现之后，对其进行的研究一直持续至今。目前该领域的全球专利申请已达 22 项，其中杜邦提出的有 8 项（GB1423707A、US4036802A、US4186121A、EP0126559A1、US4636549A、US4792594A、WO9702301A1、EP0774473A1），大金提出的有 6 项（GB1064535A、WO9806762A1、WO00002935A1、WO2012043754A1、WO2012086717A1、WO2012086710A1）。其余的申请人中，赫彻斯特提出的有 2 项（US3654210A 和 US4058578A），旭硝子提出的有 2 项（WO2004052953A1、WO2004056887A1），中昊晨光提出的有 2 项（CN1986577A 和 CN102127181A），三爱富和东岳提出的各有 1 项（CN101328235A 和 CN102344519A）。

可以看出，直接加入改性单体是目前高压缩比聚四氟乙烯分散树脂聚合时采用最多的改性单体加入方式。大金和杜邦在该领域都有相当多的申请量，赫彻斯特、旭硝子、中昊晨光在该领域都有一定的申请，而三爱富和东岳是该领域的新生力量。这一方面说明我国企业都已经认识到这种单体加入方式的重要地位，但另一方面也应该看到，由于该领域相关申请量已经很大，我国企业进行研发时需要规避侵权的风险，同时还可以尽可能多地借鉴其他公司的现有技术。

（3）核壳聚合时分别引入不同的改性单体

大金在 1986 年提出的专利申请 EP0257644A2 中首次提出核聚合时加入氟烷基乙烯基醚作为改性单体，而壳聚合时加入三氟氯乙烯作为改性单体，制得核壳结构的聚四氟乙烯分散树脂。随后，杜邦和苏威也都在该领域进行了一定的研究。目前大金在该领域共有 4 项专利申请（EP0257644A2、WO2006054612A1、WO2012086717A1、WO2012086710A1），杜邦共有 3 项专利申请（US4837267A、EP0764668A1、WO2012092414A1），苏威也有 1 项专利申请（EP1174448A1）。

可以看出，在大金首次提出该方法之后，在该领域又进行了持续的研究工作，并申请了多项相关专利。杜邦虽然较晚开始进行相应的研究工作，但在该领域的申请量与大金已不相上下。苏威的专利涉及采用二氧杂环戊烯或可环化的全氟单体改性核、全氟丙烯改性壳来制备相应的核壳结构聚四氟乙烯分散树脂，其采用的改性单体与大金和杜邦的都不相同。这也给我国企业进入其他公司已经完成专利布局的领域提供了一个新的方法，即在形成独有的技术之后，可以此为基础开辟一片新的天地。

（4）核壳聚合时分别加入不同量的改性单体

大金在 1974 年提出的专利申请 JP51036291A 中首次提出可以在聚合初期、四氟乙烯聚合到不同程度时分别加入改性单体，使得壳层中含有大量的改性单体。随后，大金还申请了 2 项相关的专利（US4134995A 和 WO2005097847A1）。赫彻斯特在专利申请 US4391940A 中也公开核壳均采用单体改性，而中间层为 PTFE，制备多层核壳结构。

三爱富在专利申请 CN101328235A 中也提出改性单体可以分批次加入。

可以看出,该领域的技术大多掌握在大金手中。赫彻斯特在该领域只有 1 项专利申请。三爱富也仅在 1 项专利申请中提到可以分批次加入改性单体,且未对如何分批次加入进行深入的研究。

综上所述,关于改性单体的加入方式,目前研究最多的是直接加入。然而,对该加入方式的研究已经持续了较长的时间,杜邦和大金都已申请了大量的专利,我国企业要进入该领域将存在较大困难。在四氟乙烯聚合一定程度后加入改性单体的技术主要掌握在杜邦手中,其他公司要进入该领域也将存在较大的难度。对于核壳聚合时加入不同量(或不同种类)改性单体的技术,其开始研究的时间相对较晚,目前的申请量也不多,我国企业在进行相关研究时可以重点关注。

4.5.1.3 链转移剂/调聚剂

杜邦在 20 世纪 60 年代提出的专利申请 US3142665A 和 JP37004643B1 中首次指出:在聚合后期加入改性单体时,如果同时加入链转移剂,则所得聚四氟乙烯分散树脂的压缩比可达 10000:1。随后,大金、旭硝子等企业都对该领域进行了研究。目前该领域共有相关专利申请 15 项,基本的方案都是在聚合后期加入链转移剂/调聚剂,使用的调聚剂主要有低分子醇、氢气、乙烷、甲烷、丙烷、二氯甲烷等。

杜邦是该领域的龙头企业,其专利申请量达到 7 项(US3142665A、JP37004643B1、WO9702301A1、WO02072653A2、US2003130393A1、US2003129400A1、WO2004020524A1)。申请量较大的还有大金,其在该领域共有 4 项专利申请(WO9806762A1、WO0002935A1、WO2005097847A1、WO2006054612A1)。此外,旭硝子有 2 项申请(WO2004052953A1、WO2004056887A1),中昊晨光和东岳各有 1 项申请(CN1986577A 和 CN102344519A)。

可以看出,杜邦在该领域占有绝对的优势,其申请量已经达到全部申请量的一半。可以说杜邦在首次提出该方法后在该领域积极进行研究,并申请了大量的相关专利,使得其一直能保持在该领域的优势地位。大金和旭硝子在该领域都有一定的专利申请,已经形成了自己的技术优势。中昊晨光和东岳都是近期加入该领域,分别各有 1 项相关专利申请,是该领域的新生力量。

4.5.1.4 引发剂

在分散聚合中,引发剂是影响聚合物产品最终性质的重要因素。目前,高压缩比聚四氟乙烯分散树脂聚合时采用的引发剂主要有以下 3 种:过氧化物、过硫酸盐+其他过氧化物复配和氧化还原引发体系。

图 4-25 公开了引发剂体系的技术发展路线和各种引发剂的申请量与申请人信息。

(1)过氧化物引发剂

高压缩比聚四氟乙烯分散树脂领域最早的专利申请是杜邦在 20 世纪 60 年代提出的专利申请 US3142665A 和 JP37004643B1,其中使用的引发剂即为过硫酸盐或其他过氧化物。过氧化物引发剂也是该领域专利申请中使用最多的引发剂,目前共有 24 项相关的专利申请。其中,绝大多数都直接采用过硫酸铵作为引发剂。

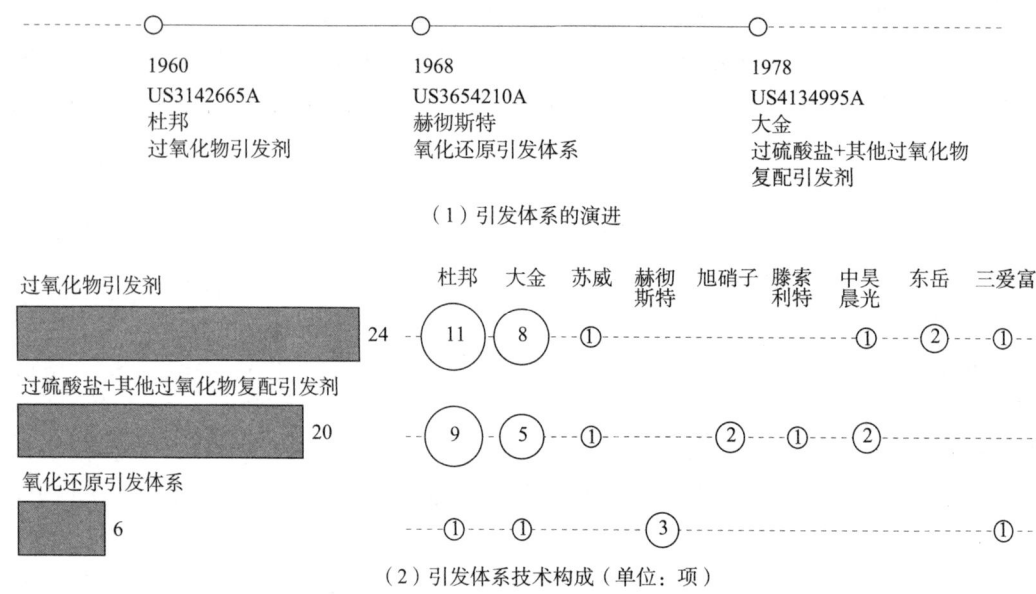

图 4-25　各种引发剂体系的演进及其专利申请量和申请人信息

在所有相关专利申请中，杜邦共有 11 项（JP37004643B1、US3142665A、GB1423707A、US4036802A、US4186121A、EP0126559A1、WO9702301A1、US2003130393A1、US2003129400A1、WO2004020524A1、US2006264537A1），大金有 8 项（GB1064535A、JP51036291A、US4098975A、WO2005097847A1、WO2006054612A1、WO2012043754A1、WO2012086717A1、WO2012086710A1），东岳有 2 项（CN102344519A、CN103012649A），苏威、中昊晨光、三爱富各有 1 项（EP1174448A1、CN1986577A、CN101328235A）。

可以看出，过氧化物引发剂是目前高压缩比聚四氟乙烯分散树脂聚合中使用量最大的引发剂类型，杜邦和大金都有大量的专利申请采用该类引发剂，这也与这两家公司在该领域所处的地位相符。

（2）过硫酸盐+其他过氧化物复配引发剂

大金在其 1978 年申请的专利 US4134995A 中首次公开在高压缩比聚四氟乙烯分散树脂聚合时可采用过硫酸盐+其他过氧化物复配引发剂。随后，杜邦、滕索利特、苏威、旭硝子等都开展了相应的研究工作，目前相关的专利申请共有 20 项。

在所有专利申请中，大金有 5 项（US4134995A、EP0257644A2、WO9806762A1、WO0002935A1 和 US2012184665A1），杜邦有 9 项（EP0126559A1、US4636549A、US4792594A、US4952636A、US4837267A、EP0764668A1、WO02072653A2、US2003130393A1、US2003129400A1）。其余的申请人中，旭硝子有 2 项（WO2004052953A1 和 WO2004056887A1），中昊晨光有 2 项（CN102127181A 和 CN102875714A），滕索利特和苏威各有 1 项相关专利申请（WO9634400A1 和 EP1279693A2）。

可以看出，虽然大金首先提出采用复配引发剂的思路，但在该领域研究最多的却是杜邦，其申请量已达该领域总申请量的 45%。旭硝子、滕索利特、苏威和我国的中昊晨光都在该领域有一定量的专利申请，但竞争力明显不如杜邦和大金。

（3）氧化还原引发体系

将氧化还原引发体系用于高压缩比聚四氟乙烯分散树脂的聚合最早公开在赫彻斯特于 1968 年申请的专利 US3654210A 中，其中首次公开了采用过硫酸铵+亚硫酸氢钠的氧化还原引发体系。随后，杜邦、大金等都在该领域进行了一定的研究。然而，该领域目前的申请量还比较小，总共只有 6 项。

其中，赫彻斯特共有 3 项相关专利申请（US3654210A、US4058578A 和 US4391940A），杜邦、大金和三爱富分别有 1 项相关专利申请（EP0774473A1、WO2012043754A1 和 CN101328235A）。

可以看出，该领域是杜邦和大金为数不多的申请量不占优势的领域。我国相关企业可以在研究时重点关注该领域。如果该技术可行，则可以在该领域投入较大的研究力量，争取获得突破。

综上所述，过氧化物引发体系是目前广泛使用的引发剂类型。过硫酸盐与其他过氧化物复配的引发剂也是杜邦和大金研究的热点，他们在这两种引发剂领域都申请了大量的专利，对技术进行了较为详尽的保护。比较而言，目前对氧化还原引发体系的研究较少，该引发体系尚未成为各大公司研究的重点。我国企业可以适当较多地关注氧化还原引发体系。

4.5.1.5 引发剂的引入方式

在制备高压缩比聚四氟乙烯分散树脂时，一般是直接在反应开始时加入引发剂。随着研究的进展，杜邦在 1997 年申请的专利 WO9702301A1 中首次提出要分两次加入引发剂。随后，旭硝子和中昊晨光也都开展了相应的研究工作。目前，相关专利申请共有 9 项。其中，杜邦在专利申请 US2003130393A1、US2003129400A1、WO2004020524A1 和 US2006264537A1 中公开了分两次加入引发剂，两次加入引发剂的量不同，并在第二次加入引发剂的同时引入调聚剂，从而得到高分子量的芯和低分子量的外壳。中昊晨光在其专利申请 CN102127181A 中公开采用过硫酸铵+过氧化丁二酸作为复配引发剂，其中过硫酸铵一次加入，过氧化丁二酸分批次加入。此外，相关的专利申请还有杜邦的 EP0774473A1 和旭硝子的 WO2004052953A1 和 WO2004056887A1 等。

可以看出，杜邦在该领域共有 6 项专利申请，占了绝大多数，处于绝对的优势地位。我国的中昊晨光虽然只有 1 项相关专利申请，但其技术与杜邦的并不相同，可以说已经开发出自己独有的技术，在该领域也占据了一席之地。

4.5.1.6 分散剂

在聚四氟乙烯分散树脂的聚合中，一般采用 PFOA 作为分散剂，采用石蜡作为稳定剂。然而，根据本章第 4.1 节的介绍可知，PFOA 不仅价格昂贵，并且不能生物降解，它对环境的影响以及对人体健康的危害越来越引起社会的广泛关注。在环保理念日趋成熟的今天，如何减少 PFOA 的用量已经成为氟聚合物生产厂家的研究热点。

在高压缩比聚四氟乙烯分散树脂领域最早的专利申请（杜邦在 20 世纪 60 年代提出的专利申请 US3142665A 和 JP37004643B1）中使用的分散剂即为 PFOA 或 9H－十六

氟壬酸。大金在其专利申请 JP51036291A 中公开可以使用全氟辛酸或 ω-氢全氟壬酸的碱金属盐或铵盐+碳数 12 以上的饱和烃作为分散剂。这些早期的专利申请可能是在多种不同的全氟羧酸盐中进行摸索。经过长期的研究之后，综合各方面评价的结果，最终确定了 PFOA 为性能较佳的分散剂。

进入 21 世纪以来，开始出现有关其他分散剂的专利申请。杜邦在其专利申请 US2006264537A1 中公开可以采用脂肪醇乙氧基化合物代替部分的 PFOA。三爱富在其专利申请 CN101328235A 中公开可以加入非离子和阴离子表面活性剂，来减少 PFOA 的用量。东岳在其专利申请 CN102344519A 中公开采用 PFOA+氟碳环醚作为复配含氟分散剂。中昊晨光在其专利申请 CN102875714A 中公开采用全氟醚类羧酸盐作为分散剂。

综上所述，在该领域发展的初期，杜邦和大金在采用 PFOA 的同时都公开了可以采用 9H-十六氟壬酸等作为分散剂。进入 21 世纪以来，杜邦又提出可以采用脂肪醇乙氧基化合物代替部分的 PFOA。我国的三爱富、东岳和中昊晨光都对该领域展开了研究，并提出了专利申请。特别是中昊晨光提出采用全氟醚类羧酸盐作为分散剂，完全替代了 PFOA，在本领域占有较明显的优势地位。

4.5.2 应用、复合和后处理的专利分析

高压缩比聚四氟乙烯分散树脂主要用于生产薄壁管、毛细管和电线电缆包覆等，现有专利申请中公开的绝大多数应用也均涉及管材和电线包覆材料等。此外，还有 4 项专利申请要求保护高压缩比聚四氟乙烯分散树脂的应用，分别是：美国重要电缆制造商滕索利特在 1995 年提出的专利申请 WO9634400A1 中要求保护相应树脂用作电脑电子信号传输线的绝缘体包覆；杜邦在专利申请 WO9703141A1 中要求保护相应树脂用作涂层；杜邦在专利申请 WO2004020524A1 中要求保护相应树脂用作聚酰胺组合物改性剂；杜邦在专利申请 WO2012092414A1 中公开将聚四氟乙烯、非离子表面活性剂和水溶性碱土金属盐或胶态二氧化硅混合，制备相应的混合物。

可以看出，薄壁管、毛细管和电线电缆包覆材料仍然是高压缩比聚四氟乙烯分散树脂最主要的应用领域。除此之外，杜邦还进行了将该类树脂用作涂层和其他聚合物改性剂的研究，这值得相关企业关注。

在所有相关专利申请中，只有 1 项涉及将聚四氟乙烯分散树脂与其他组分复合制备高压缩比聚四氟乙烯分散树脂。具体而言，大金在其专利申请 JP50143849A 中公开：可以将一定粒径的聚四氟乙烯和一定粒径的四氟乙烯-含氟烯烃共聚物混合制备高压缩比聚四氟乙烯组合物，所得组合物的压缩比可达 2423:1 以上。

因此，将多种含氟聚合物共混也可以得到高压缩比的聚四氟乙烯分散树脂，这也是我国相关企业进行研究时可以进行关注的。即，在进行聚合方法研究的同时，还可以尝试将多种聚合物共混或与其他组分共混改性，从而得到高压缩比聚四氟乙烯分散树脂。

另有 1 项专利（大金的 WO2012043881A1）涉及对现有的聚四氟乙烯树脂进行处理的方法。该专利的方法包括：将现有的聚四氟乙烯按照分散、凝聚、再加另一种表

面活性剂、终止凝聚、收集干燥的方式得到粉末，其中第 1 步和第 3 步分别加入不同的表面活性剂，所得聚四氟乙烯细粉可具有 1500∶1 的压缩比。

采用该方法对现有的聚四氟乙烯树脂进行处理即可得到高压缩比的聚四氟乙烯细粉，这提供了一种制备高压缩比聚四氟乙烯分散树脂的新思路。同时，该领域目前仅有这 1 项专利申请，说明该领域的研究还处于起步阶段，国外大公司尚未在该领域进行研究和布局。因此，该领域也是我国相关企业可以重点关注的地方。

根据本节前面的分析可以看出，杜邦和大金在高压缩比聚四氟乙烯分散树脂领域占据绝对的优势地位。因此，有必要对这两家公司在该领域的专利技术情况进行进一步分析。

4.5.3　杜邦的技术路线和发明人团队

杜邦在高压缩比聚四氟乙烯分散树脂领域共有 20 项专利申请。1959 年，杜邦在其申请的专利 US3142665A 中首先提出可以采用在四氟乙烯聚合 70% 时加入改性单体六氟丙烯或全氟丙氧基三氟乙烯的方法制备核壳结构的聚四氟乙烯分散树脂，其压缩比可达 1600∶1 以上。如果在加入改性单体的同时加入链转移剂，则所得聚四氟乙烯分散树脂的压缩比可达 10000∶1。这也是世界范围内首次提出有关制备高压缩比聚四氟乙烯的专利申请。下面就对杜邦的技术发展路线和发明人团队进行分析。

4.5.3.1　技术发展路线

图 4 – 26 给出了杜邦在高压缩比聚四氟乙烯分散树脂领域的技术发展路线。

从图 4 – 26 中可以看出，杜邦在 1959 年首次提出相关专利申请（US3142665A）之后，在寻找新的改性单体上做了大量的研究工作。杜邦在 1972 年提交的专利 US3819594A 中提出可以采用改性单体全氟烷基乙烯基醚；在 1975 年的 US4036802A 中提出可以在聚合初期加入改性单体全氟正丙基乙烯基醚（PPVE）、六氟丙烯（HFP）、三氟氯乙烯（CTFE）、全氟甲基乙烯基醚（PMVE），可以得到压缩比高达 2840∶1 的聚四氟乙烯分散树脂；在 1983 年的 EP0126559A1 中提出新的改性单体全氟丁基乙烯。可以看出，在 20 世纪 80 年代之前，杜邦的研究重点都集中在寻找新的改性单体上。

随后，杜邦开始了在单体加入方式上的研究，并在 1988 年申请的专利 US4952636A 中指出在聚合后期加入改性单体，以保证壳层中含有足够的改性单体；在 1988 年的 US4837267A 中指出在核壳聚合中引入不同的改性单体。在此期间，杜邦的研究重点为单体的加入方式，并提出了两种不同的单体加入方式。

进入 20 世纪 90 年代，杜邦开始关注引发剂的加入方式，并在 1996 年申请的专利 WO9702301A1 中指出，在聚合时分两次加入引发剂，并在第二次加入引发剂的同时加入调聚剂；在 1996 年申请的专利 EP0774473A1 中采用半衰期短的氧化还原引发剂，并在反应后期减少引发剂加入量；在 2002 年申请的 WO02072653A2 中指出，在核壳聚合时加入不同量的引发剂，并在壳聚合时加入调聚剂，并在此基础上申请了 3 项相关专利（US2003130393A1、US2003129400A1、WO2004020524A1）。

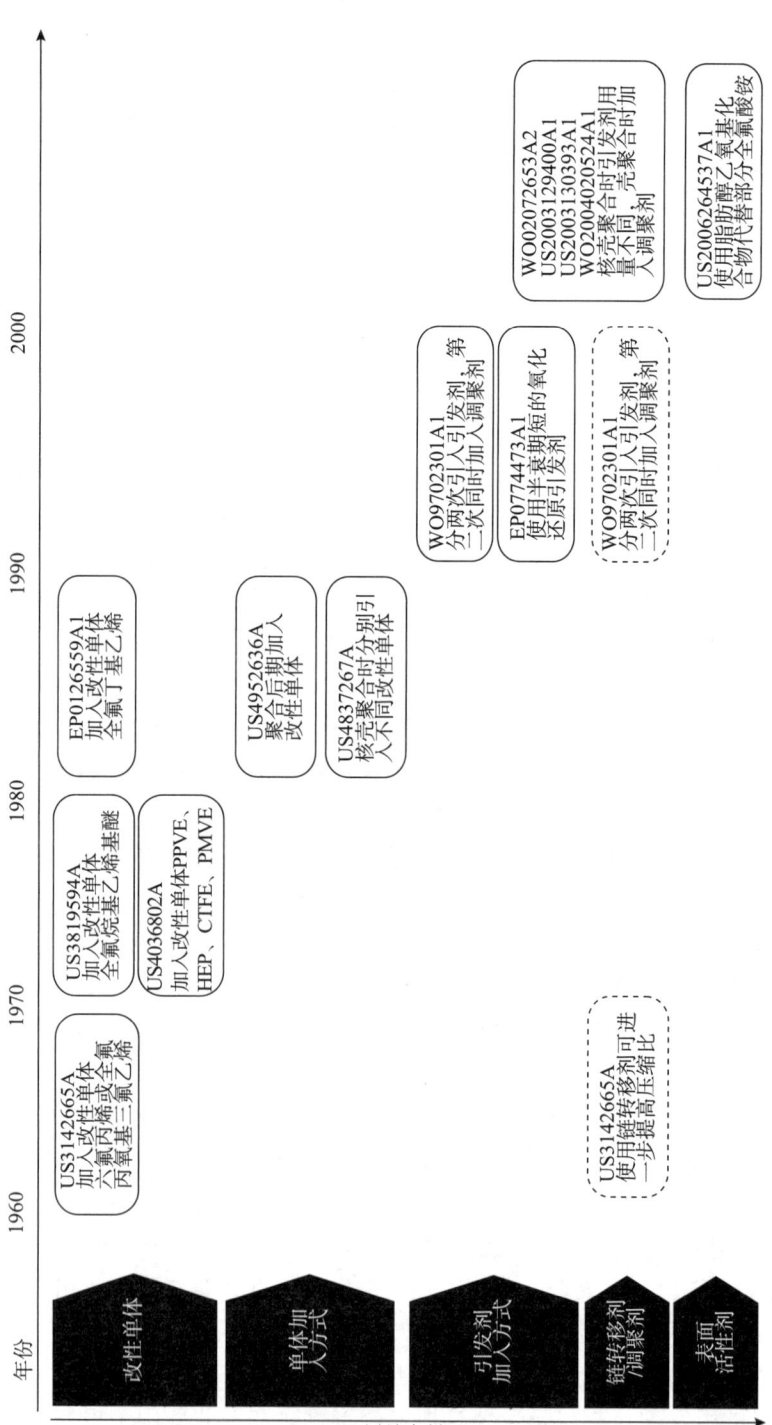

图 4-26 杜邦高压缩比聚四氟乙烯分散树脂的技术发展路线图

对于调聚剂的研究，杜邦在其 1959 年申请的专利 US3142665A 中已有所提及。随后，杜邦在 2002 年申请的 WO02072653A2 中指出，在核壳聚合时加入不同量的引发剂，并在壳聚合时加入调聚剂，并在此基础上申请了 3 项相关专利（US2003130393A1、US2003129400A1、WO2004020524A1）。

此外，进入 21 世纪以来，杜邦开始着力于替代 PFOA 表面活性剂及组合物的研究，并在 2006 年申请的专利 US2006264537A1 中提出采用脂肪醇乙氧基化合物代替部分 PFOA；在 2010 年申请的专利 WO2012092414A1 中指出将聚四氟乙烯、非离子表面活性剂和水溶性碱土金属盐或胶态二氧化硅混合，得到混合物。

从中可以看出，杜邦的技术发展路线基本为：新型改性单体→改性单体加入方式→引发剂及其加入方式→表面活性剂和组合物。目前，杜邦的研究热点已转向新型表面活性剂以及聚四氟乙烯与其他组分共混制备组合物上。

4.5.3.2 发明人团队

在 20 世纪 80 年代之前，杜邦在高压缩比聚四氟乙烯分散树脂领域的发明人比较分散，并没有形成明显的团队。

20 世纪 80 年代之后，杜邦逐渐形成了以 R. A. Morgan 和 S. C. Malhotras 为主的两个发明人团队，分别提出了两种不同的单体加入方式（US4952636A 和 US4837267A）。之后，S. C. Malhotras 与其团队成员 T. A. Treat 合作提出了分两次加入引发剂并且使用调聚剂的方案（WO9702301A1）。此段时间可以说是杜邦研发团队初步形成的阶段，两个研发团队分别开展自己的研发工作，也都取得了一些进展。

随后，两个研发团队分别开始与 C. W. Jones 合作，提出了多项相关专利申请（如 WO02072653A2、US2003130393A1、US2003129400A1 等）。C. W. Jones 随后又分别与多人合作，提出了杜邦近期所有的相关专利申请。从中可以明显看出，C. W. Jones 是目前杜邦在高压缩比聚四氟乙烯分散树脂领域最核心的发明人。我国企业若想要了解杜邦目前的研究方向或研究热点，可以重点关注 C. W. Jones 的研究内容。

另外，C. W. Jones 申请的相关专利中，有 1 项专利申请（US2006264537A1）是特别需要关注的，因为该项专利申请涉及在聚合时使用脂肪醇乙氧基化合物来代替部分的 PFOA。根据前面的内容可知，由于 PFOA 的价格和对环境的影响，如何减少 PFOA 的使用量（甚至完全替代 PFOA）是当前含氟聚合物领域的研究热点。杜邦已经在其高端产品高压缩比聚四氟乙烯分散树脂的聚合中使用脂肪醇乙氧基化合物来代替部分的 PFOA，这也充分说明 PFOA 替代品的研究是目前氟树脂特别是聚四氟乙烯领域的研究热点。本章第 4.7 节会对 PFOA 替代品进行详尽的分析研究。

4.5.4 大金的技术路线和发明人团队

4.5.4.1 技术发展路线

图 4-27 表示大金在高压缩比聚四氟乙烯分散树脂领域的技术发展路线。

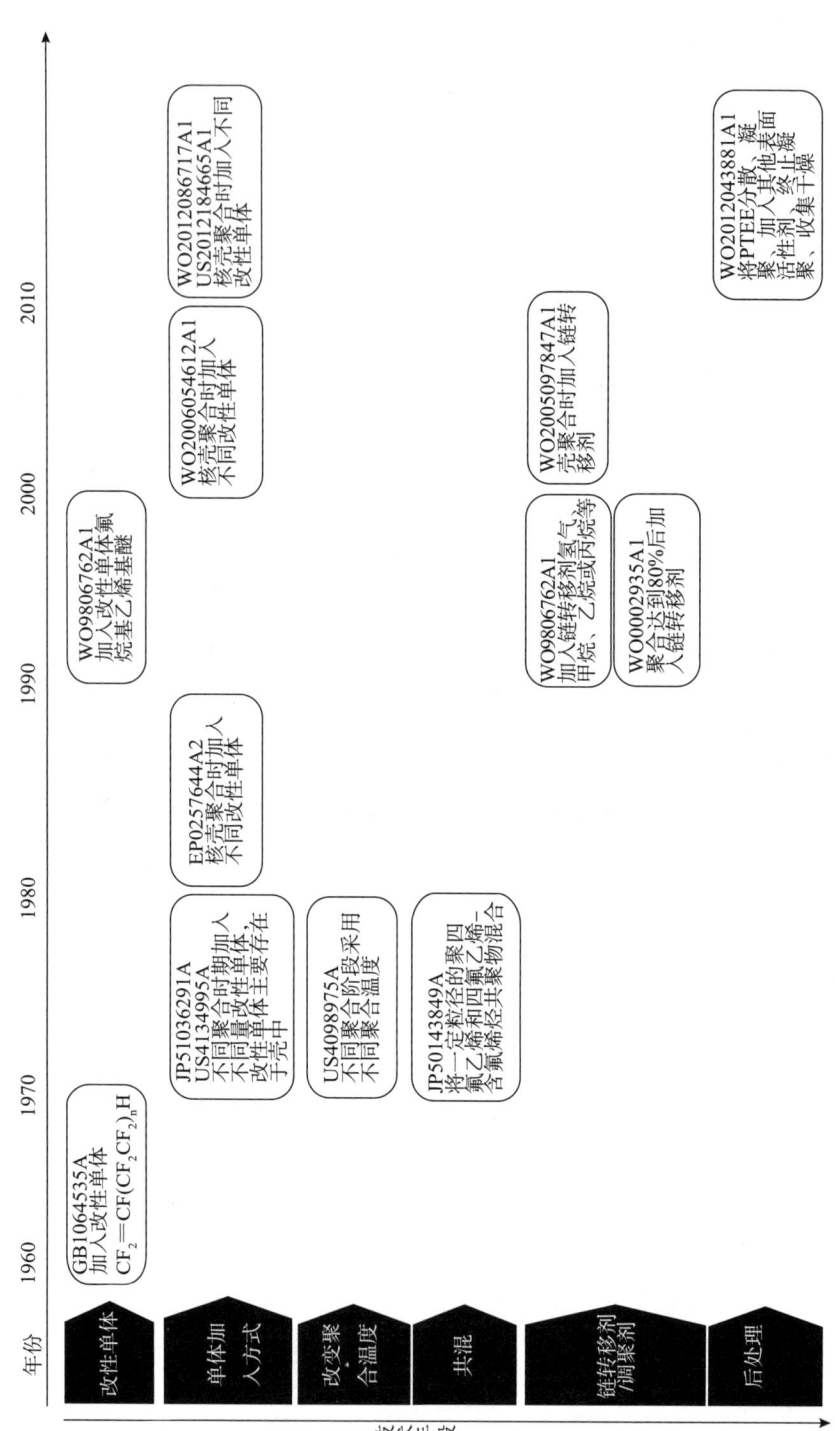

图 4-27 大金高压缩比聚四氟乙烯分散树脂的技术发展路线图

从图 4-27 中可以看出，日本大金在 1964 年申请的专利 GB1064535A 中指出，如果在四氟乙烯聚合时，引入改性单体 CF_2═CF（CF_2CF_2）$_n$H，则可得到压缩比 5500:1 的聚四氟乙烯分散树脂。随后很长一段时间内，大金的研究重点都不在改性单体上。直到 1996 年，大金才提出第 2 项改性单体方面的申请：WO9806762A1，其中指出，采用改性单体氟烷基乙烯基醚。

随后，大金将研发重点放在单体的加入方式上，在 1974 年申请的专利 JP51036291A 和 1975 年申请的专利 US4134995A 中提出采用在聚合不同时期加入不同量的改性单体，使得改性单体主要存在于壳层中。此后，大金仍一直在进行单体加入方式方面的研究，并在 1986 年申请的专利 EP0257644A2 中也提出在核壳聚合时采用不同的改性单体改性的方法。2004 年，大金在其申请的 WO2006054612A1 中提出核壳聚合时分别引入不同的改性单体。在大金最新申请的专利 WO2012086717A1 和 US2012184665A1 中同样公开核壳聚合采用不同的改性单体。

在 20 世纪 70 年代，大金还在聚合温度和共混改性方面进行了研究，并在 1976 年申请的专利 US4098975A 中提出：在聚合的不同阶段采用不同的聚合温度，使得两步的聚四氟乙烯具有不同的无定型指数。在 1974 年申请的专利 JP5014384A 中，大金提出将一定粒径的聚四氟乙烯和一定粒径的四氟乙烯-含氟烯烃共聚物混合制备高压缩比聚四氟乙烯组合物，所得组合物的压缩比可达 2423:1 以上。

20 世纪 90 年代，大金的研究重点转向链转移剂的使用上，并在 1996 年申请的专利 WO9806762A1 中指出：在共聚时加入链转移剂氢气、甲烷、乙烷或丙烷等；在 1998 年申请的专利 WO0002935A1 中公开聚合达到 80% 后，加入链转移剂；大金在这方面的研究持续到 21 世纪初，其在 2004 年申请的专利 WO2005097847A1 中公开引入改性单体制备核壳结构，壳聚合时引入链转移剂。

最近，大金开始对通过处理现有聚四氟乙烯来制备高压缩比聚四氟乙烯的方法进行研究，并在 2010 年申请的专利 WO2012043881A1 中指出：将现有的聚四氟乙烯按照分散、凝聚、再加另一种表面活性剂、终止凝聚、收集干燥的方式得到粉末。

可以看出，大金多年来一直将研究的重点放在单体的加入方式上，特别是采用不同的改性单体制备核壳聚合物方面的专利申请从 20 世纪 70 年代起一直持续至今。调聚剂也是其近年来研究的热点，而对现有聚四氟乙烯进行后处理得到高压缩比聚四氟乙烯是其最新的方向。我国相关企业可以对这方面进行适当的关注。

4.5.4.2 发明人团队

2000 年之前，大金几乎所有的专利申请都是以 T. Shimizu 为核心的发明人团队提出的。该发明人团队分别研究了单体的不同加入方式、聚合温度以及共混制备高压缩比聚四氟乙烯的技术。我国申请人如果要研究大金早期的专利技术，或者考虑借鉴其已过期的专利时，可以重点关注其他该发明人团队。

在 T. Shimizu 研究的后期，逐渐出现了一位新的发明人 K. Hosokawa，其首先与 T. Shimizu 合作提出了 2 项相关专利申请（EP0257644A2 和 WO9806762A1）。随后，以 K. Hosokawa 为核心的发明人团队又提出了 2 项相关专利申请（WO0002935A1 和

WO2005097847A1），主要涉及链转移剂的加入方式等。

2005年之后，又出现了以Y. Sawada为核心的新研发团队，其首先与T. Shimizu发明人团队合作申请了WO2005097847A1，随后又提出了多项新的专利申请。从中可以看出，Y. Sawada是大金目前的研发核心。我国企业可以通过关注该研发团队的研发动向而了解大金研发方向的变化。

4.5.5 中国企业的专利现状

我国企业在该领域的技术还比较落后，只有6项相关的专利申请。其中，中昊晨光有3项，东岳有2项，三爱富有1项。

中昊晨光在2006年申请的专利CN1986577A中提出：在聚合完成70%～75%时，回收气相，降低反应压力，加入低级醇和四氟乙烯，这也是我国企业首次在该领域提出专利申请；在2011年申请的专利CN102127181A中指出采用过硫酸铵和过氧化丁二酸作为复合引发剂，且过硫酸铵一次加入，过氧化丁二酸分批次加入。

东岳在2011年申请的专利CN102344519A中指出聚合时加入分子量调节剂二氟甲烷和pH调节剂丁二酸，可得到适合用于制备毛细管的聚四氟乙烯分散树脂。

在我国企业目前的专利申请中，有3项（分别为三爱富的CN101328235A、东岳的CN102344519A和中昊晨光的CN102875714A）涉及分散剂PFOA的替代。该领域目前相关的专利申请还比较少，可以作为我国企业努力突破的方向。

4.5.6 专利保护策略研究

4.5.6.1 专利保护策略简介

在当今我国专利制度日益成熟的时期，在取得相应的科研成果之后快速申请专利以尽快获得专利保护，已逐渐成为我国大部分企业目前科研成果保护的重要道路。然而，科研成果的保护不仅有专利保护，同时还有技术秘密保护等其他途径。这些途径各有优缺点，需要根据具体情况进行选择。同时，申请专利保护的时机以及专利保护范围的确定都是非常重要的问题。时机的选择以及保护范围的大小都可能会影响到专利申请人最终获得权利的大小。如果选择不当的话，很可能使自己获得的保护范围很小，不能达到技术独占的效果。因此，专利保护策略的选择尤为重要。下面分别就专利保护和技术秘密的选择以及专利申请时机和保护范围的确定进行阐述。

（1）专利保护和技术秘密

专利权是国家授予专利权人的一种独占权，授予专利权是国家对申请人作出发明创造并将其公之于众的回报。专利权人可以在专利保护期内具有该专利技术的独占权，但是此时也存在被其他竞争对手获取研究方向或研究成果的风险。技术秘密就是企业采用各种手段，限制其研究成果的流动，尽量将自己的研究成果保留在较小的范围内公开，避免相应成果为竞争对手所知。

其他在选择究竟保守技术秘密还是申请专利保护时，一定要结合企业的实际情况和行业现状来进行选择。如果企业的保密措施很好，同时很有可能其他企业在短时间内无法研究出相关的研究成果,则可以采取技术秘密的方式;但是,如果可能存在泄密的风险,同时不能确定竞争对手的研究情况,无法预知是否会有其他单位或个人也可能研发出相应的研究成果,则一定要尽快申请专利保护,以法律的手段维护自己的利益。

同时,还有一些技术可能无法获得专利保护或者市场前景不好;或者即使产品公开销售后,对该产品进行分析后也无法确定其制造方法,甚至也无法确定其具体组成;或者即使第三方实施了该技术却又无法证明其侵权。对于这些技术都可以使用技术秘密进行保护。

而对于下面的情况,最好以申请专利的方式来保护自己的研究成果:"一点就破"、"一看就会"的技术,易于被他人模仿、了解技术内容的技术;当产品售出后,他人很容易通过逆向分析获得的技术,比如通过对产品组成的分析可以获知产品配方的技术;拟转让或许可他人使用的技术。❶

因此,在采用技术秘密或者申请专利来保护自己的研发成果时,一定要综合考虑各方面的因素,不仅要考虑企业的现状和竞争对手的研发水平,同时还要考虑自己的研发成果究竟适合采用何种方式进行保护,以选择最适合自己的方式。

(2) 专利申请时机和保护范围的选择

如果企业确定要通过申请专利来保护自己的研发成果,那么在申请专利保护时,要选择合适的时机。过早或过晚提出相应的专利申请,都可能给企业带来不可挽回的损失,要综合各方面信息以获得最佳的专利申请时机。

如果申请过早,等于提前向竞争对手公开了自己的技术情报,使对手可以清楚地获知自己的研发动向。此外,竞争对手还可以在专利公开内容的基础上进行后续研发。如果此时自己的技术还不足以推向市场,则会浪费宝贵的专利保护期限,缩短自己独占市场的时间。这不仅会影响自己的收益,还可能被竞争对手的后续专利所限制,❷影响自己的后续研发和产品的推出。此外,如果申请过早,还很可能出现自己申请的技术方案并不具备授予专利权的条件,无法形成足以占领市场的产品,却公开了自己的研究成果,使得竞争对手了解了自己的研究动向,还可能给自己的继续研发工作带来麻烦。

如果申请过晚,则可能无法获得专利权。因为在申请之前,可能已有其他单位同样研发出了相同的成果,并申请了专利保护,此时再提出专利申请已无法获得专利保护,同时自己使用该技术进行生产销售也会受到对方已获授权专利的限制,丧失原本属于自己的权利。

所以,在确定要提交专利申请来保护自己的研发成果时,要综合考虑各种情况来确定最佳的申请时机。如果该领域竞争非常激烈,大家都在研发相同或相似的技术,同时自己在该领域也没有明显的优势,一定要在形成可申请专利的成果之后,尽快申请专利。在占有明显技术优势的领域,如果自己能够确切得知竞争对手没有在该方向

---

❶❷ 刘菊芳. 医药研发中寻求专利保护策略简介 [J]. 法律信箱, 2005 (6): 56-57.

上进行研究，抑或竞争对手在一段时间内无法研究出相同技术时，可以暂缓申请专利，而选择技术秘密等其他方式进行保护。

在确定要申请专利来保护自己的研究成果之后，一定要合理确定自己的保护范围。因为一件专利可以保护的范围是以其权利要求限定的范围为准，如果权利要求的保护范围撰写不当，可能对能够获得的保护范围产生大的影响，申请人不能获得自己应有的权利。

一方面，如果要求保护的范围太小，可能只能够保护自己研究的最佳的具体实施方式，大大降低了保护的效力，甚至会失去保护的效力。而对方的研究人员在获悉该成果之后，则很容易在公开的内容上进行进一步的研究，或者通过对公开内容的某些改变或改进，脱离专利保护的范围，同时还可能通过申请进一步改进或改变方案的专利申请来获得新的保护，来规避已有专利的保护，挤压研发空间，甚至可能由于对方的后续研究使得自己无法继续在该领域进行研究，乃至完全被排挤出该研究领域。

另一方面，如果要求保护的范围太大，很可能在要求保护范围内涵盖了现有技术中已知的技术方案，或者涵盖了一些无法实现的技术方案。在此情况下，很可能因为不具备新颖性或创造性或者得不到说明书的支持，而无法获得授权。

因此，在申请专利保护的时候，一定要结合技术现状，确定合适的保护范围。不能把保护范围限定为具体实施方案，也不能把现有技术中已知的技术写进要求保护的范围中，以期获得合理的保护范围。

由于一件专利申请的保护力度毕竟有限，而且保护期限也是一定的，并且在专利公开之后，竞争对手也有可能会在自己的研究成果基础上，进行进一步的研究，因此，对于企业而言，不仅要努力提高每件专利申请的保护效力，而且为了获得全面有效的保护，不仅要有基础专利（首次申请的专利），同时还需要一系列后续的专利申请，以获得更全面和更长时间的专利保护。坚持进行后续研究，并持续提交专利申请，也可以进一步压缩竞争对手的研发空间，避免自己的研究成果为他人所用。

（3）企业如何利用专利文献

企业在立项和研发全过程中都要重视专利文献的检索和专利信息的利用。这一方面避免侵犯别人的专利权，同时了解现有技术以避免重复研究；另一方面还可以了解竞争对手的研究方向和成果，以避免受制于人。

首先，在立项和开发产品之前，要进行充分的文献检索，对可能存在冲突的专利事先进行分析和采取预防措施，有效预防侵权的可能性。在进行文献检索时，要重点关注相关技术领域主要竞争对手的专利。这一方面可以了解现有技术，避免重复研究；另一方面，又可以有效获得对方已有的专利技术，尽可能地规避对方的专利。如果无法规避对方已有的专利技术，也可以在对方已有专利的基础上进行二次研发，例如开发产品的新方法或新用途，在对方专利的基础上形成新专利，反过来制约对方。

同时，在研发过程中，也要时刻关注专利文献的更新，注意分析竞争对手的研究方向，预测对手的研发状况。如果发现已经有文献公开了要研发的技术内容，一定要及时调整自己的研究方向，或者借助现有研究成果，进行进一步的开发和研究工作。

如果发现竞争对手的研究方向与自己非常相近，则需要在形成研究成果之后，尽快提交专利申请。

下面就结合两个具体案例，对企业专利保护策略进行具体的分析。

4.5.6.2 赫彻斯特有关三氟氯乙烯的案例分析

根据前面的分析可以看出（参见本章第4.5.1.1节第（3）部分），三氟氯乙烯作为聚四氟乙烯分散树脂的改性单体最早由赫彻斯特于1968年在其专利申请US3654210A中提出。随后大金、杜邦等公司也开展了相关的研究工作，其研究工作一直延续至今，目前共形成相关专利申请共12项。

三氟氯乙烯改性单体相关的重点专利技术如表4-1所示。从中可以看出，赫彻斯特在首次提出三氟氯乙烯改性单体之后，只提出了1项相关专利申请，并在该申请中将聚合方法限定为特定的种子聚合法，给其他公司留下了较大的研究空间。同时，赫彻斯特并没有持续进行专利申请，直到10多年之后才提出了第二项相关专利申请。这说明赫彻斯特在首次提出专利申请之后，并没有很好地进行后续研发工作。

表4-1 三氟氯乙烯改性单体重点专利分析

公司	赫彻斯特		大金		杜邦	
公开号	US3654210A	US4391940A	US4134995A JP51036291A	US4036802A	US4837267A	WO02072653A2
申请年份	1968	1979	1974	1975	1988	2001
技术方案	先将四氟乙烯与三氟氯乙烯共聚制得种子乳液；再将种子引入第二聚合釜中，聚合四氟乙烯	制备多层核壳结构，其中外层和核层都加入改性单体，而中间层为四氟乙烯均聚物	在四氟乙烯聚合70%以后加入至少50%的改性单体，并在四氟乙烯聚合90%后维持改性单体的浓度在一定水平，使得壳层含有足够的改性单体	在核壳中含有不同含量改性单体的分散体，并公开了分步制备方法，在每步中加入共聚单体的量不同	用三氟氯乙烯等改性核，醚类单体改性壳，制备核壳结构	在核壳聚合期间，加入不同量的引发剂，并在壳聚合时加入调聚剂和三氟氯乙烯等改性单体，使核为高分子量聚四氟乙烯，壳为低分子量聚四氟乙烯或改性聚四氟乙烯

氟化工领域的巨头杜邦和大金都非常重视对竞争对手的信息收集，在获悉三氟氯乙烯可以用作高压缩比聚四氟乙烯分散树脂的改性单体之后，都很快开展了相关的研究工作，并提出了自己的相关专利申请。其中杜邦要求保护分步聚合法制备的核壳中

改性单体含量不同的分散体，而大金要求保护在后期加入较高量的改性单体制备壳层含有足够改性单体的分散体，都形成了与赫彻斯特并不相同的技术。

赫彻斯特直到10多年后才申请了第二项相关专利US4391940A，提出要制备多层核壳结构的分散树脂。而此时由于杜邦和大金已经在该领域申请了相关的专利，使得赫彻斯特可以继续研究申请专利的范围变窄。

随后，杜邦日益加大在该领域的研究力度，并在专利申请US4837267A中要求保护用三氟氯乙烯等改性核、醚类单体改性壳，制备核壳结构的聚四氟乙烯分散树脂；在WO02072653A2中要求保护在壳聚合时加入调聚剂和三氟氯乙烯等改性单体，制备核为高分子量聚四氟乙烯、壳为低分子量聚四氟乙烯或改性聚四氟乙烯的核壳结构聚四氟乙烯分散树脂。随着这些专利的申请的出现，杜邦在该领域的地位得到了进一步的巩固和发展，而赫彻斯特之后再没有进行过相关的专利申请。

综上所述，虽然赫彻斯特首先发现了三氟氯乙烯可以作为四氟乙烯的改性单体，但由于其在首项相关专利申请中只是要求保护种子聚合法制备聚四氟乙烯的方法，要求保护的范围太小，给杜邦和大金留下了较大的研发空间。同时，赫彻斯特在提出首项相关专利申请之后，并没有继续开展后续的研发工作。而杜邦和大金在赫彻斯特提出相关技术之后，很快进行相关研发工作，并申请了专利。

4.5.6.3 杜邦有关全氟丁基乙烯改性单体的案例分析

根据前面的分析可知，全氟丁基乙烯作为聚四氟乙烯分散树脂的改性单体最早是由杜邦于1984年在其专利申请EP0126559A1中提出，大金在2010年之后才开始进入该领域。目前在该领域进行过研究的公司也只有杜邦和大金，共形成专利申请12项。

全氟丁基乙烯作为改性单体相关的重点专利技术如表4-2所示。从中可以看出，杜邦在其首次提出的专利申请EP0126559A1中，即公开全氟丁基乙烯单体可以在前期与四氟乙烯一起加入或者与四氟乙烯一起一直进料，要求保护了较宽的范围；在几乎同时提出的专利申请US4636549A中又限定可以其在前期与四氟乙烯一起加入，后期只有四氟乙烯单体聚合。这两项专利已经公开了多种单体加入方式。

表4-2 杜邦全氟丁基乙烯改性单体的重点专利分析

公开号	EP0126559A1	US4636549A	US4952636A	EP0764668A1	WO02072653A2
申请年份	1983	1983	1987	1995	2001
技术方案	全氟丁基乙烯单体在前期与四氟乙烯一起加入或者与四氟乙烯一起一直进料	前期与四氟乙烯一起加入，后期只有四氟乙烯	聚合后期加入改性单体，保证壳含有足够的改性单体	核聚合时加入全氟丁基乙烯，壳聚合时加入六氟丙烯	在核壳聚合期间，加入不同量的引发剂，并在壳聚合时加入调聚剂+改性单体，使核为高分子量聚四氟乙烯，壳为改性聚四氟乙烯

杜邦还一直在进行相关的研究工作，并在 1987 年提出在聚合后期加入改性单体；在 1995 年又提出核聚合时加入全氟丁基乙烯，壳聚合时引入其他改性单体六氟丙烯。至此，已经基本把全氟丁基乙烯作为改性单体改性聚四氟乙烯分散树脂时所有的单体加入方式都已经进行了保护。

同时，杜邦还非常注意在该领域继续进行研究，在其发现新的技术"核壳聚合期间加入不同量的引发剂"时，也在相关的专利申请中公开了全氟丁基乙烯单体，进一步完善了其在全氟丁基乙烯改性单体方面的专利布局。

综上所述，杜邦在首次发现全氟丁基乙烯可以作为四氟乙烯分散树脂的改性单体之后，在其最早公开的相关专利申请中已经把要求保护的范围限定的比较宽，也公开了多种改性单体加入方法；随后，杜邦还非常注意在该领域的后续研究，又相继提出了多种其他单体加入方式；在后期的研究工作中，在每种新技术出现之后，都重视对全氟丁基乙烯单体的研究，至少都会公开相应的技术内容，努力防止其他公司进入该领域。

4.5.7 小结

（1）高压缩比聚四氟乙烯分散树脂领域目前的研究重点是聚合方法的研究，在聚合方法上进行改进也是目前该领域采用最多的制备方法。最近还出现了一些将聚四氟乙烯与其他组分混合或者对现有聚四氟乙烯进行后处理的方法来制备高压缩比聚四氟乙烯分散树脂的技术，这在本领域相对较新，我国相关企业可以重点关注。

（2）在聚合方法上，可以通过加入改性单体、改变改性单体的加入方式、调节引发剂的类型和加入方式、加入调聚剂或采用其他分散剂的方式来制备高压缩比聚四氟乙烯分散树脂，其中研究最多的是引入改性单体。目前也已经出现多种不同的改性单体及改性单体的加入方式。

（3）杜邦和大金在该领域占据了明显的优势地位，都已经形成了自己的专利布局。其中杜邦的技术发展路线基本为：新型改性单体→改性单体加入方法→引发剂及其加入方法→表面活性剂和组合物。目前杜邦的研究热点已转向新型表面活性剂以及聚四氟乙烯与其他组分共混制备组合物。大金的研究重点一直放在单体的加入方式上，调聚剂是其近年来的研发热点，对现有聚四氟乙烯进行后处理是其最新的研究方向之一。

（4）专利保护策略对企业发展有重要影响。企业在进行研发的同时必须注意选择合适的方式对研究成果进行保护。企业在申请专利保护时，需要注意要求合适的保护范围，同时加强后续的研究，以保持长期优势。

4.6 重点产品之三：全氟磺酸树脂膜

燃料电池（Fuel Cell）是利用氢气、天然气、煤气以及甲醇等非石油类燃料与纯氧或空气分别在电池的两极发生氧化－还原反应，从而将化学能不经过燃烧而直接转化为电能的装置。质子交换膜燃料电池是目前装机比例最大、研究最为成熟的一种燃料电池。[1] 它由通用电气在1962年首先研制成功并应用于美国双子星座飞船及阿波罗登月计划。经过50多年的发展，质子交换膜燃料电池的应用范围已由军用领域扩展到运载工具的驱动电源、公共场所小功率供电装置及便携式电子设备和通信设备以及高精密仪器的电源等民用领域。

质子交换膜燃料电池主要由膜电极（MEA）、集流板和冷却板等组成，其中，膜电极是质子交换膜燃料电池的核心部分。质子交换膜在膜电极中起着传导质子、电极反应的介质、催化剂的承载体、隔离阴极和阳极反应物的作用，是膜电极的心脏。好的质子交换膜燃料电池的质子交换膜应具有下列性质：（1）低的气体渗透性；（2）高的质子传导率，保证在高的电流密度下，膜的欧姆电阻较低，提高电池效率；（3）较好的化学和电化学稳定性，保证电池的工作寿命；（4）良好的热稳定性，可以承受在电池加工和运行中不均匀的热量冲击；（5）好的干湿转换性能；（6）具有一定的机械强度，可加工性好，能够满足大规模生产的要求。

自20世纪80年代用于质子交换膜燃料电池并获得成功以来，全氟磺酸质子交换膜由于具有优异的质子传导率、良好的化学稳定性和机械性能而成为现代质子交换膜燃料电池研究和很多国内外的示范质子交换膜燃料电池汽车中最主要的膜材料。制备全氟磺酸质子交换膜的全氟磺酸质子交换树脂的分子主链为碳原子和氟原子组成的线性结构，支链是带有磺酸基团的全氟醚结构。主链提供了树脂分子的热稳定性、化学稳定性和制品的力学性能，侧链端基的功能基团提供了树脂分子和制品的离子交换能力。树脂制备时一般采用含有磺酰氟基团的全氟乙烯基醚单体与四氟乙烯共聚而成。图4-28是目前所用的全氟磺酸质子交换膜材料的通式及生产商。

$$[(CF_2CF_2)_x - CF_2CF]_y$$
$$|$$
$$O(CF_2CFO)_n(CF_2)_pSO_3H$$
$$|$$
$$CF_3$$

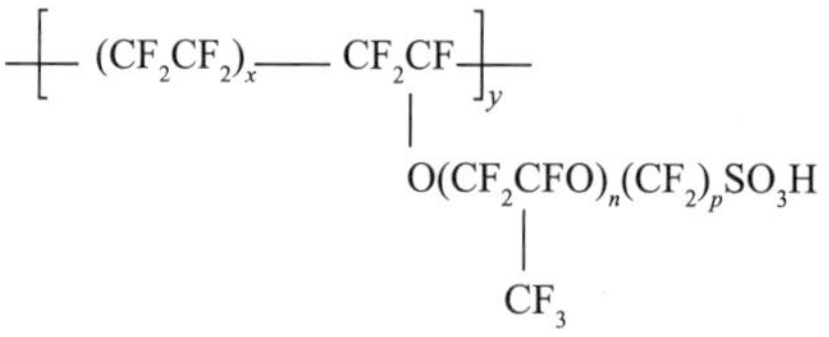

$n=1, p=2$：美国杜邦（长链全氟磺酸树脂）
$n=1, p=3$：日本旭化成
$n=0, p=2$：美国陶氏（短链全氟磺酸树脂）
$n=0, p=4$：美国3M

图4-28 目前所用的全氟磺酸质子交换膜材料的通式及生产商

市场上销售的全氟磺酸树脂膜的主要外国牌号如表4-3所示。

---

[1] 质子交换膜燃料电池 [EB/OL]. [2013-09-18]. http://baike.baidu.com/view/1081541.htm.

表4-3 国外全氟磺酸树脂膜产品的主要牌号

公司	产品牌号	公司	产品牌号
杜邦	Nafion	旭硝子	Flemion
苏威	Aquvion	3M	3M
戈尔	Gore-select		

本节所研究的全氟磺酸树脂膜特指应用在燃料电池领域且由结构单元为全氟乙烯结构和包含全氟磺酸乙烯基醚结构的全氟磺酸聚合物所制备的膜。应用在电解池等其他领域或包含其他结构单元的全氟磺酸树脂膜不在本节研究范围内。本节从专利申请量趋势、区域分布、申请人、技术手段、技术问题、技术功效等多个维度对全氟磺酸树脂膜的全球和中国专利进行了分析,揭示该领域技术的发展趋势,为我国相关企业提供参考。

4.6.1 全氟磺酸树脂膜的专利概况

在2000年之前,全球全氟磺酸树脂膜领域的专利申请以国外申请人为主,主要是国际大公司如美国杜邦、日本大金、比利时苏威等,专利申请的集中度较高。在2000年之后,随着全氟磺酸树脂膜技术的发展和应用的拓展,我国企业的专利申请开始逐渐增加,在全球专利申请中占据重要地位。

4.6.1.1 专利申请趋势

全氟磺酸树脂膜领域的全球专利申请,包括全氟磺酸树脂膜的制备方法、产品及其应用,其申请量的变化主要经历了两个阶段。第一阶段是1966~2000年,年申请量在20项以下;第二阶段是2000年至今,专利申请量快速增长,在2009年增加至最高点140项。图4-29示出了全氟磺酸树脂膜全球/中国专利申请量的态势。

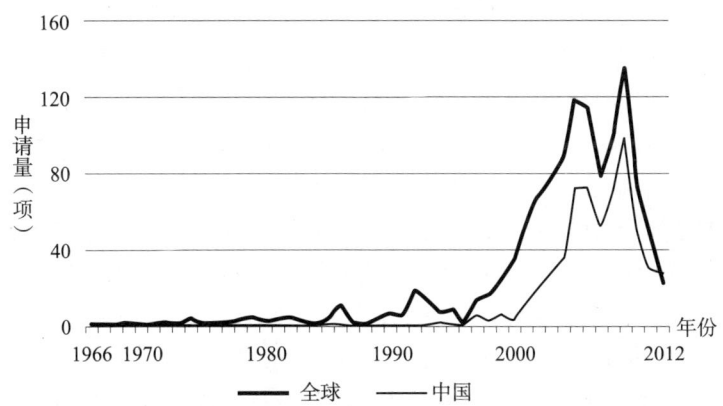

图4-29 全氟磺酸树脂膜全球/中国专利申请量态势

从全球申请量态势可知,2000~2006年,专利申请量以每年35%的速度增长。在这一时期,全球各国均对全氟磺酸树脂膜进行了大量基础性和应用性研究。2008年,受全球金融危机影响，申请量回落。2009年，由于全氟磺酸树脂膜技术获得关键性突破，专利申请大幅增加到140项的历史最高水平。2010年，由于美国在燃料电池领域的研发出现分歧，申请量略有回落。

中国申请量态势与全球申请量态势类似。2001年之后，中国申请增加至20件以上。2004~2010年，中国申请维持在60件以上。2009年，中国申请量约为100件。从中国申请量态势与全球申请量态势的数据可知，全氟磺酸树脂膜在中国的专利申请量占据了全球专利申请量的大多数，中国已成为全氟磺酸树脂膜领域的主要研究应用国家和重要市场。

4.6.1.2 专利区域分布

全氟磺酸树脂膜全球专利申请的区域分布显示（参见图4-30）：中国申请量最多，占全球申请量的30%；美国和日本次之，分别占26%和24%。所有中国申请中，来自中国本土企业的申请量最多，占61%；来自美国和日本的申请分别占14%和13%。

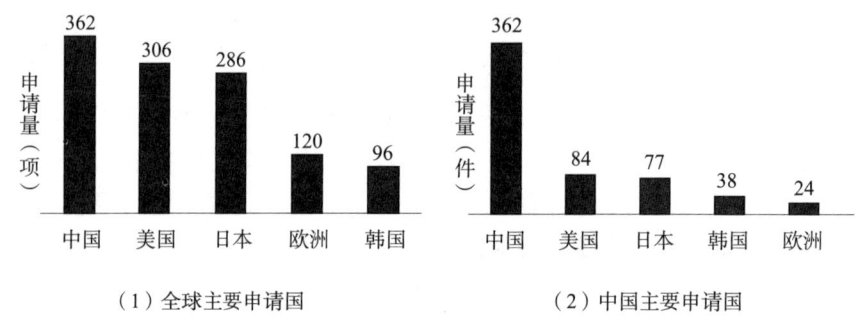

图4-30　全氟磺酸树脂膜全球主要申请国和中国主要申请国

从全球主要申请国和中国主要申请国的数据比较，能够看出中国申请人在专利申请量方面占据优势。这说明随着中国对全氟磺酸树脂膜需求量和消费量的不断增加以及国外企业对中国全氟磺酸树脂膜技术的封锁，中国企业和科研单位越来越重视该技术的研发，更加主动进行知识产权保护和专利布局，并取得了一定成果。

从全氟磺酸树脂膜的专利区域分布还能够间接看出各国对于全氟磺酸树脂膜的专利布局。作为该领域技术领先者的美国和日本在中国的申请量均占其全球申请量的27%。这说明外国企业已经在一定程度上开始在中国进行专利布局。这可能是由于中国的全氟磺酸树脂膜产业需求和具有自主知识产权的全氟磺酸树脂膜产品已经有了一定的规模，对来华销售的国外企业的相关产品构成了威胁，国外企业开始通过专利技术构建战略布局以遏制中国企业发展壮大，这需要引起国内相关企业的重视。

4.6.1.3 专利技术分布

全氟磺酸树脂膜专利技术主要包括对全氟磺酸树脂结构组成的改进、成膜方法的改进以及全氟磺酸树脂的复合改性等。对膜材料的基本性能如电导率/质子传导能力、稳定性/耐受性、阻醇性、成膜性和机械性能等的改进是全氟磺酸树脂膜应用过程中面临的主要技术问题。世界各国针对全氟磺酸树脂膜不同方面性能的改进手段和改进效果，体现了不同的研究思路。通过分析上述不同方面的专利申请趋势和区域分布能够确定全球全氟磺酸树脂膜的技术分布。

以上述专利技术为发明核心的专利申请的全球申请量趋势和申请区域分布如图4-31至图4-33所示。

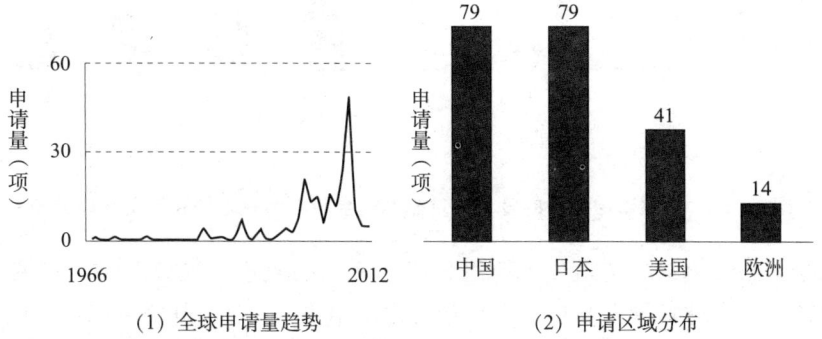

(1) 全球申请量趋势　　(2) 申请区域分布

图4-31　全氟磺酸树脂结构组成的改进技术的全球申请量趋势和申请区域分布

从图4-31可以看出，在针对全氟磺酸树脂本身的结构组成进行改性的专利中，中国和日本的申请占多数，美国的申请量为中国和日本的一半，欧洲较少。对于申请人来说，在对全氟磺酸树脂膜进行改性时，至少首先要考虑对树脂的组成结构进行改性。其中，共聚单体的种类、结构和比例关系是重要改性因素。

图4-32显示，在针对成膜方法进行改性的专利中，日本的申请量最多，其次是中国和美国，专利数量差距不大，欧洲数量较少。通过制备方法来改进产品性能也是全氟磺酸树脂膜领域的常用技术。影响成膜方法的因素主要为温度、时间、反应步骤、加料顺序等。针对成膜方法进行改性的专利申请数量比针对树脂结构本身进行改性的专利数量少。

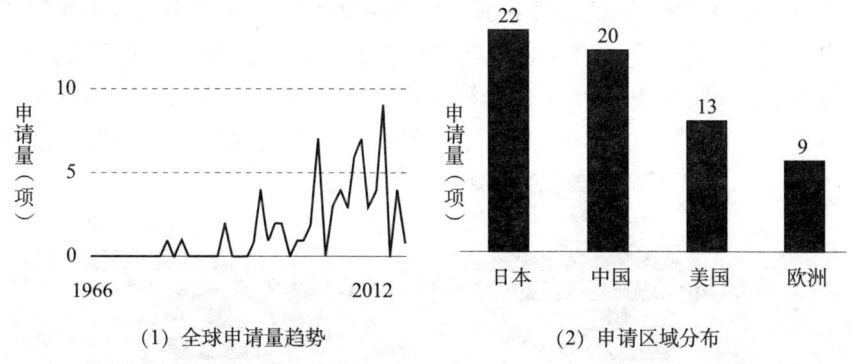

(1) 全球申请量趋势　　(2) 申请区域分布

图4-32　全氟磺酸树脂膜成膜方法的改进技术的全球申请量趋势和申请区域分布

图4-33显示，在涉及复合改性技术的专利中，中国的申请量最多，达195项；其次是美国和日本，分别为130项和105项；欧洲数量较少，为44项。复合改性技术包括将全氟磺酸树脂进行无机物掺混、有机物掺混、聚合物掺混以及制成多层复合材料等多种技术手段。

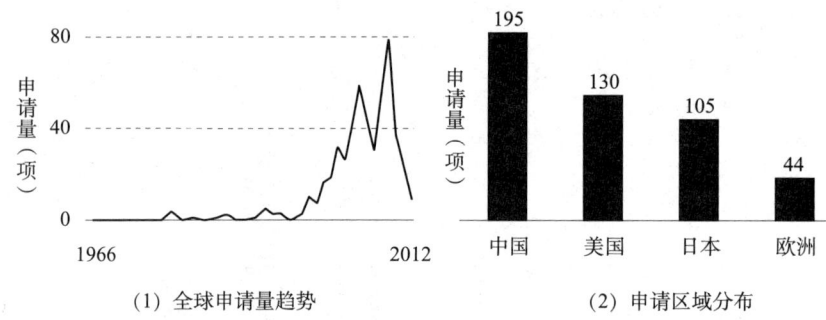

(1) 全球申请量趋势　　　　　(2) 申请区域分布

图 4-33　全氟磺酸树脂的复合改性技术的全球申请量趋势和申请区域分布

在以全氟磺酸树脂结构组成的改进、成膜方法的改进、复合改性为主要发明目的的专利申请中，全球各国主要集中于复合改性，相关申请在 2009 年达到 80 项；其次是对全氟磺酸树脂结构组成的改进，相关申请在 2009 年达到约 50 项；而对于成膜方法的改进较少，年申请量为个位数。

在全氟磺酸树脂结构组成的改进的专利技术中，专利申请量最多的是中国和日本。排在前四位的国家和地区的专利申请总量为 213 项。在成膜方法的改进方面，专利申请量最多的是日本（22 项）。排在前四位的国家和地区的专利申请总量为 64 项。在通过复合改性制备全氟磺酸树脂膜的专利技术中，专利申请量最多的是中国（195 项），排在前四位的国家和地区的专利申请总量为 474 项。

从全氟磺酸树脂膜专利技术的分布来看，目前大量专利申请集中在全氟磺酸树脂的复合改性和结构组成的改进，这可能是全氟磺酸树脂膜技术今后的发展方向。

4.6.1.4　申请人分析

统计全氟磺酸树脂膜领域的全球主要申请人和中国主要申请人，结果表明（参见图 4-34）：全球范围内，申请量排名前五位的申请人是中国东岳、日本旭硝子、韩国三星、美国杜邦、中国武汉理工大学。排名前十位的申请人中，中国 3 家、日本 4 家、美国 2 家、韩国 1 家。中国申请中，申请量排名前五位的申请人是中国东岳、中国武汉理工大学、日本旭硝子、韩国三星、中国科学院大连化物所。排名前十位的申请人中，中国 5 家、日本 2 家、美国 2 家、韩国 1 家。

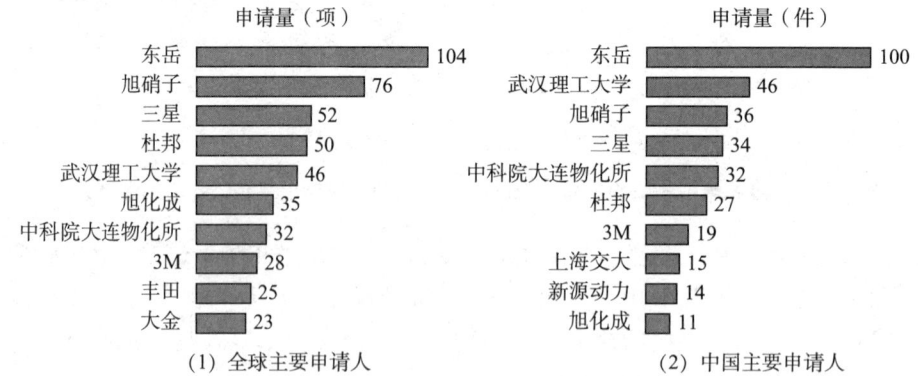

(1) 全球主要申请人　　　　　(2) 中国主要申请人

图 4-34　全氟磺酸树脂膜全球申请人排名和中国申请人排名

在全球申请量排名前十位的中国申请人中，排名第一位的是东岳，另有2家科研机构。在中国申请量排名前十位的中国申请人中，有东岳和新源动力，另有3家科研机构。这说明，在中国全氟磺酸树脂膜领域中，企业已逐渐成为科学研发和技术创新的主力，能够完成从技术研发到终端产品的生产力转化。

4.6.2 技术构成分析

4.6.2.1 重要技术手段

经分析，全氟磺酸树脂膜专利申请中的重要技术手段如下：（1）全氟磺酸树脂的复合改性技术。该技术涉及在全氟磺酸树脂膜制备过程中以无机物掺混、有机物掺混、与其他树脂复合以及制备多层复合膜等技术手段改性全氟磺酸树脂。（2）影响全氟磺酸树脂结构组成的改进技术。该技术涉及对全氟磺酸树脂的共聚单体、共聚方法、聚合后处理等能够影响到树脂本身结构和/或组成的因素进行改进。（3）成膜方法的改进技术。该技术涉及在全氟磺酸树脂成膜过程中的热熔融挤出成膜法和溶液、涂覆成膜法。

图4-35示出了全氟磺酸树脂膜的重要技术手段在全球专利申请中的分布情况。

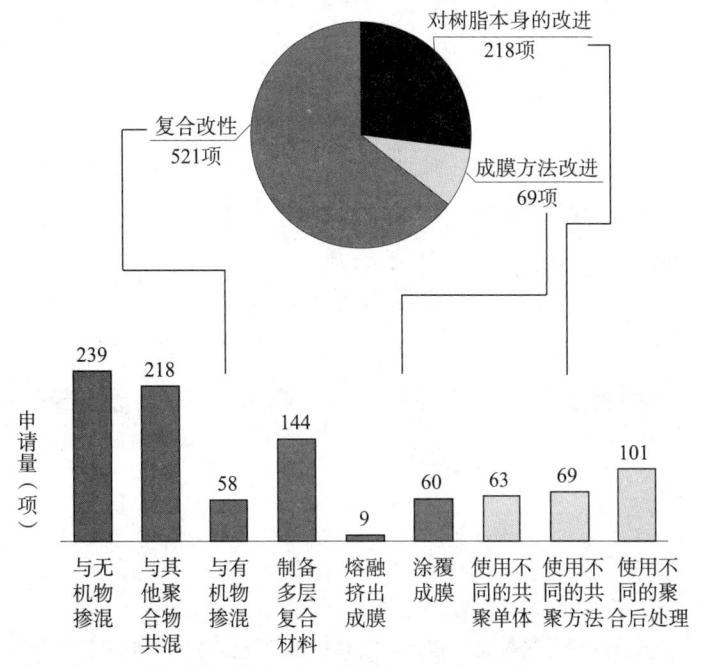

图4-35 全氟磺酸树脂膜的重要技术手段全球专利申请量分布

在全氟磺酸树脂的复合改性技术的全球专利申请中，占主导地位的技术手段是：（1）与无机物掺混（239项）；（2）与其他聚合物共混（218项）；（3）制备多层复合材料（144项）；（4）与有机物掺混（58项）。其中，与无机物掺混和与其他聚合物共混是全氟磺酸树脂复合改性的主要方法。

在影响全氟磺酸树脂结构组成的改进技术中，出现较多的技术手段是：（1）使用不同的聚合后处理手段（101 项）；（2）使用不同的共聚方法（69 项）；（3）使用不同的共聚单体（63 项）。

在成膜方法的改进技术中，出现较多的技术手段是（1）涂覆成膜（60 项）；（2）熔融挤出成膜（9 项）。其中，涂覆成膜是全氟磺酸树脂的主要成膜方法。

4.6.2.2 重要技术问题

对全球全氟磺酸树脂膜专利申请的技术方案进行统计分析，得到全氟磺酸树脂膜技术发展过程中需要解决的重要技术问题，即：（1）如何提高电导率/质子传导能力；（2）如何提高稳定性和耐受性；（3）如何改善甲醇渗透性；（4）如何提高成膜性和机械性能。解决这些不同的技术问题需要对全氟磺酸树脂膜的不同性能进行相应的改进。这些改进与全氟磺酸树脂膜的产品应用密切相关。

以解决上述 4 个技术问题为研发目的的全球申请量分布如图 4-36 所示。

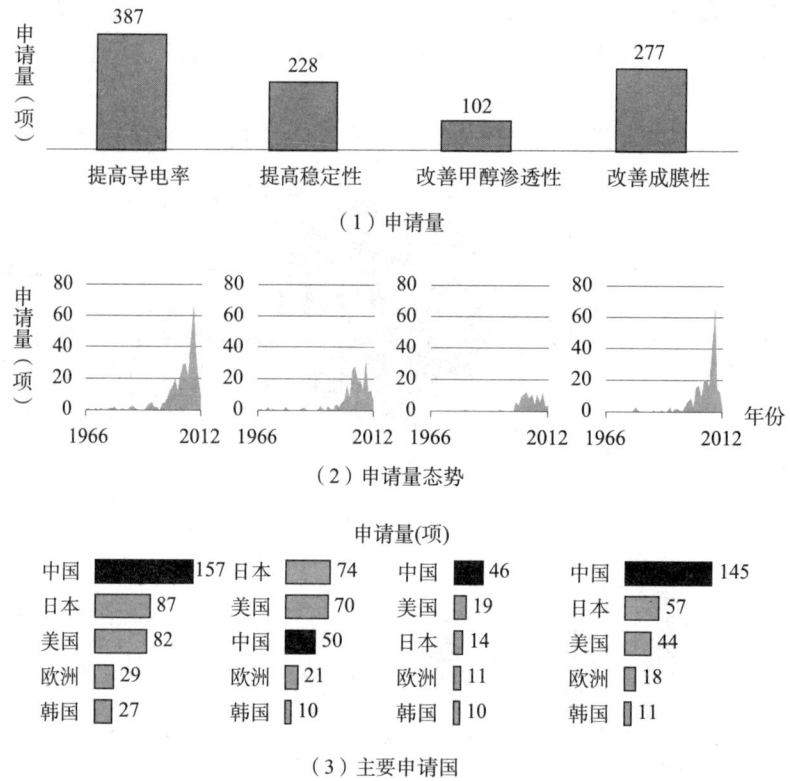

图 4-36 全氟磺酸树脂膜的重要技术问题全球专利申请量分布

全球全氟磺酸树脂膜技术发展过程中上述 4 项需要解决的重要技术问题的专利申请量分别为：（1）387 项；（2）228 项；（3）102 项；（4）277 项。由此可见，涉及"如何提高电导率/质子传导能力"的技术问题的专利申请最多。

作为用于燃料电池的全氟磺酸树脂膜，首先需要解决的技术问题是如何提高电导率/质子传导能力。这是因为电导率/质子传导能力是全氟磺酸树脂膜的主要性能指标，其反映了产品质量水平的高低。不断提高电导率/质子传导能力不仅是对全氟磺酸树脂膜的性能追求，而且还体现了企业产品的核心竞争力。因此，目前全球主要申请人将研发重点集中在对电导率/质子传导能力的研究上。

其次，成膜性、机械性能、稳定性、耐受性影响全氟磺酸树脂膜的其使用寿命，是重要的产品性能指标。在电导率/质子传导能力差异不大的情况下，成膜性、机械性能、稳定性、耐受性等性能差异对全氟磺酸树脂膜的整体性能具有重大影响。

提高电导率/质子传导能力的改进技术的全球专利申请量逐年增加，在 2009 年达到近 70 项。其中，申请量较多的依次是中国、日本和美国。中国申请量较高可能是由于其更关注于电导率/质子传导能力的改进。

提高稳定性和耐受性的改进技术的全球专利申请量在 2009 年达到 30 多项。其中，申请量较多的依次是日本、美国和中国。中国企业可以更加关注全氟磺酸树脂膜的稳定性和耐受性，以提高产品的综合性能。

改善甲醇渗透性的改进技术的全球专利申请量在 2009 年达到 12 项。对于甲醇渗透性的改进更多体现在直接甲醇燃料电池领域。其中，申请量较多的依次是中国、美国和日本。

提高成膜性/机械性能的改进技术的全球专利申请量在 2009 年达到接近 70 项。其中，申请量较多的依次是中国、日本和美国。

从上述 4 个技术问题为研发目的的全球专利申请的申请量趋势和区域分布来看，中国申请人在如何提高电导率/质子传导能力（157 项）、如何提高成膜性和机械性能（145 项）、如何改善甲醇渗透性（46 项）方面的专利申请较多。这意味着对这 3 个技术问题的研发是主要方向。在如何提高稳定性和耐受性方面，中国专利申请较少，而美国和日本可能会将对该性能的改进作为今后的研发方向。

4.6.3 技术功效分析

在本章第 4.6.2.1 节和第 4.6.2.2 节所述的技术手段和技术问题的基础上，进一步分析技术手段的功效关系，即不同的技术手段与不同技术问题的相关关系。通过功效关系能够确定解决各技术问题时全球申请人较多采用的技术手段，从而可以确定当前全球企业的主要研发思路，为我国企业的技术研发提供借鉴。

4.6.3.1 全球专利申请的总体技术功效分析

图 4-37 示出了全氟磺酸树脂膜全球专利申请的总体技术功效。

从图 4-37 来看，在解决如何提高电导率/质子传导能力这一技术问题上，使用与无机物掺混这一技术手段的专利申请数量最多（150 项），其次是与其他聚合物共混（128 项）和制备多层复合材料（85 项）。使用熔融挤出成膜技术（4 项）、涂覆成膜技术（27 项）以及与有机物掺混（32 项）等技术来提高电导率/质子传导能力的专利申请较少。这意味着在解决如何提高电导率/质子传导能力这一技术问题上，当前主流技术是以掺混无机物的方式和与其他聚合物共混的方式制备全氟磺酸树脂膜。

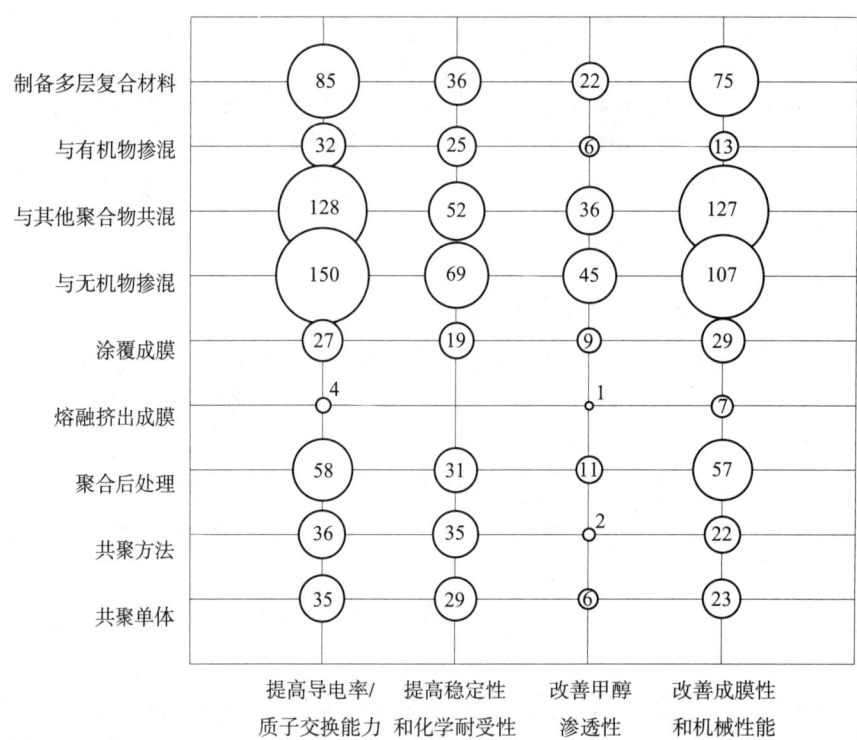

图 4-37 全氟磺酸树脂膜全球专利申请总体技术功效图

注：图中的圈内或圈外数字表示申请量，单位为项。

在解决如何提高成膜性和机械性能这一技术问题上，使用与其他聚合物共混这一技术手段的专利申请数量最多（127项），其次是与无机物掺混的方式（107项）。这意味着当前主要技术方向是通过以与其他聚合物共混的方式和与无机物掺混的方式制备全氟磺酸树脂膜以提高其成膜性和机械性能。

在解决如何提高稳定性和耐受性这一技术问题上，使用与无机物掺混这一技术手段的专利申请数量最多（69项），其次是与其他聚合物共混的方式（52项）。这意味着当前主要技术方向是通过以掺混无机物的方式和与其他聚合物共混的方式制备全氟磺酸树脂膜以提高其稳定性和耐受性。

在解决如何改善甲醇渗透性这一技术问题上，使用与无机物掺混这一技术手段的专利申请数量最多（45项），其次是与其他聚合物共混的方式（36项）。这意味着当前主要技术方向是通过以掺混无机物的方式和与其他聚合物共混的方式制备全氟磺酸树脂膜以改善甲醇渗透性。

从另一方面看，制备多层复合材料这一技术手段较多使用在解决如何提高电导率/质子传导能力及成膜性和机械性能的技术问题上。与有机物掺混这一技术手段较多使用在解决如何提高电导率/质子传导能力及稳定性和耐受性的技术问题上。与其他聚合物共混这一技术手段较多使用在解决如何提高电导率/质子传导能力及成膜性和机械性能的技术问题上。与无机物掺混这一技术手段较多使用在解决如何提高电导率/质子传导能力及成膜性和机械性能的技术问题上。涂覆成膜这一技术手段较多使用在解决如何提高成膜性和机械性能及电导率/质子传导能力的技术问题上。熔融挤出成膜这一技术手段较多使用在解决如何提高成膜性和机械性能及电导率/质子传导能力的技术问题上。聚合后处理这一技术手段较多使用在解决如何提高电导率/质子传导能力及成膜性和机械性能的技术问题上。共聚方法的改进这一技术手段较多使用在解决如何提高电导率/质子传导能力及稳定性和耐受性的技术问题上。共聚单体的改进这一技术手段较多使用在解决如何提高电导率/质子传导能力及稳定性和耐受性的技术问题上。

4.6.3.2 各主要国家全球专利申请的技术功效分析

从本章第4.6.1.2节中全氟磺酸树脂膜的全球主要专利申请国排名中可以看出，中国、美国和日本是该领域申请量排名前三的国家。因此，对这3个国家的全球专利申请的技术功效进行分析。

图4-38示出了美国申请人的全氟磺酸树脂膜全球专利申请技术功效。

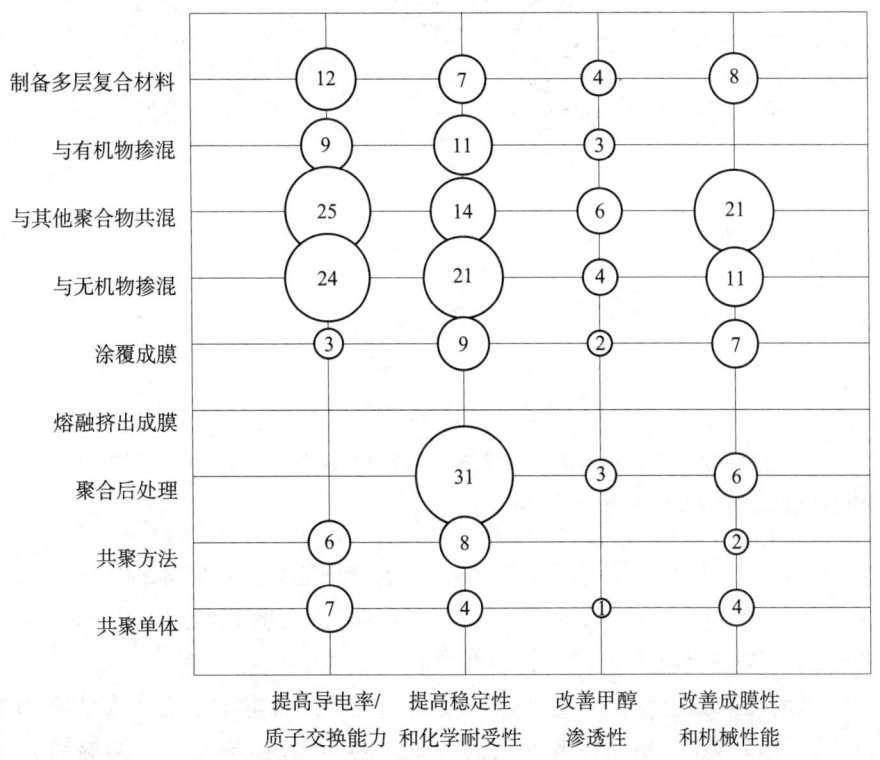

图 4-38　美国申请人的全氟磺酸树脂膜全球专利申请技术功效图

注：图中的圈内数字表示申请量，单位为项。

图4-38显示，在解决如何提高电导率/质子传导能力这一技术问题上，美国申请人较多的采用与其他聚合物共混的方式（25项）和与无机物掺混的方式（24项）制备全氟磺酸树脂膜。

在解决如何提高稳定性和耐受性这一技术问题上，美国申请人较多的采用聚合后处理（31项）和与无机物掺混（21项）的方式制备全氟磺酸树脂膜。

在解决如何改善甲醇渗透性这一技术问题上,美国申请人较多的采用与其他聚合物共混的方式(6项)制备全氟磺酸树脂膜。

在解决如何提高成膜性和机械性能这一技术问题上,美国申请人较多的采用与其他聚合物共混的方式(21项)和与无机物掺混的方式(11项)制备全氟磺酸树脂膜。

图4-39示出了日本申请人的全氟磺酸树脂膜全球专利申请技术功效。

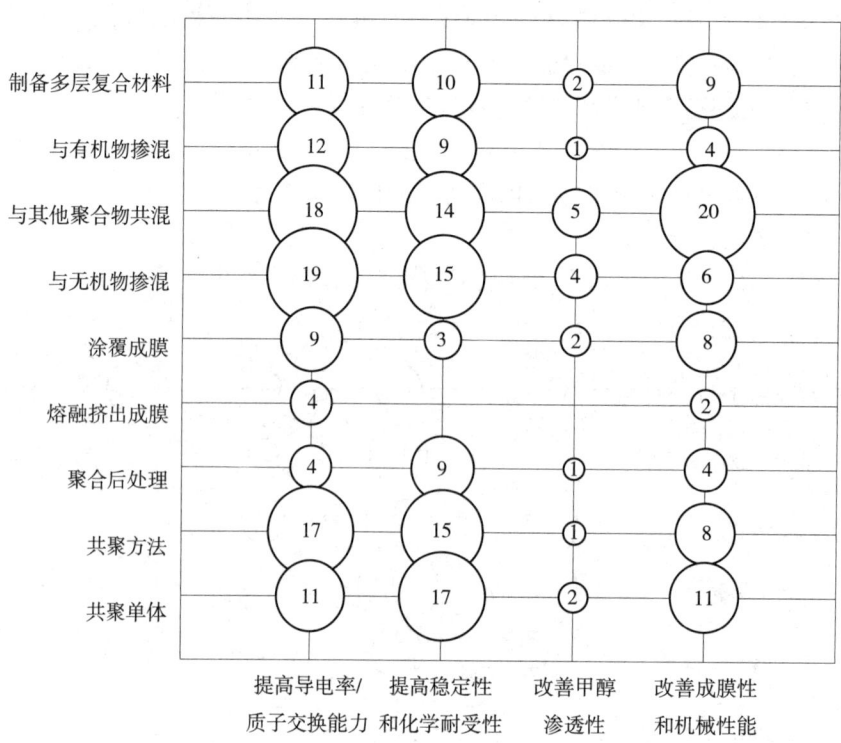

图4-39　日本申请人的全氟磺酸树脂膜全球专利申请技术功效图

注:图中的圈内的数字表示申请量,单位为项。

图4-39显示,在解决如何提高电导率/质子传导能力这一技术问题上,日本申请人较多的采用与无机物掺混的方式(19项)、与其他聚合物共混的方式(18项)和改进共聚方法的方式(17项)制备全氟磺酸树脂膜。

在解决如何提高稳定性和耐受性这一技术问题上,日本申请人较多的采用改进共聚单体的方式(17项)、改进共聚方法的方式(15项)和与无机物掺混的方式(15项)制备全氟磺酸树脂膜。

在解决如何改善甲醇渗透性这一技术问题上,日本申请人较多的采用与其他共聚物共混的方式(5项)制备全氟磺酸树脂膜。

在解决如何提高成膜性和机械性能这一技术问题上,日本申请人较多的采用与其他聚合物共混的方式(20项)和改进共聚单体的方式(11项)制备全氟磺酸树脂膜。

如图4-40所示,在解决如何提高电导率/质子传导能力这一技术问题上,中国申请人较多的采用与无机物掺混(86项)的方式和与其他聚合物共混(73项)的方式制备全氟磺酸树脂膜。在解决如何提高稳定性和耐受性这一技术问题上，中国申请人仍较多的采用与无机物掺混的方式（22项）和与其他聚合物共混的方式（18项）制备全氟磺酸树脂膜。在解决如何改善甲醇渗透性这一技术问题上，中国申请人较多的采用与无机物掺混的方式（27项）制备全氟磺酸树脂膜。在解决如何提高成膜性和机械性能这一技术问题上，中国申请人较多的采用与其他聚合物共混（78项）的方式和与无机物掺混（77项）的方式制备全氟磺酸树脂膜。

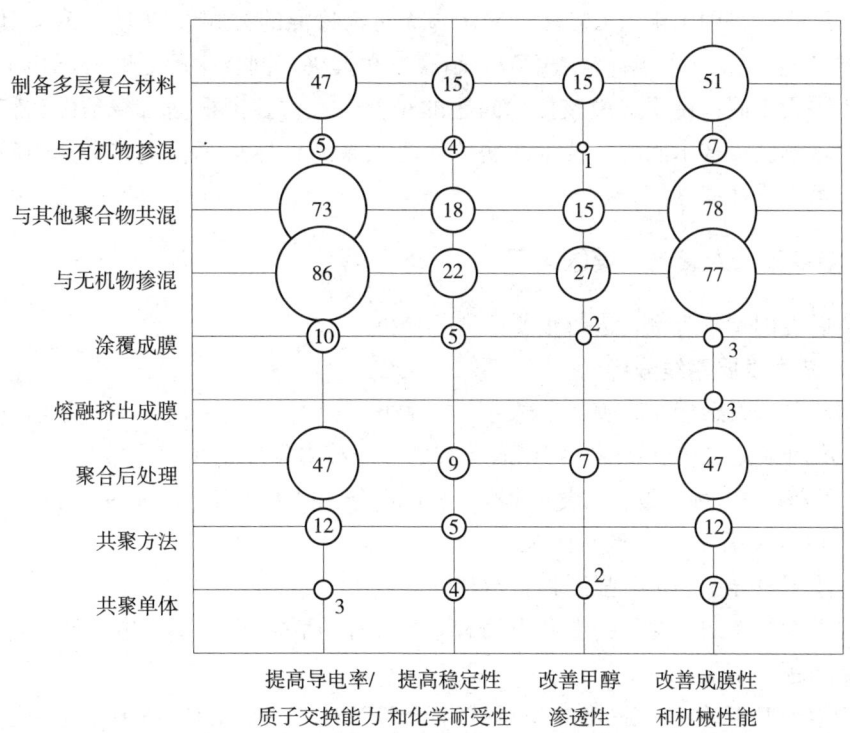

图4-40 中国申请人的全氟磺酸树脂膜全球专利申请技术功效图

注：图中的圈内和圈外数字表示申请量，单位为项。

通过比较中国、美国、日本的专利申请技术功效，在解决如何提高电导率/质子传导能力这一技术问题上，中国、美国、日本申请人采用的技术手段较为一致，均较多地采用与无机物掺混的方式和与其他聚合物共混的方式制备全氟磺酸树脂膜。这表明与无机物掺混的方式和与其他聚合物共混的方式制备全氟磺酸树脂膜是提高电导率/质子传导能力的公认途径。

在解决如何改善甲醇渗透性这一技术问题上，中国、美国、日本并没有完全一致的做法。其中日本和美国申请人均较多地采用与其他聚合物共混的方式制备全氟磺酸树脂膜，采用的技术手段较一致；而中国申请人较多地采用与无机物掺混的方式制备全氟磺酸树脂膜。

在解决如何提高成膜性和机械性能这一技术问题上，中国、美国、日本并没有完全一致的做法。其中中国和美国申请人均较多地采用与其他聚合物共混的方式和与无机物掺混的方式制备全氟磺酸树脂膜，采用的技术手段较一致；而日本申请人较多地采用与其他聚合物共混的方式（20项）和改进共聚单体的方式（11项）制备全氟磺酸树脂膜。

在解决如何提高稳定性和耐受性这一技术问题上，中国、美国、日本申请人采用的技术手段完全不同。美国申请人较多的采用改进聚合后处理（31项）的方式和与无机物掺混（21项）的方式制备全氟磺酸树脂膜，日本申请人较多地采用改进共聚单体的方式（17项）、改进共聚方法的方式（15项）和与无机物掺混的方式（15项）制备全氟磺酸树脂膜，中国申请人较多的采用与无机物掺混的方式（22项）和与其他聚合物共混的方式（18项）制备全氟磺酸树脂膜。在解决相同技术问题时各国申请人所采用的技术手段不同，说明解决该技术问题的难度较大，各国根据自身条件和特点尝试用不同手段解决该技术问题，技术问题的解决效果或许体现了各国在全氟磺酸树脂膜领域的技术先进性程度。

4.6.4 重要申请人之一：美国戈尔

本节以美国戈尔为例，进行重要申请人分析。

4.6.4.1 技术发展路线分析

戈尔涉及全氟磺酸树脂膜的全球专利申请共16项。图4-41（见文前彩色插图第9页）中示出了戈尔在全氟磺酸树脂膜领域的全球技术发展路线。

按照要解决的技术问题，将戈尔全球专利申请分为以下2组进行进一步分析：（1）改善电导率和机械强度；（2）改善耐久性。

（1）改善电导率和机械强度相关专利申请

在技术发展初期，戈尔的专利申请较多地集中在改善全氟磺酸电池膜的电导率和机械强度问题。

在戈尔于1992年首次提出的公开号为US5190813A的专利申请中，公开了如下技术方案：先将多孔聚四氟乙烯膜浸入Nafion树脂的溶液中并干燥，再将得到的膜进行亲水化处理，并随后镀铂得到电解质膜。通过该方法得到的电池膜具有大的反应面积，兼具柔韧性和坚固性，并且可以模塑为任意形状。

1994~1998年间，戈尔一直致力于超薄复合膜的研发。

1994年，戈尔提交了公告号为US6254978B1的专利申请，其具体技术方案为：用全氟磺酸树脂溶液浸渍膜厚至多为0.8密尔的聚四氟乙烯多孔膜，多次重复该过程直到全氟磺酸树脂充满微孔得到超薄复合膜。通过该方法得到的超薄复合膜具有较高的离子电导率和拉伸强度，在被水溶胀后x、y方向上的线性膨胀率较小。

1995年，戈尔再次提交了公开号分别为US5635041A和US5547551A的2项专利申请，其中均使用一种全氟磺酸树脂溶液浸渍聚四氟乙烯多孔膜。US5635041A的技术方案为：用全氟磺酸树脂溶液浸渍聚四氟乙烯多孔膜，多次重复该过程直到全氟磺酸树脂充满微孔得到超薄复合膜。通过该方法得到的超薄复合膜具有较高的离子电导率和尺寸稳定性，在被水溶胀后依然具有较高的机械强度。US5547551A的技术方案为：用全氟磺酸树脂溶液浸渍膜厚不超过1密尔的聚四氟乙烯多孔膜，多次重复该过程直到全氟磺酸树脂充满微孔得到超薄复合膜。通过该方法得到的超薄复合膜具有较高的离子电导率和尺寸稳定性，在被水溶胀后依然具有较高的机械强度。

1996 年和 1997 年，戈尔分别提交了公开号为 WO9628242A1 和 WO9740924A1 的专利申请。WO9628242A1 的技术方案为：将全氟磺酸树脂溶液涂刷在聚四氟乙烯膜两侧使其充满并封闭膜的内部体积、干燥，该过程重复多次以完全封闭内部体积，除去表面活性剂并干燥得到超薄复合膜。通过该方法得到的超薄复合膜具有优良的离子电导率和尺寸稳定性。WO9740924A1 的技术方案为：将全氟磺酸树脂溶液涂刷在聚四氟乙烯多孔膜两面上并随后干燥，多次重复该过程直到全氟磺酸树脂充满微孔得到超薄复合膜。通过该方法得到的超薄复合膜具有较高的离子电导率和尺寸稳定性，在被水溶胀后依然具有较高的机械强度。

由上述专利申请的技术方案可以看出，在早期制备超薄复合膜的方法中仅仅使用一种全氟磺酸树脂溶液浸渍聚四氟乙烯多孔膜。

1997 年，戈尔再次提交了公开号分别为 US9741168A 和 US6130175A 的 2 项专利申请，其中均使用两种全氟磺酸树脂溶液浸渍聚四氟乙烯多孔膜制备超薄复合膜。US9741168A 的技术方案为：在微孔聚四氟乙烯膜的两面上分别用不同的离子交换材料浸渍，两种材料都分别将微孔聚四氟乙烯膜所在面上近表面处的孔隙完全填满和堵塞，其中至少一种离子交换材料为全氟磺酸树脂，得到超薄复合膜。通过该方法得到的超薄复合膜具有较高的离子电导率和拉伸强度，在被水溶胀后 x、y 方向上的线性膨胀率较小。US6130175A 的技术方案为：将薄膜厚度小于 2 密尔的聚四氟乙烯多孔膜一面上的孔以第一离子交换材料浸渍，另一面上的孔以第二离子交换材料浸渍，从而得到超薄复合膜，其中第一离子交换材料和第二离子交换材料具有不同的结构、官能团、当量或者其组合，二者可以都是全氟磺酸离子聚合物。通过该方法得到的超薄复合膜不会分层，具有较高的离子电导率和尺寸稳定性。

随后，戈尔以包含无机物的超薄复合膜为主题提出了专利申请，其公开号分别为 WO9811614A1 和 US2001024755A1。在 WO9811614A1 中采用的技术方案为：将聚四氟乙烯树脂分散液与无机填料共混，得到的共混物经压制、挤出、辊压、发泡膨胀后得到片材，将全氟磺酸树脂溶液涂刷在片材两侧，最终得到固体电解质复合膜。该方法得到的复合膜具有优良的电导率和机械强度。US2001024755A1 中采用的技术方案为：将聚四氟乙烯树脂分散液与无机填料共混，得到的共混物经压制、挤出、辊压、发泡膨胀后得到片材，将全氟磺酸树脂溶液涂刷在片材两侧，最终得到固体电解质复合膜。该方法得到的复合膜具有优良的电导率和机械强度。

1999 年以后，戈尔的研发重点不再集中于超薄复合膜。2002 年，戈尔在其提出的公开号为 WO03050150A1 和 WO03050151A1 的专利申请中公开了以微乳液法制备全氟磺酸树脂，所述树脂具有较高的电导率。将所得全氟磺酸树脂溶液涂刷在聚四氟乙烯两个面上并干燥，重复上述过程两次，并随后烘干、冷却至室温后，在两个面上再涂刷一层全氟磺酸树脂溶液，干燥即得聚合微电解质膜。该方法得到的电解质膜特别适用于低湿度或高温燃料电池中。

(2) 改善耐久性相关专利申请

近年来,戈尔的专利申请主要涉及改善全氟磺酸电池膜的耐久性问题。在解决该问题时,主要采用以下两种技术手段:

① 将全氟磺酸树脂与含金属的催化剂或自由基清除剂混合后浸渍聚四氟乙烯。例如,2005年,戈尔在公开号为WO2007038040A2的专利申请中公开了如下技术方案:将全氟磺酸树脂与含铂的催化剂、溶剂等混合制得离子交换材料溶液,将该溶液稀释后涂布于聚萘二甲酸乙二酯膜上,然后将聚四氟乙烯膜伸展在该涂层上,使之渗透并干燥,随后施涂第二涂层,干燥冷却后从聚萘二甲酸乙二酯膜上取下固体聚合物电解质膜。该技术方案得到的聚合物电解质膜的氟化物释放速率较低,有较长的寿命。2007年,戈尔提交了公开号为WO2009078916A1的专利申请,其具体技术方案为:将含铈的过氧化物分解催化剂、全氟磺酸树脂、溶剂等混合制成油墨,将该溶液稀释后涂布于聚萘二甲酸乙二酯膜上,然后将聚四氟乙烯膜伸展在该涂层上,使之渗透并干燥,随后施涂第二涂层,干燥冷却后从聚萘二甲酸乙二酯膜上取下固体聚合物电解质膜。通过该方法得到的膜的氟化物释放速率较低,有较长的寿命。2009年,戈尔就包含自由基清除剂的全氟磺酸电池膜提出了专利申请,其公开号为WO2010044436A1,采用的技术方案为:将聚四氟乙烯浸渍在含有自由基清除剂的全氟磺酸树脂溶液中,然后干燥除去溶剂得到电池膜。通过该方法得到的电池膜耐久性有显著的提高。

② 制备多层复合膜。2006年,戈尔提交了公开号为WO2007119398A1的专利申请,其具体方案为:首先制得$EW=920g/eq$的全氟磺酸树脂A以及$EW=800g/eq$的全氟磺酸树脂B,将树脂A涂布成膜,树脂B含浸于多孔聚四氟乙烯中,最后形成多层复合膜,即A膜/含浸膜/A膜/含浸膜/A膜。通过该方法得到的复合膜能够同时获得低加湿条件、高输出运转时的输出性能和耐久性。

4.6.4.2 核心发明人

戈尔的专利申请大都涉及超薄复合电池膜,而在超薄复合膜的专利申请中贯穿着其核心人物——巴哈尔。1994~1998年,巴哈尔作为核心发明人,组织其团队研发了具有优异性能的由聚四氟乙烯多孔膜和全氟磺酸树脂构成的超薄复合膜,奠定了戈尔在全氟磺酸复合膜领域的领导地位。代表性的专利包括:US6254978B1、US5635041A、US5547551A、WO9628242A1、WO9740924A1、US9741168A、US6130175A、WO9811614A1以及US2001024755A1。

1999年,巴哈尔离开戈尔。此后,戈尔的研发不再集中于超薄复合电池膜,也出现了一些新的研发团队。如以H.S.吴为核心的研发团队专注于以微乳液法得到的全氟磺酸树脂为基础制备电解质膜的研究,而以铃木健之为核心的研发团队则致力于耐久性全氟磺酸电池膜的研发。但是,戈尔目前以这两个团队作为发明人申请的专利数量并不是很多。

需要关注的是,巴哈尔从戈尔离职后创办了新的企业,该企业以巴哈尔为申请人和/或发明人提出了一系列发明专利申请,这些发明专利仍然以全氟磺酸复合膜为核心进行后续研发。

4.6.5 小结

（1）在专利布局方面：在全氟磺酸树脂膜领域，作为技术领先者的美国和日本在中国的申请量约占其全球专利申请量的27%。这说明外国企业已经开始在中国进行专利布局，通过专利技术构建战略布局以遏制中国企业发展，从而占领中国市场，这需要引起国内相关企业的重视。

（2）在主要技术功效方面：在解决如何提高全氟磺酸树脂膜稳定性和耐受性这一技术问题上，中国、美国、日本申请人采用的技术手段完全不同。在解决相同技术问题时各国申请人所采用的技术手段存在差异，说明解决该技术问题的难度较大，各国根据自身条件和特点尝试用不同手段解决该技术问题，技术问题的解决效果或许体现了各国在全氟磺酸树脂膜的技术先进性程度。

（3）在追踪竞争对手方面：在技术发展初期，戈尔的专利申请更多地集中在改善全氟磺酸电池膜的电导率和机械强度问题，仅仅使用一种全氟磺酸树脂溶液浸渍聚四氟乙烯多孔膜。近年来，戈尔的专利申请主要涉及改善全氟磺酸电池膜的耐久性问题。在解决该问题时，主要采用以下两种技术手段：①将全氟磺酸树脂与含金属的催化剂或自由基清除剂混合后浸渍聚四氟乙烯；②制备多层复合膜。戈尔的专利申请大都涉及超薄复合电池膜，而在超薄复合膜的专利申请中贯穿着其核心人物——巴哈尔。需要关注的是，巴哈尔从戈尔离职后创办了新的企业。

4.7 PFOA 替代品的专利分析

PFOA 是指全氟辛酸及其盐类，是一种人工合成而非天然存在的化学品。自研发四氟乙烯分散聚合开始，PFOA 便是一直使用的全氟乳化剂。由于 PFOA 分子结构中的氟碳链具有强憎水特性，羧酸的一端又具有强的亲水特性，因而具有能在介质中极好地形成胶束的特性。含氟单体由于被氟原子包裹而具有强烈的憎水作用，极难溶解于水。如果使用 PFOA 乳化剂，则能最大限度降低水的表面张力，捕集含氟单体，并形成单体浓度较高的胶束为乳液聚合的链增长反应提供充分条件。当引发的自由基与胶束的渗透性水膜相接触时，含氟单体在胶束内进行链增长反应，直至生成高分子量的氟聚合物，且充满聚合物的胶束粒子稳定地存在于水相中。以上是 PFOA 作为氟烯烃乳液聚合中使用的乳化剂成功应用几十年的主要原因。❶ 在四氟乙烯分散聚合中使用 PFOA，还可以使分散体中的颗粒达到较小的粒度，并具有聚合产率高、分散稳定性良好的优点。

然而近年来，相关研究表明，PFOA 极稳定，不会被降解，一旦排放出去便会在自然界中永远存在下去，影响环境。全氟辛酸铵原始制造者美国 3M 研究显示，大量接触全氟辛酸铵可能致癌或影响生殖功能。因此，2000 年，3M 宣布禁止生产和应用该类物

---

❶ 张建新，胡显权，何炯，秦向明. PFOA 替代品制备含氟高聚物的应用研发［J］. 有机氟工业，2010 (3): 27-30.

质。2003年起，美国环保署提出PFOA会对人体健康产生不利影响，由此引发了国内外消费者对以PFOA及其衍生物为添加剂来生产制造的特氟龙产品的信任危机，尤其是在食品及其相关领域。研究表明，PFOA环境问题的根源来自于此类物质中含C8的全氟链段能够拒水拒油，具有生物累积性，极难分解。一旦被生物体摄取后，PFOA一般优先粘附在蛋白质上，其中大部分与血液中的血浆蛋白结合，其余则累积于肝脏和肌肉组织中，是一种持久性环境污染物。❶

美国环保署已经制订了PFOA削减计划，要求杜邦和其他7家公司承诺，到2010年将全氟辛酸铵及相关化学物在环境排放物中和产品成分中的含量减少95%；到2015年努力做到排放物和产品中不含有全氟辛酸铵及相关化学物。挪威政府的环保机构也指出，自2014年6月1日起，内容物含有PFOA或是单独含有PFOA的盐类或酯类的产品，都禁止在挪威制造、进出口以及销售。可见，PFOA问题已经成为全球事件，其安全问题已经引发业者和使用者的日益关注。为了适应全球化发展步伐，保护环境和持续化发展，寻找具有较好经济效益且环境友好的PFOA替代品已经迫在眉睫。

本节将从专利技术的总体情况、主要产品和重点申请人3个方面分析四氟乙烯分散聚合中使用PFOA替代品的专利技术。

4.7.1 PFOA替代品的专利概况

4.7.1.1 专利申请趋势分析

四氟乙烯分散聚合中使用PFOA替代品的全球专利申请共有162项，其中大多数专利申请集中在近10年内。1980年以前，对四氟乙烯分散聚合中使用的乳化剂还处于探索阶段，仅有零星四氟乙烯分散聚合使用PFOA替代品的专利申请。1980~2000年期间，部分业内人士开始质疑PFOA对人体健康会产生副作用，因此一些企业开始研发PFOA的替代品。这使得在该阶段，在四氟乙烯分散聚合中使用PFOA替代品的专利申请数量得到了稳步增长。2000年以后，越来越多的研究表明PFOA会造成环境污染并具有潜在人群健康危害，因此更多的企业进入到研发PFOA替代品领域中。这使得在该阶段，在四氟乙烯分散聚合中使用PFOA替代品的专利申请数量呈现快速增长的态势。图4-42示出了PFOA替代品全球专利申请随时间的变化趋势。

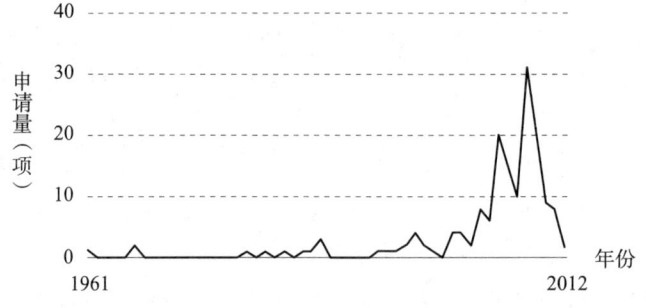

图4-42　PFOA替代品全球专利申请随时间变化趋势

---

❶ 陆雯，张冰冰，朱鹰，顾文怡. PFOA替代品研究及其在氟橡胶中的应用［J］. 有机氟工业，2011（3）：20-23.

4.7.1.2 全球申请人分析

在四氟乙烯分散聚合中的 PFOA 替代品领域，专利申请量全球排名前十位的申请人分别为美国的杜邦和 3M，日本的大金、旭硝子和优迈特，欧洲的苏威和阿克马，中国的东岳、中昊晨光和巨化。上述申请人的申请量占 PFOA 替代品全球专利申请量的 90% 以上，可见，PFOA 替代品技术主要为上述申请人所有。另外，在排名前十位的申请人中，公司申请人有 9 个，科研院所仅有 1 个，可见 PFOA 替代品领域主要是各大公司博弈的战场。图 4-43 示出了 PFOA 替代品全球主要专利申请人。

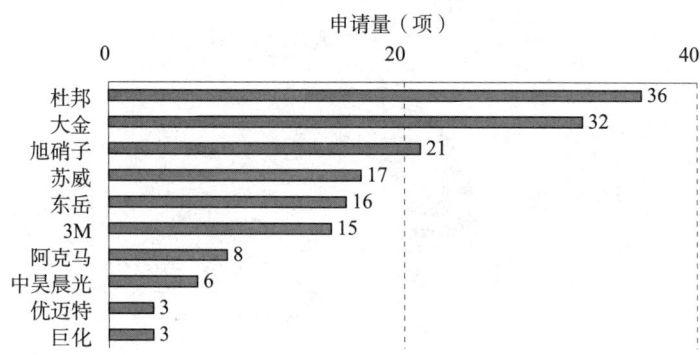

图 4-43　PFOA 替代品全球主要专利申请人

4.7.1.3 中国申请人排名

在中国的专利申请中，全球申请量排名前十位的杜邦、大金、旭硝子、苏威、3M 和阿克马的申请量依然排在前列。其中，杜邦和 3M 这两家企业在全球专利申请中的 70% 以上的申请进入了中国，而大金进入中国的专利申请仅占到其全球专利申请量的 38% 左右。可见杜邦和 3M 这样的美国企业更重视中国市场。专利申请量排名前十位的国内申请人的专利申请量总和与杜邦的专利申请量持平，这说明国内企业在专利申请量上与国外还存在很大差距。图 4-44 示出了 PFOA 替代品中国主要专利申请人。

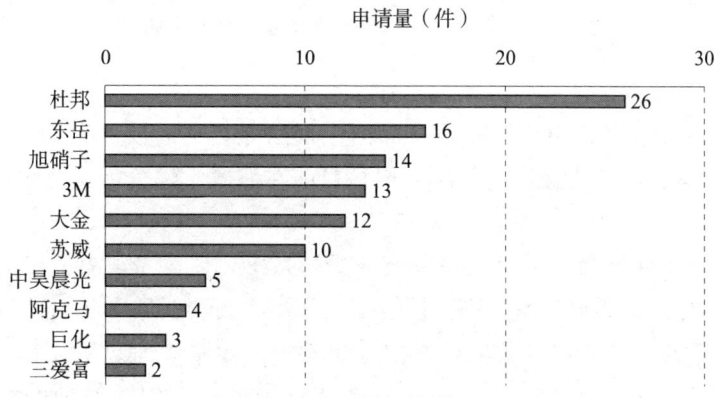

图 4-44　PFOA 替代品中国主要专利申请人

4.7.2 PFOA替代品的主要产品分析

目前，在四氟乙烯分散聚合中使用的 PFOA 替代品按照结构主要分为以下五类：（1）醚类表面活性剂；（2）烷基、氟化烷基或烯基羧酸、磺酸、硫酸及其盐；（3）烷基或氟化烷基膦酸及磷酸酯；（4）全氟乙烯基醚聚合物；（5）其他种类的替代品。图 4-45 示出了各类 PFOA 替代品的全球专利申请量。

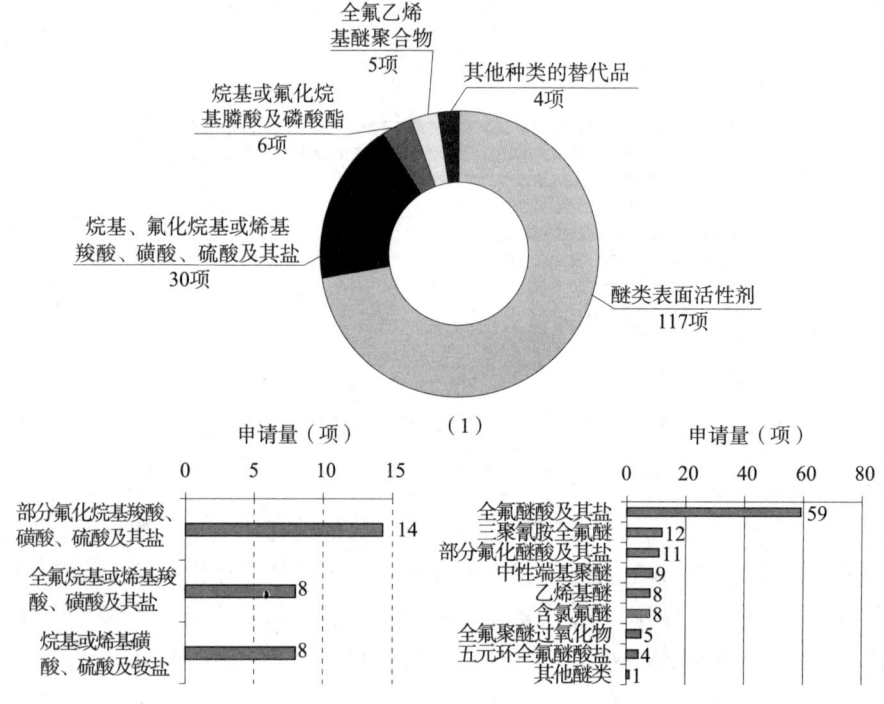

图 4-45 各类 PFOA 替代品的全球专利申请量

4.7.2.1 醚类表面活性剂

在四氟乙烯分散聚合中使用醚类表面活性剂的专利申请数量为 117 项，占据着总申请量的 70% 以上，可见醚类表面活性剂是目前在四氟乙烯分散聚合中广泛使用的一种 PFOA 替代品。

醚类表面活性剂包括：①全氟烷基醚或聚醚羧酸、磺酸及其盐；②含三聚氰胺结构的全氟烷基醚；③部分氟化烷基醚羧酸、磺酸及其盐；④具有中性端基的聚醚；⑤乙烯基烷基醚或聚醚；⑥含氯氟烷基醚或聚醚；⑦全氟聚醚过氧化物；⑧五元环全氟烷基醚羧酸盐；⑨其他醚类。下面对所述 9 种类型的表面活性剂的专利申请进行分析。

（1）全氟烷基醚或聚醚羧酸、磺酸及其盐

全氟烷基醚或聚醚羧酸、磺酸及其盐的专利申请量占全部醚类表面活性剂专利申请量的几乎50%，是最大一类的醚类表面活性剂。

全氟烷基醚羧酸或羧酸盐用于四氟乙烯分散聚合中最早由杜邦于20世纪60年代在其专利申请US3271341A、GB1146404A和US3391099A中提出，而大金和苏威首次涉及在四氟乙烯分散聚合中使用全氟烷基醚羧酸盐的专利申请则分别于1985年和1986年提出（大金：JP6122307A，苏威：US4789717A、US4864006A），比杜邦晚了20年。

随后，大金和苏威针对该项技术开展了相关的研究工作，并提出了一系列的专利申请。如大金于2001年提出的专利申请JP20022317003A和JP2003119204A，2003年提出的专利申请WO2005003075A1、US2005090613A1和WO2005042593A1，2007年提出的专利申请JP2009029850A和WO2009014167A1，2009年提出的专利申请WO2010113950A1，2010年提出的专利申请WO2012043881A1，2011年提出的专利申请JP2012162708A以及苏威于1993年提出的专利申请EP0625526A1、1995年提出的专利申请EP0771823A1、1996年提出的专利申请EP0816397A1、2002年提出的专利申请EP1334996A2、2005年提出的专利申请US2006166077A1、2010年提出的专利申请WO2012084578A1都涉及将全氟烷基醚或聚醚羧酸盐用于四氟乙烯聚合体系的技术。

杜邦虽然在涉及全氟烷基醚羧酸或羧酸盐的专利申请上占有先机，但是在随后的40年间却并没有将研发重点放在该类型的表面活性剂上，而是转向了其他种类的表面活性剂。直到优迈特和3M分别于2005年首次提出其在该领域的专利申请（优迈特：JP2007112916A、JP2009227754A，3M：US2007015865A1、US2007015866A1、WO2009036131A2、WO2007011633A1）后，杜邦才于2006年再次提出了相关专利申请WO2008060461A1、US2011251317A1、WO2008060463A1和US2010152378A1，并随后于2007年和2008年提出了专利申请WO2009062002A1、WO2009137736A1、US2013059101A1、WO2010017450A1、WO2010017458A1和WO2010075497A1。此时，杜邦的研究方向已不再局限于单一的全氟醚类羧酸及其盐，而是将全氟烷基醚羧酸及其盐与全氟聚醚羧酸及其盐进行复配，或者将全氟烷基醚羧酸及其盐、全氟聚醚羧酸及其盐与其他种类的表面活性剂如部分氟化烷基磺酸盐、烃表面活性剂等进行复配用于四氟乙烯的分散聚合中。旭硝子于2004年提出其在该领域的专利申请WO2006011533A1和JP2006037025A，并随后展开相关研究工作并持续至今，提出的相关专利申请有：WO2007046345A1、WO2007046482A1、WO2007046377A1、WO2007049517A1、WO2008026707A1、WO2008032613A1、WO2009128432A1、WO2009142080A1、WO2009119202A1、WO2009157416A1、WO2011055824A1、WO2010082633A1和WO2011093403A1。国内申请人东岳、中化蓝天、巨化和中昊晨光分别于2008年、2009年、2011年和2012年提出了全氟醚类羧酸盐用于四氟乙烯聚合体系的相关申请（分别为东岳：CN101302262A、CN101745338A、CN102161724A，中化蓝天：CN101906182A，巨化：CN102443086A，中昊晨光：CN102875714A）。

可见，通过多年的研发，国外各大公司对于全氟烷基醚或聚醚羧酸、磺酸及其盐的研究已经比较成熟，并申请了大量的专利，而国内企业在该领域尚处于起步阶段。国内企业在进行相关领域研究时，可以借鉴已经公开的专利文献中的技术，避免进行重复研究，造成人力和物力的浪费，同时也应注意避免侵犯现有专利的专利权。

(2) 含三聚氰胺结构的全氟烷基醚

含三聚氰胺结构的全氟烷基醚用于四氟乙烯分散聚合最早由东岳于 2006 年在其专利申请 CN101003596A 和 CN101003588A 中提出。此后，东岳于 2008 年和 2009 年针对该类表面活性剂提出了一系列专利申请，即 CN101759830A、CN101704916A、CN101704917A、CN101704918A、CN101717465A、CN101775097A、CN101775096 A、CN101759832A、CN101704915A、CN1955203A，其中都涉及以含三聚氰胺结构的全氟烷基醚作为四氟乙烯聚合体系的乳化剂。

可以看出，在该领域仅有东岳一家企业独大。

(3) 部分氟化烷基醚羧酸、磺酸及其盐

部分氟化烷基醚羧酸盐或磺酸盐用于四氟乙烯分散聚合最早由 3M 于 2005 年在其专利申请 WO2007062059A1、US2007117914A1、WO2007140112A1 和 US2008015319A1 中提出，其以部分氟化烷基醚羧酸盐作为四氟乙烯聚合体系中的表面活性剂，并通过对大鼠进行药物动力学测定实验测定该表面活性剂的生物累积性。此后，3M 于 2007 年再次提出了专利申请 WO2009049168A1。2008 年，大金首次提出涉及部分氟化烷基醚羧酸盐的专利申请 JP2009167184A、JP2009215297A 和 JP2009215555A。2008 年，杜邦也提出了涉及部分氟化烷基醚磺酸盐和羧酸盐的专利申请 WO2010056699A1 和 WO2010075362A1。2010 年，韩国化学研究院提出了其在该领域的专利申请 WO2012074196A2，其涉及以部分氟化烷基醚磺酸盐或以部分氟化烷基醚磺酸盐和部分氟化烷基醚羧酸盐复配作为四氟乙烯共聚体系中的表面活性剂。

国内企业目前还没有涉及该领域的专利申请。这可能是由于国内企业还没有认识到该种表面活性剂可以作为 PFOA 替代品用于四氟乙烯聚合；也可能是由于几家大公司已经针对该种表面活性剂提出了一系列专利申请，国内企业很难避开其专利壁垒；还有可能是由于在某些关键技术上还存在障碍，国内企业想进入该领域还比较困难。

(4) 具有中性端基的聚醚

具有中性端基的聚醚用于四氟乙烯分散聚合中最早由旭硝子于 1992 年在其专利申请 JP6065336A 中提出，其中以聚醚和十二烷基硫酸钠复配作为四氟乙烯共聚体系的表面活性剂。随后，3M 于 2005 年提出了专利申请 WO2007120348A1，涉及以聚氧乙烯作为四氟乙烯共聚体系的表面活性剂。2005 年，阿克马提出了一系列涉及嵌段聚醚作为含氟聚合物聚合制备过程的表面活性剂的专利申请 WO2006135543A2、WO2008073685A1、WO2008073686A1、US2012142858A1、US20130079461A1。国内企业东岳于 2009 年提出的专利申请 CN101768236A 中使用壬基酚聚氧乙烯醚作为四氟乙烯共聚体系的表面活性剂。2010 年，杜邦提出了专利申请 WO2012064841A1，其是以聚醚三嵌段聚合物即环氧丙烷/环氧乙烷/环氧丙烷三嵌段共聚物作为成核表面活性剂，并与烃增稳表面活性剂复配进行四氟乙烯的聚合。

可以看出，国内外企业在该领域提出的专利申请量都不大，仅有阿克马一家企业在该领域进行了较深入的研究，占据着领先地位。杜邦于近年开始关注该领域并提出了相关的专利申请。可见，该领域还存在很大的发展空间。国内企业可以在该领域加大研发投入，以阿克马的技术为基础，同时参考杜邦等企业的技术进行研究，寻找突破点进行创新，进而在该领域占据一席之地。

(5) 乙烯基烷基醚或聚醚

乙烯基烷基醚用于四氟乙烯分散聚合最早由旭硝子于 20 世纪 70 年代在其专利申请 JPS5529519A 中提出，但这只能视为旭硝子对四氟乙烯聚合体系乳化剂的初期探索。在此之后，旭硝子再未涉足该领域。进入 21 世纪，大金对该领域进行了大量的研究和探索，并提出了 6 项专利申请，分别为：2003 年提出的专利申请 WO2005037880A1，2004 年提出的专利申请 WO2005097846A1 和 WO2005097835 A1，2008 年提出的专利申请 JP2009227902A 和 WO2009145117A1 以及 2009 年提出的专利申请 WO2011024857A1。上述专利申请涉及以全氟乙烯基醚磺酸盐或羧酸盐、部分氟化乙烯基醚羧酸盐、乙烯基聚醚作为四氟乙烯聚合体系的乳化剂。2012 年，三爱富和华东理工大学共同提出了专利申请 CN102633688A，其以全氟烷基乙烯基醚磺酸盐作为含氟聚合物制备过程的乳化剂。

可以看出，虽然大金并不是最早进入该领域的企业，但是随着多年来不断地深入研究，其已经形成了自己的专利保护体系，确立了在该领域的霸主地位。国内企业三爱富于 2012 年与华东理工大学共同提出了该领域的专利申请，这说明国内企业和高校近年来已经认识到该表面活性剂的重要性。但是，由于大金已经在该领域申请了大量专利，因此国内企业在对该领域进行相关研究并申请专利时应注意绕开其专利群，规避侵权风险。

(6) 含氯氟烷基醚或聚醚

含氯氟烷基醚或聚醚用于四氟乙烯分散聚合中最早由杜邦于 1986 年在其专利申请 EP0248446A 中提出。苏威随后开展了相关研究，并于 2000 年、2002 年、2004 年和 2009 年提出了专利申请（分别为：2000 年 US2002013439A1 和 EP1184405A2、2002 年 US2003228463A1、2004 年 EP1621559A2、2009 年 WO2010092021A1 和 WO2010092022A1），其中涉及将具有中性端基的全氟聚醚和具有羧酸盐端基的含氯氟聚醚复配作为四氟乙烯聚合体系的表面活性剂。巨化于 2011 年提出专利申请 CN102504063A，涉及以含氯氟烷基醚磺酸盐或者含氯氟烷基醚羧酸盐作为四氟乙烯聚合体系的表面活性剂。

可以看出，虽然杜邦最早在该领域提出专利申请，但却并没有对该类表面活性剂展开研究。苏威则在 2000～2009 年期间一直致力于对该类表面活性剂进行研发，其核心技术涉及将具有羧酸盐端基的含氯氟聚醚复配体系与具有中性端基的全氟聚醚进行复配，共形成专利申请 6 项。国内企业巨化于 2011 年提出在该领域的专利申请，这说明国内已经有企业开始重视该类表面活性剂。但是，由于国外企业在该领域已经展开了多年的研究工作，并申请了一定数量的专利，因此国内企业在进军该领域时，应做好充分的前期调研工作，避免对已有的成果进行重复研究，造成资源浪费，或者引起侵权纠纷。

(7) 全氟聚醚过氧化物

全氟聚醚过氧化物用于四氟乙烯分散聚合中最早由中昊晨光于 2008 年在其专利申

请WO2010017665A1中提出。此后，中昊晨光于2009年和2011年针对该类表面活性剂提出了一系列专利申请，即CN101648122A、CN102464730A、CN102516438A、CN102532388A，其中都涉及以全氟聚醚过氧化物作为四氟乙烯聚合体系的乳化剂。

可以看出，中昊晨光在该领域处于领先地位。此外，中昊晨光申请的专利中有一项为PCT国际申请，这说明国内申请人已经开始重视海外知识产权竞争力，其自主创新能力及知识产权意识都有了很大的提升。

（8）五元环全氟烷基醚羧酸盐

五元环全氟烷基醚羧酸盐用于四氟乙烯分散聚合中最早由旭硝子于2006年在其专利申请WO2007081008A1中提出，其中涉及以五元环状全氟烷基醚二羧酸盐作为四氟乙烯聚合体系的乳化剂。随后苏威对该项技术开展了相关研究，并于2008年和2009年相继提出了3项专利申请WO2010003929A1、WO2011073254A1和WO2011073344A1，其中涉及五元环状全氟烷基醚羧酸盐或者将五元环状全氟烷基醚羧酸盐与聚醚进行复配。

可以看出，五元环全氟烷基醚羧酸盐是近年才受到关注的表面活性剂，目前只有苏威形成的3项专利申请和旭硝子的1项专利申请。正因为如此，该领域前景广阔。国内企业如果想要涉足该领域，可以先从现有专利文献中吸取其他企业的相关经验，结合企业自身的优势和特点进行研发，同时注意避开已有专利的技术陷阱。

（9）其他醚类

除了上述几种物质，目前还有一种醚类物质可以用于四氟乙烯分散聚合，即3M于2006年提出的专利申请WO2008033721 A1中涉及的碳硅烷表面活性剂，其具体结构式为：

$(CH_3)((CH_3)_3SiCH_2)_2—Si—CH_2CH_2CH_2—O—(CH_2CH_2O)_n—CH_3$（n为2~50）。

目前该领域仅有3M提出过专利申请，国内企业在研发时可以对该类表面活性剂予以适当关注。

4.7.2.2　烷基、氟化烷基或烯基羧酸、磺酸、硫酸及其盐

在四氟乙烯分散聚合中使用烷基、氟化烷基或烯基羧酸、磺酸、硫酸及其盐的专利申请数量为29项，是目前在四氟乙烯分散聚合中使用的第二大类PFOA替代品。

烷基、氟化烷基或烯基羧酸、磺酸、硫酸及其盐包括：①部分氟化烷基羧酸、磺酸、硫酸及其盐；②烷基或烯基磺酸、硫酸及铵盐；③全氟烷基或烯基羧酸、磺酸及其盐。下面对以上三种类型的专利申请进行分析。

（1）部分氟化烷基羧酸、磺酸、硫酸及其盐

部分氟化烷基羧酸、磺酸、硫酸及其盐用于四氟乙烯分散聚合中最早由大金于1982年在其专利申请EP0111339A1中提出。随后杜邦于1984年提出了其在该领域的首项专利申请US4524197A，并在1995~2008年间，提出了8项专利申请，分别为WO9708214A1、WO9811146A1、US5763552A、WO9846657A1、WO0224770A1、WO2010017455A1、WO2010075354A1、WO2009097374A1。大金直到2001年才提出其在该领域的第二项专利申请JP2002308914A，并于2003年再次提出专利申请WO2005007707A1和WO2005033150A1。国内企业巨化与上海宝澎化工于2010年共同提交了专利申请

CN102070740A，涉及以部分氟化烷基磺酸或磺酸盐作为四氟乙烯聚合体系的乳化剂。

可以看出，虽然大金首先提出专利申请，但并未及时进行后续申请，申请总量仅有3项。杜邦提出首次申请的时间虽然晚于大金，但其之后一直坚持对该领域的技术研究，在1995~2008年提出了8项专利申请。国内企业巨化和上海宝澥化工共同提交了1项专利申请，这说明已有部分国内企业认识到该种表面活性剂的重要性。但是该领域中杜邦优势明显，其早已完成专利布局，因此其他公司想要进入该领域已经比较困难。

（2）烷基或烯基磺酸、硫酸及铵盐

烷基或烯基磺酸、硫酸盐用于四氟乙烯分散聚合最早由杜邦于2000年在其专利申请WO0228925A2中提出。随后，杜邦开展了进一步的研究工作，并于2006年和2008年各提出1项专利申请WO2008066839A1和WO2010033269A1。在杜邦提出其在该领域的首项专利申请后，大金和旭硝子也相继开展了对该领域的研究。其中，大金分别于2003年和2009年提出专利申请WO2005063827A1和WO2011024856A1，旭硝子分别于2004年和2011年提出专利申请WO2006013894A1和WO2012111770A1。国内企业三爱富于2010年提出专利申请CN101787091A，其涉及以烷基铵盐作为四氟乙烯聚合体系的乳化剂。

可以看出，该领域中杜邦、大金和旭硝子都集中于以烷基或烯基磺酸、硫酸盐作为四氟乙烯聚合体系的表面活性剂，并申请了一定数量的专利，且上述3家企业在近几年中依然针对该领域提出了专利申请，可见该类表面活性剂应当具有其独特的优势。国内企业在研发时可以尝试以该类表面活性剂进行四氟乙烯的聚合。此外，三爱富另辟蹊径，以烷基铵盐为切入点提出了1项专利申请，说明国内企业已经开发出自己独有的技术。

（3）全氟烷基或烯基羧酸、磺酸及其盐

全氟烷基或烯基羧酸、磺酸及其盐用于四氟乙烯分散聚合最早由阿克马于1980年在其专利申请US4384092A中提出，此后10年间都没有新的专利申请出现，直到1994年大金提出专利申请WO9606887A1。1996年3M提出专利申请WO9820055A1，其涉及以开链的α-支化的氟烷基酰氟组分作为含氟聚合物制备过程中的乳化剂，并通过实验证明α-支化的全氟羧酸盐能被白鼠代谢成一氢化代谢物，不对白鼠产生显著的毒性。2007年大金提出专利申请JP2009013078A、US2009036604A1和WO2009020187A1。同年，之前未涉足该领域的杜邦也提出专利申请WO2009062006A1。2011年，大金提出专利申请WO2013027850A1。

可以看出，该领域在20世纪80年代和90年代曾出现过少量专利申请，但当时只是早期阶段对四氟乙烯聚合体系乳化剂进行的尝试和探索。近年来，该领域重新为大金和杜邦所关注。作为PFOA替代品，全氟烷基或烯基羧酸、磺酸及其盐必须同时满足碳原子数小于8以及具有良好乳化性的苛刻要求，因此该领域的申请量并不大。目前的专利申请中多涉及使用碳原子数为6的全氟烷基羧酸、磺酸及其盐。

4.7.2.3 烷基或氟化烷基膦酸和磷酸酯

烷基或氟化烷基膦酸和磷酸酯用于四氟乙烯分散聚合最早由杜邦于1998年在其专

利申请 WO9955746A1 中提出。10 年后，杜邦再次提出专利申请 WO2009094344A1 和 WO2009094346A1。在此期间，阿克马于 2005 年提出专利申请 US2007032591A1，杜邦的员工 Donald F. Lyons 也于 2006 年提出专利申请 US2008262177A1。2010 年，优迈特提出专利申请 WO2011148795A1。

可见，该领域只有杜邦进行了持续研究，但目前的专利申请量也不大，而阿克马和优迈特由于进入该领域较晚，所以目前都只有 1 项专利申请，国外企业在该领域的优势并不明显。因此国内企业可以从现有涉及膦酸和磷酸酯的专利申请入手进行研究，从技术、成本等多角度探索其可行性，从而决定是否进行深入研究并寻求专利保护。

4.7.2.4 全氟乙烯基醚聚合物

全氟乙烯基醚聚合物用于四氟乙烯分散聚合最早由旭硝子于 1997 年在其专利申请 JP11181009A 中提出。此后，3M 和杜邦都对该领域展开了研究，并分别于 2001 年和 2008 年提出专利申请（分别为：3M 的 WO2004067588A1，杜邦的 WO2010075359A1、WO2010075494A1 和 WO2010075495A1）。

可见，该领域目前申请量最大的为杜邦，3M 和旭硝子都只有 1 项申请。可能是由于成本或者技术上的问题，国内企业目前还没有在该领域申请专利。

4.7.2.5 其他种类的替代品

除了上述几类物质，目前还存在多种其他物质可以用于四氟乙烯分散聚合并替代 PFOA。例如，阿克马于 2003 年提出的专利申请 US2004192836A1 涉及以硅氧烷表面活性剂或者硅氧烷表面活性剂与烃类表面活性剂复配作为含氟聚合物制备过程中的乳化剂；大金于 2007 年提出的专利申请 JP2009029854A 中涉及以含氟（甲基）丙烯酸聚合物作为四氟乙烯共聚体系的乳化剂；3M 于 2005 年和 2009 年提出的专利申请 WO2006135825A1 和 WO2011014715A1 中分别涉及以具有离子端基的偏氟乙烯/六氟丙烯低聚物、烷基葡糖苷作为四氟乙烯聚合体系的乳化剂。

综上所述，目前对 PFOA 替代品的研究主要集中在醚类表面活性剂以及烷基、氟化烷基或烯基羧酸、磺酸、硫酸及其盐上，但是在上述领域杜邦、大金、旭硝子、3M、苏威、阿克马等国外公司都已经进行了多年的研究，并申请了大量专利，国内企业此时想要进入上述领域必然困难重重。因此在进行研发时，必须要结合国内企业自身的技术和特点另辟蹊径才能有所突破。

此外，对于国外大公司最近提出的 PFOA 替代品，虽然申请量不大，但是这些表面活性剂很可能是它们未来的研发方向。国内企业可以以这些表面活性剂为切入点进行探索和研究，力争在国外大公司还没有形成其技术优势之前实现技术突破，从而抢占市场。

4.7.3 重点申请人分析

由前面的分析可以看出，在四氟乙烯分散聚合中的 PFOA 替代品领域，杜邦、大金、旭硝子、苏威、3M 和阿克马是比较重要的申请人。下面将对上述申请人逐一进行分析，找到我国企业的可借鉴之处。

4.7.3.1 杜邦

在四氟乙烯分散聚合中的 PFOA 替代品领域，杜邦共有 36 项专利申请，进入中国有 24 项（对应的专利申请为 26 件）。图 4-46 展示了杜邦在用于四氟乙烯分散聚合的 PFOA 替代品领域中的技术演进情况。

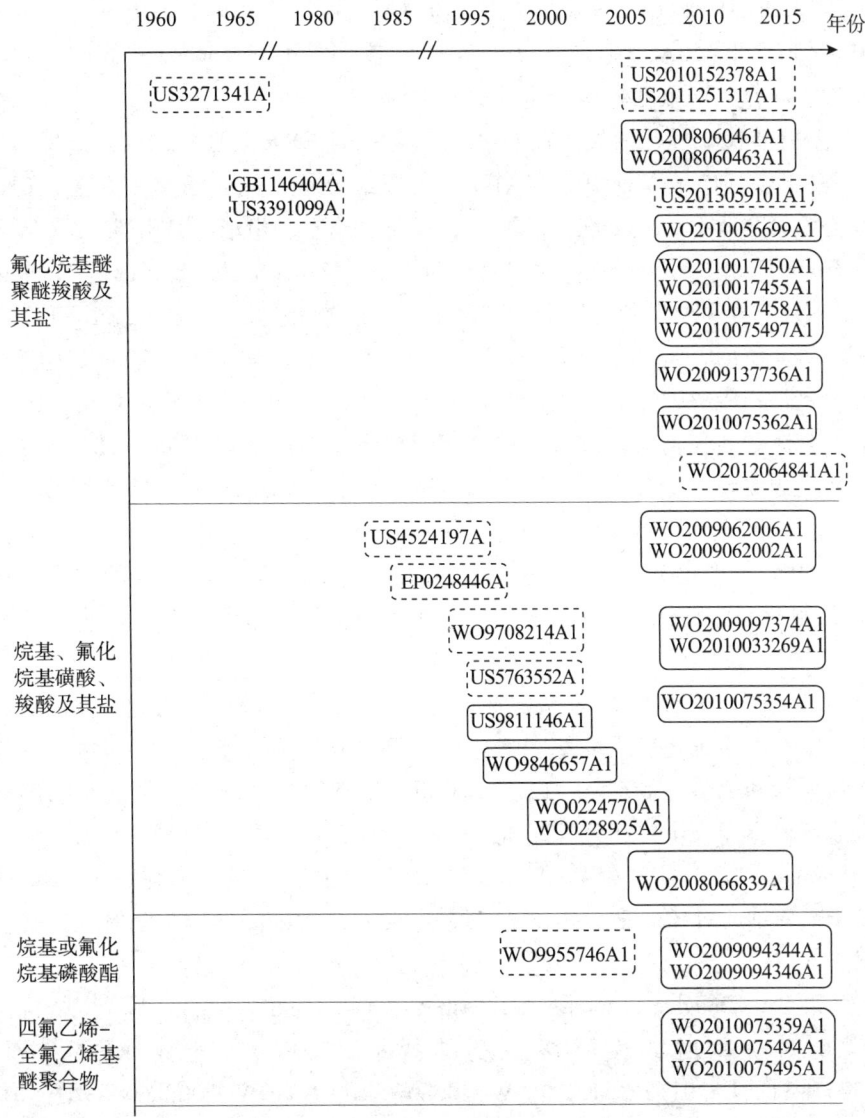

图 4-46 杜邦 PFOA 替代品的技术发展路线图

注：实线框表示专利申请进入中国，虚线框表示专利申请未进入中国。

1961 年，杜邦提交了专利申请 US3271341A，其涉及以全氟烷基醚羧酸或羧酸盐 $F(CF_2)_mO(CF(X)CF_2O)_nCF(X)—COOA$（其中 X 为氟或全氟甲基，m 为 1~5 的整数，n 为 0~10 的整数，A 为含氢的亲水基团和一价盐基团）作为四氟乙烯聚合体系的乳化剂。随后，杜邦于 1966 年提交了专利申请 GB1146404A 和 US3391099A，其内容都涉及以全氟烷基醚羧酸盐 $CF_3CF_2CF_2OCF(CF_3)CF_2OCF(CF_3)COONH_4$ 作为四氟乙烯聚合体系的乳化剂。

进入20世纪80年代，杜邦开始关注氟化烷基硫酸或其盐以及氯氟烷基醚羧酸盐，并于1984年提交了专利申请US4524197A，其涉及以部分氟化烷基硫酸或硫酸盐 $F(CF_2CF_2)_nCH_2CH_2OSO_3M$ 作为含氟聚合物制备过程中的乳化剂。1986年，杜邦提交了专利申请EP0248446A，其涉及以含氯氟烷基醚羧酸盐 $ClCF_2CFClOCF_2CF(CF_3)OCF_2CF_2COONa$ 作为四氟乙烯聚合体系的乳化剂。

20世纪90年代，杜邦加大了在氟化烷基磺酸、羧酸及其盐方向上的研发力度，并于1995年提出专利申请WO9708214A1，涉及以部分氟化烷基磺酸 $C_6F_{13}CH_2CH_2SO_3H$ 作为四氟乙烯聚合体系的乳化剂。1996年，杜邦提出专利申请US5763552A（发明人包括 Ming-Hong Hung）和WO9811146A1（发明人为Paul Douglas Brothers、Richard Alan Morgan），其中分别涉及以部分氟化烷基羧酸盐如 $C_6F_{13}CH_2CF_2COONH_4$、$C_4F_9CH_2CH_2CF_2COONH_4$、$C_4F_9CH_2CH_2CF(CF_3)COONH_4$、或 $C_4F_9CH_2CH_2CH_2CF_2COOK$，以部分氟化烷基磺酸或磺酸盐Zonyl® TBS即 $R_fCH_2CH_2SO_3X$（X为H或NH_4）作为四氟乙烯聚合体系的乳化剂。1997年，杜邦提出专利申请WO9846657A1，其涉及以部分氟化烷基磺酸或磺酸盐Zonyl® FS-62即 $CF_3CF_2CF_2CF_2CF_2CF_2CH_2CH_2SO_3X$（X为H或$NH_4$）作为四氟乙烯聚合体系的乳化剂。此外，杜邦开始涉足磷酸酯表面活性剂领域，并于1998年提出专利申请WO9955746A1，其内容涉及以磷酸酯类表面活性剂Zonyl® UR氟化表面活性剂 $(R_fCH_2CH_2O)_xPO(OH)_{3-x}$ 作为四氟乙烯聚合体系的乳化剂。

以Phan Linh Tang、Donald F. Lyons为主的发明人团队除了对氟化烷基磺酸或磺酸盐持续研究以外，还对烷基或烯基磺酸盐作为PFOA替代品进行了研究。2000年，杜邦提交了两项专利申请WO0224770A1和WO0228925A2，其内容分别涉及以部分氟化烷基磺酸或磺酸盐Zonyl® FS-62即 $CF_3CF_2CF_2CF_2CF_2CF_2CH_2CH_2SO_3X$（X为H或$NH_4$）或Forafac 1033D即 $F(CF_2CF_2)_nCH_2CH_2SO_3M$ 以及以烷基磺酸盐如辛基磺酸钠、十二烷基苯磺酸钠或者烯烃磺酸盐如十二烷基-2-烯烃磺酸钠作为四氟乙烯聚合体系的乳化剂。

此后，以Paul Douglas Brothers、Subhash Vishnu Gangal为主的发明人团队将视线再次转移到全氟烷基醚或聚醚羧酸及其盐上。2006年，杜邦提交专利申请US2010152378A1、US2011251317A1、WO2008060461A1和WO2008060463A1，其内容涉及以全氟聚醚羧酸与部分氟化烷基磺酸盐 $C_4F_9CH_2CH_2SO_3Na$、全氟烷基醚羧酸盐 $C_2F_5OCF(CF_3)COONH_4$、$C_3F_7OCF(CF_3)COONH_4$、$C_3F_7O(CF_2)_2COONH_4$ 或部分氟化烷基磺酰胺 $[C_4F_9SO_2N^-CH_2CH_2OH]NH_4^+$ 复配、以全氟烷基醚羧酸盐 $CF_3CF_2OCF_2CF_2OCF_2COONH_4$ 与全氟聚醚羧酸复配、以全氟烷基醚羧酸 $CF_3CF_2OCF_2CF_2OCF_2COONH_4$ 与全氟聚醚羧酸复配以及以全氟聚醚羧酸与烃表面活性剂复配作为四氟乙烯聚合体系的乳化剂。

2006~2007年期间，以Ming-Hong Hung、Phan Linh Tang为主的发明人团队继续

在烷基或氟化烷基磺酸盐领域进行研究。2006 年，杜邦提交了专利申请 WO2008066839A1，涉及以烷基磺酸盐如辛基磺酸钠作为四氟乙烯聚合体系的乳化剂。2007 年，杜邦提交专利申请 WO2009062006A1 和 WO2009062002A1，其内容分别涉及以全氟己基亚磺酸盐 $C_6F_{13}SO_2Na$、以全氟己基亚磺酸盐 $C_6F_{13}SO_2Na$ 和全氟聚醚羧酸 Krytox® 157FSL 即 $C_3F_7O(CF(CF_3)CF_2O)_nCF(CF_3)COOH$ 复配作为四氟乙烯聚合体系的乳化剂。

2008 年，以 Ming-Hong Hung、Phan Linh Tang 为主的发明人团队对磷酸酯类表面活性剂进行了研究，并提出 2 项相关专利申请 WO2009094344A1 和 WO2009094346A1，其内容分别涉及以部分氟化烷基磷酸酯 $H(CF_2)_6CH_2OPO(OH)_2$，以部分氟化烷基醚磷酸酯 $CF_3CF_2CF_2OCF(CF_3)CH_2OPO(OH)_2$，或者以全氟聚醚羧酸 Krytox® 157FSL 即 $C_3F_7O(CF(CF_3)CF_2O)_nCF(CF_3)COOH$ 与部分氟化烷基磷酸酯 $F(CF_2)_5CH_2OPO(OH)_2$、$H(CF_2)_6CH_2OPO(OH)_2$ 复配作为四氟乙烯聚合体系的乳化剂；以部分中和的部分氟化烷基磷酸酯 $H(CF_2)_6CH_2OPO(OH)_2$、$F(CF_2)_5CH_2OPO(OH)_2$ 或 $F(CF_2)_3OCF(CF3)CH_2OPO(OH)_2$，或者全氟聚醚羧酸 Krytox® 157FSL 即 $C_3F_7O(CF(CF_3)CF_2O)_nCF(CF_3)COOH$ 与部分中和的部分氟化烷基磷酸酯 $H(CF_2)_6CH_2OPO(OH)_2$、$F(CF_2)_5CH_2OPO(OH)_2$ 复配作为四氟乙烯聚合体系的乳化剂。另外，他们还研究了部分氟化烷基醚磺酸盐 $C_3F_7OCF_2CF_2CH_2CH_2SO_3Na$、$C_2F_5OCF_2CF_2CH_2CH_2SO_3Na$ 或者 $C_3F_7OCHFCF_2SO_3K$，以其作为四氟乙烯共聚体系的乳化剂，提交的专利申请为 WO2010056699A1。

以 Donald F. Lyons 为主的发明人团队一直延续着对氟化烷基磺酸或磺酸盐的研究，2008 年提出专利申请 WO2009097374A1 和 WO2010033269A1，其内容分别涉及以部分氟化烷基磺酸 $C_6F_{13}CH_2CH_2SO_3H$、以烷基磺酸盐如辛基磺酸钠或者部分氟化烷基磺酸 $C_6F_{13}CH_2CH_2SO_3H$ 作为四氟乙烯聚合体系的乳化剂。

2008 年，以 Kenneth Wayne Leffew 为主的发明人团队研究发现以四氟乙烯-全氟乙烯基醚离聚物与全氟烷基醚羧酸盐、部分氟化烷基羧酸盐、烷基磺酸盐或部分氟化烷基磷酸酯 $C_3F_7OCF(CF_3)CH_2OPO(OH)ONH_4$ 复配可以作为四氟乙烯聚合体系的乳化剂，其代表性专利申请为 WO2010075359A1、WO2010075494A1 和 WO2010075495A1。

以 Ralph Munson Aten、Sharon Ann Libert 为主的发明人团队重点研究了全氟烷基醚羧酸盐（全氟-2-丙氧基丙酸铵）、部分氟化烷基磺酸盐（$C_6F_{13}CH_2CH_2SO_3NH_4$）及上述两种表面活性剂与全氟聚醚羧酸 Krytox® 157FSL 即 $C_3F_7O(CF(CF_3)CF_2O)_nCF(CF_3)COOH$ 的复配体系，并于 2008 年提出相关专利申请 US2013059101A1、WO2010017450A1、WO2010017455A1、WO2010017458A1、WO2010075497A1。

此外，杜邦还于 2008 年提交了专利申请 WO2010075354A1 和 WO2010075362A1，其内容涉及以部分氟化烷基羧酸盐 $CF_3CF_2CH_2CH_2CF_2CF_2CH_2CH_2CF_2COONH_4$、$CF_3CF_2CH_2CH_2CF_2CF_2CH_2CH_2CF_2CF_2COONH_4$ 或者部分氟化烷基醚羧酸盐 $CF_3CF_2CH_2OCF(CF_3)COONH_4$、$CF_3CF_2CF_2CH_2OCF(CF_3)COONH_4$、$CF_3CF_2CF_2CF_2CH_2OCF(CF_3)COONH_4$、$CF_3CF_2CF_2CF_2CF_2CH_2OCF(CF_3)COONH_4$ 作为四氟乙烯聚合体系的乳

化剂。

以 Paul Douglas Brothers、Subhash Vishnu Gangal 为主的发明人团队继续对全氟烷基醚或聚醚羧酸及其盐体系的研究，并于 2008 年提出专利申请 WO2009137736A1，涉及以全氟烷基醚羧酸 $CF_3CF_2CF_2OCF(CF_3)COOH$ 与全氟聚醚羧酸 $CF_3CF_2CF_2O—(CF(CF_3)CF_2O)_nCF(CF_3)COOH$ 复配作为四氟乙烯聚合体系的乳化剂。此外，该团队近期还研究了成核表面活性剂与增稳表面活性剂复配体系，并于 2010 年提出专利申请 WO2012064841A1，其内容涉及以聚醚三嵌段聚合物即环氧丙烷/环氧乙烷/环氧丙烷三嵌段共聚物、烷基醚磺酸盐、辛基苯酚乙氧基化物、十六烷基三甲基溴化铵、聚环氧乙烷改性的聚二甲基硅氧烷和/或环氧乙烷/环氧丙烷共聚物作为成核表面活性剂，以钝化的十二烷基硫酸钠、辛基磺酸钠、烷基醚磺酸盐或磺基琥珀酸酯作为烃增稳表面活性剂得到的复配体系作为四氟乙烯聚合体系的乳化剂。

可以看出，杜邦在四氟乙烯分散聚合中的 PFOA 替代品领域共涉及四条路线。其中，氟化烷基醚或聚醚羧酸及其盐以及烷基、氟化烷基磺酸、羧酸及其盐两条路线是杜邦从 20 世纪开始一直研究至今的路线，发展较成熟；而烷基或氟化烷基磷酸酯路线虽然也于 20 世纪首次提出专利申请，但是杜邦在该路线并未投入太多的精力，专利申请数量并不多；四氟乙烯-全氟乙烯基醚离聚物是杜邦近期才开始关注的路线，该路线上形成的专利申请还未形成完整的保护体系。此外，杜邦于 20 世纪提交的早期专利申请大都没有进入中国，而进入 21 世纪后提交的专利申请绝大多数都进入了中国，这反映了杜邦对中国市场重视程度的转变。

4.7.3.2 大金

在四氟乙烯分散聚合中的 PFOA 替代品领域，大金共有 32 项专利申请，其中进入中国有 12 项。图 4-47 展示了大金在用于四氟乙烯分散聚合的 PFOA 替代品领域中的技术演进情况。

1982 年，大金提交了专利申请 EP0111339A1，涉及以部分氟化烷基羧酸盐 ω-氢全氟庚酸铵作为四氟乙烯聚合体系中的乳化剂。随后，以守田滋为主的发明人团队对醚类表面活性剂进行了研究，并于 1985 年提交专利申请 JP61223007A，其涉及以全氟聚醚羧酸盐 $C_3F_7O[CF(CF_3)CF_2O]_nCF(CF_3)COONH_4$（n 为 1~3）作为四氟乙烯聚合体系中的乳化剂。

进入 20 世纪 90 年代，以井本克彦、津田畅彦为主的发明人团队对氟化烯基羧酸作为乳化剂进行了研究，并于 1994 年提出专利申请 WO9606887A1，其内容涉及以反应性乳化剂全氟乙烯基羧酸 $CF_2=CFCF_2COOH$ 作为四氟乙烯聚合体系中的乳化剂。

进入 21 世纪，以清水哲男、浅野道男为主的发明人团队对氟化烷基羧酸盐、氟化烷基醚羧酸盐进行了研究，并于 2001 年提交专利申请 JP2002308914A 和 JP2002317003A，其分别涉及以部分氟化烷基羧酸盐 $CF_3CF_2CF_2C(CF_3)_2CH_2CH_2COONH_4$ 和以全氟烷基醚羧酸盐 $F(CF_2)_5—O—CF(CF_3)COONH_4$ 作为四氟乙烯聚合体系中的乳化剂。2001 年，大金还提交专利申请 JP2003119204A，其内容涉及以全氟烷基醚羧酸盐 $CF_3CF_2CF_2OCF(CF_3)CF_2OCF(CF_3)COONH_4$、部分氟化烷基醚羧酸盐 H（$CF_2CF_2$）$_2CH_2OCF$（$CF_3$）$COONH_4$、全氟烷基二羧酸盐 H_4NHOCO（CF_2CF_2）$_2COONH_4$ 或者部分氟化烷基二羧酸酯磺酸盐 H（CF_2CF_2）$_2CH_2OOCCH$（SO_3Na）CH_2COOCH_2（CF_2CF_2）$_2H$ 作为四氟乙烯聚合体系的乳化剂。

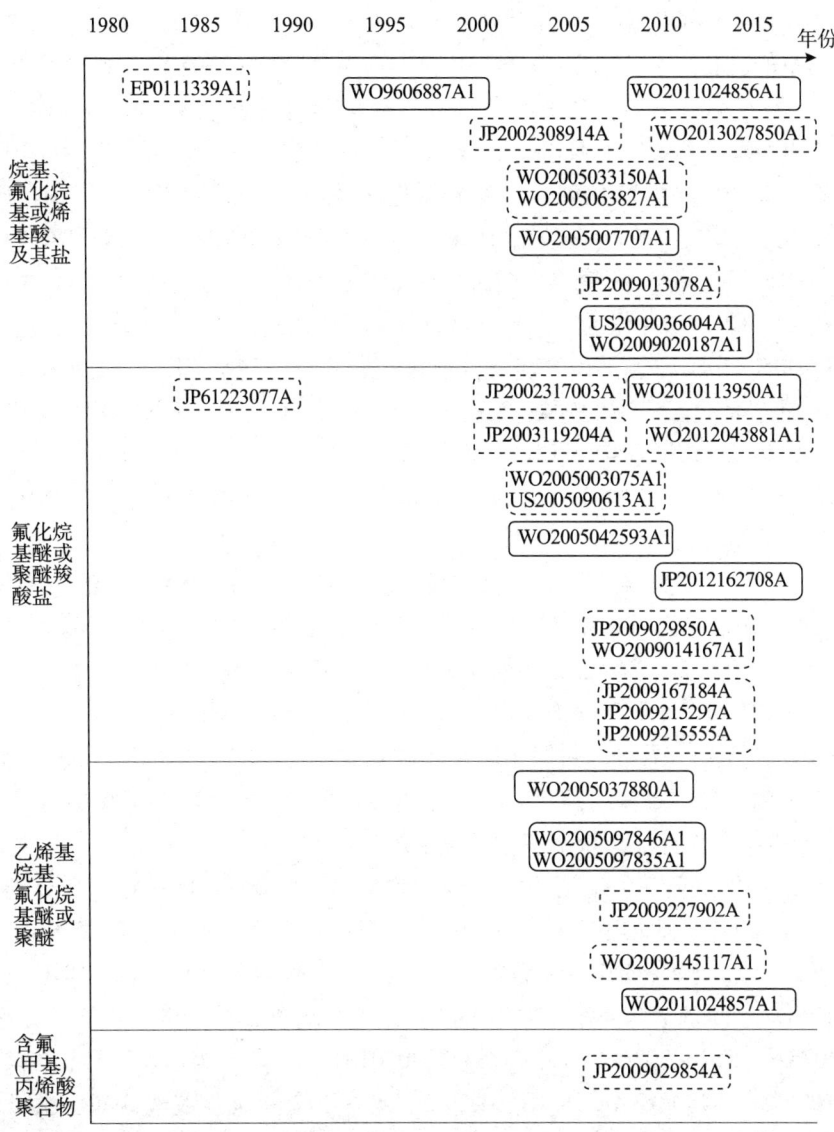

图 4-47 大金 PFOA 替代品的技术路线图

注：实线框表示专利申请进入中国，虚线框表示专利申请未进入中国。

以津田畅彦、守田滋、泽田又彦、清水哲男为主的发明人团队，对氟化烷基醚或聚醚羧酸及其盐，烷基或氟化烷基磺酸、羧酸及其盐以及乙烯基醚展开研究，在 2003~2008 年提交了一系列专利申请。

2003 年，大金提交专利申请 WO2005003075A1、US2005090613A1 和 WO2005042593A1，

其内容分别涉及以全氟烷基醚羧酸盐 $CF_3CF_2CF_2OCF_2CF_2COONH_4$ 和部分氟化烷基醚羧酸盐 $CF_3CF_2CF_2OCH_2CF_2COONa$、$CF_3CF_2CF_2OCH_2CF_2COONH_4$ 或者 $CF_3CF_2CF_2OCHFCF_2COONH_4$ 作为含氟聚合物制备过程中的乳化剂；以全氟烷基醚羧酸盐 $F(CF_2)_5—O—CF(CF_3)COONH_4$ 作为四氟乙烯聚合体系的乳化剂；以全氟庚酸盐、ω-氢全氟庚酸盐或全氟烷基醚羧酸盐 $C_3F_7OCF(CF_3)COONH_4$、$CF_3O(CF(CF_3)CF_2O)CF(CF_3)COONH_4$ 作为四氟乙烯聚合体系的乳化剂。大金还提交了专利申请 WO2005007707A1、WO2005033150A1 和 WO2005063827A1，其内容分别涉及以具有羧酸酯键的部分氟化烷基或烯基羧酸盐 $(CF_3)_2C(OCOCF_2CF_2CF_2CF_2H)COONH_4$、$HCF_2CF_2CF_2CH_2OOCCH=CHCOONH_4$ 作为四氟乙烯聚合体系的乳化剂；以部分氟化烷基磺酸盐 $F(CF_2CF_2)_3CH_2CH_2SO_3Na$ 或者部分氟化烷基二羧酸酯磺酸盐 $H(CF_2CF_2)_2CH_2OOCCH(SO_3Na)CH_2COOCH_2(CF_2CF_2)_2H$ 作为四氟乙烯聚合体系的乳化剂；以烷基磺酸盐 $((CH_3(CH_2)_m)(CH_3(CH_2)_n)CHSO_3Na$ 作为含氟聚合物制备过程中的乳化剂。此外，大金提交了专利申请 WO2005037880A1，其内容涉及以全氟乙烯基醚磺酸盐 $CF_2=CFOCF_2CF(CF_3)OCF_2CF_2SO_3Na$，全氟乙烯基醚羧酸盐 $CF_2=CFOCF_2CF_2CF_2COONa$、$CH_2=CFCF_2OCF(CF_3)CF2OCF(CF_3)COONH_4$、$CH_2=CFCF_2O(CF(CF_3)CF_2O)_2CF(CF_3)COONH_4$、$CH_2=CFCF_2OCF(CF_3)COONH_4$，全氟乙烯基羧酸盐 $CF_2=CFCF_2COONH_4$ 作为四氟乙烯聚合体系的乳化剂。

2004 年，大金提交 2 项关于氟化烷基乙烯基醚作为乳化剂的专利申请 WO2005097846A1 和 WO2005097835A1，其内容涉及以部分氟化乙烯基醚羧酸盐乳化剂全氟（9,9-二氢-2,5-二（三氟甲基）-3,6-二氧杂）-8-壬烯酸的铵盐 $CH_2=CFCF_2OCF(CF_3)CF_2OCF(CF_3)COONH_4$、全氟（6,6-二氢-2-三氟甲基-3-氧杂）-5-己烯酸的铵盐 $CH_2=CFCF_2OCF(CF_3)COONH_4$ 或者全氟（5-三氟甲基-4,7-二氧杂）-8-壬烯酸的铵盐 $CF_2=CFOCF_2CF(CF_3)OCF_2CF_2COONH_4$ 作为含氟聚合物制备过程中的乳化剂。

2007 年，大金提交专利申请 JP2009029850A 和 WO2009014167A1，其分别涉及以苯氧基取代全氟烷基醚羧酸 $Ph-O-CF_2OCF(CF_3)COOH$，全氟烷基醚羧酸盐 $CF_3CF_2CF_2OCF_2CF_2CF_2COONH_4$ 或者部分氟化烷基醚羧酸盐 $CF_3CF_2CHFOCF_2CHFCF_2COONH_4$ 作为四氟乙烯聚合体系的乳化剂。此外，大金还提交了专利申请 JP2009013078A、US2009036604A1 和 WO2009020187A1，其内容涉及以具有羧酸酯键的全氟烷基羧酸盐 $(CF_3)_3COOCCF_2CF_2COONH_4$ 或者以全氟烷基羧酸盐如全氟己酸盐作为四氟乙烯聚合体系的乳化剂。同时，以津田畅彦为主的发明人团队还研究了以含氟（甲基）丙烯酸聚合物作为四氟乙烯聚合体系的乳化剂，并提交专利申请 JP2009029854A。

此后，以津田畅彦为主的发明人团队将研发重点集中于氟化烷基醚羧酸盐以及乙烯基醚领域。2008 年，大金提交了专利申请 JP2009167184A、JP2009215297A 和 JP2009215555A，其内容分别涉及以部分氟化烷基醚羧酸盐 $CF_3OCHFCF_2OCH_2CF_2COONH_4$、以部分氟化烷基醚羧酸盐 $CF_3CF_2OCH_2CF_2CF_2OCF_2COONH_4$、$CF_3OCF(CF_3)$

$CF_2OCH_2CF_2COONH_4$ 作为四氟乙烯聚合体系的乳化剂。另外，大金还提交了专利申请 JP2009227902A，其内容涉及以部分氟化乙烯基醚羧酸盐 $CH_2=CFCF_2OCF(CF_3)CF_2OCF(CF_3)COONH_4$ 与全氟烷基醚羧酸盐 $C_5F_{11}COONH_4$ 或者 $C_3F_7OCF(CF_3)CF_2OCF(CF_3)COONH_4$ 复配作为四氟乙烯聚合体系的乳化剂。

以井本克彦为主的发明人团队近年来将研发重点从氟化烯基羧酸转移至乙烯基聚醚以及烯基磺酸盐领域，并于 2008～2009 年提出专利申请 WO2009145117A1、WO2011024856A1 和 WO2011024857A1，其以乙烯基化合物 $CH_2=CHCH_2-O-R$（R 为含有酯基、聚醚基团的烃基）如 $CH_2=CHCH_2-O-(C=O)CH_2CH(SO_3Na)COO-(CH_2)_nCH_3$、$CH_2=CHCH_2-O-(BO)_6-(EO)_{15}-SO_3NH_4$、$CH_2=CHCH_2-O-(BO)_6-(EO)_{20}-H$、$CH_2=CHCH_2-O-CH_2CH[O-(EO)_{10}-(SO_3NH_4)](CH_2)_{10}CH_3$、$CH_2=CHCH_2-O-(C=O)CH_2CH(SO_3Na)COO-(CH_2)_nCH_3$、$CH_2=CHCH_2-O-(C=O)CHXCH_2COO-(CH_2)_nCH_3$（X 为磺酸盐离子）、$CH_2=C(CH_3)-CH_2CH_2-O-(BO)_6-(EO)_{10}-SO_3NH_4$、$CH_2=C(CH_3)-CH_2CH_2-O-(BO)_6-(EO)_{20}-H$ 作为四氟乙烯聚合体系的乳化剂。

以泽田又彦为主的发明人团队对氟化烷基醚羧酸盐展开研究，于 2009～2011 年提出专利申请 WO2010113950A1、WO2012043881A1 和 JP2012162708A，其内容涉及以全氟烷基醚羧酸盐 $CF_3-O-CF(CF_3)CF_2O-CF(CF_3)COONH_4$、$CF_3OCF_2CF_2OCF_2COONH_4$、$CF_3CF_2OCF_2CF_2OCF_2COONH_4$、部分烷基醚羧酸盐 $CF_3-O-CF(CF_3)CF_2O-CHFCF_2COONH_4$ 作为四氟乙烯聚合体系的乳化剂。

近年来，以津田畅彦为主的发明人团队对全氟烷基羧酸盐及其复配体系展开研究，并提出专利申请 WO2013027850A1，其中以全氟己酸盐、全氟己酸盐与非离子表面活性剂或者全氟己酸盐与部分氟化乙烯基乳化剂 $CH_2=CFCF_2OCF(CF_3)CF_2OCF(CF_3)COONH_4$ 复配作为四氟乙烯聚合体系的乳化剂。

可以看出，大金在四氟乙烯分散聚合中的 PFOA 替代品领域共涉及 4 条路线，其中烷基、氟化烷基或烯基羧酸、磺酸及其盐以及氟化烷基醚或聚醚羧酸盐两条路线是大金从 20 世纪 80 年代开始一直研究至今的路线，发展较成熟。乙烯基烷基、氟化烷基醚或聚醚路线虽然是在 21 世纪初才提出专利申请，起步较晚，但是大金在该路线上投入了大量人力和物力，因而该路线上已经形成了一定的专利保护体系。含氟（甲基）丙烯酸聚合物路线上则只有 1 项专利申请，未形成完整的保护体系。此外，虽然烷基、氟化烷基或烯基羧酸、磺酸及其盐以及氟化烷基醚或聚醚羧酸盐两条路线发展成熟，但是其中半数以上的专利申请并没有进入中国，含氟（甲基）丙烯酸聚合物路线上仅有的 1 项专利申请也没有进入中国，而乙烯基烷基、氟化烷基醚或聚醚路线上的大部分专利申请都进入了中国，足见大金对该路线的重视程度。

4.7.3.3 旭硝子

在四氟乙烯分散聚合中的 PFOA 替代品领域，旭硝子共有 21 项专利申请，其中进入中国有 14 项。图 4-48 展示了旭硝子在用于四氟乙烯分散聚合的 PFOA 替代品领域中的技术演进情况。

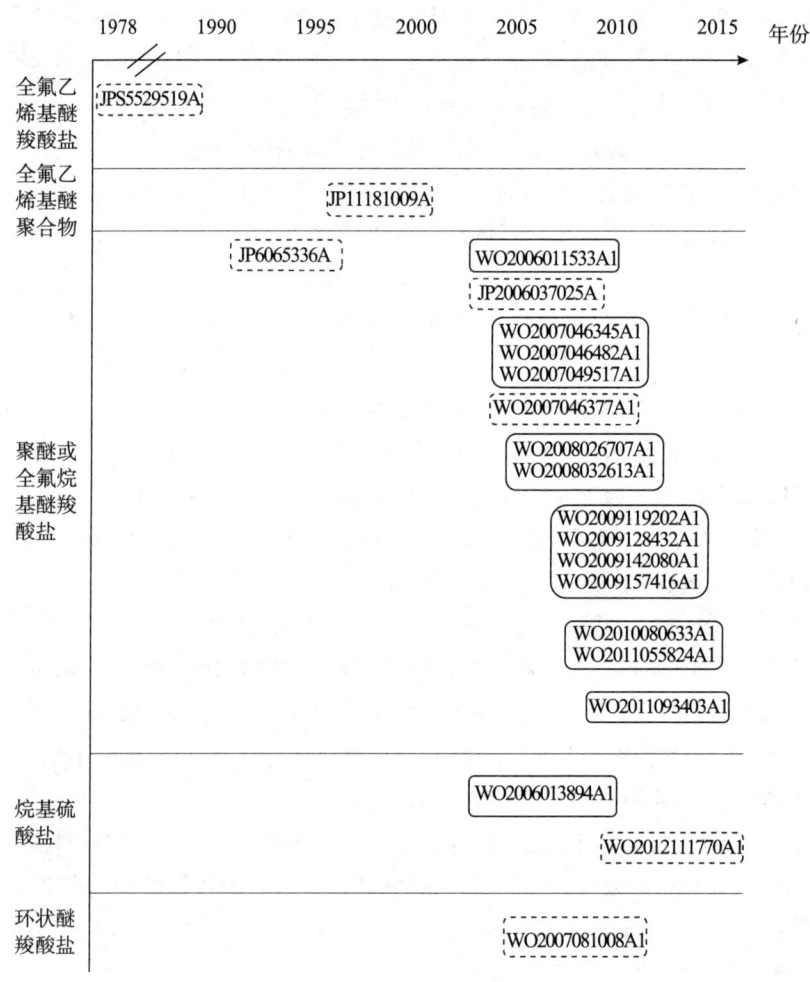

图 4-48　旭硝子 PFOA 替代品的技术路线图

注：实线框表示专利申请进入中国，虚线框表示专利申请未进入中国。

1978 年，旭硝子提交了专利申请 JPS5529519A，其涉及以全氟乙烯基醚羧酸盐 CF_2=$CFO(CF_2)_3COONa$ 作为四氟乙烯聚合体系的乳化剂。随后，旭硝子又于 1992 年提交了专利申请 JP6065336A，其内容涉及以聚醚和十二烷基硫酸钠复配作为四氟乙烯聚合体系的乳化剂。

以神谷浩树为主的发明人团队对全氟乙烯基醚聚合物进行了研究，并于 1997 年提交专利申请 JP11181009A，其涉及以聚全氟乙烯基醚或四氟乙烯-全氟乙烯基醚共聚物作为四氟乙烯聚合体系的乳化剂。此后，该发明人团队将研发的重点转移至全氟烷基醚羧酸盐和烷基硫酸盐上，并于 2004 年提出专利申请 WO2006011533A1、JP2006037025A，涉及以全氟烷基醚羧酸盐 $C_4F_9OCF_2CF_2OCF_2COONH_4$ 或者 $n-C_6F_{13}OCF_2CF_2OCF_2COONH_4$ 作为四氟乙烯共聚体系的乳化剂。2004 年提出的专利申请 WO2006013894A1 则涉及以烷基硫酸盐如月桂基硫酸钠作为四氟乙烯聚合体系的乳化剂。

158

2005年，以神谷浩树为主的发明人团队提交了专利申请WO2007046345A1、WO2007046482A1、WO2007046377A1和WO2007049517A1，其内容涉及以全氟烷基醚羧酸盐$CF_3CF_2OCF_2CF_2OCF_2COONH_4$作为四氟乙烯聚合体系的乳化剂，其中所述全氟烷基醚羧酸盐$CF_3CF_2OCF_2CF_2OCF_2COONH_4$的分配系数LogPOW值小于全氟辛酸铵，生物积蓄性较低。

2006年，旭硝子提交了专利申请WO2007081008A1，其涉及以五元环状全氟烷基醚二羧酸盐作为四氟乙烯聚合体系的乳化剂，发明人为秋山佑里子和冈添隆。此后，旭硝子继续在全氟烷基醚羧酸盐和烷基硫酸盐方面进行研究，于2006~2011年期间提交了一系列的专利申请。其中，WO2008026707A1、WO2008032613A1、WO2009119202A1、WO2009128432A1、WO2009142080A1、WO2009157416A1、WO2010082633A1、WO2011055824A1都涉及以全氟烷基醚羧酸盐$C_2F_5OC_2F_4OCF_2COONH_4$作为四氟乙烯聚合体系的乳化剂。另外，专利申请WO2011093403A1和WO2012111770A1分别涉及以全氟烷基醚羧酸盐$C_2F_5OC_2F_4OCF_2COONH_4$、以烷基硫酸盐月桂基硫酸钠作为四氟乙烯聚合体系的乳化剂，发明人团队主要有以高木洋一和关隆司为主的发明人团队、以松冈康彦为主的发明人团队和以巨势丈裕为主的发明人团队等。

可以看出，旭硝子在四氟乙烯分散聚合中的PFOA替代品领域共涉及5条路线。其中，聚醚或全氟烷基醚羧酸盐路线是旭硝子自20世纪90年代起研发至今的路线，发展较成熟，而且该路线上绝大多数的专利申请都进入了中国。另外4条路线上的专利申请量都较少，且有3条路线上的专利申请并没有进入中国，因此在中国尚未形成保护体系。

4.7.3.4 苏威

在四氟乙烯分散聚合中的PFOA替代品领域，苏威共有17项专利申请，其中进入中国有10项。图4-49展示了苏威在用于四氟乙烯分散聚合的PFOA替代品领域中的技术演进情况。

1986年，奥西蒙特公司（后并入苏威）提交了专利申请US4864006A和US4789717A，分别涉及以具有中性端基的全氟聚醚和具有羧酸盐端基的全氟聚醚复配、以全氟聚醚羧酸盐作为四氟乙烯聚合体系的乳化剂。

此后，奥西蒙特公司继续对全氟聚醚羧酸盐复配体系的研究，并于1993年和1995年提交了专利申请EP0625526A1和EP0771823A1，公开了以具有氢化端基的全氟聚醚和具有羧酸盐端基的全氟聚醚复配作为四氟乙烯共聚体系的乳化剂。1996年，奥西蒙特公司与苏威提交合作申请EP0816397A1，其涉及以具有中性端基的全氟聚醚和具有羧酸盐端基的全氟聚醚复配作为含氟聚合物制备过程中的乳化剂。

此后，奥西蒙特公司和苏威将研发重点转移至具有羧酸盐端基的含氯氟聚醚复配体系，于2000年和2002年提出专利申请US2002013439A1、EP1184405A2和US2003228463A1，其内容都涉及以具有中性端基的全氟聚醚和具有羧酸盐端基的含氯氟聚醚复配作为四氟乙烯聚合体系的乳化剂。

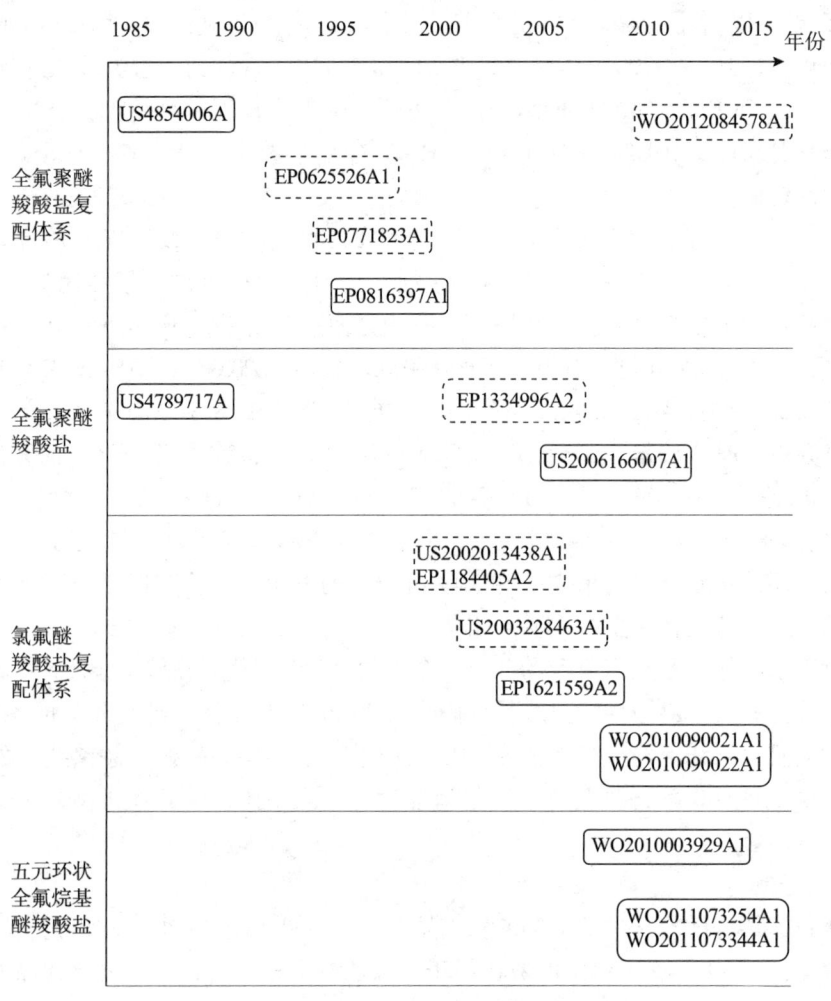

图 4-49 苏威 PFOA 替代品的技术路线图

注：实线框表示专利申请进入中国，虚线框表示专利申请未进入中国。

此外，奥西蒙特公司和苏威还于 2002 年共同提交专利申请 EP1334996A2，其内容涉及以全氟聚醚二羧酸盐作为四氟乙烯聚合体系的乳化剂。

2002 年，苏威成功收购奥西蒙特公司，将其原有的氟化学品业务和奥西蒙特的氟化学品业务整合形成新的氟化品公司苏威-苏莱克斯公司，成为仅次于杜邦的世界第二大氟化学公司。之后，苏威继续此前对具有羧酸盐端基的聚醚或含氯氟聚醚复配体系以及全氟聚醚二羧酸盐的研发工作，于 2004 年提出专利申请 EP1621559A2，2009 年提出专利申请 WO2010092021A1 和 WO2010092022A1，其内容涉及以具有中性端基的全氟聚醚和具有羧酸盐端基的含氯氟聚醚复配作为四氟乙烯聚合体系的乳化剂。2005 年和 2010 年，苏威提出专利申请 US2006166007A1、WO2012084578A1，其内容分别涉及以全氟聚醚二羧酸盐、以具有中性端基的全氟聚醚和具有羧酸盐端基的全氟聚醚复配作为含氟聚合物制备过程中的乳化剂。

另外，苏威还对五元环状全氟烷基醚羧酸盐体系进行了研究，于 2008～2009 年提出了专利申请 WO2010003929A1、WO2011073254A1 和 WO2011073344A1，其涉及以五元环状全氟烷基醚羧酸盐、以五元环状全氟烷基醚羧酸盐与全氟聚醚二羧酸及其盐或者具有羧酸端基的含氯氟聚醚复配作为四氟乙烯聚合体系的乳化剂，并通过对大鼠进行药物动力学研究测定实验测定该五元环状全氟烷基醚羧酸盐具有更高的挥发性，使得其在最终产物中的残余量显著减少，并显著地改进了生物持久性。

可以看出，苏威在四氟乙烯分散聚合中的 PFOA 替代品领域共涉及 4 条路线。其中，全氟聚醚羧酸盐复配体系和全氟聚醚羧酸盐是苏威持续研究的路线，氯氟醚羧酸盐复配体系则是苏威近年来关注的热点，申请量已经超过了全氟聚醚羧酸盐复配体系。另外，苏威还对五元环状全氟烷基醚羧酸盐路线进行了探索，由于起步较晚，目前申请量还不大。此外，苏威的全球申请中半数以上的专利申请都进入了中国，其中还有一些早期专利，可见其很注重在中国的专利布局。

4.7.3.5 3M

在四氟乙烯分散聚合中的 PFOA 替代品领域，3M 共有 15 项专利申请，其中进入中国有 12 项（对应的专利申请为 13 件）。图 4-50 展示了 3M 在用于四氟乙烯分散聚合的 PFOA 替代品领域中的技术演进情况。

1996 年，3M 提交专利申请 WO9820055A1，其涉及以开链的 α-支化的氟烷基酰氟组分作为含氟聚合物制备过程中的乳化剂，并通过实验证明 α-支化的 C_9～C_{13} 开链铵盐化合物在 1 年后许多结构降解约 20%～30%，而基本直链的 $C_7F_{15}COONH_4$ 的水溶液没有分解的迹象，同时 α-支化的全氟羧酸盐能被白鼠代谢成一氢化代谢物，并通过白鼠体内消除，从而不对白鼠产生显著的毒性。此后，3M 对全氟乙烯基醚聚合物进行了研究，并提交专利申请 WO2004067588A1，其涉及以四氟乙烯-全氟乙烯基醚聚合物 Nafion SE10172 作为含氟聚合物制备过程中的乳化剂。

以 Klaus Hintzer 为主的发明人团队对氟化烷基醚羧酸盐、聚醚以及碳硅烷聚醚进行了深入研究，并于 2005～2007 年期间提出一系列专利申请。其中，公开号为 WO2007011633A1 的专利申请涉及以全氟烷基醚羧酸盐 R_f—O—$CF_2CF_2COONH_4$（R_f 表示具有 1～3 个碳原子的全氟烷基）作为四氟乙烯聚合体系的乳化剂，并通过对大鼠进行药物动力学研究测定全氟烷基醚羧酸盐的生物累积性，发现 R_f—O—$CF_2CF_2COONH_4$（R_f 表示具有 1～3 个碳原子的全氟烷基）经肾脏清除 96 小时后的回收率为施用量的至少 82%，在大鼠体内的肾脏消除半衰期不超过 12 小时。公开号为 WO2007062059A1、US2007117914A1、WO2007140112A1 和 US2008015319A1 的专利申请涉及以部分氟化烷基醚羧酸盐作为四氟乙烯聚合体系中的乳化剂，并通过对大鼠进行药物动力学研究测定实验测定 CF_3—O—$(CF_2)_3$—O—CHF—CF_2COONH$_4$、CF_3—O—$(CF_2)_3$—O—CHF—COONH$_4$、C_3F_7—O—CHF—CF_2COONH$_4$、CF_3—CFH—O—$(CF_2)_3$—COONH$_4$、C_3F_7—O—C_2HF_3—O—CH_2—COONH$_4$ 的生物累积性，发现上述乳化剂经肾脏清除 96 小时后的回收率为施用量的至少 65%，在大鼠体内的肾脏消除半衰期不超过 13 小时。公开号为 US2007015865A1、US2007015866A1 的专利申请涉及以全氟烷基醚羧酸盐

CF_3—O—C_3F_6—O—CF(CF_3)—$COONH_4$ 作为四氟乙烯聚合体系的乳化剂。公开号为 WO2009049168A1 的专利申请涉及以部分氟化烷基醚羧酸盐 CF_3—O—$(CF_2)_3$—O—CFH—CF_2—$COONH_4$ 作为四氟乙烯聚合体系的乳化剂。公开号为 WO2007120348A1 的专利申请涉及以月桂酸作为分散剂，以聚氧乙烯和辛基磷酸作为四氟乙烯聚合体系的乳化剂。WO2008033721A1 公开了以具有疏水性部分和亲水性部分的碳硅烷表面活性剂（CH_3）（($CH_3)_3SiCH_2)_2$—Si—$CH_2CH_2CH_2$—O—$(CH_2CH_2O)_n$—CH_3 作为四氟乙烯聚合体系的乳化剂。

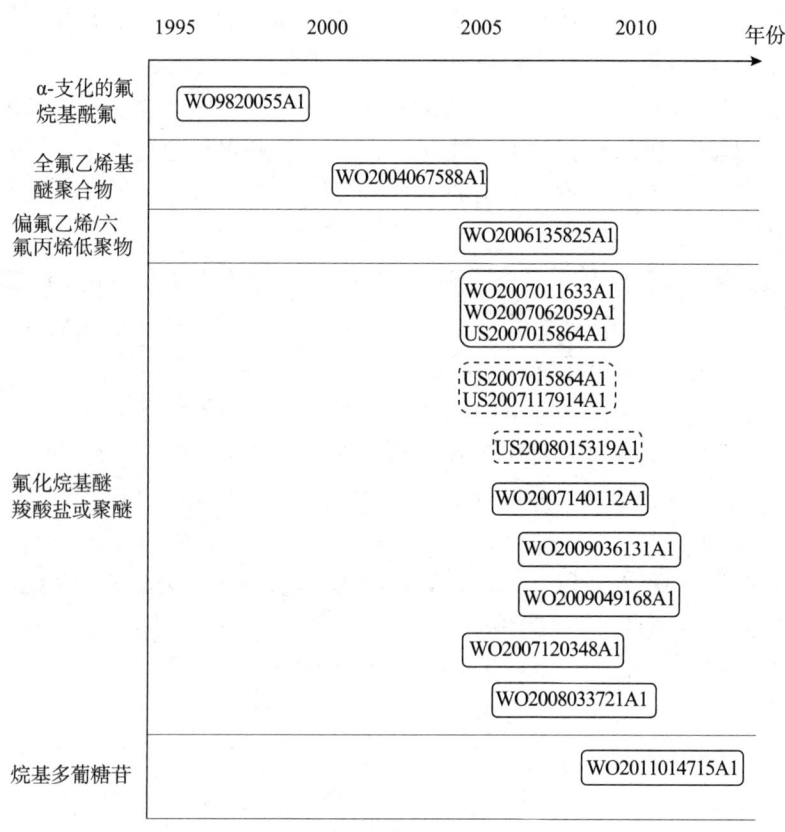

图 4-50　3MPFOA 替代品的技术路线图

注：实线框表示专利申请进入中国，虚线框表示专利申请未进入中国。

2007 年，3M 还提出专利申请 WO2009036131A2，其涉及以全氟烷基醚羧酸盐 CF_3—O—$(CF_2)_3$—O—CF_2—$COONH_4$ 作为含氟聚合物制备过程中的乳化剂。

此外，以 Klaus Hintzer 为主的发明人团队还对具有离子端基的偏氟乙烯/六氟丙烯低聚物以及烷基葡糖苷进行了研究，并于 2005 年和 2009 年分别提出专利申请 WO2006135825A1 和 WO2011014715A1。

可以看出，3M 在四氟乙烯分散聚合中的 PFOA 替代品领域共涉及 5 条路线。其中，氟化烷基醚羧酸盐和聚醚是 3M 研究最成熟的路线，其他几条路线上申请量都较少。此外，3M 的全球申请量并不是最多的，但其十分重视在中国的专利布局，提交的专利申请中有80%都进入了中国，可见其十分重视中国市场。

4.7.3.6 阿克马

在四氟乙烯分散聚合中的PFOA替代品领域，阿克马共有8项专利申请。图4-51展示了阿克马在用于四氟乙烯分散聚合的PFOA替代品领域的技术演进情况。

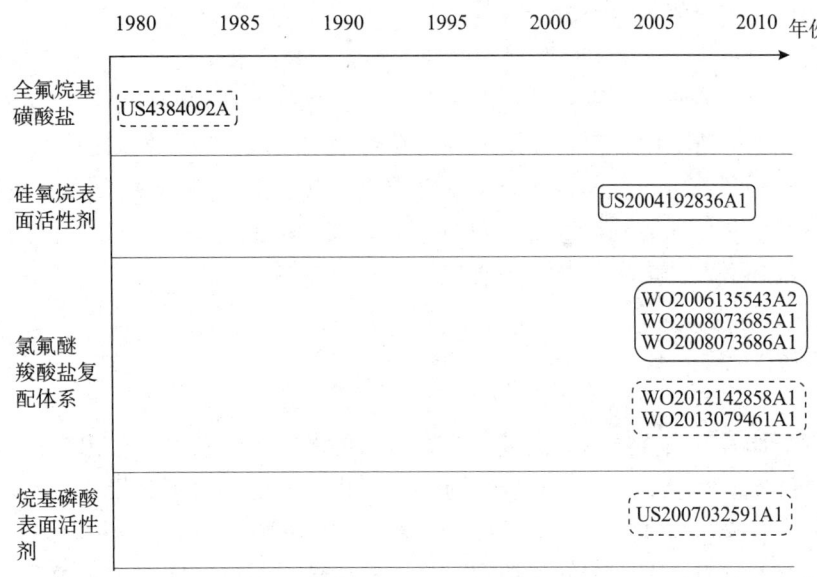

图4-51 阿克马PFOA替代品的技术路线图

注：实线框表示专利申请进入中国，虚线框表示专利申请未进入中国。

1980年，阿克马提出专利申请US4384092A，其涉及以全氟烷基磺酸盐$LiC_7F_{15}SO_3$作为四氟乙烯聚合体系的乳化剂。

以Wille Roice Andrus、Hedhli Lotfi为主的发明人团队对硅氧烷表面活性剂和烷基膦酸表面活性剂进行了研究，并于2003年和2005年提交专利申请US2004192836A1和US2007032591A1，其内容分别涉及以硅氧烷表面活性剂或者硅氧烷表面活性剂与烃类表面活性剂复配以及以烷基膦酸表面活性剂或者烷基膦酸表面活性剂与聚醚或聚醚改性聚硅氧烷复配作为含氟聚合物制备过程中的乳化剂。

以Amin-Sanayei Ramin为主的发明人团队对聚醚进行了研究，并于2005年提交一系列专利申请 WO2006135543A2、WO2008073685A1、WO2008073686A1、US2012142858A1和US20130079461A1，其内容都涉及以具有聚乙二醇、聚丙二醇和/或聚丁二醇嵌段的聚醚作为含氟聚合物制备过程中的乳化剂。

可以看出，阿克马在四氟乙烯分散聚合中的PFOA替代品领域共涉及4条路线。其中，氯氟醚羧酸盐复配路线是阿克马近年来关注的热点，也是申请量最多的路线，其他几条路线上申请量都较少，而且其全氟烷基磺酸盐以及烷基膦酸路线都没有进入中国。

4.7.4 小结

通过对上述6个重点申请人的技术发展路线进行分析，可以看出其研发重点都集中在醚类表面活性剂上。其中，杜邦和大金重点关注烷基、氟化烷基或烯基羧酸、磺酸及其盐以及氟化烷基醚或聚醚羧酸盐路线；旭硝子重点关注聚醚或全氟烷基醚羧酸盐路线；苏威重点关注全氟聚醚羧酸盐复配体系以及全氟聚醚羧酸盐路线；3M 重点关注氟化烷基醚羧酸盐和聚醚路线；阿克马则重点关注氯氟醚羧酸盐复配路线。这些专利申请中的技术十分值得国内申请人在进行技术开发时借鉴参考，避免由于缺乏事先的分析而浪费大量物力财力去研究早已申请专利保护的技术。

此外，大金和苏威还分别在乙烯基烷基、氟化烷基醚或聚醚路线、氯氟醚羧酸盐复配体系路线上申请了大量专利。国内企业在对上述路线进行研发时应注意规避其已经申请保护的专利技术。烷基或氟化烷基磷酸酯、四氟乙烯－全氟乙烯基醚离聚物、含氟（甲基）丙烯酸聚合物以及环状醚羧酸盐路线则是上述申请人最近才进行研发的路线，申请量并不大，是国内申请人可以重点关注的路线。

4.8 本章小结

（1）氟树脂及其重要产品聚四氟乙烯在全球的专利申请量都已经出现过三个快速增长阶段，目前正处于新的黄金发展时期。日本和美国是氟树脂和聚四氟乙烯领域最大的专利申请来源国和目标国，该领域的重要申请人也基本都来自这两个国家。

（2）我国在氟树脂和聚四氟乙烯领域的专利申请量都已经跃居全球第三位，说明我国目前在该领域已经取得了较大的发展。然而，我国企业的技术水平与国际大公司相比还存在较大的差距。高校是我国在该领域研发的主力军，但与企业的合作研发较少，成果转化率较低。

（3）在高压缩比聚四氟乙烯分散树脂领域，目前的研发重点是聚合方法的研究，复合和后处理是该领域相对较新的技术。杜邦和大金在该领域占据了明显的优势地位。我国企业与杜邦和大金的差距还比较明显，应该适当多关注两家企业的研究热点和方向。

（4）在全氟磺酸树脂膜领域，美国和日本是领先者，并都已经在我国进行了大量的专利布局。我国企业东岳在该领域已经具备了较强的实力。各国申请人解决相同技术问题时采用的手段并不相同，我国企业在以后发展中可以借鉴其他国家的技术。此外，我国企业在关注竞争对手的技术发展时，还应该重点关注其发明人团队的动向，以避免漏掉相关的重点专利技术。

（5）在 PFOA 替代品领域，目前主要的品种有：醚类；烷基、氟化烷基或烯基羧酸、磺酸、硫酸及其盐等。目前各大公司都已经在该领域进行了专利布局，我国企业可以多关注出现较晚的几种替代品。

（6）专利保护策略对企业发展有重要影响，企业在进行研发的同时必须注意选择合适的时机和方式对研究成果进行保护。在申请专利保护时，还需要注意要求合适的保护范围，同时加强后续的研究，以保持长期优势。

第5章 氟橡胶

氟橡胶（fluororubber）也称含氟弹性体，是指主链或侧链的碳原子上接有氟原子的合成高分子弹性体，最早由美国杜邦于1948年开发成功并商业化。氟橡胶号称"橡胶之王"，具有其他橡胶不可比拟的优异性能，如耐高温、耐油、耐溶剂、耐多种化学药品侵蚀、气密性好、耐候、耐强氧化剂等特性，同时还具有良好的物理机械性能、电绝缘性能和抗辐射性能等，气体透过率低，属于自熄性橡胶，在所有合成橡胶中综合性能最佳。氟橡胶主要用作各种要求的耐介质、耐高温的材料，如密封件、胶管、胶布和油箱等，因其不可替代性而广泛应用于现代航空、导弹、火箭、宇宙航行、舰艇、原子能产业等尖端技术和汽车、造船、化学、石油、电信、仪器、机械等工业领域。氟橡胶不仅仅已成为发展尖端技术、军事设施等必不可少的材料，在汽车工业中也得到日渐广泛的应用，成为未来汽车用橡胶材料的发展趋势和主流，许多汽车部件都逐渐开始采用性能更为优异的氟橡胶来替代传统材料。[1] 而且，氟橡胶的附加值相当高，如液态全氟弹性体SIFEL®的市场价格可达570~2000元/千克，全氟醚橡胶的市场售价高达31500~50000元/千克。由此可见，大力发展氟橡胶产业关系到国计民生、国家安全。

本章重点对氟橡胶合成技术领域的专利申请进行了分析，研究该领域专利申请的发展趋势、布局状况、研究方向、代表性重要申请人的专利保护策略，以及中国企业在该领域与它们之间的差距，试图从专利保护的角度为中国企业的发展提供参考。

5.1 技术概述

氟橡胶自开发成功的60多年来，主要发展出三种基本类型：氟碳橡胶（FKM，也称氟碳弹性体）、氟硅橡胶（FSR，也称氟硅弹性体）和全氟醚橡胶（FFKM，也称全氟醚弹性体）。

（1）氟碳橡胶

氟碳橡胶可分为二聚物和三聚物两种形式，包括以偏二氟乙烯（VDF或VF2）和全氟丙烯（HFP）共聚的二元氟橡胶和以VDF、四氟乙烯（TFE）、HFP三元共聚的橡胶，以及以TFE与丙烯共聚的四丙氟橡胶（FEPM）、氟醚橡胶等。其主要单体包括VDF、HFP、TFE和全氟甲基乙烯基醚（PMVE）。

目前，全球氟碳橡胶生产厂商主要有杜邦、3M的全资子公司丹尼昂公司（Dyneon）、

---

[1] 胡志鹏. 氟橡胶的优异性能及在汽车上的应用 [J]. 精细化工原料及中间体，2010 (2)：22-25.

苏威、大金。

(2) 氟硅橡胶

氟硅橡胶主要包括 γ-三氟丙基甲基硅氧烷的均聚物，或者是硅原子上带有甲基和乙烯基及三氟丙烯链节的共聚物，按产品形态分可分为液体型和混炼型两大类，液体氟硅橡胶又分为热硫化型、常温硫化型和不硫化型三种。氟硅橡胶兼具氟和硅的特性，高低温性能优异，使用温度范围为 -63℃~232℃，是唯一既耐溶剂、燃料，又具有低温回弹性、优异的耐臭氧和耐候性的材料，是全球综合性能最好的合成橡胶之一。

目前，全球氟硅橡胶主要生产厂商有美国道康宁、日本信越化学和美国迈图高新材料集团（Momentive）。2012年，全球氟硅橡胶总产能为 7000~8000 吨/年。随着贵州翁福化工有限责任公司氟硅橡胶项目的上马，中国产能将超过 1000 吨/年，预计2017 年世界总产能将达到 9000 吨/年。

(3) 全氟醚橡胶

全氟醚橡胶是四氟乙烯、全氟甲基乙烯基醚、全氟苯氧丙基乙烯基醚的三元共聚物，单体上所有氢原子都被氟原子取代，完全不含有碳氢键。全氟醚橡胶最早由杜邦于 1968 年研发成功，除了拥有类似于聚四氟乙烯的优异化学性能之外，同时还具有橡胶的弹性、洁净度和抗爆性。全氟醚橡胶耐高温性能优异，其热稳定性可达 327℃，并具有优秀的压缩永久变形性和机械性能。

截至 2013 年，全球全氟醚橡胶生产厂商主要包括美国杜邦、3M 的丹尼昂公司、比利时的苏威及其意大利子公司苏威苏莱克斯、日本的大金，中国中昊晨光，以及几家俄罗斯企业。主要生产国为美国、中国、德国、意大利、比利时、荷兰、日本和俄罗斯等。全氟醚橡胶的附加值极高，市场售价根据不同等级可高达 31500~50000 元/千克。2012 年世界全氟醚橡胶的总产能约 100 多吨，总消费量约 40 吨。

2012 年，全球氟橡胶总产能为 4.0 万吨/年，总产量为 2.3 万吨/年，开工率约为 57.5%。预计在 2012~2017 年期间，氟橡胶产能年均增长率约为 3%~4%，2017 年世界总产能将达到 4.6 万吨/年。随着大金氟化工（中国）公司在常熟投建的 3 200 吨/年装置，苏威特种聚合物（常熟）有限公司投建的 3000 吨/年装置，以及山东华氟化工有限责任公司和甘肃培霖化工有限公司氟橡胶项目的陆续投产，2017 年中国的氟橡胶产能也将超过 2.3 万吨/年，超过世界总产能的 50%。

由于生产氟橡胶需要的技术含量高，设备安全性要求高，投资大，需求量相对于其他通用品种橡胶较低，因此全球氟橡胶的生产相对集中，有能力生产氟橡胶的企业主要集中在美国、日本、欧洲和中国，特别是杜邦、大金、丹尼昂、苏威等几大跨国企业，在技术和产能上拥有巨大优势，这些公司不断开发新的氟橡胶品种：

（1）3M 开发出压缩变形小，且硫化速度快的 2170、2173、2174、2179 和 2180，具有低温柔性、能耐航空燃料和含醇汽油的 FX11818；意大利 Montfluos 公司开发出的 Tecnflon P819N 含氟量达到 70%，具有极佳的耐化学介质性能，适于制造轴封等密封制品。

（2）日本大金开发的 G-1001 是可以用过氧化物硫化、耐溶剂性良好的高含氟橡胶，G-555 是一种耐含醇汽油性和低温特性综合平衡的氟橡胶品级。美国杜邦近期推出 3 种过氧化物硫化的 Viton 氟橡胶，如 GF 205NP 不需二段硫化，可降低成本；GBL 205LF 不用氧化铅配合，具有极好的耐蒸汽和耐酸性；GF-300 可以改善胶料的加工性能，且具有宽范围的耐燃油性；以及新的耐汽车燃油的 GBLT-201 和 GBLT-601 是替代现有品级的理想选择，不仅成本低，且可以在 -40℃ 下提供可靠密封。

（3）美国埃克森公司开发一种具有四氟乙烯-丙烯类共聚化学结构的新型氟橡胶 Atlas，其性能特点是在热和腐蚀性环境中，能提高工作温度极限并延长使用寿命，用于制造包括密封件在内的各种密封制品。

（4）日本旭硝子和日本合成橡胶公司则开发出 Aflas 系列产品。近年来埃克森公司、日本旭硝子和日本合成橡胶公司又合作开发了 Atlas 200 等产品，主要用于轴封、密封圈、O 形圈、密封圈、耐腐蚀衬里。

与上述这些国外公司相比，我国氟橡胶企业虽然在产能上所有突破，但是产品品种单一，主要是中低端产品，技术水平落后，没有推出自己的氟橡胶新品种。

5.2 专利概况

5.2.1 专利申请趋势

氟橡胶自 1948 年诞生至今只有 60 多年的历史，然而由于氟橡胶在尖端科技、军事设备和重要工业领域的不可替代性，氟橡胶的合成技术发展相当迅速，在专利申请方面表现同样较为突出，本节就氟橡胶聚合领域的专利申请在全球和中国的发展趋势进行了分析。

5.2.1.1 全球专利申请趋势

截至 2013 年 5 月 1 日，氟橡胶聚合领域的全球专利申请量共 6684 项，从其发展趋势上看主要经历了萌芽期、平稳增长期和快速增长期三个阶段，如图 5-1 所示。

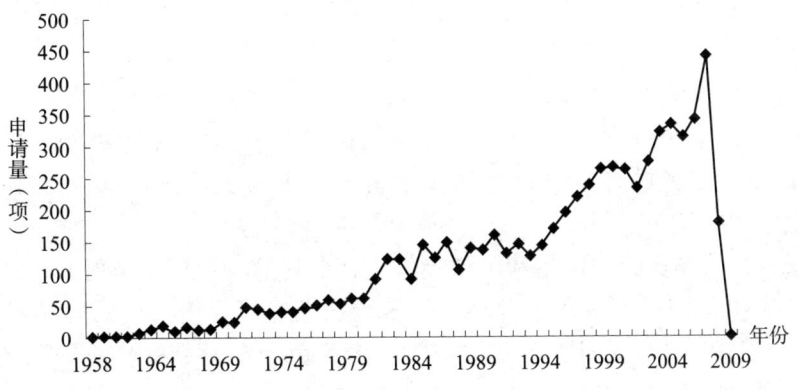

图 5-1 氟橡胶聚合领域全球专利申请趋势

（1）萌芽期（20世纪50年代后期至70年代初）

美国杜邦最先于1957年成功合成出含氟量足够高、有一定耐高温、耐介质性能的Viton®型氟橡胶，并于1968年合成出具有更高性能的耐327℃高温的Kalrez®型全氟醚橡胶。这一时期氟橡胶聚合领域的专利申请增长较为缓慢，从1958～1963年只有零星的申请，每年的申请量不超过10项，1964年达到13项，1970年突破20项，达到25项申请。究其原因，在于氟橡胶的初期研究主要服务于航空航天、国防设备，如新型坦克等尖端领域，因而其合成技术虽然发展迅速，但多处于保密状态。

（2）平稳增长期（20世纪80年代初至90年代末）

这一时期，氟橡胶的专利申请量增长平稳，专利申请量从1971年的24项迅速增长至1972年的47项。之后，氟橡胶聚合领域的专利申请量不断增长，1984年突破100项，1999年增长至195项。此阶段随着氟橡胶的应用从军工向民用拓展、制品种类大量增加，氟橡胶聚合方面专利申请量也平稳增长。

（3）快速增长期（21世纪初至今）

随着氟橡胶更广泛地应用于汽车工业、石油化工、航天航空等各工业领域，市场需求量迅速增加。同时，氟橡胶新品种不断研发，新的合成方法、聚合原料、催化体系也不断出现。以上这些因素都导致了氟橡胶聚合领域专利申请量的迅猛增长，2000年申请量突破220项，之后的11年基本上保持高速增长的势头，2011年申请量达到顶峰441项（2012年和2013年虽然申请量出现下滑，但是由于数据不全，未纳入考虑范围）。与此同时，中国逐渐成为氟橡胶第一消费大国，中国在氟橡胶聚合领域的专利申请量也呈现出快速增长态势。

5.2.1.2 中国专利申请趋势

中国虽然早在20世纪五六十年代就开始了氟橡胶合成的研究，但是由于专利制度起步较晚，1985才开始实施《专利法》，因此，1985年在中国才出现第一件关于氟橡胶聚合领域的专利申请。自此之后，该领域的专利申请开始缓慢增长，1994年突破10件。

总体上，氟橡胶聚合领域的中国专利申请量共计1356件，其中国外来华专利申请804件，占总量的59.3%，国内申请人申请552件，占总申请量的40.7%，国外来华申请量明显高于国内申请量。并且，中国企业在2000年之前几乎没有申请，申请量大量集中在大金、3M、杜邦、旭硝子等外国氟橡胶生产巨头手中。这表明，中国企业在氟橡胶聚合领域的技术研发水平与发达国家的技术领先企业存在较大差距。

从氟橡胶聚合领域的中国专利申请趋势看，专利申请量总体呈现上升趋势，而且该领域的专利申请同样展现出萌芽期、平稳增长期和快速增长期的分阶段增长态势（本节专利申请量统计截止日为2013年5月1日，由于中国专利申请自申请日起满18个月即行公布，还可以根据申请人的请求早日公布其申请，因此2012年统计数据可能不完整，2013年统计数据未考虑），如图5-2所示。

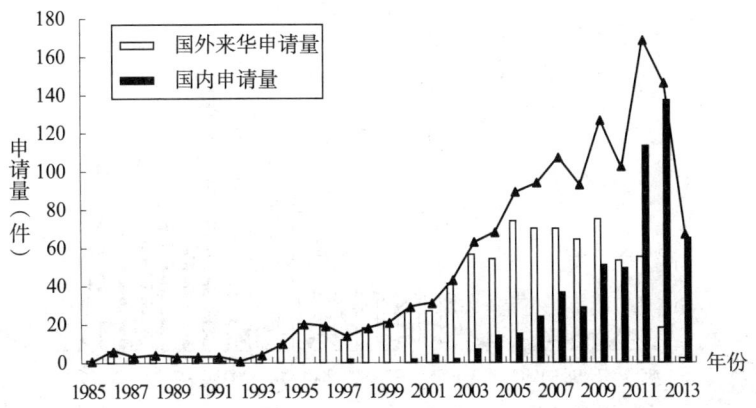

图5-2 氟橡胶聚合领域中国专利申请量趋势图

(1) 萌芽期（1985~1993年）

这一阶段，在氟橡胶聚合领域，每年只有几件申请。并且，除了1991年有一件中国申请人在该领域的申请之外，其余全部是国外企业在华申请。说明国外的氟橡胶生产企业较早地关注到中国的氟橡胶市场，开始在中国进行专利布局。

(2) 平稳增长期（1994~2001年）

1994年氟橡胶聚合领域的中国专利申请量突破10件，并始终保持了平稳增长的态势。这一阶段申请的主力仍然是国外来华申请人，国内申请人的申请量不高。国内申请人除了在1997年、2000年和2001年有几件申请之外，其余年份没有该领域的申请。可见国外企业开始逐步加快在中国进行专利布局的步伐，而中国的氟橡胶研究和生产单位技术研发水平有限，专利意识仍然不强。

(3) 快速增长期（2002~2011年）

随着氟橡胶得到更广泛的应用，市场需求量迅速增加，预计2017年中国将成为氟橡胶第一消费大国。与之相应的是，氟橡胶聚合领域的中国专利申请量快速增长。2002年，专利申请量达到63件，自此之后申请量迅速上升，在2011年达到168件。

在这一阶段，国外来华的专利申请量始终保持在50~70件，并在2009年达到顶峰，可见，国外氟橡胶生产企业在中国的专利布局始终保持在一定规模。国内申请人的申请量则稳步上升，特别是2011年达到113件，超过国外来华专利申请量。随着国内企业和科研院所在氟橡胶领域研发力量的不断投入，以及知识产权意识的提升，加之近年来国家政策的大力扶持，我国在氟橡胶聚合领域的专利申请量保持快速增长态势，为我国氟橡胶产业的发展提供了有力支撑。

5.2.2 中国专利申请授权趋势分析

从1985年到2007年中国专利授权量总体上呈上升趋势，2007年达到顶峰72件，随后出现迅速下滑的趋势，如图5-3所示。

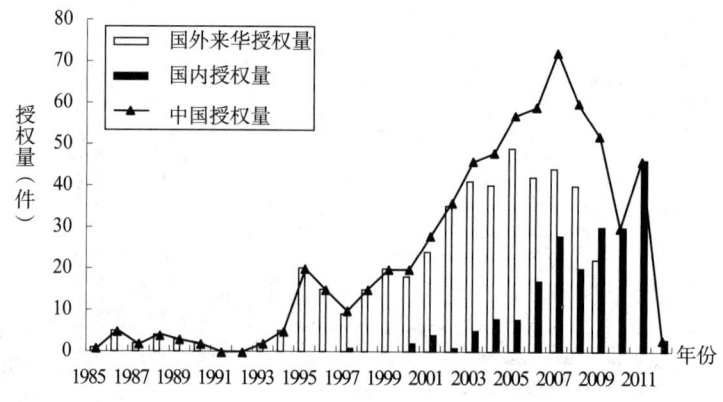

图 5-3 氟橡胶聚合领域中国专利授权量趋势图

总的来看，中国专利授权量为 661 件，其中，国外来华专利授权 458 件，国内申请授权只有 203 件。

1985~2000 年，由于国内申请量很少，几乎没有授权专利，授权专利基本都是国外来华申请。2000~2007 年，虽然国内专利授权量开始逐步增长，但是国外来华专利授权量基本稳定在较高的比例，而且相对国内专利授权量始终保持了较大的优势。到了 2008 年以后，国内专利授权量开始超过国外来华专利授权量，这与氟橡胶生产企业和科研院所的知识产权意识增强是分不开的。而 2010 年之后国外来华专利的授权量明显低于国内专利授权量，可能与国外来华申请一般采取不急于较早进行公开和进入实质审查的专利申请策略有关。

5.2.3 区域分布

5.2.3.1 全球区域分布

氟橡胶属于性能优异的特种橡胶，生产安全性要求高，研发和生产需要投入相当多的资金和人力，需要强大的经济实力和科技实力作为后盾，导致氟橡胶的生产研发企业大多集中在经济发达、技术实力雄厚的国家，这一点通过全球申请量区域统计排名可直观地体现出来。图 5-4 显示，日本、美国、中国和德国在氟橡胶聚合领域的专利申请量分列全球前四位。

日本在氟橡胶聚合领域的专利申请量遥遥领先，其在氟橡胶聚合领域的申请量达到 3300 项，占总申请量的 49.4%，在该领域居于领先地位，这与"二战"后日本在新材料领域的快速发展有关。虽然日本并不是最先研发出氟橡胶的国家，但是随着氟橡胶的广泛应用和消费量的迅速增长，日本涌现出大金、旭硝子、信越化学、旭化成、NOK、JSR 等一大批全球知名的氟橡胶的研发、生产企业。这些公司不甘于做技术的追随者，开发出大量具有自主知识产权的新品种。例如，大金的 DAI-EL®G 系列氟橡胶、DAI-EL® 热塑性氟橡胶、低温品种 LT-302，以及处于氟橡胶与丙烯酸树脂之间的新型材料 DAI-EL Alloy；日本住友-3M 公司推出三种耐甲醇、氨类高含氟聚合物——Fluorel三元聚合型氟橡胶 FT-2350、FT-2481 和 FT-2690，该氟橡胶是偏氟乙

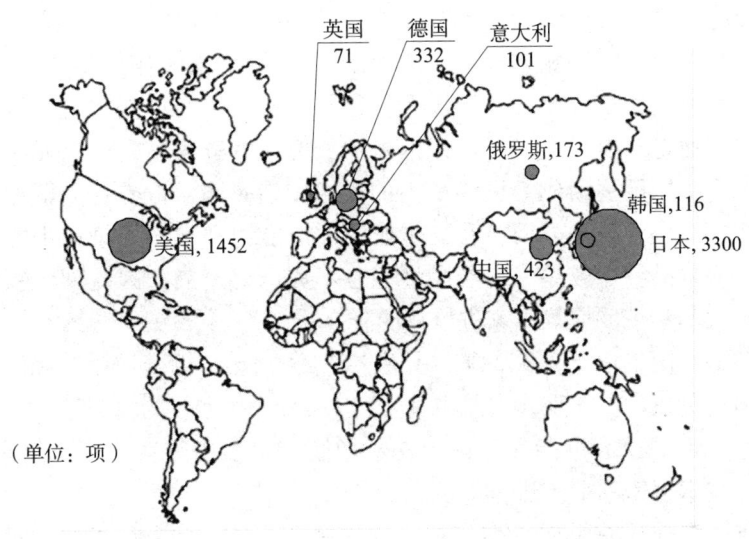

图 5-4　氟橡胶聚合领域全球专利申请量区域分布图

烯、六氟丙烯和四氟乙烯的三元共聚物，具有良好的加工性能，耐老化性能优异，适于制作机械、化工设备的密封件。

位于第二位的美国在氟橡胶聚合领域的申请量为 1452 项，占总申请量的 21.7%。美国是氟橡胶生产和研发的传统强国，全世界从事含氟聚合物研究的单位约有 400 家，其中美国有 150 家。[1] 由于氟橡胶主要用于航空、航天、新型坦克的密封件、油管，为了保持世界霸主地位，美国在"二战"之后投入了大量的资金和人力资源开发氟橡胶，形成了一批技术领先企业。其中，杜邦最先于 1957 年成功合成出含氟量足够高、有一定耐高温、耐介质性能的 Viton® 型氟橡胶，并于 1968 年合成出具有更高性能的耐 327℃ 高温的 Kalrez® 型全氟醚橡胶，其技术水平一直处于世界领先水平，杜邦也是世界最大的氟橡胶生产企业。3M 也是世界上最早开始研发氟橡胶的公司之一，其全资子公司丹尼昂公司是专业生产氟橡胶的企业，开发出多种高性能氟橡胶品种，包括压缩变形小且硫化速度快的品种，如 2170、2173、2174、2179 和 2180，可用于 O 形圈及垫圈；FX11818 具有低温柔性，可耐受航空燃料和含醇汽油等。美国费尔斯通开发的氟化磷腈橡胶 (PNF)，虽然含氟量低，但对许多化学介质有足够的耐受能力，具有优异的耐温性能，耐温范围达 -55℃~230℃，其性能类似硅橡胶和其他氟橡胶，并具有优异耐磨、耐低温性能。

从专利申请数据可以看出，日本、美国申请人非常重视在氟橡胶聚合技术方面的基础研究工作，研发和技术创新活跃，知识产权意识较强，氟橡胶聚合领域的全球专利申请主要由这两个国家的申请人提出，占全球总申请量的 71.1%，全球最著名的氟橡胶生产企业大多在这两个国家。这也是日本、美国等国家长久能在氟橡胶研究领域保持优势地位的重要原因。

---

[1] 徐兆瑜. 我国氟化工材料的现状与展望 [J]. 杭州华工，2004，34 (2)：9-14.

中国在氟橡胶领域的申请量为 423 项，占总申请量的 6.3%，名次仅次于日本、美国，但是它们相比申请量仍相差较大。中国于 20 世纪五六十年代就开始研制氟橡胶，较早从事氟橡胶研制生产的单位有上海有机氟材料研究所和中昊晨光。目前我国主要的氟橡胶生产企业包括中昊晨光、以四丙氟橡胶为主的三爱富、以二元胶为主的梅兰化工。一方面，中国已逐渐成为世界最大的氟橡胶消费国，世界各大氟橡胶生产商纷纷激烈争夺中国市场；另一方面，我国企业的生产能力和产品质量还不能完全满足国内市场需求，而且品种比较单一，产品性能也不如国外产品，因此许多领域不得不直接从美国、意大利和俄罗斯等国家进口氟橡胶。

排名第四的德国申请量为 332 项，占总申请量的 5%；氟橡胶生产和研发的传统强国俄罗斯的申请量仅为 173 项，占总申请量的 2.6%，排名仅为世界第五。德国和俄罗斯专利申请量较少的原因可能在于该国的氟橡胶技术多用于航天军工等高科技领域，更倾向于通过技术秘密的形式进行保护。

为了更加直观地反映氟橡胶聚合技术领域中、美、日、欧四方之间的专利申请状况，对四方的原创申请相互布局情况作了如图 5-5 的描述。

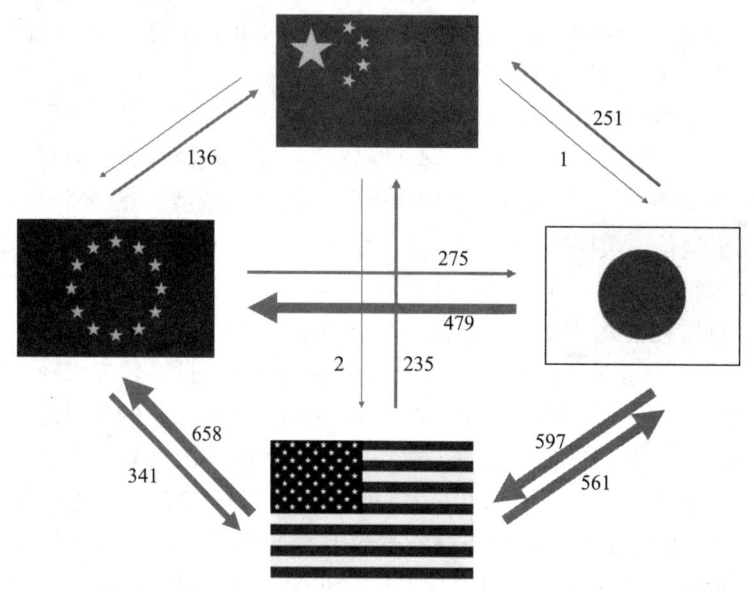

图 5-5　氟橡胶聚合领域中、美、日、欧四方专利申请动向图（单位：项）

图 5-5 显示，美、日、欧三方之间互为重要的布局目的地。

日本的原创专利申请量虽然远超过欧、美两方，但是相比其巨大的申请量而言，其在他国的专利布局量与欧、美水平相当。日本专利布局的主要目标是美国，以下依次是欧洲和中国。日本进入中国的专利申请为 251 件。

美国的原创专利申请仅次于日本，其专利布局的主要目的地为欧洲，以下依次为日本和中国，美国进入中国的专利申请为 235 件，是美、日、欧三方最重视中国市场的国家。美国和日本的相互布局量相差不大。

欧洲专利布局的主要目标是美国，以下是日本和中国，对外专利布局量相对美、日较少。

中国虽然在氟橡胶聚合领域拥有一定的原创专利量,但是对外专利布局量几乎为零,表明中国申请人的海外专利布局意识仍较为薄弱。

图 5-5 表明:日本相对于中、美、欧三方的专利流通都处于顺差地位;美国除了相对日本的专利布局量略低于日本在美国的专利布局量,专利流通处于逆差地位之外,在欧洲和中国都处于顺差地位;欧洲则除了相对中国处于顺差地位之外,相对美、日都处于逆差地位;中国与其他三方的专利流通都处于逆差地位,几乎无专利输出。因此,相对于美、日、欧三方而言,中国处于技术输入者地位。

总的来看,美国和日本相互都非常关注在对方的专利布局,同时也非常关注在欧洲的专利布局,究其原因在于世界上的氟橡胶研发和生产巨头都集中在这三个国家和地区,例如美国的杜邦、3M,日本的大金、旭硝子、信越化学、旭化成,欧洲地区的比利时苏威、法国阿科玛等,它们争相进行专利布局,力争通过专利保护来巩固市场竞争地位。而作为氟橡胶生产和消费的新兴市场,国外申请人也非常注重在我国的专利布局。因此,我国的氟橡胶生产企业不仅仅应积极开展业务,扩大国内市场占有率,同时也应当注重新技术研发工作,提高我国氟橡胶的技术含量和性能指标,缩小与国外企业的差距。

5.2.3.2 中国专利申请国分析

氟橡胶聚合领域的中国专利申请共 1356 件,其中国外来华申请 804 件,占比 59%,国内申请 552 件,占比 41%。

其中,在氟橡胶聚合领域占据统治地位的日本和美国在中国的申请量同样也排名在最前列,美国的在华申请量为 340 件,日本的在华申请量为 329 件,这两个国家共占据了国外来华专利申请量的 83%,远远超出其他国家的在华申请量❶,如图 5-6 所示。

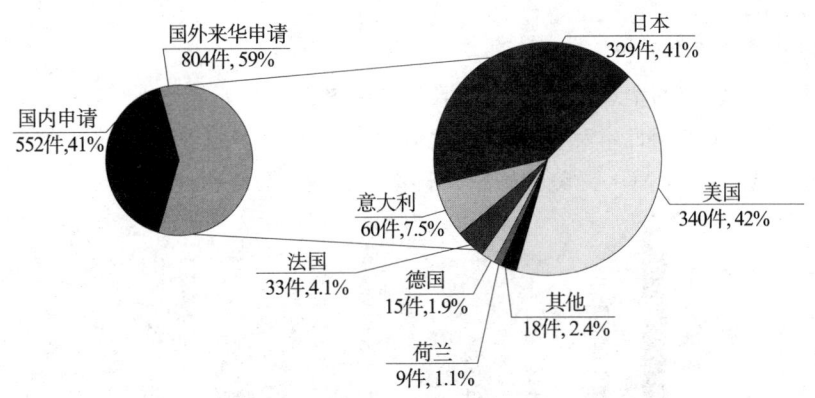

图 5-6 氟橡胶聚合领域中国专利申请的外国申请人国籍分布

---

❶ 本章第 5.1.3.1 节的日、美专利申请动向与本节的中国专利申请中日本和美国申请量不同的原因:日、美专利申请动向数据来自于 WPI 数据库,本节数据来自于 CPRS 数据库,CPRS 数据库更新更快;CPRS 数据库中原申请和分案申请计为 2 件申请,而 WPI 数据库中将原申请和分案申请计为 1 项申请。

美国和日本的在华申请量差距不大，但是值得注意的是美国在华申请量超过了世界第一的日本。其中，美国的杜邦、3M 等公司，日本的大金等纷纷在中国成立合资或全资公司，力图在中国的氟橡胶市场份额中占据有利地位。

其他氟橡胶生产强国，如意大利、法国、德国等也没有忽视中国市场，也都在中国进行了专利布局。但是俄罗斯作为氟橡胶传统强国和中国氟橡胶的重要进口国，在中国几乎没有专利申请，并不重视在中国的专利布局，这与其海外市场扩展缓慢有关。

如图 5-7 所示，国内申请人按申请量排名的分布地区依次为江苏、广东、上海、安徽、山东、北京、浙江和四川。其中江苏 83 件，占比 15%，是国内申请量最多的省份。江苏省不仅仅拥有国内较大的氟橡胶生产企业——梅兰化工，而且在常熟设立了高科技氟化学工业园，美国杜邦、日本大金、比利时苏威、法国阿科玛等世界著名氟化工巨头都在园区投资设厂，这些都推动了江苏省氟橡胶产业的快速发展。

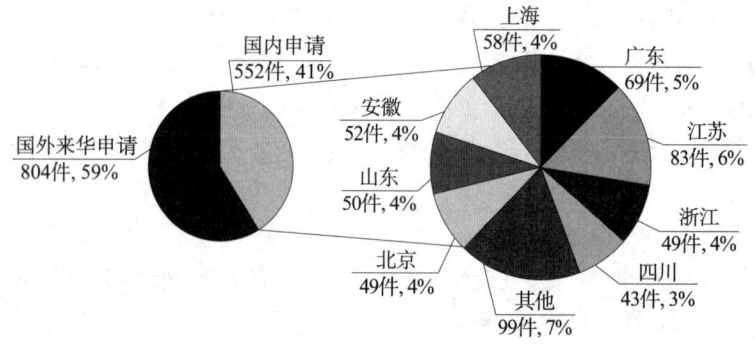

图 5-7 氟橡胶聚合领域中国专利申请的中国申请人地区分布

5.2.4 申请人分析

5.2.4.1 全球申请人分析

氟橡胶聚合领域的全球申请人排名情况参见图 5-8。从图 5-8 来看，申请量前十位的申请人全部集中于日本和美国，依次为日本大金，美国杜邦，日本旭硝子、信越化学，美国 3M，日本 NOK，美国施乐，日本旭化成、JSR 和佳能。

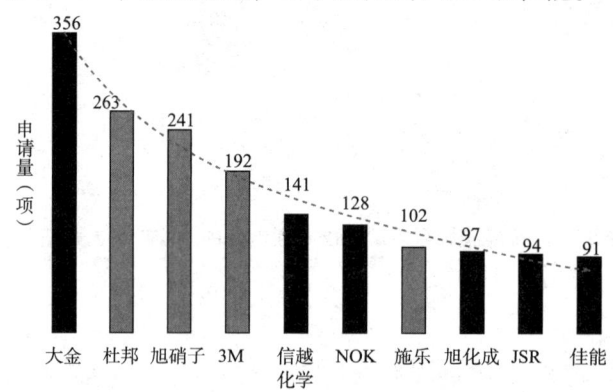

图 5-8 氟橡胶聚合领域全球主要申请人排名

日本大金在全球专利申请中涉及氟橡胶聚合领域的申请为 356 项,居世界第一,相对于排名在后的其他申请人的申请量而言优势明显。大金在该领域的申请内容涉及氟橡胶生胶制备、硫化体系、混炼工艺、硫化工艺等众多技术分支。大金是一家研发和生产空调制冷剂、氟树脂、氟橡胶、氟涂料等氟制品的公司,并于 20 世纪 70 年代开始销售氟橡胶制品,目前已成为世界第二大氟化学综合企业。

美国杜邦在全球专利申请中涉及氟橡胶聚合领域的申请为 263 项,居世界第二位。杜邦目前是世界上最大的氟化工企业,氟橡胶产能 8000 吨/年。❶ 杜邦在氟橡胶的合成上作出了突出的贡献,是最早开发出氟橡胶并成功将其商业化的公司,并陆续开发出多种新品级的氟橡胶。全球共有 50 多个牌号的氟橡胶,杜邦就拥有 30 多个。例如,为了满足航空工业对高性能密封要求的需要,杜邦于 1957 年开发出 Viton® 氟橡胶,被广泛应用于垫片、O 型圈和油封上;于 1968 年开发出耐热、耐化学更优异的氟弹性体 Kalrez® 全氟醚橡胶。❷

日本旭硝子在氟橡胶聚合领域的申请量为 241 项,仅次于美国杜邦。旭硝子也是氟橡胶行业中的佼佼者,产能为 1500 吨/年。该公司氟橡胶产品的牌号为 Aflas®,如高分子量品级 Aflasl00H、Aflas100S 适用于模压密封制品;通用型 Aflas150P;低粘度品级 Aflas150E,适用于挤出、压延制品;最低粘度品级 Aflas150L,用作衬里。Aflas® 氟橡胶是四氟乙烯与丙烯的交互共聚物,此种化合赋予了 Aflas® 氟橡胶超越常规氟碳橡胶的特有性能,如超高的耐碱性能、优越的电性能,以及杰出的耐热、耐溶剂、耐臭氧和耐蒸汽等性能。❸ 近年来,旭硝子与日本合成公司、美国埃克森公司合作开发了 Atlas® 系列氟橡胶。

美国的 3M 在氟橡胶聚合领域的专利申请量为 192 项,处于世界第四位。3M 也是最早开发出氟橡胶的企业之一,1958 年 3M 和杜邦几乎同时开发成功了六氟丙烯和偏氟乙烯的共聚弹性体,商品名为 Kel – F214。近年来,3M 不断深入开发氟橡胶新的产品,形成了二元氟橡胶、三元氟橡胶、耐胺碱氟橡胶、耐低温氟橡胶、全氟醚氟橡胶、过氧化物硫化氟橡胶等系列的产品。3M 的全资子公司丹尼昂公司的氟橡胶产能为 6000 吨/年。

日本信越化学的申请量为 141 项,为世界第五。信越化学在氟橡胶领域专注于氟硅橡胶,其开发的氟硅橡胶产品的牌号为 FE201U 系列和 FE301U 系列。信越化学开发并已经商品化的液体氟弹性体(SHIN – ETSV – SIFEL 系列),是一种主链含有全氟醚结构,可在 150℃加工,并具有优良耐油、耐溶剂、耐低温性能的氟橡胶。

氟橡胶聚合领域申请量排名前六位的全球申请人的申请活跃如图 5 – 9 和表 5 – 1 所示,从 2000 ~ 2011 年往期年平均申请量、2009 ~ 2011 年近期年平均申请量,以及活跃度指数(近期年平均申请量与往期年平均申请量的比值)三个角度研究了大金、杜邦、旭硝子、3M、信越化学和 NOK 6 个公司在氟橡胶聚合领域的申请活跃度情况。

---

❶ 李嘉. 我国氟橡胶产业面临的机遇与挑战, 化工新型材料, 2008, 36(8): 14 – 16.
❷ 氟橡胶的国内外发展分析 [J]. 有机硅氟咨讯, 2007(6): 21.
❸ 司方. 氟橡胶中的佼佼者——旭硝子 Aflas® [J]. 化工新型材料, 2006, 34(9): 32 – 35.

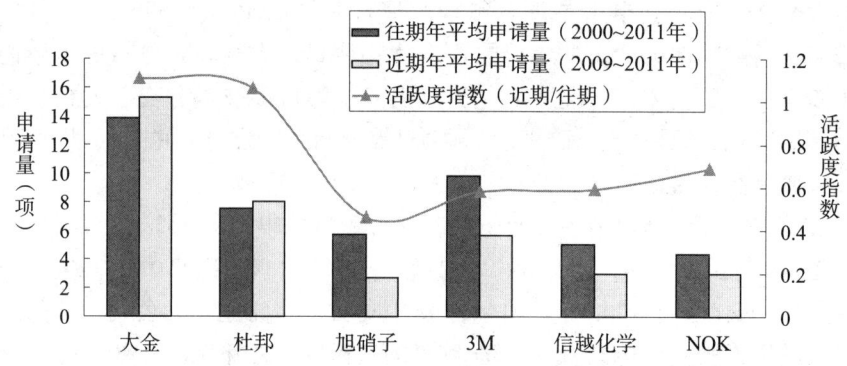

图 5-9 氟橡胶聚合领域全球申请量排名前六位的申请人活跃度

表 5-1 氟橡胶聚合领域全球申请量排名前六位的申请人活跃度

排名	申请人	往期年平均申请量（项）（2000~2011年）	近期年平均申请量（项）（2009~2011年）	活跃度指数（近期/往期）	申请趋势图（2000~2011年）
1	大金	13.83	15.33	1.11	
2	杜邦	7.58	8	1.06	
3	旭硝子	5.75	2.67	0.46	
4	3M	9.83	5.67	0.58	
5	信越化学	5.08	3	0.59	
6	NOK	4.33	3	0.69	

排名前两位的申请人大金和杜邦的活跃度指数都超过1，分别为1.11和1.06。从表5-1的2000~2011年申请趋势图中也可以清楚地看到，这两家尤其是大金的近期申请量明显高于往期申请量，说明这两家公司在氟橡胶聚合领域的申请仍保持增长的势头，研发投入继续增加。

排名第三位至第五位的申请人旭硝子、3M、信越化学、NOK的申请活跃度指数都低于1，尤其是旭硝子的指数最低，仅为0.46，从表5-1的2000~2011年申请趋势图中也可以明显地看出这些公司近期申请量低于往期申请量，说明了这些公司近期在氟橡胶聚合领域的申请热情开始减退，近期在该领域的研发投入力度有所下降。

5.2.4.2 中国申请人分析

从中国专利申请的申请人排名情况看，在氟橡胶聚合领域处于前三位的分别是美国 3M、美国杜邦和日本大金，申请量分别为 89 件、82 件和 80 件，如图 5-10 所示。这三个公司的申请量差距不大，属于第一梯队，都非常重视在中国的专利申请，后面还将对其中的杜邦和大金作进一步的分析。

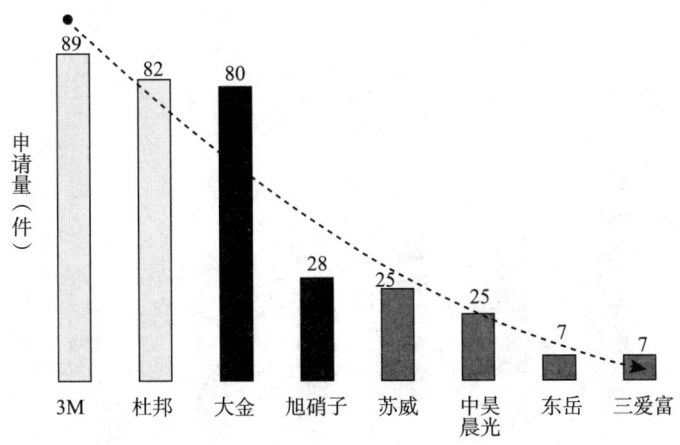

图 5-10 氟橡胶聚合领域中国专利申请主要申请人排名

处于第二梯队的日本旭硝子和比利时的苏威，申请量分别为 28 件和 25 件，它们也非常重视中国市场，积极进行专利申请。其中，苏威已经在青岛、上海等地设立化工公司生产和销售氟橡胶，并在中国江苏常熟成立苏威特种聚合物（常熟）有限公司建造 Tecnoflon 氟橡胶以及所需的主要原材料偏二氟乙烯单体产品生产项目，氟橡胶产能 3000 吨/年，2013 年 10 月动工，2014 年 12 月投产。Tecnoflon 氟橡胶系列产品应用于汽车、航空、石油、天然气等行业中，这些行业要求密封件能够在腐蚀性化学介质和高温环境下具有高的纯度和长的使用寿命，其典型的产品有 O 形圈、密封件、垫片和复杂结构的模压零件。中国汽车市场的发展促进了 Tecnoflon 氟橡胶需求的持续增长。

而全球申请量排名靠前的另外几家公司，如日本信越化学、旭化成、NOK、JSR 和佳能，美国施乐等在中国的氟橡胶聚合领域的专利申请量并不大，未将中国作为专利申请的主要地区。

中国的本土企业中，中昊晨光、山东东岳的华夏神舟新材料有限公司和上海三爱富属于第三梯队。中昊晨光在氟橡胶合成方面拥有 12 件专利申请，处于第六位；并列第七位的山东东岳和上海三爱富公司的申请量均只有 7 件。

通过对比，可明显看出，外国大公司占据着氟橡胶聚合技术的优势地位，并力图通过专利保护策略等手段维持这一优势。而中国本土氟橡胶企业虽然在产能上奋起直追，已经在世界上具有举足轻重的地位，但是其产品的品种比较单一，产能大量集中在低端产品，产品性能也不如国外产品；在技术研发方面，研发的投入力度逐渐加大，但是研发实力仍然存在差距，专利申请刚刚处于起步和积累阶段，在专利保护层面与外国公司存在较大差距。目前，我国本土氟橡胶生产企业和科研院所仍需在氟橡胶聚合领域的技术研发及知识产权保护方面继续努力。

在中国，氟橡胶聚合领域申请量排名前六位的申请人的申请活跃度如图5-11和表5-2所示，从2000~2011年往期年平均申请量、2009~2011年近期年平均申请量，以及活跃度指数（近期年平均申请量与往期年平均申请量的比值）三个角度研究了3M、大金、杜邦、旭硝子、苏威和中昊晨光6个公司在氟橡胶聚合领域的申请活跃度情况。

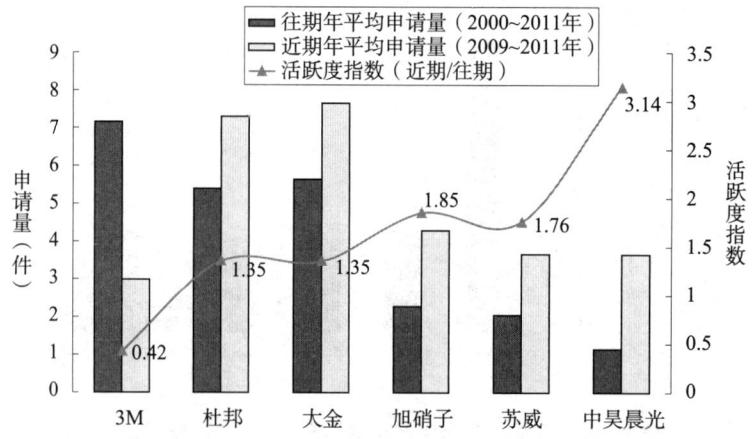

图5-11 氟橡胶聚合领域中国申请量排名前六位的申请人活跃度

表5-2 氟橡胶聚合领域中国申请量排名前六位的申请人活跃度

排名	申请人	往期年平均申请量（件）（2000~2011年）	近期年平均申请量（件）（2009~2011年）	活跃度指数（近期/往期）	申请趋势图（2000~2011年）
1	3M（美）	7.17	3	0.42	
2	杜邦（美）	5.42	7.33	1.35	
3	大金（日）	5.67	7.67	1.35	
4	旭硝子（日）	2.33	4.33	1.85	
5	苏威（比）	2.08	3.67	1.76	
6	中昊晨光（中）	1.17	3.67	3.14	

中国申请量排名第一的 3M 的近期活跃度出现下降，活跃度指数为 0.42，低于 1。从表 5-2 的 2000~2011 年申请趋势图中也可以清楚地看到，3M 近期进入中国的专利申请量明显低于往期申请量，说明 3M 在氟橡胶聚合领域对中国市场进行专利布局的关注度正在降低，结合前文中图 5-9 和表 5-1 的氟橡胶聚合领域全球主要申请人活跃度情况，可以发现 3M 在全球专利申请的活跃度仅为 0.58，同样处于下降通道中，近期在氟橡胶聚合领域的研发工作处于低谷。排名第二位和第三位的申请人杜邦和大金的申请活跃度指数差不多，都是 1.35，近期对中国市场的关注度仍在增加，专利申请保持上升势头。排名第四位和第五位的申请人旭硝子和苏威也都非常关注中国市场，近期进入中国的专利申请量处于增长期，申请活跃度指数分别位 1.85 和 1.76。从趋势上看，杜邦、大金、旭硝子和苏威等公司在中国进行专利布局的上升势头仍将延续。

中国本土申请人中，申请量最高的中昊晨光从 2006 年首次出现该领域的专利申请，要求对一种高氟含量氟弹性体的共聚单元进行保护，并于 2008 年获得授权，从此专利申请量保持持续增长。从表 5-2 的 2000~2011 年申请趋势图也可以清楚地看到，中昊晨光 2011 年的申请量达到 8 件、2012 年的申请量达到 14 件，申请活跃度指数达到 3.14，是活跃度指数最高的申请人，预计其在氟橡胶聚合领域的申请近期内仍将继续保持增长态势。值得注意的是，申请人活跃度指数是用来预测申请量近期增长趋势的指标，中昊晨光的专利申请活跃度指数最高与其申请的时间较迟、申请量主要集中于近几年有关，并不代表其申请量和聚合技术水平已经超越国外的氟橡胶研发巨头，从专利申请的历史积累性和总体数量来看，中昊晨光仍落后于杜邦、大金、3M 等公司，仍需继续加大研发投入力度。

5.3 大金

氟橡胶产业是否发达的标准在于生产企业是否具备开发氟橡胶新品种和特种单体的能力，也就是说，氟橡胶产业发展的关键归根结底还是要落在氟橡胶合成技术上。鉴于该领域的全球专利申请的区域分布较为集中，美、日企业仍是研发主体，技术实力强大，中国企业与之相比差距较大，本节与第 5.5.3 节在美、日企业中分别各选取一家代表性企业进行示范性专利分析。本节试图通过研究这些企业在氟橡胶合成领域技术的发展历程、发展前景，以及专利布局状况，为中国企业的发展提供参考和借鉴。

本节从专利申请量趋势、区域分布、技术手段、技术问题、技术功效等多个维度对大金、杜邦这两个具有代表性的企业的全球和中国专利进行了分析。

5.3.1 大金概述

大金是世界第二大氟化学综合企业，其涉及的领域包括氟橡胶、氟涂料、氟树脂、氟树脂薄膜、表面活性剂、添加剂、氟碳化合物、化学成品制剂、半导体用材料和空气净化设备等化工产品和机械。

大金自 1970 年开始生产和销售氟橡胶，2008 年其产能达到了 4000 吨/年（不包含在中国工厂的产能)。大金研发的氟橡胶牌号包括 DAI – EL® G 系列氟橡胶、DAI – EL® 热塑性氟橡胶、低温品种 LT – 302，以及处于氟橡胶与丙烯酸树脂之间的新型材料 DAI – EL Alloy，其中 DAI – EL G 系列氟橡胶按硫化体系分类还具体包括胺类硫化的 G – 200 系列和 G – 500 系列，双酚硫化的 G – 550 系列、G – 600 系列和 G – 700 系列，以及过氧化物硫化的 G – 800 系列和 G – 900 系列。大金在氟橡胶的合成领域的专利申请量位居世界首位，共计 356 项发明专利，并开发出众多居于世界领先水平氟橡胶新品种，其中 1982 年开发的 DAI – EL 热塑性氟橡胶不需要硫化，具有氟橡胶的弹性和氟树脂优良的耐介质性能；高含氟橡胶 DAI – EL G1001 是可以用过氧化硫化的耐溶剂性良好的高含氟油封胶；以及高含氟橡胶 DAI – EL G555 是耐含醇汽油性和低温特性综合平衡的油封胶。

随着市场需求的快速增长，加之萤石资源丰富、劳动力价格便宜，我国已经成为了全球氟橡胶产能的重要转移地。(大金开始将中国市场作为其全球发展策略的重心。)大金于 1997 年 8 月成立大金化学（香港）有限公司，12 月成立大金化学（上海）有限公司；1998 年 2 月设立北京事务所；2001 年 4 月在常熟成立大金氟化工（中国）有限公司，2003 年 5 月正式投产；2001 年 8 月成立台湾大金先端化学股份有限公司；2003 年 11 月设立广州事务所；2007 年 3 月与中国中萤集团有限公司合资成立江西大唐化学有限公司。大金氟化工（中国）有限公司自成立之后，不断扩产，2005 年 5 月大金氟化工（中国）有限公司二期扩建项目建成投产，2006 年 8 月成立大金氟化工（中国）有限公司上海分公司和北京分公司，10 月成立大金氟化工（中国）有限公司广州分公司。大金氟化工（中国）有限公司在常熟建造的 3200 吨/年装置于 2013 年 6 月建成投产。从大金在中国近 20 年的发展历程来看，大金在中国的布局立足于两点：一是通过在经济发达地区设立分公司、事务所的形式占领中国市场；二是在中国萤石矿资源丰富的内陆地区以合资公司的形式获得氟化工的原材料。

5.3.2 全球申请趋势

市场未动，专利先行，大金初涉该领域就非常重视对其技术的知识产权保护。大金的氟橡胶生产和销售业务始于 1970 年，而在生产和销售之前，大金就于 1969 年在氟橡胶的重要市场——美国申请了专利 US3674763A，该专利涉及一种使用胺类硫化剂生产的快速硫化和低压缩永久变形又不降低弹性的氟弹性体。大金在氟橡胶领域的业务开展虽然较晚，但是其在氟橡胶合成领域的专利申请却后来居上，截至 2013 年申请量达 356 项，居世界第一。

从申请趋势上看，大金的专利申请主要经历了三个阶段，如图 5 – 12 所示。

第一阶段（1969~1982 年）：随着氟橡胶应用在全世界的快速发展，大金在氟橡胶合成领域的申请从无到有，快速增长，1972 年的申请量就达到了 14 项。

第二阶段（1983~1998 年），受到经济危机的影响，年专利申请量出现下滑，但每年仍然保持一定的专利申请量，说明大金在经济低迷的情况下仍未间断在氟橡胶聚合领域的技术研发。

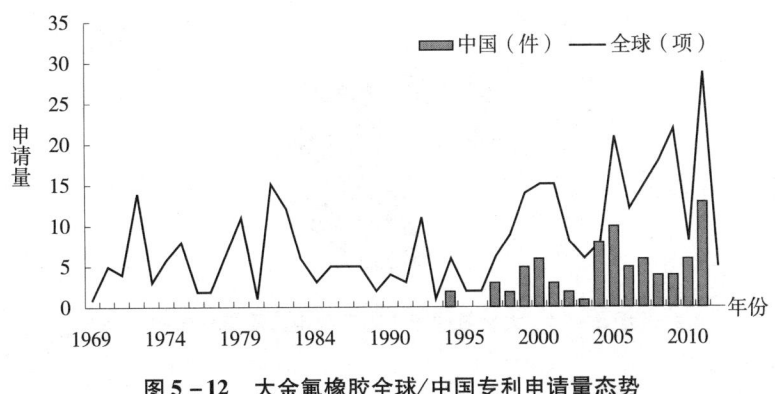

图 5-12　大金氟橡胶全球/中国专利申请量态势

第三阶段（1999年至今）：在相关产业需求增长的带动下，氟橡胶的消费量快速增长，尤其是近年来各国先后出台法规对汽车排气限制、HC 蒸发限制和燃油经济性加以限制（例如2004年美国加利福尼亚州空气资源局颁布的条例《LEV Ⅱ》规定每辆汽车的蒸发泄露总量不得超过0.5g/d），迫使汽车中的软管、O 型环、密封件等材料大量使用氟橡胶，与此相应，大金的年专利申请量开始回升，并快速增长，在2005年突破20项，2011年达到29项。

1994年，大金首次在中国申请了2件专利：在 CN1119450A 中，公开了一种氟橡胶涂料组合物及其制法和应用，该氟橡胶涂料组合物包含：（a）主链上有 $-CH_2-$ 基的氟橡胶、（b）具有在加热条件下能与氟橡胶（a）化学键合的官能团的含氟聚醚系氟油、（c）硫化剂和任意的硫化助剂，及（d）介质，通过在基材上涂布该组合物，可在不损害氟橡胶的弹性、耐热性和耐药品性等特性的条件下赋予基材表面持久的不粘性；在 CN1142842A 中，公开了一种氟橡胶组合物及成形制品，在含有氟橡胶和硫化剂而构成的氟橡胶组合物中，相对于100份重量的氟橡胶添加0.1~5份重量的脂肪酸单酰胺。

虽然大金在氟橡胶合成领域的专利申请进入中国的时间较晚，但随着中国氟橡胶产业的迅速发展，大金越来越重视中国市场，相应的专利申请量增长很快。目前，大金在中国的专利申请量共80件，占大金全球总申请量的22%强，2011年的申请量达到最大值13件，如图5-12所示。

5.3.3　专利申请质量分析

本小节对大金在中国的专利申请的授权、视撤、驳回和未决状况进行了统计，试图从上述角度分析大金的专利申请质量。

截至2013年9月1日，大金在氟橡胶合成领域的中国专利申请共80件，其中授权47件，占总申请量的59%；驳回4件，占总申请量的5%；视撤15件；未决14件，如图5-13所示。如不考虑未决的申请，大金的授权率为71.2%，驳回率为6.1%。而在大金中国专利申请中的15件视撤中，包括未递交实质审查请求视为撤回、未答复审查意见通知书视为撤回、未办理登记手续视为放弃取得专利权等情况，这与大金出于专利布局目的和公司利益，对部分专利申请采取灵活的处理策略有关。

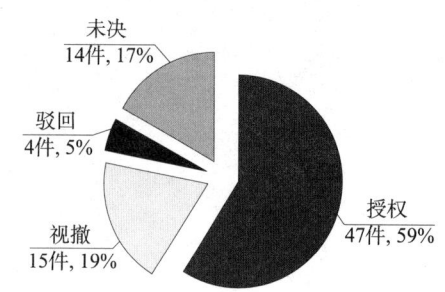

图 5-13　大金氟橡胶中国专利申请质量分析图

5.3.4　区域分布

本小节对大金全球专利申请的主要布局地区分布情况进行了统计，并从中分析大金的专利布局状况。

大金在氟橡胶聚合领域的全球专利申请共 356 项，其中有 161 项进行了多边申请，占总申请量的 45.2%，可见大金非常重视在日本之外的全球市场进行专利布局。

如图 5-14 所示，在多边申请中，进入美国的申请有 146 项，进入欧洲专利局的申请有 124 项，进入中国 80 项，进入韩国 42 项；而同时进入美、欧、中、韩、日等五局的申请达到了 21 项，占总申请量的 5.9%。以上数据说明大金进行专利布局的重点主要集中在传统的重要市场所在地即欧美地区，其中进入美国的申请占多边申请的 90.7%，进入欧洲专利局的申请占多边申请的 77%，同时，大金也重点在中国、韩国等新兴市场进行专利保护。近年来，随着中国市场氟橡胶消费量的快速增长，中国的氟橡胶企业在产能上奋起直追，研发投入不断加大，专利布局意识逐渐增强（体现在以中昊晨光为代表的中国本土企业的专利申请量近期不断增加，并开始尝试进行海外专利布局），因此大金将中国作为第三大专利布局国，进入中国的申请占多边申请的 49.7%，仅次于在欧洲的申请量。

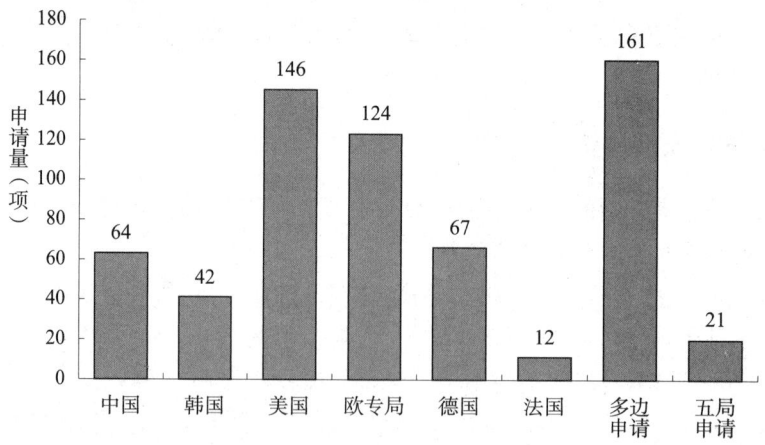

图 5-14　大金全球专利申请区域分布

5.3.5 技术主题和功效分析

本小节对大金在氟橡胶合成领域的专利技术主题进行了分析,包括生胶制备、硫化体系、混炼工艺、硫化工艺,以及其他组分五部分,体现了大金在氟橡胶合成技术的不同研发思路,并通过分析上述技术主题和技术问题之间的关系,为我国氟橡胶企业寻找解决技术问题的手段提供参考。

大金公司在氟橡胶聚合领域的专利申请主要涉及生胶制备、硫化体系、混炼工艺、硫化工艺和其他组分五个方面的技术主题,如图 5-15 所示。其中生胶制备还具体分为制备方法和单体改性两种情形,单体改性具体包括共聚组分、端基改性和共混改性;硫化体系细分为胺类硫化体系、多元醇硫化体系、过氧化物硫化体系、辐射交联、其他硫化体系(三嗪、噁唑、噻唑、咪唑等)、硫化点单体、交联助剂和硫化促进剂八个具体分支;其他组分的技术主题主要是指专利申请侧重于填料、表面活性剂、脱模剂、吸酸剂等组分。

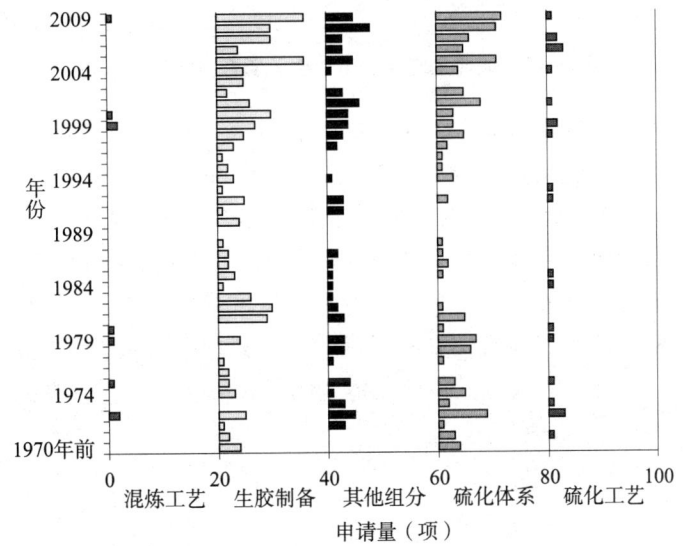

图 5-15 大金全球专利申请技术主题分布

从图 5-15 中可以发现,大金研发的重点在于生胶制备、硫化体系和其他组分三个方面,其中生胶制备占总申请量的 56.7%,是大金研发最主要的主体,硫化体系占比 41.8%,其他组分占比 28.4%,硫化工艺和混炼工艺关注较少,涉及硫化工艺的专利 23 项,占比 6.5%,涉及混炼工艺的专利 9 项,占比 2.5%。

大金涉及生胶制备的专利申请自 1969 年开始出现,之后一直是大金研发的热点,共有 202 项专利涉及生胶制备领域。从图 5-15 不难发现,大金在生胶制备方向的申请量自 20 世纪 90 年代末开始逐渐增加,2005~2011 年期间达到高峰,如 2005 年和 2009 年的申请量达到 16 项,从发展趋势上看,生胶制备的研发热度仍将持续。其中,生胶制备中的单体改性分支,更是大金的研发重点关注的方向,如图 5-16(1)所示,有

172项专利涉及了单体改性的研究。而单体改性又细分为共聚组分、端基改性和共混改性三个具体的分支，其中共聚组分的研究又是其中比例最大的分支，涉及共聚组分的专利达到117项，如图5-16（2）所示。

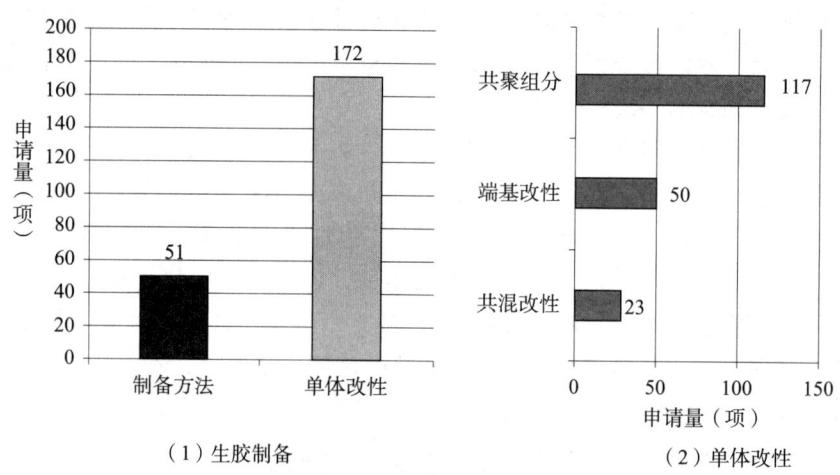

（1）生胶制备　　　　　　　　　　（2）单体改性

图5-16　大金全球专利申请生胶制备技术主题分布

硫化体系是大金研发人员非常关注的技术主题。从图5-16中可见，大金有149项专利涉及硫化体系，该硫化体系方面的专利申请量在其所有申请中处于第二位。进一步，将硫化体系的8个具体分支的发展分布情况展示在图5-17中。上述分支中，对于过氧化物硫化体系的研究最多，有59项专利申请涉及；其次是对硫化点单体、多元醇硫化体系、胺类硫化体系的研究，涉及的专利申请量分别为47项、39项和32项；对于硫化促进剂、交联助剂和辐射交联的研究较少，分别有9项、6项和5项专利涉及；对于三嗪、噁唑、噻唑、咪唑等其他硫化体系的研究最少，只有4项专利申请涉及。

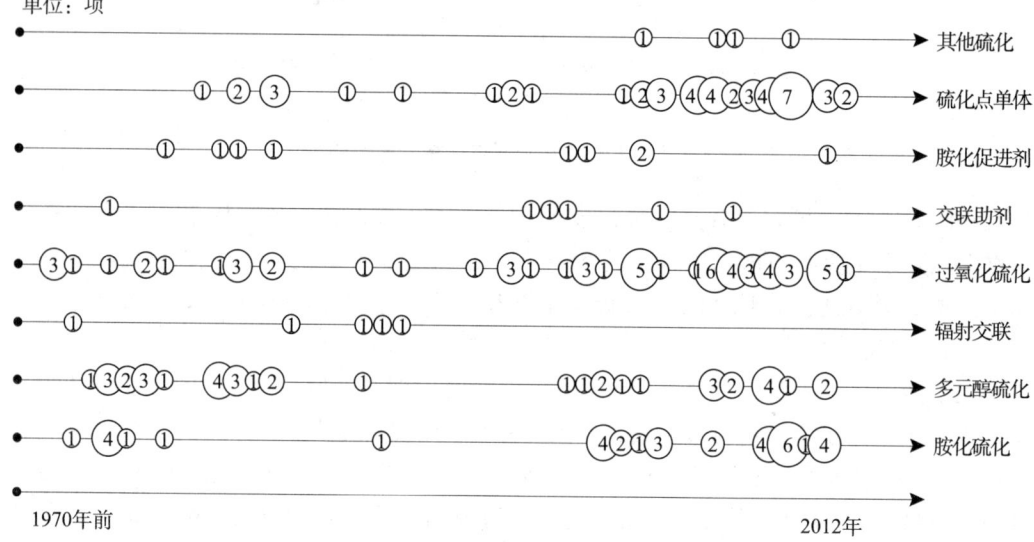

图5-17　大金全球专利申请硫化体系技术主题分布

在各类硫化体系中，大金对过氧化物硫化胶技术的研究最为持久，自1970年就开始出现该分支的专利申请，而近期的研发力度继续加大，大量的专利集中在2005~2011年间，可以预见对于过氧化物硫化体系的研究仍将是大金研发的重点之一，如图5-17所示。

大金对于硫化点单体的研究开始的稍晚，1977年首次进行专利申请，但该分支逐渐成为大金的研发热点，申请量集中于2005年以后，2009年的申请量达到9项。

大金在追寻新的研究热点的同时，没有放弃对传统硫化体系的研究。涉及多元醇硫化体系的专利均匀分布在1971~2011年期间，中间的1982~1996年可能受到经济危机的影响出现过中断。

对胺类硫化体系的研究是大金的早期研究重点，1970~1975年出现多项该方面的专利，后由于研究热点的转移出现中断，2000年左右对于该分支的研究出现回暖，近期的研究也较多。

通过对大金在氟橡胶聚合领域的专利的人工标引，将技术效果归纳为5种，采用的技术手段归纳为5种，进行技术功效分析。通过技术功效分析，可以发现截至目前该技术领域的研发热点和薄弱点，为我国的氟橡胶生产企业和研发机构确立研发方向提供一定的参考。

从图5-18中可以看出，在提高氟橡胶的耐高温性能时，最常使用的技术手段是通过生胶制备对单体进行改性，例如在共聚组分中引入耐热性的分子链，在端基改性时引入耐热性官能团，或者在共混改性时增加耐热性成分都可以提高氟橡胶的耐高温性能，这是大金的研发人员较为关心的研究方向。

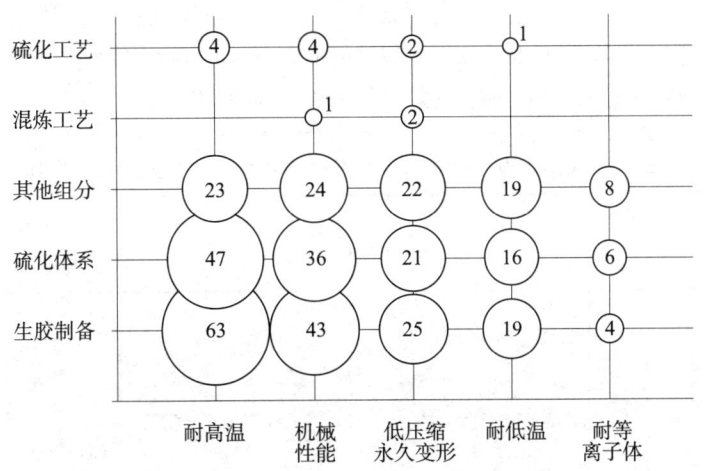

图5-18 大金全球专利申请技术功效图

注：图中的数字表示申请量，单位为件。

通常来讲，胺类硫化体系的工艺性能好，硫化剂易分散，但耐压缩永久变形差，易焦烧；多元醇硫化体系的压缩永久变形好，但其耐水蒸气性能较差，在酸性介质中容易膨胀；过氧化物类硫化胶其耐焦烧性极好，在高温下的压缩永久变形也较好，具有良好的耐高温蒸汽性能。因此，选择合适的硫化体系也能够提高氟橡胶的耐高温性能，这也是大金的研究重点。

在氟橡胶中添加耐热性的其他组分，例如耐热性填料，从而达到提高氟橡胶耐高温性能的效果，大金有多项专利申请涉及此方面。

选择合适的硫化工艺提高耐高温性能是大金研究较少的区域，此外，由于混炼工艺对于提高耐高温性能几乎没有影响，因此大金没有进行研究。

对于如何提高氟橡胶的机械性能方面，大金的研发人员最关注的还是通过生胶制备的手段对单体进行改性，例如在共聚组分中引入高强度的分子链，在端基改性时引入能够提高强度的官能团，或者在共混改性时增加增强或增韧成分都可以提高氟橡胶的机械性能。而选择合适的硫化体系和能够提高强度的添加剂来提高氟橡胶的机械性能同样也是大金的关注点。此外，对于通过改变硫化工艺和混炼工艺来提高氟橡胶的机械性能的技术手段，大金的技术人员也进行了尝试。

5.3.6 重点专利分析

鉴于氟橡胶聚合技术中的过氧化物硫化体系是各氟橡胶生产和研发机构较为关注的领域，表5-3列出了大金在中国专利申请中涉及过氧化物硫化体系的重要专利，研究人员可以对此进一步关注。

大金在中国提出的专利申请中，涉及过氧化物硫化体系的共32件，本小节选择了其中最有代表性的12件专利列于表5-3，并归纳了上述专利的最早优先权日、技术方案、专利申请地域和法律状态等信息。氟橡胶研发机构和生产企业可以据此研究大金在中国布局的重点，在确立研发方向时避开大金已经布局的技术，从而避免研发力量的浪费。对于已经失效的专利，如CN1224421A、CN101065441A、CN101679756A等，研发人员可以借鉴大金技术人员的成果，从而节省研发成本。

表5-3 大金中国专利申请中涉及过氧化物硫化体系的重要专利

序号	公开号	最早优先权日	技术方案	专利申请地域	法律状态
1	CN1224421A	19960701	使用交联助剂 $CXY=CF-CH_2$、$CH_2-CF=CXY$ 三嗪环结构，$CH_2-CF=CXY$，可以将含氟弹性体通过有机过氧化物进行硫化	CN、DE、TW、WO、JP、KR、EP、US	费用终止放弃专利权

续表

序号	公开号	最早优先权日	技术方案	专利申请地域	法律状态
2	CN1738840A	20030124	一种在高压下进行碘转移聚合而提供与非碘转移聚合法相匹敌的生产率高的含氟弹性体的制造方法，进而提供通过该方法得到的含氟弹性体以及含氟成型品。其中含氟弹性体采用间歇式共聚法制造，通过过氧化物硫化，其在使用 Peng-Robinson 方程由反应槽内气相部分中各单体的临界温度、临界压力及各自的组成比算出的临界常数的换算温度为大于等于0.95、换算压力为大于等于0.80的条件下进行，其中，在通式为 $Rf^1 \cdot I_x$ 的存在下使含有至少一种氟烯烃的乙烯型不饱和化合物共聚	CN、US、TW、EP、JP、WO	专利权维持
3	CN1976993A	20040628	一种含氟弹性体组合物，该含氟弹性体组合物含有含氟弹性体（A）和含氟弹性体（B），所述含氟弹性体（B）的含氟量为67重量%以上，且分子量低于含氟弹性体（A）；该含氟弹性体组合物的特征在于，含氟弹性体（B）的含氟量多于含氟弹性体（A）的含氟量。专利中重点介绍了硫化点单体的结构，交联剂可以使用多元醇、多元胺、过氧化物、三嗪、噻唑、咪唑、噁唑等多种硫化体系	CN、EP、JP、US、WO	专利权维持
4	CN1989202A	20040728	一种含氟弹性体组合物，其含含氟弹性体（A）和有机过氧化物硫化剂（B），所述含氟弹性体（A）含有来源于偏二氟乙烯的结构单元和/或来源于四氟乙烯的结构单元，并含有来源于至少1种其他单体的结构单元；所述含氟弹性体（A）中：（a）数均分子量（Mn）为3000~7000g/mol；（b）碘含量为0.3~1.0重量%	CN、US、JP、EP、WO	专利权维持
5	CN101065441A	20041126	一种热塑性聚合物组合物含有氟树脂（A）、交联氟橡胶（B），以及含氟热塑性弹性体（C），所述氟树脂（A）含有含氟乙烯性聚合物（a）；所述交联氟橡胶（B）是由至少1种氟橡胶（b）的至少一部分交联而成的，可以使用过氧化物硫化体系	CN、EP、WO、JP、US、KR	视撤

续表

序号	公开号	最早优先权日	技术方案	专利申请地域	法律状态
6	CN101089024A	20030124	含氟弹性体，所述含氟弹性体含有 20~90 摩尔%的偏二氟乙烯重复单元、10~80 摩尔%的六氟丙烯重复单元，其中，(a) 在弹性体中含有 0.01~10 重量%的碘原子，(b) 聚合物数均分子量为 1000~300000，所述含氟弹性能进行过氧化物硫化。通过在高压下进行碘转移聚合而提供与非碘转移聚合法相匹敌的生产率高的含氟弹性体的制造方法，进而提供通过该方法制造的弹性体支链少、且末端碘含量高的含氟弹性体，以及通过硫化该弹性体而得到的压缩永久变形和拉伸断裂伸长率的平衡性优越的含氟成型品	CN、EP、JP、US	专利权维持
7	CN101479336A	20060623	一种过氧化物交联用氟橡胶组合物和橡胶层积体的制造方法，该氧化物交联用氟橡胶组合物能够形成由与非氟橡胶形成的层的密合性优异的氟橡胶层。过氧化物交联用氟橡胶组合物含有氟橡胶、过氧化物系交联剂、相对于 100 重量份氟橡胶为 0.05~10 重量份的增粘剂以及相对于 100 重量份氟橡胶为 1~100 重量份的金属氧化物（其中，除二氧化硅系填充剂以外）和/或为 1~50 重量份的二氧化硅系填充剂	CN、WO、JP	专利权维持
8	CN101702910A	20070416	一种具有短的交联时间的含氟弹性体组合物具有全氟弹性体 (A)，该全氟弹性体 (A) 具有四氟乙烯单元、全氟烷基乙烯基醚单元 (a) 和单体单元 (b)，该单体单元 (b) 具有选自腈基、羧基和烷氧基羰基的至少一种基团，其中所述组合物具有两种或更多种全氟弹性体 (A)，该两种或更多种全氟弹性体 (A) 具有不同含量的全氟烷基乙烯基醚单元 (a)，采用过氧化物交联体系	CN、WO、US、JP、TW、KR	专利权维持
9	CN101679756A	20070516	凝胶率为 85 质量%以上的交联的含氟弹性体微粒，或使在 1 分子聚合物的末端含有至少 3 个碘原子的含氟弹性体颗粒交联而得到的交联的含氟弹性体微粒，通过对包含能够过氧化物交联的含氟弹性体颗粒、过氧化物和多官能不饱和化合物的水性分散液进行加热，使该含氟弹性体颗粒过氧化物交联	CN、US、JP、WO、EP	视撤

续表

序号	公开号	最早优先权日	技术方案	专利申请地域	法律状态
10	CN101981116A	20080327	一种过氧化物交联类含氟弹性体组合物，含有：（A）支链型含氟弹性体，该支链型含氟弹性体具有可进行过氧化物交联的交联部位，数均分子量在 1000～300000 的范围内，且马克-豪温克梯度 a 小于 0.6；以及（B）直链型含氟聚合物，该直链型含氟聚合物的数均分子量在 1000～250000 的范围内，且马克-豪温克梯度 a 为 0.6 以上	CN、JP、WO、EP	专利权维持
11	CN102365326A	20090331	一种含有含氟弹性体混合物的过氧化物硫化用组合物，所述含氟弹性体混合物提供在维持耐寒性氟橡胶的耐寒性的同时硬度低、燃料低透过性优异的成型品。所述含氟弹性体混合物包含：（A）具有碘原子的可过氧化物硫化的含氟弹性体，其为仅由 50～85 摩尔% 的偏二氟乙烯单元和 15～50 摩尔% 的全氟（烷基乙烯基醚）单元构成的共聚物（a1）、或仅由 45～85 摩尔% 的偏二氟乙烯单元、1～30 摩尔% 的四氟乙烯单元和 14～30 摩尔% 的全氟（烷基乙烯基醚）单元构成的共聚物（a2）；和（B）含氟率为 70% 以上的、具有碘原子的可过氧化物硫化的含氟弹性体	CN、US、JP、WO	未决
12	CN103080616A	20100825	具有对含有氟橡胶（A）和炭黑（B）的氟橡胶组合物进行交联而得到的交联氟橡胶层的密封材料；在测定温度为 160℃、拉伸应变为 1%、初始载荷为 157cN、频率为 10Hz 的动态粘弹性试验中，交联氟橡胶层的损耗模量 "E" 为 600kPa 以上且 6000kPa 以下	CN、JP、WO、US	未决

5.4 杜邦

5.4.1 杜邦简介

美国杜邦是世界上历史最悠久、业务最多元化的一家以科研为基础的全球性企业，成立于 1802 年，其总部设在美国特拉华州的威明顿，已有 200 多年的历史。杜邦以科研为基础，每年约有15亿美元的研究发展支出，目前在全球拥有17000多项有效专利，其中90%左右都是可以转让的专利。该公司在美国有40多个研发及客户服务实验室，在11个国家有超过35个实验室，在全世界70个国家开展业务，有135个生产和加工设施。

氟橡胶不是杜邦的主营业务，但杜邦是世界上最大、最先进的氟橡胶生产企业，全球的氟橡胶共50多个牌号，其中杜邦拥有30多个牌号。杜邦功能弹性体公司为全球主要的氟橡胶生产厂商之一，氟橡胶产能为8000吨/年。❶杜邦的氟橡胶主要包括两个系列：Viton® 系列和 Kalrez® 系列。

Viton® 是分子内含氟的橡胶，是最早由杜邦公司于1957年开发的六氟化系氟橡胶。其耐高温性能优于硅橡胶，热稳定性达200℃以上，耐候性、耐溶剂性、耐化学性、耐臭氧性均佳，但是耐寒性不良，使用温度范围-20℃~260℃，广泛应用于腐蚀性汽车燃料系统、飞行器和化学加工环境中。

Kalrez® 是全氟化橡胶，是杜邦于1968年研发的全球第一个全氟醚橡胶，该产品除了拥有特富龙的优异化学性能之外，同时还具有橡胶的弹性、卓越的耐热性、洁净度和抗暴性，其热稳定性可达327℃，压缩永久变形极低，拉伸强度优秀，是世界公认的具有革命意义的产品。

近年来，由于氟橡胶需求的快速增长，以及具有丰富的萤石矿产资源，中国已经成为了全球氟橡胶产能的重要转移地。而杜邦同样将在中国的发展作为其全球发展战略中重要的一环。杜邦是最早进入中国的跨国企业之一，杜邦于20世纪80年代中期就开始在中国经营业务，1989年在深圳设立了第一家全资投资有限公司——杜邦中国集团有限公司。杜邦也是一家最为中国化的跨国公司，其将其全球第三个研发中心建在上海，在中国的投资力度不断升级，2002年杜邦在中国拥有21家独资或合资企业、3个分公司，总投资超过7亿美元。

5.4.2 专利申请趋势

杜邦是世界上第一家开发出氟橡胶的公司，杜邦的自身定位是以科研为基础的全球性企业，因此其非常关注对科研成果的保护，知识产权保护意识很强。杜邦早在1959年就开始在氟橡胶聚合领域进行专利保护，其在GB888766A1中公开了一种具有可固化端羧基的共聚物：该共聚物包含—CH_2—CF_2—单元、以及—CF_2—CF_2—和—$CFCl$—CF_2—单元中的一种或多种，并由偏二氟乙烯与六氟丙烯、四氟乙烯和四氟氯乙烯中的一种或多种共聚而成，其产物可以固化形成塑料或弹性体，例如当共聚物中偏二氟乙烯的含量为70~30wt%时得到弹性体。杜邦的上述专利要求了美国优先权，还具有德国的同族专利DE1190669B。可见，杜邦在发展氟橡胶的初期阶段就注重在海外专利布局，在氟橡胶的两大生产国和消费国——德国和英国进行专利保护。

目前，杜邦在氟橡胶合成领域的专利申请为263项，在专利申请量上居世界第二，

---

❶ 我国氟橡胶产业面临的机遇与挑战，化工新型材料，2008，36（8）：14-16.

落后于日本大金。

从申请趋势上看，杜邦的专利申请主要经历了三个阶段（如图5-19所示）。

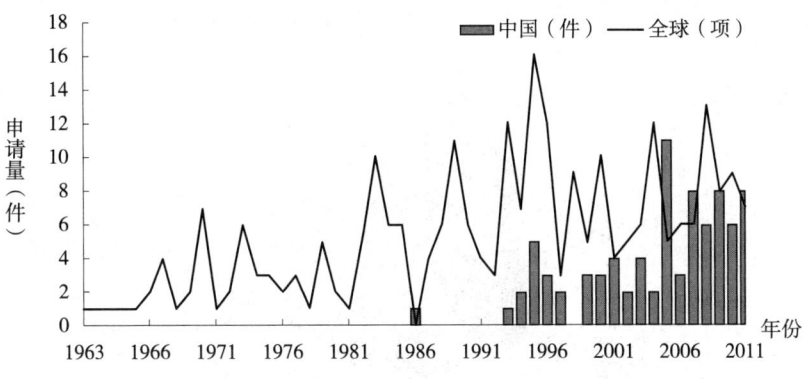

图5-19　杜邦氟橡胶全球/中国专利申请量态势

第一阶段（1963~1982年）：这一阶段杜邦在氟橡胶合成领域的申请较为平均，年申请量均不超过10项，1970年的申请量就最高仅为7项。

第二阶段（1983~1996年）：1983年杜邦的申请量达到10项，之后呈现快速上涨的趋势，于1995年申请量达到顶峰16项，而几乎在同一时期，其日本的竞争对手大金由于受到经济危机的影响在该领域的申请低迷。

第三阶段（1997年至今）：杜邦在该领域的专利申请量出现下滑，但仍保持较高的申请量，这一阶段比较突出的是杜邦的专利申请开始大量进入中国，2005年在中国的申请量达到11件。

杜邦在中国的专利布局始于1986年。1986年杜邦在中国提出了专利申请CN86101978A，其公开了一种新型可交联的含氟共聚物制备方法：该聚合物含有由每单元具有一个磺酰氯基的含氟单体单元和至少一种烯属不饱和化合物的单体单元，这种可交联的含氟共聚物的磺酰氯基含量，控制在一个特定的范围之内，它易于交联而产生具有极好的耐热性和耐化学性的含氟弹性体，该方法包括使含有磺酰氯基的含氟单体与至少一种烯属不饱和化合物反应。

目前，杜邦在中国的专利申请量共82件，占杜邦全球氟橡胶合成领域的总申请量的31.2%。其在2005年达到年申请量的最大值，11件，2005~2011年的申请仍然较为活跃，年申请量较高，如图5-19所示。以上数据说明杜邦比较重视中国的氟橡胶市场，早在1986年就在氟橡胶聚合领域提出专利保护，而且随着中国氟橡胶产业的迅速发展，杜邦更加重视中国市场，并通过专利布局力图维持其在该领域的优势地位。

5.4.3　专利申请质量分析

本小节对杜邦在中国的专利申请的授权、视撤（包括未递交实质审查请求视为撤回、未答复审查意见通知书视为撤回、未办理登记手续视为放弃取得专利权等情况）、驳回、未决状况进行了统计，试图从上述角度分析杜邦公司的专利申请质量。

截至2013年9月1日，杜邦在氟橡胶合成领域的中国专利申请共82件，其中授权

43 件，占总申请量的 52.4%；驳回 3 件，占总申请量的 3.7%；视撤 15 件；未决 21 件，如图 5-20 所示。如不考虑未决的申请，杜邦的授权率为 70.5%，驳回率为 4.9%。总的来看，氟橡胶聚合领域的两大巨头杜邦和大金在中国的专利申请质量相差不大。

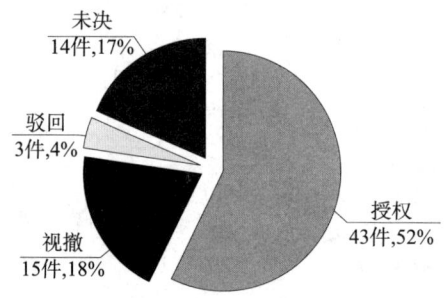

图 5-20　杜邦氟橡胶中国专利申请质量

5.4.4　区域分布

本小节对杜邦全球专利申请的主要布局地区分布情况进行了统计，并从中分析杜邦的专利布局状况。

杜邦在氟橡胶聚合领域的全球专利申请共 263 项，其中有 223 项进行了多边申请，占总申请量的 84.8%，可见杜邦非常重视在美国之外的全球氟橡胶市场进行专利保护。

如图 5-21 所示，在杜邦的多边申请中，进入日本的申请有 177 项、进入欧洲专利局的申请有 161 项、进入德国的申请有 136 项、进入中国的申请有 82 项、进入加拿大的申请有 61 项、进入韩国的申请有 27 项、进入法国的申请有 25 项；而同时进入美、欧、中、韩、日的五局申请的达到 16 项，占总申请量的 6.1%。由此可见，杜邦非常重视在日本和欧洲这两个传统的重要市场地区进行专利布局，进入日本的申请占多边申请的 79%，进入欧专局的申请占多边申请的 72%；而中国作为重要的氟橡胶新兴市场，杜邦也非常重视在中国进行专利保护，在中国的专利申请量仅次于日本和欧洲。

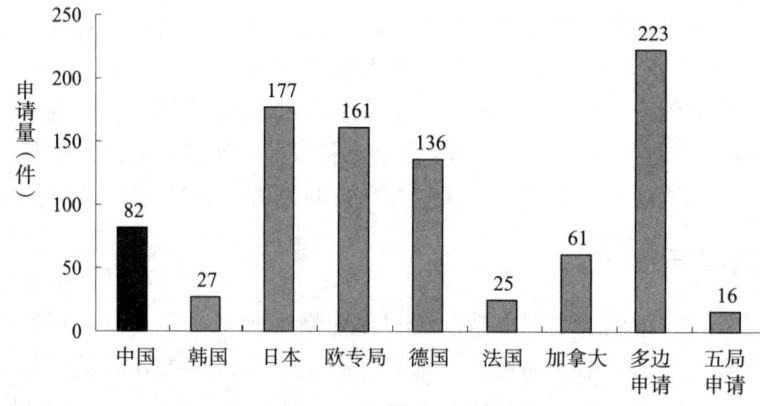

图 5-21　杜邦全球专利申请区域分布

与大金相比,杜邦的专利布局策略稍有不同。大金虽然在申请总量上高于杜邦,但是大金的多边申请占比仅为45.2%,大大低于杜邦的84.8%,因此,相比而言,杜邦更注重专利的海外布局。从专利布局的区域来看,大金的海外布局的重点是美国,其次是欧洲和中国,很少进入其他国家;杜邦对外专利布局虽然日本是最主要的目标,但是在欧洲的布局量与在日本的布局量差别不大,这与杜邦在欧洲的业务开展有关,杜邦组建的 DuPont – Dow Elastomer 公司的氟弹性体在欧洲市场上约占90%的份额。❶此外,杜邦多边申请也大量流入德国、加拿大、中国、韩国等国家,布局的范围更广。

5.4.5 技术功效分析

本小节对杜邦在氟橡胶聚合领域的中国专利进行人工标引,将技术效果归纳为5种,采用的技术手段归纳为5种,进行技术功效分析。通过技术功效分析,可以发现截至目前杜邦在该技术领域的布局的重点和薄弱点,为我国的氟橡胶生产企业和研发机构确立研发方向等提供一定的参考。

从图5-22中可以看出,对于如何提高氟橡胶的耐高温性能,杜邦最关注的技术手段是通过生胶制备对单体进行改性,包括在共聚组分中引入耐热性的分子链,在端基改性时引入耐热性官能团,或者在共混改性时增加耐热性成分都可以提高氟橡胶的耐高温性能;其次是选择合适的硫化体系;选择合适的硫化工艺和混炼工艺提高耐高温性能是杜邦申请较少的区域。杜邦在华专利中没有包含通过添加剂等其他组分来提高氟橡胶耐高温性能的技术手段。

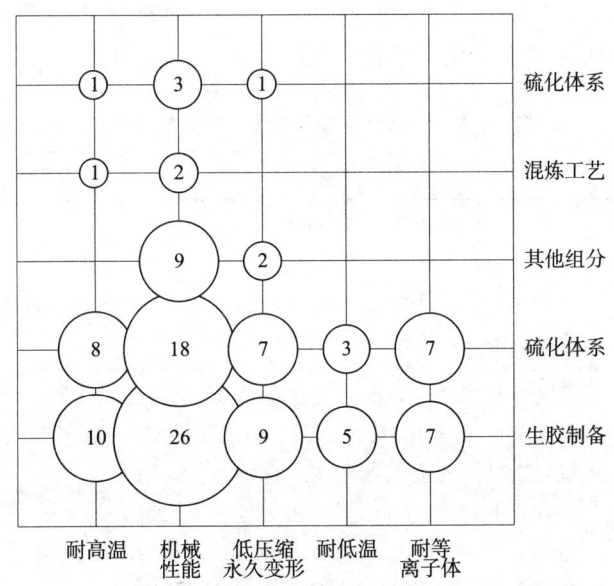

图5-22　杜邦氟橡胶聚合领域中国专利技术功效图

注:图中的圈内数字表示申请量,单位为项。

---

❶ 徐兆瑜. 我国氟化工材料的现状与展望[J]. 杭州华工,2004,34(2):7-14.

对于如何提高氟橡胶的机械性能方面，杜邦申请专利保护最多的还是通过生胶制备的手段对单体进行改性；其次是选择合适的硫化体系，以及添加其他组分；对选择硫化工艺和混炼工艺提高机械性能的手段研究较少。

5.4.6 重点专利分析

氟橡胶聚合技术中的过氧化物硫化体系、硫化点单体、硫化工艺、耐低温氟橡胶、宽温氟橡胶等技术分支是各氟橡胶生产和研发机构较为关注的领域，本小节选取杜邦中国专利申请中关于上述分支部分重要专利列于表5-4，例如CN1146776A公开了一种全氟弹性体的固化方法，CN1173882A公开了一种非晶态四氟乙烯-六氟丙烯共聚物的制备方法，都涉及氟橡胶的硫化工艺；CN1649917A公开了可硫化的耐碱含氟弹性体，所得到的硫化含氟弹性体具有良好的低温和高温性能的组合，涉及宽温氟橡胶；CN101084245A公开了一种具有低玻璃转化温度的氟弹性体，涉及耐低温氟橡胶；CN101296954A公开了一种制造具有溴或碘原子固化部位的含氟弹性体的方法，涉及硫化点单体，为研发人员提供借鉴。

在杜邦在中国提出的82件专利申请中，本小节选择了其中具有代表性的24件专利列于表5-4中，并对上述专利的技术方案、法律状态等信息进行披露。氟橡胶研发机构可以据此研究杜邦在中国布局的重点，在确立研发方向时避开杜邦已经布局的技术分支，从而避免研发力量的浪费。对于杜邦已经布局的技术，技术人员可以另辟蹊径或采取专利合作的方式实现在该领域的突破。对于已经失效的专利，如CN1117736A、CN1141050A、CN1146776A、CN101296954A、CN101084245A等，研发人员可以直接借鉴杜邦技术人员的研究成果，从而节省研发成本。

表5-4 杜邦中国专利申请中部分重要专利

序号	公开号	技术方案	发明名称	法律状态
1	CN1117736A	使交联全氟弹性体氟化的方法，在约-50℃至约200℃的温度下使分压为约25千帕至约5.0兆帕的氟与已经辐射交联的全氟弹性体相接触	辐射交联全氟弹性体的氟化	视撤
2	CN1120343A	含有全氟烯烃、全氟（烷基乙烯基）醚的共聚单元及至多3%（摩尔）至少一种含硫化点单体的全氟弹性体组合物，所述烷基含有1~5碳原子，其改进之处在于该组合物还含有约5~20phr粘度至少为约3000mm^2/s的全氟聚醚；具有改善的耐低温性能	全氟弹性体组合物	视为放弃

续表

序号	公开号	技术方案	发明名称	法律状态
3	CN1141050A	耐热全氟弹性组合物包含一种全氟弹性体，它含有不大于3摩尔%的共聚单元，该共聚单元是由没有氢原子的固化点单体，或由有氢原子，但在全氟弹性体交联期间此氢原子可被除去的固化点单体组成，该全氟弹性体显示出在高温下的优越性能	耐热全氟弹性组合物	视撤
4	CN1146776A	固化全氟弹性体的方法，包括：(a) 将混合物限制成一种特定形状，所述混合物包括：(i) 含有多个腈基的全氟弹性体；(ii) 一种能催化所述全氟弹性体通过上述腈基的交联的锡催化剂；(iii) 一种能交联上述全氟弹性体的过氧化物及一种双烯或三烯活性助剂；在足以使所述过氧化物分解的第一温度加热上述混合物；(b) 将所述混合物从限制物中取出；(c) 在比第一温度高的第二温度加热该混合物，加热足够时间，以便通过腈基形成交联	全氟弹性体固化	费用终止放弃
5	CN1173882A	连续聚合方法，包括在大约41~690MPa压力和大约200℃~400℃温度下使四氟乙烯、六氟丙烯和一种游离基引发剂接触，以生产一种含有至少30摩尔%的来源于所述六氟丙烯的重复单元，至少1摩尔%的来源于所述四氟乙烯的重复单元的非晶态聚合物，并且以所说连续聚合的平均停留时间为大约5sec~30min	非晶态四氟乙烯-六氟丙烯共聚物、其制备方法和用途	专利权维持
6	CN1361809A	热稳定的可固化弹性体组合物，包含：(A) 70~99（重量）%至少一个选自由下列组成的一组中的固化部位的氟弹性体：(1) 共聚的溴化烯烃、氯化烯烃、和碘化烯烃；(2) 共聚的溴化不饱和醚、氯化不饱和醚、和碘化不饱和醚；(3) 共聚的非共轭双烯和三烯；和 (4) 存在于该氟弹性体链末端位置上的碘原子、溴原子及其混合物；(B) 0.5~20（重量）%选自下列一组中的多官能交联剂：多官能丙烯酸交联剂、多官能甲基丙烯酸交联剂、多官能氰脲酸酯交联剂、和多官能异氰脲酸酯交联剂；和 (C) 0.1~10（重量）%紫外线敏感引发剂	紫外线可固化的弹性体组合物	专利权维持

续表

序号	公开号	技术方案	发明名称	法律状态
7	CN1422285A	用于生产有选定摩尔比的共聚单体单元的含氟弹性体的悬浮聚合方法，包括下列步骤：（A）向反应器中加入含悬浮稳定剂的水介质，该悬浮稳定剂在水介质中的浓度为每100重量份水介质含0.001~3重量份悬浮稳定剂；该水介质的量要使反应器中留有足以接受气态单体的蒸汽空间；（B）在反应器的蒸汽空间加入起始量的含1,1-二氟乙烯主单体和至少一种其他氟化的主单体的混合物；不断地混合所述水介质和单体混合物，以形成分散体；（C）通过向分散体加入油可溶的有机过氧化物聚合引发剂，在45℃~70℃下引发剂体的聚合作用；（D）在聚合过程中，阶段增量地向反应器加主单体和至少一种硫化部位单体，以维持反应器中恒压，该主单体和硫化部位单体以所选摩尔比加入到反应器中，直到含氟弹性体产物的数均分子量达到50000~2000000道尔顿为止	生产含氟弹性体的方法	专利权维持
8	CN1464885A	生产含氟弹性体的乳液聚合方法，包含：（A）往反应器中加入表面活性剂的水溶液；（B）往反应器中加入一定量的单体混合物，以形成反应介质，所述单体混合物包含（i）占单体混合物总重量的25~70wt%的第一单体，所述第一单体选自偏二氟乙烯和四氟乙烯，和（ii）占单体混合物总重量75~30wt%的一种或多种不同于所述第一单体的其他可共聚单体，其中所述其他单体选自含氟烯烃、含氟乙烯基醚、碳氢烯烃及其混合物；和（C）使所述单体在自由基引发剂的存在下进行聚合生成一种含氟弹性体分散体，同时保持所述反应介质的pH在1~7之间，压力在0.5~10MPa之间，温度在25℃~130℃之间	含氟弹性体的生产方法	专利权维持

续表

序号	公开号	技术方案	发明名称	法律状态
10	CN1509312A	特种氟弹性体，包含下列共聚单元：10～40mol%乙烯；20～40mol%全氟醚，选自全氟（烷基乙烯基醚）、全氟（烷基链烯基醚）和全氟（烷氧基链烯基醚）；32～60mol%四氟乙烯；和0.1～15mol%硫化部位单体，选自3,3,3-三氟-1-丙烯、三氟乙烯、1,2,3,3,3-五氟丙烯、1,1,3,3,3-五氟丙烯，以及2,3,3,3-四氟丙烯，硫化氟弹性体组合物耐胺、强碱和硫化氢的侵蚀并兼具有良好低温和高温性能，而且耐油溶胀	可硫化耐碱氟弹性体	专利权维持
11	CN1509310A	特种氟弹性体组合物，其中，氟弹性体包含下列共聚单元：四氟乙烯、丙烯、任选地偏二氟乙烯以及选自三氟乙烯、3,3,3-三氟丙烯-1、1,2,3,3,3-五氟丙烯、1,1,3,3,3-五氟丙烯，以及2,3,3,3-四氟丙烯的硫化部位单体，能够采用多羟基硫化体系容易地进行硫化。所制成的硫化制品兼具优异耐碱性流体性能、卓越抗张性能和耐压缩永久变形性能	可硫化耐碱氟弹性体	专利权维持
12	CN1649917A	一种耐碱的、基本为无定形的含氟弹性体，其包含：(1)10～40摩尔%的乙烯单元；(2)32～60摩尔%的四氟乙烯单元；(3)20～40摩尔%的选自全氟（烷基乙烯基醚）、全氟（烷基烯基醚）和全氟（烷氧基烯基醚）的全氟醚单元；和(4)0.1～15摩尔%选自(i)全氟烷基乙烯和(ii)全氟烷氧基乙烯的硫化部位单体。这种含氟弹性体可以用多羟基硫化剂硫化。所得到的硫化含氟弹性体耐受胺类、强碱和硫化氢的侵蚀并具有良好的低温和高温性能的组合，并且耐油溶胀	可硫化的耐碱含氟弹性体	专利权维持
13	CN1649918A	特种含氟弹性体的组合物，其包含四氟乙烯、丙烯、任选的偏二氟乙烯和固化位单体的共聚合单元，所述固化位单体选自(i)全氟烷基乙烯和(vii)全氟烷氧基乙烯，所述组合物易于用多羟基固化体系固化。得到的固化制品具有优异的耐碱性流体性、优良的拉伸性能和耐压缩永久变形性	可固化耐碱含氟弹性体	专利权维持

续表

序号	公开号	技术方案	发明名称	法律状态
14	CN1665852A	可用过氧化物固化的含氟弹性体,其具有以下共聚合单元:偏二氟乙烯或者四氟乙烯主要单体、至少一种其他氟化主要单体、具有通式 $CH_2=CH-(CF_2)_nI$ 的固化位单体,和在聚合物链末端位置键合的碘,具有良好的加工性能和优异的拉伸性能	可用过氧化物固化的含氟弹性体	专利权维持
15	CN1673244A	制备具有至少58%重量氟的氟弹体的乳液聚合方法,所述方法包括:(A)往反应器中装入表面活性剂水溶液;(B)往所述反应器中装入一定量的单体混合物以形成反应介质,所述单体混合物包含:(i)占所述单体混合物总重量的25~70%重量的第一种单体,所述第一种单体选自1,1-二氟乙烯和四氟乙烯,和(ii)占所述单体混合物总重量的75~30%重量的一种或多种不同于所述第一种单体的其他可共聚单体,其中所述其他单体选自含氟烯烃、含氟乙烯基醚、烃类烯烃和其混合物;和(C)在自由基引发剂存在下,聚合所述单体以形成氟弹体分散体	制备氟弹体的乳液聚合方法	专利权维持
16	CN101084245A	制备氟弹性体的方法,包括:(A)乳化混合物,该混合物包括(i)全氟乙烯基聚醚,选自(a)六氟环氧丙烷三聚体烯烃、(b)六氟环氧丙烷四聚体烯烃和(c)它们的混合物;(ii)表面活性剂和(iii)水,以形成乳化的全氟乙烯基聚醚;(B)将所述乳化的全氟乙烯基聚醚与选自偏二氟乙烯和四氟乙烯中的至少一种气态氟单体共聚以形成氟弹性体,其玻璃转化温度低于-10℃	具有低玻璃转化温度的氟弹性体	视撤
17	CN101296954A	制备具有溴、碘或溴和碘两者固化部位的含氟弹性体的方法,所述方法包括:(A)向反应器中加入的水溶液;(B)向所述反应器中加入初始单体混合物以形成反应介质,所述初始单体混合物包含:(i)第一单体,所述第一单体选自偏二氟乙烯和四氟乙烯;和(ii)一种或多种与所述第一单体不同的另外的可共聚的单体,其中所述另外的单体选自含氟烯烃、含氟醚、丙烯、乙烯及其混合物;(C)向所述反应器中加入至少一种包含固化部位源的含水乳液,所述固化部位源选自:(i)含碘固化部位单体、(ii)含溴固化部位单体、(iii)含碘链转移剂和(iv)含溴链转移剂;其中所述乳液的平均液滴大小为50μm以下;和(D)在自由基引发剂存在下聚合所述单体,以形成具有固化部位的含氟弹性体	制造具有溴或碘原子固化部位的含氟弹性体的方法	视撤

续表

序号	公开号	技术方案	发明名称	法律状态
18	CN101541844A	制备含氟弹性体的半间歇给料乳液聚合方法，（A）向反应器中加入基本上不含表面活性剂的水溶液；（B）向所述反应器中加入的单体混合物，所述单体混合物包含（i）按所述单体混合物的总重量计25~75重量%的第一单体，所述第一单体选自偏二氟乙烯和四氟乙烯；以及（ii）按所述单体混合物的总重量计介于75重量%和25重量%之间的一种或多种不同于所述第一单体的另外的共聚单体，其中所述另外的单体选自含氟烯烃、含氟乙烯醚、烯烃以及它们的混合物；（C）引发聚合反应以形成含氟弹性体分散体；（D）聚合反应开始后，向所述反应器中加入式R-L-M的烃类阴离子表面活性剂	制备含氟弹性体的半间歇给料法	专利权维持
19	CN101605823A	用于制备含氟弹性体的凝结方法，所述含氟弹性体具有至少53重量%的氟，所述方法包括：（A）提供包含含氟弹性体的含水分散体，所述含氟弹性体包含至少两种可聚合单体的共聚单元，其中按所述含氟弹性体的总重量计，第一单体以介于25重量%和70重量%之间的量存在，所述第一单体选自偏二氟乙烯和四氟乙烯；以及（B）向所述含水分散体中加入水溶性聚合物的水溶液，所述水溶性聚合物具有至少两个季鏻中心，由此凝结所述含氟弹性体	凝结含氟弹性体的方法	专利权维持
20	CN101622285A	包含四氟乙烯、丙烯、第一固化部位和第二固化部位的共聚单元的含氟弹性体组合物是易于用多羟基固化体系固化的，所述第一固化部位选自三氟乙烯、3,3,3-三氟丙烯、1,2,3,3,3-五氟丙烯、1,1,3,3,3-五氟丙烯、2,3,3,3-四氟丙烯，所述第二固化部位选自（i）溴化的固化部位单体的共聚单元，（ii）碘化的固化部位单体的共聚单元，（iii）氯化的固化部位单体的共聚单元，（iv）溴化的端基，（v）碘化的端基以及（vi）（i）~（v）的任何组合。所得的固化制品具有优异的对碱性流体的抵抗性、优异的拉伸特性和抗压缩形变性，以及优异的对于金属基质的粘附性的组合。所述含氟弹性体可任选通过多羟基体系和有机过氧化物体系来双重固化	可固化的耐碱含氟弹性体	驳回
21	CN101925618A	制备含氟弹性体的乳液聚合反应方法，所述方法包括在包含引发剂和至少一种分散剂的含水介质中，使选自偏二氟乙烯、四氟乙烯和全氟（甲基乙烯基醚）的第一单体与至少一种不同的单体聚合以获得含氟弹性体的含水分散体	制备含氟弹性体的方法	未决

续表

序号	公开号	技术方案	发明名称	法律状态
22	CN102159635A	可固化的组合物，所述组合物包含：（A）多羟基可固化的含氟聚合物，所含氟聚合物基于含氟聚合物的总重量包含0~0.01重量%的过氧化物固化位点，所述过氧化物固化位点选自氯原子、溴原子和碘原子；（B）每100重量份含氟聚合物1~50重量份的式R-(CF2)$_n$-CH$_2$-OH的β-氟醇；（C）多羟基固化剂；（D）酸受体；和（E）促进剂	可固化的含氟聚合物组合物	未决
23	CN102549065A	可固化的含氟弹性体组合物，所述组合物包含：(a) 具有腈、炔烃或叠氮化物固化位点的含氟弹性体和 (b) 用于与所述含氟弹性体的固化位点反应的二叠氮化物、二腈或二炔烃基团的氟化的固化剂。具有叠氮化物固化位点的含氟弹性体与具有二腈基或二炔烃基的固化剂形成交联。具有腈或炔烃固化位点的含氟弹性体与具有二叠氮化物基团的固化剂形成交联	可固化的含氟弹性体组合物	未决
24	CN102958999A	制备可固化全氟弹性体组合物的方法，包括：（A）将全氟弹性体含水分散体与具有<100nm平均粒度的胶态二氧化硅溶胶混合以形成含水的全氟弹性体组合物；（B）将所述全氟弹性体组合物与所述含水组合物分离；以及（C）将所述全氟弹性体组合物与固化剂混合以形成可固化全氟弹性体组合物。固化的组合物令人惊奇地具有比包含亲水性二氧化硅的类似化合物更好的压缩永久变形	制备可固化全氟弹性体组合物的方法	未决

5.5 我国企业的氟橡胶聚合技术现状

2012年全球氟橡胶需求量约为2.3万吨，需求占比为美国26%、欧洲27%、中国22%、日本15%、其他国家10%，预计2017年全球需求量达到3万吨，中国将成为氟橡胶第一消费国。氟橡胶主要用于汽车业，由于全球经济不景气，需求乏力，今后拉动需求的驱动力主要在中。目前我国汽车工业耗用氟橡胶约占40%，石油化工约占25%，航空航天及其他行业占35%。因此，大力发展氟橡胶产业，提高氟橡胶的自给能力已是当务之急。

2012 年我国本土氟橡胶企业和外国在华独资或合资企业的氟橡胶产能约为 1.67 万吨/年，居世界第一，占全球的 42%。我国本土的氟橡胶生产企业主要包括中国化工集团的中昊晨光、上海三爱富、江苏梅兰化工和山东东岳。虽然我国氟橡胶的产业规模已达世界第一，表面上看实际年产能已超过市场需求，但在产品的品种和应用技术上还存在较大差距。国外氟橡胶品种多样，仅杜邦一家就拥有 30 多个氟橡胶品种，而我国氟橡胶品种不到 10 个。[1] 国产氟橡胶品种单一，主要以 26 型胶（VDF 和 HPF 共聚）为主，少量为 246 型胶（VDF、HPF 和 TFE 共聚）和 23 型胶（VDF 和 CTFE 共聚），这几类产品占氟橡胶总产量的 90% 以上，胶种也以高、中门尼粘度为主，低端产品产能明显过剩。

由于我国国产氟橡胶档次较低，无法满足高档轿车、飞机、食品加工等领域的需要，因此我国一方面要向其他国家出口才能消化低端产品的产能，另一方面还不得不从美国、意大利和俄罗斯等过进口一部分高档胶种或制品。由于技术和质量相对落后，研发投入不高，加之低端产品过剩，造成的后果之一必然是引发产品价格的竞争。

从氟橡胶聚合领域专利申请的角度来看，国内申请方面，国内申请量大大低于国外来华专利申请量，即使申请量最大的中国本土企业中昊晨光的申请量也远落后于 3M、大金、杜邦等公司；全球申请方面，除了总的申请量远远落后于日、美等发达国家之外，中国申请人几乎没有在海外进行布局的经历。无论是国内还是全球的专利申请情况都反映了外国大公司在氟橡胶聚合领域占据着明显的技术优势地位，与外国氟橡胶生产和研发巨头相比，中国的氟橡胶企业在氟橡胶聚合领域的技术水平存在及较大差距。因此，中国的氟橡胶企业不能继续走简单扩产而不重视提高产品技术含量和品质的老路。

国内氟橡胶生产企业应在提高生产技术水平和产品质量与应用上下工夫，加大特种单体、聚合工艺、配方、硫化工艺、硫化体系、产品形态开发的力度，加快开发耐低温氟橡胶、耐高温氟橡胶、宽温域氟橡胶、过氧化物硫化胶、低温硫化氟橡胶、全氟醚橡胶、氟磷腈橡胶、不需二段硫化的氟橡胶、高含氟橡胶、高纯氟橡胶、液体氟橡胶、环保型氟橡胶、低门尼氟橡胶等产品。由于氟橡胶聚合领域的专利申请主要集中在美、日、欧的几家氟橡胶研发巨头手中，中国企业作为技术跟随者，在引进生产线和生产技术的基础上，应当做好消化吸收工作，分析外国公司的专利布局状况，充分利用其无权专利和无效专利，避开其有效专利的技术封锁，在自己的优势领域或者对方的弱势领域及技术空白点上构建结构合理的专利群，形成具有自身特色的专利组合。

5.6 本章小结

通过分别对氟橡胶聚合领域的专利申请数据的统计与分析，对该领域的专利申请状况与基本信息有了较为全面掌握，并由此得到以下主要相关结论：

——氟橡胶产业的快速发展推动氟橡胶聚合领域的全球及中国专利申请均呈现快

---

[1] 李嘉. 我国氟橡胶产业面临的机遇与挑战 [J]. 化工新型材料，2008，36 (8)：14-16.

速增长态势；中国专利申请处于活跃状态，但申请主体仍为美日企业；全球专利来源国与布局区域都较为集中，美国、日本技术实力强大，美国和中国成为全球重点布局区域。

从全球范围来看，氟橡胶的诞生至今不过60余年，但是随着汽车工业、石油化工、航天航空等各工业的发展，氟橡胶需求量迅速增长，推动氟橡胶聚合领域的全球及中国专利申请发展迅猛。

2000年以后，全球氟橡胶聚合领域的专利申请数量快速增长。同时，国内企业和科研院所在氟橡胶领域研发力量的不断投入，自2002年起我国在该领域的专利申请量也开始迅速增加。但是目前我国申请人在该领域申请量还明显落后于国外企业的申请量，研发技术水平也具有较大差距，总体技术跟随者的地位。

从地域分布来看，日本在氟橡胶聚合领域的专利申请量遥遥领先，占总申请量的49.4%，全球申请量排名前十位的申请人中日本申请人占据六席，在该领域优势明显；美国在氟橡胶聚合领域的研发起步最早，全球申请量排名前十位的申请人中美国申请人占据四席，其中杜邦是最早开发氟橡胶并成功将其商业化的公司，是世界上最大的氟橡胶生产和研发企业。

美国申请人和日本申请人相互都非常关注在对方的专利布局，同时也非常关注在欧洲的专利布局。中国作为氟橡胶生产和消费的新兴市场，国外申请人也非常关注在中国的专利布局。总体而言，日、美、欧属于典型的专利输出国，而中国则属于典型的专利输入国，国内申请人进行海外专利布局的意识亟待加强。

——以大金、杜邦为代表的氟橡胶研发巨头的在氟橡胶聚合领域的研发热点集中在硫化体系和生胶制备等几个方面。

生胶制备和硫化体系是各大氟橡胶生产厂商研发人员非常关注的技术主题。硫化体系技术主题中，研发人员对过氧化物硫化体系的研究最多，其次是对硫化点单体的研究；在追寻新的研究热点的同时，研发人员没有放弃对传统硫化体系的研究，例如多元醇硫化体系、胺类硫化体系、硫化促进剂、交联助剂和辐射交联也是研究较多的分支。

从发展趋势上看，生胶制备技术主题的研发热度仍将持续。特别是生胶制备中的单体改性分支，是大金的研发人员较热衷的方向。

——结合实际国情，确定重点扶持的技术领域和企业，在提高生产技术水平和产品质量与应用上下工夫，以期在重点产业实现突破和飞跃。

虽然我国氟橡胶企业在产能上奋起直追，产业规模已达世界第一，但在产品品种和应用技术上还存在较大差距，与美、日、欧的企业相比，我国企业普遍处于技术和专利的积累和成长期，短期内与国外企业之间仍存在较大差距。

鉴于我国氟橡胶聚合领域的研发实力和技术水平与美、日、欧的企业相比差距较大，存在较大的上升和提高空间，因此应重点扶持企业，以期在部分技术上形成突破。国内氟橡胶生产企业应在提高生产技术水平和产品质量与应用上下工夫，加大特种单体、聚合工艺、硫化工艺、硫化体系、产品形态开发的力度，加快开发耐低温氟橡胶、耐高温氟橡胶、宽温域氟橡胶等新的氟橡胶品种，提升综合竞争力。

第6章　无机含氟化合物的专利分析

6.1 技术现状

我国无机氟化工产业目前的现状为氟资源消耗过速，萤石资源优化配置相对薄弱。虽然我国氟化工的整个产业链比较完整，高中低端均有产品，但从产值与产能的比较可以看出，低端产品居多，集中趋向于上游的氢氟酸和氟化盐，并且低附加值产品产量较大；而附加值较高的高端精细化学品，如高纯氢氟酸等所占的份额较低。相对而言，美国、欧盟和日本等发达国家和地区的高端含氟精细化学品所占的比例都相对较高。

我国无机氟化工行业简单型资源型企业过多，相对于国际企业竞争力较弱。通用级产品的低水平重复建设现象严重，产能过剩现象突出，以萤石开采、萤石－硫酸制氟化氢、氟化铝、氟化钠等氟化盐及其无机氟化物的初级产品产能过剩尤为突出；与之相反，高端产品则主要依赖进口，国内缺口较大。

此外，我国氟化工行业在自主创新方面也存在一定不足，主要体现在：我国氟化工基本上处在跟踪和仿制阶段，自主研发、原始创新技术的比例较低，总体上处于初、中级水平，与国外先进水平相比还存在不小的差距。具体来说，含氟精细化学品制备的反应技术、高纯的氟化工产品的化学分离技术与装备技术等尚未取得大的突破，在高品质、高附加值含氟精细化学品的研发和生产方面与国际先进水平相比有很大差距；整体而言，我国氟化工行业科研投入还相对不足，制约了氟化工的后续发展，特别是基础研究与应用研究的薄弱，已逐渐成为制约氟化工纵深发展的瓶颈。虽然我国无机氟化工行业存在以上不足，然而近年来，通过自身技术开发和产业化和与国外氟化工企业技术合作等形式，我国无机氟化工行业在改进生产工艺和扩大生产规模方面也取得了一定的进展：氟化氢生产工艺技术和装置已大型化，整套装备实现了国产化。磷化工产业的副产氟硅酸回收制备 AHF 已获成功，为氟化工提供了第二氟资源。氟化氢生产过程中副产氟石膏的综合利用获得突破；干法氟化铝的总体生产技术水平与国外先进水平相当。自主开发氟硅酸钠法制冰晶石联产白炭黑工艺技术，充分利用磷肥副产氟资源，具有特色。近几年，我国的无水氟化氢、有水氢氟酸、氟化铝、冰晶石、氟化铵等产品已有较大量的出口。一部分氢氟酸、氟化铝的生产装置通过引进技术的消化吸收和创新，技术水平有了很大的提高。但同时也必须认识到，我国的无机氟化物工业总体上还处于初级阶段，无机氟化物的产品结构很不合理，在无机氟化学品众多的产品中，作为氟化工基础原料的氟化氢和铝工业生产的原料氟化铝、冰晶石等少数产品占绝大部分；氟硅酸盐、氟化氢铵、氟化钠、氟化钾占少数；高纯度的三氟化氮、六氟磷酸锂等精细化学品极少。

根据上述现状，在"十二五"期间我国确定重点发展的无机氟化工产品包括氢氟酸和氟化盐，具体地，氢氟酸的产业规模为到2015年总生产能力控制在160万吨/年左右，产量110万吨左右，并鼓励中低品位萤石采选利用和磷肥副产氟硅酸等制氢氟酸，以及超纯无水氟化氢；氟化盐的产业规模为到2015年氟化盐总生产能力应控制在120万吨/年左右，产量90万吨左右，优化产品结构重点发展磷肥副产氟硅酸产冰晶石和干法氟化铝，高分子比冰晶石、高活性氟化钾等，淘汰湿法工艺的生产装置以及落后的生产技术，开发低品位萤石和副产氟硅酸原料干法生产氟化铝的技术和生产装置，提高资源综合利用率，减少环境污染。

6.2 全球专利概况

无机氟化工全球专利概况包括全球无机氟化工申请量、主要申请国和申请人，以及技术分支分析。截至目前，全球专利申请量2946项，其中中国专利申请量854件，中国专利申请量约占全球专利申请量的30%，可见中国申请量已成为全球专利申请量增加的主要力量。

6.2.1 申请量趋势分析

图6-1显示了从1958~2012年间无机氟化工行业的全球专利申请量和中国专利申请量随时间的变化趋势，可以看出，无机氟化工全球专利申请量经历了1958~1964年年初期缓慢发展时期、1964~1971年快速发展时期、1972~2000年的平稳发展时期，期间申请量基本保持在50项左右，以及2001~2011年再次快速发展时期等几个阶段；而无机氟化工的中国专利申请量从1986年开始到2000年为初期缓慢发展时期，2001~

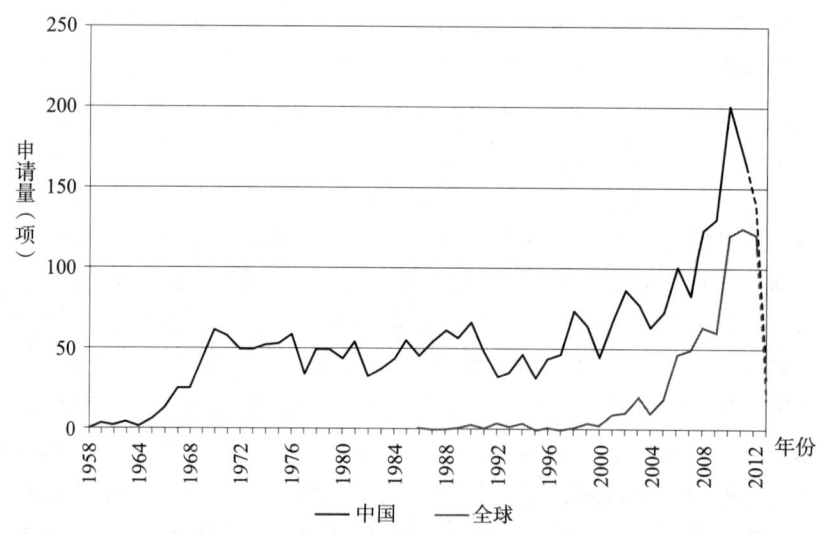

图6-1 无机氟化工全球申请量总体趋势

2012进入快速发展阶段。从图6-1可以看出，在2000年以前，无机氟化工行业的研发在较长的时间范围内维持着较低的研发热度，从专利数据无法看出新的研究热点的出现；从2001年开始，中国专利申请量急剧增加，2011年，中国专利申请量129件，全球174项，中国专利申请量占全球专利申请量的74%，可见中国申请量已成为全球专利申请量增加的主要力量。从图6-1可以预期，在未来的3~5年，年专利申请量仍将保持在200件左右或者更高；这意味着未来3~5年，无机氟化工行业仍将维持高速发展，这包括技术的不断发展和产品的不断研发。

图6-2统计了1966年至今的全球无机氟化工专利申请在不同国家的专利申请量分布。图6-2在申请国分布中，能够看出所在国家的市场热度，专利申请量较多的国家，该国家的产品应用前景更明确，市场前景更好，市场的争夺更激烈。

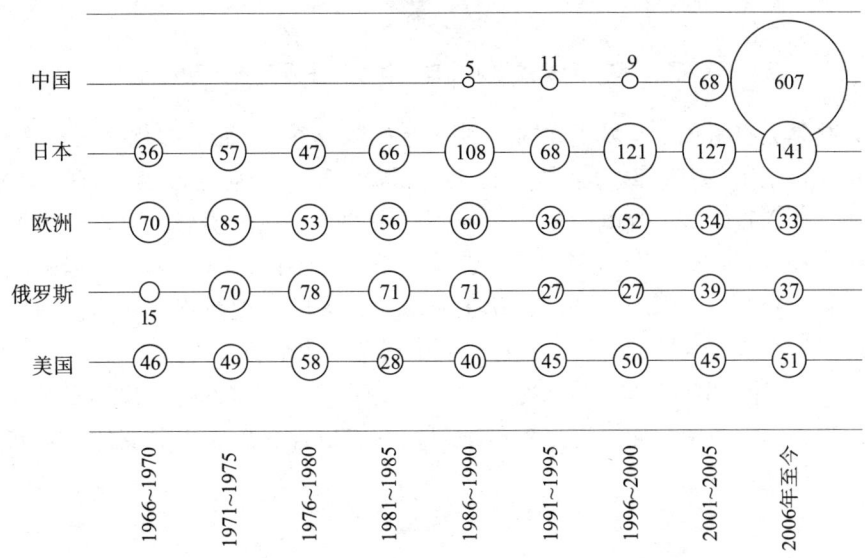

图6-2 无机氟化工全球主要申请国的申请趋势

注：图中的数字表示申请量，单位为项。

通过全球无机氟化工主要申请国分布，可以看出在无机氟化工研究领域，日本无机氟化工产业起步较早，并且数量一直稳定上升，毫无争议也成为行业龙头，日本的企业是无机氟化工研究和创新的主要力量；欧洲和俄罗斯的申请量从1990年开始稍有下降；美国的申请量一直稳定在50项左右；中国无机氟化工发展迅速，从1986年至今不到30年的时间里，其申请量就从5件急剧上升至607件，远远高于日本和美国，然而，这些专利中，主要涉及产业链中的低端产品，集中趋向于上游的氢氟酸和氟化盐，而涉及高端附加值较高精细化学品，如高纯氢氟酸的提纯等所占的较少。

6.2.2 技术分布分析

图6-3统计了全球无机氟化工专利申请总量以及各个主要技术分支的申请量，其中全球总量为2946项，数量最多的是氟化盐1600项，也就是说在氟化工研究领域中，

氟化盐是研究的热点，占全球无机氟化工专利申请量的约54.3%；其次是含氟气体933项，占全球无机氟化工专利申请量的约31.6%，特种气体中F_2、NF_3和SF_6位列前三，其申请量分别为221项、220项和191项；氢氟酸占415项，占全球无机氟化工专利申请量的约14.1%。

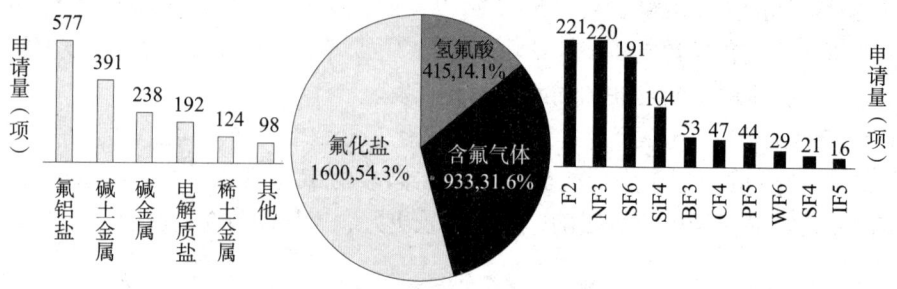

图6-3 无机氟化工全球总体技术主题分布状态

氟化盐是无机氟化工领域主要的专利申请来源，这一方面与氟化盐的种类多有关：无机氟化盐包括氟铝盐、碱金属盐、碱土金属盐、稀土金属盐以及电解质盐等种类；另一方面，如六氟磷酸锂等电解质盐在新领域中的应用逐渐明确，对六氟磷酸锂等含氟盐的研发和专利申请逐渐增多，以及随着萤石资源不断的日益紧缺，以磷肥副产为起点制备氟化盐的技术引起了全球氟化工领域申请人的高度重视，从而使得氟化盐的制备经历了一个快速发展的阶段，并且专利申请量迅速增长。

图6-4统计了电解质盐、氟铝盐等技术主题在各个国家的专利申请量分布。在各技术主题申请国分布中，能够看出各国的研发热点以及相应技术分支的市场热度，具体看来：

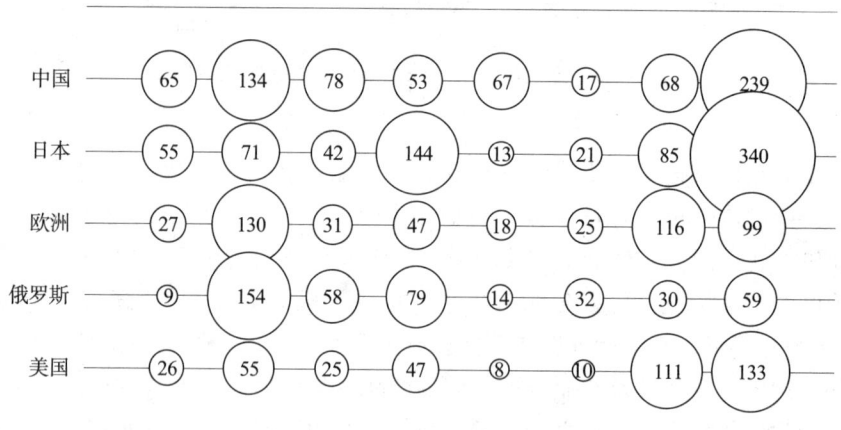

图6-4 无机氟化工全球各技术主题申请国分布

注：图中的数字表示申请量，单位为项。

（1）氟铝盐大量地应用于电解铝生产中，是大部分国家的申请重点领域，俄罗斯在该领域的申请总量在其总申请中占最大比重。

（2）电解质盐是新兴发展领域，集中于中国和日本，二者皆是锂电池生产和消费大国，日本更是锂电池电解液的主要输出国，技术最为成熟；随着电动汽车发展，中国则在近年来大幅扩产、追赶迅速，是氟化工的热点领域。

（3）碱土金属盐中，日本申请量最多，主要是以氟化镁、氟化钡等晶体物质的申请为主，上述晶体主要应用于光学领域，而日本光学产业发达。

（4）稀土盐的主要应用于荧光等功能性材料中，中国的稀土资源丰富，申请量最多，并且主要集中在各类新型纳米态材料的制备工艺。

（5）氢氟酸以日本、欧洲和美国为主，其重点的发展是高纯度氢氟酸的制备和提纯工艺，而中国的氢氟酸生产主要以低品质的为主，在氢氟酸领域研究和申请不多，尤其是高纯氢氟酸领域，制约了其高纯度高价值氟化工产品的发展。

（6）特种气体可用作有机合成的原料和半导体工业原料以及电气工业等各种功能性应用，是各国申请的主要领域，特种气体的研究重点在于高纯气体的制备，日本在这方面申请最多，与其半导体和有机合成产业发达有关，美国类似，中国主要是今年来在该领域申请开始增多。

图6-5统计了自1958年至今的氟化盐、特种气体和氢氟酸申请量占比变化趋势。从图6-5中可以看出：氟化盐品类多，应用量大，申请占比一直较为稳定；特种气体是作有机合成的原料和半导体工业原料以及电气工业等各种功能性应用，受到相关产业发展的推动，其申请占比不断增大；氢氟酸是基础氟化工产业，其早期申请占比大，后期技术基本成熟，技术改进潜力较少，因而比例降低。

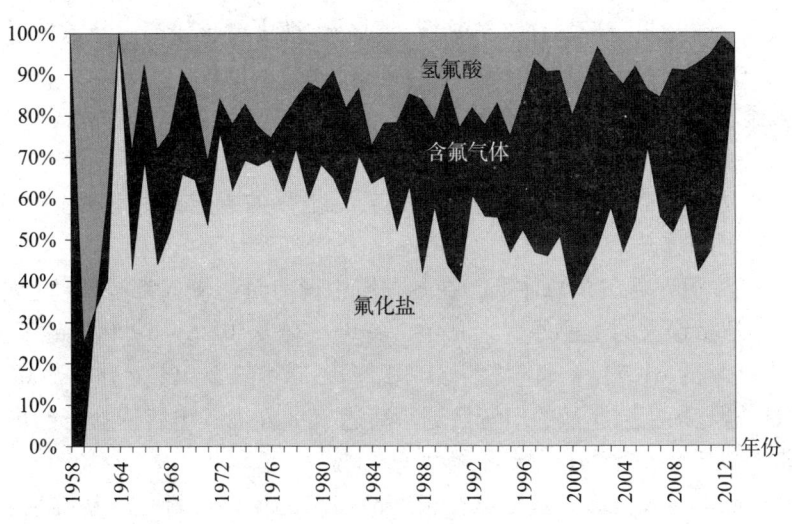

图6-5 无机氟化工全球各技术分支申请趋势

图6-6统计了电解质盐、氟铝盐等技术主题从1966年至今的申请量变化趋势。从图6-6可以看出各技术主题的发展趋势,具体看来:

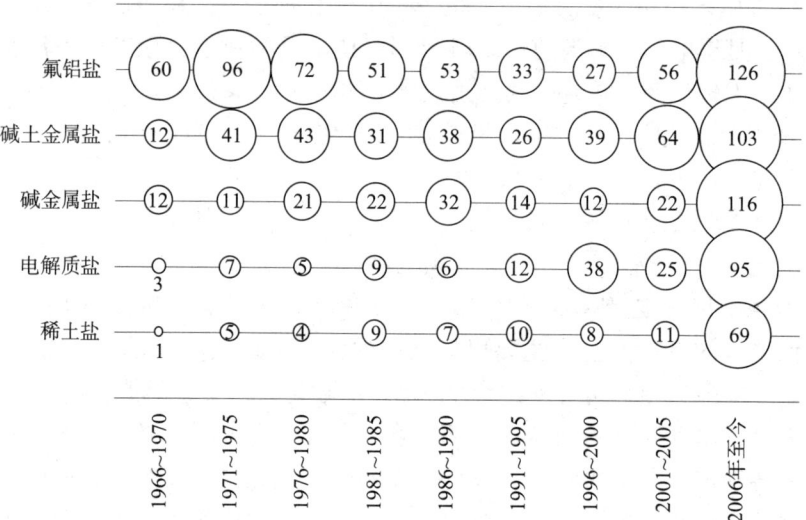

图6-6 无机氟化工全球氟化盐各技术主题申请趋势

注:图中的数字表示申请量,单位为项。

(1) 氟铝盐是传统氟化盐,其早期申请量较少并且技术成熟度高,后期申请持续减少,而近年增长源于中国的电解铝产能的转移。

(2) 电解质盐的发展受电池产业发展的推动,其技术发展在20世纪90年代之后增长迅速。

(3) 碱土金属盐重点应用在光学领域,对晶体纯度要求较高,技术发展较为平稳,2000年后,对光学材料需求的增大刺激了碱土金属盐的增长。

(4) 碱金属盐是重要的工业原料,但其合成工艺较为简单,对纯度要求不高,申请量一直不大。

(5) 稀土盐申请量一直较低,近年来随着稀土热的兴起,中国稀土产业的发展推动了稀土盐的大量增长。

从图6-7中可以看出,总体上,在各领域中国力量的崛起都是推动近年来全球无机氟各领域申请量增大的主要原因。其中,特种气体从1986~1990年的1.1%左右上升到2006年至今的61.7%,氢氟酸从1991~1995年的2.4%上升到2006年至今的61.8%;氟铝盐和稀土金属盐的申请量更是高达85%左右;电解质盐虽然出现得较晚,但发展迅速,2006年至今的申请量已达到69.4%。

中国氟资源丰富,全球对基础氟化工产品需求的增多,氟化工基础工业以及与氟产品相关产业和市场向中国大量转移等因素是主要的推动力量,具体看来:

(1) 中国在氟铝盐、碱金属盐和稀土金属盐三个领域近年来申请占全球相关领域的比例最大、增长最快,氟铝盐和碱金属盐是重要的传统工业原料,而我国稀土金属资源丰富,稀土是当前的研究热点,高校等研究机构热衷于一些前沿功能材料的研究。

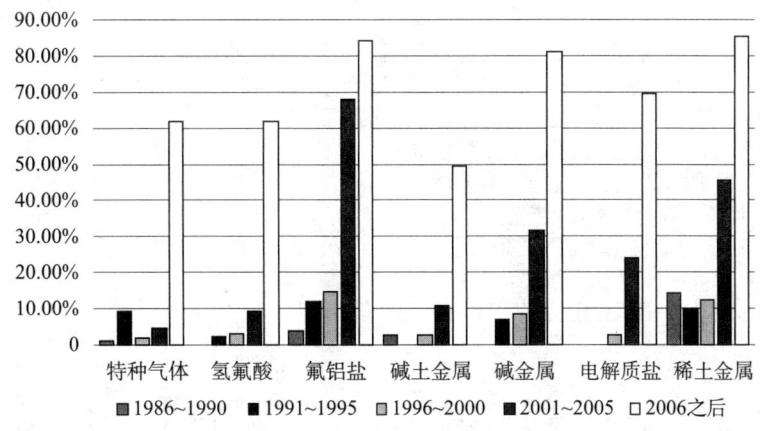

图 6-7 无机氟化工全球各技术主题中国申请占比趋势

（2）中国在电解质盐领域的申请量也达到较高比例，这是因为电动车发展预期的推动，加上电解液产能转移，并且其附加值高，众多传统化工行业纷纷投资电解质盐领域，使得其成为增长热点。

（3）特种气体的申请量早期主要来自于研究院，部分是源于核工业等工业的研究需求，近年来产业需求的增加推动其申请比例增大。

（4）氢氟酸的产业需求增多和大幅扩产，以及对高纯氢氟酸的需求增加和磷肥副产物综合利用生产氢氟酸技术共同推动了氢氟酸领域申请量的增加。

（5）碱土金属盐在前期其发展一直较弱，然而，随着对光学材料的需求和利用磷肥副产物以及综合利用氟化钙、并进一步生产氢氟酸技术的发展共同推动，使得其申请量明显增加。

6.2.3 申请人分析

图 6-8 显示了申请量前十位申请人均为公司，可见公司在无机氟化工行业的技术创新中占主导地位；这些公司主要来自日本和美国，中国企业仅有多氟多一家，名列第三。前三位分别为三井化学、中央硝子和多氟多，其申请量分别为 107 项、92 项和 84 件，分别为第四位的霍尼韦尔申请量的两倍左右。前十位申请人的申请量占全部申请量的 20% 左右，可见无机氟化工领域的专利申请几乎都被大公司占领。同时，从表 6-1 可以看出，申请量排名第一的三井化学的申请主要侧重特种气体，其申请量为 96 项，其中主要是 NF_3；排名第二的中央硝子的申请主要侧重特种气体和电解质盐，其中特种气体申请量为 45 项，其申请主要以 F_2、SiF_4 和 $LiPF_6$ 为主；排名第三的多氟多则侧重氟铝盐等传统盐领域，其氟铝盐的申请量为 38 件，其于 2008~2009 年集中申请 $LiPF_6$。

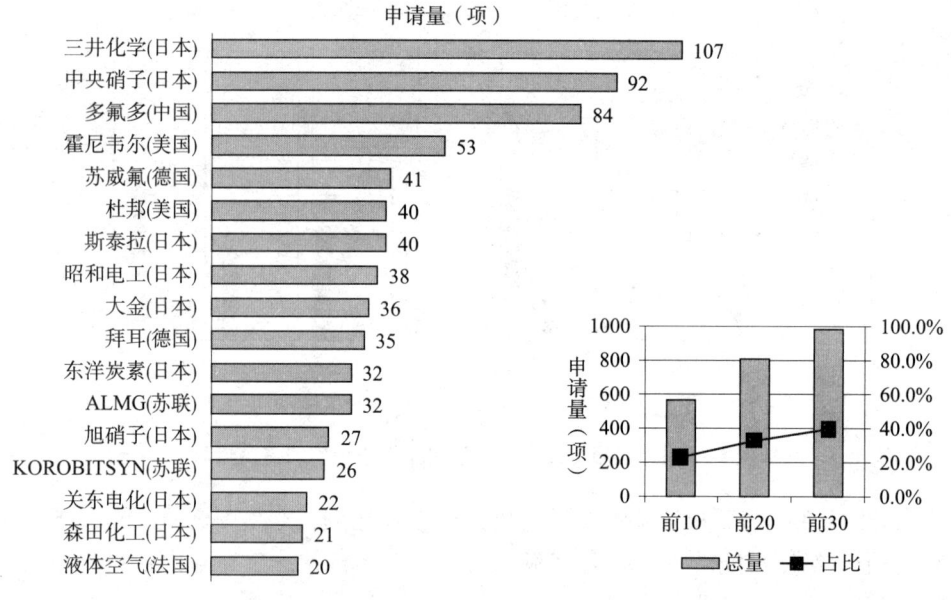

图 6-8 无机氟化工全球申请人排名及申请集中度

表 6-1 无机氟化工全球主要申请人技术分布

申请人	氟铝盐(项)	氢氟酸(项)	碱土盐(项)	碱金属盐(项)	稀土盐(项)	其他盐(项)	含氟气体(项)	电解质盐(项)	时间跨度	技术分布特色
三井化学	0	4	1	0	0	8	94	0	1967~2011年	侧重气体，NF_3 为主
中央硝子	13	1	8	7	0	1	45	17	1968~2012年	侧重气体和电解质盐，以 F_2、SiF_4、$LiPF_6$ 为主
多氟多	38(1)	18	8	10	0	2	3(1)	8(1)	2002~2013年	侧重氟铝盐等传统盐，2008~2009年集中申请 $LiPF_6$
杜邦	4	19	5	2	1	0	9	0	1963~2009年	侧重氢氟酸，近年集中于 NF_3 和 F_2 等气体
斯泰拉	1	8	5	6	0	0	7	13	1984~2010年	侧重电解质盐，$LiPF_6$
苏威氟	5	8	2	0	0	0	20	5	1991~2011年	侧重气体，F_2 为主
昭和电工	3	1	2	2	0	0	29	1	1970~2005年	涉及各类气体，基本退出
大金	3	15	5	1	0	1	9	2	1966~2010年	侧重氢氟酸，近年发展 IF_5、PF_5 等气体
拜耳	3	18	3	5	0	4	2	0	1967~2001年	侧重氢氟酸，已退出

续表

申请人	氟铝盐（项）	氢氟酸（项）	碱土盐（项）	碱金属盐（项）	稀土盐（项）	其他盐（项）	含氟气体（项）	电解质盐（项）	时间跨度	技术分布特色
东洋炭素	0	1	0	0	0	0	31	0	1979~2011年	侧重气体，F_2为主
ALMG	23	4	1	3	0	1	0	0	1975~1992年	侧重氟铝盐，已退出
旭硝子	0	4	3	1	0	1	18	0	1969~2007年	涉及各类气体，基本退出
KOROBITSYN	23	0	0	1	0	2	0	0	1971~1989年	侧重氟铝盐，已退出
关东电化	0	1	0	0	0	0	16	4	1970~2009年	侧重气体，NF_3和SF_6为主
森田化工	1	6	2	4	0	2	2	4	1976~2011年	侧重氢氟酸和电解质盐

注：括号内数字代表实用新型。

特种气体可分为元素氟（氟气）、六氟化硫、三氟化氮及其他含氟特种气体，属于高端无机氟化工精细产品。特种气体作为电子工业气体，应用前景广，其产品价格居高不下，利润丰厚，因而是目前氟化工市场的热点产品。以三氟化氮为例，其生产厂家主要集中在美国、日本等发达国家，目前国内生产三氟化氮同国外先进产品相比，纯度有一定差距，一些国外三氟化氮生产企业购买我国产品进行纯化再返销到中国市场，今后重点是通过自主开发和引进技术相结合，提高产品质量，重视提纯工艺研究，不断提升产品附加值。

在无机氟化学品众多的产品之中，作为铝工业生产的原料氟化铝产品占我国无机氟化工总生产量的绝大部分，近几年，我国的无水氟化氢、有水氢氟酸、氟化铝、冰晶石、氟化铵等产品已有较大量的出口。一部分氟化铝的生产装置通过引进技术的消化吸收和创新，技术水平有了很大的提高。同时也必须认识到，我国的无机氟化物工业总体上还处于初级阶段，无机氟化物的产品结构很不合理，在无机氟化学品众多的产品中，作为氟化工基础原料的HF和铝工业生产的原料氟化铝、冰晶石等少数产品占绝大部分；氟硅酸盐、氟化氢铵、氟化钠、氟化钾占少数；高纯度的三氟化氮、六氟磷酸锂等精细化学品极少。随着中国科技水平的发展和高端应用市场的培育，其势必将带动高附加值精细含氟无机化学品的发展。

6.3 中国专利概况

本节主要分析了中国专利申请的申请量发展趋势、申请人区域和国别分布、重点申请人分布和技术分支分布的情况。

6.3.1 申请趋势分析

图6-9显示了从1985~2011年间无机氟化工行业的国内专利申请量以及国外来华

专利申请量随时间的变化趋势，可以看出，国内无机氟化工在2000年之前的申请量很少，年申请量不到5件，2000年后专利申请量增加趋势明显，2011年为127件，为年申请量的峰值；国外来华专利申请量从1991年开始出现，申请量一直较少，2010年有20件，为年申请量的峰值。

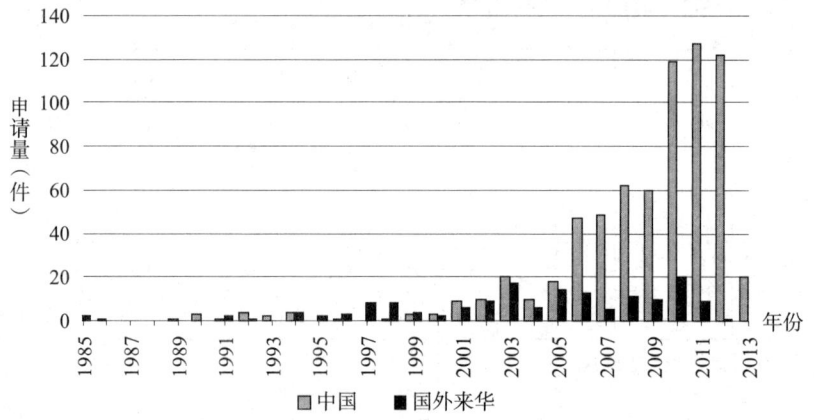

图6-9　中国无机氟化工申请量变化趋势

图6-9显示了无机氟化工行业的研发在较长的时间范围内维持着较低的研发热度，从专利数据无法看出新的研究热点的出现。通过比较图6-9中中国国内专利申请量以及国外来华专利申请量，可以看出在2000年以后，中国的无机氟化工专利申请量远远高于国外来华专利申请量，这意味着中国目前是氟化工领域的热点研究区域，在中国氟化工行业前景看好；同时，这也意味着未来20年中国的氟化工市场专利竞争非常激烈，国际行业巨头利用专利权在中国市场进行专利布局的可能性较大。

中国申请量增长主要有以下原因：

（1）资源限制的效应

作为矿产资源，萤石资源具有不可再生性，因此国家从1999年开始将萤石资源作为战略资源进行保护，近年来，我国政府相继出台了包括整顿采矿秩序、将萤石出口纳入配额管理等多项措施来保护萤石资源，并对新发现的一些大型、特大型矿山进行封存，同时对矿山的开采经营权采取公开竞拍卖的形式。国家对萤石的保护使得国外企业氟化工产品的产能被迫向我国转移。过去国外企业的竞争焦点集中在对萤石资源的争夺上，但随着我国对萤石出口的限制，国外企业开始在中国建厂生产氟化工的下游产品，产能转移开始加快，同时国内也纷纷上马氟化工产业，尤其是在资源集中地区和氟化工产品消耗区。国内相继出现了一批规模化氟化工企业。

（2）相关产业推动

电解铝产能向中国转移拉动基础氟化盐产业发展：新建的企业开始运用新工艺生产氟化盐，主要标志为多氟多拥有专利技术的粘土盐卤法生产冰晶石和氟硅酸钠法生产冰晶石的工业化生产。同时，各个厂家开始对传统工艺进行完善和改造，提高产品质量，运用新型生产设备，提高自动控制水平，其他和精细氟化盐也相继开发生产。

磷肥开采以及环保要求拉动氟硅酸综合利用技术发展：从20世纪90年代开始，中国少数大型氟化工及磷肥生产企业开始引进国外技术，将氟硅酸加工为更有价值的以氟化铝、冰晶石为代表的氟化盐产品；但由于吸收工艺水平较差，产品质量一般，且生产的氟化铝中含有少量磷，作为电解铝助溶剂易对其生产稳定性造成影响，这也使得国内早期引进的氟化铝生产装置陆续关停。随着萤石资源的日益紧缺，中国大型磷肥生产商加快了回收和利用磷矿伴生氟资源的步伐，同时也加大了相关技术的专利申请力度。

此外，国内锂电池、电动力企业，半导体和有机氟化工新兴产业的发展进一步拉动了$LiPF_6$等高纯度、高附加值氟化工产品发展。以多氟多为例：多氟多凭借自己在氟化工领域的优势（生产氟化锂和无水氟化氢），成本优势明显，于2009年开工建设年产200吨六氟磷酸锂的项目，已经于2011年投入生产。并且，随着国内企业专利意识提高，其对于研发成果的保护意识进一步加强，从而也进一步促进了国内申请量的增加。

6.3.2 区域分布分析

图6-10显示，国内无机氟化工专利申请量较高的省市为河南和天津，其中河南占全国申请量的18.09%，天津为13.96%，二者总和占全国申请量的近1/3。这主要是因为河南拥有国内无机氟化工龙头企业多氟多，具有较强的研发能力，并申请了大量的专利；而天津的天津泰源、天津泰亨和天津泰旭等公司的迅速发展使得天津的专利申请量紧随河南之后。

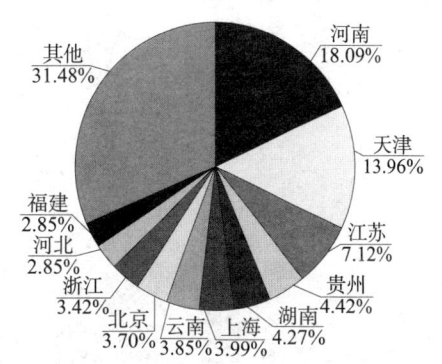

图6-10 中国无机氟化工申请量国内区域分布

各地域之所以出现不同的发展，其动因分为资源推动型、相关产业推动型和研发先导推动型，其中：

河南：电解铝产业是当地氟化工产业发展的主要推动力量；

天津：研究院所的技术开发和良好的出海港口带动了特种气体和电解质盐发展；

江苏：邻近萤石资源丰富的浙江省，化工产业基础好，国外企业纷纷在此投资建厂；

贵州：磷资源丰富，带动了以磷肥副产物生产氟化盐技术的发展；

湖南：萤石资源丰富推动产业发展，并且中南大学等研究力量突出，其研究主要以氟铝盐为主；

上海：半导体、电子行业发达，推动了功能性碱土氟化盐晶体生长技术的发展；

云南：萤石资源和磷资源丰富，共同推动了其氟化工行业的发展。

图6-11显示，在电解质盐、氟铝盐、碱金属盐、碱土金属盐、氢氟酸和特种气体各自领域的国内专利申请中，除了电解质盐和特种含氟气体申请量为第二以外，河

南占据了全部申请量的第一。这是因为河南企业多氟多具有较强的研发能力,比如在手机电池用六氟磷酸锂方面取得了一定进展,建设了两三百吨级的生产线,专利申请量较多;在电子级氢氟酸等方面,多氟多也在开展研究工作,有望短期内取得突破;此外,河南的氟化工行业的发展主要得益于河南电解铝产业对冰晶石和氟化铝的需求,在发展氟铝盐的基础上,多氟多也积极发展其他传统氟化盐,并于近年来着力于高纯氢氟酸和六氟磷酸锂生产,从而使得河南在无机氟化工的诸多产品中申请量都位列前茅;此外,作为较早开展三氟化氮等含氟气体研究的黎明化工院,也助推了河南含氟企业产的发展。

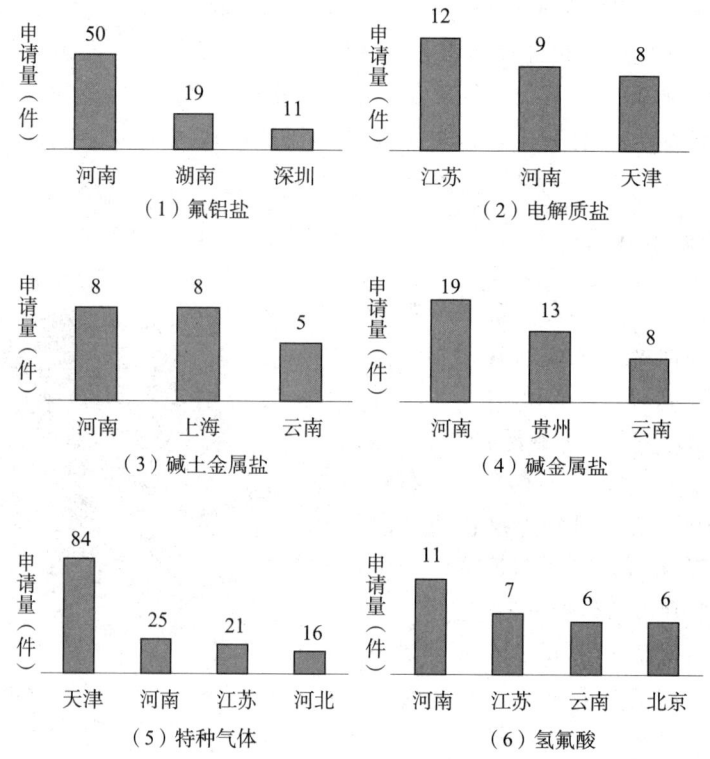

图6-11 中国无机氟化工各技术分支国内区域分布

天津的含氟气体申请量位列第一。天津化工研究设计院(以下简称"天津化工院")是国内最早开展 $LiPF_6$ 合成研究的单位之一,形成了一批有关申请,核工业理化院是国内较早开展三氟化硼等含氟气体研究的单位,带动了当地含氟气体企业的发展。

而江苏因为邻近萤石资源丰富的浙江省,化工产业基础好,并且拥有良好的出海港口,众多国外企业纷纷在此地投资建厂,抢夺国内萤石资源,这些便利条件,推动了当地氢氟酸提纯产业的发展,并形成了以江苏九九为代表的电解质盐生产企业,近年来在六氟化硫的回收和提纯装置方面申请也较为活跃。

图6-12显示,无机氟化工国内专利申请量中的国外来华申请量最高的是日本,占全部国外来华申请量的40.1%,美国第二,为26.8%,其次是德国、法国和韩国,

均不到 10%。

近年来，受萤石资源等因素的影响，跨国公司围绕资源配置进行了大规模的业务与资产重组，纷纷将制造业的基地向萤石资源丰富的国家转移，日本和美国的氟化工大公司以合资或独资形式开始进入中国办厂，从而使得其在中国的申请量大量增加；其次，日本是电池大国，因而作为电解质盐的氟化物以及高纯氟化物是日本研发的热点；此外，日本和美国是世界主要的氟产品生产的消费区，其对高附加值的氟化物的研发能力较强，占领了高端氟化物的研究前沿。

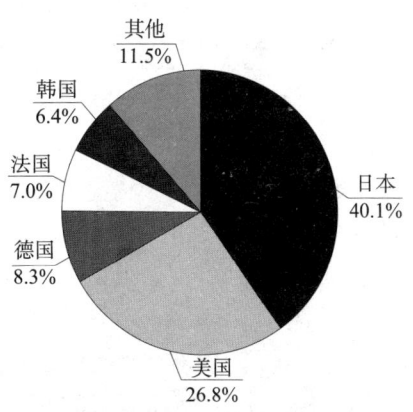

图 6-12　中国无机氟化工国外来华申请量区域分布

图 6-13 显示，在无机氟化盐领域中，国外来华的专利申请主要涉及电解质盐、氢氟酸和特种气体，并且数量较少：电解质盐的申请量 22 件，而中国国内 65 件，国外来华的申请量约为中国国内申请量的 1/3，而氢氟酸和特种气体的申请量分别为 29 件和 105 件，国内为 45 件和 239 件，国外来华的申请量约为中国国内申请量的一半。

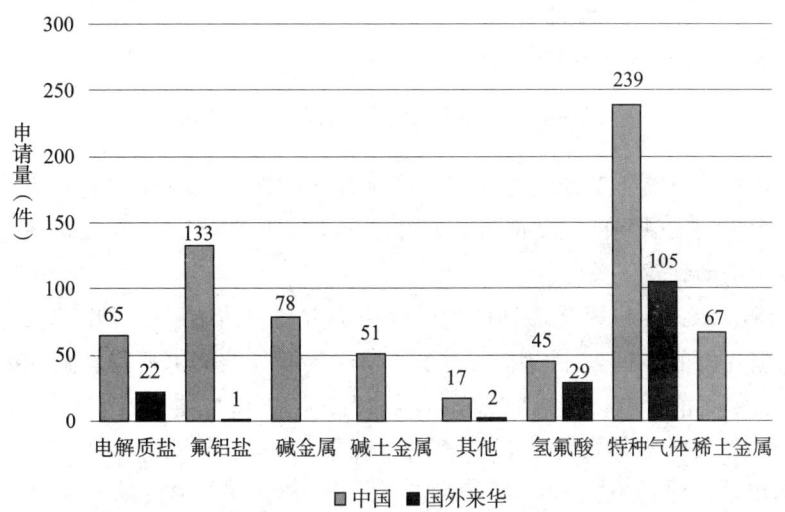

图 6-13　中国无机氟化工各技术分支国内外申请量对比

可以看出在无机氟化工领域，国内申请明显比国外申请活跃，这表明我国一部分无机氟化物品种的科技水平有了明显提高。然而，总体来说，我国无机氟化工行业的产品结构很不合理。其中，氢氟酸、氟化铝、冰晶石等少数产品占绝大部分，氟硅酸盐、氟化氢铵、氟化钠、氟化钾占少数，高纯度的三氟化氮、六氟磷酸锂等精细化学品极少，高附加值的迁移金属氟化物、电子级和光学级无机氟化物、高功能氟化物玻璃等产品几乎还是空白，国内在该领域的专门研究机构不多，需要加大开发力度。

6.3.3 申请人分析

图 6-14 显示，无机氟化工领域中国国内专利申请量前十位的申请人为公司和研究机构，其中申请人为公司的占 7 位，申请人为研究机构的占 3 位，可见公司在无机氟化工行业的技术创新中占主导地位，研究机构也占有较大比例。多氟多专利申请量位居第一，申请量为 87 件，远远高于之后天津泰源的 23 件、天津泰旭和天津泰亨的 21 件。

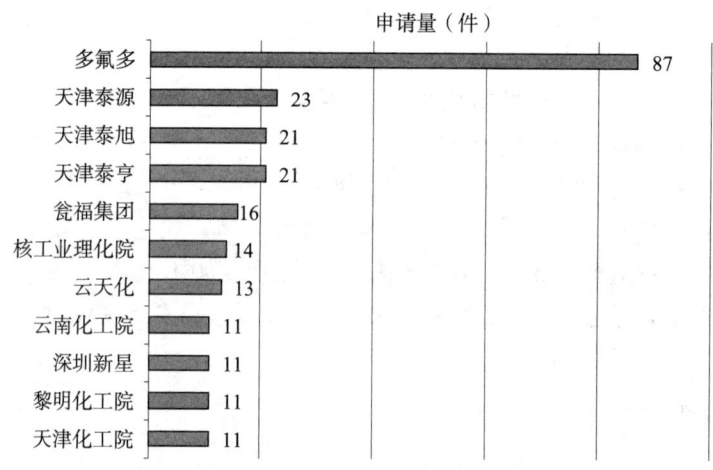

图 6-14 中国无机氟化工国内申请人排名

中国企业在无机氟化工领域的专利申请主要集中在以六氟磷酸锂为代表的含氟无机盐方面。由于六氟磷酸锂在新能源汽车中具有重要应用，对于六氟磷酸锂的制备和提纯的专利申请受到较多关注。

图 6-15 显示，无机氟化工领域的国外来华专利申请中，国外申请人主要以公司为主，排名前几位的申请人中，中央硝子、东洋炭素、纳幕尔杜邦、昭和电工和斯泰拉的申请量占据了前五位，主要来源于日本和美国，也可以看出在日本和美国，涉足该领域的公司较多，对氟资源的有效利用更加重视。国外申请人中，每个申请人所拥有的专利申请数量都不大，均为 10 件左右。其中，对于中央硝子来说，氟化工虽然并不是其主营业务，但对于无机氟化工的重要产品——六氟磷酸锂的专利申请，也在研究重点、技术方案、技术布局、专利布局等方面存在着不断的调整和发展，已适应国际市场的需求及世界竞争的严峻形势，已经广泛在全球撒网，充分形成了专利保护圈，中国显然也是其专利布局中的重要一环。而东洋炭素于 1994 年已经在上海建立了独资的上海东洋炭素有限公司，显示了其对于中国氟化工资源和市场的关注。

图 6-16 显示，无机氟化工领域的国内申请人的集中度低。以国内最大的氟化工企业多氟多为例，其拥有的 87 件无机氟化工专利申请占据了国内无机氟化工专利申请的 12.52%，相比于其他申请人，其申请量遥遥领先，充分表明多氟多在国内无

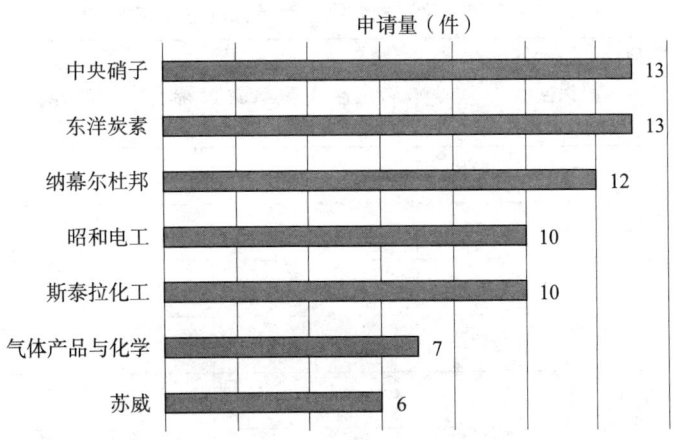

图6-15 中国无机氟化工国外申请人排名

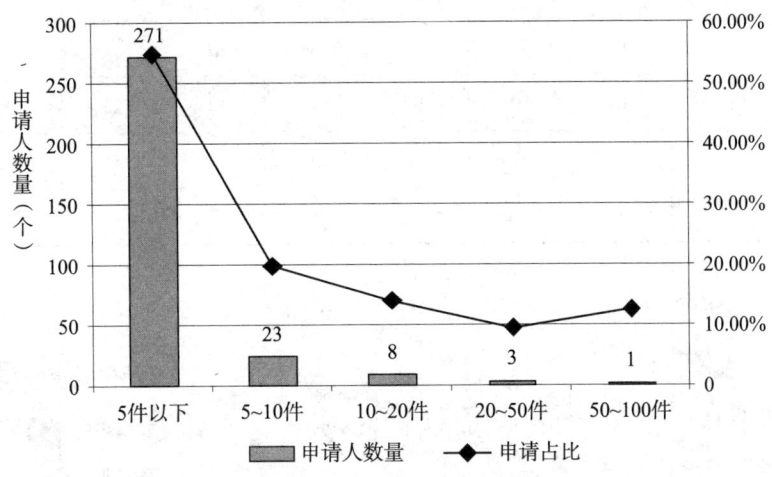

图6-16 中国无机氟化工国内申请人集中度分布

机氟化工行业的龙头行业地位。但是,除此之外国内无机氟化工领域几乎没有大型公司,而是以中小企业为主,从申请量来看,申请量为5件以下的申请人数量为271个,这表明国内的无机氟化工行业门槛低,还处于粗放式发展阶段,行业中存在产能过剩的问题。

表6-2以及图6-17显示,在无机氟化工领域中,国内申请人的专利申请所涉及的技术主题主要为氟铝盐、碱金属盐和特种气体,另外也涉及了氢氟酸和电解质盐。其中作为国内氟化工研发领军人物的多氟多主要涉及氟铝盐和碱金属盐等传统盐,部分涉及了高端的氢氟酸提纯和电解质盐研发。天津泰源、天津泰旭和天津泰亨专注于特种气体的研发。

表6-2　无机氟化工领域国内申请人的主要技术主题　　　　　　　　单位：件

主要技术主题 申请人	氟铝盐	碱金属盐	碱土盐	氢氟酸	稀土盐	其他盐	特种气体	电解质盐
多氟多	38	18	8	10	0	2	3	8
天津泰源	0	0	0	0	0	0	23	0
天津泰亨	0	0	0	0	0	0	21	0
天津泰旭	0	0	0	0	0	0	21	0
瓮福集团	1	9	1	0	0	2	3	0
核工业理化工院	0	0	0	0	0	0	14	0
云天化	2	7	3	1	0	0	0	0
黎明化工院	0	0	0	0	0	0	11	0
天津化工院	0	1	0	1	0	0	0	9
深圳新星	11	0	0	0	0	0	0	0
云南化工院	3	1	3	3	0	1	0	0

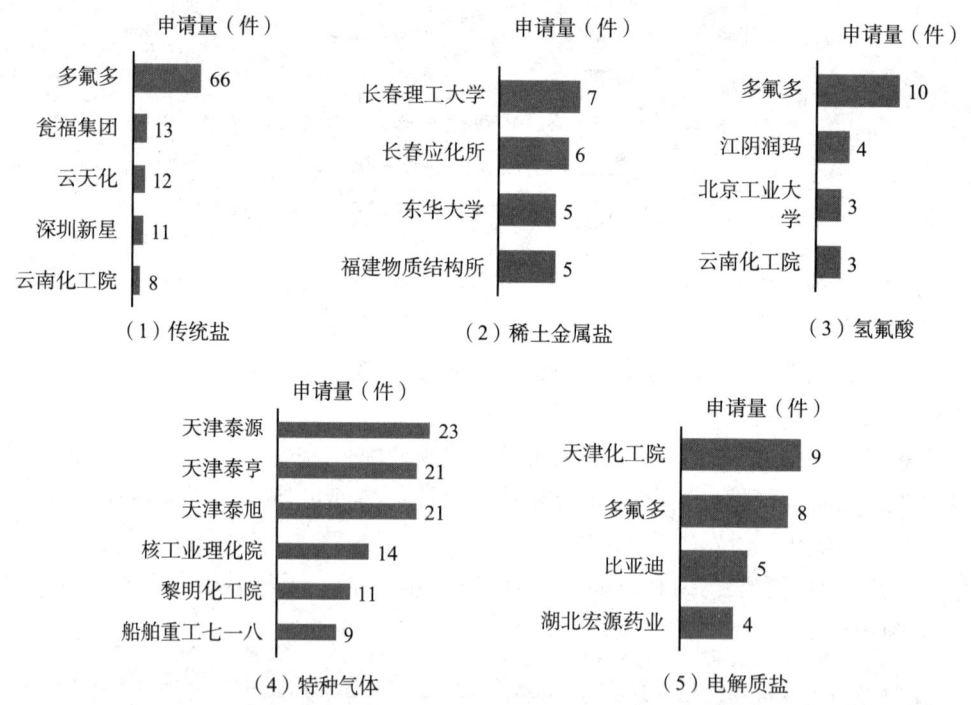

图6-17　中国无机氟化工各技术分支申请人分布

由此可以看出，我国无机氟化工行业的研发多集中在低端或传统产品，对于高端高附加值产品的研发涉及较少；其产业和产品结构不合理，处于产业链中低端，生产技术雷同，粗放式发展，投资过热，产能过剩。具体体现在两方面：第一，产品层次低。初级产品的超常规发展尽管促进了氟化工产业的发展，但无疑也带来了两方面的不利影响：其一，造成我国宝贵的萤石资源大量变相出口；另一方面，产能过剩给国内氟化工产业造成困难和压力，导致恶性竞争。第二，产品利润率低。从氟化工产业链来看，随着产品加工深度的增加，产品的附加值和利润率成几何级数增长。如产业链上游的萤石，其价格只有每吨数百元；无水氢氟酸的价格为每吨数千元；而位于产业链下游的含氟精细化工产品有的吨价则达到了百万元。因此，如何尽快调整我国无机氟化工行业的产品结构和布局是国内企业急需解决的问题。

表6-3显示，在无机氟化工领域中，国外申请人的专利申请所涉及的技术主题主要为特种气体，另外也涉及了氢氟酸和电解质盐。其中中央硝子主要涉及特种气体，还涉及了电解质盐研发，而东洋炭素专注于特种气体，纳幕尔杜邦主要涉及特种气体和高纯度氢氟酸的提纯。

表6-3 无机氟化工领域国外申请人的主要技术主题　　　　单位：件

申请人\主要技术主题	特种气体	氢氟酸	电解质盐	稀土盐	传统盐
中央硝子	11	0	2	0	0
东洋炭素	13	0	0	0	0
纳幕尔杜邦	10	2	0	0	0
昭和电工	10	0	0	0	0
斯泰拉	3	1	6	0	0
气体产品与化学	5	2	0	0	0
苏威氟	2	4	0	0	0

特种气体可分为元素氟（氟气）、六氟化硫及其他特种气体，属于高端无机氟化工精细产品。特种气体作为电子工业气体，应用前景广，其产品价格居高不下，利润丰厚，因而是目前氟化工市场的热点产品。作为国际氟化工的主要生产厂商的中央硝子和杜邦等公司均有生产氟化碘等特种气体；而作为氟化工行业的基础产品，涉及氢氟酸的专利申请量较少的原因是：氢氟酸的提纯属于基础化工行业，其发展较慢，技术创新比较困难，因而导致其专利申请较少；其次，很多公司将氢氟酸提纯的关键技术作为技术秘密进行保留，并未进行相关技术的专利申请，因而又进一步使得所述申请量减少。

6.4 氢氟酸的专利分析

6.4.1 氢氟酸专利概况分析

近年来，随着我国微电子工业的高速发展，中国内地逐步成为全球较大的液晶显示器（LCD）产业基地，用于集成电路（IC）薄膜液晶显示器（TFT-LCD）和半导体等清洗和蚀刻剂的电子化学品的需求越来越大。"十一五"期间我国电子化学品年均增长率超过20%，2015年保守估计市场销售总额将达到400亿~450亿元。高纯氢氟酸（电子级氢氟酸）作为氟精细化学品的一种，是半导体制作过程中应用最多的电子化学品之一，用于去除氧化物。预计至2015年我国电子级氢氟酸用量将达到30.98万吨，这为国内电子级氢氟酸提供了极大的发展空间。

电子级氢氟酸属于国际高端垄断产品，是氟化工的关键性基础化工材料，也将是未来氟化工产业发展的一个方向。目前，开展电子级氢氟酸专业化研究的国家不是很多，其关键技术长时间垄断在美国、德国、日本等发达国家的跨国企业集团手中。目前国内现有氢氟酸生产厂绝大部分是生产工业级的无水氢氟酸和有水氢氟酸，附加值低。尽管个别厂家有生产一些试剂氢氟酸，但产品质量还有较大的差距。随着技术的成熟和生产规模的不断扩大，我国的氢氟酸产品的产能逐年增长，出口量也随之增长。自2003年年底，中国已成为世界第一大氢氟酸生产基地，这也意味我国的萤石资源的巨大的损耗量。然而中国生产的氟化氢仍以普通工业级产品为主，高纯级产品依赖进口，近年来进口平均价格与出口平均价格的差距越来越大，从4倍增大到约6倍，而电子级氢氟酸的需求又不断增加，这种出口低附加值产品和进口高附加值产品的局面将对我国相关产品的发展造成不利的影响。

随着政府对氟化工行业管理程度和调控的力度的加大，以及"十二五"规划中产业结构调整、节能减排任务提出的目标、并受到环境保护、资源等因素，作为氟化工中基础行业的氢氟酸的发展将受到影响。因而节约萤石资源，提高所生产的氢氟酸产品的附加值，对于我国而言尤为重要。

通过检索和筛选，得到有关氢氟酸（制备、提纯、浓缩等）的专利申请415项（WPI数据库，截至2011年），在这些数据的基础上进行相关领域的专利分析。

6.4.1.1 全球申请量趋势

通过图6-18和图6-19可以看出，其发展大致经历了以下几个时期。

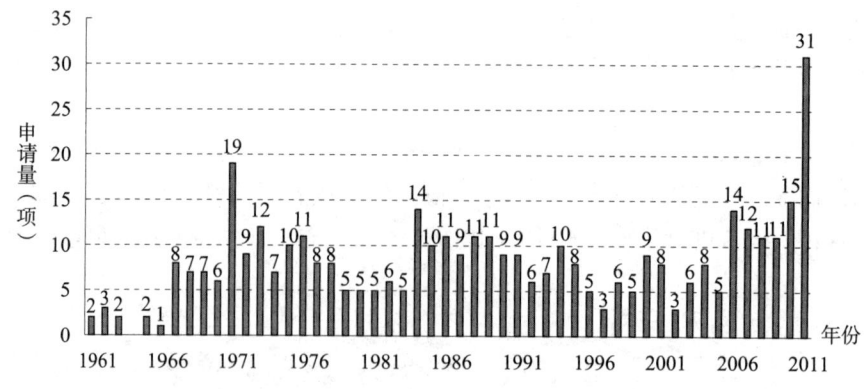

图6-18 氢氟酸专利技术的全球申请量趋势

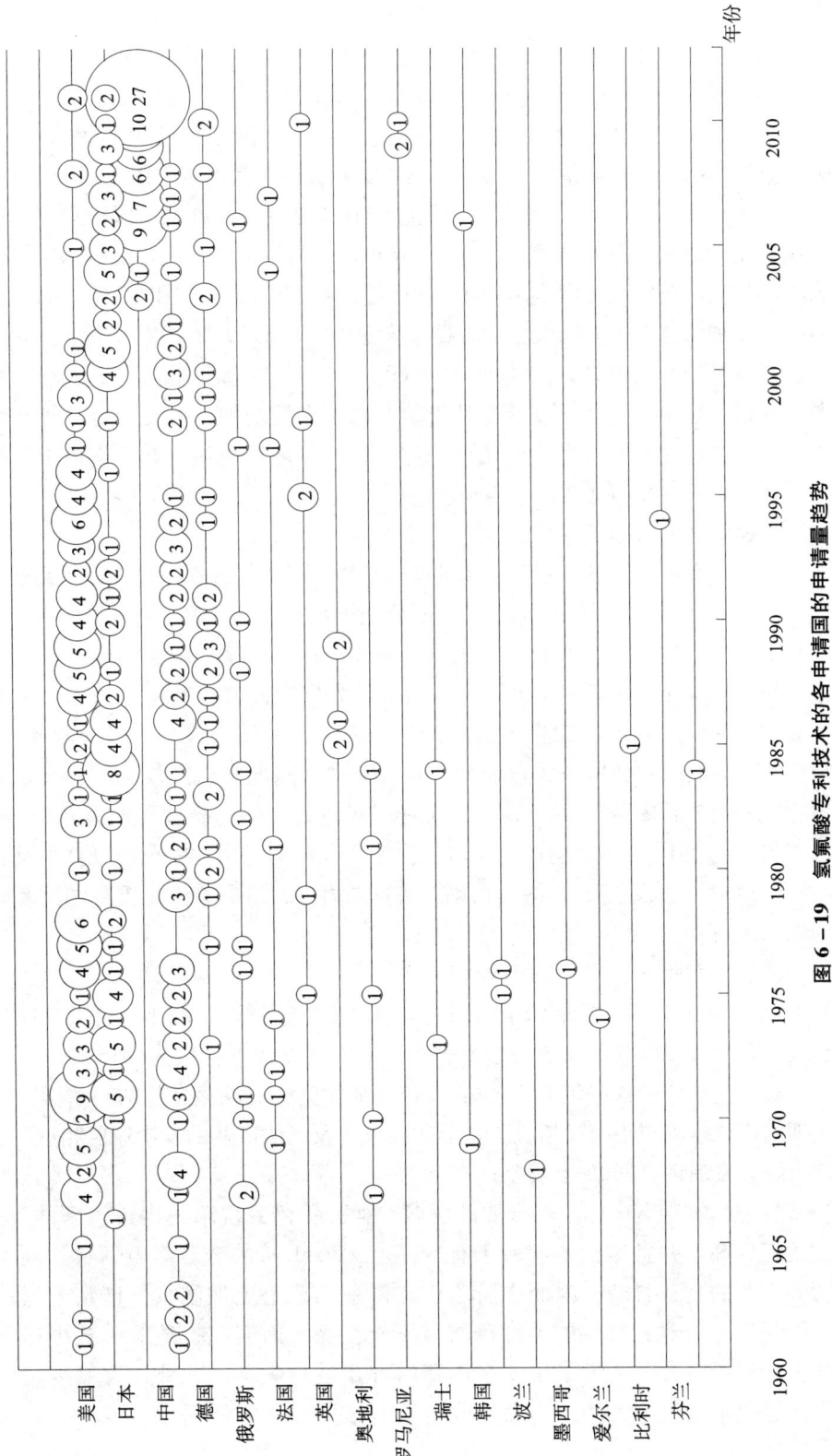

图6-19 氢氟酸专利技术的各申请国的申请量趋势

(1) 起步期（1966年及以前）

由于WPI数据库收录的是1963年之后公开的专利文献，因而早期的专利申请情况并未反映在WPI数据库中，但图6-18和图6-19还是很清晰地反映出，在1966年之前，有关氢氟酸的专利申请量总体较少，主要专利申请国是美国和德国。根据EPODOC数据库的补充检索情况，最早有关于氢氟酸的专利申请是由Doremus Charles A于1902年提出的US754978A，其涉及由氟硅酸制备氢氟酸，可见美国很早就开始重视氟化工副产物中的氟资源的利用。19世纪20年代之前，美国是主要的技术来源国，其他国家如加拿大、英国、德国也出现个别申请；19世纪20年代和30年代间，德国的申请量开始增加，与美国共同成为主要技术来源国；到了19世纪40年代，美国又几乎囊括了所有相关的专利申请；19世纪50～60年代，美国和德国仍是主要的技术来源国，与此同时，参与有关氢氟酸的专利申请的国家开始增加，可见随着电子产业和光伏产业的发展，研究者的目光开始逐渐关注氢氟酸领域。在这一起步期内，起初以个人申请居多，而后逐步转向为公司申请。

(2) 快速发展期（1967～1996年）

这一时期，有关氢氟酸的专利申请的全球年申请量维持在5项以上，最高达19项，并且在20世纪70年代前期和80年代后期分别出现了两次小高峰。由图6-19可见，美国、日本和德国是该阶段中最主要的技术来源国，并且每个国家的申请量都出现了几个小高峰；在这几个国家中，美国的申请量最先出现高峰，其次是德国，接着是日本。随着相关产业的发展，大量申请人开始加入这一领域，有关氢氟酸制备、提纯、浓缩、回收等方面的专利申请大量涌现，各大公司之间的知识产权竞争如火如荼，形成了"百花齐放、百家争鸣"的局面。同时一些实力较强的企业开始逐步显现出来，如霍尼韦尔（其在1999年之前的公司名称曾为联合化学公司、联合信号公司及联信公司）、杜邦、拜耳、大金等，这些公司创新研发能力强，掌握着大量重要的涉及氢氟酸领域的专利申请。

(3) 技术成熟期（1997～2005年）

到了1997年之后，最早期的申请国美国和德国申请量逐步减小，可见其在技术上已日趋成熟，相关领域的研发势头逐渐平稳。同时日本还保持较大的申请量（主要由大金、三菱、斯泰拉、森田化工等公司贡献），成为这一时期最主要的申请国。中国在这一时期的申请量出现小幅度增长，这与国内电子及光伏产业的发展速度相适应。

(4) 综合发展期（2006年至今）

2006年以后，随着中国电子行业的发展，氢氟酸相关技术再次进入新的发展期，申请量逐年升高，并且达到了前所未有的高度，2011年的全球年申请量达到31项。由于萤石资源的日益紧缺，因而本阶段中在制备工艺上更加注重副产物中氟资源的利用；同时工业上对氢氟酸的纯度需求也不断提高，因而在提纯等工艺中偏重于将以往的技术进行整合，通过多角度多步骤的方式进行除杂；此外，含氟废物所引起的污染问题也不断受到关注，因而回收可用的氟资源并降低污染也成为一个重要的目标。

6.4.1.2 区域分布

（1）专利申请国

从图6-20来看，有关氢氟酸的专利申请主要来自于美国、日本、德国和中国申请人，这4个国家申请人的申请量占据了氢氟酸专利申请总量的81%。其中，美国排名第一，拥有28%的专利申请量；日本以20%的申请量排名第二；德国和中国分别以17%和16%的申请量紧随其后。由图6-19可以清楚地看出，在氢氟酸领域，美国、日本、德国的专利申请主要集中于20世纪前，而中国的专利申请集中于20世纪之后，在短时间内申请量急剧增长。可见世界范围内电子产业和光伏产业发展不平衡，中国的发展起步较晚，但由于市场需求大，并且出台了相关产业扶持政策，国内的氟化工企业纷纷加大研发投入，因而发展速度很快。

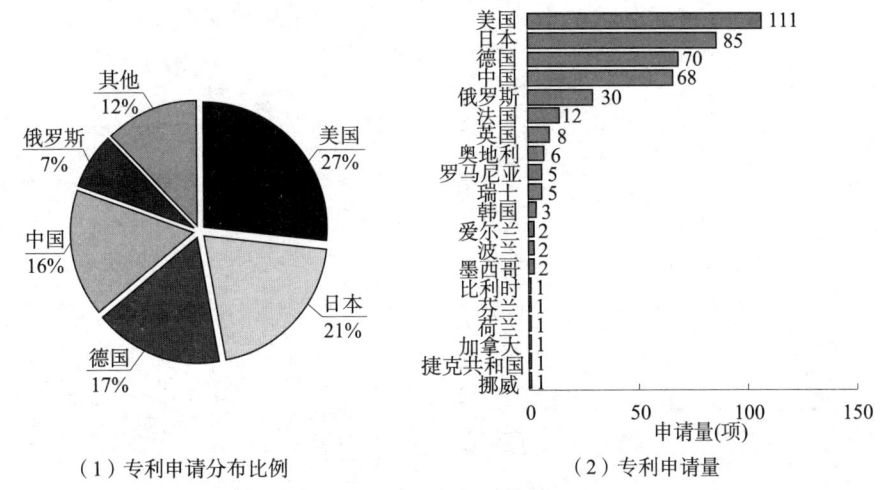

（1）专利申请分布比例　　　（2）专利申请量

图 6-20　氢氟酸技术的专利申请国分布

（2）专利申请布局国

从图6-21可以看出来，在专利申请量上占据明显优势的美国、德国、日本和中国同时也是最重要的专利申请布局国，但排名顺序与申请量顺序不同，在布局国分布的排名中第一位至第四位分别为日本、美国、德国和中国。专利申请量排名第二的日本在专利申请布局国分布中的数量排名第一，超越了专利产出量排名第一的美国；德国和中国在专利产出量上接近，但在地区分布中远超过了中国。由图6-21（2）可见，1966年之前，主要是以德国为布局国的专利申请，可见德国作为一个历史悠久的化工强国，最先开拓了氢氟酸的市场需求；到了20世纪60年代后期，随着美国半导体和光伏产业的发展，对氢氟酸的需求增大，因此在自身专利申请量增加的同时，也吸引了其他国家的申请人将其作为布局国；从20世纪70年代开始，以日本为布局国的专利申请大量增加，除了自身申请的专利量以外，其他国家在日本也有大量的专利申请，因此导致了日本在布局国的排名上超越了美国而成为第一；而且由图6-21（2）中可以明显看出，中国的半导体光伏产业的发展大大落后于美国、德国和日本，从1984年开始才出现以中国为布局国的相关专利申请，随着产业的发展，2004年之后申请量迅速增长，到了2011年的年申请量达到27件。

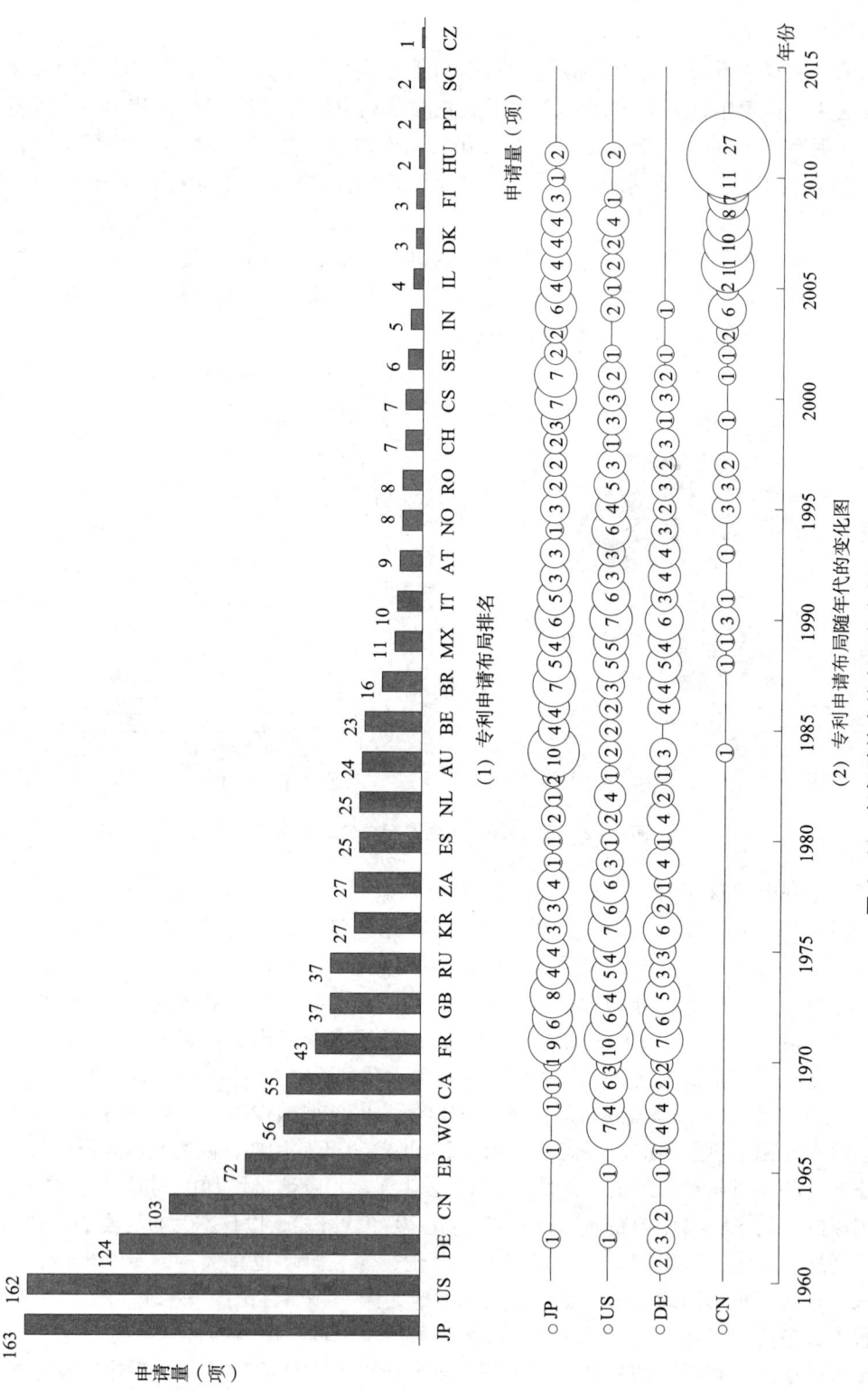

图6-21 氢氟酸技术的专利申请布局国分布

从图 6-22 可以看出，除了氢氟酸提纯工艺的起源国美国和德国外，在日本和中国的第一件有关氢氟酸提纯工艺的专利申请均是由其他国家的企业提出的。而从这第一件专利申请的出现，直到自己国家的企业提出有关氢氟酸提纯工艺的专利申请，却出现了不同的时间间隔。西屋电气公司于 1962 年向日本提出了一件有关氢氟酸提纯的专利申请（专利申请国为德国），时隔 4 年之后，大金于 1966 年提出了日本本土的第一件有关氢氟酸制备的专利申请；法国的阿托化学公司于 1984 年向中国提出了第一件专利申请，涉及氢氟酸的制备；然而，经历了长达 19 年，多氟多才于 2003 提出了中国本土的第一件有关氢氟酸的专利申请，涉及的是氢氟酸的提纯技术。这个时间间隔反映出日本和中国在相关产业的发展速度和规模、对市场发展前景的敏感度以及科技创新能力上的差异。

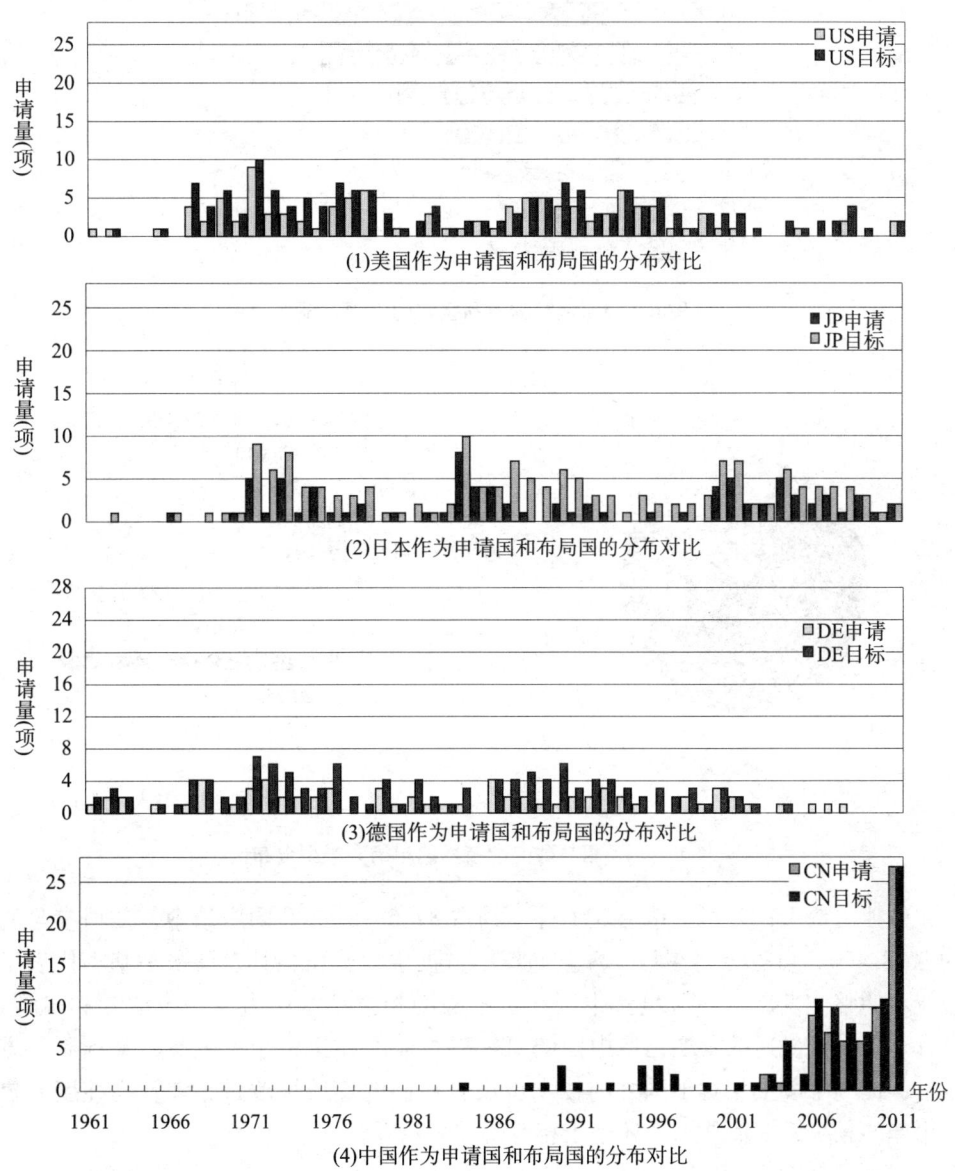

图 6-22 美、日、德、中的氢氟酸技术专利申请的申请国和布局国分布对比

6.4.1.3 申请人分析

由图6-23可以看出，在氢氟酸的专利申请中，霍尼韦尔、杜邦、拜耳和大金公司排名前几位，可见重要的技术基本掌握在国际型大企业的手中，中国的无锡东风化工厂和多氟多也持有较多专利申请。由图6-24可见，在相关领域的专利申请中，85%为单独申请，共同申请仅占15%，可见对于氟化工中重要的基础原料氢氟酸，技术上的保护和市场的抢占对于各申请人而言十分重要，因而单独申请占了绝大多数。

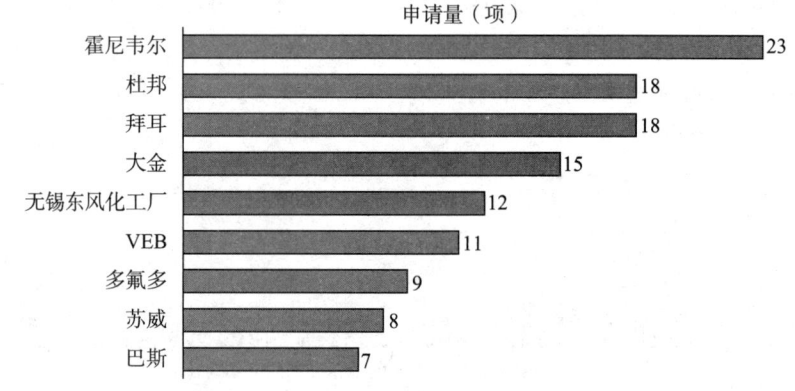

图6-23 氢氟酸专利技术的申请人排名

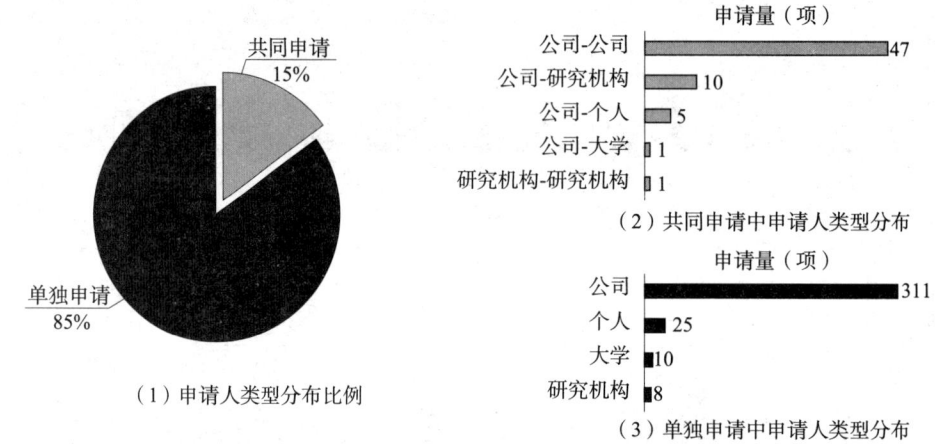

图6-24 氢氟酸专利技术的申请人类型分布

在单独申请中，公司申请有311件，约占87.6%；在共同申请中，公司参与的申请约占98.4%，可见公司在整个行业创新中占据主导地位，其发展水平基本代表了氢氟酸技术的整体发展水平。虽然中国在氢氟酸的相关技术中占有一定的专利申请量，并且近几年得到快速的发展，但中国的氢氟酸行业主要集中于氢氟酸的基础制备方法和设备，提纯手段上相对于国外的技术也没有核心的实质性改进，涉及高纯度的氢氟酸的生产的较少，因而技术上还处于相对落后的位置。

6.4.2 氢氟酸提纯技术专利分析

高纯氢氟酸主要应用于集成电路和超大规模集成电路芯片的清洗和腐蚀,是微电子行业制作过程中的关键性基础化工材料之一,其还可用作分析试剂,同时也是制备高纯度含氟化学品的重要原料。其中,电子级氢氟酸成为国际高端垄断产品,也将是未来氟化工产业发展的一个方向。随着微电子工业的高速发展,所需的氢氟酸的纯度要求不断提高,同时高纯氢氟酸的制备和提纯技术也就备受关注。

通过检索和筛选,得到有关氢氟酸提纯方法的专利申请109项(截至2011年),在这些数据的基础上进行相关领域的专利分析。

6.4.2.1 专利概况分析

(1) 技术手段的分类

工业上通常使用萤石和硫酸制备氢氟酸,在产品中通常含有 SO_2、H_2SO_4、H_2O、SiF_4、PF_3、POF_3、PF_5、BF_3、AsF_3 以及其他的金属氟化物等杂质,为了除去这些杂质,可选用的提纯手段有蒸馏、氧化、吸附、离子交换、沉淀、吸收、膜过滤、通惰性气体等。为了制备出更高纯度级别的氢氟酸产品,提纯手段逐步由单一方式向组合方式发展,以使能够去除的杂质种类和分离程度不断增加。然而,处理步骤的增加又不可避免地带来产品污染的风险,这就对除杂的方式的选择、具体的操作细节的设计,以及配套设施的洁净度及耐腐蚀程度等方方面面的因素提出了更高的要求。

几种常用的提纯手段介绍如下:

1) 蒸馏

这是高纯氢氟酸制备与提纯工艺中最为常用的手段,其原理是利用沸点的差异来分离产品氢氟酸和杂质。蒸馏的具体方式包括普通蒸馏、分馏和精馏。蒸馏能够去除大部分低沸点以及高沸点的杂质,然而一些沸点与氢氟酸相近的杂质(如三价砷),则难以通过蒸馏的方式将其含量降至理想的水平。

可利用物理的或是化学的手段来增大杂质的分离程度。物理手段主要体现在蒸馏条件的控制上,包括温度、压力、体系含水量等的选取,这虽然不易引入外加杂质,但这种方法的操作条件需要准确控制,有的操作条件很苛刻,有的需要采用特别的设备,有的产量受限,因此许多情况下并不适合于工业上的大量生产。化学手段主要体现在通过氧化、沉淀等手段先将杂质转化为不易挥发的存在形式,将杂质的沸点与氢氟酸的沸点差异拉大从而便于分离,这种方式操作上相对简便,分离的效果也较好,但是很容易引入外加杂质,影响产品的品质。

2) 氧化

通常是为了配合蒸馏手段而使用,目的是将易挥发的砷、硫、磷杂质氧化为高沸点的物质,从而易于将氢氟酸和杂质进行更大程度的分离。其中,氧化剂和氧化方式的选取将对除杂的效率和产品品质产生重要的影响。

3) 吸附

利用杂质与高比表面积的吸附剂之间的较强的物理或化学的相互作用,从而将杂质与氢氟酸分离。活性炭是最常用的吸附剂，此外硅颗粒、氟化钙颗粒等也可作为提纯氢氟酸所用的吸附剂，而且为了改善吸附性质，也常常对吸附剂进行表面处理。

4）离子交换

利用离子交换剂，通常为离子交换树脂，将杂质离子与交换剂上的离子交换，从而达到分离的目的。可以通过阴离子交换或阳离子交换过程进行除杂。

5）沉淀

通过加入沉淀剂将杂质离子以沉淀形式分离。例如可使用苛性碱或碱金属碳酸盐使硼化合物沉淀，可使用碳酸钠等将硅化合物（通常以氟硅酸形式存在于氢氟酸中）沉淀，可使用硫离子或碘离子沉淀三价砷。

6）膜过滤

随着氢氟酸纯度级别的提高，对其中的颗粒物的含量也有一定的要求。可以采用微滤、甚至超滤等膜过滤手段来降低氢氟酸中颗粒物的含量。

（2）全球申请量趋势

通过图6-25可以看出，其发展大致经历了以下几个时期。

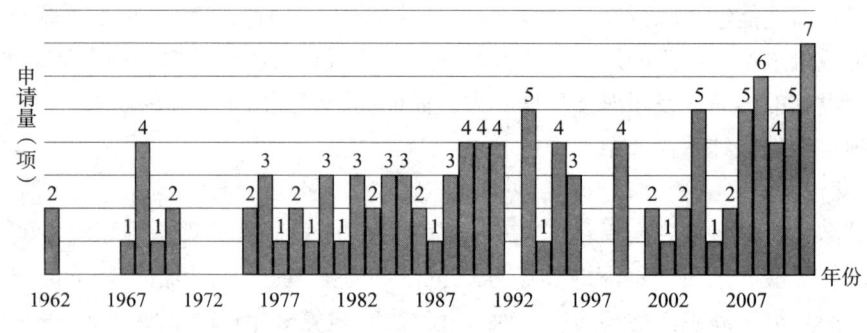

图6-25　氢氟酸提纯技术的全球申请量趋势

1）起步期（1970年及以前）

这一时期，德国、比利时和美国开始出现有关氢氟酸提纯的专利申请，主要的技术来源于德国，起初的技术主要以蒸馏为主，渐渐也出现了一些其他除杂手段。20世纪60年代之前该领域几乎处于技术的空白期，因此随着电子行业的逐渐起步发展，对氢氟酸纯度的要求逐渐提高，研究者们开始从多方面探寻提纯氢氟酸的方法，虽然总体申请量较小，但在1968年出现了一次小高峰。到了20世纪60年代后期，用于配合蒸馏除杂的氧化手段已经崭露头角。

2）快速发展期（1970~1993年）

经历了短暂的停滞期，自1975年起，各国纷纷加入氢氟酸提纯的研发队伍中，几乎每年都有这方面的申请，申请量在小幅波动中逐年上升，各种提纯方式纷纷涌现，百花争鸣，在技术来源上呈现美国、德国和日本三足鼎立的局面。这期间氧化提纯技术占据了主要地位，并经历了几代氧化方式的发展变革，离子交换、沉淀、吸附、膜过滤等方式也体现出各自的特点和优势。

3）技术成熟期（1994～2005 年）

到了 1995 年之后，申请量逐步减小，可见此时在提纯技术上已日趋成熟，期间在 1997 年、1998 年和 2000 年都出现了空档，可见技术革新发展的空间变小，一些技术上的缺陷还难以突破，同时，重要的工艺成为商业秘密而不加以专利申请。

4）综合发展期（2006 年至今）

2006 年以后，随着中国电子行业的发展，氢氟酸的提纯技术再次进入新的发展期，申请量逐年升高，达到了前所未有的高度。这一期间主要沿用了以往的提纯技术，针对于某种提纯手段的改进的申请很少，之前的技术难题仍然存在；本阶段将以往的技术进行整合，逐步形成了多角度多步骤的提纯趋势。

（3）区域分布

从图 6-26 来看，有关氢氟酸提纯的专利申请主要来自于美国、德国、中国和日本申请人，这 4 个国家申请人的申请量占据了氢氟酸提纯的专利申请总量的 88%。由于高纯氢氟酸技术的门槛高，市场针对性强，因此只有少数化工技术积累较强，并且市场需求量大的国家/地区对该技术投入较大的研究力度。其中，美国、德国和日本既是化工强国，拥有包括霍尼韦尔、杜邦、苏威、斯泰拉等在内的多家世界级化工公司，同时半导体和光伏产业在这些国家也得到了较为充分的发展，因而对高纯氢氟酸的存在大量的需求，客观上也推动了有关氢氟酸提纯技术的研究，从而在该领域产出了较多的专利申请。而随着半导体和光伏产业向中国的转移，中国也逐渐成为了蚀刻剂/清洗剂的需求大国。高纯氢氟酸在中国具有极大的市场潜力和较高的附加值，因而国内的一些传统氟化工企业也纷纷立项高纯氢氟酸项目，吸收消化国外技术，开展氢氟酸提纯工艺的产业化研究，因此它们的专利申请量近年来出项大量增长。这一点从图 6-27 中可以非常明显地看出来。

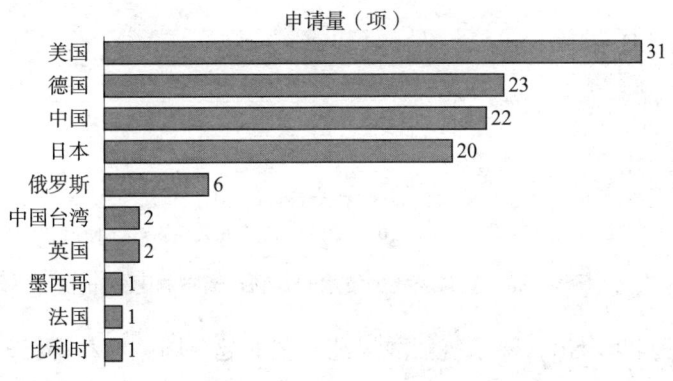

图 6-26 氢氟酸提纯技术的专利申请国分布

从图 6-27 可以看出来，德国、美国和日本对氢氟酸提纯工艺研究的起步较早，从 20 世纪 60 年代起就纷纷提出专利申请，并且保持了持续的申请态势。尤其在 20 世纪 80 年代末和整个 90 年代，伴随着半导体技术的迅猛发展和光伏产业的逐渐兴起，氢氟酸提纯工艺的专利申请出现了一个高峰期。尤其是美国，受到市场利好的刺激，以杜邦为代表的美国公司对氢氟酸提纯集中提出了一批专利申请。而随着半导体和光伏产业向中国的转移，高纯氢氟酸在中国的应用市场被打开，高纯氢氟酸的生产技术的逐渐开始扩散。中国企业也逐渐研究和攻克了氢氟酸的提纯工艺，中国企业在2003年开始出现零星的有关氢氟酸提纯工艺的申请，并在2006年出现了迅猛的增长。

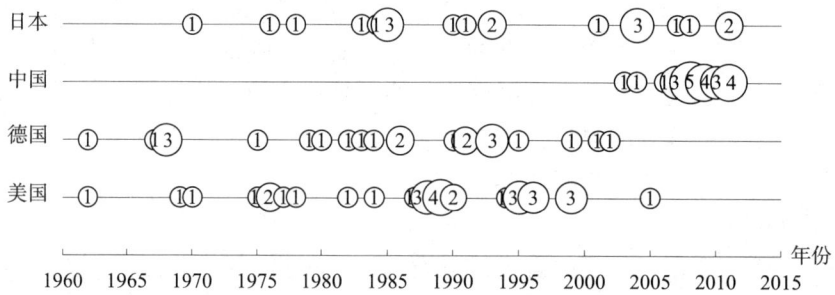

图6-27 重点国家的氢氟酸提纯技术专利申请量趋势对比专利申请布局国

注：图中的数字表示申请量，单位为项。

从图6-28可以看出来，在专利申请量上占据明显优势的美国、德国、日本和中国同时也是最重要的专利申请布局国，并且以这些国家为布局国的专利申请量基本上都达到了该国家专利产出量的两倍，表明这些国家对高纯氢氟酸的市场需求不仅仅刺激了本国企业的对氢氟酸提纯工艺的研发，也同时吸引了大量的其他国家企业的关注，纷纷将其作为专利申请布局国。例如，苏威、斯泰拉等外国企业均纷纷通过独资或者合资的方式在中国设立氢氟酸的生产厂家，这些公司同时也在中国申请了一批有关氢氟酸提纯的专利。

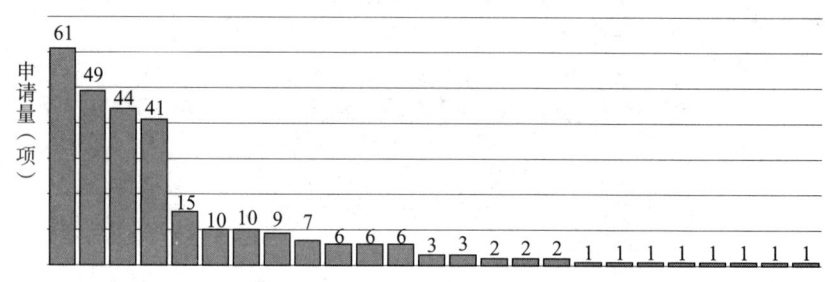

图6-28 氢氟酸提纯技术的专利申请布局国分布

从图6-29可以看出，除了氢氟酸提纯工艺的起源国美国和德国外，在日本和中国的第一件有关氢氟酸提纯工艺的专利申请均是由其他国家的企业提出的。而从这第一件专利申请的出现，直到自己国家的企业提出有关氢氟酸提纯工艺的专利申请，却出现了不同的时间间隔。在日本，这个时间间隔为8年。在这8年期间，随着半导体技术引入日本并在日本企业中扩散，对高纯氢氟酸的需求引起了日本本土化工企业在该领域的追赶，并由大金提出了日本本土企业的第一件有关氢氟酸提纯技术的专利申请。然而之后的一段时间，日本本土企业的申请仅仅是零星的出现，并且很多并不是由专业的化工企业提出的。直到20世纪80年代中期，以斯泰拉为代表的一批专业的化工企业加入了高纯氢氟酸的生产阵营，才进一步推动了日本在氢氟酸提纯领域的技术进步，一度出现了专利申请的高峰。在中国，这个时间间隔为14年。直到2003年才由多氟多提出了首件国内企业关于高纯氢氟酸生产技术的专利申请。虽然中国随后在该领域的专利申请量出现了迅速增长，但大型化工企业的申请并不多。中国在高纯氢氟酸领域的技术突破和品质提升，还有赖于更多大型化工企业的参与。

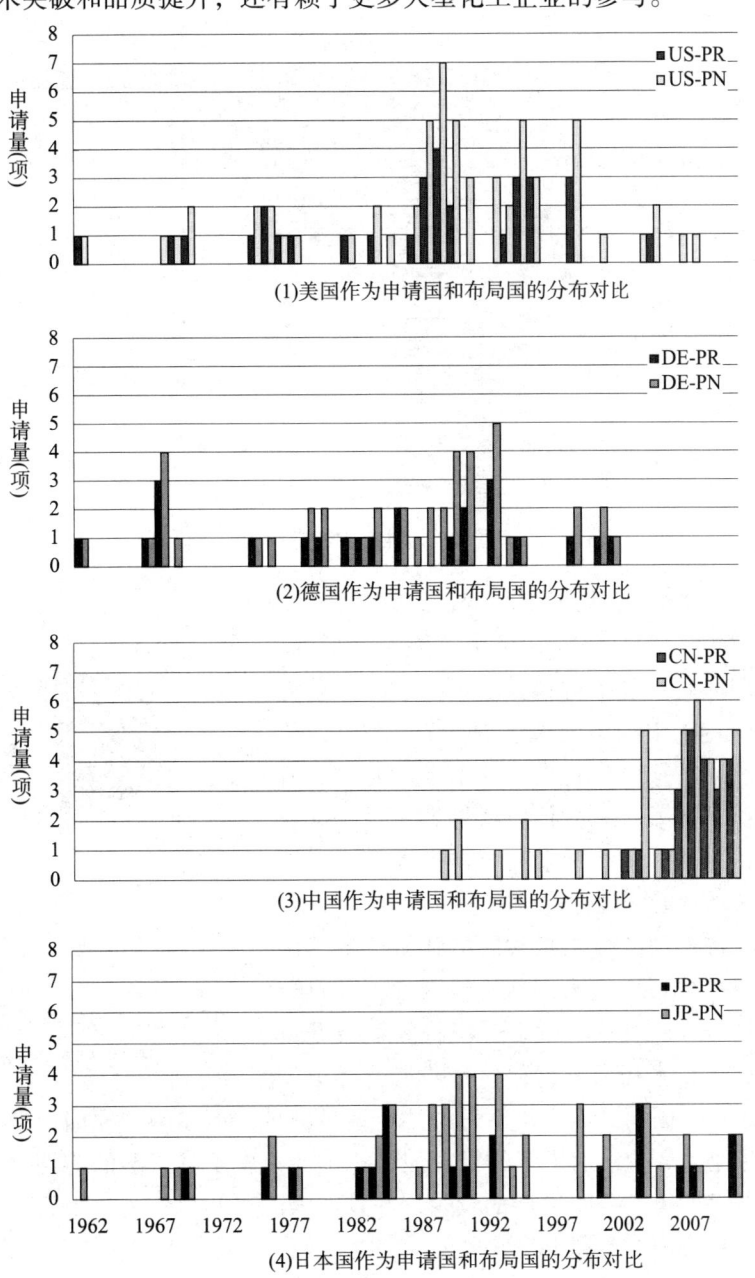

图 6-29　美、德、日、中的氢氟酸提纯技术专利申请国和布局国分布对比

(4) 申请人分析

1) 申请人排名及类型

由图6-30和图6-31可以看出,在氢氟酸提纯领域中,申请人主要为公司,其申请量占总申请量的78%;其他类型申请人的申请量总共占22%,其中,个人占7%、大学占6%、合作申请占9%。可见,公司在行业技术创新中占绝对主导地位,公司发展水平基本代表了氢氟酸提纯技术的整体发展水平。

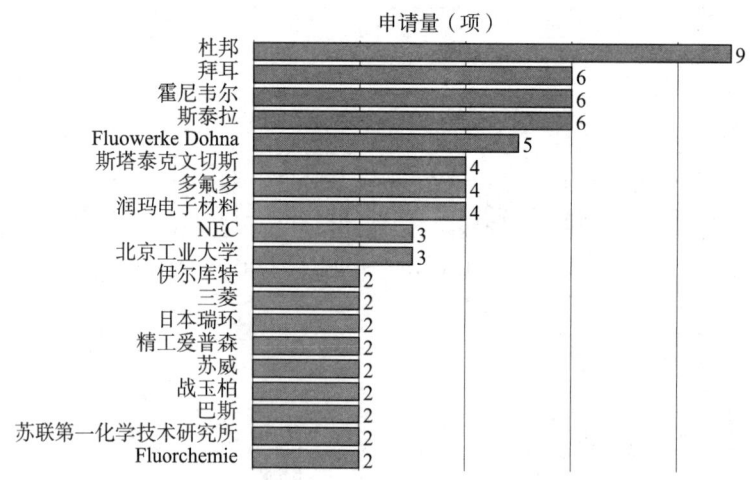

图6-30 氢氟酸提纯技术的专利申请人排名

排名前四位的申请人分别是:杜邦、拜耳、霍尼韦尔和斯泰拉,主要分布在美国、德国和日本。中国的多氟多和润玛电子材料排名第六。在排名前十位的申请人中,中国申请人仅占三个。此外,从上述申请人的申请量可以看出,各个申请人的申请量都比较少:排名第一的杜邦申请量为9项,排名第二的拜耳、霍尼韦尔和斯泰拉申请量为6项,排名第六的多氟多和润玛电子材料的申请量为4项。分析其原因,首先是因为氢氟酸的提纯属于基础化工行业,其发展较慢,技术创新比较困难,因而导致其专利申请较少;其次,很多公司将氢氟酸提纯的关键技术作为技术秘密进行保留,并未进行相关

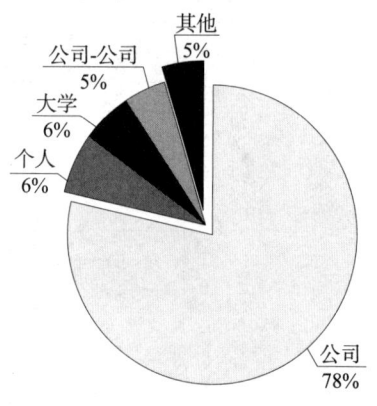

图6-31 氢氟酸提纯技术的专利申请人类型

技术的专利申请,因而又进一步使得所述申请量减少;上述两个原因使得氢氟酸提纯方面的总体申请量较少。而中国的氢氟酸行业主要集中于氢氟酸的前期制备和初步提纯,涉及高纯度的氢氟酸的生产的较少,并且涉入的时间也较晚,因而导致中国申请人在氢氟酸提纯方面的专利申请较少。

2）重要申请人

① 杜邦

杜邦是一家以科研为基础的全球性企业，杜邦公司成立于1802年，在全球70个国家经营业务，杜邦特殊化学品部目前在中国经营工业化学品（Industrial Chemicals）、化学中间体（Chemical Intermediates）、高性能化学品和材料（Performance Chemicals and Materials）、清洁与消毒产品（Clean & Disinfect Products）、杜邦清洁技术（DuPont Clean Technologies）等五大类数十种产品。

杜邦针对高纯级氢氟酸的研究主要集中在20世纪60~90年代，共有12项专利申请。这些专利申请主要在美国、日本、加拿大和德国进行了专利市场布局，在中国申请了2件专利，目前这两件专利均处于失效状态，如图6-32所示。

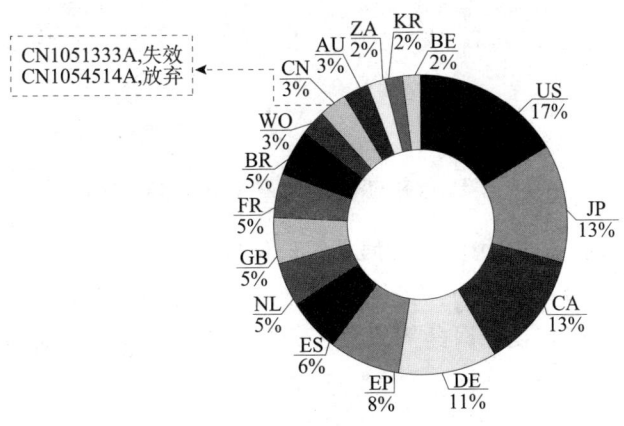

图6-32 杜邦在高纯氢氟酸研究中的专利市场布局

氢氟酸的提纯的关键环节在于控制氢氟酸中各种杂质尤其是砷、硫的含量；图6-33展示了杜邦在高纯级氢氟酸制备方面的主要技术路线，可以看出：杜邦对氢氟酸提纯的研究起步于1969年，主要经历了5个阶段，第一阶段主要是利用蒸馏脱除氢氟酸中的砷，例如US3663382和US3687622，通过蒸馏工艺可以将砷的含量控制在小于3ppm；第二阶段的重点是除去氢氟酸中的杂质硫，杜邦开发了冷凝除硫的工艺，如US3865929；第三个阶段在20世纪70~80年代，杜邦主要开发了氧化除砷的工艺，并研究了各种不同的氧化剂例如高锰酸钾、重铬酸钾、过硫酸、双氧水以及三氧化铬和氧气，例如US4032621、US4083941、US4954330，利用氧化法制备高纯级氢氟酸的工艺一直沿用至今天；第四个阶段，由于氧化法脱砷工艺复杂，条件苛刻，当对氢氟酸的纯度要求不太高时，杜邦又研发了沉淀脱砷的工艺，沉淀剂可以为硫化物或碘化物，该工艺相较氧化法简单，可以将砷的含量控制在几十ppm；第五个阶段为20世纪90年代，杜邦研发出用电解代替氧化剂来氧化除砷的工艺，例如US5100639和US5108559。但在1991年之后，杜邦对于氢氟酸的提纯没有再进行专利申请。

② 拜耳

拜耳是一家在医药保健、作物营养、高科技材料领域拥有核心竞争力的全球性企

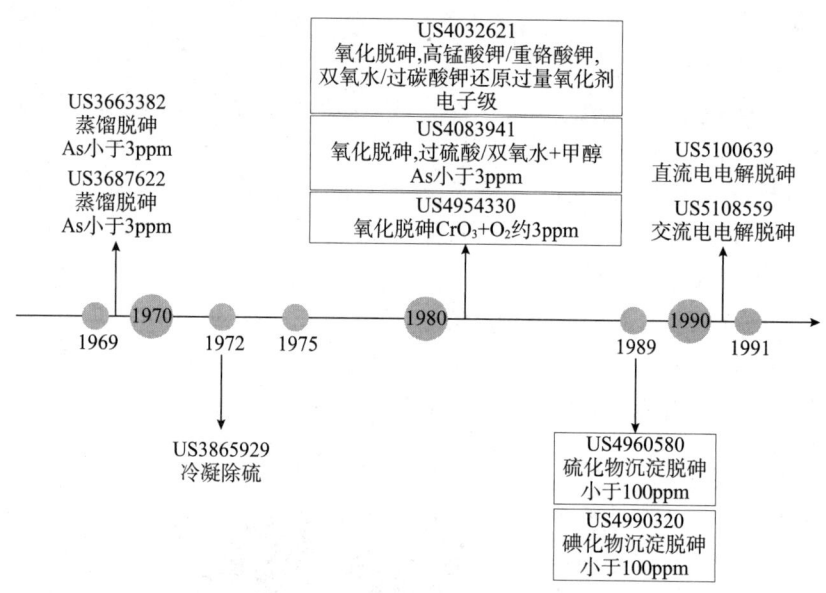

图 6-33　杜邦的高纯氢氟酸制备技术路线图

业,其公司主营业务主要集中于——拜耳医药保健、拜耳作物科学、拜耳材料科技三大子集团,并由三家服务公司为其提供各项支持。作为一家以技术创新为主要竞争力的企业,拜耳长期以来在化工医药等研发密集型领域引领潮流,并且非常注重知识产权的保护。

③ 霍尼韦尔

霍尼韦尔源自于一家电子温度调节器公司。1885 年,艾伯特·布兹获得了熔炉调节器和报警器的专利,并在美国明尼阿波利斯成立了布兹电子温度调节器公司,之后被统一温度控制公司(Consolidated Temperature Controlling Co. Incorporated)看重并收购。在经历多次并购、更名后,该公司演变为明尼阿波利斯热调节器公司。1927 年,明尼阿波利斯热调节器公司与霍尼韦尔特种加热器公司合并创立了明尼阿波利斯-霍尼韦尔调节器公司,1934 年,公司收购了 Time-O-Stat 控制器公司(Time-O-Stat Controls Corporation),1963 年,公司正式更名为霍尼韦尔。1999 年,霍尼韦尔和联信公司合并,合并后的公司沿用霍尼韦尔的名称。

④ 斯泰拉

斯泰拉创立于 1916 年,总部设在日本大阪,为一家化工制造商,该公司产品包括电子化工材料(氟化物、蚀刻剂、洗涤剂、电解质)、医疗产品和农业化学制品等。该公司为世界最大的高纯度氢氟酸生产商。

2003 年,斯泰拉化工和中国大陆最大的萤石企业浙江中萤实业有限公司合资在浙江省设立以当地生产氢氟酸为目的的合资公司——浙江瑞星氟化工业有限公司。资本额 800 万元人民币,将负责生产精制前的氢氟酸,以年产 1 万吨规模开始供应,产品高纯度化则在斯泰拉化工的日本或新加坡厂区进行。2004 年,斯泰拉化工在上海建立了星青国际贸易(上海)有限公司——从事危险化学品的国际贸易和物流运输。

斯泰拉化工的产品包括与半导体/液晶/太阳能电池、半导体装置/光学器件、电池、催化剂、表面处理、核能等相关的产品。主要产品包括：超高纯氢氟酸、超高纯氢氟酸缓冲液、氟化钙、氟化铝、氟化锂、六氟磷酸锂、三氟化硼、氟化氢、硼氟酸钾和氟硅酸等。

6.4.2.2 氧化提纯技术

砷杂质对于半导体器件的性质具有重要的影响，同时对于以氢氟酸作为原料制备后续产品的反应如氟化反应的催化剂具有严重的毒害作用，因此砷杂质的含量成为衡量氢氟酸品质的一个重要指标。氧化手段的重点在于除砷，同时也常用于去除磷、硫、硼等杂质，往往与蒸馏手段配合使用。根据所检索到的氢氟酸氧化提纯的相关专利，本节将其中的氧化方式分为氧化剂氧化和电解氧化的两种方式。其中所使用的氧化剂有重金属盐氧化剂、过氧化氢、卤素类氧化剂、其他氧化剂（包括过硫酸铵、过硫酸及其盐、氯酸盐、氟化氢钾、氧气、臭氧，以及某些特殊的金属氟化物等）；电解氧化的方式有直流电电解和交流电电解两种。

对所得的数据进一步筛选，得到涉及氧化提纯的专利申请43项，并以此为基础进行以下的专利分析。

（1）技术路线

蒸馏作为最为常用的方法，能够去除大部分杂质，在氢氟酸的提纯领域发挥了重要的作用。然而，对于沸点与氢氟酸相近的杂质，如AsF_3、SO_2等，蒸馏的效果则不尽如人意，无法将这些杂质的含量降到令人满意的水平。起初，对氢氟酸的提纯方法的改进主要着眼于物理手段调整蒸馏的工艺参数。随着半导体工业的发展，行业内对于用作清洗剂和刻蚀剂的氢氟酸的纯度的要求也不断提高，特别是对于砷的含量提出了越来越严格的要求，因此研究者们开始极力探寻合适的分离手段。从WPI数据库中相关专利的引用情况可见，最早涉及使用氧化剂提纯的技术是1962年由美国联合碳化物公司（Union Carbide Corporation）提出的提纯氢氟酸的专利申请US3166379A，该专利申请中，使用氧化剂将砷和磷杂质氧化成高沸点的杂质化合物，配合使用卤素形成高沸点的卤素-杂质化合物，并通过蒸馏方式提纯。该方法主要用于除去砷和磷，实施例中提纯后的氢氟酸中的砷和磷小于0.5ppb；其中的氧化剂具有多种选择，优选高锰酸盐，还可使用过硫酸盐、氯酸盐、二氧化锰，使用的卤素优选为碘，还可使用氯和溴；该申请还指出，若还需要去除硫杂质，则可以在氧化剂使用的基础上加入钡化合物，如氧化钡，以形成高沸点的硫化钡沉淀。

然而，从EPODOC数据库补充检索的情况可见，最早提出氧化提纯的是杜邦，其在1951年已经提出了使用二氧化锰、高锰酸钾、钠或钾的氯酸盐、重铬酸盐及过氧化物这些氧化剂提纯无水氢氟酸的技术方案US2777754A，该专利申请主要是为了去除二氧化硫杂质。

可以说，US2777754A开启了氢氟酸提纯技术的新篇章——氧化提纯技术。根据各阶段主要采用的氧化剂或氧化方式的不同特点，将氧化提纯氢氟酸的技术大致分为如下几个发展阶段（其技术路线的概况参见图6-34）。

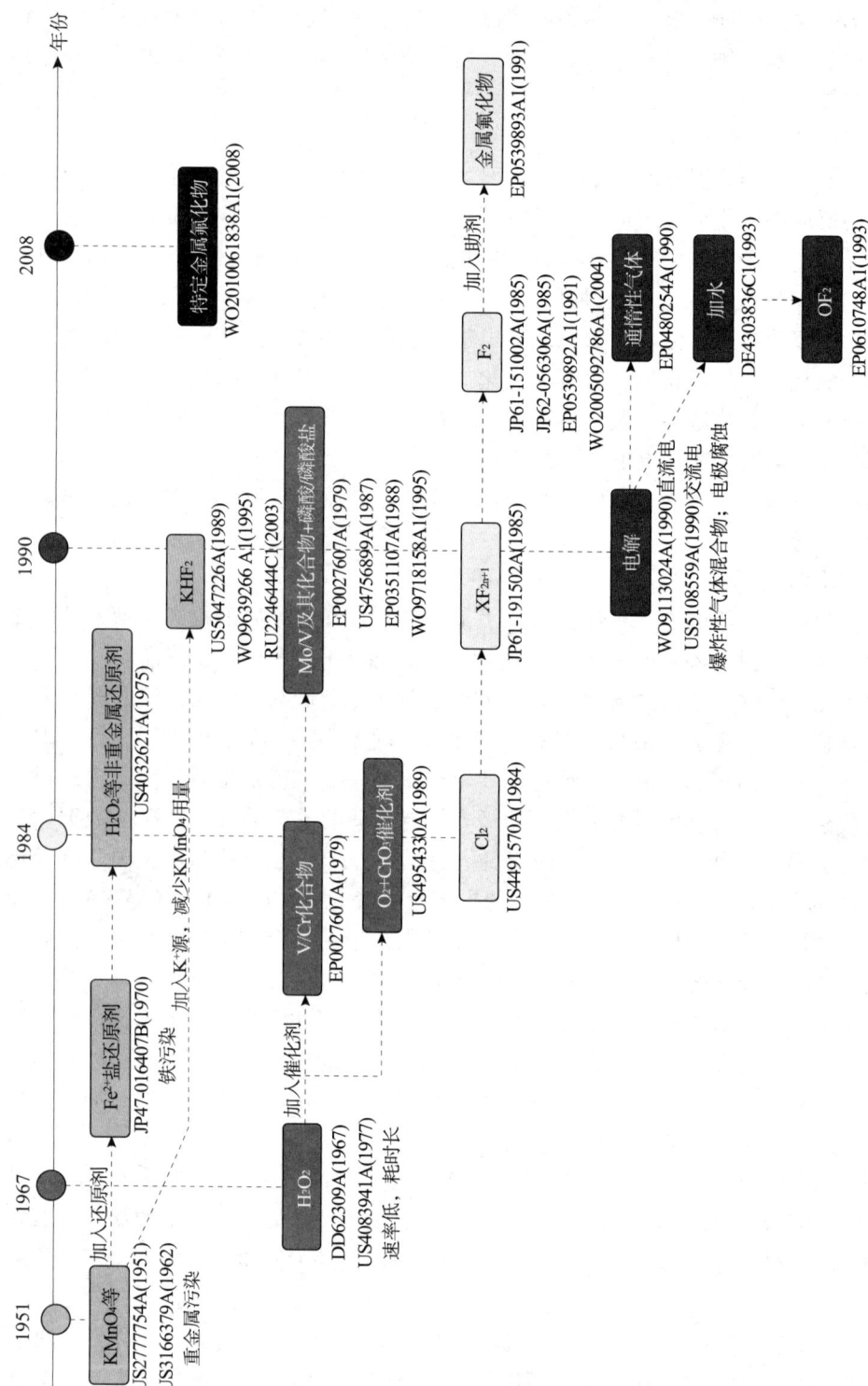

图 6-34 氧化提纯氢氟酸的技术路线图

1) 第一代氧化技术：高锰酸盐或重铬酸盐等重金属盐氧化剂（1962～1989年）

自1951年美国杜邦提出的US2777754A开始，高锰酸盐氧化剂的使用便开始成为氢氟酸氧化提纯领域的重点研究方向，重铬酸盐也作为可替代的类似效果的氧化剂而逐渐被广泛使用。然而，在取得良好的除砷杂质的效果同时，挥发性的锰或铬化合物将污染馏分，大量的锰或铬杂质的存在使提纯后的氢氟酸仍难以应用于电子领域和其他需要高纯氢氟酸的领域。

为了克服上述缺陷，日本的大金于1970年提出在采用高锰酸盐或重铬酸盐氧化处理后，在无水氢氟酸中加入无机亚铁盐，如$FeSO_4$，来还原过量的氧化剂，从而将蒸馏所得的氢氟酸中的锰或铬的含量降至0.01ppm以下（JP47-016407B）。这种方法虽然在保证除杂效果的基础上降低了锰和铬的含量，但又不可避免地引入了铁杂质。时隔五年后，美国杜邦于1975年提出了新的改进方案（US4032621A），将无水氢氟酸使用高锰酸盐或重铬酸盐氧化剂处理后，使用非重金属的还原剂还原过量的氧化剂，再进行蒸馏；其中还原剂选自碱金属过碳酸盐、过硼酸盐和过氧化氢，此外还可以选择有机还原剂，如甲醇、草酸和氢醌，所使用的还原剂将被氧化为气体副产物、水或者不挥发的残余物，使用有机还原剂时可能会引入不希望的含碳化合物的杂质；优选采用过氧化氢作为还原剂，其可在室温条件下迅速将过量氧化剂还原为不挥发的金属阳离子，实施例中砷的含量小于0.02ppm，亚硫酸盐的含量小于1.6ppm，铁含量为0.86ppm以下，锰含量为0.20ppm以下。

直到1989年，Fluorex SA公司才提出了在过量钾离子存在的条件下使用高锰酸钾进行氧化，该过量的钾离子来自于固体氟氢化钾（KHF_2）（US5047226A）。该申请指出，使用高锰酸钾进行氧化的同时，氢氟酸将导致高锰酸钾的部分分解，生成KHF_2和MnF_3，因此需要使用过量的高锰酸钾或加入氟化钾（其引用了澳大利亚的专利266930，该专利公开了在碱金属离子的存在下使用氧化剂如高锰酸钾以形成不挥发的五价砷化合物，实施例4中采用了氟化钾作为碱金属源，然而该专利目前无法获得）。过量的高锰酸钾的使用会产生所不希望的水，固体氟化氢钾作为钾离子的给体，则可以减少高锰酸钾的用量。实施例中，砷含量降至0.18ppm，锰的含量为0.03ppm。从这之后，第一代氧化剂仍广泛应用，但是对于其使用上的改进就鲜有报道。

由第一代氧化剂的专利申请情况来看，这一阶段总的申请量较少，其技术来源国主要是美国，可见当时美国比其他国家对该研究方向投入了更多的关注，并且具备突出的研发能力。同时还可以看出，有关第一代氧化剂的技术更新缓慢，间隔5年，甚至是十几年才有实质上的发展和改进。其可能存在的原因是：20世纪70年代之前，半导体行业的发展也处于初期，此时对于氢氟酸纯度上的要求还不高，重金属含量可能还未列入考察氢氟酸级别的标准，因此几年间未见有专利申请指出高锰酸盐或重铬酸盐所产生的重金属污染问题。1970～1975年的研究方向都是以加入还原剂的方式来克服过量氧化剂所引起的重金属污染，而新试剂的加入必然会带来再次污染氢氟酸产品的风险，而且不易引起污染的合适的还原剂的种类也有限，这导致研究者将重点转向开发第一代氧化剂的替代物或是探索其他有效提纯方式的方向上去，并促使了后续新一代氧化剂的推出。另外在20世纪70年代，相关行业对于氢氟酸纯度的要求也并不高，这从US4032621A所公开的当时电子行业对氢氟酸杂质含量的要求（参见表6-4）即可看出，因此在满足电子行业需求的情况下，对于氢氟酸提纯方面的发展脚步变缓。因此继US4032621A之后的十多年时间内（1976~1988年），都没有出现关于第一代氧化剂的使用上的改进方案。

表6-4　US4032621A所公开的当时电子行业对氢氟酸杂质含量的要求

杂　　质	含量（ppm）
砷	0.06
亚硫酸盐	4
锰	2
铁	1
基于100%的氟化氢	

2）第二代氧化技术：以过氧化氢代表的氧化剂（1968~1995年）

在第一代氧化剂发展的后期，以过氧化氢为代表的第二代氧化剂也经历了其萌芽和发展期。根据专利文献的引用记载，使用过氧化氢作为氧化剂对氢氟酸进行除杂最早是报道于R. Osicki发表的文章（Przemysl Chem., 42, 32-3, 1963），其公开了在氢氟酸水溶液中加入30%的H_2O_2和$Ba(OH)_2$并通过等温蒸馏以去除Mn、Cu、Al、As、Ca和Na等杂质。但是其用于氢氟酸水溶液而非无水氢氟酸，主要实现了铁的去除，并没有去除亚硫酸盐，当时并没有相关的专利申请，过氧化氢氧化剂在氢氟酸提纯中应用仍停留在实验室阶段。直到1968年，德国的Veb Fluorwerke Dohna公司提出了使用过氧化氢并随后蒸馏提纯氢氟酸的方法（DD62309A），其中在40℃~60℃向80%~90%的氢氟酸水溶液中连续加入无水氢氟酸和适宜浓度的过氧化氢溶液（30%），从而达到除砷的目的，蒸馏后用水吸收得到纯化的氢氟酸水溶液。然而有文献认为该方法也没有去除亚硫酸盐，并且限于制备氢氟酸水溶液，不适合制备无水氢氟酸。

1977年，杜邦使用过氧化氢以及甲醇或者硫酸来处理无水氢氟酸，并加以蒸馏除去砷和亚硫酸盐杂质（US4083941A），其中使用的甲醇或硫酸主要是用于降低亚硫酸盐的含量。该申请指出，虽然过氧化氢氧化砷的速度不如高锰酸盐，但它不存在副产物的污染，氧化过程只是产生水（$As^{3+} + H_2O_2 + 2H^+ \longrightarrow As^{5+} + 2H_2O$）；单独采用过氧化氢难以降低亚硫酸盐和硫酸盐的含量，然而再采用甲醇或硫酸处理，并且之后蒸馏，则能将亚硫酸盐和硫酸盐的含量降低至符合电子应用的水平。该申请还记载了当时电子级氢氟酸的砷含量为0.03ppm以下，亚硫酸盐和硫酸盐总含量为3ppm以下，在实施例中，使用过氧化氢+甲醇且达到电子级氢氟酸标准的方案需要至少反应71h，使用过氧化氢+硫酸且达到电子级氢氟酸标准的方案需要反应22h，其耗时长，并且需要严格控制使用试剂的比例。此外，该申请中的氧化剂还可以选用过硫酸，但未给出相关的实施例。

由于过氧化氢的氧化能力和速度有限,按照化学计量比时难以达到足够的砷转化,单独采用时一般需要大大过量,而且反应耗时长。因此 1979～1988 年,以德国的 Riedel De Hean 公司和美国的联合信号公司为代表,相继开发出以过氧化氢为氧化剂的催化氧化技术。Riedel De Hean 公司于 1979 年申请的专利（EP0027607A1）使用过氧化氢为氧化剂,水溶性钒或铬化合物为催化剂,从而去除抗氧化的无机酸（如氢氟酸）中的有机物杂质。自 1987 年起,联合信号公司提出一系列申请（US4756899A、EP0351107A、WO9718158A1）来改善过氧化氢的催化氧化提纯氢氟酸的工艺,使其朝着更加经济、高效和安全的方向发展。1987 年提出的 US4756899A 中,采用（i）钼或无机钼化合物 +（ii）磷酸或磷酸盐的复合催化剂,过量的氧化剂通过反应 $H_2O_2 \longrightarrow H_2O + 1/2 O_2$ 分解,实施例中反应温度采用 57℃,反应时间缩短至 50min 以下,反应后残余的过氧化氢能够达到小于 0.01%,具备了反应快速和不易引入外加杂质的优点,但是由实施例的数据可见,其除砷的效果并不理想,只能达到小于 5ppm,无法满足电子行业的需求。1988 年提出的 EP0351107A 中,采用了（i）有机钼化合物、钒或钒化合物 +（ii）磷酸或磷酸盐的复合催化剂,相比于 US4756899A 只是扩充了复合催化剂中（i）组分的选择范围,并没有对方案进行显著的实质性改进,在除砷的效果方面也没有进步。1995 年,联合信号公司又提出 WO9718158A1,使用（i）钼/无机钼化合物/有机钼化合物/钒/无机钒化合物/有机钒化合物 +（ii）磷酸或磷酸盐的复合催化剂,进一步拓宽了催化剂的选取范围,在氧化剂的选取上,除了过氧化氢还可以使用其他许多类型的氧化剂,值得注意的是,其公开的实施例中通过操作参数的调控（如氧化剂投料方式等）和反应参数的选取,使最终提纯的氢氟酸中的砷含量达到 2ppb 以下,在除砷效果上取得了显著的进步。此后,就几乎再没有出现针对过氧化氢氧化过程进行改进的专利技术。

随着催化氧化技术的发展,杜邦于 1989 年提出了以氧气作为氧化剂、三氧化铬作为催化剂的氧化方式（US4954330A）,实施例中除杂后的氟化氢的砷含量达到 3.7ppm。

由第二代氧化剂的发展历程可见,其技术主要来源于德国和美国,主要的趋势是催化氧化模式,且关键的技术基本掌握在美国联合信号公司的手中。此外,相对于高锰酸盐和重铬酸盐等氧化剂,过氧化氢（或偶有使用的氧气）虽然本身不易引入杂质,然而其氧化速度和氧化效率却较低,耗时较长,除砷效果常常不够理想,加入催化剂虽然提高了氧化速度,但也同时带来了引入其他杂质的风险。因此第二代氧化剂相比于第一代氧化剂,并没有产生特别突出的效果和进步;在第一代氧化剂发展的后期,两者相互竞争,并且各有优劣,这期间促使了第三代氧化剂的萌发。

3）第三代氧化技术：以氟单质为代表的卤素类氧化剂（1984～2004 年）

虽然早在 1962 年,由联合碳化物公司提出的专利申请（US3166379A）中就已经使用了卤素,然而该申请中仅提及卤素的作用是形成高沸点的卤素－杂质化合物,其中的氧化剂另有选择,并不涉及将卤素作为氧化剂使用的技术内容。1984 年,由美国的阿托化学公司（Atochem）和佩恩沃尔特公司（Pennwalt）合作开发出使用卤素单质作为氧化剂以提纯氢氟酸的技术（US4491570A）。在该方法中,使用元素氯作为氧化剂，并且还使用了无水氯化氢和/或氟化物盐，随后通过蒸馏去除砷杂质；其中加入无水氯化氢能够更有效地除去砷，加入氟化物盐则能够加速砷杂质向不挥发砷化合物的转化。由实施例可见，采用 $Cl_2 + HCl$ 的组合仅能使砷含量降至 1.6ppm，采用 $Cl_2 + KF$ 的组合能使砷含量降至 0.4ppm，采用 $Cl_2 + KF + HCl$ 的组合能将砷含量降至 0.6ppm，但都难以达到电子级氢氟酸的砷含量标准。

日本的桥本工业株式会社（Hashimoto Kasei Kogyo KK）和德国的苏威相继提出一系列专利申请，成为这一时期最主要的申请人。尤其是桥本工业株式会社的不断创新对该领域作出了重要的贡献，推动了以氟单质为代表的第三代氧化剂的发展。

1985年，桥本工业株式会社独创性地提出使用分子式为 XF_{2n+1}（$X = Cl$、Br 或 I；$n = 0，1，2，3$）的氟化卤素作为氧化剂（JP61 - 191502A），其与氢氟酸中的砷化合物反应生成五氟化砷或具有高沸点的轻微挥发的砷化合物如聚氟砷酸，再通过蒸馏进行提纯分离，实施例中砷的含量降至 0.001ppm 以下，然而该申请中并未测定氯、溴或碘的残留含量。同年，为了克服以往技术中使用卤素时引起的溴、碘或氯杂质残留对氢氟酸的污染，桥本工业株式会社又首次提出使用氟单质作为氧化剂提纯氢氟酸（JP61 - 151002A 和 JP62 - 056306A），并且发现使用氟单质能够达到较为理想的除杂效果，而且残余的氟容易分解，因而不引入其他杂质，这对于氢氟酸提纯技术而言是一个重大的突破。JP61 - 151002A 公开了可使用水来有效分解残余的氟，其所涉及的反应为：

$F_2 + H_2O \longrightarrow HF + OF_2 + H_2O_2 + O_3 + O_2$；

$OF_2 + H_2O \longrightarrow HF + O_2$；

$O_3 + H_2O \longrightarrow H_2O_2 + O_2$；

$H_2O_2 \longrightarrow H_2O + O_2$。

水解的方式可以是蒸馏之后用水吸收氟化氢气体后得到水解除氟的氢氟酸水溶液；或者在使用具有微量水含量的待除杂的氢氟酸作为原料；或是在蒸馏所得的提纯后的氢氟酸中通入洁净空气，利用空气中存在的 100ppm 以下的水分来促使水解的进行，实施例中最终净化得到的氢氟酸中的砷含量达到 0.001ppm 以下，残余的氟为 0.1ppm 以下。在 JP62 - 056306A 中，对氟单质氧化剂所去除的杂质进一步扩展到硼、硅、磷、硫和氯杂质，并且控制工艺使杂质含量达到 ppb 级，其中砷含量不高于 0.0001ppm（即 0.1ppb）。

苏威在 1991 年也提出了使用元素氟作为氧化剂并结合蒸馏去除氢氟酸中的水和/或含碳化合物的方法（EP0539892A1）。该方法相对于桥本工业株式会社在 1985 年提出的使用氟单质提纯氢氟酸的方法，在技术本质上并没有突破，只是扩展了除杂的范围。1991 年，苏威氟和衍生物有限公司对该技术进行了改进，提出了在金属氟化物的存在下使用元素氟处理含有无机和有机杂质的氟化氢，并通过蒸馏得到超纯氟化氢的方法（EP0539893A1）；其中的金属氟化物可使用锂、钠、钾的氟化物或氟氢化物，其能与杂质反应形成不易蒸发的物质，实施例中也取得了很好的除杂效果；虽然没有明确提出水解去除残留的氟，然而从实施例的待提纯的氢氟酸的组成上看，都含有一定量的水分，而且最终也达到了除水的效果，可见其中仍涉及了桥本工业株式会社所提出的水解反应。

之后的 10 多年内，有关卤素类氧化剂的技术改进鲜有报道。直到 2004 年，斯泰拉（前身为桥本工业株式会社）才提出了新的改进方案（WO2005092786A1）。然而该专利申请不再对于氧化剂或助剂的类型或氧化条件的选取方面的改善，而是针对氟气与杂质的反应时间进行改进，认为以往技术没有考虑氟气和砷杂质充分反应的时间，导致提纯后砷杂质仍无法达到所需含量；因此提出的方案为：加入氟气后，滞留一定时间，充分反应后再蒸馏；从而能够得到砷含量为 5ppt 以下的高纯氢氟酸。

可以发现，在第三代氧化剂的萌芽及发展期，日本和德国取代美国成为该领域的研发主力，而且关键技术仍处于屈指可数的几家大公司手中，即桥本工业株式会社以及苏威。从专利的技术内容上看，日本的研发能力在该阶段已经跻身于世界前列，所提出的改进方案具有较大的创新性。而德国的技术只是在日本技术上的小小发展和扩充，并没有明显的实质性突破。第三代氧化剂在 20 世纪 80~90 年代初的几年时间内快速发展至接近顶峰，其将氢氟酸中杂质的含量降到了相当低的水平，技术也发展成熟，在氧化方式上已经没有很大的发展空间，因此继 EP0539893A1 之后的十多年内都没有相关研究方向的专利申请，十多年后才出现了对反应滞留时间的改进，技术本质上没有明显的变化。虽然氟单质除杂的效果很好，但氟的反应性和腐蚀性强，操作上不方便。同时，研究者很快就意识到，第三代氧化剂与前两代氧化剂具有一个共同点，就是需要在提纯中引入外加物质，并且在提纯过程中还需要尽可能将外加物质除去，因此，无需添加氧化剂的第四代技术应运而生。

4）第四代氧化技术：电解（1990~1993 年）

据专利文献的记载，JP46-015768（1971 年）最先提出电解提纯氢氟酸水溶液的方法，然而该文献目前处于无法获得的状态，也无从考证其技术内容。

在检索和筛选后得到的专利文件中，电解的手段最早是由杜邦公司于 1990 年提出（WO9113024A 和 US5108559A）。WO9113024A 中所公开的提纯无水氢氟酸的方法中，使用直流电将无水氟化氢中的杂质进行氧化，并配合蒸馏进行分离提纯，电解反应所依据的反应式为：

$As^{3+} \longrightarrow As^{5+} + 2e^-$（阳极）；

$2H^+ + 2e^- \longrightarrow H_2$（阴极）；

其中优选加入水、氟化钾或其他碱金属氟化物及其混合物等电解质来增加氟化氢的导电性从而提高反应速率，使用的是镍或碳构成的电极；电解反应通常应控制在有利于三价砷的氧化并使氟化氢的电解降至最低的条件下进行，以避免产生不希望得到的氟；实施例中顶部馏出物中三价砷最低含量为 7.7ppm，提纯的效果并不理想。US5108559A 对上述直流电电解手段进行了改进和扩展，打破了常规的思路，提出使用交流电也能够三价砷进行有效氧化；其中指出虽然逻辑上认为电极极性的反转将导致生成的五价砷转化为三价砷，然而初始的电解氧化产物将与溶剂氟化氢能够反应生成非常稳定的物质，从而阻断和抑制五价砷向三价砷的转化；而且在使用交流电的情况下可以不添加碱金属氟化物等电解质。

1990 年，德国的拜耳也研发出了电解提纯无水氢氟酸的方案（EP0480254A），其在电解的过程中往电解槽不断通入氮气、氦气、氩气或二氧化碳等惰性气体,虽然说明书中记载通入惰性气体是为了防止爆炸性气体混合物的产生,然而根据已有的氢氟酸提纯技术可见通入惰性气体显然也能够起到去除杂质的作用(该申请背景技术中引用的DD254372即为一个例子),因此该结合了电解和通惰性气体的方法能够省略通常需要使用的蒸馏工序;实施例中,通氮气条件下,使用镍电极并于5.0V的电压下以1.0~0.3A的电流电解48h后砷含量达到0.019ppm,于5.0V的电压下以0.3~0.1A的电流电解72h后砷含量达到0.014ppm,同时硼、硅、磷、硫等杂质含量也有不同程度的下降。

随着电解氧化除杂技术的发展,其弊端也逐渐显露出来,尤其是在电极的方面。通常使用镍或石墨电极来电解纯化无水氟化氢,其中,镍电极在电解过程中会被高度腐蚀,将导致电极间隙、管路系统和阀门产生阻塞,对该工艺的工业化产生影响,也容易因此引入新的杂质;此外,由于石墨电极服役期短,也并不适合在氟化氢的提纯中使用。在这些技术缺陷的驱使下,拜耳继续对电解提纯的方法进行技术改进,并于1993年提出了新的改进方案(DE4303836C1和EP0610748A1)。

DE4303836C1中指出,在电解法中维持电解液中水浓度在200ppm以上将能够有效避免电极腐蚀,又不增加精制过程的难度。由该专利中公开的内容可见,电解过程中有水存在的情况下,电极上将发生水被转化为氧、二氟化氧和氢的反应,机理为:

$2H_2O \longrightarrow 2H_2 + O_2$;

$H_2O + 2HF \longrightarrow OF_2 + 2H_2$。

随着电解的运行,水量将不断减少,若水含量降为0时,将发生严重的电极腐蚀。实施例证明了采用此法有效避免了镍电极的腐蚀,并且砷含量能达到低于0.02mg As/kg氢氟酸(即0.02ppm)的水平。实际上,早在杜邦于1990年提出的WO9113024A所涉及的直流电电解方案中已经公开了电解过程加水,然而其中的水是作为电解质加入,目的是提高氢氟酸的导电性,其没有给出加水的相关实施例,也没有指出电解过程中作为电解质的水将发生转化反应和防止电极腐蚀。

针对电极腐蚀将导致氢氟酸再度污染的问题,拜耳还提出了另一方案(EP0610748A1),将二氟化氧作为氧化剂直接通入待提纯的无水氟化氢中进行提纯,并且后续过程无需蒸馏;实施例中将砷含量降至4.95ppm。其中的二氟化氧可由电解氟化氢水溶液得到,因此该方法可以认为是电解法的进一步发展。从技术本质上可以分析得出,拜耳在研究过程中发现电解含水的氟化氢所产生的二氟化氧也能够将三价砷氧化,并且通入二氟化氧或其与惰性气体混合气体的过程中也能除去杂质,实际上该方法是电解法和通气体除杂法的结合。虽然该申请中所用的二氟化氧不引入新杂质、并且反应性低于氟气,操作上比较方便,说明书中也认为该提纯方式无需进行后续蒸馏,但是实施例中的提纯后的氟化氢中的砷含量并不令人满意。此外,从表面上看这个方法摆脱了电极腐蚀所带来的影响,但实质上其并未摆脱电解法,因为其需要单独设置一个电解槽来产生二氟化氧,可以说是通过牺牲该电解槽中的氢氟酸水溶液来精制无水氢氟酸。

电解法作为第四代氧化技术的代表,真正的技术发展过程处于第三代氧化剂发展的后期,只经历了20世纪90年代初的短短3年,犹如昙花一现,此后就几乎没有出现对电解法进行改进的相关专利申请。在电解提纯氟化氢的研究方向上，美国和德国成为研发的主导力量，以杜邦和拜耳作为代表申请人，二者几乎将该领域各方面技术瓜分和掌控，这也给其他研究者的专利申请设置了障碍。而且，电解法本身存在的一些难以克服的缺陷也限制了其大规模的发展。

5）近几年的氧化技术

自2004年之后，氢氟酸氧化提纯领域的主要技术来源国，如美国、德国、日本基本不再进行相关的专利申请。只有日本的国立法人京都大学（Univ Kyoto）针对以往方法所产生的有毒废弃物的问题，于2008年提出了使用特定的金属氟化物作为氧化剂并将生成的五价砷化合物固定化的方法以提纯氟化氢，并可循环利用废氧化剂的方法（WO2010061838A1），然而实施例中砷含量仅能达到2ppm以下。

进入21世纪后，美国、德国和日本的申请量明显减少，其中存在各方面的原因，一方面是由于相关技术已经发展成熟；另一方面也由于电子级氢氟酸属于高技术、高附加值的精细氟化工产品，重要的生产技术实际上都处于高度保密和垄断的状态，特别是大规模工业化生产的技术难度很大，厂商严格保密其核心技术，甚至不进行专利申请。同时，随着中国的电子行业在这一时期的快速发展，国内涌现出许多有关氢氟酸提纯的专利申请，但是这些专利申请并没有针对氧化工艺进行改进，只是沿用了以往的氧化技术，通常将氧化手段和其他多种提纯手段结合，形成了多角度、多步骤进行提纯的趋势。并且，有关循环利用和环境保护方面的问题也日益受到关注。

（2）申请人分析

1）申请人排名及类型

由图6-35和图6-36可以看出，在氢氟酸氧化提纯领域中，申请人主要为公司，其申请量占总申请量的86%；其他类型申请人的申请量总共占14%，其中，个人占5%，大学占2%，合作申请占7%。可见，公司在行业技术创新中占绝对主导地位，公司发展水平基本代表了氢氟酸氧化提纯技术的整体发展水平。

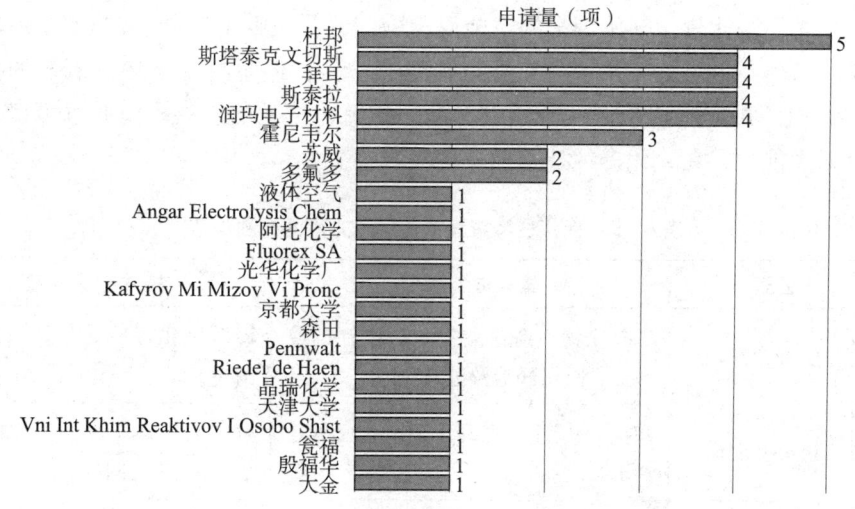

图6-35 氢氟酸氧化提纯技术的申请人排名

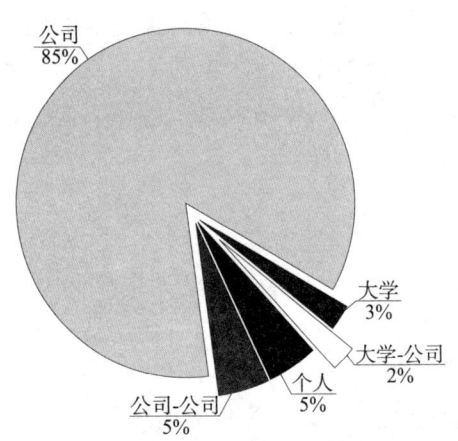

图 6-36　氢氟酸氧化提纯领域的申请人类型

排名前五位的申请人分别是：杜邦、斯塔泰克文切斯、拜耳、斯泰拉、润玛电子材料和霍尼韦尔，主要分布在美国、德国、中国和日本。在排名前20位的申请人中，中国申请人仅占5个。此外，从上述申请人的申请量可以看出，各个申请人的申请量都比较少：排名第一的杜邦申请量为5项，排名第二的斯塔泰克文切斯、拜耳、斯泰拉和润玛电子材料申请量为4项，排名第五的霍尼韦尔的申请量为3项。

2）重要申请人在氧化提纯领域的研究方向

① 杜邦

作为氧化提纯氢氟酸领域最重要的申请人，杜邦的研究方向涉及了第一代、第二代、第四代的氧化技术，唯独没有涉及卤素类氧化剂的使用。杜邦在该领域的专利申请如表6-5所列，可见其所提出的各种方案创新性强，对该领域的技术发展作出了突出的贡献。杜邦首先在1951年提出了第一代氧化技术，之后，利用了过氧化氢既可作为还原剂又可作为氧化剂的性质，以及它容易分解且不易产生污染的优点，于1975年很好地解决了第一代氧化剂所带来的重金属污染问题，又在1977年引领了新一代氧化剂的产生。虽然在过氧化氢的催化氧化方面没有涉足，但也提出了使用氧气的独特的催化氧化方式，并且在1990年再次引领了新一代氧化技术的发展。由此也可以看出杜邦卓越的研发能力，在氧化提纯技术上具备较强的实力。

表 6-5　杜邦在氢氟酸氧化提纯方面的专利申请

年份	公开号	氧化提纯手段	技术上的贡献
1951	US2777754A	二氧化锰、高锰酸钾、钠或钾的氯酸盐、重铬酸盐及过氧化物	提出氧化提纯手段，去除 SO_2 杂质
1975	US4032621A	高锰酸盐/重铬酸盐 + 过氧化氢等还原剂	解决了 Mn/Cr 重金属和以往技术中 Fe 污染问题
1977	US4083941A	过氧化氢/过硫酸 + 甲醇/硫酸	首次使用过氧化氢作为氧化剂

续表

年份	公开号	氧化提纯手段	技术上的贡献
1989	US4954330A	氧气+三氧化铬催化剂	独创性地提出采用氧气作为氧化剂的催化氧化法
1990	WO9113024A	直流电电解法	首次提出电解除砷
1990	US5108559A	交流电电解法	首次提出交流电电解提纯

② 斯泰拉

由表6-6可见,斯泰拉在氢氟酸的氧化提纯方面专注于氟化卤素和氟单质氧化剂的推出和改进,几乎掌控了第三代氧化剂的所有核心技术。由斯泰拉的专利申请情况可见,其并没有参与其他几代氧化剂的研发,而是着重于打造自身的特色技术。

表6-6 斯泰拉在氢氟酸氧化提纯方面的专利申请

年份	公开号	氧化提纯手段	技术上的贡献
1985	JP61-191502A	氟化卤素 XF_{2n+1}	首次使用氟化卤素作为氧化剂
1985	JP61-151002A	氟单质	首次使用氟单质作为氧化剂
1985	JP62-056306A	氟单质	提出水解法去除残余氟
2004	WO2005092786A1	氟单质	通过延长反应滞留时间以充分氧化砷杂质

③ 霍尼韦尔

1985年Allied Corp.联合化学公司与Signal Companies信号公司合并为Allied-Signal联合信号公司,于1993年更名为AlliedSignal联信公司;1999年,霍尼韦尔和联信公司合并,合并后的公司沿用霍尼韦尔的名称。1987~1995年间,联合信号公司/联信公司开发了一系列催化剂用于过氧化氢氧化提纯法,其仅仅专注于第二代氧化剂的催化氧化技术,如表6-7所列。

表6-7 霍尼韦尔在氢氟酸氧化提纯方面的专利申请

年份	公开号	氧化提纯手段	技术上的贡献
1987	US4756899A	过氧化氢+Mo/无机Mo化合物+磷酸/磷酸盐	提高了氧化反应速率
1988	EP0351107A	过氧化氢+有机Mo化合物/V/V化合物+磷酸/磷酸盐	拓宽了催化剂的选取范围
1995	WO9718158A1	过氧化氢等多种氧化剂+Mo或V或其化合物+磷酸/磷酸盐	拓宽了催化剂的选取范围

④ 拜耳

拜耳的研究方向基本上集中在电解的方式上，在杜邦所提出的电解法的基础上，针对其所存在的电极腐蚀的缺陷进行了较为重要的改进，同时还发现了电解含水氢氟酸过程中所产生的二氟化氧对于氢氟酸除杂的重要作用（见表6-8）。

表6-8 拜耳在氢氟酸氧化提纯方面的专利申请

年份	公开号	氧化提纯手段	技术上的贡献
1990	EP0480254A	电解+通惰性气体	防止爆炸性气体混合物产生
1993	DE4303836C1	电解+维持电解液中一定的水浓度	防止镍电极腐蚀
1993	EP0610748A1	二氟化氧（电解HF水溶液产生）	由电解法衍生出新的氧化剂
1999	EP1028087A1	电解/氟气	采用不同浓度的两阶段氢氟酸洗涤来除杂

⑤ 苏威

苏威在该领域的申请量较少，并且集中于氟气氧化法，对去除的杂质进行了扩展，还研究出加入金属氟化物助剂来促进除杂的方案（见表6-9）。

表6-9 苏威在氢氟酸氧化提纯方面的专利申请

年份	公开号	氧化提纯手段	技术上的贡献
1991	EP0539892A1	氟气	可去除水和有机含碳化合物
1991	EP0539893A1	氟气+金属氟化物	使用金属氟化物助剂与杂质形成不易蒸发的物质

⑥ 斯塔泰克文切斯

虽然斯塔泰克文切斯在第一代氧化技术方面具有不少专利申请，然而这些申请只是沿用已有技术中的氧化法，申请的重点在于高纯度氢氟酸的现场制备。

6.4.3 小结

（1）有关氢氟酸的专利技术的发展大致分为四个阶段。1966年之前的起步期，技术主要来源于美国和德国。1967~1996年的快速发展期，日本的申请量显著增加，其与美国和德国一同成为这一时期的主要申请国。1997~2005年的技术成熟期，来源于美国和德国的申请量逐步减小，日本还保持较大的申请量。2006年之后的综合发展期，中国的申请急剧增加，成为申请量最大的申请国，然而少有对于重点技术的实质上显著的改进。

该领域申请量位于前列的申请人是霍尼韦尔、杜邦、拜耳和大金，且以单独申请为主。中国虽然总申请量较多，但只有无锡东风化工厂和多氟多的申请量在国内相对较大，然而跟国外企业相比还有较大的差距。

(2) 有关氢氟酸提纯的专利技术的发展大致分为四个阶段。1970 年之前的起步期，技术主要来源于德国。1970～1993 年的快速发展期，该阶段参与氢氟酸提纯研究的国家数量增加，提纯手段也非常丰富，技术来源上呈现美国、德国和日本三足鼎立的局面。1994～2005 年的技术成熟期，申请量逐步减小，甚至某些年份没有相关申请提出。2006 年之后的综合发展期，由于中国加入氢氟酸提纯的研究队伍中，对技术进一步整合和完善，使申请量达到了一个新高度。

该领域申请量位于前列的申请人是杜邦、拜耳、霍尼韦尔和斯泰拉，且以单独申请为主。中国申请人中以多氟多和润玛电子材料的申请量最大，与国外企业存在较大差距。由于技术创新难度大，以及各公司对技术秘密的保留，全球范围内，各申请人的申请量均未超过 10 项。

(3) 氢氟酸的氧化提纯技术的发展大致分为五个阶段。①第一代氧化技术：高锰酸盐或重铬酸盐等重金属盐氧化剂（1962～1989 年），技术来源主要是美国，技术更新缓慢。该技术的应用最为广泛，但容易引入重金属等污染。②第二代氧化技术：以过氧化氢代表的氧化剂（1968～1995 年），技术主要来源于德国和美国，关键的技术基本掌握在美国联合信号公司的手中。然而，单独使用氧化剂的氧化效率较低，主要的趋势是催化氧化模式，但使用催化剂后产生引入杂质的风险。③第三代氧化技术：以氟单质为代表的卤素类氧化剂（1984～2004 年），日本和德国成为该领域的研发主力，关键技术被控制在斯泰拉以及苏威手中。采用氟单质时存在反应性和腐蚀性强、操作不方便的缺点。④第四代氧化技术：电解（1990～1993 年），该阶段美国和德国成为研发的主导力量，以杜邦和拜耳作为代表申请人。存在电极腐蚀等难以克服的缺陷。⑤近几年的氧化技术：进入 21 世纪后，美国、德国和日本的申请量明显减少，国内涌现出许多有关氢氟酸提纯的专利申请，但改进点较小，创新性不强。

申请人方面，杜邦具有卓越的研发能力，其综合实力强，引领着第一、二代和第四代氧化技术的发展。其他大企业则主要涉及某一代氧化技术，形成自身的特色：斯泰拉则几乎掌控了第三代氧化技术中所有的核心技术；霍尼韦尔则专注于第二代氧化技术；拜耳的申请集中在第四代氧化技术；苏威也仅针对第三代氧化技术进行研究。

(4) 无论是氢氟酸的专利技术还是氢氟酸提纯的专利技术，其申请量的发展速度很大程度上由各国的微电子和光伏产业发展情况决定，而且基本上是由各大企业引领着产业的发展。虽然我国在 2006 年后呈现出申请量的快速增长，但有关高纯氢氟酸的相关产业在技术上的发展并不与申请量的发展同步，所生产的仍以工业级氢氟酸为主，并且低端产品的产能过剩。该领域的重点技术主要掌握在美国、德国、日本的大企业手中，中国企业并没有对这些重点技术作出实质性的重大改进，也没有通过自主创新得出新的路线。一方面的原因是，由于中国参与氢氟酸领域的多数是中小企业，缺乏强大的综合实力，在方法、设备、研发资金和团队及其他配套设施上都不能达到较高标准；另一方面的原因是，国外大企业的专利保护策略以及技术秘密的保留对中国氢氟酸行业的发展形成了巨大的障碍。

因此，这就需要对我国的氢氟酸行业进行行业整合，或形成产业联盟以提高整体的竞争实力；同时吸取国外成功企业的经验，加大研发力度，进行自主创新，努力寻找突破点，开拓一条自己的特色路线；加强与手握核心技术的大企业合作，进行技术改进，获得先进的生产设备；从而不断提升国内的技术实力，提高产品的附加值，保证国内市场高端产品的供给，摆脱目前低价出口低端产品和高价进口高端产品的局面。同时，我国企业还需要进行合理的专利战略布局，对自身技术进行合理有效的保护。此外，全面考虑资源和环境因素，节约资源并提高资源的有效利用率，开发合理有效的技术来回收利用含氟副产品（包括含氟废弃物），并且严格控制排放量以避免对环境产生不可逆转的污染，实现可持续发展也是我国企业亟须解决的问题。

6.5 六氟磷酸锂的专利分析

6.5.1 技术概况

六氟磷酸锂作为电子级氟化物的一种，生产技术含量高，产品利润空间大，主要用于锂离子电池制造，是锂离子电池电解液中的重要组成物质之一。我国在六氟磷酸锂产业化方面与日本等发达国家存在一定差距，2010 年之前，国内的电解液生产厂家所用六氟磷酸锂基本采购自外国公司。六氟磷酸锂的合成难度在于质量指标要求高：纯度大于 99.9%，含酸量（以 HF 计）小于 50×10^{-6}，水分含量小于 10×10^{-6}，其他金属离子的含量小于 1.0×10^{-6}。

生产六氟磷酸锂主要原材料为五氯化磷、高纯氟化锂及无水氢氟酸，对原料及设备要求苛刻，需要高纯度的原材料和高洁净度的耐腐蚀设备。由于六氟磷酸锂本身极易吸潮分解，因此生产、输送、储运等环节要保持很高的干燥条件，水分一般要求小于 1.0×10^{-5}。

全球范围内六氟磷酸锂的生产主要集中于 5 家企业：日本的水性化工株式会社（以下简称"瑞星化工"）、关东电化工业株式会社（以下简称"关东电化"）及森田化学工业株式会社（以下简称"森田化工"）、中国的天津金牛电源材料有限责任公司（以下简称"天津金牛"）和韩国的蔚山化学集团（以下简称"蔚山化学"）。由表 6-10 和图 6-37 可见，2010 年全球六氟磷酸锂的市场由这 5 家企业所占有，总产量为 3570 吨，年产量在千吨以上的仅有关东电化和森田化学 2 家；2011 年更多的企业参与到六氟磷酸锂的生产中，但产能仍主要集中于这 5 家企业。

表 6-10 2010 年全球六氟磷酸锂生产厂家市场占有率

生产厂家	所在国家	2010 年销售量/吨	市场占有率/%
瑞星化工	日本	920	25.8
关东电化	日本	1000	28.0
森田化工	日本	1020	28.6

续表

生产厂家	所在国家	2010年销售量/吨	市场占有率/%
天津金牛	中国	400	11.2
蔚山化学	韩国	230	6.4
合计	—	3570	100

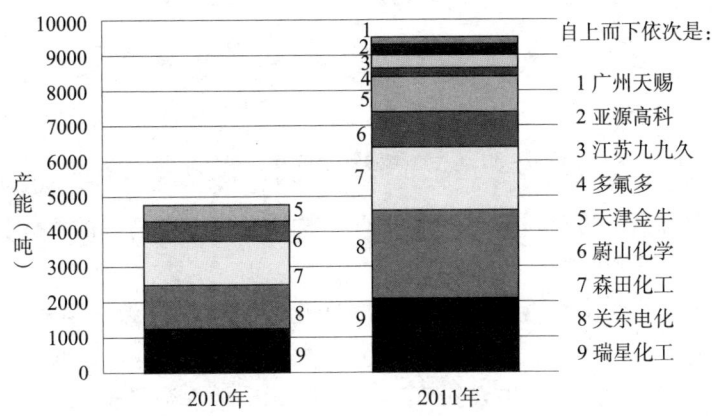

图6-37 国内外主要六氟磷酸锂生产厂商产能情况

我国锂离子电池行业发展起步较晚，直到2001年以后，随着比亚迪、比克、力神等本土生产商的迅速崛起，以及日本等在中国投资生产线，锂电池产业才进入快速生长阶段，与此同时，六氟磷酸锂在国内的市场需求与日俱增。由于六氟磷酸锂合成难度较高，整个生产过程涉及高低温、无水无氧操作，原料腐蚀性强，对设备和操作人员要求高，工艺难度大，使我国在六氟磷酸锂产业化方面与日本等发达国家存在一定差距，生产技术在相当长一段时间内为少数发达国家的企业所垄断。近年来，面对市场需求剧增和高利润吸引，国内企业也纷纷上马六氟磷酸锂项目，但在产品品质方面仍和国外尤其是日本企业存在较大差距。

6.5.2 专利概况

6.5.2.1 申请量趋势分析

从图6-38来看，自1966年开始出现首件有关六氟磷酸锂制备技术的专利申请，在20世纪90年代之前，除了1984年出现了3项申请外，每年的申请都保持在1项，技术研发活跃度较低；从1992年开始，申请量保持总上升趋势，并在1996~1998年期间达到一个年度申请量的小高峰；接下来的一段时间内，申请量虽有所下降，但总体上仍保持在年度平均申请量在3项以上；进入到2006年之后，申请量又呈现出上升趋势，迎来六氟磷酸锂制备技术专利申请的第二个高峰期。

总体上，截至2006年之前的36年期间，日本申请人长期保持着较为稳定的年度申请量，德国和法国的专利申请均主要集中在20世纪90年代中后期，美国的申请分布则

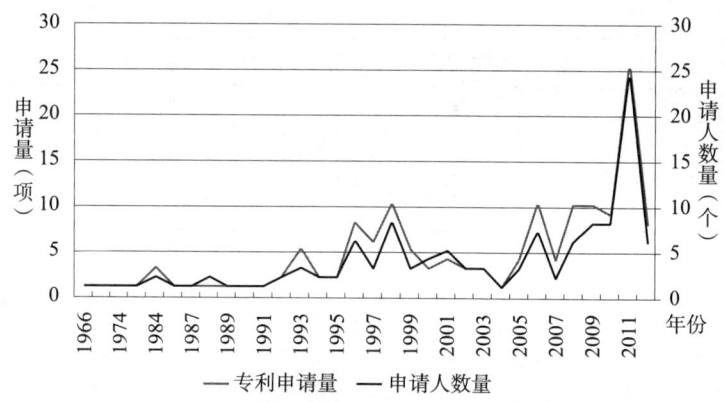

图6-38 六氟磷酸锂全球专利申请趋势

较为零散。而来自中国的专利申请自2006年后构成了年度申请量的主体,推动了2006年后上升趋势的出现和保持。

从申请人数量的变化来看,与申请量的变化趋势基本一致。早期,申请量较低,相应的申请人的数量也较少,而随着申请量的增加,申请人的数量也在1996~1998年期间达到一个小高峰,此后,进入到2006年之后,申请人数量又出现了大幅增上,这期间,申请人数量的增加同样是源于大量中国申请人在该领域积极进行了专利申请。

6.5.2.2 区域分布分析

从图6-39所示的申请国的分布可见,中国申请人的申请总量达到了58项,排在第一位,超过了全球总申请量的39%;日本申请人的申请总量达到49项,紧随其后,占到了全球总申请量的近33%;而德国和美国分别以13项和9项分居第三位和第四位,其申请量分别占到全球总申请量的近9%和6%;法国和俄罗斯的申请量则均为4项,并列第五位,而韩国、加拿大和印度的申请量则均为3项,并列第七位,此外,乌克兰也有1项专利申请提出。

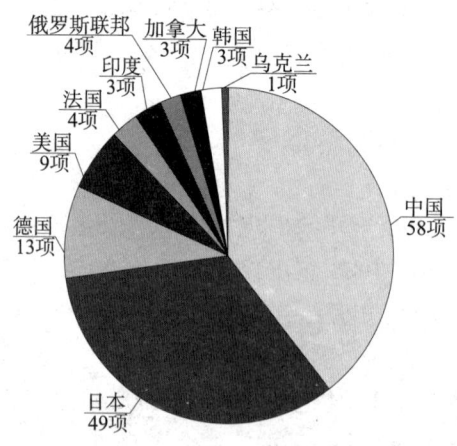

图6-39 六氟磷酸锂专利申请国分布

而从图6-40来看，中国、日本、美国和欧洲是专利申请的主要布局区域。其中在中国申请的专利数达到了77件，位居首位，占比超过了全球总申请件数的25%，而在日本申请的专利数达到了68件，位居次位，接近全球总申请件数的25%。在欧洲地区申请的专利包括两类：一种是直接向欧洲专利局提出的专利申请；另外一种是向特定的欧洲国家提出的专利申请，如果将两类叠加在一起计算总数达到了61件，占比达到了21%，而在后一类中，又主要以向德国提出的为主。另外，在美国申请的专利数达到了32件，占比接近11%，在韩国申请的专利数也到了17件，占比接近6%。

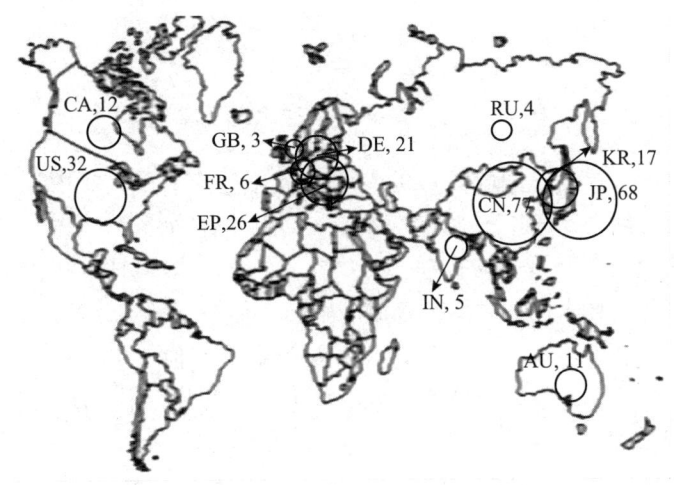

图6-40 六氟磷酸锂专利申请市场布局区域分布

注：图中的数字表示申请量，单位为项。

总体上，在六氟磷酸锂制备技术领域，中国、日本、美国和德国既是主要的专利申请国，同时还是专利申请的主要对象国。其中，中国和日本既是锂电池的需求和消费大国，也是锂电池电解液的制造大国，因此，相关的申请较为活跃。美国和德国同样对锂电池有着较大需求，因此也成为专利申请的主要对象国，其中美国在技术开发的早期作出了较大贡献，成为主要的专利申请国之一，而德国得益于其雄厚的化工产业基础，同样在专利产出上，占据了主要地位。

6.5.2.3 技术分布分析

从图6-41来看，六氟磷酸锂的合成技术构成了专利申请总量的主体，累计达到101项，占比高达69%，并且有关合成方法的专利申请从1966年出现首次申请直到近几年来持续保持着稳中有增的趋势。

六氟磷酸锂的纯化技术的专利申请总量累计为22项，排在第二位，占比达到15%。有关纯化技术的出现略晚于合成技术，并在20世纪90年代中后期出现了一段申请集中期。在纯化技术领域，日本申请人于1982年最早提出了的关纯化技术的专利申请，并且成为了该领域的申请主体力量，其申请总量达到了10项，占比超过45%，这与六氟磷酸锂的工业化生产在最早日本得到良好发展有关。

除此之外，在20世纪90年代末还首次出现了有关回收技术的专利申请，该申请同

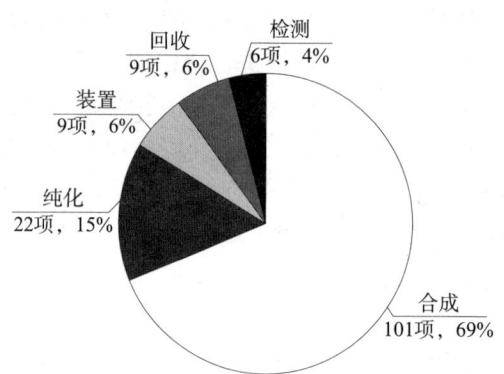

图 6-41　六氟磷酸锂专利申请技术构成

样也是由日本申请人提出。回收领域的专利申请总量为 9 项，其中日本申请人的申请量即达到了 6 项，约占 67%，成为了该领域的申请主体力量。

有关装置的专利申请总量为 9 项，其中有 7 项为中国申请人提出，并且实用新型类申请占绝大多数，技术内容主要与合成的生产线相关。

检测技术的专利申请总量为 6 项，和装置类申请类似，中国申请人成为了申请主体，累计达到了 5 项，并且该领域的专利申请主要为下游应用厂商。

6.5.2.4　申请人分析

经统计，六氟磷酸锂制备技术领域的全球申请人数量共计 79 位。如图 6-42 所示，与中国、日本、美国和德国在申请数量上位列前茅相对应的是，这 4 个国家的申请人数量也排在前列。其中，中国申请人的数量达到 36 个，位居第一位，占全球总申请人数量的 45%。而日本申请人数量为 13 个，排在第二，占据全球总申请人数量的 16%。德国和美国的申请人数量分别为 8 个和 7 个，分列第三位和第四位，分别占据全球总申请人数量的 1% 和 0.9%。以申请项数来计算，中国申请人的人均申请数量仅仅为 1.6 项/个，低于全球的人均申请量 1.8 项/个。而日本申请人的数量虽然不足中国的一半，但其人均申请量达到了 3.8 项/个，居全球首位，超过中国人均申请量的一倍多。而德国的人均申请为 1.6 项/个，略低于中国，美国的人均申请量仅仅为 1.3 项/个。

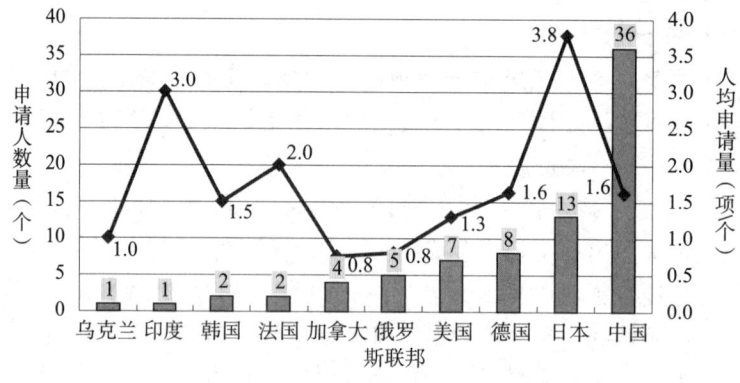

图 6-42　六氟磷酸锂申请数量分布

这表明，虽然中国近几年的申请行为较为活跃，无论在申请量，还是在申请人数量上，都占据了明显的优势，但相比于日本而言，中国专利申请的集中度较低，专利申请量的分散性大，很多申请人仅仅只有1项申请。而考虑到日本、美国和德国等国家的每项专利申请的同族申请数量较多，如果以申请件数来进行计算，中国申请人的人均申请量与日本的差距会更大，甚至也低于美国和德国。这表明，中国申请人整体的专利布局意识还有待进一步提高。

按照申请项数，对申请人进行排序，图6-43中列出了所有申请数在3项以上的申请人。其中，申请数在3项以上的申请人共计有16位，其申请总量累计达到86项，占全球申请总量的59%，而申请数在4项以上的申请人共计有9位，其申请总量累计达到65项，占全球申请总量的45%。由此可见，六氟磷酸锂制备技术领域的专利申请具有一定的垄断性，其近60%的专利申请量集中在不到21%的申请人手中，具体见图6-44。

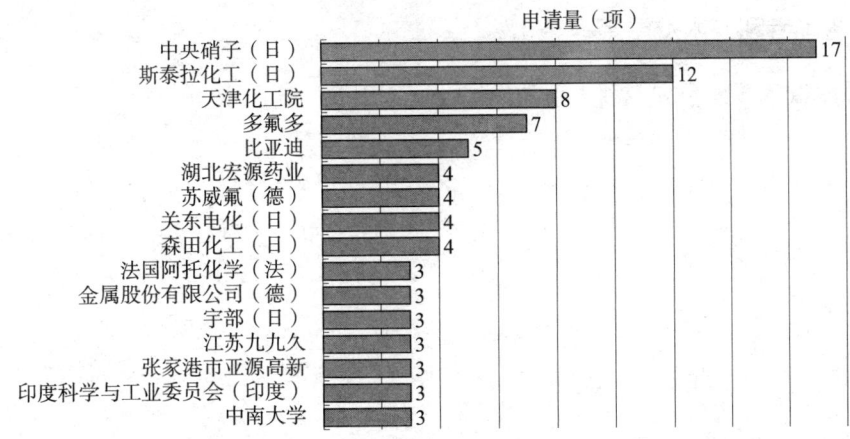

图6-43 六氟磷酸锂申请人排名

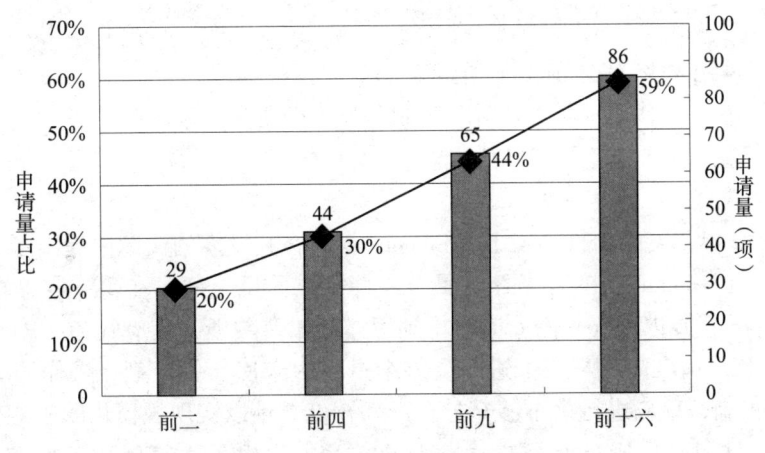

图6-44 六氟磷酸锂申请量垄断性

其中，日本的中央硝子和斯泰拉分别以17项申请和12项申请位居第一位和第二位，遥遥领先于其他申请人，仅二者的申请量之和就占全球申请总量的20%，其中的斯泰拉不仅仅是日本最早开发六氟磷酸锂制备技术的企业之一，更是全球高品质六氟磷酸锂的主要制造商之一，其六氟磷酸锂产能长期位居前列，是三菱电机等锂电池电解液制造企业的主要供货商。对于中央硝子，氟化工虽然并不是其主营业务，但同样较早在六氟磷酸锂制备技术领域开展了研究，其也曾一度打算在中国投资建造六氟磷酸锂的生产工厂。

中国的天津化工院、多氟多和比亚迪后来居上，依次排在斯泰拉之后，位居第三位至第五位。知名的德国化工企业苏威氟、全球高品质六氟磷酸锂的主要制造商日本关东电化和森田化工、中国的湖北省宏源药业有限公司（以下简称"宏源药业"）则均只有4项申请，位居并列第六位。此外，法国的主要化工企业阿托化学、德国的金属股份有限公司（以下简称"金属股份"）、日本的宇部等国外企业的申请量均为3项。国内的江苏久久九、张家港市亚源高新、中南大学的申请量也达到了3项。

6.5.3　各国专利技术发展历程

世界六氟磷酸锂合成专利申请的发展情况如图6-45所示。

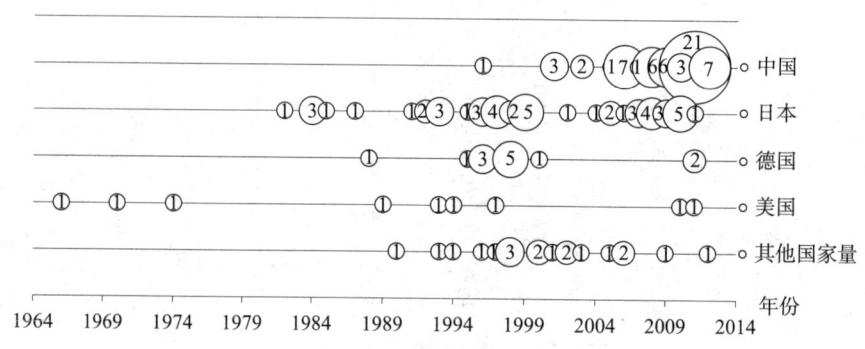

图6-45　世界六氟磷酸锂合成专利申请发展图

注：图中的圈内或圈外数字表示申请量，单位为项。

6.5.3.1　20世纪80年代之前由美国奠基

在20世纪80年代之前，六氟磷酸锂制备技术的研究处于起步阶段，这个阶段的历史可以用2篇文章、3项专利来概括：

（1）2篇文章

早在1950年，美国的科学家JH Simmons最先在其发表的文章中提出了六氟磷酸锂的合成方法。JH Simmons的合成方法属于一种气-固反应法，在镍制容器中，将气态PF_5与固体LiF直接进行气-固反应，得到固体六氟磷酸锂，反应式为：$PF_5 + LiF \longrightarrow LiPF_6$。由于该反应在高温高压下进行，整个过程中未使任何溶剂，操作简单，但反应的过程不易控制，反应进行得不够充分，产率较低，难以实现规模化的工业生产。

1963年，R. D. W. Kmmitt等在其发表的文章中提出了六氟磷酸锂的溶剂合成法，在不锈钢容器中，将LiF溶于无水HF，于25℃条件下通入PF_5，反应维持12h后挥发除去HF，获得六氟磷酸锂晶体。由于R. D. W. Kmmitt的无水HF溶剂反应法在反应的可控性、反应的产率等方面都远远优于气-固反应法，因此，R. D. W. Kmmitt的研究成果为六氟磷酸锂的工业化生产提供了一条可行的路径,奠定了六氟磷酸锂规模化合成的基础。直到现在,无水 HF 溶剂反应法仍然是在工业中应用最为广泛、也是最主流的六氟磷酸锂生产方法。

(2) 3 项专利

虽然在六氟磷酸锂的合成研究上,一些学者已经作出了多种尝试,但有关六氟磷酸锂合成的专利直到 1966 年才迟迟出现。1966 年,美国的奥林·马西森公司(美国奥林公司前身之一)提出了首件有关六氟磷酸锂合成的专利申请 US3380803A,该专利采用的是气–固反应路线,以 LiF、红磷和 HF 为原料,在 200℃ 的高温下反应 15 小时,制得六氟磷酸锂。然而,由于反应在高温下进行,反应过程同样难以控制,不能实现规模化的工业生产。

1970 年,美国的 Foote Mineral 提出了一件使用有机溶剂作为反应介质来合成六氟磷酸锂的专利申请 US3607020 A,该专利采用低级烷基饱和醚或低级烷基饱和酯有机溶剂、LiF 和 PF_5 为原料,先将 LiF 混入有机溶剂中得到 LiF 含量至少为 3%、优选 33% 的浆料,再逐步地缓慢通入 PF_5,在室温下反应,LiF 表面生成的 $LiPF_6$ 溶解进有机溶剂中。该专利中使用的低级烷基饱和醚例如二甲基醚、二乙基醚、二丙基醚、二丁基醚、甲基丁基醚等,低烷基酯例如甲酸甲酯、甲酸乙酯、乙酸甲酯、乙酸乙酯等、乙酸丙酯等。该专利中还提出,当 PF_5 在饱和有机溶剂中时,六氟磷酸锂在有机溶剂和 PF_5 的复合体中的溶解度较低,由此,可以在反应完成后继续通入过量的 PF_5 来实现六氟磷酸锂从溶液中的沉淀、分离和回收,从而有利于实现六氟磷酸锂合成的高产率和高纯度。这件专利申请在六氟磷酸锂的合成史上同样具有重要意义,其从合成方法、工艺条件、产物分离等方面都提出了可行的解决路径,奠定了六氟磷酸锂的有机溶剂反应合成法的基础。值得注意的是,Foote Mineral 公司对这项技术在美国、日本、法国都提出了专利申请。

1974 年,美国的 USS 工程顾问公司在专利申请 US3594402 中,提出了另外一种采用有机溶剂作介质来合成六氟磷酸锂的反应路径。采用乙腈(CH_3CN)作为反应介质和原料,首先将 LiF 混入乙腈中得到浆料,之后通入 PF_5,加热反应,之后冷却分离得到 $Li(CH_3CN)_4PF_6$,通过后续在真空环境下的加热分解,可以将 $Li(CH_3CN)_4PF_6$ 转化为六氟磷酸锂。由于将六氟磷酸锂和乙腈也可以直接反应得到上述物质,这种反应方法还可以用于对由无水 HF 溶剂反应法得到的粗制六氟磷酸锂产品的进一步提纯处理。值得注意的是,USS 工程顾问公司对这项技术在美国、日本、法国、英国、德国、加拿大、比利时、荷兰都提出了专利申请。另外,类似的技术在同一公司申请的专利 US3907977 中也被提出来作为用于合成六氟砷酸锂。

总体上,在 20 世纪 80 年代之前,全球有关制备六氟磷酸锂的研究报道和专利申请都非常少,并且这个时期得研究成果大都来源于美国。而从 20 世纪 50 代的探索性研究开始,到 60 年代出现适于工业化的生产方法,至 20 世纪 70 年代又陆续出现了不同的合成路径,这 20 多年可以称之为以美国为主体的奠基阶段。虽然这个阶段的研究成果并不多,但大都成为了今后工业化合成六氟磷酸锂的基础性方法,成为了其他国家模仿、跟随、改进的对象。另外，非常有意思的是，这些最早提出六氟磷酸锂的申请的公司，后续并没有成为六氟磷酸锂的生产的主要厂商，也并没有继续提出改进技术的专利申请。从这个现象中不难看出，美国在原创性研究方面具备一定实力，但在工业实现中，更依赖于一些专业化的化工厂商的推进。

6.5.3.2　20世纪80年代日本开始跟进

虽然美国最先开发了六氟磷酸锂的合成技术，但真正地将这些技术应用在工业生产中实现六氟磷酸锂的大规模化生产，离不开日本公司所作的贡献。在六氟磷酸锂的专利申请历史上，如果说20世纪80年代之前属于美国时代，而整个80年代则基本上可以称之为日本时代。

20世纪80年代，锂电池产业开始在日本发展，与之相对应的是，一些具有丰富的化工产品生产经验的日本企业开始了对六氟磷酸锂的制备技术的跟随、消化、吸收和改进，这个时期，日本企业逐步完成了六氟磷酸锂制备技术的初步工业化生产探索和生产经验积累。而在20世纪80年代陆续提出专利申请的一些日本企业也逐渐成为了六氟磷酸锂的主要生产商，直到现在，这些企业中的一部分仍然在全球的六氟磷酸锂生产格局中具有重大的影响力和控制力。

而如果对这个时期的专利申请的技术内容进行梳理，可以概括为以下三个特点。

（1）纯化为主

在20世纪80年代初，随着六氟磷酸锂逐渐在锂电池中得到应用，对六氟磷酸锂的纯度也提出了更高要求，因而，这一时期，针对合成的六氟磷酸锂中的一些常见杂质，出现了一批涉及六氟磷酸锂纯化技术的专利申请。

其中，日立旗下的日立麦克赛尔能源株式会社于1982年提出的专利申请JP59081870中，使用具有酯或醚基的有机溶剂溶解含有酸杂质（主要是HF）的粗制六氟磷酸锂，并加锂盐或铵盐来中和其中的酸杂质，对六氟磷酸锂的进行重结晶，获得纯化后的六氟磷酸锂。

三菱精细化学公司于1985年提出了一件有关除去六氟磷酸锂中的水的纯化方法专利申请JP61254216 A，其采取的工艺为将六氟磷酸锂溶解在含氧有机溶剂（例如甘醇二甲醚）中，并减压蒸馏，可以将其中的水含量降低到10ppm以下。

而斯泰拉于1984年后提出的系列专利申请JP61151023A和JP61151024A中，将合成反应得到的粗制六氟磷酸锂在惰性气体环境下于 $-10℃ \sim 100℃$ 的温度下，用氟气处理，通过氟气与金属氟氧化物（例如 $LiPO_2F_2$）、金属氧化物、金属氟化物以及水之间的反应而除去这些杂质或将其转化为六氟磷酸锂，例如含水为0.2%的粗制六氟磷酸锂经处理后其水含量可以降低到8ppm。由于氟气处理法的操作较为方便，并且可以有效地同时去除多种杂质，因而这种方法逐渐成为了工业化生产中六氟磷酸锂纯化处理的主流技术之一，并得到不断地发展和改进。

值得注意的是，日本企业在20世纪80年代提出的这些纯化技术所针对的粗制六氟磷酸锂产品都来源于无水HF溶剂反应法。因而，从另外一个侧面也可以反映出，无水HF溶剂反应法已经成为了工业化生产的标准方法。

(2) 小幅改进

除了纯化技术外，在20世纪80年代，日本的大金和中央硝子还各自提出了有关六氟磷酸锂合成技术的专利申请，大金于1984年提出的JP60251109A以PCl_5作为磷源，通过无水HF溶剂反应法在低温合成六氟磷酸锂；而中央硝子于1987年提出的JP1072901A为一种气-固反应法，其首先使普通的LiF粉末和HF反应获得$LiHF_2$，通过使用$LiHF_2$作为中间产物来获得多孔LiF，从而提高了六氟磷酸锂的产率。

(3) 离子交换法出现

在20世纪80年代，除了日本企业活跃在专利申请的舞台上，德国也出现了首件有关六氟磷酸锂制备技术的专利申请。德国的夏里特柏林大学于1988年提出的DD290889A中，借鉴了美国USS工程顾问公司的US3594402中的思路，通过先生成中间产物$Li(CH_3CN)_4EF_6$（E = As或P）来获得相应的电解质导电盐，但不同的是其提出了在乙腈介质中，使用LiBr、$LiBF_4$或$LiClO_4$等锂盐为原料，与KPF_6或$KAsF_6$等其他易于得到高纯六氟化磷酸盐或六氟化砷酸盐发生反应，通过阳离子的交换反应来获得$Li(CH_3CN)_4PF_6$或者$Li(CH_3CN)_4AsF_6$。夏里特柏林大学的专利申请为六氟磷酸锂的有机溶剂合成法提供了另一种实现路径，但由于这种方法的反应效率低、反应时间长，一直以来没有得到规模化的工业化生产应用。

另外，美国的一家电池制造商杜拉赛尔公司提出了1件涉及六氟磷酸锂合成的专利申请US4880714A。在该专利中，将NH_4PF_6溶解在DME（二甲氧基乙烷）中，并加入LiH进行反应，反应结束后进行冷却并加入DME得到$LiPF_6$-2DME的复合物，这种$LiPF_6$-2DME复合物后续可以直接溶于溶剂中来制备电解液。

总体上，在整个20世纪80年代，日本的化工企业成为了专利申请的主体，并且纯化技术成为了这个时代主要的申请主题。这些纯化技术的出现有力地推动了$LiPF_6$的工业化生产和应用，其中，斯泰拉的氟气处理方法更是提供了一种便于操作、适于工业化生产流程的纯化技术。此外，美国和德国的申请人还围绕着六氟磷酸锂的有机溶剂合成法，提出了新的合成工艺路径，虽然这些合成工艺并没有在产业中得到大规模的推广和应用，但也提供了一些可借鉴的思路。

6.5.3.3 90年代逐渐走向多元化

经过20世纪80年代的发展，六氟磷酸锂的工业化合成方法以及配套的纯化技术进一步成熟，六氟磷酸锂的合成路径得到进一步丰富，同时也有更多企业投入到相关研究中，这些成果都为六氟磷酸锂的制备工艺在20世纪90年代的发展奠定了良好的基础。并且，随着锂电池的兴起，更多的化工企业和研究院所开始关注到六氟磷酸锂这一具有高附加值的精细化工产品。在这些因素的共同促进下，在20世纪90年代中后期，迎来了六氟磷酸锂专利申请的第一个高峰。总体上20世纪90年代申请总量达到了42项，远远高于之前总和的11项。在这个阶段的申请主要有如下的特点。

(1) 申请区域的多元化

在这个阶段，一改之前美国和日本申请人为主的现象，从1993年开始，在相关技术的专利申请舞台上，先后出现了来自加拿大、俄罗斯、中国、法国、韩国的申请人。值得一提的是，西北核技术研究所于1996提出了利用$LiHF_2$作为中间产物来制备六氟磷酸锂的气－固反应法专利申请CN1171368A，成为了首件由中国申请人提出的涉及六氟磷酸锂制备技术的专利申请。

这期间，日本公司依然在申请量上占据了主体，总计为21项，占了同期全世界申请总量的50%。德国紧随其后，在20世纪90年代的申请量达到了10项，接近同期全世界申请总量的25%，排在第二位。法国则在1996~1998年3年期间连续提出了4项专利申请，总量排在第三位。而美国依然保持着零星的申请态势，总申请量为3项，位居第四位。其他国家的申请量均为1项。

(2) 申请人的多元化

在这个阶段，更多的大公司加入到了研发和专利申请队伍中。法国的阿托化学，韩国的蔚山化学，德国的苏威氟、金属股份、巴斯福，美国的FMC，日本的森田化工都陆续在六氟磷酸锂制备方面提出了自己的专利申请。与此同时，日本的中央硝子和斯泰拉的申请仍然较为活跃，保持了较高的申请量。

其中，法国的阿托化学以无水HF溶剂法为主，连续提出了3项专利申请：1997年的EP0882671中提出了采用多级逆流塔的反应方式来改进无水HF溶剂法的工业生产，其从顶部加入LiF的HF溶液的同时从底部通入磷源气体（也能够以并流方式通入反应物料），能够有效地利用和排出反应热、可靠地连续生产六氟磷酸锂并避免六氟磷酸锂结晶所带来的管道堵塞；1998年的WO9940027A1涉及用PF_5处理来纯化六氟磷酸锂；1998年的US6500399B1首次提出了使用液体SO_2为介质，以LiF和PF_5为原料反应制备六氟磷酸锂，可以有效地将产品中的HF含量降低到20ppm以下。

德国的金属股份则侧重于有机溶剂法，分别在1996年和1998年各提出了1项关于有机溶剂法制备六氟磷酸锂的专利申请，其中使用了PCl_5或者$POCl_3$作为磷源与LiF反应，并在1998年的DE19827630中提出了在六氟磷酸锂的二乙基甲醚溶液中加入沸点高于二乙基甲醚的质子惰性的结晶助剂（例如庚烷、甲基环己烷、甲苯等）来结晶六氟磷酸锂、提高其纯度的有关纯化方面的申请。

德国的苏威氟在1996年提出了2项以无水HF溶剂法制备$LiPF_6$的专利申请。德国的巴斯福则先后提出了2项纯化技术，1项涉及无水HF法，另1项与金属股份的DE19827630相类似。

韩国蔚山化学在1998年的US6387340 A中，结合无水HF溶剂法和和氟气处理纯化法，对六氟磷酸锂的合成技术作出了进一步的改进。其提出了采用PCl_5与HF反应制备PF_5，并进一步与LiCl的无水HF溶液反应的合成路径，其中将氟气处理应用于原料HF的纯化，以及后续产品的纯化处理，提高了产品的纯度。

美国的FMC，则在1993年的US5378445A提出了一种对德国夏里特柏林大学的离子交换法的改进技术，分别配制KPF_6的CH_3CN溶液和LiCl的CH_3CN溶液，并将两种溶液在室温下混合反应。该公司还在1999年提出了1项使用弱碱性树脂除去六氟磷酸锂中的 HF 杂质的纯化技术。

森田化工则在 1992 年提出的 JP5279003A 中,将由 PCl_5 和 HF 反应制得的 PF_5 – HCl 混合气在零下 40 至零下 84 摄氏度的冷阱中处理,去除杂质,然后再通入反应器中制备六氟磷酸锂。该公司还在 1998 年和 1999 年提出了 2 项有关从电解液中回收六氟磷酸锂的专利申请,其技术的实质仍然是对之前的一些纯化方法的利用。

(3) 申请内容的多元化

这个时期,专利申请的内容以已有技术的改进为主,纯化技术得到进一步发展。虽然 20 世纪 90 年代的专利申请总量和申请人的数量都明显增多,但就合成方法而言,大多是围绕着 20 世纪 90 年代之前已经出现过的无水 HF 溶剂法、普通有机溶剂合成法、乙腈溶剂中间体法、离子交换法等的改进。

这其中,大部分企业尤其是日本企业仍然主要围绕着无水 HF 溶剂法进行改进,改进的目的无外乎是降低成本和提高纯度,改进的方向主要聚焦于磷源上,涉及磷源的选择和生产工艺、磷源的前处理方法等。而法国阿托化学所申请的 EP0882671 则对无水 HF 溶剂法的工业化生产方式提出了革新。

在有机溶剂法上,尤其是围绕乙腈溶剂中间体法、离子交换法,也出现了一些技术变型。例如,前面提到的美国的 FMC 的 US5378445A,以 $C_5H_5NHPF_6$ 与 LiOH 为原料制备 Li(C_5H_5N)PF_6 中间体的法国国家空间研究中心的 US5993767A,与 20 世纪 80 年代杜拉赛尔公司的技术路线相类似的加拿大莫里能源的 US5496661A,与 20 世纪 80 年代德国夏里特柏林大学的技术路线相类似的德国里德-海姆因公司的 DE19816691。

与此同时,在纯化技术方面,申请量也大幅增长,总量达到了 11 项。在气体处理法上,纯化处理气体由 F_2 扩展到了 PF_5 等其他含氟气体,纯化对象也从最终产物扩展到了原料 HF;而溶剂纯化法上,出现了在溶剂中使用高沸点结晶助剂的工艺;另外,还出现了使用树脂等吸附剂来纯化的方法。

此外,在 20 世纪 90 年代还出现了借鉴纯化方法的思路来回收电解液中的六氟磷酸锂的专利申请。1994 年,还出现了一项有关六氟磷酸锂检测的专利申请 US5426055A。

无论是对无水 HF 溶剂法的多种改进,还是纯化技术的大量出现,都表明六氟磷酸锂的合成已经大跨步地进入到了规模化工业生产阶段,并且随着六氟磷酸锂生产群体和生产规模的扩大,对于六氟磷酸锂的生产效率、制造成本以及产物品质等方面都提出了更高的要求,而这些专利申请的出现,在一定程度上反映了生产企业在解决方案上作出了积极地探索和实践,生产技术日臻完善。

6.5.3.4　21 世纪以来中国申请人的崛起

进入 2000 年后,随着全球锂电池产能向中国的逐渐转移,以及锂电池在智能终端、电动力自行车、新能源汽车等领域中应用量的剧增,六氟磷酸锂吸引了越来越多的中国企业的关注,出现了六氟磷酸锂技术开发和专利申请的高潮,中国本土申请人也逐渐成为了本领域专利申请的主体力量。

(1) 中国本土的专利申请特色

这个时期，中国本土的专利申请态势总体上具有快速攀升、来源多样、热点集中、技术构成完整等特点。

就申请的数量而言，相比于20世纪90年代的仅有1项申请而言，仅2001年，中国本土申请人就提出了3项专利申请，而在2011年的年度申请量甚至达到了25项，截至2013年6月，中国本土申请人累计已经提出了58项专利申请，并超过了日本申请人申请量的总和。

就申请的来源而言，这期间，出现了以天津化工院、贵州化工院、武汉大学、中南大学等为代表的若干研究院所申请人，以多氟多、比亚迪、宏源药业、江苏久久九、张家港亚源高新、成都牧甫等为代表的一批企业申请人。其中，一些研究院开发的专利技术已经成功地在企业中实现工业化生产，例如天津金牛电源的技术即主要来自于天津化工院。而这些企业申请人中，既有一些传统的化工企业例如多氟多等，也有一些药业公司例如江苏久久九、宏源药业，还有电解液厂商投资的下游企业例如张家港亚源高新，并且这些其中多数都已经成为上市公司。申请人来源的多元化一方面反映了中国企业对六氟磷酸锂技术的高度关注，另外这种多元化的结构在一定程度上也促进了六氟磷酸锂合成技术的在中国的产业实现和改进。

就申请的技术构成而言，在所有的申请中，合成技术是中国本土申请的热点领域，占申请总量的79%。而这其中，又以无水HF溶液法合成技术为主，达到了24项，占合成技术申请总量的近50%，天津化工院、多氟多、江苏久久九、宏源药业等主要是采用的无水HF溶剂法。而比亚迪、成都牧甫等的专利申请主要是采用有机溶剂法。此外，多氟多、宏源药业、张家港亚源高新、贵州化工研究院等还申请了若干合成装置的专利申请。

中国本土申请中，有关纯化技术的专利申请为7项，涉及溶剂纯化法、PF_5或氟气纯化法等主流纯化技术。纯化技术的主要申请人为天津化工院、江苏久久九和张家港亚源高新等。

此外，一批下游应用厂商还提出了一些六氟磷酸锂的检测技术的专利申请。

(2) 其他国家/地区的申请状况

中央硝子和斯泰拉依然构成了日本申请人的主体，但相较于20世纪90年代，中央硝子的申请量明显减少，仅为4项；而斯泰拉的申请量成倍增加，达到了7项。在这个时期，中央硝子的专利申请主要集中于有机溶剂法，而斯泰拉的专利申请则主要围绕无水HF溶剂法展开并主要聚焦于磷源的制备与替换，且探索了一些其他合成路径。此外，宇部在2010~2011年先后提出了3项专利申请，其中的JP2011132072 A涉及使用羧酸锂、碳酸锂、碳酸氢锂等锂盐和六氟氢酸铵反应制备六氟磷酸锂，而JP2012030984 A和JP2012056872 A则是使用锂盐和六氟氢酸反应制备六氟磷酸锂。另外，住友金属、丰田等公司还提出了一些从电池电解液中回收锂盐的专利申请。

在这个时期，德国、美国、俄罗斯、韩国、加拿大等国家的申请人有一些零星的专利申请出现。其中，德国的2项申请分别来自于苏威氟和尤米科尔公司，美国的2

项申请均来自于霍尼韦尔。同时还出现了来自印度、乌克兰等国家的申请人的专利，其中印度的3件申请均来自于印度科学与工业委员会。

6.5.4 技术路线分析

电池行业的兴旺发展推动了锂电池材料产业的技术进步的需求。六氟磷酸锂作为无机锂盐的一种，在无机溶剂中溶解度大，电导率高，电化学稳定性好，并且不腐蚀铝箔，完全能够满足锂离子电池的要求，近年来，六氟磷酸锂作为锂离子电池的首选材料，其合成制备备受关注。而六氟磷酸锂本身极易吸潮分解，因此生产、输送、储运等环节要保持很高的干燥条件，整个生产过程涉及高低温处理、无水无氧操作、高纯精制、强腐蚀防护等环节，因此工艺难度大。而锂电池对六氟磷酸锂的纯度要求很高，具体见表6-11和表6-12所示，这相应地给六氟磷酸锂的合成带来了更高的品质要求。

表6-11 国外部分先进企业的六氟磷酸锂性能指标[1]

溶剂名称	Merk（德国）		Stella（日本）	
	规格	典型值	规格	典型值
纯度/%	>99.9	99.9~100.0	>99.9	>99.9
水分/($\mu g \cdot g^{-1}$)	<20	10~20	<10	<10
游离酸质量分数/($\mu g \cdot g^{-1}$)	<150	80~130	<100	30
不溶物（DME中）/($\mu g \cdot g^{-1}$)	<1000	200~400	<200	25

表6-12 我国六氟磷酸锂行业标准[2]

项　　目	指　　标
水分/($mg \cdot kg^{-1}$)	≤20
游离酸质量分数（以HF计算）/($mg \cdot kg^{-1}$)	≤150
纯度/%	≥99.9
DEC中不溶物质量分数/%	≤0.1
硫酸盐质量分数（以SO_4^{2-}计算）/($mg \cdot kg^{-1}$)	≤10
氯化物质量分灵符（以Cl^-计算）/($mg \cdot kg^{-1}$)	≤5
铁质量分数/($mg \cdot kg^{-1}$)	≤10
钾质量分数/($mg \cdot kg^{-1}$)	≤30
钠质量分数/($mg \cdot kg^{-1}$)	≤5

---

[1][2] 王志刚. 六氟磷酸锂产业分析[J]. 化学工业, 2011, 29 (8): 13.

六氟磷酸锂的热分解温度低（30℃），很容易分解为 PF_5 和 LiF。但相比于以前常用的电解质锂盐 $LiBF_4$ 和 $LiCF_3SO_3$，六氟磷酸锂的电导率最高。通过提纯，溶于有机溶剂中后，六氟磷酸锂的分解温度可提高到 80℃～130℃ 范围内，常温下能够避免分解及引起电解质聚合。

传统方法生产六氟磷酸锂是以卤化锂（主要是 LiF）为锂源，以 PCl_5（或 P_2O_3、偏磷酸、红磷或白磷等）为磷源，以 HF 为氟代剂，先制得中间体 PF_5，再将气态的 PF_5 与固态的 LiF 反应，制得六氟磷酸锂。经过 20 多年的不断改进、发展和完善，这一方法实现了工业化，目前全球六氟磷酸锂生产企业大多数采用这一方法。核心步骤为：（1）将磷源与无水 HF 在内衬聚四氟乙烯或蒙乃尔合金反应器中，于 -20℃ 一下反应生成 PF_5，生成的粗 PF_5 接着与 HF 反应生成 PF_5 气体，并以一定速度导入下一步反应；（2）将卤化锂（主要是 LiF）溶于无水 HF 形成均相系；（3）将 PF_5 导入液态 HF 与 LiF 形成的均相系中，在 -50℃ 左右的低温下反应生成六氟磷酸锂，反应结束后，分离出六氟磷酸锂晶体，并用惰性气体驱除残留在晶体中的 HF。

1966 年，美国的奥林·马西森公司提出了首件有关六氟磷酸锂合成的专利申请 US3380803A，该专利采用的依然是气-固反应路线，以 LiF、红磷和 HF 为原料，在 200℃ 的高温下反应 15 小时，制得六氟磷酸锂，它开创了合成高纯六氟磷酸锂的先河。经过几十年的发展，日本、美国、德国等发达国家先后投入了大量的资金和人力进行相关研发，专利申请量稳定。经过对历年专利分析，目前六氟磷酸锂的合成主要分为四种方法：有机溶剂法、无机溶剂法、气固法以及转化法，其专利分布情况见图 6-46。

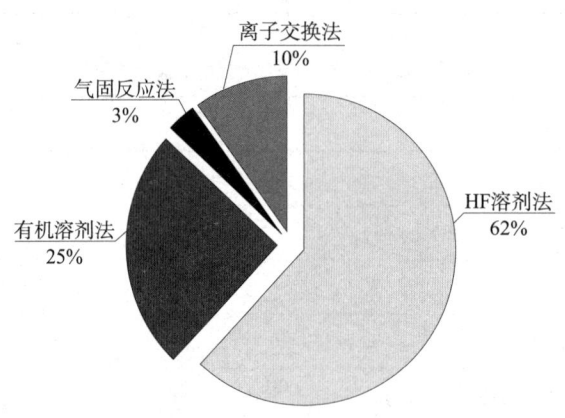

图 6-46 六氟磷酸锂合成方法分布

其中 HF 溶剂法的发展脉络如图 6-47 所示。以下将根据制备方法的特点，对 $LiPF_6$ 的合成技术的专利申请进行分析。

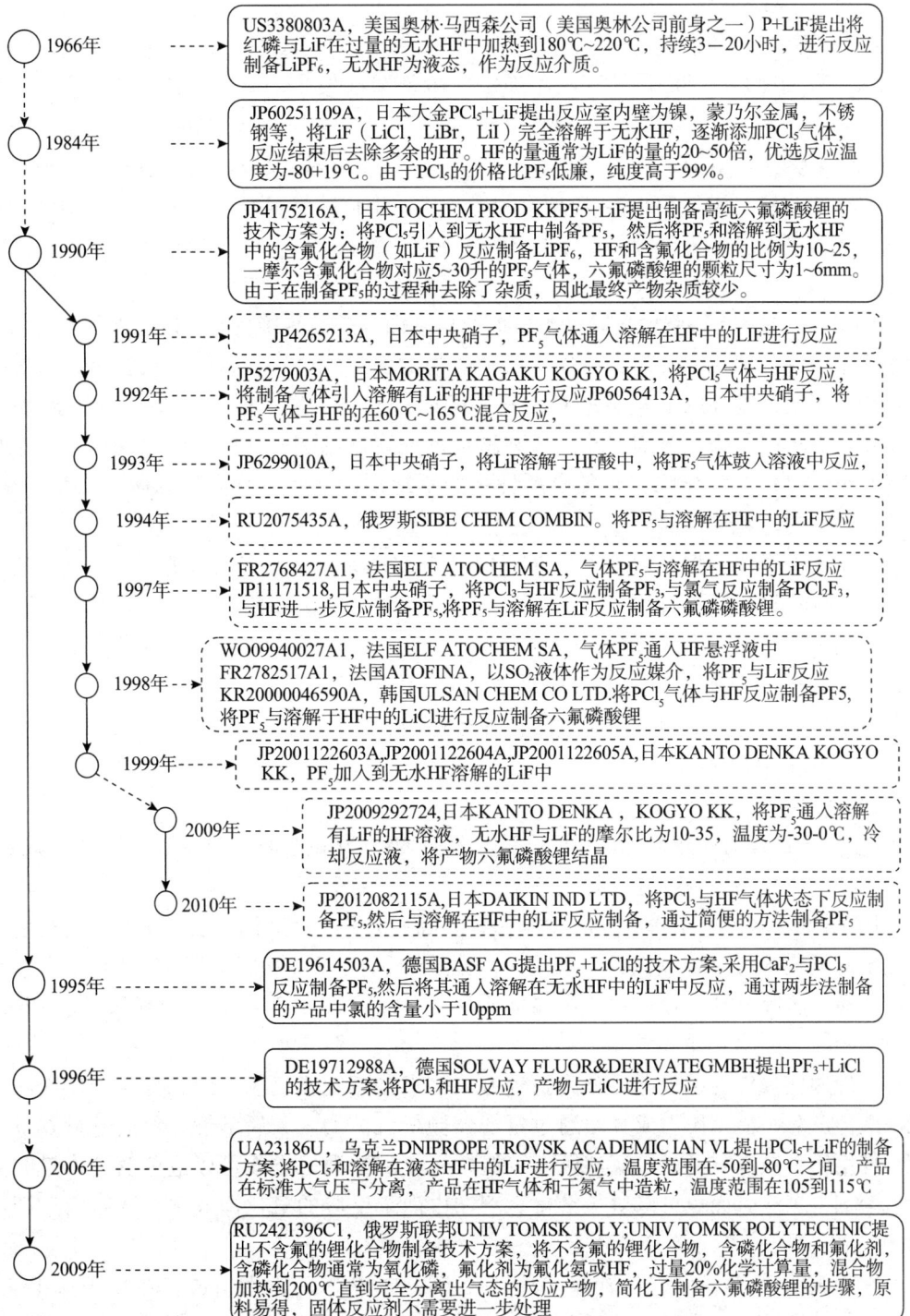

图 6-47　HF 溶剂法制备高纯级六氟磷酸锂技术路线图

6.5.4.1 技术路线图
6.5.4.2 溶剂分散法

六氟磷酸锂以高纯的形式存在不稳定，在20℃会发生分解，储备、处置不当均会加速其分解，搁置寿命有限。在制备六氟磷酸锂的过程中，如果能够直接制备用于锂电池的六氟磷酸锂溶液，则可以减少一些操作流程，提高效率，采用溶液法能够有效地解决这些问题。HF溶剂法是应用最为广泛、发展持续性最好的一种六氟磷酸锂合成方法。通常制备步骤为：将LiF溶于HF溶液中，然后通入PF_5气体进行反应生成六氟磷酸锂。

而HF溶剂具有很强的危险性，从商业角度而言是不易接受的。研究人员发现，如果采用络合法如加入配合剂，生成六氟磷酸锂的稳定配合物，这样就较容易进行纯化等操作，得到纯度高的六氟磷酸锂，常用的配合剂有乙腈、醚、吡啶等，以醚为例，如采用乙二醇醚作为配合剂，与六氟磷酸锂形成稳定的配合物后，将结晶分离出来后可进行重结晶以进一步除去六氟磷酸锂中的不纯物，最后在真空下分解除去配合剂，得到高纯度的六氟磷酸锂。

基于上述方法，将LiF悬浮于EC、DEC、DME等锂电池有机电解质中，然后通入PF_5，该反应虽然也是固相-气相反应，但产物$LiPF_6$能及时溶解在EC、DEC、DME等有机溶剂中，使界面不断更新，提高效率。同时，所得到的电解液能够直接用于锂电池，该反应易于控制，产率也高，同时溶解的稳定性高。

以下将对上述方法的专利申请发展情况进行介绍。

（1）无机溶剂法

1）HF溶剂法

HF溶剂法作为应用最为广泛的方法，经过40多年的发展，针对反应磷源、氟源、反应工艺已经提出多种改进方案。

HF溶剂法合成六氟磷酸锂的过程主要包括4个步骤：氟化锂在氟化氢中溶解、五氟化磷与氟化锂反应合成六氟磷酸锂、六氟磷酸锂从AHF溶液中分离、HF从六氟磷酸锂产品中脱除，其中最重要的步骤是纯六氟磷酸锂从AHF溶液中分离和残余HF从六氟磷酸锂产品中脱除。

实现这些操作的过程主要分为两种方法：直接蒸发氟化氢溶液和真空干燥固体六氟磷酸锂产品；使用压力或真空通过过滤器倾析沉淀的六氟磷酸锂，随后进行真空干燥。使用压力或真空通过过滤器倾析沉淀的六氟磷酸锂一方面可以避免蒸发大量的氟化氢溶剂，另一方面也可以避免氟化氢溶剂中尚未反应的氟化锂残留在六氟磷酸锂产品中。

在相关专利申请中，最初采用磷（红磷、白磷等）作为磷源，然后采用PCl_3、PCl_5提供磷原子，后来又发展为以PF_5替代PCl_3、PCl_5，以及PF_3、氧化磷作为磷源的特殊方法。其中以PF_5作为磷源的应用在行业中研究最为广泛和深入，从日本（TOCH-N）TOCHEM PROD KK 1990年第一次提出以PF_5替代PCl_5进行六氟磷酸锂的制备方法后，每年都会有对相关的技术改进方案提出申请。

① 磷源为 PCl_3、PCl_5

1984 年，日本斯泰拉提出的专利申请 JP60251109 A 第一次采用 PCl_5 和 LiF 以及 HF 低温下（−80℃ ~ 90℃）直接反应制备六氟磷酸锂，其工艺过程为：反应容器为镍、蒙乃尔合金、不锈钢等，将氟化锂溶于无水氟化氢（HF 的量为 LiF 的 20 ~ 50 倍）中形成 LiF·HF 溶液，通入高纯 PCl_5 气体进入反应，六氟磷酸锂结晶析出，经低温过滤干燥得到六氟磷酸锂产品，纯度大于 99%。工艺过程大致如图 6 − 48 所示。

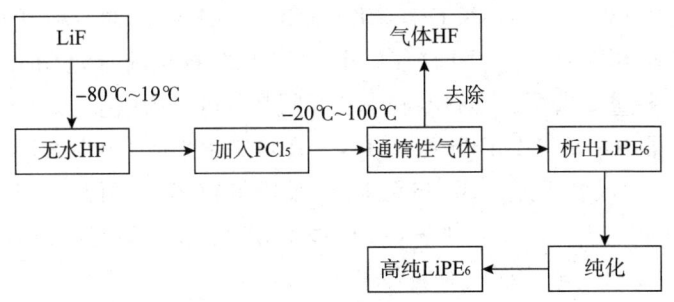

化学方程式：$PCl_5 + HF + LiF \longrightarrow LiPF_6 + 5HCl$

图 6 − 48　HF 溶剂法合成六氟磷酸锂工艺过程

该工艺的特点为：原料易得、流程简单、产品纯度较高，缺点：容易带入金属杂质，反应时间长；低温操作困难，流程难以实现连续化。

为克服上述缺陷，1997 年日本的中央硝子提出了一种 PCl_3 和 LiF 以及 HF 低温下间接反应制备六氟磷酸锂的方法（JP11171518A）。首先使 PCl_3 与 HF 反应制得 PF_3，PF_3 与氯气反应制备 PCl_2F_3 中间体，再与 HF 进一步反应制备 PF_5，然后将 LiF 溶解在 HF 中，向其中通入 PF_5，得到的六氟磷酸锂，该方法大幅度地提高了产能。该方法在 2010 年的日本专利 JP4983972A 中得到了进一步的发展，日本大金将 PCl_3 与 HF 反应制得 PF_5，将 PF_5 与 LiF 反应制得六氟磷酸锂，该反应用料经济，反应容易控制。可见，反应磷源为 PF_5 的优势十分明显。

② 磷源为 PF_5

1990 年，日本（TOCH - N）TOCHEM PROD KK 首次提出了采用 PF_5 气体代替 $PCl5$ 制备高纯六氟磷酸锂的方法的专利申请 JP4175216A。主要包括如下步骤：LiF 在无水 HF 中溶解，PF_5 与 LiF 反应合成六氟磷酸钾。其中最重要的步骤是杂质在制备 PF_5 的过程中除去，从而避免了杂质带入最终产物。并且由于在整个反应过程中均不存在水，所以生成的纯六氟磷酸锂极难分解，从而得到高纯的六氟磷酸锂。这种方法提出之后，相关的研究层出不穷，提出了一系列的申请，其中主要是日本企业所提出的。比较重要的专利申请有：

1991 年日本中央硝子提出的 JP4265213A；

1992 年日本（MORI - N）MORITA KAGAKU KOGYO KK 提出的 JP529003A，日本中央硝子提出的 JP6056413A；

1994 年俄罗斯（SICH - R）SIBE CHEM COMBINE 提出的专利 RU2075435C1

(1997 – 03 – 20)。

另外，为了进一步提高产品的纯度，1998 年韩国蔚山化学提出了专利申请 KR2782517A，使用 F_2 去除 HF 中水分的工艺方法。将 PCl_5 与 HF 反应制得 PF_5，将 LiF 溶解在 HF 中，然后向其中通入 F_2，目的是去除 HF 中的水分，从而避免含氧杂质的生成，然后使 PF_5 与 LiF 反应，得到高纯的 $LiPF_6$。优点为产品纯度较高，但工艺复杂，不易控制。类似的专利申请有：

1999 年日本（KAND）KANTO DENKA KOGYO KK 提出的专利 JP2001122603 A；

2000 年德国（ULSA – N）ULSAN CHEM CO LTD 提出的专利 DE10027211 A。

PF_5 作为一种重要磷源，现有专利中公开的制备可分为以下三种方法：

A. 现有技术中常常将 CaF 与无水 H_2SO_3 反应制备生成 $CaF(SO_3F)$，$CaF(SO_3F)$ 再与 H_3PO_4 反应生成 POF_3，POF_3 与无水 HF 反应得到 PF_5。而 1995 年，德国 BASF AG 中公开了采用 CaF_2 与 PCl_5 反应制备 PF_5 的技术方案，所得最终产物中氯和水的含量小于 10ppm，达到了可充电式锂电池的要求。

B. 将 LiF 与 PCl_5 反应生成 PF_5。LiF 与 PCl_5 反应过程是，将 LiF 溶于无水 HF 中，控制 HF 的用量为 LiF 的 20~50 倍，反应温度为干冰的熔点 –78.5℃，反应过程中缓慢加入 PCl_5，控制 PCl_5 用于比 LiF 仅过量一点，因为加入 PCl_5 过多时，会生成有害的 $LiHF_2$，待反应结束后，将反应产物升温到 –20℃~100℃，通入惰性气体，将 HF 气化除去，析出 $LiPF_6$ 晶体，将晶体减压挥发，进一步除去 HF，可得到纯度为 99% 的 $LiPF_6$。

C. $PCl_5 + 5HF \longrightarrow PF_5 + 5HCl$。采用该方法制备 PF_5 的专利申请很多，如 1990 年的 JP4175216；1992 年的 JP5279003；1992 年的 JP6056413；1998 年的 FR2782517 及 2000 年的 DE10027211。

PCl_5 与 HF 直接反应太激烈，有时会发生爆炸，因此，一般采用间接反应方法，按 HF 与磷化物之比为 10~25:1，于 –20℃ 以下反应生成 PF_5，接着 PCl_5 与 HF 生成白色 HPF_6 中间产物，将 HPF_6 从溶液中结晶分离出来，再将 HPF_6 升温到 –10~20℃ 分解为 PF_5。如 1997 年的日本申请 JP11171518A 和 2009 年的中国申请 CN101723348。

③ 磷源为 PF_6

1999 年，日本（KAND）KANTO DENKA KOGYO KK 提出了专利申请 JP2001122605A，提供了一种采用 PF_5 与氟气反应制备 PF_6，然后与溶解在 HF 中的 LiF 反应，生成六氟磷酸锂的方法。

2）SO_2 溶剂法

1998 年法国（AQOR）ATOFINA 提出了专利 FR2782517A，采用液体 SO_2 作为反应媒介，这种方法避免了 HF 的使用，且产品中 HF 含量较低，获得了高纯度的六氟磷酸锂。但同时六氟磷酸锂中 SO_2 含量较高，需要进一步提纯才能使用。

（2）有机溶剂法

从专利申请的数量来看，有机溶剂法是仅次于 HF 溶剂法的一种制备方法。常见的有机溶剂法包括以下几种：一种为饱和低链烷基醚，其分子式为 ROR'，R 和 R' 分别为含 1~4 个碳原子的烷基，另一种为低烷基酯，分子式为 RCOOR'，R 为 H 原子或者含有 1~4 个碳原子的烷基，R'为含 1~4 碳原子的烷基，介质也可以为前两者的混合物，资料中介绍最好的溶剂为二乙醚。具体工艺为：将分析纯的 LiF 粉化至 100 目或更细，再将其加入有机惰性溶剂中，因其不溶解而形成悬浊液。LiF 在有机溶剂中的质量分数最好为 33% 左右，PF_5 以气体形式加入，在有机溶剂中的质量分数为 3%~100%，反应器最好用氩气或高纯氮气做保护气，六氟磷酸锂在 LiF 表面生成，在保证溶剂不被 PF_5 饱和的情况下，生成的六氟磷酸锂就可以溶解在有机溶剂中，使 LiF 和 PF_5 进一步反应。所以 PF_5 的加入量应稍大于 LiF 的反应理论量，且不能饱和该有机溶剂，在反应结束后，通入大于反应理论量的 25% 的 PF_5 将有机溶剂饱和，而产品六氟磷酸锂不溶于 PF_5 与有机溶剂形成的络合物，从而从溶剂中结晶析出。通过过滤，可以得到纯度较高的产品，且产率较高。

日本专利介绍了二甲基碳酸盐中制取 $LiPF_6$ 的方法，PF_5 与 LiF 在二甲基碳酸盐中反应制得的溶液可以直接用于生产锂离子电池，其工艺如下：将 LiF 加入溶剂二甲基碳酸盐中，冷却该溶液并将温度保持在 20℃左右，在搅拌的同时加入气态的 PF_5，反应至溶液中分散的 LiF 完全消失，这时 PF_5 的消耗量大约是 LiF 的 5 倍，将溶液在 133Pa 的压力下蒸发浓缩，同时搅拌溶液，蒸发温度 20℃左右，当二甲基碳酸盐完全蒸发后，将得到的晶体室温下干燥，可以得到粒度为 50μm 左右的产品，杂质 HF 质量分数在 50 (10^{-6} 以下，该工艺优点为：工艺步骤简单，产品中 HF 杂质含量低，缺点是溶剂为有机物，要实现大规模生产较困难，纯度可能到不到市场上高纯度的规格。

从 1970 年美国 FOOTE MINERAL 公司的专利申请 US3607020A 采用 1~4 个碳原子的烷基醚，1~4 个碳原子的烷基酯作为反应溶剂的方法后，到 2005 年，共有 10 项专利申请进行了相关的研究。申请量虽然不大，但研究一直在不断进行，主要集中在美国和日本，其中美国比其他国家投入了更多的关注，并且具备较突出的研发能力。根据有机溶剂的种类，可以将专利申请分为以下几个方面。

1）醚类和酯类溶剂

EC、DEC 和 DMC 等低烷基酯类时锂离子电池常用的电解质溶剂，对六氟磷酸锂又很好的溶解性能，与使用醚类做溶剂相似，这种方法制备的六氟磷酸锂具有反应易控制，产率高的优点，但在制备过程中 PF_5 易与有机溶剂发生反应导致溶剂颜色加深，杂质增加，同时该法主要用于制备电解液，目前还难以分离得到六氟磷酸锂晶体。

1970 年美国 FOOTE MINERAL 公司提出的专利 US3607020A，采用 PF_5 和 LiF 进行反应制备，溶剂为 1~4 个碳原子的烷基醚或 1~4 个碳原子的烷基酯。该专利采用低级烷基饱和醚或低级烷基饱和酯有机溶剂、LiF 和 PF_5 为原料，先将 LiF 混入有机溶剂中得到 LiF 含量至少为 3%、优选 33% 的浆料，再缓慢、逐步地通入 PF_5，在室温下反应，LiF 表面生成的六氟磷酸锂溶解进有机溶剂中。该专利中使用的低级烷基饱和醚例如二甲基醚、二乙基醚、二丙基醚、二丁基醚、甲基丁基醚等，低烷基酯例如甲酸甲酯、甲酸甲酯、乙酸甲酯、乙酸乙酯等、乙酸丙酯等。该专利中还提出，当 PF_5 在饱和于有机溶剂中时，六氟磷酸锂在有机溶剂和 PF_5 的复合体中的溶解度较低，由此，可以在反应完成中继续通入过量的 PF_5 的来实现六氟磷酸锂从溶液中的沉淀、分离和回收，从而有利于实现六氟磷酸锂合成的高产率和高纯度。这件专利申请在六氟磷酸锂的合成史上同样具有非常重要的意义，其从合成方法、工艺条件、产物分离等方面都提出了可行的解决路径，奠定了六氟磷酸锂的有机溶剂反应合成法的基础。值得注意的是，FOOTE MINERAL 公司对这项技术在美国、日本、法国都提出了专利申请。1989 年美国（MALO）DURACELL INC 又提出采用 NH_4PF_6 为磷源，LiH 为锂源，采用醚作为溶剂的技术方案。直至 1993 年，美国 FMC 提出的专利申请 US5378445A 首次提出以乙腈作为溶剂制备的技术方案。

2）乙腈溶剂

1993 年，美国 FMC 的专利申请 US5378445A 首次提出以乙腈作为溶剂制备的技术方案，具体过程为：将 LiCl 悬浮于乙腈中，通入 NH_3PF_6 反应制得的六氟磷酸锂也能溶于乙腈中形成 $Li(CH_3CN)_4PF_5$ 络合物，通过减压蒸馏法去除乙腈，可制得高纯度六氟磷酸锂产品。由于乙腈对设备的腐蚀非常小，因此作为溶剂制备六氟磷酸锂，这也是很有发展前景的方法。但乙腈具有毒性，对环境和操作者可能存在不良影响。

3）碳酸盐溶剂

2006 年，俄罗斯（ORGS-R）ORG SYNTHESIS WKS TECHN INST 提出了专利申请 RU2308415C1，介绍了丙烯碳酸盐中制取六氟磷酸锂的方法，由六氟磷酸吡啶与 LiF 在丙烯碳酸盐中反应制得，其工艺如下：将 LiF 加入溶剂丙烯碳酸盐中，在搅拌的同时加入六氟磷酸吡啶，反应至溶液中分散的 LiF 完全消失。该工艺优点为：工艺步骤简单，产品中 HF 杂质含量低，缺点是溶剂为有机物，要实现大规模生产较困难，纯度可能到不到市场上高纯度的规格，因此，相关应用并不广泛。

6.5.4.3 转化法/离子交换法

由于六氟磷酸锂热稳定性很差，受热很易分解，又因为它对水的稳定性差，遇水极易分解，因此，六氟磷酸锂的合成均应尽量使用无水原料，避免水分侵入，应避免使物料受热，相比之下其他碱金属六氟磷酸盐，如 KPF_6、NH_4PF_6 的热稳定性和对水的稳定性就好得多，可以在水介质中进行制备和蒸发浓缩，因此，可以采用先制备 KPF_6 或 NH_4PF_6，再将其转换成六氟磷酸锂的方法制备。1993 年美国 FMC 提出的专利申请 US5378445A、加拿大 Moli Energy 提出的专利申请 CA2104718，就是这样制备的。这种方法也称为离子交换法。

基本步骤为：将盐（XH）+ PF_6^-（X 为路易斯碱，盐优选 NH_4PF_6）与含锂的强碱（优选 LiH）再混合溶剂中反应生成六氟磷酸锂，接着除去残留物和副产物。该方法的关键是溶剂必须能够大量溶解六氟磷酸锂，同时对 NH_4Cl 不溶，这样才能生成的副产物从体系中分离出去，从而使 NH_4PF_6 彻底转换成六氟磷酸锂。必要时还需引入辅助组分以促使转化反应的实现。

该法的优点为：原料易得，残留物和副产物易除去。缺点是 NH_4PF_6 和 LiH 的市场售价都相对较贵，原料成本较高，并且 LiH 有着较强的毒性，所以该方法也难以工业化推广。除 1993 年美国和加拿大提出的两项申请外，时隔 9 年后，美国 COUNCIL SCI&IND RES INDIA 才进行了相关专利申请（US2003180207），1993~2009 年相关申请仅有 4 项，技术更新缓慢，缺少实质性的发展和改进。

6.5.4.4 气固法

PF_5 与 LiF 的反应属于固相-气相反应，反应效率低，因此最好采用多孔 LiF 为原料。多孔 LiF 的制备反应为：

$$LiF(s) + HF(g) \longrightarrow LiHF_2(s) \longrightarrow LiF（多孔）+ HF(g)，$$

控制 LiF 和 HF 的反应比例为 (12~30):1，首先将 LiF 与 HF 在 50℃~200℃反应，生成 $LiHF_2$，然后在 60℃~700℃范围内减压除去 HF，可得多孔 LiF。

虽然在六氟磷酸锂的合成研究上，一些学者已经作出了多种尝试，但有关六氟磷酸锂合成的专利直到 1966 年才迟迟出现。1966 年，美国的奥林·马西森公司提出了首件有关六氟磷酸锂合成的专利申请 US3380803A，该专利采用的依然是气-固反应路线，其以 LiF、红磷和 HF 为原料，在 200℃的高温下反应 15 小时，制得六氟磷酸锂。然而，由于该反应依然是在高温下进行，反应过程同样难以控制，不能实现规模化的工业生产。

2002 年，日本森田化工提出的专利 JP2004175659A。将高纯红磷与 LiF 引入氟气直接反应制取六氟磷酸锂。产品不包含任何杂质或副产品，产品纯度高，因此具有良好的应用前景。但缺点是原料成本高，工序过多，连续生产困难。目前主要是日本进行这方面的研发，中国的四川大学在 2012 年也提出了一篇专利申请 CN 10296303，在无水环境中，将无水磷源和氟化物加入反应釜中，混合气体反应后得到 PF5 气体，导入干燥的高纯氟化锂进行反应，生成六氟磷酸锂的粗产品，整个反应在无水环境中进行。

6.5.4.5 特殊制备方法

（1）以水为介质的制备方法

鉴于六氟磷酸锂对水极不稳定的特性，通常的制备工艺均采用高纯的非水溶剂作为反应介质和精制溶剂。而在 2009 年日本斯泰拉申请的一项专利 JP2010184820 A 中，提到了在水环境中制备包括六氟磷酸锂在内的六氟磷酸盐的方法，步骤为：用 $Li_aH_bPO_cF_d$ 与氟气反应制得六氟磷酸锂和二氧化碳。

（2）多种工艺综合运用

除了上述常用的有机溶剂法外，美国还尝试了将多种合成方法综合运用，并取得了良好的效果，在行业内受到广泛的关注和应用。1993 年，美国 FMC 提出的专利申请 US5378445A 将六氟磷酸铵与氯化锂在低沸点的有机溶剂里进行反应，有机质子溶剂为乙腈、四氟硼酸或苯甲酸等，持续通入氨气或甲氨气体，由于不存在不必要的酸性环境，从而制备了高纯度的六氟磷酸锂产品。该申请综合运用了有机溶剂法和离子交换法，具有深远的影响。

6.5.4.6 结语

对目前所有公开的六氟磷酸锂国外专利进行分析，发现日本、美国和德国的申请的专利居前三位。对专利类型、技术方案进行对比，可以看出日本侧重于 HF 溶剂法的开发和研究，而美国在有机溶剂法领域具有领先地位。而在 HF 溶剂法合成方法的研究中，PF_5 作为磷源，LiF 作为锂源的制备工艺成为主流，申请量非常稳定，技术发展已经成熟。同时，随着我国电子行业的蓬勃发展，我国对于六氟磷酸锂合成的研究成为热门，追赶国外先进技术，涌现了许多相关申请。与此同时，国外的大企业也纷纷来我国申请专利保护，但并不是最先进核心的技术。由于六氟磷酸锂的制备方法对于反应温度条件，对设备材质都有苛刻要求，在当前节能减排和环保安全的全球氛围下，进入 2010 年以后国外申请量减少明显，相信未来将着重对于更加优越的绿色工艺的研究。

6.5.5 中央硝子在六氟磷酸锂领域的专利分析

6.5.5.1 公司简介

中央硝子原名为宇布钠工业有限责任公司，1936 年成立于日本三口县宇布市。因此，钠是该企业的根基，后来扩展到化肥行业，1958 年该公司涉足玻璃行业。该公司于 1963 年更名为中央硝子联合有限公司。时至今日，该公司的业务广泛包括建筑玻璃、汽车玻璃、显示器玻璃、化肥、精细化学品和玻璃纤维等，其发展历程见图 6-49。

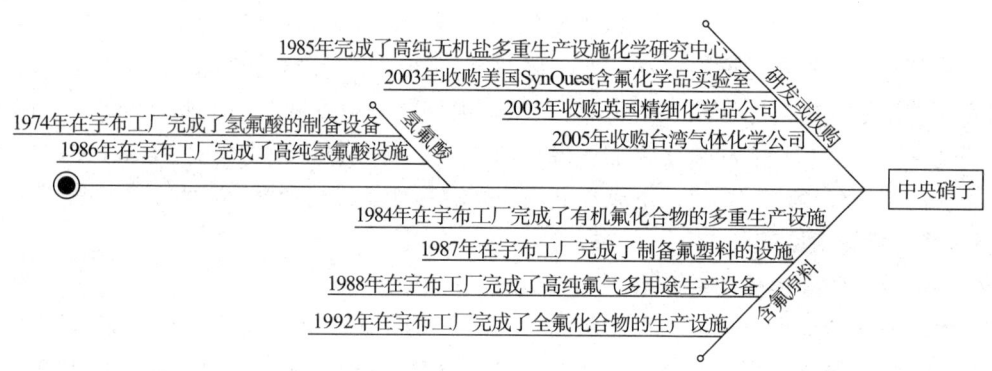

图 6-49 中央硝子发展历程

纵观中央硝子发展历程，其是一家以生产化工产品发展起来的公司，最初主要致力于研究纯碱的制备，继而生产化肥和建筑用玻璃、浮法玻璃等，从 1974 年，中央硝子开始商业化生产氢氟酸用于四氟化铵的生产，并从此开始了氟化工行业的发展，在有机、无机和聚合物化学方法，基于氢氟酸发展了多种氟化工艺。20 世纪 80 年代，是中央硝子在氟化工行业进行深入探索的高峰，先后建立了有机氟化合物的多重生产设施、高纯无机盐多重生产设施化学研究中心，在宇布工厂完成了制备氟塑料的设施，高纯氟气多用途生产设备等。时至今日，中央硝子生产了多种含氟化合物，详细如图 6-50 所示。

6.5.5.2 六氟磷酸锂专利申请概况

1987 年，中央硝子的荒牧捻、冈本王孝、末永隆提出了第一件关于六氟磷酸锂合成的发明专利申请 JP1072901A，其主要技术方案为将氟锂酸盐与Ⅲ-Ⅴ族元素的氟化物反应，在脱除 HF 的过程中制备了该复杂六氟磷酸锂盐。

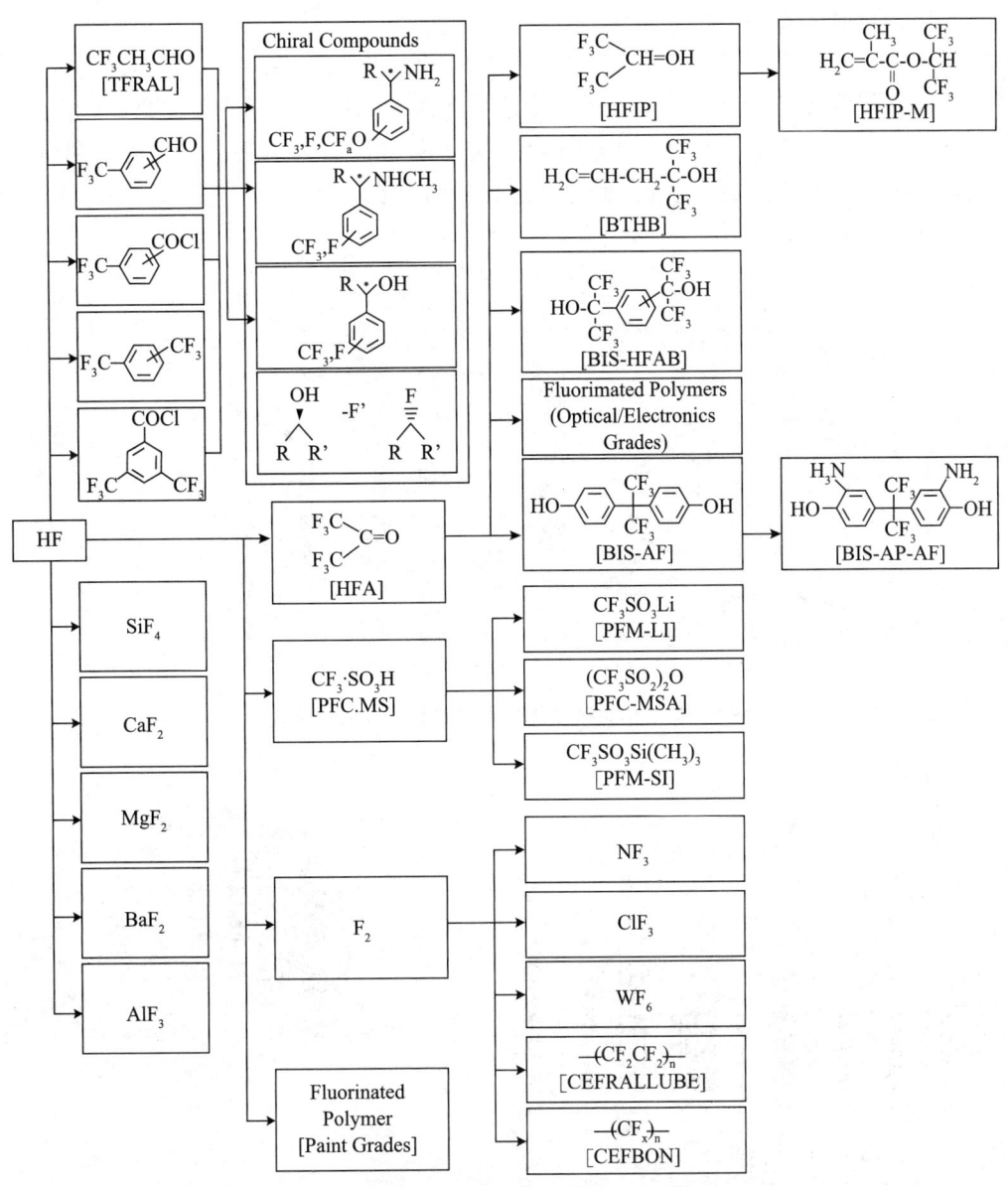

图6-50 中央硝子精细氟化学品分布❶

如果说20世纪80年代是中央硝子疯狂扩张氟化工产能的年代,那么90年代就是对技术保护全面强化的阶段。1991年,辻冈章一、阪口博昭、小林义幸提出了HF溶剂法制备六氟磷酸锂的专利申请JP4265213A,开创了中央硝子对于HF溶剂法研究的先河。1997年伊东久和、川岛忠幸、德永敦主等提出了一种PCl_3和LiF以及HF低温下间接反应制备六氟磷酸锂的方法(JP11171518A)。除此之外,中央硝子在1997年另外提出了3件关于六氟磷酸锂纯化的专利申请(JP10316409A;JP10316410A;JP11147705A),

---

❶ [EB/OL]. http://www.cgc-jp.com/pruducts/finechemical/index.html.

是历年申请量最大的一年。

从图 6-51 和图 6-52 中可以看出，整个 20 世纪 90 年代专利申请量持续稳定，几乎每隔一两年就会提出新的专利申请。并且申请的重点在于六氟磷酸锂合成，占总申请量的 65%。例外的是 1993 年和 1997 年，纯化的申请量大幅超过了合成专利申请，可见对于纯度的不断高要求总是伴随着产品合成的发展。

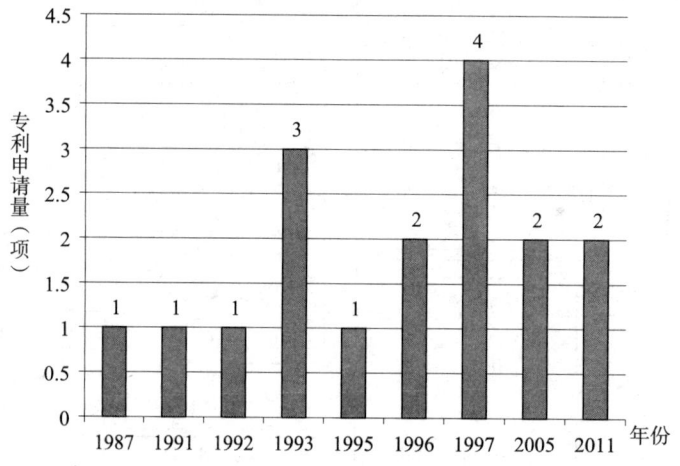

图 6-51 中央硝子历年六氟磷酸锂专利申请量

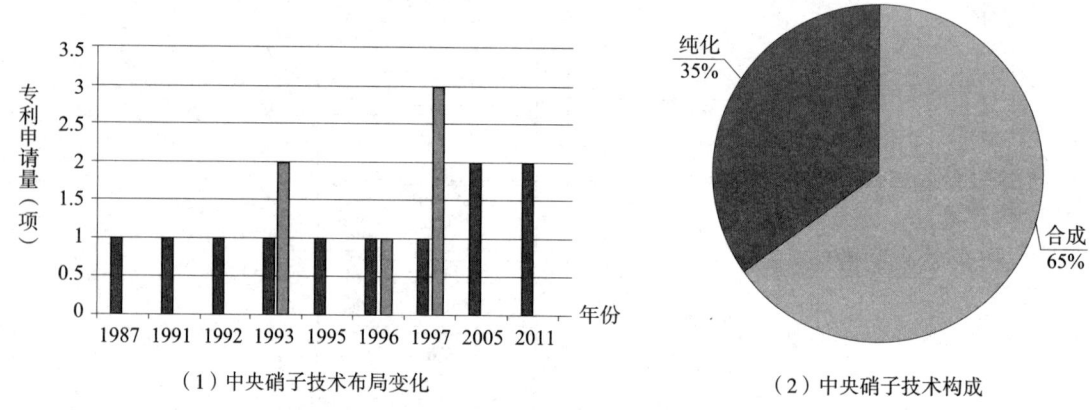

（1）中央硝子技术布局变化　　　　　　　（2）中央硝子技术构成

图 6-52 中央硝子技术布局

进入 21 世纪，中央硝子为追求技术的领先，先后分别于 2002 年收购了美国 SynQuest 含氟化学品实验室、2003 年收购英国精细化学品公司、2005 年收购了中国台湾气体化学公司。相应地，对于无机氟化工的重要产品——六氟磷酸锂的专利申请，也在研究重点、技术方案、技术布局、专利布局等方面不断地调整和发展，已适应国际市场的需求及世界竞争的严峻形势。由表 6-13 可见，中央硝子专利布局在进入 21 世纪后，广泛在全球撒网，充分形成了专利保护圈。

表6-13 中央硝子的专利布局分布　　　　　　　　　　　　　　　单位：件

申请年份	JP	WO	US	KR	CN	EP	CA	DE	合计
1987	1								1
1991	1								1
1992	1								1
1993	3								3
1995	1								1
1996	2		1			1			2
1997	4								4
2005	2	2	2	2	2	2		1	2
2011	2	2							2

6.5.5.3 发明人团队

从图6-53可以看出，中央硝子六氟磷酸锂的研发团队大致经过了3个阶段的演变。

（1）开创者

1987年，中央硝子的荒牧捻、冈本王孝、末永隆提出了第一件关于六氟磷酸锂合成的发明专利申请JP1072901A，主要技术方案为将氟锂酸盐与Ⅲ-Ⅴ族元素的氟化物反应，在排除HF的过程中制备了该复杂六氟磷酸锂盐。该制备方法为固相反应法，产品不包含任何杂质或副产品，纯度高，因此具有良好的应用前景。但缺点是原料成本高，工序过多，连续生产困难。但作为中央硝子的第一件六氟磷酸锂合成发明专利申请，其意义无疑是十分重大的，它标志着中央硝子从传统的化学品制备转向了新的氟化工产品的制备领域，并开始从锂电池制备领域分一杯羹。

六氟磷酸锂作为锂离子电池的首选材料，其合成制备备受关注。而六氟磷酸锂行业具备天生的寡头垄断性质，首先，六氟磷酸锂是目前唯一适合商业化生产的电解液锂盐，产品缺乏替代品；其次，行业规模效应强，进入壁垒高，具体表现为技术难以获取，量产难以实现。掌握核心技术，具备规模化生产能力，无疑会在商业中获得极大的利润。自主研发六氟磷酸锂电难度很高，需要7~10年的长期投入，即使对于有化工背景的公司也不例外。1987年提出的这件专利申请，无疑是中央硝子自主研发的。此后20多位发明人经过数十年的不断努力，最终使得中央硝子通过自行研发掌握了工业化成熟的六氟磷酸锂电生产技术，成为六氟磷酸锂产品的重要的生产企业之一。

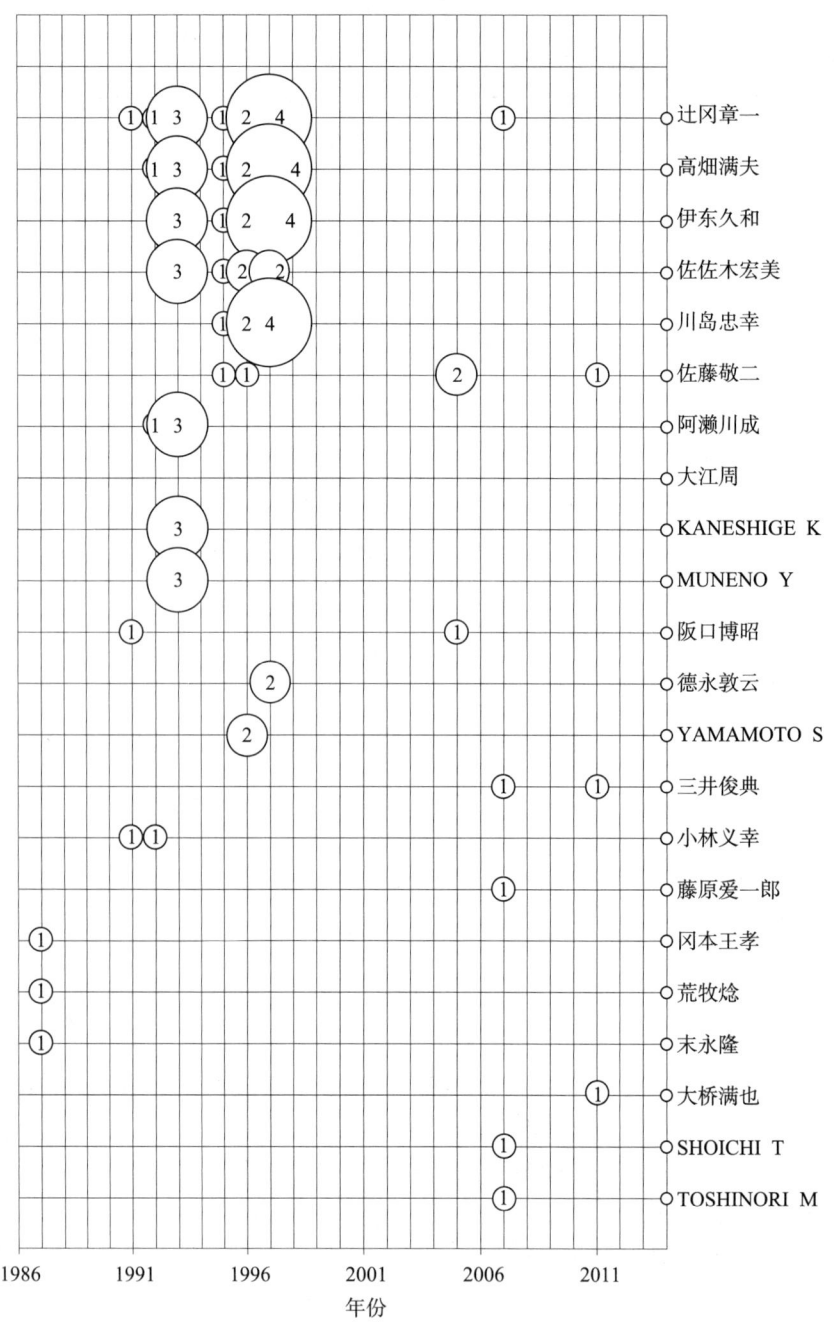

图6-53 中央硝子发明人团队历程

(2) 发展壮大者

1991年,辻冈章一、阪口博昭、小林义幸提出了HF溶剂法制备六氟磷酸锂的专利申请JP4265213A,开创了中央硝子对于HF溶剂法研究的先河。通过将PF_5气体引入含有LiF的HF溶液中反应制备六氟磷酸锂,在某实施例中,PF_5气体通入溶有9gLiF

的 500mlHF 酸中，制得了 50gLiPF$_6$，储存在 Ni 柱中，在氮气中加热到 130℃，而 PF$_5$ 气体的回收率高达 96%。

这件专利申请无疑对于中央硝子的研发历史有着重要的意义。从此开始，一个有力的研发团队形成了，如图 6-54 所示，先后涌现出多位研发骨干，而最重要的莫过于辻冈章一。他带领的研发团队从 1991~2007 年，像一棵常青树，贯穿了中央硝子的技术进步整个过程。中央硝子从 1987~2011 年关于六氟磷酸锂的专利申请共计 17 件，而他主导或参与的专利申请就达 13 件之多。可以说中央硝子的六氟磷酸锂技术的进步绝大多数都要归功于他。

与辻冈章一同期的主要发明人还有高畑满夫、伊东久和、佐佐木宏美。其中高畑满夫、伊东久和是与辻冈章一联系最为紧密的发明人，几乎在这期间所有的专利都由该团队共同完成。直至 1997 年伊东久和、川岛忠幸、德永敦主等提出了一种 PCl$_3$ 和 LiF 以及 HF 低温下间接反应制备六氟磷酸锂的方法（JP11171518A）。首先使 PCl$_3$ 与 HF 反应制得 PF$_3$，PF$_3$ 与氯气反应制备 PCl$_2$F$_3$ 中间体，再与 HF 进一步反应制备 PF$_5$，然后将 LiF 溶解在 HF 中，向其中通入 PF$_5$，得到的 LiPF$_6$，该方法大幅度地提高了产能。

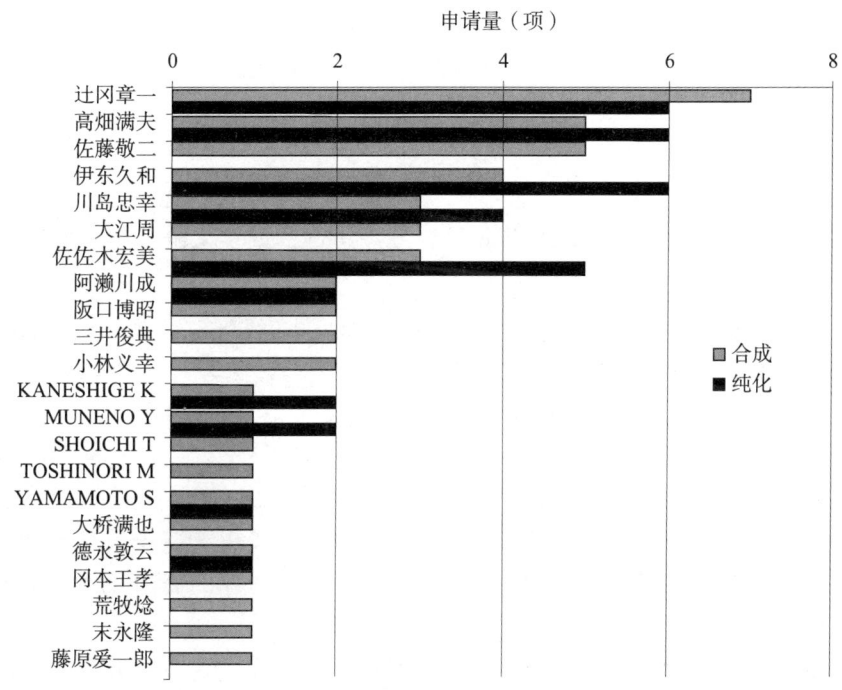

图 6-54 中央硝子发明人技术分布

（3）后继者

进入 21 世纪后，中央硝子的申请量明显下降。新的研发人员虽然加入，但新的技术并没有随之增加，说明研究团队的成长需要一定的过程，抑或是研究重点的转移（见图 6-55）。

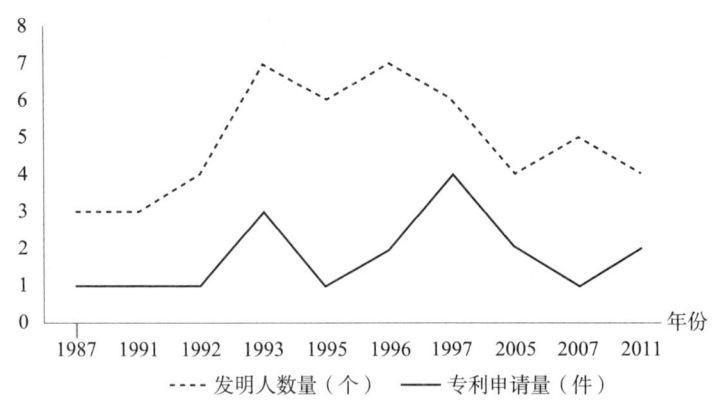

图 6-55 中央硝子发明人与专利申请量对比图

6.5.5.4 结语

社会需求带动锂电池产业的飞速发展,高纯度的原材料,耐腐蚀的反应设备和严格的控制流程是氢氟酸溶剂法工艺的关键,如何以最廉价的原料,最简单的工艺是研发的重点所在。中央硝子的研究历程表明,技术的进步依托的是研究人员的不断努力和智慧的传承。而研发重点的转移,无疑给技术较为薄弱的国家以发展的机会。我国氟化工行业起步晚,技术与日本先进企业仍有较大的差距,研究和借鉴国外研究人员的经验无疑具有重大的意义。

6.5.6 小结

(1) 六氟磷酸锂的专利技术起源较早,发展缓慢,近年来出现新的发展高峰,日本和中国是申请量增长的主要推动力量。

六氟磷酸锂的全球专利申请总量为147项,最早于1966年出现,在20世纪90年代中后期达到第一个发展高峰,之后又进入缓慢发展阶段,2006后再次进入新的繁荣发展期。日本申请人的长期保持着较为稳定的年度申请量,在该领域的总量达到49项,占全球申请总量的33.3%,排在第二位,是六氟磷酸锂合成技术发展的主要贡献者;受到锂电池应用市场和产业转移的影响,中国申请人在2006年之后发力,构成了该领域的申请主体,推动了2006年后全球申请量的再次上升,其申请总量达到58项,位居第一位,占全球申请总量的39.5%。化工基础较为雄厚的美国和德国也成为主要的专利申请国。

(2) 合成技术是六氟磷酸锂专利申请的主体,日本在纯化技术方面独具优势,回收技术有待进一步发展。

合成技术是各申请人最为关注的领域,申请量总计为101项,占六氟磷酸锂专利申请总量的68.7%,并一直保持稳中有增的趋势。纯化技术是提升六氟磷酸锂品质的关键,申请量总计为22项,占六氟磷酸锂专利申请总量的15.0%,日本在该领域独具优势,起步较早,并拥有该领域45.5%的专利申请。回收技术申请量总计为9项,以日本申请人为主,随着的锂电池的大范围的应用、折旧和更新,六氟磷酸锂回收技术有待进一步发展和完善。

（3）六氟磷酸锂领域的专利申请具有一定垄断性，日本申请人在人均申请量上优势明显，并在全球申请排名中占据主要位置，中国申请人数量众多、但人均申请量低，分散度大。

六氟磷酸锂领域的全球申请数量总计为79位，主要分布在中国、日本、美国和德国4个国家中，其中，44.9%的专利申请量集中在11.4%的申请人手中，专利申请具有一定的垄断性。中国申请人数量总计36个，位居第一位，但人均申请量仅为1.6项/个，低于全球平均水平。日本申请人数量总计13个，位居第二位，但人均申请量达到3.77项/个，居全球首位。日本的中央硝子和斯泰拉分别以17项申请和12项申请位居第一位和第二位，而中国的天津化工院、多氟多、比亚迪后来居上，依次排在斯泰拉之后，位居第三位至第五位。

美国申请人是该领域技术发展的主要奠基者，而日本是推动该领域技术走向成熟的主要力量，无水HF溶剂法是当前的主流技术，其他技术逐渐受到重视并得到持续发展。

美国在20世纪80年代之前通过文章和专利的形式最早提出了六氟磷酸锂的气固法、无水HF溶剂法、有机溶剂法三种合成技术，为六氟磷酸锂合成技术发展奠定了基础。日本在20世纪80年代对无水HF溶剂法以及相应的纯化技术提出了一系列的改进申请，推动了该领域技术的逐渐成熟。中国的申请同样以无水HF溶剂法为主，在原料的选择和处理、工艺的调整、后续的纯化等方面均有涉及。美国、德国更加偏重于有机溶剂法以及后续出现的离子交换法，陆续提出改进技术。

6.6 氟硅酸盐

除萤石之外，氟在自然界以另一种存在形式伴生于磷矿石中，尽管磷矿石含氟量很低，但由于其相比于萤石的巨大储量，使得磷矿石成为具有较高利用价值的含氟资源。据美国地质勘探局（USGS）统计，磷矿中的氟储量超过萤石中氟储量的100倍以上，中国磷矿石保有储量为37亿吨，按3%~4%的含氟量计算，磷矿石中的氟资源约有1.11亿~1.48亿吨；而中国萤石矿平均品位大约在35%~40%之间，按可采储量计算所含氟仅有0.084亿~0.096亿吨，远低于磷矿伴生氟资源储量。

中国80%以上的磷矿石用于生产磷肥。磷肥生产企业普遍使用湿法磷酸生产磷肥，在浓缩磷酸的过程中会逸出四氟化硅气体。这部分氟资源约占磷矿石总含氟量的38%~45%，由于长期以来未进行合理回收利用，造成了大量氟资源的浪费，也使得磷肥企业面临较大的环保压力。2011年，中国磷矿石产量为0.81亿吨，若按照40%的氟回收率计算，可回收氟资源78万~104万吨，折合萤石约195万~260万吨（见图6-56），已超过目前氟化工行业年消耗的萤石总量。尽管政府对于磷矿石开采和使用政策逐步收紧，但未来可以利用的氟资源量依旧可观。因此，合理回收利用磷矿伴生氟资源对于缓解氟化工行业原料短缺及解决磷肥行业环境污染等问题都十分必要。

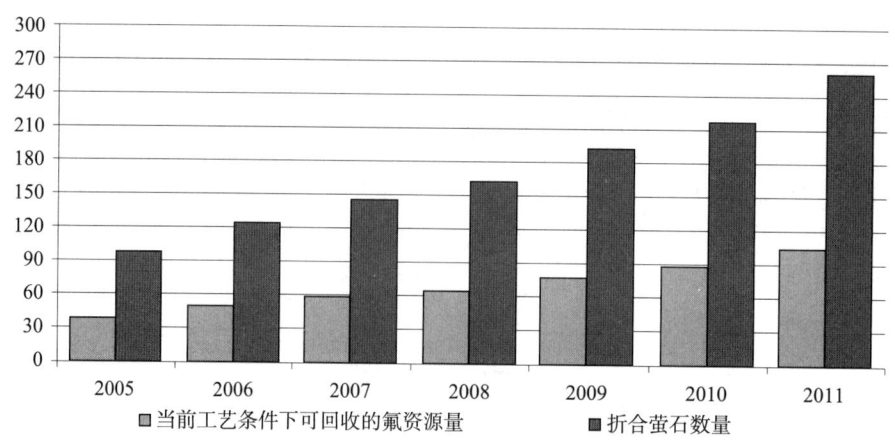

图 6-56　2005～2011 年可回收伴生氟资源量与折合萤石数量（单位：万吨）❶

注：可回收氟资源量的计算假设以当年中国磷矿石产量计算，并假设磷矿石含氟量为 4%；其中 80% 用于生产磷肥、氟回收率为 40%；折合萤石数量假设萤石品位为 40%。

6.6.1　氟硅酸综合利用的专利概况

本节从总体上统计了氟硅酸综合加工利用领域的全球专利申请数据，从专利申请的趋势、区域和国省分布、技术构成以及重点申请人几个方面进行分析，旨在了解氟硅酸的综合加工利用的整体概况及发展态势。

6.6.1.1　申请量趋势分析

从 1958～2013 年间在全球范围内共检索到 501 项涉及氟硅酸综合利用的专利申请。从图 6-57 中可以看出，在这 50 多年的时间内，氟硅酸综合利用专利申请的发展大致经历了 3 个阶段：

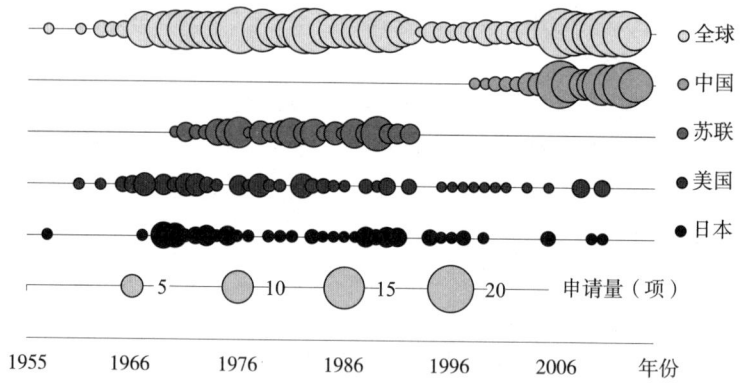

图 6-57　氟硅酸综合利用的全球及各主要国家的申请量趋势

第一阶段（1958～1990 年）：在这将近 30 年间的时间内，随着萤石资源日益紧缺，

---

❶ 资料来源：Wind 资讯。

磷肥副产的氟硅酸成为缓解氟化工行业资源紧缺的重要途径。以磷肥副产为起点制备氟硅酸盐、氟化盐、氟化氢等技术引起了全球氟化工领域申请人的高度重视。氟硅酸的综合利用经历了一个快速发展的阶段，在这一时期，专利年申请量从20世纪50年代末期的零星几项迅速增长至十余项，并且这些专利申请主要掌握在美国、日本和前苏联的申请人手中，这一时期是氟硅酸综合利用的快速发展期。

第二阶段（1990～2005年）：这一时期是氟硅酸综合利用的平缓期，年申请量维持在5项左右，随时间没有明显的变化。这一时期，专利申请主要是日本和中国的专利申请。相对于前一阶段，前苏联的专利申请几乎消失，日本和美国的专利申请量有所下降，中国对于氟硅酸的研究刚刚开始起步，专利申请量开始超过美国和日本，各个国家在全球的占比开始不断调整。这一时期是氟硅酸综合利用的格局调整期，同时也是相对平缓的一个发展阶段。

第三阶段（2005～2013年）：这一时期是氟硅酸综合利用的第二快速发展期，这一时期的专利申请量又呈现出快速增长的态势，这主要是由于中国专利申请的急增所导致的。中国专利的急增主要是因为随着萤石资源的日益紧缺，中国氟化工行业开始加快了回收和利用磷矿伴生氟资源的步伐；在萤石资源趋紧、磷矿半生氟资源却大量损失的背景下，2010年以来中国陆续出台了一系列政策和产业规划，对磷矿伴生氟资源利用支持导向明显：2011年4月，国家发展和改革委员会发布的《产业结构调整指导目录（2011年本）》中鼓励类条目相较2005年本新增"磷矿伴生资源综合利用"一项；2012年2月，工业和信息化部连续出台《石化和化学工业"十二五"发展规划》和《化肥工业"十二五"发展规划》，也分别对磷矿伴生资源综合利用提出技术改造和推动技术进步要求。另一方面，2011年3月工业和信息化部发布的《氟化氢行业准入条件》指出，资源综合利用方式生产氟化氢的生产装置不受2万吨/年的最低准入条件限制。2012年2月工业和信息化部发布的《石化和化学工业"十二五"发展规划》中指出"磷肥工业提高磷资源加工利用率和氟资源回收"，2012年2月工业和信息化部发布的《化肥工业"十二五"发展规划》中指出，"重点开发和推广磷矿伴生资源综合利用技术，氟回收和高附加值氟产品生产技术"。氟化工行业面临由基础产品产能过剩向高附加值产品产能扩张的转型阶段，仍需更多的氟资源支持。

6.6.1.2 区域分布分析

图6-58显示了氟硅酸综合利用的专利的申请国以及布局国分布的情况，可以看出，中国、前苏联❶、美国和日本既是主要的专利申请国又是主要的布局国。

在图6-58（1）中可以看出，中国、前苏联、美国和日本拥有的专利申请总量为392项，占全球专利申请总量的79%，这反映了氟硅酸综合利用领域的专利技术集中度非常高，基本都掌握在上述的几个国家中。在这些国家中，中国拥有原创专利130项，位居全球第一位；前苏联拥有原创专利127项，位于第二位，其后依次为美国和日本。

---

❶ 由于优先权为RU的专利申请的申请日几乎全部是在1990年之前，因此，在此认为其为前苏联申请。

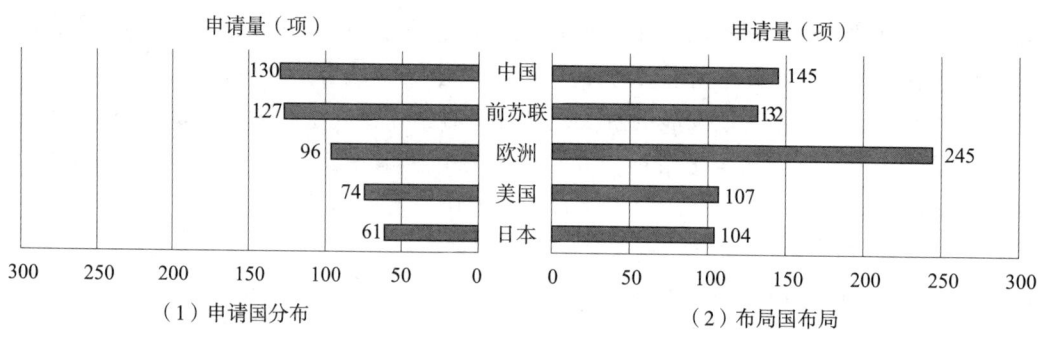

图 6-58 氟硅酸综合利用的互利的主要申请国及布局国分布

在图 6-58（2）中可以看出，就全球范围来看，欧洲、中国、前苏联、美国和日本均是重要的布局国。其中，美国、前苏联、日本、欧洲在 1990 年之前均是最为主要的布局国，进入各国的专利申请量相差不大，但是在 1990 年之后，在前苏联布局的专利几乎完全消失，在美国、日本和欧洲布局的年专利申请量维持在 5 项以内，相反在中国布局的专利申请量开始急剧增长，在中国布局的 145 项专利申请中有 130 项为本国申请，还有 15 项来华申请。

6.6.1.3 重点申请人分析

（1）申请人排名

如图 6-59 所示，在全球 13 位重点申请人中，日本申请人为 4 位，分别是三菱、板硝子、ONODA、尼桑，中国有 3 位，分别是多氟多、瓮福、云南化工院；前苏联、美国和德国分别各有 2 位，前苏联申请人是 KOROBITSYN 和 ZAGUDAEV、美国申请人是拜耳和杜邦，德国申请人是 VEB 和 KERSCHER。其中，中国的多氟多公司以 37 件专利申请位居全球第一位。

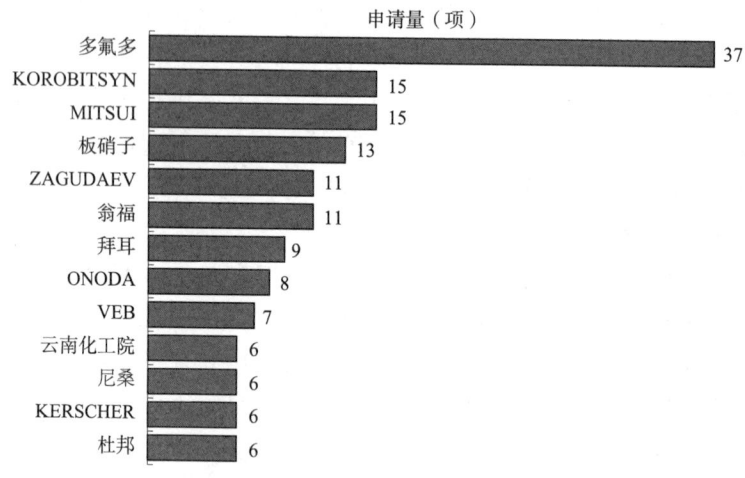

图 6-59 氟硅酸综合利用的专利的主要申请人排名情况

（2）申请人的技术构成

图 6-60 显示，在这些重点申请人中，除了杜邦公司和 KOROBITSYN 公司以外，

对于氟硅酸的综合利用都涉及了对于硅资源的利用。在对于氟资源的利用方面，各公司的技术有所不同：中国的多氟多、瓮福和云南化工院基本上涵盖了各种产品：多氟多以氟化盐为主，同时还拥有一定数量的三氟化铝和氢氟酸；瓮福以氟化盐为主，同时还拥有少量的氟化铝和四氟化硅。前苏联的KOROBITSYN和ZAGUDAEV均是以冰晶石为主，同时拥有一定数量的氟化铝和氟硅酸盐。日本的三菱以氟化硅酸为主，同时拥有一定数量的氢氟酸和四氟化硅。美国拜耳和杜邦均以氟化盐为主。

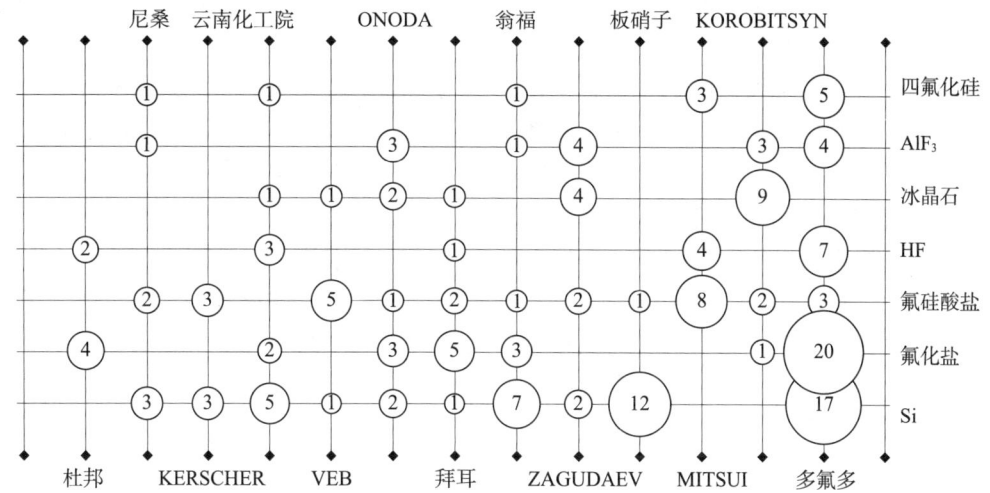

图 6-60　氟硅酸综合利用的专利的主要申请人的技术构成

注：图中的数字表示申请量，单位为项。

图 6-60 显示，在这些公司中，对于附加值较高的氟硅酸制备氢氟酸研究较多的是多氟多、三菱和云南化工院。

6.6.1.4　技术构成分析

氟硅酸的综合利用包括氟资源的利用和硅资源的利用。氟硅酸中硅资源的利用主要是用以制备高纯度的二氧化硅，进而制备各种高纯石英制品、多晶硅（单晶硅）等，具有极高的附加值。

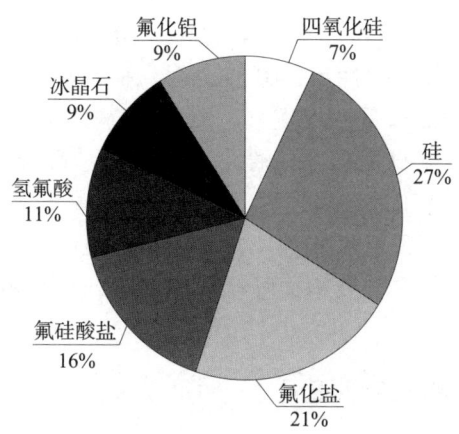

图 6-61　氟硅酸综合利用的专利的各技术构成

从上述氟硅酸综合利用现状可知，氟硅酸中硅的利用较少，多制成普通的硅胶出售，最好的状况也仅是制成符合国标的沉淀白炭黑。本报告中以氟资源的利用为主，其中，氟硅酸主要用于生产氟硅酸盐、氟化铝、氟化钠、冰晶石、人造萤石、无水氟化氢和氢氟酸等6类产品。

以上6类产品在工业中用途有所不同：氟硅酸盐产品以氟硅酸钠为主，主要用于水的氟化处理，也可用作木材、皮革的防腐剂和其他氟化物的生产原料；该类产品目前在中国供大于求，市场前景不佳。氟化铝在电解铝工业中作为助熔剂用作非铁金属的熔剂，以及精油和酒精生产中起发酵作用的抑制剂；但是氟化铝产品中含少量磷，这给电解铝行业带来一定影响，导致该产品基本滞销，企业无利可图。氟化钠主要用作消毒剂、防腐剂、杀虫剂；也可用于搪瓷、医药、冶金行业及其他氟化物的生产，其应用前景不错，但生产工艺存在分离问题。冰晶石在电解铝工业中作助熔剂，也可制造乳白色玻璃和搪瓷的遮光剂，其市场前景与氟化铝类似；人造萤石可作为炼钢工业及氟化氢生产的天然萤石代用品，但利润率一般；无水氟化氢及氢氟酸广泛用于原子能、化工、石油等行业，是强氧化剂；还是制取元素氟、各种氟致冷剂、无机氟化物和有机氟化物的基本原料，可配成各种用途的含水氢氟酸，用于制造石墨和有机化合物的催化剂、玻璃刻蚀剂等。氟硅酸最具开发前景的方向是生产氢氟酸和无水氟化氢。特别是无水氟化氢，已成为现代氟化工业的基础，在无机或有机工业领域中需求广泛。

在利用氟资源时，在氟硅酸的各种回收途径中，根据以上6类产品的价值可将其分为3类：（1）将氟硅酸加工为氟硅酸钠等氟硅酸盐，生产工艺简单且相对成熟，但氟硅酸钠由于产能过剩严重，经济价值低。（2）将氟硅酸加工为以氟化铝、冰晶石为代表的含铝氟化盐以及以氟化钠、氟化钾、氟化铵、氟化氢铵为主的氟化盐产品；它们主要应用在电解铝行业，其附加值较高，但生产的氟化铝中含有少量磷，作为电解铝助溶剂易对其生产稳定性造成影响。（3）将氟硅酸加工为氢氟酸，这是目前附加值最高的一个利用形式。

由图6-61可以看出，氟硅酸综合利用中份额最大的为氟化盐，其占比为21%；其次为氟硅酸盐，其占比为16%；其余四种产品氢氟酸、冰晶石、氟化铝和四氟化硅的占比相差不大，均在7%~11%之间。氟硅酸是磷酸和氢氟酸生产过程的副产品，含氟、硅、氢三种元素，目前主要用于配制酸洗剂、制备氟硅酸钠、氟硅酸钾及后续氟化盐产品等。这些产品附加值低、用途窄，因而经济效益较差；常常出现滞销状况，严重影响了生产厂家回收氟硅酸的积极性，造成了氟、硅资源的浪费，污染了环境，更在很大程度上制约着磷化工的健康发展。因而，开发氟硅酸的下游产品，如白炭黑、氟化氢铵、冰晶石、氟化钾、氢氟酸等，尤其是附加值高或市场容量大的产品，最大限度地消化氟硅酸，回收氟、硅资源，降低环境污染，提高氟硅酸的市场价值，已迫在眉睫。

6.6.2 氟硅酸制备氢氟酸的专利概况

氟硅酸中氟资源的利用，最大宗的产品是氟化氢。因为氟化氢是氟化工的基础原料,以氟硅酸为原料制备氟化氢,可以使氟化工行业大幅度降低对战略物资——酸级萤石粉的使用。因此,本文重点研究氟硅酸制备氢氟酸的专利状况。

6.6.2.1 申请量趋势分析

通过检索和筛选,得到有关氟硅酸(盐)制备氢氟酸的方法的专利申请64项,在这些数据的基础上进行相关领域的专利分析。

(1) 全球申请趋势和申请国分布情况

图6-62显示出氟硅酸(盐)制备氢氟酸的方法的全球申请态势图,可以看出该领域的专利申请大致出现了两次高峰。2012~2013年的数据并不能反映真实的情况,此期间的申请可能目前还尚未公开。通过图6-63可见,美国和中国是最主要的两大专利申请国,尤其是美国,其产出的专利申请接近总量的一半。结合图6-64可以较为直观地看出总体的发展情况。

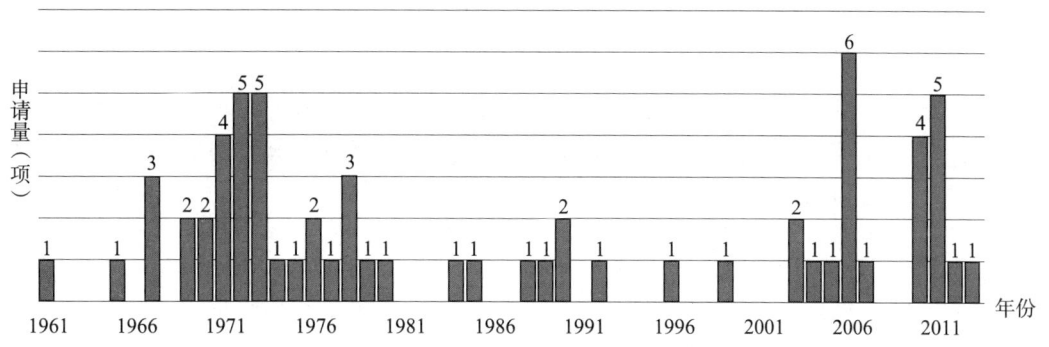

图6-62 氟硅酸(盐)制备氢氟酸技术的全球专利申请态势

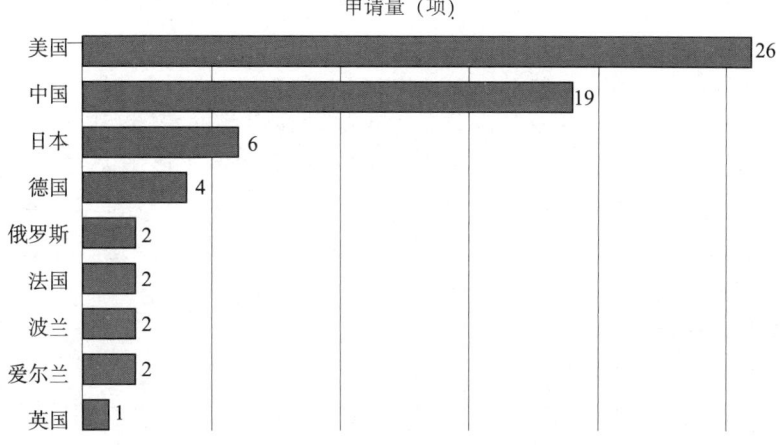

图6-63 氟硅酸(盐)制备氢氟酸技术专利申请国分布情况

由图6-64可见,氟硅酸(盐)制备氢氟酸技术在国外及国内的发展基本上处于不同的时期,也可以说是一个由国外到国内的顺序发展过程,以下将国外和国内的情况分开进行探讨。

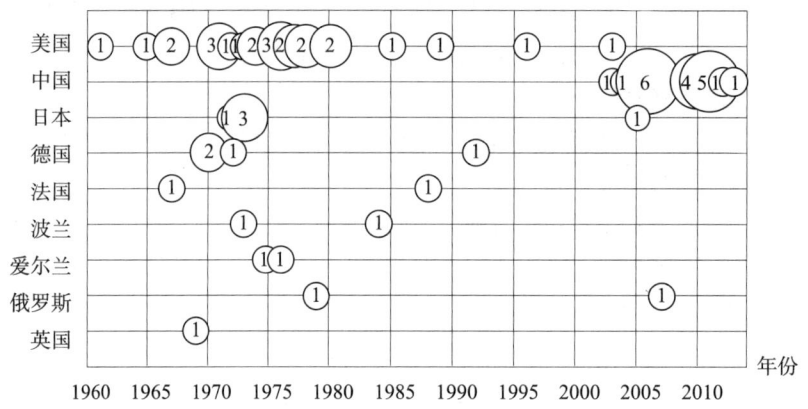

图 6-64 氟硅酸（盐）制备氢氟酸技术各专利申请国的专利申请态势

注：图中的圈内数字表示申请量，单位为项。

1）国外发展过程（1961~2007年）

由图 6-64 可见，氟硅酸（盐）制备氢氟酸的专利技术起源于美国。可见在以萤石作为主导原料制备氢氟酸的大趋势下，美国最先考虑到资源和环境因素，把目光投向氟硅酸（盐）的利用方向。1961~1965 年的申请量很少，处于萌芽期。从 1967 年起，法国、英国、德国、日本等国家也陆续开始了相关专利申请，形成了 1967~1980 年的发展期。国外主要的申请量都集中于这几年，并在 1973 年达到一个高峰。1981~2007 年，申请量明显减少，空白期增加，每件专利申请之间的间隔期较长，技术发展呈现为衰退期。到 2008 年以后，国外在该领域不再申请专利。

2）国内发展过程（2003年至今）

国内申请从 2003 年才开始出现，短短几年就涌现出大量申请，可见我国对氢氟酸生产过程的资源和环境问题的关注度加大。国内申请在 2006 年、2010 年和 2011 年达到申请量的高峰。

(2) 专利申请布局国分布情况

从图 6-65 可以看出，在专利申请量上占据明显优势的美国和中国同时也是最重要的专利申请布局国。以这些国家为布局国的专利申请量比该国家专利产出量稍多，但是差异并不明显。这说明由氟硅酸（盐）制备氢氟酸的模式还基本在各个国家或是某些企业的内部进行研究，其影响力还未广泛扩散至其他国家，这种模式也没有得到广泛的市场关注。

6.6.2.2 申请人分析

(1) 总体排名和类型分布

由图 6-66 和图 6-67 可以看出，在氟硅酸（盐）制备氢氟酸的领域中，申请人主要为公司，其申请量占总申请量的 83%（包括合作申请）；其他类型申请人的申请量占 17%，其中，个人占 8%、研究机构占 6%、大学占 3%。可见，公司在行业技术创新中占绝对主导地位，公司发展水平基本代表了该领域的整体发展水平，而其他类型申请人对此的关注度远不如公司。

第6章 无机含氟化合物的专利分析

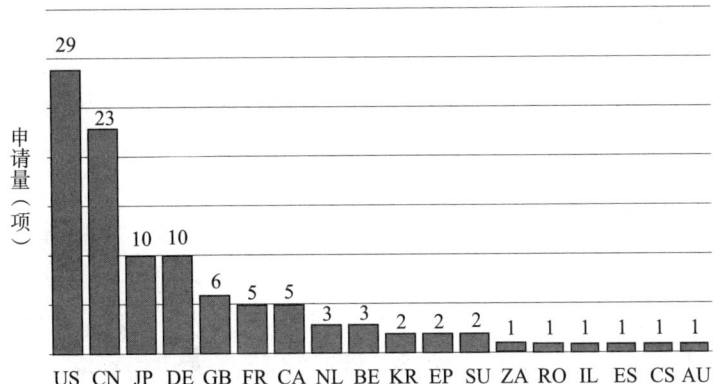

图6-65 氟硅酸（盐）制备氢氟酸领域专利布局国分布情况

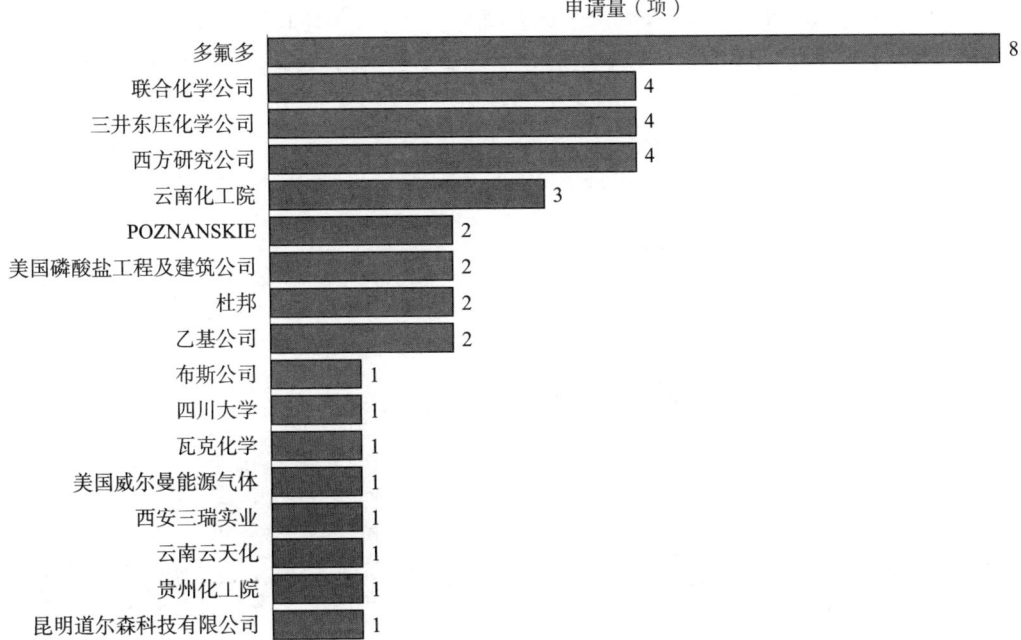

图6-66 氟硅酸（盐）制备氢氟酸领域申请人排名

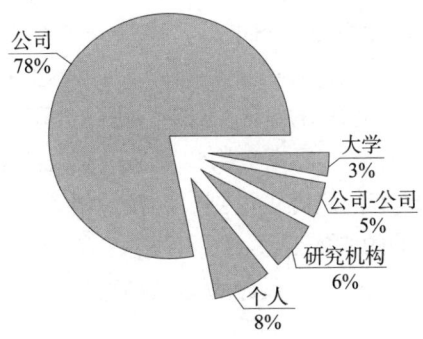

图6-67 氟硅酸（盐）制备氢氟酸领域申请人类型分布

285

排名前五位的申请人分别是：多氟多、联合化学公司、三井东压化学公司、西方研究公司和云南化工院，主要分布在美国、中国和日本。中国的公司在其中占据两席，多氟多的申请量居首位；虽然各个申请人的申请量都不大，但多氟多的申请量为排名第二名的申请人的两倍。

（2）国外申请人

由图 6-66 可见，国外申请人主要以公司为主。排名前几位的申请人中，美国的公司所占数量最多，也可以看出在美国，涉足该领域的公司较多，对氟资源的有效利用更加重视。国外申请人中，每个申请人所拥有的专利申请数量都不大（最多的 4 件），以联合化学公司、三井东压化学公司和西方研究公司占据首位。

（3）国内申请人

由图 6-68 所反映的国内申请人的申请趋势可见，国内申请量所呈现出的高峰期是两个主要申请人（多氟多和云南化工院）所带动的。两个主要申请人所提交的专利申请（11 件）占国内申请量（19 件）的一半以上：多氟多主要在 2006 年和 2011 年分别提交了 6 件和 2 件专利申请，云南化工院在 2010 年提交了 3 件专利申请。其他申请人所分别持有的专利申请为 1 件。

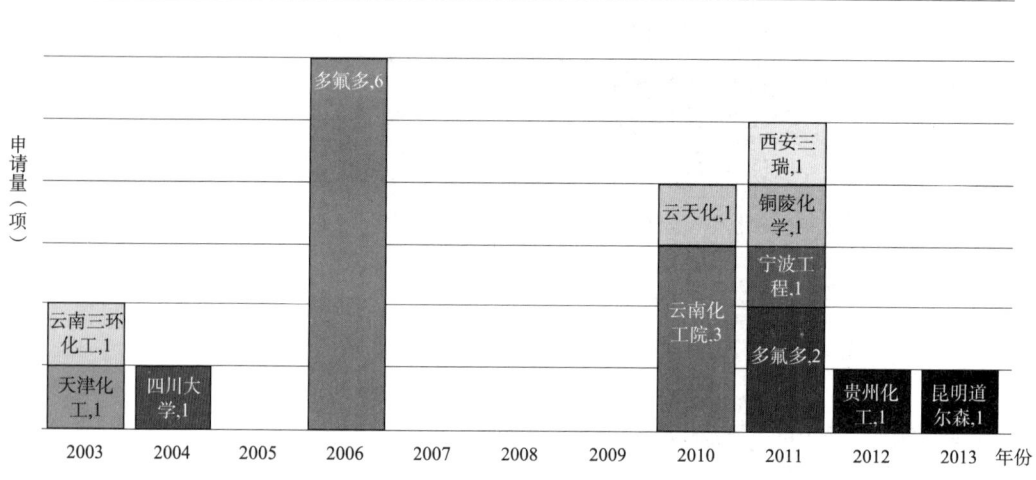

图 6-68　氟硅酸（盐）制备氢氟酸领域国内申请人的申请趋势及申请人类型分布

由图 6-67 中的申请人类型分布图可见，申请人主要为公司，其申请量占总申请量的 69%；其次是研究机构，占了总申请量的 21%；公司-研究机构的共同申请以及大学申请分别占 5%；该领域没有出现个人申请。可见公司在行业的技术创新中占主导地位，研究机构也占有较大比例。研究机构和大学所参与的申请共占总申请量的 31%，可见氟硅酸（盐）制备氢氟酸的研究也受到了高校及研究所的关注。

6.6.2.3　氟硅酸制备氢氟酸的技术路线

氟硅酸生产氟化氢的工艺路线大致分为以浓硫酸分解氟硅酸为代表的直接法和以氨法分解氟硅酸为代表的间接法。

(1) 直接法

由氟硅酸（H_2SiF_6）直接制备 HF，分为硫酸分解法和热分解法两种，其实质都是使氟硅酸分解为 HF 和 SiF_4，只是促进分解的方式不同。

1) 硫酸分解法

检索得到的专利数据中，最早提出使用硫酸法由氟硅酸直接制备 HF 的专利申请是由美国的斯托弗化学公司（Stauffer Chemical Company，1987 年被帝国化学公司收购）于 1961 年提出的（DE1467164B）。其在湿法磷酸或磷肥的生产过程中，采用 70%～80% 的硫酸分解磷矿石，释放出 SiF_4 和 H_2SiF_6 形式的氟化物，将释放出的氟化物与水接触得到约 30% 的低浓度氟硅酸并沉淀出二氧化硅，所依据的反应式为 $3SiF_4 + 2H_2O \longrightarrow 2H_2SiF_6 + SiO_2$；将沉淀过滤后，将滤液与浓硫酸接触并将整体硫酸浓度调节至 70%～75%，从而将氟硅酸分解为 HF 和气态 SiF_4，气态 SiF_4 循环至之前制备低浓度氟硅酸的步骤中作为原料；在低于大气压的条件下将最后得到的溶液中的 HF 从硫酸中分离，从而得到浓度高于 HF/H_2O 共沸物的氢氟酸和 70%～80% 的硫酸。得到的硫酸可用于分解磷矿石。

1962 年 Tennessee Corp 提出了一种由澄清的含氟硅酸的溶液制备氟化氢干气的方法（US3218124A）：在密闭反应器中不存在自由二氧化硅的情况下，将澄清的含氟硅酸的溶液加入热的浓硫酸中，持续进行该步骤直至大量氟化氢以蒸气形式与四氟化硅一同从该溶液中析出；从密闭反应器中排出该含有氟化氢和四氟化硅的蒸气；将蒸气中的氟化氢从四氟化硅中分离，从而得到氟化氢干气；将四氟化硅与水反应生成氟硅酸和二氧化硅；除去二氧化硅后将得到的澄清氟硅酸溶液循环作为原料使用。该申请中，控制混合反应时不存在自由二氧化硅，将减少产生的四氟化硅的量。

1963 年提出的前苏联专利申请 SU174610A 采用了电渗析法，将稀氟硅酸溶液浓缩，并加入浓硫酸使氟硅酸分解为 SiF_4 和 HF。

1969 年，Wellman - Power Gas Incorporated 提出了一种由氟硅酸制备无水氢氟酸的方法（US3758674A）：将浓缩的氟硅酸与浓硫酸于超大气压条件下在有限空间内预先混合，控制过程中不产生分离的蒸气相；将混合物引入低压、高温的分离区以释放出过热的 HF 和 SiF_4 气体混合物，以及液体底物稀硫酸；过热的气体混合物与浓硫酸接触以选择吸收 HF；将得到的硫酸引入解吸区，加热释放 HF。其中，SiF_4 能够用于提浓稀氟硅酸溶液，并在反应中生成二氧化硅；来自分离区的液体底物稀硫酸可与二氧化硅接触以使夹带的 HF 转化为四氟化硅和水。由于使用了浓酸，若在自由空间内混合，则将发生剧烈反应并产生大量水蒸气，蒸气相中的水将导致形成大量的二氧化硅从而容易堵塞设备；该申请所提出的方案在混合时通过控制空间大小和压力大小，将两种酸控制在液相下，从而无法形成分离的蒸气相，这将减少二氧化硅的产生。可见该申请是 US3218124A 的进一步发展，明确了反应器大小和压力等因素对于混合反应的影响。

1971 年由 Flemmert G. L. 提出的 US3969485A 中，认为在以往技术中，四氟化硅的水解在液相中进行，生成的二氧化硅存在难以过滤的缺陷，因而提出了一种利用含有硅和氟的废气（如四氟化硅和氟化氢）制备高活性二氧化硅和纯的氟化氢的方法：将四氟化硅转化为氟硅酸，在浓硫酸存在下将其分解为四氟化硅和氢氟酸；四氟化硅蒸气相在水蒸气存在下生成二氧化硅和氢氟酸；将热分解氟硅酸得到的氢氟酸和四氟化硅水解得到的氢氟酸合并，再转化为氟硅酸以进行提纯；然后再用之前的方法使用浓硫酸分解，副产物四氟化硅循环使用。因此该过程中将回收高纯氟化氢和二氧化硅两种产品。其中的二氧化硅从气相中回收。

1973 年，Zawadzki B 等提出一种使用硫酸分解氟硅酸制备无水氢氟酸的方案（DE2416919A）：a. 将不含悬浮二氧化硅的 40%～50% 的高浓度氟硅酸加热至沸点温度，将溶液部分转化为气相；b. 将沸腾的氟硅酸溶液及其蒸气送入含有硫酸的密闭反应器中，该反应器中的硫酸量使其反应后能达到 72%～78% 的浓度；c. 在反应器中于 150℃～170℃分解氟硅酸，形成水蒸气、氟化氢和四氟化硅气体，以及 72%～78% 的硫酸溶液，该硫酸中可能含有残余氟化氢；d. 将气态四氟化硅通过 c 步骤得到的硫酸溶液中以释放残余的氟化氢气体；e. 从步骤 c 的密闭反应器排出含有水蒸气、氟化氢和四氟化硅的气体，与 d 步骤释放的氟化氢气体合并，用硫酸部分干燥气流，然后将硫酸引入步骤 c 的密闭反应器中；f. 从步骤 e 的部分干燥的气流中将氟化氢吸收入硫酸中以形成氟磺酸和水，以及部分干燥的含四氟化硅的气流；g. 从步骤 f 的含有氟化氢的硫酸中蒸馏出纯度约 99.9% 的 HF；h. 将蒸馏残液循环入 f 步骤的吸收过程中，并通过加入发烟硫酸来维持硫酸浓度；i. 用氟硅酸溶液吸收步骤 f 的四氟化硅，形成氟硅酸浓溶液并沉淀二氧化硅；以及 j. 过滤分离沉淀的二氧化硅，将过滤后的氟硅酸溶液引入步骤 a 使用。

此后虽然在其他专利申请的方法中使用到硫酸法，但基本没有再出现有关改进硫酸法分解氟硅酸制备 HF 的方法的专利申请。

2）热分解法

早在 1917 年，由美国的 Chappell H. F. 提出了使用四氟化硅制备氢氟酸的方法（US1244032A）：使用水蒸气与四氟化硅反应制备氢氟酸，所依据的反应式为 $SiF_4 + 4H_2O \longrightarrow Si(OH)_4 + 4HF$，过程中还发生了以下反应：$SiO_2 + 4HF \longrightarrow 2H_2O + SiF_4$，$SiF_4 + 2HF \longrightarrow H_2SiF_6$，因而总体的反应为 $3SiF_4 + 4H_2O \longrightarrow Si(OH)_4 + 2H_2SiF_6$；通过加热氟硅酸溶液，如在 120℃～125℃的温度下，将产生氢氟酸、四氟化硅和水蒸气，反应式为 $H_2SiF_6 \longrightarrow SiF_4 + 2HF$，控制温度使水蒸气与四氟化硅反应生成氢氟酸和水合二氧化硅，并将氢氟酸与水合二氧化硅分离。虽然该申请主要是以四氟化硅为原料进行生产，但其中明确提出了利用氟硅酸水溶液加热分解的性质来得到氢氟酸，同时利用热分解氟硅酸水溶液的过程中所产生的水蒸气与产生的四氟化硅反应以便于后续的分离过程。由该申请公开的内容可见，其整个工艺步骤中的温度等条件都要受到严格的控制以避免发生副反应。

1965 年，由美国的 Gulf Design and Engineering Corp 提出的有关回收氢氟酸的专利申请（US3711596A）中，涉及将磷酸生产过程中副产的含有 H_2SiF_6 的水溶液在蒸气释放装置中产生含有 SiF_4、HF 和水蒸气的蒸气相，并将蒸气送入热分解反应器中反应，得到含有 HF、H_2O 和很低含量的 SiF_4 的分解产物，经过静电沉降器分离固体 SiO_2 后，通过洗涤剂洗涤并回收氢氟酸。可以看出，该申请的原理与US1244032A大致相同，都是在加热分解氟硅酸水溶液的过程中，利用蒸发出的水蒸气降低气体产物中SiF_4的含量；但该申请在工艺步骤和设备上则更加成熟，形成了一整套较为完整的体系以进行热循环和副产物的回收。

1965年，布斯公司（Buss AG）也提出了一项专利申请（CA713982A），其认为已有技术中氟硅酸及其盐利用难度大、工艺复杂，而且US1244032A中所公开的分解氟硅酸蒸气以形成氢氟酸和水合二氧化硅的反应难以发生，无法得到自由的氢氟酸。该专利申请提出了一种由氟硅酸制备无水氢氟酸的简便的方法：将氟硅酸溶液以蒸气相形式与选自聚醚、多元醇等溶剂接触，氟硅酸溶液中由热分解产生的HF被上述溶剂吸收形成吸收液；将吸收液以液态形式通过水和氟化氢的共沸物的蒸气，从而去除吸收液中的四氟化硅并形成氟硅酸溶液的蒸汽相；然后用夹带介质使氟化氢从吸收液中夹带出来；分离出其中的夹带介质（非极性物质如庚烷），并蒸馏氟化氢，得到塔顶的包含氟化氢和水的共沸物的产品，以及塔底的无水氟化氢产品。可见布斯公司独创性地提出了使用有机溶剂吸收氟硅酸溶液热分解产生的氟化氢，并通过后续反萃和蒸馏得到无水氟化氢的方法，形成了该公司的代表性方案：BUSS法。

1969年，针对之前的方法无法进行连续生产的缺陷，布斯公司对BUSS法进行了改进，提出了一种由氟硅酸连续制备高浓度HF的方法（GB1262571A）：在工艺平衡的条件下，通过将含杂质的氟硅酸连续进料至反应器中进行分解，将氟硅酸热分解为HF、H_2O和SiF_4蒸气以及氢氧化硅沉淀；使用有机吸收液逆流萃取所形成的蒸气产物，选择与HF亲和性强的有机吸收液，该吸收液同时也会吸收一些水蒸气和四氟化硅蒸气；将吸收液进行反萃处理，将蒸气循环的同时连续地提取出HF。该方法的改进在于：将反应中的水和四氟化硅循环入新进的氟硅酸中作为液体进料；将上述液体进料以扩散的射流形式和在热分解温度下进料，形成HF、H_2O和SiF_4蒸气以及氢氧化硅沉淀，该沉淀在避免过早水解的条件下直接沉淀出来以便于在反应器底部将其除去；连续除去反应器底部沉淀出来的氢氧化硅沉淀，从而在射流冲击的条件下加速蒸气相的分离；使上述蒸气相迅速升温，立即使该蒸气相过热，温度高于HF和SiF_4再结合为氟硅酸的温度；在塔底使用热吸收液进行提取，该吸收液选自聚醚、多元醇、乙二醇及其混合物等，其有利于最大限度地吸收HF，且该吸收液以液滴形式与塔底的过热蒸气相逆流流动；在水和氟化氢的液态共沸物的存在下进行反萃以利于HF的释放；将反萃后的吸收液循环利用。

1972年，拜耳提出了一种从氟硅酸溶液中回收氢氟酸的技术（BE805450A）。在该方法中，将氟硅酸溶液在100℃～300℃的温度下和3～80个大气压的压力下处理，分离含有氟化氢的液相和含有四氟化硅的气相，任选在液相中使含有四氟化硅的气体水解，回收得到的氟硅酸作为原料使用。其所选择的处理氟硅酸溶液的温度和压力是为了消除大量的SiF_4。

1973年，陶氏提出了一种由氟硅酸制备氟化氢的方法（US3855399A），在充分蒸发所有四氟化硅的温度下，于吸收器中使氟硅酸溶液与乙二醇、丙二醇或二甘醇混合，优选加入少量 HF 溶液；吸收器顶部 120℃～130℃，底部 175℃～190℃，使氟硅酸分解为 SiF_4 和 HF；从吸收器顶部除去 SiF4 和部分水的流，并将其加入反应器使 SiF_4 转化为氟硅酸和 SiO_2；回收氟硅酸用于第一步；将第一步得到的富含 HF 溶液的醇进行蒸馏分离 HF，将醇循环入第一步；将氢氟酸转化为水溶液和无水的馏分，将水溶液馏分返回第一步使用。相对于 BUSS 法而言，该方法也使用了有机溶剂对 HF 进行吸收，但其在有机溶剂的液相中进行了氟硅酸的热分解反应和 HF 的吸收，并控制反应器顶部和底部的温度，来通过蒸发除去四氟化硅，并且后续的 HF 分离无需反萃步骤。

1977 年，联合化学公司提出了一项将废弃的氟硅酸产物转化为无水氢氟酸和细分散二氧化硅的方法（US4144158A）。其中氟硅酸水溶液热解产生二氧化硅和含有氢氟酸和氟硅酸的稀溶液，将该稀溶液进行电渗析，得到氟化氢浓度高于 $HF/H_2SiF_6/H_2O$ 体系沸点线所对应的氟化氢浓度的溶液，将所得到的溶液蒸馏以获得无水氟化氢。

1982 年，联合化学公司发现了 US4144158A 中所存在的缺点：如氟硅酸和氟化氢稀溶液中，氟硅酸浓度限制在 5% 以下，限制了氟硅酸热解过程的高转化，工艺的适应性降低，难以提供不同级别的二氧化硅产品；而且能耗高；此外电渗析得到的溶液浓度中，氟化氢需高于约 38%，若低于该浓度则无法通过蒸馏分离无水氟化氢，需要借助于腐蚀性的脱水剂如浓硫酸。因而该公司提出了从含有氟硅酸、氟化氢和水的稀溶液中回收无水氟化氢的改进技术方案（US4389293A），原料稀溶液的组成使其无法通过蒸馏回收无水氟化氢，该方法中将混合酸的稀溶液进行电渗析，使溶液中的总酸浓度达到 46% 以上（其中氟化氢的浓度可低于 38%），然后通过蒸馏回收无水氟化氢。

此后未再出现有关氟硅酸热解制备氢氟酸的实质性改进的方案。

图 6-69 给出了以上分析中涉及的技术路线。

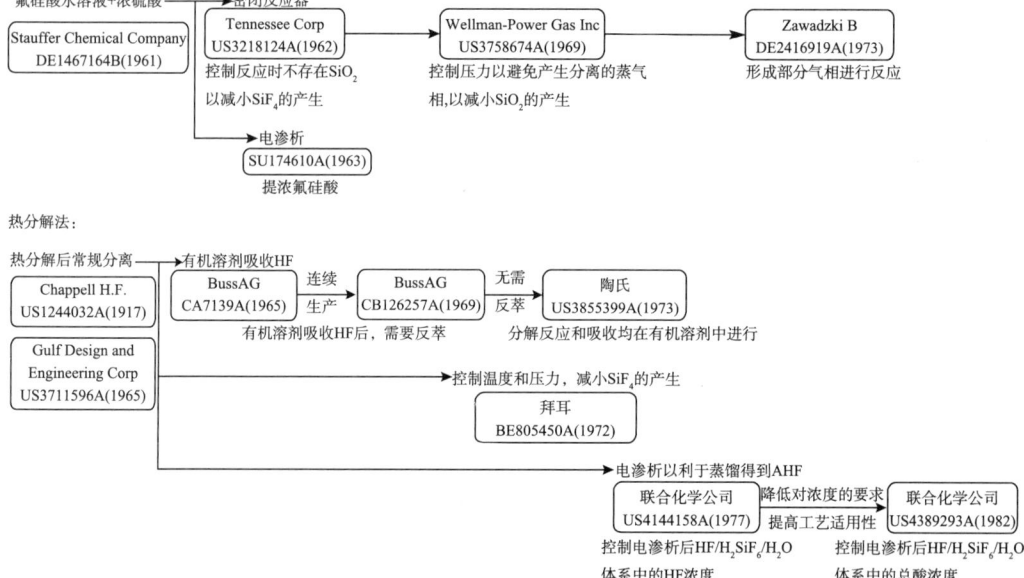

图 6-69 直接法技术路线图

（2）间接法

根据氟硅酸首先转化的产物类型，可将利用氟硅酸通过间接法制备氢氟酸的主要途径分为三种类型：①氟硅酸盐法；②氟化铵或氟化氢铵法；③除氟化铵以外的其他氟化盐法。在这几种间接法中，最主要也是最主流的方法为氟硅酸盐法和氟化（氢）铵法，下面将对间接法的发展演变过程进行详细的阐述。

1）氟硅酸盐法

1967年联合化学公司在US3421853中提出将氟硅酸转化为氟硅酸盐，并在熔融的碱金属或碱土金属的硅酸盐中高温分解；随后在1971年和1972年分别于US3689216和DE2303072中提出氟硅酸与碱金属硫酸盐反应得到碱金属氟硅酸盐，然后与硫酸反应得到碱金属二氟化盐，加热得到HF，以及氟硅酸和氢氧化钾通过电渗析先变成氟硅酸钾，氟硅酸钾和氢氧化钾通过电渗析变成氟化钾，氟化钾通过电渗析转化为氢氟酸。

1973年，三井化学公司在JPS4997799中提出：碱金属氟硅酸盐与硫酸反应得到碱金属盐、氢氟酸和四氟化硅；分离碱金属盐，提取氟化氢；用矿物酸吸收四氟化硅，将氟硅酸在酸液中与硫酸钠反应得到第一步的氟硅酸盐；并在JPS49101293中提出：萤石与硫酸在SiF_4存在下得到石膏和氟硅酸溶液；用碱金属硫酸盐处理氟硅酸以沉淀氟硅酸钠；氟硅酸钠用硫酸处理，混合气体中分离出HF，残液回收，生成的SiF_4返回第一步骤；以及在JPS49101292中提出：氟硅酸钠与硫酸反应得到氢氟酸。

1975年，FITZWILTON LTD在US4067957提出：氟硅酸与KF和SiO_2反应得到氟硅酸钾，氟硅酸钾与NH_3反应形成$NH_4F \cdot KF$和SiO_2；在KF存在下加热NH_4F以形成NH_3和KHF_2；回收固体KHF_2，加热KHF_2得到HF和KF。优选KHF_2与NAF反应形成$NAHF_2$，然后将$NAHF_2$处理回收HF和NaF，并将NaF循环利用。方法中KF、NH_3和SiO_2循环利用。

1978年，OCCIDENTAL RES CORP在US4298586中提出：将氟硅酸与M_2SO_4（M = Na、K或NH_4）反应得到氟硅酸盐；将氟硅酸盐在水介质中与MOH、M_2CO_3和/或M_2SiO_3反应形成SiO_2和溶解的MF盐，水量少到足以形成浆液沉淀；回收MF，加水至浆液中溶解MF；分离SiO_2，从溶液中回收MF，将其与硫酸反应形成HF和M_2SO_4；M_2SO_4循环使用，回收SiO_2。随后该公司在US4213952中提出：氟硅酸与Na_2SO_4反应形成氟硅酸钠；氟硅酸钠与NaOH反应形成含硅酸钠和NaF沉淀的浆液；回收NaF，将剩余溶液与氟硅酸和/或氟硅酸钠混合以形成含有SiO_2和饱和NaF的第二浆液；分离SiO_2沉淀，若第二浆液中有NaF沉淀则将其回收；加水将其溶解，蒸发溶液回收NaF，将NaF与硫酸反应形成HF。

1989年，FLORIDA RECOVERIES在WO9008730中提出氟硅酸盐与硫酸铵反应制HF。

2003年，三环化学公司在CN1554570A中提出氟硅酸铵氨解得到氟化铵，氟化铵得到氟化氢铵，氟化氢铵与硫酸反应得到氢氟酸。

2004年，四川大学在CN1696050A中提出氟硅酸先得到氟硅酸盐，再与硫酸反应得到氟化氢。

2006年，多氟多在CN101134560和CN101134561A中提出：氟硅酸与氧化镁（钠）反应得到氟硅酸镁（钠），氟硅酸镁（钠）热解得到氟化镁（钠）；氟化镁（钠）与硫酸反应得到氢氟酸。并于CN101134562A中提出：氟硅酸热解得到氟化钠和四氟化硅，氟化钠与硫酸反应得到氢氟酸；以及于CN101134563中提出：氟硅酸钠热解得到氟化钠和四氟化硅；四氟化硅水解得到氟硅酸；氟硅酸与氧化镁得到氟硅酸镁；氟硅酸镁热解氟化镁；氟化镁与硫酸反应得到氢氟酸。

2010年，云南化工院在CN101812085A中提出：氟硅酸钠热解得到四氟化硅，四氟化硅醇解得到四乙氧基硅烷和无水氟化氢；在CN101974025A中提出：氟硅酸钠与硫酸反应得到氟化氢；在CN101948114中提出：氟硅酸钠与硫酸反应得到四氟化硅，氟化氢留在残渣中加热逸出。

2011年，西安三瑞公司在CN102259838A中提出：氟硅酸钠热分解得到氟化钠，氟化钠与硫酸反应得到HF。

2011年，多氟多在CN102275877A中提出：氟硅酸与硫酸钠反应得到氟硅酸钠，氟硅酸钠与硫酸反应得到HF。

2011年底，铜陵化学股份有限公司在CN102557040A中提出：氟硅酸与氯化钾反应得到氟硅酸钾，然后热分解得到SiF_4和KCl，氟化钾与硫酸反应得到HF。

2011年底，化学工业第二设计院宁波工程有限公司在CN102557043A中提出：氟硅酸钠与硫酸反应得到硫酸钠、SiF_4和HF，精馏得到HF。

2013年，昆明道尔森科技有限公司在CN103043613A中提出：氟硅酸钠与浓硫酸反应得到四氟化硅和氟化氢气体，副产硫酸钠；两种气体经脱水、除尘、净化分离后得到无水氟化氢产品；四氟化硅气体通入水中、控制水解反应条件，得到活性白炭黑和氟硅酸溶液，氟硅酸溶液再与副产的硫酸钠反应得到氟硅酸钠和硫酸，实现循环利用。

2）氟化（氢）铵法

1967年乙基公司（ETHYL CORP）在US3501268中提出：氟硅酸与氨反应得到氟化铵，氟化铵与铝反应得到铵的冰晶石，冰晶石分解为二氟化铵，其与硫酸反应得到无水HF；随后，于1971年在US3714335中提出：氟硅酸与氨水反应得到氟化铵，氟化铵与甲醛、HCN反应得到HF。

1967年UGINE在BE723979中提出（如图6-70所示）：氟硅酸加氨中和，沉淀SiO_2并得到NH_4F；在NH_4F中加入金属氟化物得到铵和金属的双氟化物（复合氟化物）；加热双氟化物并加入NH_4F以得到氨、氟化氢铵（$NH_4F \cdot HF$，二氟化铵）、铵冰晶石；加热氟化氢铵和冰晶石以产生HF和铵与金属的双氟化物。

1974年，杜邦公司在US3914398中提出：氟硅酸与过量NH_3溶液接触并回收NH_4F溶液；加热NH_4F溶液以除去NH_3和H_2O并得到NH_4HF_2液体；将NH_4HF_2与硫酸接触以形成NH_4HSO_4和HF；以无水形式回收HF；在850℃~1200℃燃烧NH_4HSO_4以产生SO_2；将SO_2与O_2和催化剂接触得到SO_3，并形成硫酸循环利用于之前的接触步骤。氟硅酸来源于磷酸盐或磷酸的生产。

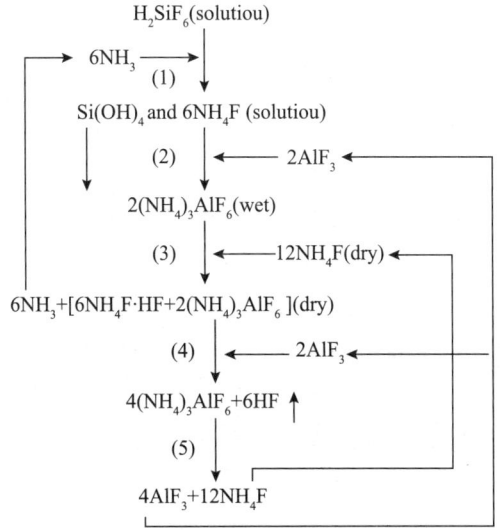

图 6-70 BE723979 氨法利用氟硅酸

1976 年，GOULDING CHEM 在 US4144315 中提出氟硅酸与 NH_3 反应形成 NH_4F 溶液和固体 SiO_2；将 NH_4F 溶液连续加入含有 NH_4F 和 NH_4HF_2 混合溶液的反应器，130℃~150℃、10~30psig 压力下沸腾，由 NH_4F 制备 NH_4HF_2，并放出 NH_3；排出含有 NH_4F 和 NH_4HF_2 的反应液，冷却至10℃~50℃；将此反应液与 NaF 接触，NH_4HF_2 与 NaF 反应生成 $NaHF_2$；回收 $NaHF_2$，将 $NaHF_2$ 热分解得到 HF 气和 NaF。

1985 年，INT MINERALS & CHEM CORP 在 US4599156 中提出：碱金属氟化物或氟化铵通过电渗析得到氢氟酸；其中碱金属氟化物是通过氟硅酸与碱反应得到的。

2006 年，多氟多在 CN101077769A 和 CN101077770A 中提出：氟化铵或氟化氢铵与硫酸反应得到氢氟酸。

2010 年，云南化工院于 CN101973568A 中提出：氟硅酸氨化得到氟化铵，氟化铵与氟石膏反应得到氟化钙，氟化钙与硫酸反应得到 HF。

2011 年，多氟多在 CN102795601A 中提出：氟硅酸氨解得到氟化铵，氟化铵与氟化钠得到氟化氢钠，热分解得到无水 HF。

2012 年，贵州化工院在 CN102951611A 中提出：用氨（或碳酸铵）与含氟废气吸收液或氟氟硅酸反应；过滤反应物料得到氟化铵溶液，用于吸收尾气中的 SiF_4，得到氟硅酸铵溶液；将氟硅酸铵溶液制成固体氟硅酸铵；固体氟硅酸铵与浓硫酸进行反应生产 SiF_4 和 HF 的混合气体；混合气体经洗涤、净化、冷凝后得到无水氟化氢，SiF_4 用于制备氟硅酸铵。

3）氟化盐法

1978 年，OCCIDENTAL RES CORP 在 US4213951 中提出：氟硅酸与 NaOH 反应形成含硅酸钠和 NaF 的浆液；回收 NaF，将残余液体与氟硅酸和/或氟硅酸钠混合以形成含有 SiO_2 和饱和 NaF 的第二浆液；分离 SiO_2 沉淀，若第二浆液中有 NaF 沉淀则将其回收；加水将其溶解，蒸发溶液回收 NaF；将 NaF 与硫酸反应形成 HF。随后，该公司于

1980年在US4308244中提出：氟硅酸与含钠化合物反应得到二氧化硅和氟化钠，氟化钠与硫酸反应得到氢氟酸。

1988年，SOC ETAB PARENT在FR2629811中提出：氟硅酸与强碱MOH反应得到二氧化硅和氟化物MF；MF通过电渗析进行浓缩；然后MF的浓缩液继续通过电渗析得到MOH和HF。

1990年，PHOSPHATE ENG & CONSTR CO INC在US5531975中提出氟硅酸与磷矿反应得到磷酸和氟化钙，氟化钙与硫酸反应得到氢氟酸；在WO9212095中提出：磷酸盐和氟硅酸反应得到磷酸、氟化钙二氧化硅；分离出氟化钙与硫酸反应得到氟化氢。为克服氟污染物的排放对环境的污染问题，该申请的发明人为消除磷酸生产厂的氟污染设计了一个封闭回路系统。该工艺包括用吸收氟蒸汽的含水液体在涤气器中与蒸汽相接触，冷却磷酸生产工序，特别是磷酸真空蒸发器产生的蒸汽。在该工艺中，间歇回收副产品氟硅酸，而将剩余的酸循环。

（3）小结

目前，比较成熟的氟硅酸制备氟化氢的生产工艺主要有：

氟硅酸钾法生产氟化氢工艺：是先将氟硅酸制成氟硅酸钾（或其他不溶性氟硅酸盐）；氟硅酸钾与硫酸反应制取四氟化硅与氟化氢混合气体，然后将混合气进行分离、精制得到无水氟化氢；四氟化硅用氟硅酸吸收，吸收液进入制氟硅酸钾工段。该工艺氟硅酸钾的转化率达到98.60%，无水氟化氢（质量分数为99.74%）收率可达92.22%。该工艺生产过程中避免了氟硅酸中水分的蒸除，降低了蒸汽消耗，但用硫酸分解氟硅酸钾，需要较高的反应温度，能耗仍然较大；反应后将产生大量的硫酸钾（理论上，生产1吨无水氢氟酸，将产生硫酸钾4.35吨），而该硫酸钾中氟含量较高（主要以氟硅酸钾的形式存在），将极大限制硫酸钾的用途；如将硫酸钾返回流程中使用，也将产生大量的稀硫酸，相应的硫酸萃取系统将难以完全消耗，需要增加硫酸浓缩系统。

硫酸分解法制无水氢氟酸：是BUSS Chemtech公司开发的专有技术，该技术的首套装置（也是目前唯一已运行的装置）在瓮福蓝天化工公司于2008年5月投入运行，2010年产量接近1万吨。尽管目前产量仅达产能的一半，但它的连续运行，标志了由氟硅酸综合利用新时代的到来。

该工艺将浓硫酸加入到经浓缩的氟硅酸溶液中，把氟硅酸分解成氟化氢和四氟化硅气体，大部分的氟化氢被较稀的硫酸吸收；而四氟化硅难以被硫酸吸收，呈气体逸出，用稀的氟硅酸溶液（原料氟硅酸）吸收生产白炭黑和浓的氟硅酸，增浓的氟硅酸又去与浓硫酸反应，如此反复循环。吸收了氟化氢的硫酸经过解析释放出氟化氢，氟化氢气体经精制可得到无水氢氟酸。稀硫酸经浓缩至普钙要求的浓度送普钙生产系统；或将稀硫酸浓缩至一定的浓度，与发烟硫酸混配后用以分解氟硅酸。该工艺的最大特点是不消耗其他辅助原料，产生的60%~75%的稀硫酸可用于磷矿分解生产普钙。此法有一定经济合理性；但该法的工艺控制复杂，氟单程转化效率低，氟的收率也不高（仅达80%），物料循环量大，设备投资大，且只能应用于有普钙生产装置的磷肥企业。

硫酸氢铵法：该工艺首先利用目前成熟的氟硅酸制氟化铵工艺制备氟化铵干品；氟化铵干品与硫酸氢铵反应，生成氟化氢反应气和硫酸铵；将氟化氢反应气适当降低温度，分离为氟化氢铵和氟化氢气体；氟化氢铵投入反应中与硫酸氢铵反应，氟化氢气体采用传统方法进行冷凝、精制，得到无水氟化氢产品；分解硫酸铵为氨气与硫酸氢铵；氨气回到氟硅酸脱硅，硫酸氢铵回到氟化氢反应系统。

该方法通过液氨和硫酸氢铵在生产系统内循环，把氟硅酸分解为了氟化氢和二氧化硅；具有投入物料少（硫酸和液氨的消耗非常低）、没有其他副产品，三废排放低、环境污染小，设备投资省，工艺适用范围广等特点，符合国家发展循环经济的要求。该工艺推广前景广阔。

直接法：Zawadzki Bohdan 等介绍了一种用硫酸分解氟硅酸制取无水氟化氢的方法。先将氟硅酸溶液蒸发浓缩至质量分数为 40%~50%，滤掉悬浮在上层的二氧化硅，可制得白炭黑。再将浓缩液及其蒸气输送至装有 95%（质量分数）浓硫酸的反应器中；在 150℃~170℃时，氟硅酸快速分解，得到的气相产物用浓硫酸干燥；硫酸溶液进行脱附后产生的气相产物也进行干燥；然后将脱附后的硫酸冷却回收，干燥后的气体送入含有硫酸与氟硅酸的循环吸收剂中（不断补充发烟硫酸）；经吸收后，部分溶剂在 90℃~110℃时蒸馏得到无水氟化氢，另一部分循环利用。该工艺的缺点是处理氟硅酸，吸收第一次蒸馏出的四氟化硅、氟化氢和水蒸气，干燥第一次蒸馏出的氟化氢等流程都需要用浓硫酸，浓硫酸的耗量很大；此外，将氟硅酸溶液蒸发浓缩的过程中有大量氟硅酸分解成四氟化硅和氟化氢，它们和水蒸气一起进入气相，造成损失。

Naga subramanian Krishnamurthy 等在高温下热解氟硅酸，使其生成白炭黑和氟化氢；收集白炭黑后，溶液为稀的氢氟酸和氟硅酸溶液。将稀氢氟酸溶液进行电渗析处理，使其浓度足够高（满足一定沸点要求），将所得氟化氢进行蒸馏即可得到无水氟化氢。

K. N. Mani 等也采用电渗法对稀氢氟酸和氟硅酸溶液进行处理，使其中的 HF 进入氢氟酸室，进一步使氢氟酸溶液的质量分数达到 46% 以上，然后蒸馏得无水氟化氢。该工艺的缺点是高温下含水的氟化氢溶液腐蚀性严重，材质选取困难，能耗较高，蒸馏形成的含水氟化氢需要大量浓硫酸进行干燥。

间接法：Faust Carl Raymond 用过量氨水与氟硅酸反应生成氟化铵溶液，加热生成氟氢化铵；然后用足量硫酸与之反应生成硫酸氢铵和氟化氢；氟化氢经分馏得到无水氟化氢；在 850℃~1200℃下加热硫酸氢铵得到二氧化硫；再将二氧化硫与氧气反应生成三氧化硫；三氧化硫与水反应生成硫酸，硫酸循环至之前流程。该工艺的缺点是用高温热解硫酸氢铵的反应耗能，对材质要求高，硫酸氢铵制硫酸的过程又增加了流程的繁琐度。

自 2002 年开始，四川大学化工学院磷复肥及磷酸盐研究室对磷肥副产的氟硅酸生产无水氟化氢技术进行开发。其特点是利用能与氟硅酸沉淀的金属阳离子反应，生成高纯度的沉淀氟硅酸盐；氟硅酸盐与浓硫酸在高温下反应，可以直接生产纯度很高的硫酸盐、四氟化硅和氟化氢。硫酸盐可以作为副产品出售，也可以循环到氟硅酸系统继续生成沉淀氟硅酸盐和稀硫酸，稀硫酸进入磷酸萃取系统分解磷矿。气相中的四氟化硅和氟化氢经过冷凝分离得到无水氟化氢，此时无水氟化氢还需要进行干燥、净化、分离，以达到理想纯度。另外，四氟化硅循环到氟硅酸吸收系统或直接制备气相白炭黑和无水氟化氢。该工艺改变了直接向氟硅酸溶液中加硫酸驱赶氟硅酸的传统技术路线，产品纯度高，质量稳定，操作容易控制，工艺过程简单，产品成本低；同时该工艺纯化过程简单，减轻了设备腐蚀，降低了维修费用。该工艺可以灵活地用母液回收各种酸类并副产相应硫酸盐，沉淀氟硅酸盐与浓硫酸反应后的硫酸盐可以返回氟硅酸系统作为沉淀剂。此技术回收的硫酸可进入磷酸萃取系统分解磷矿。

前景：磷矿伴生氟资源利用项目的主要发展方向是缓解或逐步替代濒临枯竭的萤石资源，同时解决磷肥生产企业的污染问题，在政策的支持和下游行业的良好发展趋势下，其长期发展前景良好。但目前该类项目由于工艺问题暂时不能替代由萤石法制得的氟化工产品，生产企业应逐步改善工艺水平，加强新产品的技术研发，延伸以氟硅酸为原材料的氟化工产业链。

6.6.3 小结

（1）氟硅酸综合利用的专利申请态势

在 1958~2013 年间，在全球范围内氟硅酸的综合利用领域共有 501 项专利申请。在 50 多年的时间里，氟硅酸的综合利用先后经历了 1958~1990 年的快速发展期、1990~2005 年的格局调整期以及 2005 年至今的第二快速发展期。

从区域分布来看，中国、前苏联、美国和日本既是全球专利申请主要的专利申请国，又是主要的市场布局国；上述几个国家的专利申请总量占全球专利申请总量的 90%，反映出氟硅酸综合利用的专利技术集中度非常高，主要掌握在上述几个国家的申请人手中。

氟硅酸综合利用领域的重点申请人分别是日本的三菱、板硝子、ONODE、尼桑；美国的拜耳和杜邦；前苏联的 KOROBITSYN 和 ZAGUDAEV；以及中国的多氟多、瓮福、云南化工院。

氟硅酸综合利用主要分为氟资源的利用和硅资源的利用。按照最终产品的种类不同，在氟资源的利用方面，主要分为：氟硅酸盐、氟化盐、冰晶石、氟化铝、四氟化硅、氢氟酸几种。中国的多氟多、瓮福和云南化工研究所基本上涵盖了各种产品：多氟多以氟化盐为主，同时还拥有一定数量的三氟化铝和氢氟酸；瓮福以氟化盐为主，同时还拥有少量的氟化铝和四氟化硅；前苏联的 KOROBITSYN 和 ZAGUDAEV 均是以冰晶石为主，同时拥有一定数量的氟化铝和氟硅酸盐；日本的三菱以氟化硅酸为主，同时拥有一定数量的氢氟酸和四氟化硅；美国拜耳和杜邦均以氟化盐为主。在这些公司中，对于附加值较高的氟硅酸制备氢氟酸研究较多的是多氟多、三菱和云南化工院。

（2）氟硅酸制备氢氟酸的专利申请态势

利用氟硅酸制备氢氟酸是氟资源利用附加值最高的一种，其专利申请的发展可明显分为国外发展过程和国内发展过程两个不同的阶段。

国外阶段：氟硅酸（盐）制备氢氟酸的专利技术起源于美国；1961～1965年的申请量很少，处于萌芽期；从1967年起，法国、英国、德国、日本等国家也陆续开始了相关专利申请，形成了1967～1980年的发展期，国外主要的申请量都集中于这几年，并在1973年达到一个高峰；1981～2007年，申请量明显减少，空白期增加，每件专利申请之间的间隔期较长，技术发展呈现为衰退期；到2008年以后，国外在该领域不再申请专利。

国内阶段：国内申请从2003年才开始出现，短短几年就涌现出大量申请，可见我国对氢氟酸生产过程的资源和环境问题的关注度加大。国内申请在2006年、2010年和2011年达到申请量的高峰，并且随着我国对磷矿伴生氟资源的重视，预计在将来一段时期内，国内专利申请量还将保持增长的态势。

从区域分布来看，在专利产出量上占据明显优势的美国和中国同时也是最重要的专利布局国。

利用氟硅酸制备氢氟酸的重点申请人有多氟多、联合化学公司、三井东压化学公司、西方研究公司和云南化工院，主要分布在美国、中国和日本。

（3）利用氟硅酸制备氢氟酸的技术路线

氟硅酸生产氟化氢的工艺路线大致分为以浓硫酸分解氟硅酸为代表的直接法和以氨法分解氟硅酸为代表的间接法。直接法主要分为热分解法和硫酸分解法两种；间接法主要分为氟硅酸盐法、氟化（氢）铵法和氟化盐法三种。

利用直接法制备氢氟酸的工艺主要集中在1961～1982年。这一时期，又以布斯公司和联合化学公司的技术最受关注：布斯公司独创性地提出了使用有机溶剂吸收氟硅酸溶液热分解产生的氟化氢，并通过后续反萃和蒸馏得到无水氟化氢的方法（CA713982A），形成了该公司的代表性方案——BUSS法，随后在1969年，该公司又针对BUSS法中无法进行连续生长的缺陷，提出了由氟硅酸连续制备高浓度HF的方法（GB1262571A），成为利用氟硅酸制备氟硅酸的主流技术。1978年，联合化学公司提出了一项将废弃的氟硅酸产物转化为无水氢氟酸和细分散二氧化硅的方法（US4144158A）。该方法利用氟硅酸水溶液热解产生二氧化硅和含有氢氟酸和氟硅酸的稀溶液，将该稀溶液进行电渗析，得到氟化氢浓度高于$HF/H_2SiF_6/H_2O$体系沸点线所对应的氟化氢浓度的溶液；将所得到的溶液蒸馏以获得无水氟化氢。联合化学公司于1982年提出了从含有氟硅酸、氟化氢和水的稀溶液中回收无水氢氟酸的改进技术方案（US4389293A）：因为原料稀溶液的组成使其无法通过蒸馏回收无水氢氟酸，该方法中将混合酸的稀溶液进行电渗析，使溶液中的总酸浓度达到46%以上（其中氟化氢的浓度可低于38%），然后通过蒸馏回收无水氢氟酸。

利用间接法制备氢氟酸的工艺在1967～2012年间均有所发展。在早期，氟硅酸盐法、氟化铵法以及氟化盐法均有所发展；近年来，氟硅酸盐法和氟化铵法开始受到国内申请人的重视；相反，氟化盐法在近期几乎没有进展。国内的多氟多、四川大学、云南化工研究院均提出了先将氟硅酸转化为氟硅酸盐，再继续反应制备氢氟酸的工艺；此外，多氟多、云南化工研究院和贵州省化工研究院还开发了将氟硅酸转化为氟化铵或氟化氢铵再制备氢氟酸的工艺。

可以看出，国内申请人主要利用了间接法来利用氟硅酸制备氢氟酸，对于重点技术并没有作出实质性的重大改进，也没有自主创新提出新的技术路线。目前，国内申请人还处于吸收国外先进经验、在此基础上进行适应性创新并加快国内利用磷矿副产的氟硅酸制备氢氟酸的产业进程的起步状态，随着该进程的不断推进，相信中国企业在利用氟硅酸制备氢氟酸的本土化的过程中也会提出更适合国内申请人发展的技术路线。

6.7 森田化工

6.7.1 森田化工简介

森田化工作为全球最大的六氟磷酸锂供应产商之一而为业内所熟知和关注。森田化工作为一家日本专门的化工企业，其历史可以追溯到1917年。1917年，已故森田鎌三设立了森田制药所，在日本首次成功实现氢氟酸的商业生产。之后在20世纪20年代和30年代又先后扩大了氟化钠、氟化铵在日本的国产化，并实现了氟化铝在日本的国产化。1935年，森田化工由合股公司转变为株式会社，设立森田化学工业株式会社，之后不断设立新厂，扩大氟化铝和氟化氢的产能。从20世纪80年代开始，森田化工不断向精细无机氟化工产品发展，于1983年在神崎川建设了半导体药品制造大楼，于1996年在日本的神崎川建造了六氟磷酸锂制造大楼。进入到21世纪后，森田化工进一步开发了高纯氟化钙的回收技术，于2002年建立了高纯度氟化钙制造大楼，并于2007年完成了再利用CaF_2用无水氢氟酸制造设备的建造。这期间，森田化工还于2009年完成了电子级氢氟酸的设备增产。

随着锂电池产业的蓬勃发展，全球六氟磷酸锂的产能大幅扩大。中国作为锂电池的重要消费国及最具潜力的动力电源增长市场，也成为六氟磷酸锂的主要消费国之一，加之中国自身氟化工基础原料丰富、劳动力价格便宜，更成为了全球六氟磷酸锂的产能的重要转移地。森田化工早在2004年即在中国的江苏扬子江国际工业园建立了专门生产制造六氟磷酸锂的外商独资企业——森田化学工业（张家港）有限公司。森田化学工业（张家港）有限公司自成立之后，不断扩产，经过三期建设，六氟磷酸锂生产能力已从720吨扩到2500吨，根据规划，森田化学工业（张家港）有限公司未来产能将达到5000~6000吨。

由于萤石进口困难，森田化工为了确保原料的供应，转而寻求在中国合资建厂。2003年3月，森田化工与三美化工合资建立专门制造氢氟酸的浙江森美化工有限公司，于2004年9月30日开工，第一期工程兴建了3套生产装置，生产能力为15000吨/年。

6.7.2 森田化工的专利布局

与杜邦、苏威等化工企业相比，无论从产品种类和企业规模上，森田化工都算不上巨头。此外，从其专利申请的技术内容来看，森田化工在氟化工产品的合成方面的原创性贡献也并不多，森田化工大多数的专利申请都是跟随、吸收后再创新后得出的。但发展至今，森田化工仍然成为无机氟化工精细产品生产方面一家举足轻重的企业，也成为进入中国、争夺国内基础氟原料的外资企业的一员。因此，对于大多数正处于发展和成长中的中国企业而言，从专利的角度来解析森田化工的发展之路，也许更有借鉴意义。

6.7.3 注重环保的均衡发展

虽然森田化工并不是一家专利高产企业，但从图6-71来看，其依然保持了持续的专利申请态势。

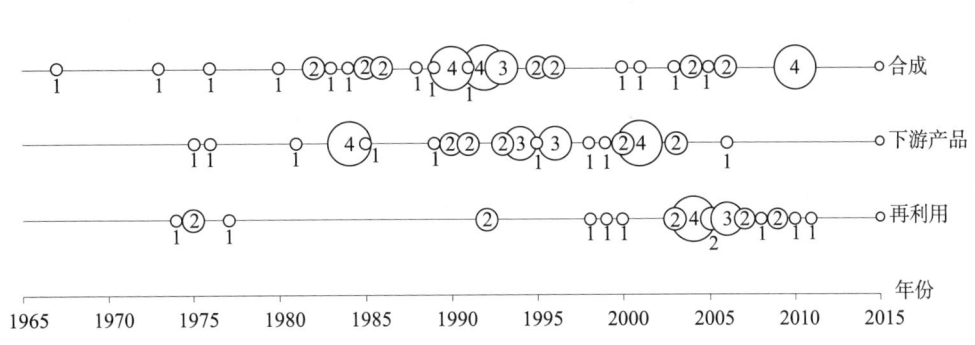

图6-71 森田化工发明专利申请趋势

注：图中的圈内或圈外数字表示申请量，单位为项。

将森田化工的专利申请的主题内容以合成、下游产品、再利用三个角度归类，可以看出，在坚持开发各类氟化工产品合成技术的同时，森田化工一直一来也非常重视蚀刻/清洗剂、铝焊接助剂等下游产品的开发，以提高基础氟产品的附加价值。进入21世纪后，受到日本本土氟化工基础原料资源紧缺及环保要求不断提高的驱动，森田化工将研发的重点转向了废弃物再利用方面，其中最为重要的就是开发了从蚀刻废液中回收高纯、大颗粒氟化钙的一系列技术，并初步实现了工业化生产运营。

如图6-72所示，作为一家以制药起家的企业，森田化工在含氟药物及其中间体、合成催化剂方面仍然保持了一定的申请量，但这些专利申请主要集中在1996年之前。在此之后，森田化工的专利申请基本集中在无机氟化物。高品质的无机氟化工产品也正是森田化工的主营产品。其中，涉及锂电池电解质和涉及氟化氢制备的专利申请又占据了大多数，这表明森田化工最为看重的仍然是附加值较高的精细化工产品。不仅仅涉及了其生产规模最大的六氟磷酸锂，同时也关注了氟磺酰亚胺锂等其他替代性的锂盐。

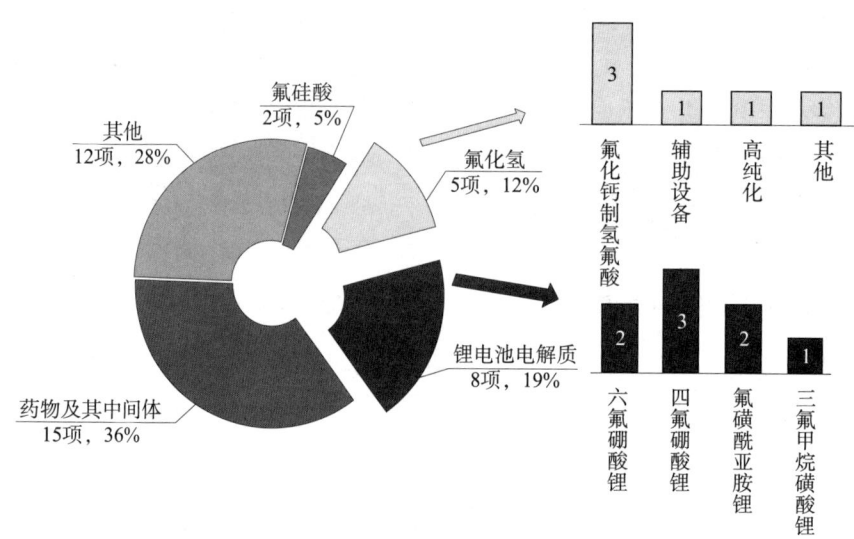

图 6-72 森田化工氟化工产品合成的专利申请分布

6.7.4 注重实用性的海外布局

森田化工在专利地域布局上总体上属于一家较为谨慎和保守的企业,其从图6-73可以看出,森田化工专利申请主要集中在日本本土,对外专利布局量相对较少,这与森田化工以往产品的主要销售对象为日本本土有关。

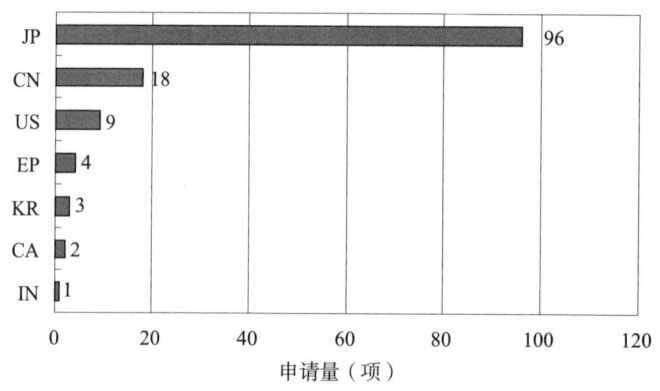

图 6-73 森田化工的专利目标市场国分布

而在其向海外布局的专利中,同族专利数量超过2个的专利仅仅有4项,其主题内容分别为有关氟磺酰亚胺锂的合成2项,有关氢氟酸废液回收制备高纯大颗粒氟化钙的1项,有关蚀刻/清洗剂的1项。其中,氟磺酰亚胺锂一度是非常热门的能够替代六氟磷酸锂或改善六氟磷酸锂电解液性能的新型电解质,因而其合成技术受到森田极度重视,在美国、欧洲、中国等都提出了专利申请,而这些地区均是锂电的主要消费市场或生产地,更是氟磺酰亚胺锂产品的重要潜在市场。而高纯氟化钙的回收技术是森田化工的核心技术,其应用在液晶、半导体以及光伏等产业中,自然这些产业较为发达的地区也成为高纯氟化钙的潜在应用市场。因此，一向在海外专利布局方面较为保守的森田，在这些技术上也选择了海外进行专利布局。

而在向海外布局的专利中，同族专利数量为 2 个的专利仅有 4 项，都是瞄向美国市场的，主题内容涉及蚀刻/清洗剂、电镀液和铝焊接助剂等下游产品。这与美国市场一度对这些产品存在较大的需求有关。

虽然森田化工在中国一共提出了 18 项专利申请，但其中 15 项是集中于 2010 年以森田化工独资公司森田化学工业（张家港）有限公司为申请人提出的，绝大多数又是化工生产配套设备的实用新型专利，并且发明人均为日方人员。这表明：一方面，森田化工对中国市场的重视度不够，之前在中国的专利布局不足。比如森田化工在 1992 就提出了六氟磷酸锂合成技术的专利申请，并在 1996 年实现了六氟磷酸锂的产业化生产，但一直未在中国提出相关的专利申请，直到在中国投资兴建六氟磷酸锂生产工厂后，意识到期专利布局的缺失，开始大规模的在中国提出专利申请；另一方面，虽然森田化工已经开始弥补在中国专利布局不足的情况，在专利申请的量上实现了跃升，但并未提出技术价值较高的专利申请，对技术的转移保持着十分谨慎的态度。

综上所述，森田化工在对外专利布局上有如下几个特点：
（1）以日本本土为基础。
（2）仅选择其特色的技术向重要的潜在应用市场进行布局。
（3）侧重于下游产品的重点消费市场进行布局。
（4）向新兴市场转移产能的同时，对技术的转移保持较为谨慎的态度。

6.7.5　贴近下游需求的合作开发

从图 6-74 中可以看出，森田化工在下游产品、再生工艺和氟化物合成技术三个方面的专利申请量相当，但是在技术的获得方式上，则采取了不同的路径。其中，在再生工艺和合成技术方面主要以独立自主研发为主，其中合作申请也主要是以化工合成所需的配套装置为主。作为一家以基础化工产品为主的企业，森田化工在开发下游产品技术方面并不占优势，但森田化工以其在氟化工产品的合成技术优势为基础，充分利用了合作研发的方式，向部分氟化工产品的下游应用领域延伸，将这些氟化工产品的合成优势转化为终端应用制品的优势，实现了产品价值的提升。森田化工在下游产品中的合作申请的比例占据了近 2/3。

参见图 6-75，进一步对森田化工涉及下游产品的专利申请进行分析。专利申请主要集中在蚀刻/清洗剂、铝焊接助剂和电镀液三个领域。如果按照产业划分，下游产品的专利合作申请大多集中在了半导体和电子信息产业。这与日本大力发展电子信息产业有关，电子信息产业在日本的崛起和兴盛，带动了对蚀刻/清洗、电镀液等相关配套化工产品的需求，促使森田化工在这些领域的产品开发工作。

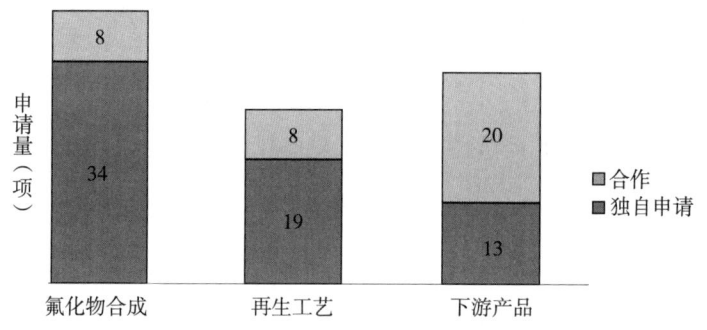

图 6-74 森田化工专利申请的技术及合作性分布

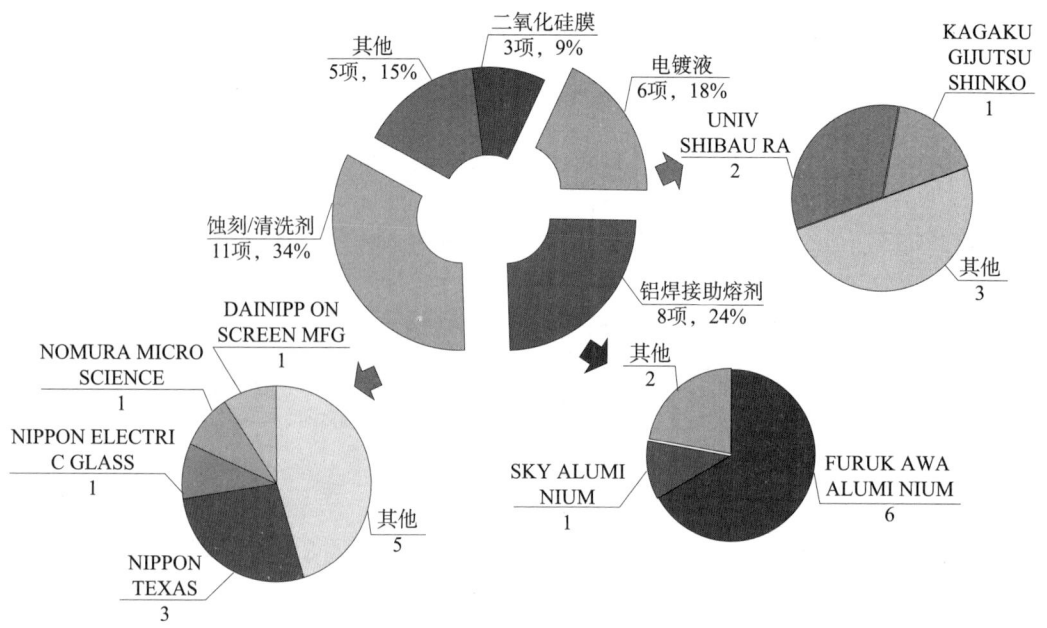

图 6-75 森田化工下游产品的领域分布

注：图中的整数表示申请量，单位：项。

在铝焊接助熔剂领域，1984 年森田化工与古河铝业❶合作申请了五氟铝酸钾的合成专利。借助五氟铝酸钾的成功合成，同年，森田化工与古河铝业又合作申请了 3 项以五氟铝酸钾为主要成分的铝焊接助熔剂的专利，其中一项还在美国提交了申请。而早 1994~1996 年期间由相继提出了 3 项有关铝焊接助熔剂专利申请（1 项同时在美国申请），到 2006 年则又后续提出了 1 项。所有这些有关五氟铝酸钾以及铝焊接助熔剂的专利申请中，仅有 1 项是由森田化工独立申请的，其他的均是与古河铝业合作提出。

在蚀刻/清洗剂领域，森田化工分别在 1985 年和 1989 提出了两项关于蚀刻/清洗剂的申请。1990 年提出使用高锰酸钾氧化处理、蒸馏和加超纯水再蒸馏工艺制备高纯氢

---

❶ 古河铝业属于古河电气工业株式会社旗下公司，后与天空铝业合并为古河天空铝业，又称古河斯凯铝业。

氟酸制备的专利申请后,森田化工在蚀刻/清洗剂领域的申请加快了步伐,20世纪90年代共计提出了7项涉及蚀刻/清洗剂的申请。其中5项是合作申请,合作方包括日本得州仪器、大日本屏幕、日本电气硝子等多家涉足半导体和电子信息行业的企业。之后在2001年又提出了1项专利申请,是与日本得州仪器合作提出的。除外,1995年森田化工还与NEC合作提出了一项应用于清洗/蚀刻剂中的吸附剂的专利申请。

从森田化工在铝焊接助熔剂和蚀刻/清洗剂两个领域的专利申请状况可以看出,森田化工积极与氟化工产品的下游应用厂商接触、开展合作研发。这种合作一方面能够更有效地了解下游厂商对产品的需求,确保其推出的下游应用制品能够更好地被业界所认可和接受、符合下游客户的应用要求,另一方面也有效弥补其自身在下游产品开发中的短板,产品的附加值得到提升。此外,这种合作也使得森田化工基础化工产品的产能消费得到了有效的保证。

6.7.6 森田化工与环保

一直以来,森田化工在环保领域一直保持着专利申请。从早期的简单的废液无害化处理,直到后来的有价值氟化物的回收再利用。涉及的氟化工产品种类也不断增多,技术不断升级,并逐渐成为了森田化工的核心特色技术之一。

从图6-76中可以看出,将森田化工在环保领域的专利申请按照回收物的种类进行分类,森田化工仍然以传统的CaF_2的形式处理和回收含氟废液或废气的。而如果以待处理的废弃物来划分,森田化工绝大多数专利申请涉及含氢氟酸废弃液尤其是蚀刻/清洗剂废液处理。在这其中,除以MOMOTA79K为核心成员的团队开发的CaF_2沉淀回收工艺路线外,2009年以后以YAMADAK为核心成员的团队还开发了以高纯氟硅酸钠形式回收废液中的氟离子的工艺路线。另外值得注意的是,森田化工还在2000年提出了2项有关回收再利用锂电池电解液中的六氟磷酸锂的专利申请。随着锂电池的大规模应用,如何有效地处理废弃电池的电解液并回收其有价值的成分也将成为重要的环保议题,而森田化工早早已在此方面开展了研究。

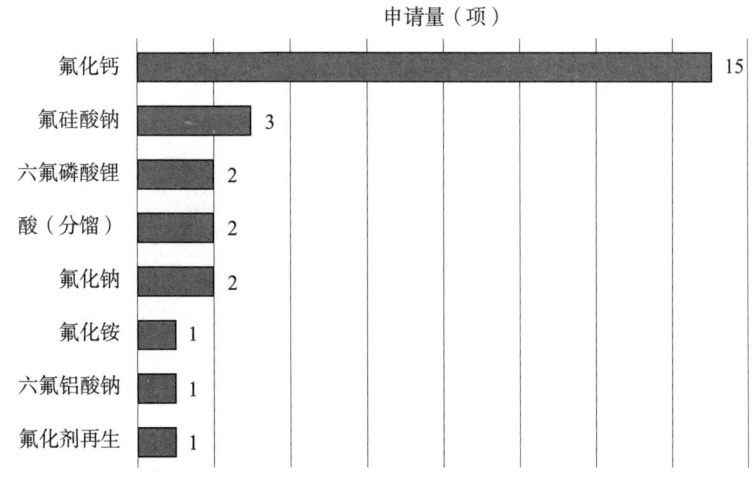

图6-76 森田化工在环保领域专利申请分布

传统的以 CaF_2 的形式处理和回收含氟废液是森田化工在环保领域最为看重的技术，专利布局也最为完备，包括了9项关于处理方法的专利申请，还包括了3项有关装置、3项有关回收物后续利用的专利申请，具体分布情况见图6－77。

申请量（项）
处理方法
9
氟硼酸盐废液
4
氢氟酸废液
4
装置
3
后续使用
3
氟化氢制备
3
热交换器保护
2
回收设备
1
氟磷酸盐废液
1

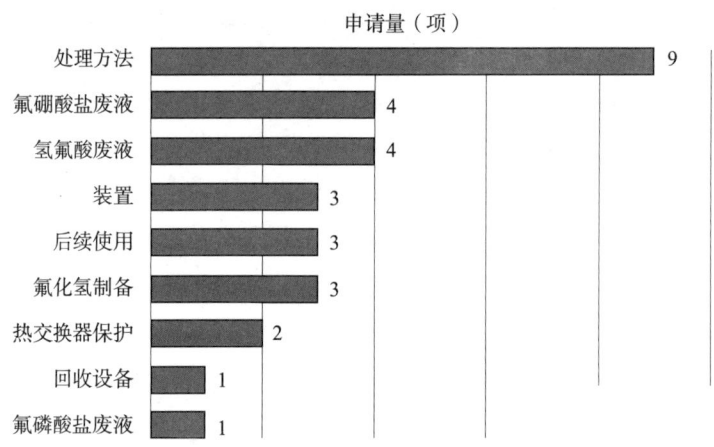

图6－77　森田化工氟化钙回收专利申请分布

从图6－78可以看出，所针对的回收处理对象也有着鲜明的时代特色。

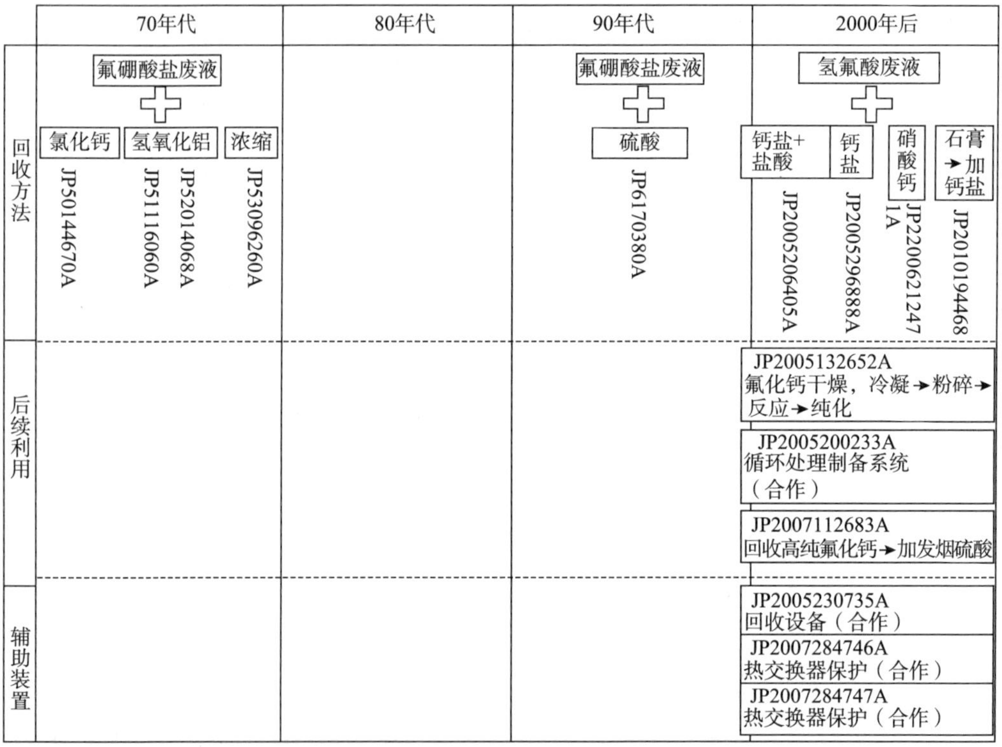

70年代
80年代
90年代
2000年后
回收方法
氟硼酸盐废液
氯化钙
氢氧化铝
浓缩
JP50144670A
JP51116060A
JP52014068A
JP53096260A
氟硼酸盐废液
硫酸
JP6170380A
氢氟酸废液
钙盐+盐酸
钙盐
硝酸钙
石膏→加钙盐
JP2005206405A
JP2005296888A
JP2200621247 1A
JP2010194468
后续利用
JP2005132652A
氟化钙干燥，冷凝→粉碎→反应→纯化
JP2005200233A
循环处理制备系统（合作）
JP2007112683A
回收高纯氟化钙→加发烟硫酸
辅助装置
JP2005230735A
回收设备（合作）
JP2007284746A
热交换器保护（合作）
JP2007284747A
热交换器保护（合作）

图6－78　森田化工以 CaF_2 处理和回收含氟废液的技术路线图

20世纪70年代,半导体刚刚在日本兴起,森田化工尚未开发出针对半导体的蚀刻/清洗剂产品,这个时期所面临的主要是用于金属尤其是铝材的清洗氟硼酸溶液的废液处理问题,因此森田化工在这个时期连续提出了4项有关氟硼酸废液处理的专利申请。

整个20世纪90年代,是半导体产业在日本迅猛发展的时代,同时也是森田化工在半导体蚀刻/清洗剂产品方面开发的高峰期。而随着大量的含氢氟酸的蚀刻/清洗剂的使用,随之越来越多的含氢氟酸的废液有待处理。因此,森田化工的技术研发重点之后也转向了含氢氟酸废液的处理方面。

在2003~2004年期间,森田化工集中提出了一批从含氢氟酸废液回收高纯、大颗粒CaF_2的技术和相应的配套装置,以及回收的氟化钙再利用系统和方法的专利申请。其中最具代表性的是JP2005206405A(在中国的同族申请为CN1906129A),特别指出了在盐酸形成的pH小于等于2的酸性条件下氯化钙与含氟废液混合,由于盐酸导致CaF_2溶解度的提高,扩大了使氟化钙生长为大颗粒高纯度氟化钙的反应条件的范围,从而易于实现大颗粒高纯度氟化钙的回收。之后,森田化工围绕该技术又持续提出了一系列改进工艺。值得注意的是,在回收设备和辅助装置方面,森田化工依然是采取了合作研发的方式,提出了3项合作申请。

6.7.7 小结

(1)森田化工以日本本土为基础仅选择其特色的技术,向重要的潜在应用市场进行布局,侧重于下游产品的重点消费市场进行布局,向新兴市场转移产能的同时,对技术的转移保持较为谨慎的态度。

(2)森田化工以日本本土为基础仅选择其特色的技术向重要的潜在应用市场进行布局,侧重于下游产品的重点消费市场进行布局,向新兴市场转移产能的同时,对技术的转移保持较为谨慎的态度。

(3)森田化工与氟化工产品的下游应用厂商积极接触、开展合作研发,研发的重点转向了废弃物再利用方面,注重环保的均衡发展,涉及的氟化工产品种类也不断增多,其技术不断升级,并逐渐成为了森田化工的核心特色技术。

6.8 本章小结

6.8.1 无机氟化工行业的整体发展态势

通过分析无机氟化工领域全球专利申请数量和中国专利申请数量,研究了申请量随时间的变化趋势、申请人国别分布、无机氟化工领域主要申请人和技术分支,得到了如下结论。

(1)申请量随时间的变化趋势:无机氟化工行业整体上发展态势良好

中国专利自1986年才开始出现,然而从2001年开始,中国专利申请量急剧增加,

2011年，中国专利申请量为129件，全球为174项，中国专利申请量占全球专利申请量的74%，可见中国申请量已成为全球专利申请量增加的主要力量。目前包括中国在内的全球无机氟化工领域专利申请都呈上升趋势。

（2）申请国分布：日本和美国是无机氟化工的主要申请国家，中国逐渐成为该领域申请的重要申请国

在无机氟化工研究领域，日本起步早，并且申请量一直稳定上升，是毫无争议的成为行业龙头，日本的企业是无机氟化工研究和创新的主要力量；欧洲和俄罗斯的申请量从20世纪90年开始稍有下降；美国的申请量一直保持稳定；中国无机氟化工虽然起步晚，但发展迅速，申请量急剧上升，从1986年至今不到30年的时间里，其申请量就从5件急剧上升至607件，远远高于日本和美国。

（3）申请人分布：重要申请人主要来自日本和美国，中国多氟多成为国内无机氟化工行业的龙头行业

全球无机氟化工申请人排名及申请集中度显示了申请量前10位申请人均为公司，可见公司在无机氟化工行业的技术创新中占主导地位；这些公司主要来自日本和美国，中国企业仅有多氟多一家，名列第三。前三位为三井化学、中央硝子和多氟多，其申请量分别为107项、92项和84项，分别为第四位的霍尼韦尔申请量的两倍左右。前10位申请人的申请量占全部申请量的20%左右，可见无机氟化工领域的专利申请几乎都被大公司占领。

（4）国内申请人集中度：大型公司少，小企业多，集中度低

无机氟化工领域的国内申请人的集中度低。以国内最大的多氟多公司为例，其具有的87件专利申请占据了国内专利申请的12.52%，相比于其他申请人，其申请量可算是遥遥领先，充分表明其在国内无机氟化工行业的龙头行业地位。但是，除此之外国内几乎没有大型公司，而是以中小企业为主，从申请量来看，申请量为5件以下的申请人数量为271个，这表明国内的无机氟化工行业门槛低，还处于粗放式发展阶段，行业中存在产能过剩的问题。

（5）技术主题分布：国外大公司主要专注于高端无机氟化工精细产品，而我国企业则主要涉及传统盐等低端氟化工产品；但中国在各技术分支均有较快增长

在无机氟化工领域，申请量排名第一的三井化学的申请主要侧重特种气体，其申请量为96项，其中主要是NF_3；排名第二的中央硝子的申请主要侧重特种气体和电解质盐，其中特种气体申请量为45项，其申请主要以F_2、SiF_4和$LiPF_6$为主；排名第三的多氟多则侧重氟铝盐等传统盐领域，其氟铝盐的申请量为38件。

然而，在各领域中国力量的崛起都是推动近年来全球无机氟各领域申请量增大的主要原因。其中，特种气体从1986~1990年的1.1%左右上升到2006年至今的61.7%，氢氟酸从1991~1995年的2.4%上升到2006年至今的61.8%；氟铝盐和稀土金属盐的申请量更是高达85%左右；电解质盐虽然出现得较晚，但发展迅速，2006年至今的申请量已达到69.4%。

目前，国内无机氟化工行业的发展和研究热点集中在氢氟酸的制备和提纯、以六

氟磷酸锂为代表的电解质盐的生产和氟硅酸的综合利用三个方面。

6.8.2 氢氟酸的发展现状

（1）氢氟酸的专利技术的发展

氢氟酸的专利技术的发展大致分为1966年之前的起步期、1967~1996年的快速发展期、1997~2005年的技术成熟期和2006年之后的综合发展期。申请量位于前列的申请人是霍尼韦尔、杜邦、拜耳和大金，且以单独申请为主。中国虽然总申请量较多，但国内企业跟国外企业相比还有很大的差距，此外中国申请中实用新型专利申请也占有一定比例，因而技术创新上还处于落后的位置。

（2）氢氟酸提纯的专利技术的发展

氢氟酸提纯的专利技术的发展大致分为1970年之前的起步期、1970~1993年的快速发展期、1994~2005年的技术成熟期和2006年之后的综合发展期。申请量位于前列的申请人是杜邦、拜耳、霍尼韦尔和斯泰拉。中国申请人中以多氟多和润玛电子材料的申请量最大，与国外企业存在较大差距。由于技术创新难度大，以及各公司对技术秘密的保留，全球范围内，各申请人的申请量均未超过10件。

（3）氢氟酸的氧化提纯技术的发展

氢氟酸的氧化提纯技术的发展大致分为五个阶段，即第一代氧化技术：高锰酸盐或重铬酸盐等重金属盐氧化剂（1962~1989年）；第二代氧化技术：以过氧化氢代表的氧化剂（1968~1995年）；第三代氧化技术：以氟单质为代表的卤素类氧化剂（1984~2004年）；第四代氧化技术：电解（1990~1993年）以及近几年的氧化技术：申请量明显减少，国内涌现出许多有关氢氟酸提纯的专利申请，但改进点较小，创新性不强。

申请人方面，杜邦具有卓越的研发能力，其综合实力强，引领着第一代、第二和第四代氧化技术的发展。其他大企业则主要涉及某一代氧化技术，形成自身的特色：斯泰拉则几乎掌控了第三代氧化技术中所有的核心技术；霍尼韦尔则专注于第二代氧化技术；拜耳的申请集中在第四代氧化技术；苏威也仅针对第三代氧化技术进行研究。

（4）我国企业在氢氟酸领域的发展情况

虽然我国在2006年后呈现出申请量的快速增长，但有关高纯氢氟酸的相关产业在技术上的发展并不与申请量的发展同步，所生产的仍以工业级氢氟酸为主，并且低端产品的产能过剩。因此，这就需要对我国的氟化工行业进行行业整合，或形成产业联盟以提高整体的竞争实力，并且不断提升国内的技术实力，提高产品的附加值，保证国内市场高端产品的供给，摆脱目前低价出口低端产品和高价进口高端产品的局面。

6.8.3 六氟磷酸锂的发展现状

（1）六氟磷酸锂的发展态势

因为受到锂电池应用市场和产业转移的影响，中国申请人在2006后发力，构成了该领域的申请主体，推动了2006后全球六氟磷酸锂申请量的上升，中国申请总量已经达到58项，位居第一位，占到全球申请总量的39.5%。

(2) 六氟磷酸锂专利申请的技术主题

合成技术是各申请人最为关注的领域，申请量总计为 101 项，占到六氟磷酸锂专利申请总量的 68.7%，并一直保持稳中有增的趋势。纯化技术是提升六氟磷酸锂品质的关键，申请量总计为 22 项，占到六氟磷酸锂专利申请总量的 15.0%，日本在该领域独具优势，起步较早，并拥有该领域 45.5% 的专利申请。

(3) 六氟磷酸锂领域的专利申请人分布

日本申请人在人均申请量上优势明显，并在全球申请排名中占据主要位置，中国申请人数量众多、但人均申请量低，分散度大。六氟磷酸锂领域的 44.9% 的专利申请量集中在 11.4% 的申请人手中，专利申请具有一定的垄断性。中国申请人数量总计 36 个，位居第一，但人均申请量仅为 1.6 项/个，低于全球平均水平。日本的中中央硝子和斯泰拉分别以 17 项申请和 12 项申请位居第一位和第二位，而中国的天津化工院、多氟多、比亚迪后来居上，依次排在斯泰拉之后，位居第三位至第五位。美国申请人是该领域技术发展的主要奠基者，而日本是推动该领域技术走向成熟的主要力量。

6.8.4 氟硅酸的综合利用现状

(1) 氟硅酸综合利用的专利申请态势

氟硅酸的综合利用先后经历了 1958～1990 年的快速发展期、1990～2005 年的格局调整期以及 2005 年至今的第二快速发展期。中国、前苏联、美国和日本几个国家的专利申请总量占全球专利申请总量的 90%，反映出氟硅酸综合利用的专利技术集中度非常高。

氟硅酸综合利用领域的重点申请人分别是日本的三菱、板硝子、ONODE、尼桑、美国的拜耳和杜邦、前苏联的 KOROBITSYN 和 ZAGUDAEV，以及中国的多氟多、瓮福、云南化工院；其中，多氟多以氟化盐为主，同时还拥有一定数量的三氟化铝和氢氟酸；瓮福以氟化盐为主，同时还拥有少量的氟化铝和四氟化硅；前苏联的 KOROBITSYN 和 ZAGUDAEV 均是以冰晶石为主，同时拥有一定数量的氟化铝和氟硅酸盐；日本的三菱以氟化硅酸为主，同时拥有一定数量的氢氟酸和四氟化硅；美国拜耳和杜邦均以氟化盐为主。在这些公司中，对于附加值较高的氟硅酸制备氢氟酸研究较多的是多氟多、三菱和云南化工院。

(2) 氟硅酸制备氢氟酸的专利申请态势

利用氟硅酸制备氢氟酸是氟资源利用附加值最高的一种，其专利申请的发展可明显分为国外发展过程和国内发展过程两个不同的阶段。在专利产出量上占据明显优势的美国和中国同时也是最重要的专利布局国。利用氟硅酸制备氢氟酸的重点申请人有多氟多、联合化学公司、三井东压化学公司、西方研究公司和云南化工院，主要分布在美国、中国和日本。

(3) 利用氟硅酸制备氢氟酸的技术路线

氟硅酸生产氟化氢的工艺路线大致分为以浓硫酸分解氟硅酸为代表的直接法和以氨法分解氟硅酸为代表的间接法；直接法主要分为热分解法和硫酸分解法两种；间接

法主要分为氟硅酸盐法、氟化铵法和氟化盐法三种。

近年来，氟硅酸盐法和氟化铵法开始受到国内申请人的重视，相反，氟化盐法在近期几乎没有进展，国内的多氟多、四川大学、云南化工院均提出了先将氟硅酸转化为氟硅酸盐，再继续反应制备氢氟酸的工艺，此外，多氟多、云南化工院和贵州化工院还开发了将氟硅酸转化为氟化铵或氟化氢铵再制备氢氟酸的工艺。目前，国内申请人还处于吸收国外先进经验，在此基础上进行适应性创新，加快国内利用磷矿副产的氟硅酸制备氢氟酸的产业进程的起步状态，随着该进程的不断推进，相信中国企业在利用氟硅酸制备氢氟酸的本土化的过程中，也会提出更适合国内申请人发展的技术路线。

第7章 杜　邦

杜邦是全球历史最悠久、规模最大的化工企业之一，在全球氟化工产业中具有举足轻重的地位。无论是在氢氟酸等氟化工产业链的上游领域，还是在ODS替代品和含氟聚合物等氟化工产业链的中下游领域，杜邦的技术水平均位居世界前列。

本章将从杜邦在氟化工产业中的专利布局、合作申请和研发团队等多个角度出发，探究杜邦的发展历程和布局策略，以期为正处于产业结构调整和转型升级阶段的我国氟化工企业提供有益参考。

7.1 杜邦简介

杜邦公司由法国移民E. I. 杜邦于1802年在美国特拉华州创建，迄今已有200多年的历史。起初，杜邦公司主要从事火药的生产和销售，是19世纪美国最大的火药制造商。进入20世纪之后，杜邦公司将业务重心从军火行业转至化工行业，并开始采取多元化的经营策略。目前，杜邦公司设有建筑创新、应用化学及氟产品、植物保护、电子与通讯、工业生物科技、营养与健康、包装与工业聚合物、高性能聚合物、先锋良种、防护技术、可持续解决方案和钛白科技共12个业务部门[1]，其业务范围已遍及全球90多个国家和地区，产品和服务涉及农业、食品、营养、纺织、电子、通信、交通、建筑和能源等众多领域。

杜邦是全球最大的氟化工企业，其在氟化工领域的探索持续时间较长，并已形成多项创新。仅在含氟聚合物领域，杜邦就开发出了聚四氟乙烯、聚氟乙烯、全氟磺酸树脂、氟橡胶26和氟醚橡胶等多个著名产品，其生产技术和市场份额位居全球前列。在制冷剂领域，杜邦成功地生产和开发了第二代制冷剂氯氟烃和氢氯氟烃、第三代制冷剂氢氟烃以及被称为第四代制冷剂的HFO – 1234yf，引领着该领域的技术发展。目前，杜邦生产和销售的氟化工产品主要有Teflon系列氟树脂、Tedlar薄膜、Freon系列制冷剂、Suva系列制冷剂、ISCEON 9系列制冷剂、Opteon系列制冷剂、Viton系列氟橡胶及多种含氟烯烃、含氟乙烯基醚、含氟环氧化物、含氟醇类、含氟酸类等含氟中间体。[2]上述产品主要涉及杜邦的应用化学及氟产品、电子与通信和高性能聚合物等业务板块。2013年7月，杜邦对外释放出调整信号，考虑对旗下高性能化学品业务板块进行拆分、出售或通过其他交易将有关业务全部或部分分离[3]。该计划涵盖杜邦钛白

---

[1][2] 杜邦中国网站 [EB/OL]. [2013 – 11 – 01] http：//www.dupont.cn.
[3] 张起花. 杜邦"瘦身"[J]. 中国石油石化, 2013 (16)：48 – 49.

科技事业部和应用化学及氟产品事业部。目前，杜邦尚未确定其战略调整的时间表。

7.2 全球专利布局

7.2.1 技术布局

杜邦公司在全球氟化工领域的专利申请共有4028项，位居全球第一（参见第2章第2.1.4节）。从其专利申请的技术构成来看，涉及有机氟化工领域的专利申请约占总申请量的99%，远多于无机氟化工领域（参见图7-1）。这表明杜邦公司的专利技术大多集中在氟化工产业的中下游。在有机氟化工领域，杜邦在氟碳化合物、氟树脂和氟橡胶方面均有申请。其中，涉及氟树脂的专利申请最多，约占总申请量的59%；其次为氟碳化合物，约占总申请量的34%；涉及氟橡胶的专利申请较少。

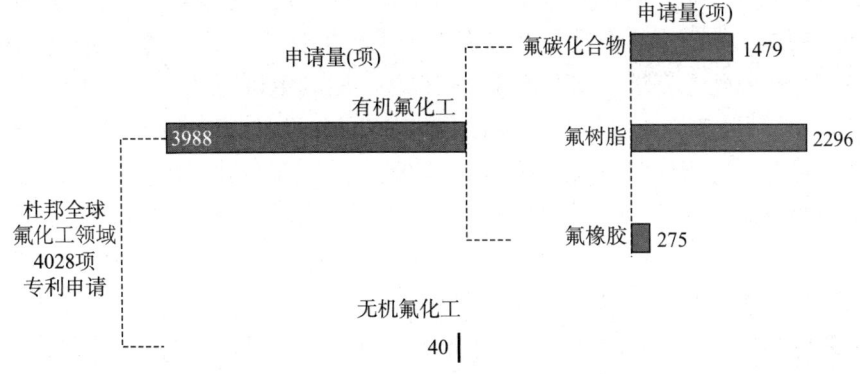

图7-1 杜邦全球氟化工专利申请技术构成

杜邦公司在氟化工领域的专利申请始于20世纪30年代，其全球专利申请量迄今为止历经多次波动，但总体上仍呈增长趋势，参见图7-2和图7-3。根据其波动周期，大致可以分为以下6个发展阶段。

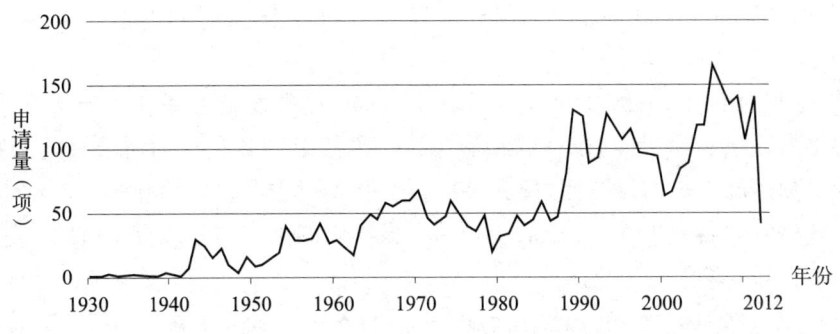

图7-2 杜邦公司全球氟化工专利申请量逐年变化趋势

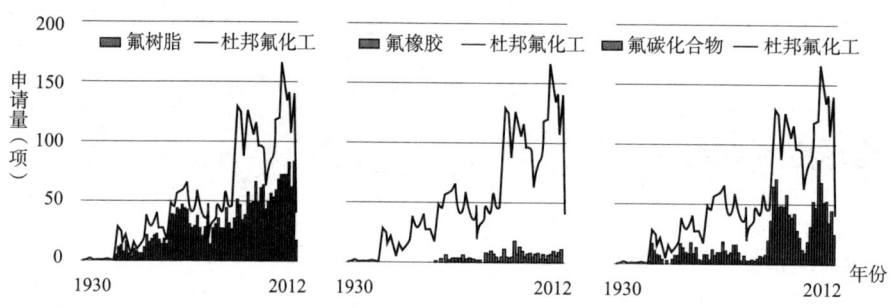

图7-3 杜邦全球氟树脂、氟橡胶和氟碳化合物专利申请量逐年变化趋势

(1) 1938年之前

从杜邦首次提交氟化工领域的专利申请开始至1938年,年申请量只有零星几项,主要涉及氟碳化合物的制备和处理。

这一时期,上游无机氟化工产品及其生产技术在氟化工领域中占主要地位,而有机氟化工领域正处于萌芽期,一些小分子有机氟化物被开发出来,其中一项重大进展是氯氟烃类制冷剂的出现。但杜邦并未在上游无机氟化工产品中提出专利申请,而是把重点放在有机氟化工领域,并在该领域提出多项专利申请。

20世纪20年代末,通用汽车公司的工程师在开发新型制冷剂的过程中合成出了氯氟烃类物质。与当时用作制冷剂的氨、二氧化硫、丙烷等危险气体相比,该物质稳定、无毒、不易燃且制冷效果好。1930年8月,通用汽车公司和杜邦共同出资,成立了一家名为Kinetic Chemicals Inc.的公司,专门生产该类物质。❶ 1931年,在杜邦位于美国新泽西州(深水市)的工厂中第一次大规模地生产了二氯二氟甲烷和三氯一氟甲烷。杜邦将该类产品命名为氟利昂(Freon)。在1933年的芝加哥世博会上展出了以氟利昂为制冷剂的电冰箱和空调机。❷ 此后,杜邦进一步开发了多种氟利昂产品,并将其应用范围扩大至发泡剂、气溶胶喷雾剂和清洗剂等领域。氟利昂产品的销量迅速增加,为杜邦带来了可观的利润。

(2) 1939~1948年

在1939~1948年间,杜邦在氟化工领域的专利申请量出现了首次波动。年申请量于1943年增加到了二十几项,之后出现回落。这一时期申请量的增长主要因为氟树脂技术的出现。

20世纪30年代末,杜邦的研究员Roy Plunkett在开发新型氟利昂产品的过程中偶然地获得了聚四氟乙烯。❸ 与以往的物质相比,聚四氟乙烯具有前所未有的独特性能,其耐腐蚀、耐高温、抗粘且摩擦力低。20世纪40年代中期,杜邦开始工业化生产聚四氟乙烯,并将其命名为Teflon。此后,杜邦对该物质的生产工艺进行了持续改进,并就

---

❶ 村山隆雄. 从保护臭氧层的历史出发思考地球变暖 [EB/OL]. [2003-01-01]. http://www.ndl.go.jp/jp/data/publication/refer/200803_686/068602.pdf.
❷ 世博会的科学传奇之人与自然(上) [EB/OL]. [2003-01-01]. http://songshuhui.net/archives/32543.
❸ 杜邦中国网站 [EB/OL]. [2013-11-01]. http://www.dupont.cn.

此提出了多项专利申请。20世纪40年代末,杜邦公司又先后合成了聚偏二氟乙烯和聚氟乙烯,并开始就偏二氟乙烯、氟乙烯、一氟三氯乙烯、六氟丙烯、二氯二氟乙烯和3,3,3-三氟丙烯等含氟单体的均聚物和共聚物提出专利申请。氟树脂技术的出现带动了相关含氟单体制备和纯化技术的发展。因此,杜邦在氟代烃类等氟碳化合物领域也提出了相当数量的专利申请。

(3) 1949~1962年

在1949~1962年间,杜邦在氟化工领域的专利申请量出现了第二次明显波动。年申请量在1954年和1958年分别增长到40项左右,而后又逐渐回落。这一时期的申请大部分来自于氟树脂领域,主要涉及聚四氟乙烯的应用以及对其结构和性能的改进。

聚四氟乙烯的出现适逢第二次世界大战。由于其能够耐受极度腐蚀性的环境,被用于制造近爆引信炮弹的鼻锥部分和曼哈顿计划中。❶ 20世纪40年代中期,杜邦开发出聚四氟乙烯树脂分散体,从而使该树脂具有了更多的应用可能性。❷ "二战"后,利用聚四氟乙烯的电绝缘性和抗粘性,杜邦成功将其应用于电缆绝缘和织物防污等民用领域,并就此提出了相当数量的专利申请。20世纪60年代初,带有Teflon标志的不粘锅问世,引起了人们的关注。目前,炊具涂层已成为杜邦聚四氟乙烯产品最重要的应用领域之一。

在改进聚四氟乙烯的结构和性能方面,20世纪50年代,杜邦公司开发出可熔融加工的聚四氟乙烯、聚全氟乙丙烯(FEP)和聚四氟乙烯纤维,并就此提出了部分专利申请。此外,20世纪60年代初,杜邦将聚氟乙烯商业化,并就使用其制膜的技术提出了部分专利申请。

(4) 1963~1979年

在1963~1979年间,杜邦在氟化工领域的专利申请量出现了第三次明显波动。年申请量于1970年增长到60多项,之后又出现波动式回落。这一时期的申请绝大部分来自氟树脂领域。

20世纪70年代之前,杜邦已经在氟树脂领域取得了巨大成就。此后,杜邦公司针对已开发出的氟树脂品种持续进行结构和性能方面的改进。20世纪70年代,杜邦开发出热稳定性和机械性能优异的可熔融加工聚四氟乙烯PFA(即四氟乙烯与全氟烷基乙烯基醚的共聚物)。同一时期,杜邦还开发出乙烯-四氟乙烯共聚物Tefzel。❸ 此外,聚四氟乙烯的应用及聚氟乙烯膜的制备和改进相关的专利申请在杜邦总专利申请量中仍旧占据较大的比例。

此外,20世纪60年代之后,杜邦开始就氟橡胶技术提出专利申请。20世纪40年代末,杜邦试制了聚-2-氟代-1,3-丁二烯及其与苯乙烯和丙烯的共聚物,但由于其性能普通且价格昂贵,导致其没有工业价值。❹ 20世纪50年代中期,杜邦开发出偏氟乙烯-六氟丙烯共聚物,并以商品名Viton A出售,解决了当时美国在航空航天领域

---

❶ 杜邦中国网站 [EB/OL]. [2013-11-01]. http://www.dupont.cn.
❷❸ 陈礼德等. 可熔性氟碳树脂——与杜邦公司技术座谈小结 [J]. 电线电缆, 1985 (5): 21-24.
❹ 氟橡胶 [EB/OL]. [2013-11-01]. http://baike.baidu.com/view/479978.htm.

遇到的密封问题。❶ 20世纪60年代末，杜邦研制出在氟橡胶领域具有革命意义的氟醚橡胶Kalrez。❷

20世纪70年代，氯氟烃类化合物被证实是消耗地球臭氧层的元凶，这极大地影响了杜邦对制冷剂的开发，这一时期相应的专利申请量开始减少。

（5）1980~2000年

在1980~2000年间，杜邦在氟化工领域的专利申请量出现了第四次波动。年申请量于1989年一跃突破100项，而后又出现波动式回落。在这一阶段初期，由于以往的氯氟烃类物质已无开发价值，且尚未合成出可替代氯氟烃的新型制冷剂，因此，杜邦在氟碳化合物领域的申请量降低至历史低点，其专利申请主要以氟树脂为主。在20世纪80年代末，杜邦开发出全球首个氯氟烃替代物，并在90年代初开始以商品名Suva出售。此后，杜邦还研制出Formacel发泡剂和Dymel气溶胶喷雾剂。从1987年开始，杜邦在氟碳化合物领域的专利申请迅速增长，达到与氟树脂相当的程度。1990年以后，杜邦在氟碳化合物的申请量又出现波动式回落，申请重新回到以氟树脂为主的局面。在这一阶段，杜邦氟树脂相关的专利申请量已进入稳定增长期。

（6）2001年至今

从2001年开始，杜邦在氟化工领域的专利申请量进入了第五次波动周期。年申请量于2006年突破了150项，之后又出现波动式回落。在这一时期，杜邦在氟树脂领域的专利申请量仍然呈稳定增长趋势，成为杜邦专利申请的主要来源。在氟碳化合物方面，杜邦和霍尼韦尔于2004年合作推出了被称为第四代制冷剂的HFO-1234yf，这使得其相关专利申请迅速增加，并于2006年达到峰值。

7.2.2 市场布局

作为一家跨国公司，杜邦非常重视全球市场的开发。1958年，杜邦成立了国际部，开始进行大规模的海外投资❸。经过多年的努力，杜邦现已成为全球最大的跨国公司之一。

通过分析杜邦申请专利保护的主要目标国家和地区，可以了解其市场布局、发展战略及其变化。数据显示（参见图7-4），杜邦在氟化工领域的专利申请主要集中在美国、日本、欧洲、德国和中国。此外，杜邦还提交了相当数量的国际专利申请。❹

---

❶ 卿凤翎，等. 有机氟化学 [M]. 北京：科学出版社, 2007: 360.
❷ Kalrez [EB/OL]. [2013-11-01]. http://baike.baidu.com/view/3891065.htm.
❸ 杜邦公司发展历史 [EB/OL]. [2013-11-01] http://www2.dupont.com/DTT_Dongying_Microsite/zh_CN/Our_Company/DuPont_History/DuPont_History.html
❹ 本章中，欧洲是指欧洲专利局。国际专利申请简称PCT申请，是指根据《专利合作条约》向主管受理局或世界知识产权组织的国际局提交，然后由国际检索单位进行国际检索，并由国际局进行公布的专利申请。通过提交国际专利申请，申请人可以同时向多个国家申请专利。在申请人履行了进入某一国家的手续后，由该国的专利局对该专利申请进行审查，符合该国专利法规定的，授予专利权。

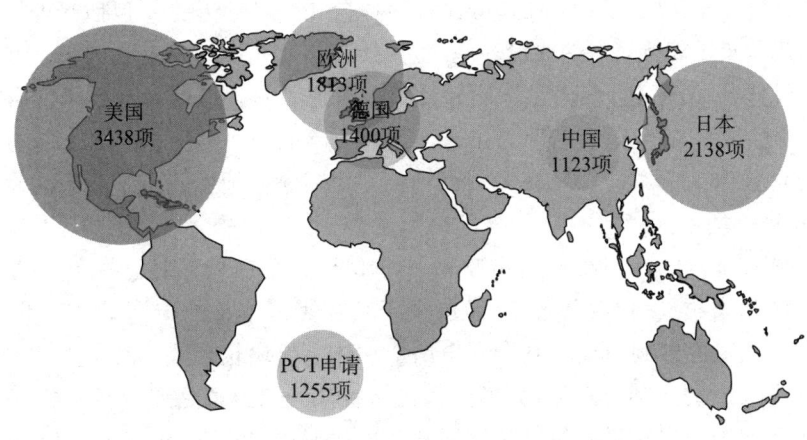

图7-4 杜邦全球主要专利申请目标国家和地区

注：图中数字表示申请量。

图7-5示出了杜邦全球主要专利申请目标国家和地区的专利申请量变化趋势。

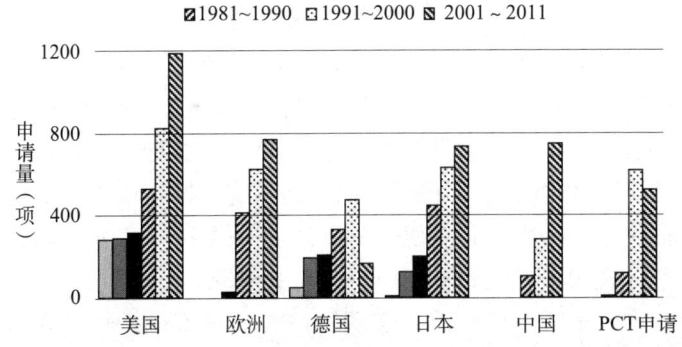

图7-5 杜邦全球主要专利申请目标国家和地区的专利申请量变化趋势

(1) 美国市场

作为一家美国公司，杜邦最先在本国市场进行专利布局。1960年之前，杜邦在美国提出的相关专利申请已达到约300件，是同一时期申请量最多的地区。1961年之后，杜邦在美国的专利申请量总体呈持续增长的趋势。其中，从1961~1980年，申请量的增长较为缓慢，20年间仅增长了不到1/5。从1981~2011年的31年间，申请量增长了一倍多，增长速度明显加快。

与其他国家和地区相比，杜邦在美国本土提交的专利申请最多，这表明其在氟化工领域最重要的目标市场为美国本土市场。霍尼韦尔和3M等美国公司同样是全球领先的氟化工企业，是杜邦在美国市场强有力的竞争对手。为了保持竞争优势，除了加强研发创新之外，杜邦还采取了积极与其他美国企业合作的策略。早在20世纪30年代，杜邦就与美国通用汽车公司成立了合资公司，利用通用汽车公司开发的技术生产氟利昂制冷剂。此后，杜邦扩大了氟利昂的种类和应用范围，获得了巨大的成功。20世纪90年代，杜邦与美国的陶氏各出资50%成立了杜邦陶氏弹性体公司,其业务主要包括氟弹性体。2005年7月,杜邦购买了陶氏持有的股份,使该公司成为了杜邦的全资控股公司,并更名为杜邦高性能弹性体公司。❶ 进入21世纪后,杜邦和霍尼韦尔合作推出了被称为第四代制冷剂的HFO－1234yf,并宣布组建合资公司,共同生产该制冷剂。与其他公司的合作为杜邦注入了新的技术或资本,为其在美国市场长期保持领先地位提供了有力的支持。

(2) 欧洲市场

杜邦在欧洲地区的专利布局起步较早。1960年之前,杜邦就已在英、法、德等欧洲国家进行了相当数量的专利申请,但均少于其在美国本土的申请量。20世纪,杜邦在德国提交了大量的专利申请,其专利申请量总体上呈增长趋势。20世纪70年代,欧洲地区建立了《欧洲专利公约》(EPC)体系,杜邦开始申请欧洲专利。在1981～2000年,杜邦的欧洲专利申请量已超过其德国专利申请量。进入21世纪后,杜邦的欧洲专利申请量仍保持增长趋势,而向德国提交的专利申请则明显减少。

杜邦早期向欧洲专利局和德国提交的专利申请量多于除美国之外的其他国家和地区,在申请总量上也仅次于美国和日本,这表明欧洲地区是杜邦在氟化工领域中较为重要的目标市场之一。

(3) 日本市场

杜邦在日本市场的专利布局晚于欧洲地区,1960年之前仅提交了几件相关专利申请。自20世纪60年代开始,日本相继发布了发展石油化工、引进外资、促进以工业化为中心的引进国外技术和振兴本国科学技术的政策❷。上述政策为杜邦开发日本市场提供了有利条件。从1961年起,杜邦在日本的专利申请量持续增长。虽然在1961～1980年,杜邦在日本的申请量尚少于其在德国的申请量,但在1981年之后,杜邦在日本的专利申请量超过了其在德国和欧洲专利局的专利申请量。

杜邦在日本的专利申请总量仅次于美国,这表明日本也是杜邦在氟化工领域中较为重要的目标市场之一。日本本土具有包括大金、旭硝子等在内的多家全球领先的氟化工企业,竞争非常激烈。在开拓日本市场的过程中,杜邦采取了利用其专利技术寻求日本本土企业合作的发展战略。例如,1963年4月,杜邦与日东化学工业株式会社各出资50%成立了日东氟化学株式会社。该公司现为杜邦三井氟化学品株式会社(Du Pont－Mitsui Fluorochemicals Company, Ltd),主要制造和销售Teflon系列氟树脂、Vertrel系列特殊含氟溶剂、Suva系列制冷剂、ISCEON系列制冷剂、Opteon YF系列制冷剂、Formacel系列发泡剂、FETM系列灭火剂和Dymel系列喷射剂等含氟化学品❸。上述产品均由杜邦开发并拥有相关专利技术。

(4) 中国市场

与美国、欧洲和日本相比,中国的专利制度建立较晚,于1985年才开始受理专利

---

❶ 杜邦公司收购陶氏弹性体全部股份 [EB/OL]. [2013－11－01] http：//www2. dupont. com/Taiwan_ Country_ Site/zh_ TW/Media_ center/taiwan_ press_ releases/2005/20050105_ 00. html.
❷ 学先. 与日本化学工业合作的轨迹看杜邦公司的发展战略 [J]. 上海化工, 1994 (19):34－35.
❸ 杜邦三井氟化学品株式会社网站 [EB/OL]. [2013－11－01] http：//www. md－fluoro. co. jp.

申请。因此,直到20世纪80年代后期,杜邦才开始在中国提出专利申请。虽然起步较晚,但中国经济的飞速发展和市场需求的不断增加使得杜邦非常重视中国市场,其在中国的专利申请呈持续快速增长的趋势。尤其是进入21世纪之后,杜邦在中国的专利申请量迅速增长。仅仅经过30多年,目前杜邦在中国的专利申请量就已经基本与其在日本和欧洲的专利申请量达到同一水平。

综合以上信息可以看出,杜邦在氟化工领域的市场布局早期主要集中于欧美,随后逐渐扩大至日本和中国。

目前,中国已成为杜邦在氟化工领域的重要市场之一。中国拥有丰富的高品位萤石资源,这吸引了包括杜邦在内的众多跨国氟化工企业在中国开设生产基地。此外,与在日本市场的情况类似,杜邦在中国也采取了利用其专利技术寻求本土企业合作的发展战略。特别是2002年以后,杜邦在中国频繁地开展了一系列合资行动。2004年,由杜邦出资80%,常熟三爱富中昊化工新材料有限公司出资20%成立的杜邦三爱富氟化物(常熟)有限公司正式投产,主要生产杜邦的Suva系列制冷剂。[1] 2007年,杜邦又出资设立了其独资公司杜邦(常熟)氟化物科技有限公司,主要生产聚四氟乙烯分散树脂及乳液[2]。2012年,杜邦与中昊晨光签订了合资合同,建立昊华晨光杜邦氟材料(上海)有限公司,生产氟橡胶生胶和预混胶。该合资公司将利用中昊晨光的生产基地和市场渠道以及杜邦的技术和全球销售网络,通过提供以技术为驱动力的解决方案,推动氟橡胶在汽车、石油和天然气等领域的应用。[3] 除了在中国成立合资公司和建立生产基地之外,杜邦还在中国设立了研发中心,这与杜邦在其他国家和地区的发展战略不同。杜邦中国研发中心于2005年正式投入使用,并于2012年进行了二期扩建工程,是杜邦在美国本土以外设立的第三大公司级综合性科研机构。该中心致力于为中国本地、亚太地区和全球市场提供技术创新支持与合作平台。为了进一步连接中国本地市场的研发需求和杜邦全球的创新资源,杜邦还计划于2013年起在上海和西部地区各设立一处创新技术中心,从而更高效地推动地区协作,提升响应本地需求的速度。可以看出,杜邦对中国市场充满信心。

7.3 中国专利布局

7.3.1 技术构成

在中国,杜邦在氟化工领域的专利申请共有695件,位居中国相关申请人排名的第一位(参见第2章第2.2.4节)。从其申请的技术构成来看,有机氟化工领域的专利

---

[1] 杜邦三爱富氟化物常熟公司正式投产[J]. 化工新型材料, 2004 (11): 67.
[2] 携第一笔国内订单 杜邦(常熟)氟化物科技有限公司在江苏氟化学工业园正式投产[EB/OL]. [2013-11-01] http://www2.dupont.com/China_Country_Site/zh_CN/MediaCenter/DuPontChinaNews/07_11_12.html.
[3] 中国化工杜邦签约成立合资公司[EB/OL]. [2013-11-01] http://www.chemchina.com.cn/portal/xwymt/mtjj/webinfo/2012/09/1348112316651600.htm.

申请量约占总申请量的99%，远多于无机氟化工领域，这与杜邦公司全球专利申请的技术构成一致。在有机氟化工领域，杜邦在氟碳化合物、氟树脂和氟橡胶方面均有申请。其中，涉及氟碳化合物的专利申请最多，约占总申请量的54%，其次为氟树脂，约占总申请量的37%，涉及氟橡胶的专利申请较少，参见图7-6。

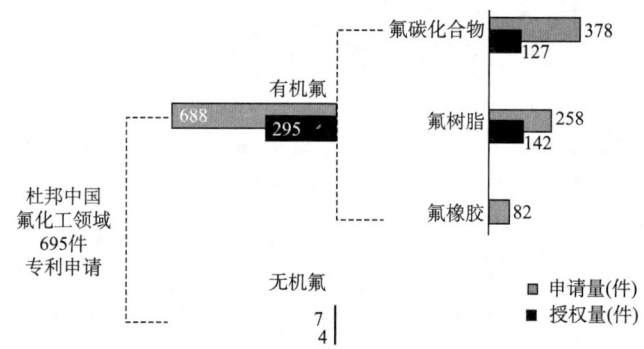

图7-6　杜邦中国氟化工专利申请技术构成

进一步地，从授权情况来看，在杜邦专利申请较为集中的有机氟化工领域，其总体授权率❶约为43%，不到一半。其中，涉及氟碳化合物的专利申请授权率仅为约34%，而涉及氟树脂的专利申请授权率达到55%，超出了其在有机氟化工领域的平均水平。可以看出，尽管杜邦在中国提交的专利申请中涉及氟碳化合物的量较大，但其在氟树脂领域的技术优势似乎更加明显。

7.3.2　技术发展趋势

1988年，杜邦在深圳成立了其在中国的第一家投资实体——杜邦中国集团有限公司，开始投资中国市场。然而，在此之前，杜邦就已着手在中国市场进行专利布局。数据显示，杜邦在1986年就已经在中国提交了其在氟化工领域的第一件专利申请。

与全球专利申请量的变化情况相同，杜邦的中国专利申请量总体上也呈波动上升趋势。根据其波动周期，大致可以分为以下3个发展阶段，参见图7-7和图7-8。

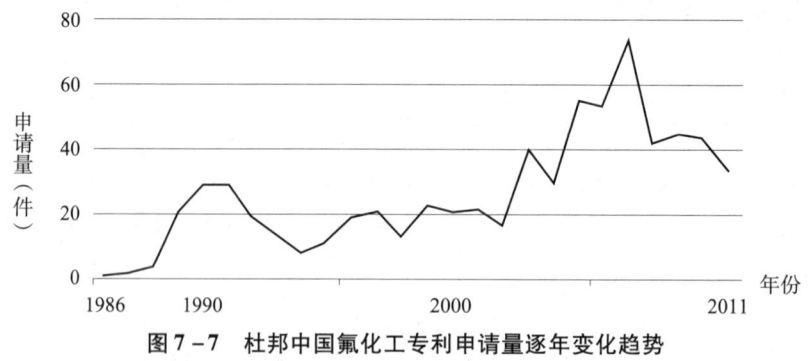

图7-7　杜邦中国氟化工专利申请量逐年变化趋势

---

❶　授权率是专利授权量占专利申请量的百分比，即（专利授权量/专利申请量）×100%。

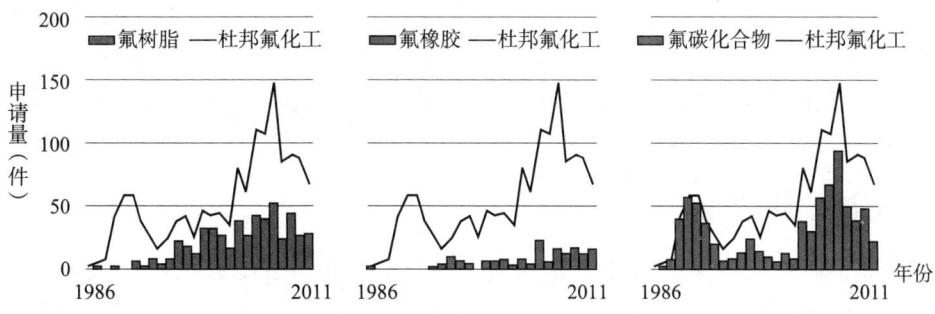

图 7-8　杜邦中国氟碳化合物、氟树脂和氟橡胶专利申请量逐年变化趋势

（1）1986~1994 年

在 1986~1994 年间，杜邦的中国专利申请量出现了第一次明显波动。年申请量从最初的零星几件增加到了近 30 件，之后从 1991 年起开始回落。在这一时期，杜邦在氟化工产业的上中下游均提出了专利申请，但其中绝大多数涉及产业中游的氟碳化合物。这可能是由于氟树脂、氟橡胶等下游产品的技术含量较高，而中国在这些领域起步略晚，前期发展较为缓慢，且多涉及中低端产品，我国企业这一时期尚无法对杜邦公司构成威胁，并且市场需求也不高，因此，杜邦公司并不急于在中国进行专利布局。与此相反，我国一直都是制冷剂生产和使用大国，具有较大的市场需求，因此，杜邦一开始就非常重视在该领域进行专利布局，以便尽快抢占中国市场。

（2）1995~2002 年

在 1995~2002 年间，杜邦公司的中国专利申请量出现了第二次明显波动。年申请量分别在 1997 年和 1999 年超过了 20 件，并从 1999 年起开始回落。这一时期，涉及氟碳化合物的申请量明显减少，而涉及氟树脂的专利申请量开始迅速增加，并逐步占据了较大的比例。与氟橡胶和无机氟化物有关的专利申请量仍旧较低。这可能是由于随着中国经济的快速发展，对氟树脂等下游产品的需求日益增加，杜邦开始在该领域进行专利布局。

（3）2003 年至今

从 2003 年开始，杜邦在中国的专利申请量进入了第三次波动期。年申请量于 2007 年达到了历史最高点 74 件，之后又逐渐回落。这一时期的专利申请依然主要涉及氟碳化合物和氟树脂。其中，在 2003~2007 年间，涉及氟碳化合物的申请出现了大幅度增长，其所占比例也超过了申请量稳定增长的氟树脂，这是由于在此期间出现了大量关于第四代制冷剂 HFO-1234yf 的专利申请。

7.4　合作申请

通过对杜邦氟化工领域专利申请的分析，制作了图 7-9（见文前彩色插页第 10 页）。从图 7-9 中可以看出，在杜邦氟化工相关专利申请中，杜邦（包括其全资子公司）作为申请人出现的次数为 3724 次，杜邦与其他公司的合资公司作为申请人出现的次数为112次，其他合作申请人出现的次数为54次，即在杜邦氟化工相关专利申请中，只有约1.5%是杜邦与其他申请人共同申请的。由此可见，在氟化工领域的专利申请中，杜邦以自主申请为主，较少与其他公司合作申请，绝大部分专利申请都是以杜邦或者其全资或合资公司作为独立申请人。

7.4.1 氟树脂合作申请

从图7-9中可以看出，在氟树脂领域，杜邦的合作申请最多，分别与法国国家科学研究中心（1项）、康宁公司（6项）、松下电器产业株式会社（5项）、阿托菲纳公司（4项）、阿尔法加里公司（3项）、丰田自动车株式会社（3项）、戈尔（3项）、株式会社润工社（2项）、约翰霍普金斯大学（2项）、北卡罗来纳大学（1项）和布里斯托尔－迈尔斯斯奎布药品公司（1项）提出了合作申请，具体信息参见表7-1。由表7-1可知，杜邦与其他申请人的合作申请，基本上都是涉及杜邦掌握核心专利技术的氟树脂在相关方面应用的专利申请。杜邦的这种合作模式值得我国企业学习借鉴。

表7-1 杜邦在全球氟树脂领域的合作申请情况

序号	合作申请人	公开号及公开日	领域
1	康宁公司	CN1628141A，20050615 CN1476449A，20040218 CN1622966A，20050601 CN1543477A，20041103 CN1335829A，20020213	与光学应用有关的含氟聚合物
2	松下电器产业株式会社	CN1732221A，20060208 JP2003199675A，20030715 JPH08322732A，19961210 JPH0810141A，19960116 JPH07305048A，19951121	用于电气电子元件的氟树脂组合物以及用作电饭煲或锅的表面涂层的氟树脂
3	阿托菲纳公司	WO0240557A1，20020523 EP1106630A1，20010613 WO0029457A1，20000525 CN1311803A，20010905	表面亲疏水处理的含氟聚合物
4	阿尔法加里公司	CN101228219A，20080723 CN101248125A，20080820 CN1910705A，20070207	用于电缆外套的含氟聚合物组合物
5	丰田	WO2012088176A1，20120628 WO2012086185A1，20120628 WO2012088170A1，20120628	用于燃料电池的含氟聚合物
6	戈尔	WO9207649A1，19920514 WO9013593A1，19901115 WO9006337A1，19900614	聚四氟乙烯树脂膜

续表

序号	合作申请人	公开号及公开日	领　域
7	株式会社润工社	CN101322449A, 20081210 CN101277816A, 20081001	用作电路板中基板的含氟聚合物树脂
8	约翰霍普金斯大学	US6034170A, 20000307 US5696195A, 19971209	含氟聚合物的二氧化碳溶液组合物
9	北卡罗来纳大学	WO9623010A2, 19960801	烯烃与氟化烯烃的共聚方法
10	布里斯托尔－迈尔斯斯奎布药品公司	WO0105509A1, 20010125	特氟龙树脂在低结合性液体保留和过滤装置中的应用

在氟树脂领域，杜邦的合资公司也提出了多项专利申请。其中，杜邦三井氟化物株式会社提出了多达55项的相关专利申请，主要涉及用于半导体制造装置的含氟树脂组合物、制备光发射二极管用反射器用的氟树脂、可涂布的氟树脂组合物、用于电器和电池的氟树脂模塑制品、氟树脂涂层、可熔融处理的含氟聚合物组合物以及四氟乙烯聚合物树脂粉末组合物等；杜邦三井聚合化学株式会社提出了4项相关专利申请，主要涉及氟树脂在太阳能电池中的应用；杜邦东丽株式会社提出了3项相关专利申请，主要涉及聚四氟乙烯树脂的应用。

此外，杜邦的全资子公司在该领域也提出了一些专利申请。其中，杜邦株式会社提出了14项相关专利申请，主要涉及聚四氟乙烯以及四氟乙烯与其他含氟单体共聚物的涂层、膜和层压体等；杜邦加拿大公司提出了6项相关专利申请，主要涉及含氟聚合物制成的渗透性膜；杜邦高性能弹性体公司提出了4项相关专利申请，主要涉及包含氟树脂的加工助剂、四氟乙烯/3，3，3－三氟丙烯共聚物的乳液聚合等；杜邦太阳能有限公司提出了2项相关专利申请，主要涉及氟树脂膜在光伏材料中的应用。

7.4.2　氟橡胶合作申请

在氟橡胶领域，杜邦的申请量不大。除杜邦外，在该领域提出过专利申请的合资公司主要包括杜邦陶氏弹性体公司、杜邦高性能弹性体公司和杜邦东丽株式会社。其中杜邦陶氏弹性体公司提出了36项相关专利申请，主要涉及包含氟弹性体的聚合物加工助剂、制备氟弹性体的方法、具有优异加工性和低温特性的氟弹性体组合物、可挤出的氟弹性体组合物以及含氟弹性体在密封上的应用等；杜邦高性能弹性体公司提出了21项相关专利申请，主要涉及对现有氟弹性体的改性、氟弹性体的制备、具有低温特性和良好表面性质的氟弹性体的制备及其应用等；杜邦东丽株式会社提出的专利申请有1项，涉及包含含氟弹性体的弹性体组合物。

此外，在氟橡胶领域，与杜邦公司提出合作申请的申请人有法国国家科学研究中心（6项，主要涉及氟弹性体的制备、氟硅弹性体的制备、功能改性的氟弹性体以及上述弹性体在密封方面的应用等）、大金（2项，主要涉及轮胎用氟橡胶组合物）、旭化成（2项，主要涉及具有良好加工性、耐热性、金属粘合性以及密封性的含氟弹性体组合物）和普利司通（2项合作申请，主要涉及用于轮胎制造方面的氟橡胶组合物）。

7.4.3 氟碳化合物合作申请

在氟碳化合物领域中，杜邦公司较少与其他公司或研究机构合作申请，几乎完全依靠自己的研发团队进行技术开发。其中，在杜邦的子公司中，杜邦三井氟化物株式会社的11项专利申请时间均集中在1988~1991年期间，主要涉及氟碳化合物在致冷剂、发泡剂、洗涤剂和灭火剂中的应用，而杜邦拥有相应氟碳化合物的核心专利技术；杜邦陶氏弹性体公司的两项专利申请分别涉及卤代化合物脱卤化氢的方法和二碘全氟烷烃的制造方法。在杜邦与其他公司的合作申请中，杜邦与大湖化学合作提出的6项专利申请主要涉及氟化表面活性剂组合物和用于灭火的氟碳化合物；杜邦与麻省理工学院合作提出的3项专利申请主要涉及用氧气和碳氟化合物等的气体混合物去除沉积室内部表面沉积物的方法；杜邦与大金合作提出的2项专利申请分别涉及含氟聚合物聚合工艺中含氟表面活性剂的分离以及制备氟代羧酸的方法。

7.4.4 重要合作申请人

从图7-9中可知，在氟化工领域中，杜邦三井氟化物株式会社（共有66项专利申请）、杜邦陶氏弹性体公司（共有38项专利申请）和杜邦高性能弹性体公司（共有25项专利申请）是杜邦公司重要的合作申请人。

杜邦三井氟化物株式会社是杜邦与三井化学各出资50%组建的合资公司，是杜邦在日本推广其专利技术的产物，其在杜邦核心技术的基础上提出了一系列下游专利申请。杜邦三井氟化物株式会社的专利申请主要集中在氟树脂领域（约占其申请量的83%），早期（1988~1991年）也曾涉及氟碳化合物领域。图7-10显示了杜邦三井氟化物株式会社在氟化工领域的全球专利申请量变化趋势。从图7-10中可以看出，杜邦三井氟化物株式会社从1981年至今每年都有相关的专利申请，并在2005年提出了8项相关专利申请，为历年来的最高值。

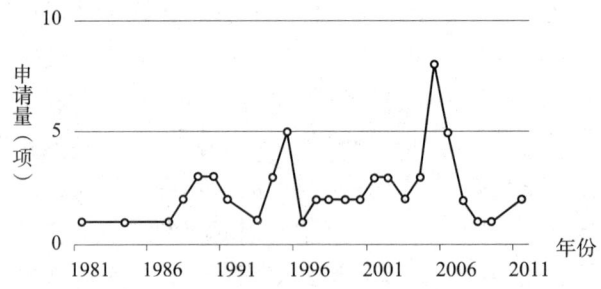

图7-10 杜邦三井氟化物株式会社在氟化工领域的全球专利申请量变化趋势

此外，杜邦陶氏弹性体公司和杜邦高性能弹性体公司也是杜邦在氟橡胶领域的重要申请人。杜邦陶氏弹性体公司是杜邦与陶氏各出资50%成立的合资公司，在2005年

6月30日杜邦全面收购陶氏化学在杜邦陶氏弹性体公司中的股份后，该公司更名为杜邦高性能弹性体公司。因此，这两家公司实质上为一家公司，主要从事特种弹性体相关研发与应用，共拥有38项氟化工专利申请（其中氟橡胶36项，氟树脂2项）。图7-11显示了杜邦陶氏弹性体公司和杜邦高性能弹性体公司在氟化工领域的全球专利申请量变化趋势。

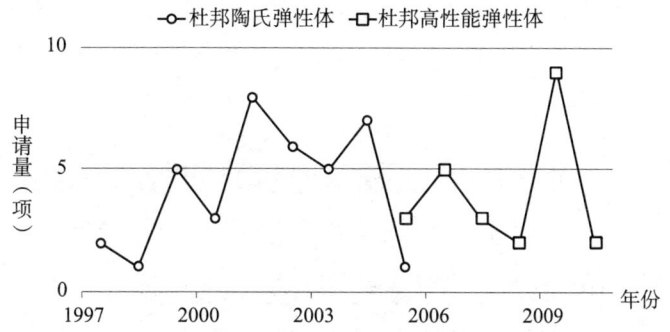

图7-11 杜邦陶氏弹性体公司和杜邦高性能弹性体公司氟化工领域的全球专利申请量变化趋势

7.5 研发团队

杜邦在氟化工领域主要涉及氟树脂、氟碳化合物以及氟橡胶三大领域，其中氟树脂和氟碳化合物是杜邦氟化工的核心领域。图7-12是杜邦在氟树脂、氟碳化合物和氟橡胶领域中发明人与申请量的分布概况。由图7-12中可以看出，杜邦在氟树脂和氟碳化合物领域的发明人较多，其中氟树脂领域共有1505位发明人，相应的专利申请量为2540项；氟碳化合物领域共有823位发明人，相应的专利申请量为1479项；相对来说，杜邦在氟橡胶领域投入的研发人员较少，共有203人，相应的专利申请量为275项。下面分别介绍杜邦在这三个领域的研发团队。

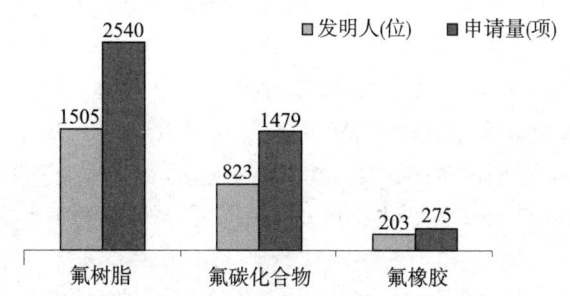

图7-12 杜邦在氟化工领域的发明人与申请量分布图

7.5.1 氟树脂研发团队

图7-13给出了杜邦在氟树脂领域全球申请量排名前十位的发明人及其申请量。

从图7-13中可以看出，他们各自的申请量相差不大。经过分析可知，这10位发明人之间的合作申请也比较少，合作申请的具体信息如下：FEIRING A E 分别与 HUNG M H (1项)、STEWART C W (4项) 和 FARNHAM W B (14项) 有过合作；HUNG M H 分别与 FEIRING A E (1项)、FARNHAM W B (3项) 和 BROTHERS P D (2项) 有过合作；STEWART C W 分别与 FARNHAM W B (4项)、BROTHERS P D (2项)、MORGAN R A (5项) 和 VENKATARAMAN S K (1项) 有过合作；ATEN R M 分别与 JONES C W (1项)、BROTHERS P D (2项) 和 VENKATARAMAN S K (6项) 有过合作。由此可见，这10位发明人基本都是各自研发团队的核心，彼此之间的合作并不紧密。

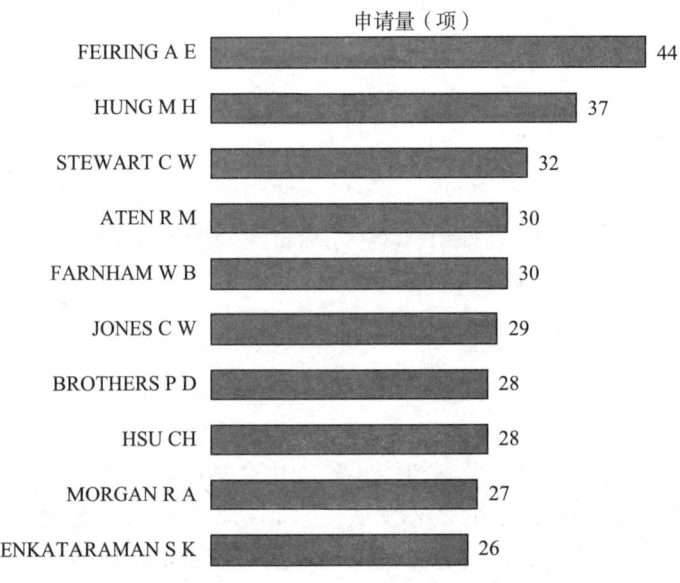

图7-13 杜邦在全球氟树脂领域前十位的发明人及申请量分布

7.5.2 氟碳化合物研发团队

图7-14给出了杜邦在氟碳化合物领域全球申请量排名前十位的发明人及其申请量。从图7-14中可以看出，RAO VELLIYUR NOTT MALLIKARJUNA（以下简称"RAO V N M"）、MINOR BARBARA HAVILAND（以下简称"MINOR B H"）、NAPPA MARIO JOSEPH（以下简称"NAPPA M J"）、SIEVERT ALLEN C（以下简称"SIEVERT A C"）是该领域最重要的发明人，其申请量远远大于其他发明人，属于第一发明人梯队，而其余6人属于第二发明人梯队。第一发明人梯队的4人都有超过100项的专利申请，其中 RAO V N M 的申请量最高，达到176项。经分析可知，第二梯队中的发明人与第一梯队中发明人的联系比较紧密，合作研发的情况较多，其中 BIVENS DONALD BERNARD（以下简称"BIVENS D B"）与 MINOR B H 合作提出了30项专利申请，与 RAO V N M 合作提出了13项专利申请；LECK THOMAS J（以下简称"LECK T J"）与 MINOR B H 合作提出了34项专利申请，与 NAPPA M J 合作提出了21项专利申请；MERCHANT ABID NAZARALI（以下简称"MERCHANT A N"）与 MINOR B H 合

作提出了 10 项专利申请；MILLER RALPH NEWTON（以下简称"MILLER R N"）与 RAO V N M（20 项）、SIEVERT A C（15 项）、NAPPA M J（13 项）都进行了大量的合作。另外，第二梯队中的发明人并不仅仅与第一梯队中的发明人合作，他们自己或与其他发明人合作也提出了相当数量的专利申请。

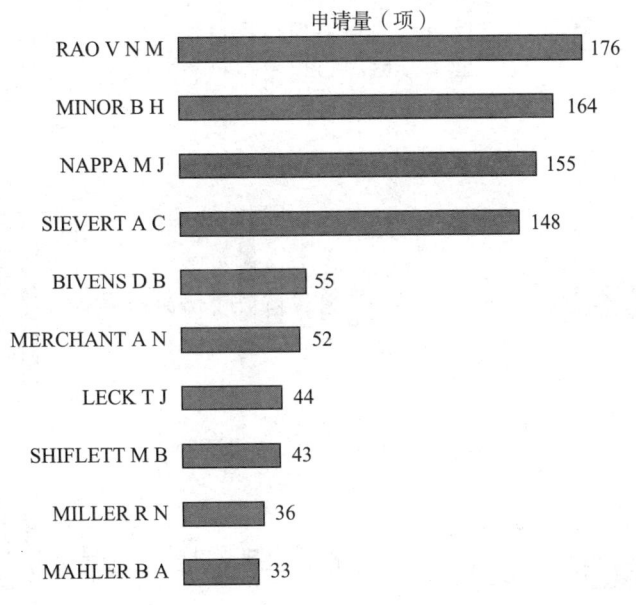

图 7-14　杜邦在氟碳化合物领域申请量排名前十位的发明人及其申请量

图 7-15 是杜邦在氟碳化合物领域排名前四位的发明人的申请量的变化趋势。从图 7-15 中可以看出，RAO V N M、NAPPA M J 和 SIEVERT A C 均从 20 世纪 80 年代末开始在氟碳化合物领域提出专利申请，而 MINOR B H 从 1992 年开始提出相关专利申请。另外，在首次提出相关专利申请之后，他们基本每年都会有新的专利申请提出，研发持续性非常好。

对于申请量最多的 RAO V N M 团队，从 1987 年首次提出相关专利申请后，每年都有一定量的专利申请问世，其中有 17 年的年申请量在 5 项以上，2006 年的年申请量更是高达 26 项，由此可见其领导的研发团队具有很强的研发实力，并一直坚持在氟碳化合物领域的研究。

对于 MINOR B H 研发团队，其专利申请量在 1992～1996 年间迎来第一个申请量高峰，随后年申请量明显下降。直到 2004～2008 年间申请量迎来了爆发式的增长，在这 5 年期间共申请了 85 项专利，其中 2006 年的申请量最大，达到 27 项。

此外，NAPPA M J 研发团队和 SIEVERT A C 研发团队的申请量变化趋势较为类似：早期每年均有一定量的申请，但量并不大；2004～2007 年间，申请量迅速增加，并在 2006 年达到申请量最高（NAPPA M J 研发团队 2006 年申请量为 37 项，SIEVERT A C 研发团队为 27 项）。

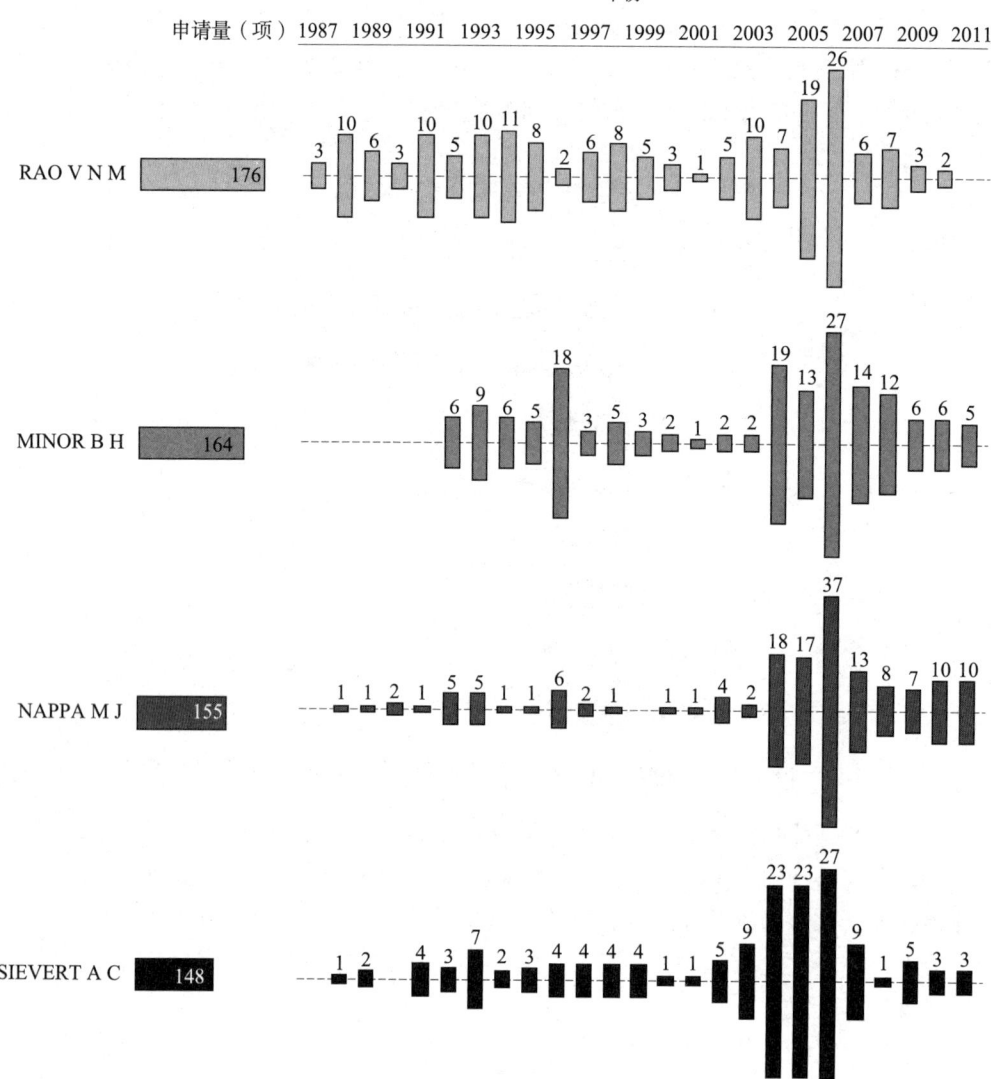

图 7-15 杜邦在氟碳化合物领域申请量前四位的发明人的申请量变化趋势

注：图中柱形大小及数字代表该发明人的专利申请量，单位：项。

综上所述，杜邦在氟碳化合物领域的研发团队相对较为稳定，团队的核心人物一直在带领自己的研发团队从事相关研发工作，并提出了大量的专利申请；2004~2007年是杜邦在氟碳化合物领域专利申请量最大的时期，2006年的申请量达到顶峰，这可能与杜邦在此期间加大对新一代 ODS 替代品 HFO-1234yf 的研发投入有关。

另外，RAO V N M、MINOR B H、NAPPA M J 和 SIEVERT A C 之间的联系非常紧密，但又彼此相对独立。图 7-16 是 RAO V N M、MINOR B H、NAPPA M J 和 SIEVERT A C 之间的合作关系图。从图 7-16 中可以看出，4 人之间的合作非常频繁，其中 RAO V N M 与 SIEVERT A C 之间的合作申请达到 73 项，分别占各自总申请量的 41%

和 49%，他们之间的合作从 1994 年持续到 2011 年，说明他们在较长的时间内都保持密切的合作关系；NAPPA M J 和 SIEVERT A C 共有 86 项合作申请，分别占到各自总申请量的 55% 和 58%，他们之间的合作从 1989 年一直持续到 2012 年，可以说他们的研发合作贯穿各自研发的全过程。RAO V N M、NAPPA M J 和 SIEVERT A C 3 人的合作申请量高达 38 项，这说明 3 人之间的合作非常紧密。另外，杜邦与第四代制冷剂 HFO－1234yf 制备工艺有关的 9 项专利申请全部由 RAO V N M、NAPPA M J 和 SIEVERT A C 研发提出，其中与 RAO V N M 有关的有 4 项，与 NAPPA M J 有关的有 7 项，与 SIEVERT A C 有关的有 5 项。

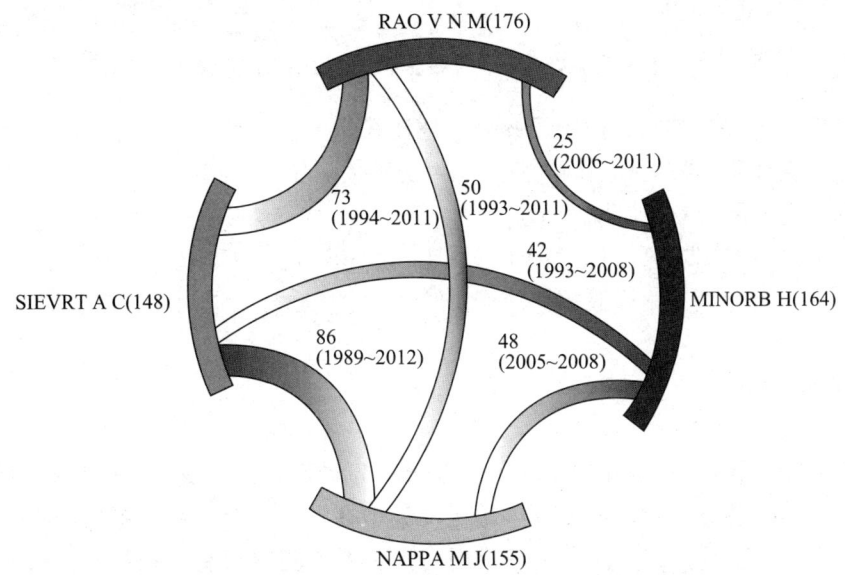

图 7－16　杜邦在氟碳化合物领域排名前四位的发明人之间的合作关系图

注：发明人名称后括号中的数字代表该发明人的专利申请量（项），中间的连接线粗细表示发明人之间的合作申请量的大小，连接线旁的数字表明两两发明人之间专利申请量（项），其括号后的数字表示两两发明人之间合作研发的持续时间。

7.5.3　氟橡胶研发团队

图 7－17 是杜邦在氟橡胶领域申请量排名前十位的发明人及其申请量变化趋势。从图 7－17 中可以看出，SCHMIEGEL W W、HUNG M H、LOGOTHETIS A L、LYONS D F、MOORE A L、TABB D L、CARLSON D P、TANG P L、MORKEN P A 和 HAYASHI KENICHI 是杜邦在氟橡胶排名前十位的发明人。

其中，SCHMIEGEL W W 是杜邦在氟橡胶领域最重要的发明人，他从 1973 年以来一直从事氟橡胶的研发工作，共提出了 27 项相关专利，约占杜邦在氟橡胶领域总申请量的 9.8%。SCHMIEGEL W W 与 MORKEN P A（3 项）、HUNG M H（2 项）、LOGOTHETIS A L（1 项）、LYONS D F（1 项）、CARLSON D P（1 项）和 TANG P L（1 项）都存在合作关系。

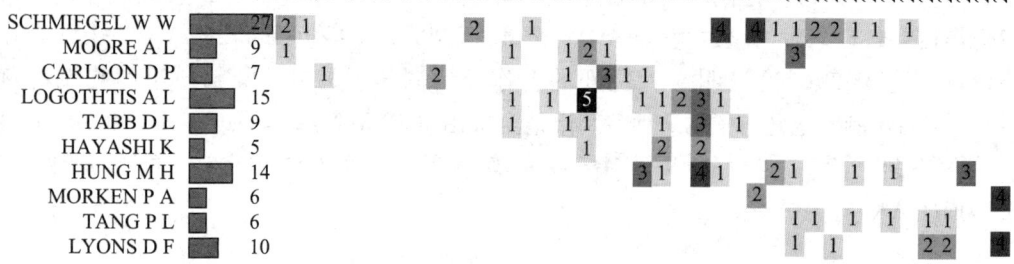

图7-17 杜邦在氟橡胶领域排名前十位的发明人的申请量变化趋势

HUNG M H 是杜邦在氟橡胶领域另一位比较重要的发明人,他提出的专利申请基本都集中在氟树脂(37项)和氟橡胶(14项)领域中,可以看出 HUNG M H 研发团队主要从事含氟聚合物的研发工作。

另外,LOGOTHETIS A L、MOORE A L、TABB D L、CARLSON D P 和 HAYASHI KENICHI 是杜邦早期在氟橡胶领域的重要发明人,现在均已退出了氟橡胶的研发工作。

7.6 本章小结

从杜邦的专利布局、合作申请及研发团队可以看出,其发展战略呈现以下特点:

(1) 杜邦在氟化工领域的专利申请主要集中在氟碳化合物和含氟聚合物等氟化工产业链的中下游。其中,杜邦在全球范围内涉及氟树脂的专利申请最多,而在中国涉及氟碳化合物的专利申请最多。

(2) 杜邦非常重视技术创新,并及时跟进相关的专利保护。对于绝大多数新开发出的产品和工艺,杜邦都及时地提出了专利申请,这为知识产权保护意识亟待加强的我国氟化工企业提供了借鉴和启示。

(3) 杜邦在氟化工领域的专利申请目标国主要为美国、日本、欧洲和中国。其中,20世纪70年代之前以欧美为主,此后逐渐扩大至日本和中国。美国是杜邦最重要的目标市场,中国目前也已经成为杜邦非常重要的市场之一。

(4) 杜邦在氟化工领域的专利技术绝大多数是独立开发的,仅有约1.5%是杜邦与其他组织或机构共同提出的。与杜邦进行过合作的组织或机构包括大学、科研机构和企业,其中,与大学和科研结构的合作主要涉及基础研究,而与企业的合作则侧重于氟化工产品在相关领域的应用。

第 8 章 专利对氟化工市场的影响

专利权是一种独占权,并在一定区域内受到法律的保护。专利技术一旦产业化,通常会产生较大的经济效益。而伴随着专利权产生的纠纷通常会影响行业的市场格局,甚至会引发多米诺骨牌效应,影响整个行业的发展。本章将围绕ODS替代品行业(特别是制冷剂行业)近年来的一些典型专利纠纷案件,分析专利对氟化工市场的影响。

8.1 "337 调查"

8.1.1 "337 调查"简介

8.1.1.1 "337 调查"的由来

"337 条款"的正式名称为"进口贸易中的不公平做法"(unfair practices in import trade)。从渊源上讲,属于美国1930年《关税法》第337条,后修正编入《美国法典》第19卷第1337节。"337 条款"主要调查进口贸易中侵犯知识产权以及其他的不正当行为。通过美国历次贸易立法对"337 条款"的修正和发展,该条款已经成为美国重要的贸易保护手段之一。

"337 条款"属于美国当地的行政救济,自从颁布以来经多次修订,目前规定授权美国国际贸易委员会(United Stats International Trade Commission, ITC)在美国企业起诉的前提下,对进口中的不公平贸易做法进行调查和裁处。任何一家美国企业如果认为某一进口货物的进口侵犯了其知识产权,就可以发起"337 程序"。一旦该企业可以证明进口产品确已构成侵权,ITC 就有权暂时或者永久禁止该产品的进口。并且由于其烦琐的诉讼程序和昂贵的诉讼费用,也可以有效地吓阻大批国外竞争者。

"337 调查"的对象是进口产品侵犯美国知识产权的行为以及进口贸易中的其他不公平竞争。根据美国法律规定,"337 条款"调整的是一般不正当贸易和有关知识产权的不正当贸易。

实践中,涉及侵犯美国知识产权的"337 调查"大部分都是针对专利或商标侵权行为,少数调查还涉及版权、工业设计和集成电路布图设计侵权行为等。其他形式的不公平竞争主要包括侵犯商业秘密、假冒经营、虚假广告和违反反垄断法等。

8.1.1.2 "337 调查"的基本要件

"337 条款"将案卷分为两类,即知识产权案件和非知识产权案卷,并规定了不同的适用条件。对于知识产权案卷,违反"337 条款"的基本要件包括行为要件和产业要件,即存在知识产权侵权行为和存在已有或正在建立的美国国内产业。

其中值得注意的是，侵权行为不仅包括侵犯知识产权的行为，也包括其他不公平竞争行为，而且也包括本身并不侵权，但间接或诱导侵权的行为。

8.1.1.3 "337调查"的主要程序

"337调查"的主要程序大致包括起诉及应诉、披露程序及应对、预备听证会、听证及应对、初裁、复审及终裁、总统审查和司法审查。

8.1.1.4 "337调查"的救济类型

"337调查"中申诉人如果获胜，可以获得的救济类型有排除令、停止令和执行措施。排除令分为有限排除令和普遍排除令，有限排除令是禁止被列名企业的侵权产品进入美国市场，普遍排除令是禁止所有同类侵权产品进入美国市场。停止令是要求侵权企业停止侵权行为，包括停止侵权产品在美国市场上的销售、库存和广告宣传。

"337调查"中ITC不能给予申诉人损害赔偿的救济，如果申请人的目的是要获得损害赔偿，则应选择向美国联邦地区法院起诉。同样的，被申诉人如果在"337调查"中获胜，所得到的回报也只是可以继续经营美国市场，而如果失败，将面临从美国市场清退的局面。

8.1.1.5 发起"337调查"的主要策略

发起"337调查"时常用的手段主要有以下三种：

（1）狼群战术：发起"337调查"时，以多项专利被侵权为由发起申诉。此外，在发起"337调查"的同时，还会在美国地方法院发起诉讼，使被诉企业一时首尾难顾，疲于应对。

（2）各个击破：发起"337调查"的时候，一般仅选择一家企业提出申诉并要求普遍排除令。一家企业的力量毕竟有限，如果其选择应诉，将会难以负担沉重的律师费用；如果选择不应诉或被迫和解，则会导致其所在国家整个行业的相关产品都被迫撤离美国市场。

（3）半渡而击之：在某些企业在美国已经投入了大量成本，打通了销售渠道，占据了部分的市场份额，获得了一定的产品知名度之后，美国公司才开始发起"337调查"。此时，这些企业如果选择撤出，那么前期投入的成本都将付诸东流；如果选择和解，则需要付出高昂的和解费用；如果选择积极应诉，则不得不面对昂贵的律师费用。

8.1.1.6 被申诉方的应对策略

当企业遭遇到"337调查"时，迅速选择正确的应诉策略是将损失降低的最好方法。目前，被申诉方对"337调查"时的应对策略主要有以下两种。

（1）判断是否应该应诉

"337调查"是一场耗费大量金钱的消耗战，特别是对于被申诉方，即使获胜也只是可以继续经营美国市场，并没有额外的实际利益。企业应当结合自身的实际情况，对应对"337调查"的成本和美国市场的预期收益作出综合评判。

此外，即使企业并没有作为被申诉方遭遇"337调查"，当同行业的其他企业遭遇调查时，也需要考虑清楚利害关系，判断是否应当参加应诉。根据"337调查"普遍排除令规定，一家败诉，所在国家其他企业生产的该产品同样也要退出美国市场。因此，当有产品遭到申诉时，相关企业应主动联合应诉，这一方面声援了行业内的其他企业，另一方面也保护了自己的合法权益。

（2）选择总体抗辩方向

应对"337调查"抗辩的策略有很多，主要思路为：首先要质疑所涉及权利的正当性和有效性，其次是考虑已方行为是否构成侵权，最后要考虑自己是否有合法的免责事由。具体来说，被申诉方首先应当考虑对方的专利权是否有效，能否通过宣告专利权无效等程序将相应的专利权无效；如果专利权合法有效，则需要检查已方是否有字面侵权和等同侵权；如果确实存在侵权行为，还可以考察申诉方是否有不正当行为或滥用专利权的行为。

另外，在进行抗辩的同时，可以开始酝酿提出规避设计。提出规避设计并不是一种免责的抗辩，而是为了保证在万一被认定侵权的情况下，可以采用规避设计的产品以最快的速度卷土重来，争取在最短的时间内重新占领市场。

8.1.2 "337调查"之337-TA-623

我国制冷剂行业在2007年底遭遇了一场"337调查"（案卷号为337-TA-623），这场调查历时近两年，最终以我国企业胜诉告终。本小节将对2007~2009年期间发生的这起有关制冷剂R134a（如图8-1所示）的"337调查"进行分析。

图8-1 制冷剂R134a

我国制冷剂行业在2007年底遭遇美国"337调查"的主角是R134a。R134a，化学名为1,1,1,2-四氟乙烷，还被称作HFC-134a。R134a分子中不含氯原子，对臭氧层不起破坏作用，具有良好的安全性能：不易燃、不爆炸、无毒、无刺激性、无腐蚀性；其制冷量和制冷效率与CFC-12非常接近，所以被视为优秀的替代制冷剂，是第三代制冷剂的典型代表。R134a可用做汽车空调、冰箱、中央空调和商业制冷等行业的制冷剂，还可用于医药、农药、化妆品和清洗行业。用作气雾推进剂、医用气雾剂、杀虫药抛射剂、聚合物发泡剂和镁合金保护气体等。

目前国内生产R134a的企业主要有：巨化、中化蓝天、江苏康泰、三美化工、三爱富、江苏金雪、东岳和浙江百炼等。

R134a主要的生产工艺有：（1）以三氯乙烯为原料，两步气相氟化的工艺路线；

(2) 以三氯乙烯为原料，两步液相氟化的工艺路线；(3) 以三氯乙烯为原料，先液相氟化制得 HCFC-133a，再气相氟化得到 R134a 的工艺路线。

近两年，国内主要企业 R134a 的产能（万吨）参见表 8-1。❶

表 8-1　国内主要企业 2012 和 2013 年的 R134a 产能　　　　单位：万吨/年

企　　业	2012 年	2013 年（估算）
巨化	6.0	6.0
中化蓝天	3.5	3.5
三美化工	1.8	3.8
江苏康泰	2.0	2.0
江苏金雪	1.8	1.8
东岳	1.0	1.0
浙江百炼	1.0	1.0

8.1.2.2　337-TA-623 的交锋双方

此次"337 调查"的交锋双方为英力士公司（INEOS）和中化集团。英力士公司在提交"337 调查"时，最初认定的被申诉人是中化近代环保化工（西安）有限公司和中化宁波（集团）有限公司，后来又追加中化环保化工（太仓）有限公司和中化（美国）公司为共同被申诉人。

（1）英力士

英力士是英国一家特性化学品和电镀中间体的主要生产厂家，在全球 11 个国家有 51 个生产基地，雇员 15000 人，年产量 6000 万吨，销售额达 43 亿欧元。

英力士公司旗下原本拥有 INEOS Oxide、INEOS Fluor、INEOS Phenol、INEOS Silicas、INEOS Chlor 和 EVC 等六大子公司/合资公司。INEOS Fluor 的前身是英国 ICI 公司氟化学品事业部，旗下拥有三座 KLEA 134a 工厂。INEOS Fluor 在 ODS 替代品领域拥有较深的技术积累，是最早实现 R134a 工业化的公司。

2010 年 2 月，英力士公司宣布，将氟化学品业务出售给墨西哥化学的子公司——墨西哥氟化学公司。

（2）中化集团

1）中化近代环保化工（西安）有限公司

中化近代环保化工（西安）有限公司于 1997 年 9 月在西安注册，由中国中化集团公司（控股）和西安近代化学研究所共同投资组成，专业从事 ODS 环保替代品 HFC-134a、HFC-125 以及相关氟产品和催化剂的开发和生产。中化近代环保化工（西安）有限公司是目前国内最大的 HFC-134a 生产企业之一，目前已经为国内 80% 的汽车企业配套生产空调制冷剂，汽车空调市场占有率达到 50%。

---

❶ 资料来源：中化蓝天的中国氟化工产业分布图（2013）。

2）中化宁波（集团）有限公司

中化宁波（集团）有限公司的前身是中化宁波进出口有限公司，是中化集团公司在宁波的控股子公司，以经营医药、农药、化工和石油制品为主。

3）中化环保化工（太仓）有限公司

中化环保化工（太仓）有限公司由中化宁波于中化近代环保化工（西安）有限公司和中化投资（新加坡）有限公司合作组建而成，主要致力于研发、生产、销售 HFC-134a。

8.1.2.3 337-TA-623 的调查过程

2007 年 11 月 20 日，英力士的子公司英力士氟化学有限公司、英力士氟控股有限公司和英力士氟化学美洲有限公司向 ITC 提交了"337 调查"请求，认为中化近代环保化工（西安）有限公司的 R-134a 产品、中化宁波（集团）有限公司进口、为进口而销售以及进入美国市场后的销售行为侵犯了英力士公司的 US5744658A 美国专利，侵害了美国国内产业，符合"337 调查"的行为要件和产业要件，请求发布普遍排除令和停止令。

2007 年 12 月 31 日，ITC 决定对英力士公司的"337 调查"申请正式立案，案卷号为 337-TA-623。

由于英力士公司提请的是普遍排除令，矛头直指中国整个制冷剂行业，因此，中国氟硅有机材料工业协会出面组织国内主要制冷剂企业进行磋商，最后基本达成共识：全行业共同应对。

2008 年 3 月 18 日，英力士公司向 ITC 提交一项动议，要求追加中化环保化工（太仓）有限公司和中化（美国）公司为共同被申诉人，追加 US5382722A 和 US5559276A 两项专利为涉案专利，同时要求将救济方式由普遍排除令变更为有限排除令。

2008 年 12 月 1 日，ITC 行政法官作出初裁，认定被申诉人存在违反"337 条款"的行为。初裁内容如下：（1）被申诉人用新工艺生产的 R134a 制冷剂侵犯了申诉人 US5559276A 专利的权利要求 1；（2）US5559276A 专利的权利要求 1 有效，不存在被申诉人主张的不具有可实施性的问题；（3）建议颁发优先排除令以阻止侵权产品进入美国，同时不建议颁发停止令；（4）建议在总统复核期间对进口到美国的相关产品按其价值 100% 的比例征收保证金。

2008 年 12 月 15 日，被申诉人提出了对初裁的复审请求。2009 年 1 月 30 日，ITC 发出通知，决定对初裁进行复审。复审内容涉及以下两个方面：（1）US5559276A 专利的有效申请日；（2）US5559276A 专利的权利要求 1 是否有效。

2009 年 8 月 3 日，ITC 最终裁定英力士公司的涉案专利无效，英力士公司的侵权指控不成立。❶

从上述内容可知，被申诉人中化集团对"337 调查"的规则相当熟悉，采用了多种灵活务实的应对策略，在多个环节都做了大量工作，例如提出英力士公司在美国的

---

❶ 张平. 产业利益的博弈-美国 337 调查 [M]. 北京：法律出版社，2010：350-358.

产业是否符合产业要件、进口的产品是否侵犯专利权等问题；同时，中化集团还对 US5559276A 专利的有效申请日和发明日提出质疑，利用公有技术将 US5559276A 专利无效。这些应对策略为我国企业日后如何应对"337 调查"提供了宝贵的经验，值得业内企业借鉴学习。

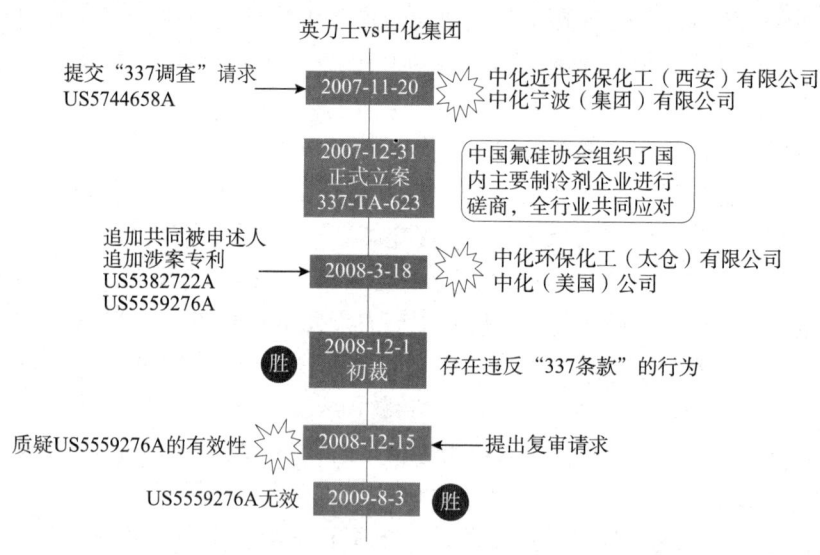

图 8-2　337-TA-623 调查过程

8.1.2.4　"337 调查"，偶然？必然！

遭遇"337 调查"意味着被拖入一场战争，不论最终获胜或失败都将付出巨大的代价。中化集团在应对 337-TA-623 的过程中共计付出了 1 亿多元人民币，这种花费对于一般的企业来说是不可想象的。国外企业对我国 R134a 产品发起"337 调查"这种专利战争从表面上看有一定的偶然性，但我国企业的 R134a 在国外遭遇专利狙击却是历史的必然，而这种必然性早在 20 世纪就已经埋下。

（1）回首向来萧瑟处

从图 8-3 中可以看出，R134a 的专利申请大致经过了以下 3 个阶段：

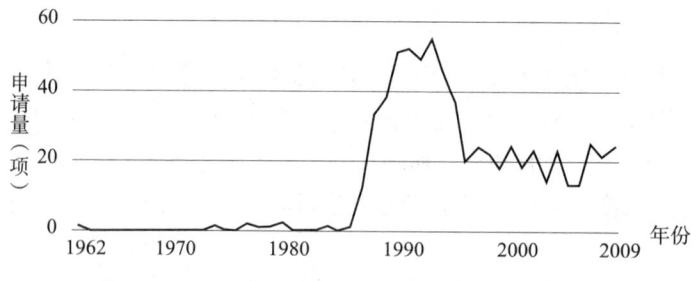

图 8-3　R134a 全球专利申请量变化趋势

1962~1987 年：R134a 的年申请量较为稳定，且数量较少，年申请量不足 10 件。

1987~1996 年：R134a 的申请量迅速增长，迅速攀升至每年 40 件以上。在此期间申请量的迅速增长,主要是因为:根据《蒙特利尔议定书》的规定,发达国家从2000年起要开始缩减HCFC的生产和消费。因此,必须在2000年之前完成第三代ODS替代品HFC的生产准备,相关的专利布局需要更早完成。综上所述,1987~1996年是R134a专利申请布局的关键10年,也是各国企业进行R134a专利申请性价比很高的"黄金10年"。这也导致R134a相关的专利申请量在此期间迅速攀升至每年40件以上;

1997~2009年,全球R134a的申请量趋于平缓,维持在年均20件左右。

综上所述,1987~1996年期间是R134a发展的黄金时期,但在此期间我国企业又在做什么呢?

(2)失去的"黄金10年"

以图8-4的申请量趋势来看,在1987~1996年的黄金10年期间,美国申请人爆发式地提出了大量专利申请;欧洲和日本的申请人紧随其后,也提出了较大量的专利申请;而中国申请人的专利申请量却一直比较低。从各国申请人的构成来看,在此期间,美国、欧洲和日本的申请人中,约96%是企业和公司,研究机构和个人申请各占约2%,企业是其专利申请的绝对主力。而反观在此期间的中国申请人,60%为研究机构或大学,剩下的40%为个人申请。可以看出,中国在此期间也开展了研发工作,但却没有没有企业提出相关的专利申请。

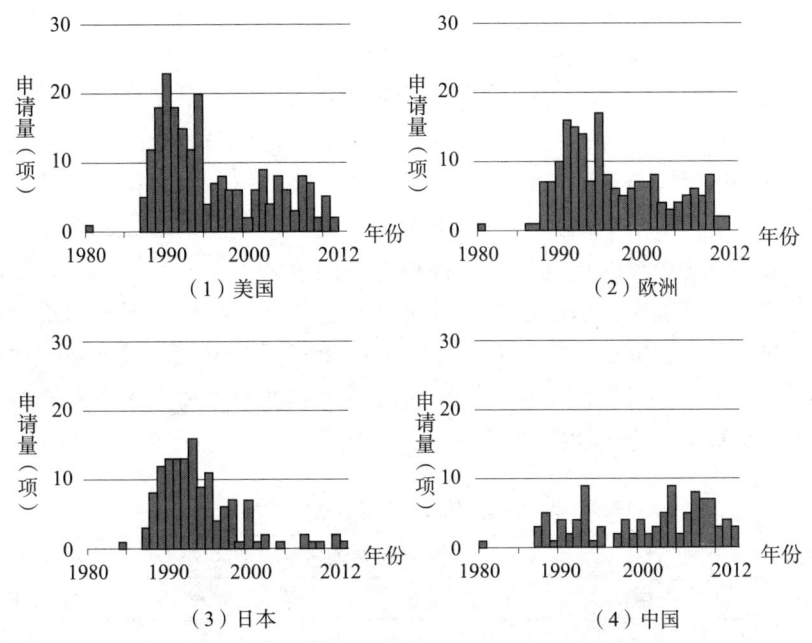

图8-4 各主要国家和地区申请人的全球申请量趋势

综上所述,该"黄金10年"是中国企业失去的10年。此后,由于没有在国外申请专利,专利近乎"裸奔"的中国企业与"全副武装"的外国企业在R134a全球舞台上同台竞技,这10年的差距使得我国企业在进军R134a国外市场的道路上可谓是危机四伏,也为日后遭遇"337调查"埋下了关键的伏笔。

（3）英力士手中的专利牌

在 337－TA－623 中，英力士对中化集团发起申诉所使用的 3 项美国专利 US5744658A、US5382722A 和 US5559276A 就是在 1987~1996 年这"黄金 10 年"期间申请的。

图 8－5 为英力士在主要国家和地区的专利技术分布情况。英力士在 R134a 领域拥有的专利有 47 项，在美国的有 20 项。在 2007 年发起"337 调查"申诉时，在美国的专利多数处于有效期内，因此，其可以打出的专利牌不仅有上面提到的 3 张。从相关专利的技术分布来看，英力士 R134a 相关的专利多数是制备方法专利，因此以制备专利发起"337 调查"申诉相对容易。

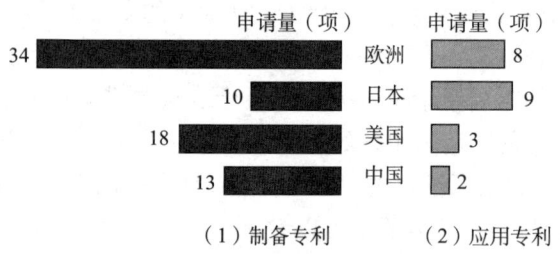

图 8－5　英力士在主要国家和地区的专利技术分布

（4）专利战略，受制于我们曾经的想象力

从表 8－2 来看，美、欧、日、中的企业各有特点。其中，美国申请人不仅在美国本土有大量专利布局，而且在欧洲、日本和中国也有足以与各地本土企业相抗衡的专利申请量；欧洲申请人与美国申请人采用类似的战略，只是其在国外市场的专利布局以日本为主；日本和中国申请人的保护策略较为类似，专利申请数的重点都以国内防御为主，在海外市场布局的专利较少；特别是中国申请人，所有的专利申请的目标国家都仅限于中国，可以说我们申请人在开始研发生产 R134a 时，想象力都只局限在国内。这些偏安于国内的保护策略只能在一定程度上降低在家门口被诉侵权的风险，当需要走出国门进入其他国家市场时，国内企业在专利竞争中完全没有亮剑的资本，在面对专利纠纷时基本只能被动挨打。

表 8－2　各国 R134a 专利申请的布局情况　　　　　　　　　　　单位：项

专利目标 国家和地区	专利来源国家和地区			
	中国	美国	欧洲	日本
美国	181	85	23	0
欧洲	110	160	34	0
日本	96	121	130	0
中国	71	56	21	100

"兵马未动粮草先行"，对于制冷剂行业来说，国外市场（尤其是美、日、欧市场）非常重要，专利申请一定要先一步走出国门，尽早在未来可能要进入的国家安营

扎寨。对国外市场的占据需要稳扎稳打，但相应的专利布局却需要有先行的"想象力"，等明确"看到"时机出现时必然"为时已晚"，此时专利的制高点早已被国外公司所占据。

1998 年之后，尤其是 2004 年之后，中国申请人开始在 R134a 上提出较多的专利申请，此时每年的专利申请数量已不输于申请量日趋减少的美、欧、日申请人，但此时的专利申请已经无法从国外公司的包围圈中突围。不过值得庆幸的是，"黄金 10 年"（即 1987~1996 年）期间提出的专利申请多数已经超过了 20 年的专利保护期，现存有效的专利量大大减少。对于我国企业来说，在国外遭遇专利诉讼的风险已经降低。

"前事不忘后事之师"，如本书第 3 章所述，第四代制冷剂的热门选手 HFO-1234yf 的专利布局已经遍地开花，我国企业应当迅速行动起来，寻找其专利保护的突破口，争取能够在全球范围内拿到一批高质量的专利，才是避免重蹈覆辙的关键。

8.1.2.5 337-TA-623 的多米诺骨牌效应

337-TA-623 是我国制冷剂走向世界的一个里程碑式事件，但它并不是一个孤立的事情，对国内和国外的行业格局都产生了一定的影响。另外，影响 R134a 的大事也接踵而至。

（1）对国内的影响

1）产能过剩，利润下降

对于国内企业来说，"337 调查"获胜的直接影响就是进一步刺激产能扩大和产量增加。2009 年 337-TA-623 终裁胜利后，我国 R134a 的总产量和总产能每年都有大幅提升，到 2012 年总产能已经达到 18 万吨，总产量达到 12 万吨。❶ 然而产能的扩大却导致价格一路下行。2011 年上半年，由于 R134a 海外部分产能转产或搬迁，再加上受到日本大地震的影响，日本 R134a 生产量缩减，导致全球 R134a 产能下降，❷ 因此 2011 年上半年 R134a 的价格维持在 7 万元/吨的高位，而到 2013 年初已经跌破 3 万元/吨，利润空间严重变小。

2）出口成为争夺点，遭遇反倾销

截至 2007 年 1 月，我国 R134a 的产能达到 10 万吨，成为全球第二大 R134a 生产国。❸ 伴随着 R134a 产能的扩大，价格竞争日益剧烈，出口成为国内企业的主战场，但大量出口不仅招致了"337 调查"，也招致了在国外的反倾销调查。

印度商工部反倾销局在 2009 年 8 月 19 日发起了对原产于中国和日本的 R134a 的反倾销调查，调查申请人是印度唯一生产 R134a 的 SRF 公司。印度海关在 2010 年 4 月 19 日决定对原产于中国和日本的 R134a 征收临时反倾销税，征税期为半年（至 2010 年 10 月 18 日止），对于中国的三家出口商：中化环保化工（太仓）有限公司、中化近代环

---

❶ 资料来源：中化蓝天的中国氟化工产业分布图（2013）。

❷ 制冷快报，2012 年 R134a 制冷剂走势分析 [EB/OL].［2013-10-01］. http://bao.hvacr.cn/201203_2023257.html.

❸ 慧聪网，中国：R134a 制冷剂产能大国 = 生产强国？[EB/OL].［2013-10-01］. http://news.ehvacr.com/news/2007/0321/17588.html.

保化工（西安）有限公司和杜邦贸易（上海）有限公司分别以0.99美元/千克、1.04美元/千克、1.19美元/千克的反倾销税率征税，对中国其他企业以1.41美元/千克的反倾销税率征税。第二年，印度商工部反倾销局于2011年5月10日发布了反倾销调查终裁，建议对进口R134a产品征收正式反倾销税（征税期为5年，至2015年4月18日止）。在终裁公告中三家中国出口企业的倾销幅度被认定为30%~50%，其他中国企业为45%~55%。最终三家中国出口企业的倾销税率被认定为1.15~1.36美元/吨，其他中国企业为1.41美元/吨。❶

3）R-134a淘汰进行时

根据图8-6来看，从1995年开始，HFC-134a在大气中的摩尔浓度上升势头迅猛，超过其他氟烷烃的浓度上升势头，HFC-134a本身GWP较高的问题必然会引起各国重视并采取切实的措施。发达国家则已经开始推动HFC的淘汰。

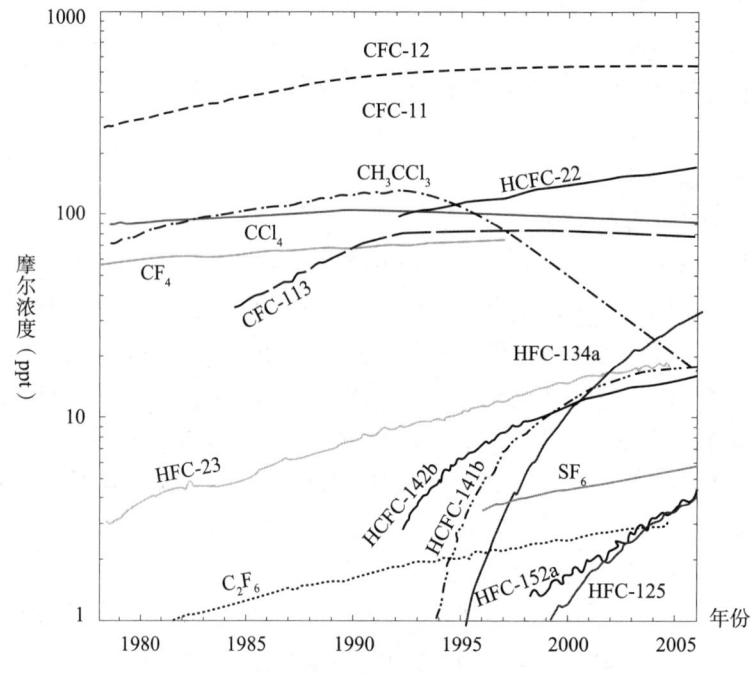

图8-6 LLGHG的全球大气平均浓度的变化❷

2012年，《Science》杂志的文章"Preserving motreal protocol climate benefit by limiting HFCs"中称HFCs排放逐年增加，很快会抵消消减CFCs带来的积极影响，因此建议扩大《蒙特利尔议定书》的范围，使其覆盖HFCs。❸

---

❶ 中化新网. 印度建议对华四氟乙烷征收反倾销税 [EB/OL]. [2013-11-01]. http://www.sif.org.cn/Article/ShowArticle.asp? ArticleID=1581.

❷ 联合国IPCC第Ⅰ工作组的2007年气候变化报告：自然科学基础第2章图2.6所提供的1976~2005年期间最长寿命温室气体（LLGHG）在大气中全球空气摩尔浓度变化曲线.

❸ 浙江省化工研究院. 科学家建议《蒙特利尔议定书》覆盖HFCs [J]. 浙江化工, 2012 (4): 38.

另外，美国、加拿大和墨西哥等北美国家在 2009~2013 年连续 5 年提出了《蒙特利尔议定书》关于 HFC 的修正提案，发达国家开始推动《蒙特利尔议定书》由专注臭氧层保护逐步转向控制温室气体排放。

2013 年 10 月，我国环保部翟青副部长率团出席《蒙特利尔议定书》缔约方大会也表示要切实推动 HFC 问题得到妥善解决。❶ 在 ODS 替代品发展的历史潮流中，我国也只能顺应其发展，留给 R134a 可以经营的时间已然不多。

4）替代品 HFO-1234yf 已经登场

第四代制冷剂 HFO-1234yf 的市场化已经初露端倪。中国三爱富与杜邦公司合作的 3000 吨 HFO-1234yf 已经投产，欧洲和北美已经有新制汽车正在使用该制冷剂。欧洲和美国都已经开始逐步限制使用 R134a，而 HFO-1234yf 是目前最可能的大规模替代产品。

第三代制冷剂 R134a 还能有多少时间可以去经营？第四代的 HFO-1234yf 能否引领制冷剂的潮流？ODS 替代品行业将何去何从？相信每个企业都会有自己的看法。在通盘考虑 R134a 和 HFO-1234yf 的技术研发、专利布局、国际环保条约、市场成熟度和利润空间等大量因素的情况下，如何作出准确的战略定位已经成为全球制冷剂企业迫在眉睫的问题。

本报告认为，虽然关于 R134a 的 337 调查已经尘埃落定，并以我国企业的胜诉告终，但不能因此盲目扩大 R134a 的产能并加大出口力度。我国企业在出口之前应当对在国外市场可能遭遇的双反调查和专利诉讼有预先准备和应急方案。同时，我国企业还应当紧跟制冷剂行业的大趋势，如果能预见到新一代制冷剂（例如 HFO-1234yf）发展的趋势，就应该对第三代制冷剂 R134a 的产能扩大采用更为谨慎的态度，并加大在新一代制冷剂上的研发投入。

（2）在国外的影响

这次"337 调查"的影响并不局限在国内。对于英力士公司来说，受金融危机的影响，在 337-TA-623 案结束的 4 个月后（2010 年 1 月），英力士公司透露身负 100 亿欧元的债务，减轻债务成为当务之急。2010 年 2 月 2 日，英力士公司宣布将氟化学品业务出售给墨西哥化学公司的子公司墨西哥氟化学公司。

在 337-TA-623 中，英力士氟公司最终以终裁失利结束，导致了其在美国市场的竞争力受损。另外，英力士氟公司是英力士的六大业务部门之一，但却只贡献了约 1/10 的年销售额。这些原因都导致英力士倾向于将英力士氟作为其出售的首选。这次收购的宣布是在 337-TA-623 结束后的半年之后，从时间上来看，"337 调查"终裁失利可以被认为是导致英力士氟被出售的最后一根稻草。

但这次收购，对英力士、英力士氟公司和墨西哥化学都带来了利好影响，对全球氟化工产业格局也产生了一定的影响。

---

❶ 夏应显. 翟青率团出席蒙特利尔议定书缔约方大会 [EB/OL]. [2013-11-01]. http://www.cenews.com.cn/xwzx./zhxw/ybyw/201310/t20131025_749506.html.

1）英力士

对于英力士，出售氟产品业务缓解了债务危机的燃眉之急，利于公司业务的收缩整合。

2）英力士氟

作为"337调查"的申诉人和争端的发起者，英力士氟公司不仅同样付出了高昂的律师费，而且也没有在发起"337调查"申诉的过程中赢得多少好处。"337调查"的终裁失利也加速了英力士氟公司被英力士公司出售的进程。然而这次出售也是因祸得福，新的东家墨西哥化学有充足的资金和萤石资源，为英力士氟公司注入了崭新的活力。中国企业在制冷剂市场上面对的是一个实力更加强劲的新版"英力士氟"。

3）墨西哥化学

对于墨西哥化学，收购英力士氟的交易完成后，墨西哥化学成为全球最大的萤石供应商，全球第二大的氢氟酸生产商，同时也是全球唯一从原材料到纵向一体化的氟化工企业，我国业内媒体甚至以"墨西哥化学剑指氟化工之巅"来描述这次收购。虽然在收购之前，墨西哥化学也具有相当的实力，但其影响力还仅局限于拉美地区，在全球经济不景气期间，以较低的成本收购英力士氟业务不仅使其产业链更加完整，也使墨西哥化学获得了梦寐以求的国际品牌、核心技术和国际营销渠道，帮助该企业尽快走向国际市场，同时嫁接国际知名品牌为己所用。❶

8.2 中国企业的本土防御战：星腾化工、鹰鹏化工、永和氟化工 VS 杜邦

8.2.1 案情回顾

1991年12月11日，杜邦向国家知识产权局申请名称为"氟化烃的恒沸组合物"的发明专利，并于1995年8月3日被授予专利权，专利号为ZL91112768.2。

2006年11月30日，杜邦通过代理人委托上海市卢湾区公证处分别从浙江星腾化工有限公司（以下简称"星腾化工"）和鹰鹏化工有限公司（以下简称"鹰鹏化工"）购买了R410A制冷剂，取得发票和产品手册，并委托通标标准技术服务有限公司上海分公司对上述两种制冷剂的成分进行检测。

之后，杜邦分别对星腾化工和鹰鹏化工提起诉讼，要求其停止制造、销售和许诺销售R410A，并赔偿经济损失和诉讼费用等，其中杜邦要求星腾化工赔偿300万元，要求鹰鹏化工赔偿900万元。2008年8月和11月，两被告在法院调解下分别与杜邦达成协议，承诺不再侵犯杜邦的专利权，并分别赔偿杜邦经济损失75万元（星腾化工）和125.7万元（鹰鹏化工），其他权利互不主张。至此，两案审结。

2008年8月21日在上述两起诉讼审结之前，浙江永和氟化工有限公司（以下简称

---

❶ 孟晶. 墨西哥化学剑指氟化工之巅 [EB/OL]. [2013-11-01]. http：//www.ccin.com.cn/ccin/news/2010/02/22/111936.shtml

"永和氟化工")向国家知识产权局专利复审委员会提起了针对杜邦 ZL91112768.2 的无效宣告请求,无效理由为《专利法》第 22 条第 3 款、第 26 条第 3 款、第 33 条和《专利法实施细则》第 20 条第 1 款,无效范围涉及授权的所有 9 项权利要求。国家知识产权局专利复审委员会经审理后作出第 17845 号无效宣告请求审查决定,以《专利法》第 33 条为理由无效权利要求 1~2 和 4~9,以《专利法》第 22 条第 3 款为理由无效权利要求 3,即宣布 ZL91112768.2 全部无效。

杜邦不服,以专利复审委员会为被告向北京市第一中级人民法院提出诉讼。北京市第一中级人民法院于 2012 年 7 月 2 日受理后,通知永和氟化工作为第三人参加诉讼。诉讼过程中的争议焦点为两点:(1)被告(专利复审委员会)有关本专利权利要求 1~2、4~9 不符合《专利法》第 33 条规定的认定是否合法;(2)被告有关该专利权利要求 3 相对于证据 2 和公知常识的结合不具有创造性的结论是否合法。最终,北京市第一中级人民法院作出判决,维持专利复审委员会作出的第 17845 号无效宣告请求审查决定。至此,该案审结。该案的简要过程参见图 8-7。

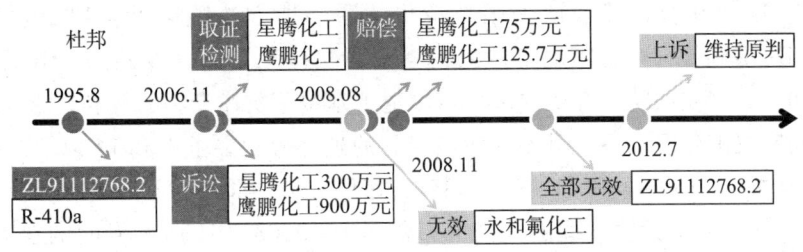

图 8-7 ZL91112768.2 引起的诉讼和无效过程

8.2.2 案例小结

面对专利纠纷时,星腾化工和鹰鹏化工的思路较狭窄。在诉讼过程中,星腾化工未作任何反击,而鹰鹏化工的反击也很柔弱,仅仅提出原告身份不符条件、没有证据指出己方产品覆盖了原告专利的全部特征、己方产品完全是自己研发且并不知晓杜邦的专利以及对损失金额有争议等 5 条不具有决定意义的理由。另外,在被诉审结之前,浙江永和新型制冷剂有限公司已经提起专利无效请求,星腾化工和鹰鹏化工没有进行专利无效,也没有等到所涉专利的无效判决。

永和氟化工在提出无效请求时,前期的资料准备非常充分,无效理由涉及《专利法》和《专利法实施细则》中的 4 条规定。特别是在以《专利法》第 33 条可以无效 ZL91112768.2 中 9 项权利要求的 8 项时,仍然针对包括权利要求 3 在内的多项权利要求准备了 3 篇对比文件,并以《专利法》第 22 条第 3 款提出无效。其中,提供的 3 篇对比文件都是 20 世纪七八十年代的文字资料,甚至有一篇是一名研发人员 James E. Hill 的车间总结,资料搜集的困难程度可想而知。

8.3 美国企业的本土防御战

8.3.1 霍尼韦尔 VS 苏威

8.3.1.1 案情回顾

比利时苏威于1996年10月4日向美国专利商标局提交名称为"制备1,1,1,3,3-五氟丙烷的方法"的发明专利申请,该申请于2004年5月4日授权为US6730817B1,涉及通过使1,1,1,3,3-五氯丙烷(HCC-240fa)与氟化氢(HF)在氢氟化催化剂存在下制备HFC-245fa的方法,该方法具体包括从反应混合物中连续脱除气态HFC-245fa和氯化氢。

霍尼韦尔位于路易斯安那州的盖斯马的工厂,采用使HCC-240fa与HF在氢氟化催化剂存在下反应来制备HFC-245fa(盖斯马方法)。

2008年12月9日,苏威向美国特拉华州联邦地方法院起诉霍尼韦尔侵犯了其US6730817B1专利权,主张霍尼韦尔的盖斯马方法侵犯了所述专利的权利要求1~7、9~18和20~22。在法院,苏威要求判定霍尼韦尔侵犯所述专利的权利要求1、5~7和10~11,而霍尼韦尔要求判定其不侵犯该专利的独立权利要求1和12以及从属权利要求2~7、10~11、13~18和21~22。同时,霍尼韦尔要求判定US6730817B1的权利要求1、5、7和10~11无效,理由是霍尼韦尔是US6730817B1所述发明的在先发明人,根据35 U.S.C. §102(g)的规定,如果其他在先发明人已经完成专利权人的发明,并且未放弃、抑制或隐瞒该发明,则该专利将被无效。经审理,法院判定霍尼韦尔的盖斯马方法侵犯了US6730817B1的权利要求1、5~7和10~11,但不侵犯权利要求12~18和21~22;此外,判定霍尼韦尔是专利US6730817B1的权利要求1、5~7和10~11的在先发明人,因而上述权利要求无效。

苏威对上述判决不服,上诉至美国联邦巡回上诉法院。2010年10月13日,美国联邦巡回上诉法院经审理作出如下判决:霍尼韦尔不是专利US6730817B1中所述发明的其他在先发明人;撤销联邦地方法院关于US6730817B1权利要求1、5~7和10~11无效的判决;认定霍尼韦尔的盖斯马方法侵犯了US6730817B1权利要求1、5~7和10~11;认定霍尼韦尔的盖斯马方法未侵犯US6730817B1权利要求12~18和21~22;并将案件发回到联邦地方法院进一步审理。

2011年8月26日,特拉华州联邦地方法院进一步审理该案件,并作出如下判决:驳回了霍尼韦尔的无效请求,并判定霍尼韦尔非故意侵权;否定了苏威反对霍尼韦尔非故意侵权的请求。

陪审团于2011年9月21~28日根据双方提供证据审理后裁决US6730817B1的权利要求1无效,理由如下:该权利要求1是根据US5574192B1可以预期的;俄罗斯应用化学科学中心(RSCAC)在其1994年5月的RU2065430A申请中公开了该权利要求1所述发明;该权利要求1是显而易见的。

苏威对此不服，向特拉华州联邦地方法院请求对可以预期和显而易见性作出判断并重新审理。2012年8月20日，特拉华州联邦地方法院经审理驳回了苏威的请求，维持了陪审团的裁决。

本案双方争论的焦点之一是霍尼韦尔是否是US6730817B1权利要求1、5~7和10~11的在先发明人，其中涉及的具体情形如下：

早在1994年，霍尼韦尔与RSCAC签订研究合同，合同要求RSCAC的研究人员进行HFC-245fa商业生产的开发研究。1994年7月，RSCAC向霍尼韦尔发送月报称，其已经实现使用连续方法从HCC-240fa液相合成HFC-245fa，该报告证实已经实现在五氯化锑催化剂存在下使HCC-240fa与HF反应合成HFC-245fa，反应温度为80℃~130℃，反应压力为2~40巴，该方法对应于US6730817B1权利要求1、5、7和10~11所述的发明。此外，RSCAC在1994年5月26日向俄罗斯专利局提交了专利申请（对应于RU2065430A）。在1995年早期，霍尼韦尔使用RSCAC提供的信息重复了RSCAC研究人员的工作，并早于US6730817B1优先权日实施了该发明；在1995年夏天，霍尼韦尔开始研发和改进该方法，在1995年8月开始设计并完成试验生产HFC-245fa的试验工厂，并在1996年2月完成了该发明的第一次成功试车；霍尼韦尔在1996年3月起草制备HFC-245fa的改进方法的专利，于1996年7月3日提交专利申请，最终授权为US5763706B1。

霍尼韦尔认为，根据上述事实，自己是US6730817B1中所述发明的在先发明人，其在1995年8月（早于US6730817B1的优先权日）在美国首先实施了该争论中的发明，并且其未放弃、抑制或隐瞒该发明，因而US6730817B1权利要求1、5、7和10~11应该被无效。

苏威认为，RSCAC而不是霍尼韦尔构思并实施了该发明，霍尼韦尔只是将外国发明简单复制到美国，因而该发明的在先发明人是RSCAC，而不是霍尼韦尔；此外，霍尼韦尔放弃、抑制或隐瞒了该发明，因而US6730817B1权利要求1、5、7和10~11不能根据35 U.S.C. §102（g）的规定被无效。

双方针对该焦点进行了数次辩论，并且在美国特拉华州联邦地方法院一审判定支持霍尼韦尔的主张，无效了上述权利要求；但是，经苏威上诉后，美国联邦巡回上诉法院经审理裁定霍尼韦尔不是专利US6730817B1中所述发明的其他在先发明人，并撤销了地方法院的该判定。

8.3.1.2 案例小结

发明人在完成发明后，在该发明技术壁垒不是很高的情况下，应该尽快向目标国家和地区提交发明专利申请，以使自己的研究成果在目标国家和地区能够以专利的形式得到保护。在本案中，霍尼韦尔最早从合作伙伴RSCAC处知晓本案中争议的发明，却因各种原因未能及时提交相关专利申请，而苏威随后自主研发完成相同的发明，率先申请专利并获得授权，随后起诉霍尼韦尔的盖斯马方法侵犯其专利权，使得霍尼韦尔只能被动应诉。由于当时美国的专利制度是先发明制，霍尼韦尔试图通过证明自己是在先发明人而无效该专利，但最终法院的判决并不支持霍尼韦尔的该主张。尽管最终该专利权被无效,但霍尼韦尔为此进行了为期4年的专利诉讼,付出了大量的人力和物力,最终只获得了该发明的使用权。如果霍尼韦尔能够在第一时间就该技术提交专利申请,那么很可能会获得该发明的专利权,而无需花费大量人力和物力来无效对手的专利。

从图8-8中可以看出,苏威是在2008年对霍尼韦尔发起诉讼,而2008年恰好是该领域申请量经历了一个较长时间增长后开始回落的时间,从态势上来说正处于HFC-245fa专利技术成熟期的末尾,衰退期的开始。

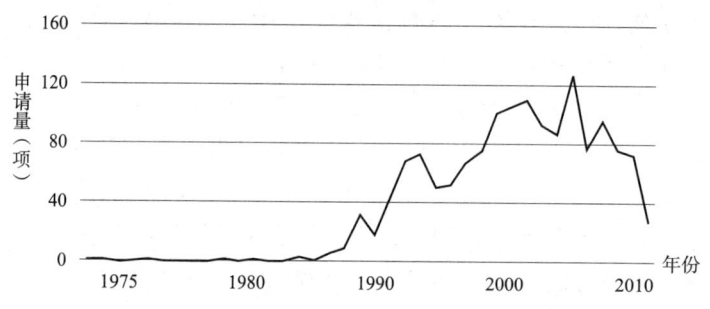

图8-8 HFC-245fa全球申请量变化趋势

从图8-9可以看出,霍尼韦尔和苏威都在HFC-245fa领域布局了一定数量的专利,两家公司在美国和全球的专利申请量变化趋势非常相似。实际上霍尼韦尔和苏威两家公司几乎每申请一项专利族都会包含一件美国同族专利,两家公司都非常重视美国市场。

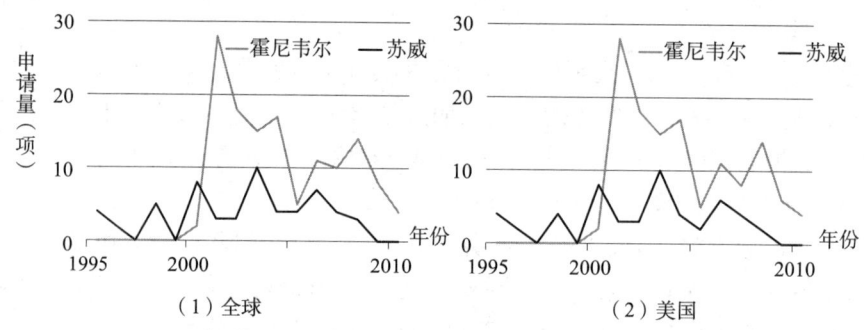

图8-9 霍尼韦尔和苏威在HFC-245fa领域的申请量变化趋势

但两家公司的申请量变化趋势又各有特点:苏威公司最早在1995年就提出了HFC-245fa的专利,但在专利申请总量上落后;霍尼韦尔公司从2000年才开始申请HFC-245fa相关的专利,但在接下来5年内产出量非常大。一般来说,在先申请的专利容易获得更大的保护范围,并且专利权也更稳固,因此,两家公司的专利实力可以说是势均力敌。

因此,苏威公司在2008年对霍尼韦尔发起专利诉讼时,从其专利布局上看并不具有优势,并且作为一家比利时公司把诉讼的战场放在了霍尼韦尔的主场美国,诉讼获胜的难度相当之大,最终的诉讼结果也说明了这一点。

8.3.2 霍尼韦尔 VS 阿克马

8.3.2.1 案情回顾

霍尼韦尔与阿克马在汽车制冷剂制造和销售中是重要的竞争对手。霍尼韦尔拥有多项关于 HFO-1234yf 的专利，例如，US7534366B2 要求保护一种含有 HFO-1234yf 和聚亚烷基二醇的热传递组合物；US7279451B2 要求保护包括具有足够低全球升温潜能值的 HFO-1234yf 的热传递组合物。此外，霍尼韦尔还拥有多项涉及使用 HFO-1234yf 的方法的专利，例如，要求 US7534366B2 优先权的专利 US8033120B2，涉及使用 HFO-1234yf 和润滑剂冷却空气的方法；要求 US7534366B2 和 US7279451B2 的优先权的 US8065882B2，涉及在汽车中使用 HFO-1234yf 冷却空气的方法。

为了能够顺利进入美国的 HFO-1234yf 市场，并避免受到专利诉讼的威胁，阿克马于 2010 年 6 月 16 日在美国宾夕法尼亚州东区地方法院起诉霍尼韦尔，要求宣判 US7279451B2 和 US7534366B2 无效，并且要求法院宣告 HFO-1234yf 的任何制造、使用、销售、许诺销售或进口不侵犯这些专利权。为此霍尼韦尔提出反诉，声称阿克马在美国销售和许诺销售 HFO-1234yf 构成了对上述两个专利的侵权。

2010 年 10 月，第三方墨西哥化学向美国专利商标局发起针对 US7279451B2 专利的多方复审。

在上述诉讼处于调查取证中时，霍尼韦尔获得了 US8033120B2 和 US8065882B2 专利权。随后，由于担心向美国汽车制造商销售 HFO-1234yf 时侵犯上述专利权，阿克马提出增加对 US8033120B2 和 US8065882B2 的无效和不侵权的宣告式判决。

2011 年 11 月，墨西哥化学提出对专利 US8033120B2 的多方复审。

2012 年 2 月 3 日，宾夕法尼亚州东区地方法院拒绝了阿克马的补充提议，同时裁定阿克马不能被控告直接侵犯 US8033120B2 和 US8065882B2 的专利权，因为阿克马只是供应商，并未计划以任何方式使用 HFO-1234yf，而上述专利只涉及 HFO-1234yf 的使用方法；阿克马现在并不面临共同侵权或诱导侵权的法律责任。2012 年 3 月 8 日，根据双方协议，宾夕法尼亚州东区地方法院发出了拒绝阿克马补充提议的最终判决。阿克马对此不服，提出上诉。

在联邦巡回上诉法院的上诉悬而未决时，墨西哥化学分别在 2012 年 8 月和 9 月提交了针对专利 US8065882B2 和 US7534366B2 的多方复审。

美国联邦巡回上诉法院于 2013 年 2 月 5 日作出判决：判定地方法院错误地拒绝了阿克马增加关于 US8033120B2 和 US8065882B2 的宣告式审判要求作为补充申诉，撤销了上诉地方法院的上述驳回，并要求根据本意见进一步审理。

在诉讼期间，在多方重审程序中，美国专利商标局拒绝了 US7279451B2 的全部权利要求。然后，霍尼韦尔向阿克马发出了关于 US7279451B2 专利的不起诉合约。关于该事件，在 2013 年 8 月 29 日，双方同意从案件中去除专利 US7279451B2，于是美国宾夕法尼亚州东区地方法院驳回了双方涉及 US7279451B2 专利的请求。

2013 年 5 月 9 日，霍尼韦尔书面通知宾夕法尼亚州东区地方法院和阿克马，中止其在美国专利商标局正在复审中的专利诉讼。

2013年9月25日,宾夕法尼亚州东区地方法院进行审理,霍尼韦尔要求中止该诉讼,而阿克马反对霍尼韦尔的上述请求。最终宾夕法尼亚州东区地方法院经慎重考虑,支持了霍尼韦尔中止诉讼的请求,同时阿克马可以在美国专利商标局对上述一个或多个专利作出裁决后请求法院撤销所述中止。

8.3.2.2 案例小结

在2006年,欧盟提出全球变暖问题,制定了要求汽车使用具有低GWP的制冷剂的新规定。该规定适用于从2013年开始至2017年的全部新汽车平台。美国还没有采取类似规定,但美国和国外汽车制造商均已转换为具有低GWP的HFO-1234yf。汽车制造商已经准备签订购买HFO-1234yf的长期合同。阿克马和霍尼韦尔都希望可以供应HFO-1234yf,并已投入大量资源来生产HFO-1234yf。阿克马已经在法国建立生产HFO-1234yf的工厂,并计划再建一个工厂以满足日益增长的需求。霍尼韦尔在纽约建有工厂,并且正在路易斯安那州建设更大的工厂。由于霍尼韦尔在HFO-1234yf领域拥有为数众多的美国专利,阿克马担心如果其向美国汽车制造商销售HFO-1234yf时,将间接侵犯霍尼韦尔的专利权。

在上述背景下,阿克马发起了针对霍尼韦尔HFO-1234yf相关专利的无效以及不侵权诉讼。同时,作为在HFO-1234yf领域拥有较少专利的第三方墨西哥化学,在上述诉讼期间先后针对相同的专利向美国专利商标局提出多方复审,这相当于在另一战场对霍尼韦尔宣战,这无疑是在声援阿克马。这一系列专利纠纷可以看做是行业内两大公司阿克马和墨西哥化学向本领域专利巨头霍尼韦尔的挑战,这说明行业内各大公司都在利用自己手上的筹码尽力使自己在HFO-1234yf领域中的利益最大化。根据美国专利商标局的统计信息,从提交文件到作出复审裁决的平均时间是39.5个月,因而按照目前的结果,上述专利纠纷可能要在未来一两年后才可能有最终结果。这一系列关于HFO-1234yf的诉讼或许只是个开始,随着HFO-1234yf的商业应用日益增加,可以预期类似的专利诉讼会愈演愈烈。

8.4 美国企业的专利空降遭遇欧洲企业围剿

8.4.1 案情回顾

霍尼韦尔于2005年4月29日向欧洲专利局提交了名称为"含有氟取代的烯烃的组合物"的专利申请,其要求2004年4月29日提交的US83752504A的优先权;经审理,该申请于2009年11月18日获得授权(US837525B1),其权利要求1为:"一种包含四氟丙烯(HFO-1234)的组合物作为制冷剂在汽车空气调节系统中的用途。"

2010年1月27日,阿克马向欧洲专利局提出异议,理由是:该专利整体公开不充分,并且不具有新颖性和创造性;同时,质疑该专利优先权的有效性。

2010年6月22日,大金向欧洲专利局提出异议,理由是:该专利整体公开不充分,并且不具有新颖性和创造性。

2010年8月5日,旭硝子向欧洲专利局提出异议,理由是:该专利的主题整体不具有新颖性和创造性;同时,质疑该专利优先权的有效性。

2010年8月7日,戴姆勒向欧洲专利局提出异议,理由是:该专利整体公开不充分,并且不具有新颖性和创造性。

2010年8月10日,欧洲汽车制造商协会向欧洲专利局提出异议,理由是:该专利整体公开不充分,并且不具有新颖性和创造性;同时,质疑该专利优先权的有效性。

2010年8月10日,宝马向欧洲专利局提出异议,理由是:该专利整体不具有新颖性和创造性;同时,质疑该专利优先权的有效性。

2010年8月11日,Wallinger、Michael向欧洲专利局提出异议,理由是:该专利整体公开不充分,并且不具有新颖性和创造性;同时,质疑该专利优先权的有效性。

2010年8月16日,墨西哥化学阿玛科股份有限公司向欧洲专利局提出异议,理由是:该专利整体公开不充分,并且不具有新颖性和创造性;同时,质疑该专利优先权的有效性。

2010年8月16日,苏威氟化学有限公司向欧洲专利局提出异议,理由是:该专利整体公开不充分,并且不具有新颖性和创造性;同时,质疑该专利优先权的有效性。

上述9个请求人均要求无效该专利,并提交了近60篇对比文件。

2010年12月20日,专利权人通过提交一系列对比文件回应了阿克马的异议请求,指出其与阿克马之间在杜塞尔多夫地区法院存在未审判的侵权案件,请求驳回阿克马的异议,并维持所授予的专利权。

2011年8月3日,专利权人通过提交一系列对比文件回应了9个请求人的异议请求以及一组权利要求1~9作为附属请求(auxiliary request),请求驳回9个请求人的异议请求,维持所授予的专利权,并指出如果上述请求不能被支持,则请求基于所述附属请求的权利要求1~9维持专利权。

2011年11月4日,异议组发出通知指出:异议组认为权利要求1违反了《欧洲专利公约》123(2)条款(即修改超出了原申请的范围);异议请求人提交的支持公开不充分的论据不具有说服力;分别根据对比文件5和对比文件34,该专利的权利要求并不能享有优先权;认为对比文件对比文件15和对比文件35可以预期该专利权利要求的主题;并通知将于2012年3月27~29日进行口头审理,专利权人提交的附属要求是否符合《欧洲专利公约》123(2)条款以及新颖性和创造性需要在口头审理中进行讨论。

异议组于2012年2月16日和27日分别收到7个请求人提交的论据,这些论据质疑专利权人提交的主请求和附属请求的主题公开不充分、不具有新颖性和创造性以及其优先权无效。申请人于2012年2月27日提交了论据和附属请求1~16,要求驳回9个请求人的异议请求,维持所授予的专利权,并指出如果上述请求不能被支持,则请求基于所述修改形式维持专利权。

2012年3月27日进行口头审理,专利权人以及7个请求人出席了该口头审理。在审理过程中，专利权人提交了新的附属请求 7 替换 2012 年 2 月 27 日提交的第 7 附属请求，撤回了附属请求 8～11，并将附属请求 12～16 变为附属请求 8～12。经过双方辩论后，异议组作出如下判定：专利权人的主请求违反了《欧洲专利公约》123（2）条款；附属请求 1～5 基于与主请求相同的理由不满足《欧洲专利公约》123（2）条款；附属请求 6、8～12 也违反了《欧洲专利公约》123（2）条款；附属请求 7 因提出的时机不合适导致异议请求人未能针对该请求做好准备，不符合《欧洲专利公约》114（2）条款，因而不予理睬；最终判定该专利无效。

专利权人霍尼韦尔对异议组判定不服，于 2012 年 3 月 29 日提出上诉请求。

截至 2013 年 11 月，该案件还在上诉审理中。

8.4.2 案例小结

本案涉及四氟丙烯（HFO－1234）作为制冷剂的用途，由于 HFO－1234yf 被本领域认为最可能取代 R134a 成为汽车空调中使用的制冷剂，因而本案备受各大公司关注，才出现包括大金、阿克马、旭硝子、墨西哥化学、苏威等行业巨头以及汽车制造厂戴姆勒和宝马等 9 个不同异议请求人针对本专利提出异议无效请求。截至 2013 年 11 月，本案还处于上诉阶段，无论最终结果如何，均将会对汽车空调制冷剂领域带来重大影响。

美国和欧洲，从来都是《蒙特利尔议定书》和《京都议定书》履约走在前面的国家，注定是新一代 ODS 替代品率先燃起专利战火的地方。如本书第 3 章所示，美国申请人占据了全球 HFO－1234yf 专利数量的半数，在欧洲专利布局数量也居于首位，遥遥领先于欧洲本土企业。因此，以霍尼韦尔和杜邦为代表的美国公司在欧洲推进 HFO－1234yf 应用的过程中，必然会招致欧洲企业的强烈反应。并且，HFO－1234yf 的专利布局不仅会限制制冷剂企业，还会导致汽车和制冷设备生产商在使用 HFO－1234yf 时存在专利侵权的风险。因此，也就不难理解为何霍尼韦尔在欧洲的专利空降会引起跨行业的多家公司的联合围剿。

8.5 本章小结

（1）世界影响着中国，中国也影响着世界

长久以来，我国的 ODS 替代品产业与国外差距明显，更多的时候是接受国外产业的影响。我国企业由于技术和专利运用水平的差距，对于专利纠纷往往都是唯恐避之不及。然而 337－TA－623 以事实告诉我们，即使是在大洋彼岸的美国客场，我们也有能力赢得专利纠纷。"337 调查"的获胜鼓舞了国内 HFC－R134a 产能的提高和出口的增加，也对业内世界巨头的整合产生了影响。

（2）ODS 替代品行业，国家保护主义意味浓厚

从美国和欧洲的专利诉讼来看，比利时苏威在美国诉霍尼韦尔 HFC－245fa 侵权以败诉收尾，欧洲众公司在欧洲诉霍尼韦尔 HFO－1234yf 专利无效以胜利结束，法国阿

克马在美国诉霍尼韦尔专利无效一波三折至今尚未结案。我们似乎隐约发现了企业本土作战基本不会有败绩，这其中的国家保护主义意味似乎不言而喻。

(3) HFO-1234yf 的专利纠纷，比以往时候来的更早一些

根据本章内容可以看出，我国企业遭遇"337 调查"是在 HFC-R134a 申请大潮之后的近 20 年之后，霍尼韦尔在美国遭遇苏威诉讼专利无效是在 R245fa 专利开始有大量申请的 10 年之后。但霍尼韦尔的 1234yf 专利在美国和欧洲遭遇专利纠纷的时间是从 HFO-1234yf 专利大量开始申请的 6 年之后（参见本书第 3 章内容），新一代制冷剂从研发到市场化的速度更快，专利的纠纷也来得更早。如果没有新的替代品出现，那么专利技术高度垄断在美国、法国和日本企业手里的 HFO-1234yf，必将引起更加复杂、更加激烈的专利战争。随着我国履行《蒙特利尔议定书》和《京都议定书》进程的深入，我们也必将置身于该专利战争中。短期来看，HFO-1234yf 的专利保护呈现多个巨头争雄的局面，合纵连横相对容易，即使没有自主专利权也能通过技术引进求得生存；长远来看，我国企业必须在 HFO-1234yf 技术上有所突破，形成相当数量用得上且站得住的专利，才能保证企业的长远利益和产业的长治久安。

第9章 结论与建议

9.1 结论

本报告对氟化工行业相关的171584项全球专利申请进行了系统分析,将氟化工行业分成无机含氟化合物、氟碳化合物、氟树脂和氟橡胶分别进行了研究,并对氟化工领域备受关注的HFO-1234yf、高压缩比聚四氟乙烯分散树脂、全氟磺酸树脂膜、PFOA替代品、氢氟酸提纯和六氟磷酸锂等技术进行了详细的分析研究。本报告的研究结果参见表9-1。

表9-1 氟化工产业专利申请概况

技术分支	分领域技术分支	全球市场		中国市场	
		外国申请人	中国申请人	外国申请人	中国申请人
氟化工行业	氟化工行业总体情况	(1)氟化工全球专利申请目前正处于快速增长的阶段; (2)研究主要集中在产业链的中下游; (3)日本和美国是氟化工领域最大的专利申请国和目标国; (4)杜邦、旭硝子和大金是氟化工领域最大的行业巨头	(1)中国的专利申请量排名第三,但主要集中在低端产品上; (2)中国申请人较为分散,但在某些领域已占据一定的优势	(1)专利申请量保持快速增长趋势,产业链中下游是研发的热点; (2)杜邦和大金是最大的竞争对手,高端产品是其布局的重点; (3)美国和日本专利申请量分别排名第二位和第三位,其中高端产品相关专利比例较大	(1)中国本土专利申请量最大,主要集中在低端产品; (2)国内申请人以高校为主,企业研发实力不足
ODS替代品	ODS替代品总体情况	(1)日本和美国的专利申请量居前两位; (2)杜邦、旭硝子、大金和霍尼韦尔是ODS替代品领域四大巨头	(1)中国的专利申请量排名第三; (2)我国企业专利总量和对外专利申请量少	中国是各国申请人重点布局ODS替代品专利的国家	我国在ODS替代品领域的专利申请量落后于外国申请人

续表

技术分支	分领域技术分支	全球市场		中国市场	
		外国申请人	中国申请人	外国申请人	中国申请人
ODS替代品	HFO-1234yf	(1) 在HFO-1234yf领域，霍尼韦尔申请量最大； (2) HFO-1234yf的制备路线众多，行业巨头的技术各有特点； (3) HFO-1234yf制冷工质出现较晚，阿克玛申请量最大	(1) 在HFO-1234yf领域，我国企业已经开始专利申请，但进入较晚； (2) 我国的企业尚没有HFO-1234yf相关专利布局海外	HFO-1234yf相关专利重点布局我国，国外公司尤其重视制备专利在我国的专利布局	(1) HFO-1234yf的专利是近3年才开始申请，总量较少； (2) 制冷剂企业重点关注HFO-1234yf制备专利，对工质专利申请参与度不够
氟树脂	氟树脂总体情况	(1) 在氟树脂特别是聚四氟乙烯领域，日本和美国优势明显； (2) 专利申请量前三位的申请人为杜邦、旭硝子和大金	(1) 在氟树脂特别是聚四氟乙烯领域，中国在通用级产品上研究较多； (2) 中国的申请人比较分散，没有专利申请量排名前十位的申请人	(1) 氟树脂特别是聚四氟乙烯领域，日本和美国优势明显； (2) 杜邦和大金在中国的专利优势明显	(1) 氟树脂特别是聚四氟乙烯领域，中国在通用级产品上研究较多； (2) 浙江大学和东岳是国内专利申请量靠前的申请人
	高压缩比聚四氟乙烯	(1) 高压缩比聚四氟乙烯分散树脂领域主要集中在聚合方法的改进； (2) 杜邦、大金、赫彻斯特、苏威申请量排名靠前	(1) 在高压缩比聚四氟乙烯分散树脂领域，我国企业申请量较少； (2) 中昊晨光、东岳涉足该领域	高压缩比聚四氟乙烯分散树脂领域受大金和杜邦控制	在高压缩比聚四氟乙烯分散树脂领域，中昊晨光、东岳和三爱富开始申请专利，但受国外制约
	全氟磺酸树脂膜	在全氟磺酸树脂膜领域，国外申请人专利申请量落后	(1) 中国的申请量占优； (2) 东岳集团专利申请量排名第一	国外申请人在中国的专利申请量普遍较少	东岳集团的专利申请量排名第一
	PFOA替代品	(1) 日本和美国是技术主要来源国； (2) 杜邦、大金、旭硝子和苏威申请量排名前四	东岳、中昊晨光和巨化申请量排进前十	(1) 各公司的技术侧重点差别很大； (2) PFOA替代品中醚类最多	烷基或氟化烷基磷酸酯、四氟乙烯-全氟乙烯基醚离聚物、含氟（甲基）丙烯酸聚合物，以及环状醚羧酸盐作为替代品申请量不大，是国内申请人可以重点关注的路线

351

续表

技术分支	分领域技术分支	全球市场		中国市场	
		外国申请人	中国申请人	外国申请人	中国申请人
氟橡胶	氟橡胶总体情况	(1) 在氟橡胶领域，日本和美国实力最强，美国和中国是全球专利重点布局的区域；(2) 大金和杜邦实力最强，关注硫化体系和生胶制备	(1) 中国申请量与国外差距明显，但呈现快速增长态势；(2) 我国企业对外的竞争意识不强，海外专利布局意识仍待加强	我国是典型的专利输入国，是国外申请人重点专利布局的国家	申请人过于分散，基础研发能力相对薄弱
无机含氟化合物	无机含氟化合物总体情况	(1) 整体上进入较早，主要关注含氟特种气体等高端精细化学品；(2) 日本和美国是主要的申请国家	(1) 整体上进入较晚，但成为专利申请的主力，专利主要涉及传统盐；(2) 中国逐渐成为专利主要申请国之一	整体上进入较早，主要关注含氟特种气体等高端精细化学品	(1) 国内大型公司少，小企业多，集中度低；(2) 多氟多是国内无机氟行业的龙头企业
	氢氟酸	氢氟酸研发热点在于提纯技术，杜邦引领技术发展	高纯级氢氟酸还有相当的差距	氢氟酸提纯技术创新难度大，各主要申请人申请量都不足10件	仍然以工业级氢氟酸为主，低端产品产能过剩，大量失效专利可直接使用
	六氟磷酸锂	(1) 美国是技术奠基者，日本是主要推动者；(2) 六氟磷酸锂，中央硝子、斯泰拉优势明显	中国申请量位居第一	在六氟磷酸锂领域，中央硝子、斯泰拉优势明显	(1) 我国申请人非常分散；(2) 天津化工院和多氟多发展迅速
	氢硅酸综合利用	(1) 氟硅酸综合利用领域专利技术集中度很高，中国、前苏联、美国和日本的申请量之和占总量的90%；(2) 重点申请人为日本的三菱、旭硝子、ONODE、尼桑、美国的拜耳和杜邦、前苏联的KOROBITSYN和ZAGUDAEV	(1) 在氢硅酸综合利用领域，我国处于技术前列；(2) 我国申请量较大的申请人是多氟多、瓮福、云南化工院	1990年后，在中国的专利申请量增长	(1) 在氢硅酸综合利用领域，多氟多排名第一；(2) 1990年后，我国申请人的专利申请量快速增长

具体结论信息请参加下面内容。

(1) 国内外专利申请格局

1) 全球专利申请格局

氟化工全球专利申请目前正处于快速增长的阶段。 2011年申请量已达9000项左右，其中氟碳化合物和含氟聚合物的申请量变化趋势与氟化工总体的趋势接近，而无机含氟化合物相关的专利申请量在2000年之后有所增加，但增幅相对较小。

全球专利申请主要集中在产业链的中下游，且下游含氟聚合物的专利申请量最多。 在氟化工领域所有专利申请中，只有不到2%的专利申请涉及产业链上游的无机氟化工，约22%涉及产业链中游的氟碳化合物，其余75%以上的专利申请均涉及产业链下游的含氟聚合物。日本和美国的专利申请主要集中在有机氟化工领域，而在无机氟化工领域中，中国和俄罗斯所占比例相对更大。

日本和美国是氟化工领域最大的专利申请国和目标国，在ODS替代品、含氟聚合物、无机含氟化合物等各个分支均占有明显的优势。 氟化工领域中来自日本的专利申请了占总申请量的1/3以上，来自美国的专利申请也已达到1/4以上，同时日本和美国也是本领域专利公开量最大的两个国家。在各个技术分支中，日本和美国在专利申请国和目标国排名中同样位居前两位，这说明日本和美国在氟化工领域及各个分支中都占据明显的技术优势，同样也是氟化工领域最大的市场。

杜邦、旭硝子和大金是氟化工领域最大的行业巨头。 全球氟化工申请人排名前三依次为杜邦、旭硝子和大金；同时它们在ODS替代品、含氟聚合物领域也是排名前三的申请人，虽然在无机氟化工领域的申请量相对较少，但同样可以排进前十。由此可见，这3家企业是氟化工领域最重要的申请人，其研发重点主要集中在产业链中下游的ODS替代品和含氟聚合物中，对产业链上游无机含氟化合物的研究相对较少。

氟化工领域来自中国的专利申请量排名第三，但这些专利申请主要集中在低端产品上。 虽然我国氟化工行业起步较晚，但发展迅速。目前来自中国的专利申请量已占全球总申请量的12%，仅次于日本和美国，位居全球第三位。我国在ODS替代品、含氟聚合物领域的申请量同样位居全球第三位，而在无机氟化工领域的申请量则已经超越美国，位居第二位。由此可以看出，我国氟化工行业近年来取得了长足的发展，但中国专利申请人对产业链上游的无机氟化工研究较多，其专利申请较多地集中于产业链中的低端产品，而在本领域最新技术（如HFO-1234yf和PFOA替代品等）和高端产品（例如高压缩比聚四氟乙烯分散树脂、高纯氢氟酸和高纯六氟磷酸锂等）上专利申请较少。

中国申请人较为分散，但在某些领域已占据一定的优势。 虽然来自中国的专利申请量已排名第三，但中国各申请人的申请量均不多；在全球氟化工领域专利申请量排名前十位的申请人中，没有来自中国的申请人。在ODS替代品和含氟聚合物领域中，中国申请人的申请量同样无法排进前十，只有来自中国的多氟多在无机氟化工领域专利申请量排名中位居第三。这说明我国申请人较为分散，并没有形成业界真正意义上的强势力量；同时也进一步证明我国企业的研究更多地集中在产业链上游的无机氟化工。但是，我国的东岳在全氟磺酸树脂膜领域以及多氟多在氟硅酸综合利用方面的专利申请量都位居全球第一位，这说明我国氟化工企业越来越重视自主知识产权的创新和专利保护，在某些产品上已形成自己的技术优势。

2）中国专利申请格局

在所有171584项全球相关专利申请中，共有19591项在中国申请了专利。

专利申请量保持快速增长趋势，产业链中下游是研发的热点。自1985年以来，专利申请量一直保持快速增长的态势，特别是近年来申请量增加非常快，到2011年相关的申请量已达到约2800件。在所有相关的专利申请中，只有约3%涉及无机氟化工，约25%涉及氟碳化合物，其他专利申请均涉及含氟聚合物。

来自中国的专利申请量最大，其次是来自美国和日本的专利申请量；来自中国的专利申请主要集中在低端产品，而在来自美国和日本的专利申请主要集中在中高端产品。来自中国的专利申请量已达到总申请量的3/4左右，远远超过其他国家的申请量，但来自中国的专利申请基本都只在中国本土申请了专利。并且，在来自中国的专利申请中，本领域最新技术和高端产品相关的申请量较少，更多的申请都集中在低端产品上。虽然来自美国和日本的申请量比来自中国的低，各占1/10左右，但其中大量专利申请涉及HFO-1234yf、高压缩比聚四氟乙烯分散树脂、PFOA替代品、高纯HF和高纯六氟磷酸锂等高端产品。

杜邦和大金是我国企业最大的竞争对手，高端产品是其重点布局的方向。杜邦和大金的专利申请量远远超过其他的申请人，并且它们在HFO-1234yf、高端氟树脂、PFOA替代品、氟橡胶等领域都进行了大量的专利布局。由此可以看出，杜邦和大金非常重视在中国的专利布局，布局的重点也主要集中在高端产品上，因而它们是我国企业最大的竞争对手。

国内申请人以高校为主，企业研发实力不足。国内排名前五的申请人有4家为高校，只有山东东岳一家企业，但高校与企业的联合研发很少，技术转化率不高。在企业申请人中，东岳、中昊晨光、巨化和三爱富等在含氟聚合物领域、中化蓝天在ODS替代品领域、多氟多在无机氟化工特别是氟硅酸综合应用领域的申请量较大，但这些企业在高端产品上申请量较少，与国外大公司存在较大差距。

（2）ODS替代品

本报告重点对目前最具潜力的新一代制冷剂HFO-1234yf的专利技术进行了分析。

杜邦、旭硝子、大金和霍尼韦尔是ODS替代品领域四大巨头，中国是各国申请人重点布局的市场。在ODS替代品领域，来自中国的相关专利申请占全球的大约7%，位居第三位，与日本和美国相比还存在较大差距；但近年来全球相关专利技术的一半以上都在中国申请了专利。由此可见中国已成为ODS替代品领域研发和专利布局的热点区域。

在HFO-1234yf领域中，霍尼韦尔、杜邦、大金、阿克玛的申请量最大，来自中国的专利申请较少。霍尼韦尔、杜邦、大金、阿克玛是该领域申请量排名前四的申请人，其申请量之和已占全球总申请量的一半以上，该领域的技术主要掌握在这些公司手中；来自中国的相关专利申请只有38件，不到全球总申请量的5%。我国在该领域没有形成上规模的企业，整体发展还比较慢，与美日相比差距明显。

HFO-1234yf 的制备路线众多，我国申请人进入较晚，处于追赶者的角色。目前专利文献中明确记载的 HFO-1234yf 制备路线共计43条，其中各申请人公认的产业可行性较高的制备路线有5条。霍尼韦尔和杜邦最早开始相应的研究，申请量也排名前两位；阿克玛、大金、旭硝子、墨西哥化学等快速跟进研究，也已有一定的技术储备；而各大公司在各条路线上的研发投入并不相同，都有各自重点研究的方向。我国企业技术敏感较差，在该领域快速发展6年之后的2010年，才开始进入该领域，申请量也很少，已经大幅落后于其他国家。在中国企业中，西安近化所的申请量最大，但与国外公司相比还存在较大差距。

HFO-1234yf 制冷工质出现较晚，阿克玛、杜邦和霍尼韦尔掌握了大部分技术。HFO-1234yf 制冷工质相关的专利申请基本都出现在2004年之后，2008年之后申请增长较快。该领域的申请主要被阿克玛、杜邦和霍尼韦尔3家公司所垄断，每家的申请量都占据总申请量的20%左右。目前出现的配伍用制冷剂组分已达近百种，申请量较大的配位组分基本由霍尼韦尔和杜邦提出，技术集中度非常高；阿克玛、杜邦和霍尼韦尔掌握了该领域大部分的技术；国内申请人相关的专利申请较少，总共不到总申请量的8%，其中集美大学和东岳申请量相对较大。

（3）含氟聚合物

含氟聚合物是目前氟化工领域专利申请量最大的分支，我国已取得一定成就，但高品级含氟聚合物仍主要依赖进口。

1）氟树脂

在氟树脂特别是聚四氟乙烯领域，日本和美国优势明显，中国在通用级产品上研究较多。氟树脂特别是聚四氟乙烯树脂目前处于申请量增加最快的阶段，我国聚四氟乙烯产业目前处于黄金发展阶段。日本和美国是该领域最大的专利申请国和公开国，并且在高端产品（例如高压缩比聚四氟乙烯）和最新技术（例如 PFOA 替代品领域）上都已申请了大量专利，该领域重点技术主要掌握在这两个国家手中；我国目前在该领域的专利申请量已经跃居全球第三位，但在高端产品和最新技术上的专利申请量较少，大部分集中在通用级产品。

高压缩比聚四氟乙烯分散树脂领域主要研究对聚合方法的改进，杜邦和大金的技术发展路线各有特点，我国企业申请量较少。高压缩比聚四氟乙烯分散树脂相关专利申请中有近90%都涉及对聚合方法的改进。聚合方法的改进主要涉及改性单体、改性单体加入方式、调聚剂、引发剂、引发剂加入方式和分散剂等，复合和后处理等是该领域相对较新的技术。杜邦和大金在该领域已经布局了大量的专利，但两家公司的技术发展路线各有特点，各个阶段的侧重点并不相同。我国企业进入该领域较晚，中昊晨光、东岳和三爱富都已申请了一些相关专利，但在各个改进方向上都受到杜邦和大金的制约，发展空间有限。

在全氟磺酸树脂膜领域，中国的专利申请量超过美国和日本，且我国东岳的申请

量排名第一。在全球相关专利申请中，来自中国的专利申请最多，已占到总申请量的30%，其次为美国和日本。由此可见，我国在该领域已形成了一定的技术积累，打破了国外公司对该领域的垄断；东岳的申请量也已超过旭硝子和杜邦等，位居全球第一位，在该领域形成了一定的技术优势。各国申请人侧重解决的技术问题并不相同，在解决相同技术问题时采用的手段也有所区别，这也导致了各国相关产品的性能差异。

PFOA替代品中醚类最多，各申请人研发的重点并不相同。 PFOA替代品的主要品种有：醚类；烷基、氟化烷基或烯基羧酸、磺酸、硫酸及其盐等，其中醚类占到总量的接近3/4，是该领域研究最多的品种。杜邦、大金、旭硝子和苏威的申请量排名前四，各大公司在每个时期都有自己重点研究的方向，且研究重点各不相同，都形成了自己鲜明的特色。我国的东岳、中昊晨光和巨化申请量均排进前十，已在该领域进行了大量的研究，成为该领域重要的力量。

2) 氟橡胶

日本和美国非常重视在其他国家的专利布局。 日本和美国的申请量排名前两位，并且其大部分专利技术都在主要竞争对手的国家和地区进行了布局。大金、杜邦、旭硝子和3M是该领域申请量排名前四的申请人，技术优势比较明显。

大金和杜邦的研究都集中在提高氟橡胶耐高温和机械性能上，且已在中国申请了大量专利。 大金和杜邦对技术效果改进的研究均主要集中在如何提高耐高温和机械性能上，但采用的技术手段不尽相同；并且，二者均非常重视在其他国家的布局，绝大多数专利都进行了多边申请，并把大部分专利技术在中国进行了布局。

中国与日本和美国差距明显，来自中国的申请人过于分散。 来自中国的专利申请量只占全球的大约6%，与日本和美国差距明显，并且基本都只在中国寻求专利保护；其在日本和美国的专利申请量分别只有1项和2项。在全部中国专利申请中，中国申请人的申请量只有40%左右，远远低于国外申请人的申请量。由此可以看出，我国在该领域技术较为落后，而国外公司大量的专利布局也严重制约了我国企业的发展；虽然中国企业中的中昊晨光、东岳和三爱富的申请量较大，但仍与行业巨头差距明显。

(4) 无机含氟化合物

中国已逐渐成为主力军，但申请人比较分散，国内外技术主题分布差异大。 我国无机含氟化合物相关专利申请出现较晚，但从2001年起申请量急剧增加，2011年中国专利申请量已占到全球申请量的约3/4；但中国申请人比较分散，以中小企业为主，大型企业较少。国外申请人主要关注含氟特种气体等高端精细产品，而我国申请人的研究主要涉及传统盐等低端产品。

氢氟酸技术已经比较成熟，提纯技术成为关键。 氢氟酸技术在1997～2005年已发展成熟，目前的研究热点集中在提纯技术上，但提纯技术创新难度大。杜邦、拜耳、霍尼韦尔和斯泰拉等主要申请人的申请量均不足10件。氧化提纯技术已经历四代技术，杜邦引领着第一代、第二代和第四代技术的发展，而其他公司都形成了自己的特色技术。

在六氟磷酸锂领域，中央硝子、斯泰拉等优势明显，中国的天津化工院和多氟多

发展迅速。美国在 20 世纪 60 年代就已经提出相关技术；直到 20 世纪 80 年代日本开始跟进，并迅速取得领先；2006 年之后中国相关的专利申请量快速增加，至今已位居第一位，成为该领域的主力军。中央硝子、斯泰拉、苏威、关东电化、森田化工等是申请量排名靠前的国外企业，特别是中央硝子和斯泰拉申请量远远超过其他的申请人，技术优势明显；天津化工院、多氟多、比亚迪、宏源药业等是中国申请量较大的申请人，其申请量仅次于中央硝子和斯泰拉，逐渐成为该领域研发的主力。

在氟硅酸综合利用领域，中国和俄罗斯处于领先地位，其中多氟多的申请量遥遥领先。 氟硅酸综合利用目前处于第二个快速发展阶段，中国和俄罗斯在该领域申请量排名前两位，是该领域研发的主力。来自中国的多氟多和来自俄罗斯的 KOROBITSYN 排名前两位，而多氟多的申请量更是远远超过其他申请人的申请量，在该领域形成了一定的技术优势；此外，中国的翁富和云南化工院在该领域申请量排名中也比较靠前。

森田化工在发展中注重环保，在下游产品进行其他公司合作开发。 森田化工在进入 21 世纪之后，将研发重点转向废物利用方面，环保工作成效显著；再生工艺、合成技术和下游产品是其 3 个主要研究方向，前两个主要以自主研发为主，下游产品的研发则主要依赖与其他公司的合作。

（5）杜邦

主要研究含氟聚合物和 ODS 替代品，重视在全球主要市场的专利布局。 杜邦在氟化工领域中的研究主要集中在产业链下游的含氟聚合物和 ODS 替代品上，特别是在高压缩比聚四氟乙烯、HFO-1234yf、PFOA 替代品、全氟磺酸树脂膜等高端产品上申请了大量的专利，但对无机氟化工和低端产品的研发较少。杜邦的大部分专利技术在美国、日本、德国和中国等都申请了专利，使得其已经成为目前全球氟化工领域最大的跨国公司之一。

独立研发为主，与其他公司合作开展下游研发工作。 杜邦在含氟聚合物和 ODS 替代品等的制备方法和产品方面的专利申请基本为独立研发，其独立研发的技术占到了全部专利申请量的 98% 以上；而在相关产品的组合物和应用等下游研发中，杜邦与多家公司进行了合作研发，并共同申请了多项相关专利。

重视对竞争对手专利情报的收集，一直处于行业发展的前端。 杜邦公司一直非常重视对竞争对手专利情报的收集，并能及时跟进最新技术，从而使其在氟化工领域可以一直保持领先地位；例如高压缩比聚四氟乙烯分散树脂中，当其竞争对手赫彻斯特首次提出三氟氯乙烯作为改性单体之后，杜邦公司很快就跟紧该技术的研发，并申请了相应的专利技术。同时，杜邦的研发实力很强，该领域很多技术（例如 HFO-1234yf 产品和多条技术路线）都是其首次提出的，可以说其一直处于行业发展的前端，引领着行业的发展方向。

（6）专利诉讼

世界影响着中国，中国也开始影响世界。 长久以来，我国的 ODS 替代品产业与国外有差距，更多的时候只能被动接受国外产业的影响；但 337-TA-623 以事实证明我们有能力赢得专利的纠纷，并且带动了国内 R134a 产能的提高和出口的增加，对行业的世界巨头的整合产生了较大影响。

ODS 替代品行业，国家保护主义氛围浓厚。在美国和欧洲公司的专利诉讼中，苏威在美国诉霍尼韦尔 HFC－245fa 侵权以败诉收尾，欧洲众公司在欧洲诉霍尼韦尔 HFO－1234yf 专利无效以胜利结束，阿克马在美国诉霍尼韦尔专利无效一波三折至今尚未结案。从中不难发现，企业本土作战基本不会有败绩，国家保护主义对诉讼结果影响巨大。

HFO－1234yf 的专利纠纷，比以往时候来的更早一些。我国企业遭遇"337 调查"是在 R134a 申请大潮之后的近 20 年之后；霍尼韦尔在美国遭遇苏威诉讼专利无效是在 R245fa 专利开始有大量申请的 10 年之后；而霍尼韦尔的 1234yf 专利在美国和欧洲遭遇专利纠纷的时间是从 1234yf 专利大量开始申请的 6 年之后。新一代制冷剂从研发到市场化的速度更快，而专利的纠纷也来得更早。

9.2　建议

（1）政府

1）加大对高端产品的资金和项目扶持力度，加速行业转型

氟化工产品具有广泛用途和较大市场，但我国氟化工技术与先进国家相比还有一定差距：下游产品开发不够，高端产品主要依赖进口。外国各大公司在我国已完成专利布局，仅靠企业的力量难以改变现状。需要国家和政府出台相关的行业扶持政策，加大对高端氟化工产品的研发投入和资金支持力度，在高端氟化工产品领域增加项目的设立和资金投入，争取早日在该领域取得技术突破，帮助行业转型升级，促进行业稳定可持续的发展。

以聚四氟乙烯为例，我国通用级聚四氟乙烯扩张过快，开工率较低，而高端聚四氟乙烯却主要依赖进口。这说明我国氟化工行业需要尽快实现行业转型，努力开发高端氟化工产品，使我国企业尽快从资源密集型企业向技术密集型企业转型。

2）设置专利质量考核指标，改变以量为纲的现状

目前，国家对各级政府和企业专利状况的考核基本都以专利申请量为最主要的评判标准。这促进了我国专利事业的快速发展，加强了我国申请人的专利意识，使我国的专利申请量快速增加，例如在氟化工领域，中国申请人的申请量已位居全球第三位；然而，中国申请人的专利申请的保护范围一般较窄，技术水平也比较低，保护力度非常有限，导致相关专利申请的含金量不高。因此，提升专利质量已经成为我国专利事业目前面对的重要任务。

因此，需要国家相关部门尽快制订专利质量考核规划，科学合理地设置专利考核指标，把专利质量的评价尽快纳入专利考核体系中，以促进我国专利事业的健康发展。

3）出台高端专利管理人才计划，加快高端专利人才建设

目前，我国专利方面的人才基本以国家知识产权局的工作人员和专利代理人为主，缺乏对法律、专利申请撰写、技术挖掘、专利运用和保护策略等各方面都有较深入研

究的高端专利管理人才。这已经成为制约我国氟化工等行业技术发展的一个重要原因。

我国政府应该尽快着手出台高端专利管理人才培养的五年规划，完善高端专利人才的培养和认证机制，尽快培养出一批能够熟练掌握专利运用和保护策略的高端专利人才，以促进氟化工和其他行业的快速发展。

4）加大对外申请专利的资助力度，鼓励申请人开拓海外市场

随着近年来我国氟化工行业的快速发展，来自中国的专利申请量已位居第三位，仅次于日本和美国。但美国和日本的申请人都非常重视在其他国家寻求专利保护，而我国申请人都基本只在中国申请专利，在其他国家申请专利的比例非常低，导致大批专利技术在其他国家成为供社会免费使用的技术，如此还可能给我国企业产品出口带来障碍。目前世界各国的氟化工市场发展迅速，我国企业也开始重视开拓海外市场，但开拓海外市场的同时一定要注意在其他国家进行专利布局，以免受制于人。

因此，国家应该鼓励和扶持我国申请人加快对外专利申请，加大对氟化工行业申请人向其他国家申请专利的资助力度，鼓励我国申请人尽快走出国门，努力开拓海外市场。

5）完善重大项目"知识产权评议"机制

以专利分析工作为基础的重大经济活动和科技活动知识产权评议机制开展多年，已经取得了较大的进展。但目前仍有一些地方的重大经济项目存在知识产权隐患，重大科研项目低水平重复研究，重大企业并购活动中自主知识产权流失，给国家、企业造成了重大经济损失，产生了不利影响。

在氟化工领域同样存在这样的问题。目前各地重复建设严重，各大企业的重复研究非常多。因此，急需国家在氟化工行业积极开展"知识产权评议"活动，加大对氟化工行业重大项目的"知识产权评议"工作，为各个重大项目的顺利进行保驾护航。

6）组织合作研发，集中力量研发高端产品

杜邦和森田化工等国外企业都与其他公司进行了大量的合作研发，特别是在下游应用和高端产品开发上合作研发很多，这也是其长期处于氟化工行业领先地位的一个重要原因。

但我国企业目前基本上都各自为战，很少与其他企业进行合作研发，加上我国氟化工行业目前技术本身就较为薄弱，各个企业虽然已经开发出一定的技术，但距离国际先进水平还差距甚远。特别是在高端产品上，我国企业独立开发的难度较大，需要政府引导、支持各科研院所与企业的联合以及各企业之间的联合，一起攻克高端产品的技术壁垒，从而打破国外公司在相关产品上的垄断地位，促进我国氟化工行业的发展。

（2）行业协会

1）整理出版行业技术分析和专利年报，引导企业规避侵权风险

目前氟化工行业并没有行业内的技术分析报告和专利年报等信息，使得行业内众多企业无法及时获知行业技术和专利保护动态，导致大部分企业都不能尽快获悉国外大公司新的研发方向和动态，使得我国企业技术发展上远远落后其他公司。同时，我

国企业还无法获知国外大公司在我国的专利保护现状，容易在研发和生产中出现侵权的风险。相比而言，杜邦和大金等都非常重视对竞争对手技术情报（特别是专利技术）的收集，能够非常快速地了解并跟进最新技术，并规避对手的技术陷阱。

因此，在我国企业普遍还不具备该实力的情况下，由行业协会来整理出版相关信息，使业内企业能够尽快获悉行业技术发展方向和专利保护现状，有助于业内企业调整自己的发展方向，并规避侵权的风险。

2）建立产业联盟，创建行业专利池

由于我国氟化工行业目前申请人较为分散，导致虽然来自我国申请人的申请总量已排名全球第三位，却没有形成业内真正意义上的龙头企业。我国虽然有大量专利技术，但各个申请人自己可以利用的专利技术却很少，无法充分发挥出我国近年来发展所取得的成果。在此情况下，急需行业协会出面，组织行业内申请人组建产业联盟，拿出自己的专利技术一起构建氟化工行业专利池，使得联盟内的申请人均可使用目前我国氟化工行业取得的技术成果，促进整个行业的快速发展。

3）监控并组织行业一起维护国内企业在国外的权益

目前我国氟化工企业的技术水平基本相当。当国外大公司提起对某些国内企业的"337调查"等时，不仅会影响相关国内企业的海外利益，更可能对国内整个氟化工行业的发展产生深远的影响。因此，此时非常需要行业协会能够站出来，组织业内相关行业一起应对，以尽可能地保护行业的发展。同时，我国企业对整个行业的"337调查"等信息的了解可能不足，并不能及时了解其他企业正在进行的相关调查。此时，也需要行业协会能够及时监控业内相关的调查，及时为业内其他企业提供预警信息。

例如，第9章介绍的"337调查"，虽然是针对中化集团提出的调查，但该调查结果必然会对我国整个氟化工行业的发展产生巨大的影响；此时，中国氟硅有机材料工业协会主动站出来组织大家一起应诉，就起到了较好的效果。

4）整合收集行业需求，为政府相关政策的出台提供依据

目前，行业内各个企业与政府相关部门的联系渠道较少，使得企业有很多需求都无法直接提交给国家相关部门；而国家相关部门在制订很多政策时，也非常需要业内企业的需求等信息。此时，需要行业协会组织、整合收集行业内企业的各种需求，与政府相关部门及时沟通。一方面可以尽快解决企业的需求，同时也给国家相关政策的出台提供重要的依据。

5）制订行业发展战略，指导行业发展方向

目前，氟化工行业企业众多，各地低水平重复建设严重，低端产品严重过剩，高端产品却基本依赖进口，严重制约了我国氟化工行业的发展。在这种情况下，行业协会需要结合发达国家（特别是美国和日本等氟化工行业最发达的国家）氟化工行业的发展经验，尽快制订我国氟化工行业的发展战略，指导行业的发展方向，引导业内企业尽量向正确的方向发展，为我国氟化工行业的健康发展指引方向。

(3) 企业

1) 制订企业专利保护战略，灵活运用知识产权

专利保护策略绝不仅仅是申请专利这么简单，什么技术需要申请专利保护、何时申请专利以及是否需要自行研发相关技术等都是需要深入研究的问题。因此，企业需要设置专人甚至专门的部门来负责专利保护策略的研究，及时制订企业专利保护战略。

企业首先要明确需要申请专利保护的范围和技术内容，避免将不该申请专利的技术申请了专利或者申请专利的时机出现问题。在确定要申请专利保护之后，企业还需要加大力气提高专利申请文件的撰写水平，使自己能够获得与自己贡献相符的权利保护。

同时，企业技术的发展和进步也不仅仅有自行研发这一条路可走，特别是在其他企业已经取得明显优势的领域。如果自行研发很可能需要投入极大的精力和费用，还可能无法获得想要的成果；在这种情况下，购买对方的知识产权、取得对方的实施许可或与对方合作开发相应的技术等都是企业可以采用的手段。因此，企业一定要学会灵活运用知识产权，在研发的同时还可以考虑购买、实施许可或合作开发等方式。

2) 研究对手的专利布局，寻找漏洞，确定研发方向

由于我国氟化工企业在大多数技术领域都严重落后于国外大公司，而国外公司早已在氟化工众多领域中布局了大量的专利，这给我国企业进入相应领域设置了重重障碍。因此，我国企业一定要认真分析竞争对手的专利布局情况，努力寻找其专利布局的漏洞，并借此选定突破点，确定自己的研发方向，在相应突破点上加大研发投入。

例如，可以尽早开始仿制对手专利，在对手技术的基础上进行改进研究，争取获得突破，并申请专利保护，尽力争取与对方进行交叉许可；或者可以在对方技术的下游进行研究，控制对方产品的下游，控制对方的出路，以争取与对方谈判购买/许可专利技术时的主动权。

3) 加大对外专利布局力度，重视海外市场的保护

随着我国氟化工企业近年来的快速发展，已经有越来越多的产品开始走出国门，走向全球各地的市场。但从前面的研究可知，我国申请人绝大多数专利技术都只在中国申请了专利，此时相应的技术并不能在其他国家获得保护，很可能导致自己的产品出口到其他国家或者在其他国家投资建厂时，无法保护自己的技术，严重削弱自己的技术优势，甚至可能会损失到相应的市场；或者自己的专利技术被其他申请人在相应国家申请了专利，导致自己无法进入相应的市场等等。

所以，我国企业在产品走出国门的同时，一定要重视对外专利布局工作，要坚决贯彻"专利先行"的观念，避免出现在海外市场出口或生产受限的问题。

4) 重视利用"失效专利"技术，为企业转型提供技术支撑

根据前面的研究可知，杜邦、大金、旭硝子等业内巨头都有大量的专利技术没有在我国申请专利。同时，由于发明专利的保护期限为20年，而实用新型专利的保护期限只有10年，而氟化工行业已经发展了100多年，因此氟化工行业已经有大批专利由于过了保护期限而失效。这些专利技术都是我国企业可以免费使用的"失效专利"技

术。并且，由于我国氟化工行业比较落后，这些"失效专利"中很多技术都会比我国企业目前的技术水平要高，此时更需要多多借鉴学习这些可免费使用的"失效专利"技术，节约自己的研发投入，同时为企业转型提供技术支撑。

5）改变一味追求专利数量的现状，努力提高专利质量

目前我国的专利申请量已位居氟化工全球专利申请量的第三位，但却并没有形成较多行业内领先或独创的技术，并且大部分专利申请的保护范围非常小，保护力度很弱。这些专利的申请和保护费用也给企业带来了沉重的负担。而大多数国外公司的专利申请质量明显较高，保护力度也较大，能给企业带来实实在在的保护和利益。

因此，我国企业要尽快转变一味追求申请数量的现状，努力提高专利的质量，使得专利申请能够给自己带来切实的保护和利益。

6）勇于直面专利争端，运用各种手段保护自己

目前氟化工行业已经出现了很多专利争端，但我国企业在面对专利争端时明显经验不足，经常会完全不知所措，甚至会只要国外大公司提出专利争端就直接赔钱了事。这种状况严重制约了我国氟化工行业的健康发展，给我国相关企业也带来了巨大的损失。实际上，专利争端是市场化过程中经常会出现的状况。我国企业要勇于面对相关的专利争端，采用各种手段竭尽全力保护自己的合法权益，比如首先要考虑自己是否真正侵犯了对方的专利权，再确定对方的专利权是否有效，还可以进一步考虑是否可以将对方的专利无效等。我国企业一定要学会如何面对专利争端，学会采用各种手段来保护自己的合法权益。

附　录

附表　专利申请人名称的约定

约定名称（国别）	对应的申请人名称
杜邦（美国）	纳幕尔杜邦公司
	杜邦三井氟化物有限公司
	E. I. 内穆尔杜邦公司
	杜邦高性能弹性体有限责任公司
	杜邦中国集团公司
	杜邦公司
	杜邦－三井聚合化学品株式会社
	杜邦陶氏弹性体公司
	杜邦·三井氟化学株式会社
	纳幕尔杜邦公司
	三井·杜邦氟化物株式会社
	杜邦药品公司
	杜邦－三井氟化学品有限公司
	杜邦－三井氟化物有限公司
	杜邦华佳化工有限公司
	杜邦电子科技有限公司
	DU PONT DE NEMOURS & CO E I
	DUPONT DOW ELASTOMERS LLC
	DUPONT PERFORMANCE ELASTOMERS LLC
	MITSUI DU PONT FLUOROCHEMICAL
	DUPONT DE NEMOURS & CO E I
	DU PONT MITSUI FLUOROCHEMICALS CO LTD
	DU PONT TORAY CO LTD
	DU PONT CANADA INC
	DUPONT KK

续表

约定名称（国别）	对应的申请人名称
杜邦（美国）	DU PONT DE NEMOURS & CO
	DU PONT APOLLO LTD
	DUPONT CANADA INC
	MITSUI DU PONT POLYCHEMICAL KK
	DUPO
	DU PONT PHARM CO
	DU PONT – MITSUI FLUO
	DU PONT DE NE
	DU PONT MITSUI FLUORIDE CO LTD
	DU PONT MITSUI FLUOROCHEMICAL CO LTD
	DU PONT – MITSUI FLUOROCHEM
	DUPONT DOW ELASTOMERS LLC
	DUPONT JAPAN LTD
	DUPONT MERCK PHARM CO
	DUPONT PHARM CO
	DU PONT AUSTRALIA LTD
	DU PONT CANADA CO E I
	DU PONT CANADA LTD
	DU PONT DE NEMOURS DEUT GMBH
	DU PONT CO LTD
	DU PONT DE NEMOURS E I A
	HITACHI KASEI DUPONT MICROSYSTEMS KK
	DU PONT IND
	DU PONT JAPAN LTD
	DU PONT LTD
	DU PONT MITSUI POLYCHEMICALS CO LTD
	DUPONT AIR PROD NANOMATERIALS LLC
	DUPONT CO
	DUPONT DOW ELASTOMERS
	DUPONT PHARM
	DUPONT PHOTOMASKS INC
	DUPONT TAIWAN LTD
	TORAY DUPONT KK
	DUPONT – MITSUI FULUO

续表

约定名称（国别）	对应的申请人名称
大金（日本）	大金工业株式会社
	日本大金工业株式会社
	大金欧洲公司
	DAIKIN KOGYO KK
	DAIKIN IND LTD
	DAIK
	DAIKIN IND INC
	DAIKIN IND LTD
	DAIKIN KOGYO KK
	DAIDO KASEI KOGYO KK
	DAIKIN INDS KK
	DAIKIN CO LTD
	DAIKIN INC LTD
	DAIKIN IND BUILDING
	DAIKIN INDUSTRIES LTD
	DAIKIN KOGYO KK AND KANSA
	DAIKIN KOGYO KK AND KANSI
	DAIKIN KOGYOO KK
	DAIKIN EURO NV
	DAIKON KOGYO CO
旭硝子（日本）	旭硝子株式会社
	旭硝子氟树脂有限公司
	ASAHI GLASS CO LTD
	ASAHI GLASS COAT & RESIN KK
	ASAHI GLASS FLUORO – POLYMERS USA INC
	ASAHI GLASS MATEX CO LTD
	AG TECHNOLOGY KK
	ASAHI GLASS FLUORO – POLYMERS KK
	ASAHI GLASS GREENTECH KK
	ASAHI – ICI FLUOROPOLYMERS KK
	AG TECHNOLOGY CO LTD
	ASAG
	SAHI GLASS COAT RESIN
	ASAHI GLASS ENG KK
	ASAHI GLASS GREEN – TECH CO LTD

续表

约定名称（国别）	对应的申请人名称
阿克马（法国）	阿克马法国公司
	阿科玛股份有限公司
	埃勒夫阿托化学有限公司
	阿托菲纳公司
	阿托化学公司
	阿托费纳化学股份有限公司
	埃尔夫阿托化学有限公司
	阿克马公司
	阿肯马法国公司
	阿科玛法国公司
	法国阿科玛公司
	阿肯马公司
	阿托菲纳研究公司
	阿托特希德国有限公司
	三星阿托菲纳株式会社
	阿克马股份有限公司
	埃勒阿托化学有限公司
	ARKEMA FRANCE
	ARKEMA INC
	ELF ATOCHEM SA
	ELF ATOCHEM SA
	ATOFINA
	ARKEMA
	ATOFINA CHEM INC
	ATOCHEM NORTH AMERICA INC
	ELF ATOCHEM NORTH AMERICA INC
	ELF ATOCHEM JAPAN KK
	ATO CHIMIE
	ARKEMA SA
	ATOTECH DEUT GMBH
	SOC ATOCHEM

续表

约定名称（国别）	对应的申请人名称
阿克马（法国）	ARKEMA FRANCE SA
	AQUITAINE TOTAL ORGANICO SA
	ATOFINA RES
	ATOFINA SA
	ATOFINA CHEM CORP
	ELF ATOCHEM NA INC
	ATO FINA CHEM INC
	ATOCHEM AMERICA
	ATOCHEM DEUT GMBH
	ATOCHEM NORTH AMERICA
	ATOCHEM SENSORS LTD
	ATOFINA CHEM CO LTD
	ELF ATOC
	ELF ATOCHEM
	ELF ATOCHEM CO LTD
	ATOCHEM
3M（美国）	美国3M公司
	3M创新有限公司
	德弘公司
	3M INNOVATIVE PROPERTIES CO
	MINNESOTA MINING & MFG CO
	3M INNOVATIVE PROPERTIES
	MINNESOTA MINING CO
	MINNESOTA MINING AND MFG
	3M INNOVATION CO LTD
	MINNESOTA MINING AND MANU
	MINNESOTA MINING AND MANUFACTURING C
	MINNESOTA MINING AND MFG CO
	SUMITOMO 3M KK
	3M CHEM
	3M INNOVATIVE CO

续表

约定名称（国别）	对应的申请人名称
3M（美国）	3M INNOVATIVE PROPERTIES CORP
	MINESOTA MINING AND MANUF
	3M INNOVATIVE INC
	IMATION CORP
	MINN
	SUMITOMO THREE M KK
	MINNESOTA MINING AND M F
	MINNESOTA MINING AND MANF CO
	MINNESOTA MINING AND MFR CO
	MINNESOTA MINING AND MFRG CO
	DYNEON LLC
苏威（比利时）	苏威氟有限公司
	索尔维公司
	索尔维索莱克西斯公司
	索尔维特殊聚合物意大利有限公司
	索维索莱克西斯公开有限公司
	索尔微氟及衍生物有限公司
	索维公司
	索维高级聚合物股份有限公司
	索尔韦公司
	索尔维聚烯烃欧洲－比利时公司
	索尔维索莱克西斯有限公司
	索尔维先进聚合物有限责任公司
	奥西蒙特公司
	奥西蒙特股份有限公司
	AUSIMONT SPA
	AUSIMONT USA INC
	AUSIMONT CO
	AUSIMONT
	AUSIMONT KK
	SOLVAY SOLEXIS SPA

续表

约定名称（国别）	对应的申请人名称
苏威（比利时）	SOLVAY & CIE
	SOLVAY SA
	SOLVAY SPECIALTY POLYMERS ITALY SPA
	SOLVAY FLUOR & DERIVATE GMBH
	SOLVAY FLUOR GMBH
	SOLVAY SOLEXIS SPA
	SOLVAY ADVANCED POLYMERS LLC
	SOLVAY SOLEXIS INC
	SOLVAY ADVANCED POLYMER INC
	SOLVAY BELGE SA
	SOLVAY FLUOR & DERIVATE
	DEUT SOLVAY – WERKE GMBH
	SOLCHEM CO LTD
	SOLVAY INTEROX LTD
	SOLVAY AUTOMOTIVE INC
	SOLVAY DEUT GMBH
	SOLVAY INTEROX GMBH
	SOLVAY POLYOLEFINS EURO BELGIUM
	SOLVAY SPECIALTY POLYMERS USA LLC
戈尔（美国）	戈尔企业控股股份有限公司
	W.L·戈尔及同仁股份有限公司
	W.L·戈尔有限公司
	日本奥亚特克斯股份有限公司
	日本戈尔–得克斯股份有限公司
	日本戈尔有限公司
	W.L·戈尔及合伙人有限公司
	日本戈尔–特克斯株式会社
	GORE & ASSOC INC W L
	GORE ENTERPRISE HOLDINGS INC
	GORE & ASSOC GMBH W L
	GORE & ASSOC INC W L

续表

约定名称（国别）	对应的申请人名称
戈尔（美国）	GORE&ASSOC CO LTD W L
	GORE & ASSOC UK LTD W L
	GORE ENTERPRISE HOLDINGS
	GORE & CO GMBH W L
	GORE & ASSOC SRL W L
	GORE & ASSOC W L
	GORE & ASSOC SARL W L
	GORE（WL）
	GORE ENTERPRISE
	GORE & ASSOC INC
	GORE & ASSOC KOREA LTD W L
	GORE ENTERPRISE HOLDING
	GORE ENTERPRISE HOLDING INC
	GORE W L & ASSOC
	GORE W L & CO
墨西哥化学（墨西哥）	墨西哥化学公司
	墨西哥化学阿玛科股份有限公司
	英尼奥斯弗罗控股有限公司
	帝国化学工业公司
	IMPERIAL CHEM IND LTD
	IMPERIAL CHEM IND PLC
	IMPERIAL CHEM HOUSE
	INEOS FLUOR HOLDINGS LTD
	MEXICHEM AMANCO HOLDING SA DE CV
	HUNTSMAN ICI CHEM LLC
	INEOS FLUOR HOLDINGS LTD
	INEOS FLUOR HOLDING CO LTD
	INEOS SILICAS LTD
	INEOS EURO LTD
	INEOS FLUOR R T & E
	INEOS MFG DEUT GMBH
	MEXICHEM AMANCO HOLDING CAPITAL VARIABLE SA
	MEXICHEM AMANCO HOLDING SA DE

续表

约定名称（国别）	对应的申请人名称
霍尼韦尔（美国）	霍尼韦尔国际公司
	霍尼韦尔（中国）有限公司
	联合信号公司
	联合信号股份有限公司
	联合讯号公司
	联合讯号有限公司
	联合公司
	HONEYWELL INC
	HONEYWELL INT INC
	ALLIED – SIGNAL INC
	ALLIED CHEM CORP
	ALLIED CORP
	HONEYWELL INT
	HONEYWELL CORP
	HONEYWELL FEDERAL MFG&TECHNOLOGIES LLC
	ALLIED – SIGNAL AEROS
	HONDA GIKEN KOGYO KK
	HONEYWELL AG
	HONEYWELL ANALYTICS LTD
	HONEYWELL BREMSBELAG GMBH
	HONEYWELL INT BUSINESS MACHINES
	HONEYWELL INTELLECTUAL PROPERTIES INC
	HONEYWELL SPECIALITY CHEM SEELZE GMBH
	HONEYWELL CHINA CO LTD
拜耳（德国）	拜尔公司
	拜尔材料科学股份公司
	拜尔材料科学有限公司
	拜尔农作物科学股份公司
	拜尔材料科学有限责任公司
	拜耳先灵医药股份有限公司
	拜尔作物科学股份有限公司

续表

约定名称（国别）	对应的申请人名称
拜耳（德国）	拜耳知识产权有限责任公司
	拜尔健康护理有限责任公司
	拜尔安特卫普有限公司
	BAYER AG
	BAYER MATERIALSCIENCE AG
	BAYER CORP
	BAYER MATERIALSCIENCE LLC
	FARBENFAB BAYER AG
	BAYER INTELLECTUAL PROPERTY GMBH
	BAYER CROPSCIENCE AG
	BAYER CHEM AG
	BAYER PHARMA AG
	SUMITOMO BAYER URETHANE CO
	BAYER HEALTHCARE LLC
	BAYER MATERIAL SCI LLC
	BAYER TECHNOLOGY SERVICES GMBH
	BAYER ANTWERPEN NV
	BAYER CROPSCIENCE LP
	BAYER CROPSCIENCE SA
	BAYER CROPSCIENCE KK
	BAYER CONSUMER CARE AG
	BAYER DIAGNOSTIC & ELECTRONIC
	BAYER FASER GMBH
	BAYER KK
	BAYER POLYMERS LLC
	BAYER RUBBER INC
	BAYER SCHERING PHARMA AG
	BAYER CROPSCIENCE GMBH
中央硝子（日本）	中央硝子株式会社
	CENTRAL GLASS
	CENTRAL GLASS CO LTD

续表

约定名称（国别）	对应的申请人名称
信越化学（日本）	信越化学工业株式会社
	信越聚合物株式会社
	信越高分子材料株式会社
	SHINETSU CHEM IND CO LTD
	SHINETSU CHEM CO LTD
	SHINETSU CHEM IND CO L
	SHIN
	SHIN – ETSU CHEM CO
	SHINETSU CHEM CO LTD
	SHINETSU CHEM IND CO LTD
	SHINETSU CHEM IN
陶氏（美国）	陶氏环球技术有限责任公司
	陶氏环球技术公司
	陶氏化学公司
	DOW CHEM CO
	DOW GLOBAL TECHNOLOGIES INC
	SUMITOMO DOW LTD
	DOW GLOBAL TECHNOLOGIES LLC
	SUMITOMO DOW KK
	DOW AGROSCIENCES LLC
	DOW
	DOW BRASIL SA
	DOW CHEM CANADA LTD
	DOW DANMARK AS
	DOW CHEM GMBH
	DOW GLOBAL TECHNOLOGIES
	DOW REICHHOLD SPECIALTY LATEX LLC
	DOW CHEM NIPPON KK
旭化成（日本）	旭化成化学株式会社
	旭化成株式会社
	旭化成制药株式会社

续表

约定名称（国别）	对应的申请人名称
旭化成（日本）	旭化成工业株式会社
	旭化成电子材料株式会社
	ASAHI CHEM IND CO LTD
	ASAHI KASEI KOGYO KK
	ASAHI KASEI KK
	ASAHI CHEM CORP
	ASAHI KASEI E – MATERIALS KK
	ASAHI KASEI CHEM CORP
	ASAHI GLASS CO LTD
	ASAHI KASEI ELECTRONICS CO LTD
	ASAHI KASEI E MATERIALS CORP
	ASAHI KASEI KK
	ASAHI KASEI E – MATERIALS CORP
	ASAHI GLASS FLUORO – POLYMERS KK
	ASAHI KASEI KENZAI KK
	ASAHI KAGAKU KOGYO KK
	ASAHI RUBBER KK
NOK（日本）	NOK 株式会社
	NOK 克鲁勃株式会社
	NOK CORP
	NOK KLUEBER CO LTD
	NOK KLUEBER CO LTD
	NOK KLUEBER KK
	NOK MEGULASTIK CO LTD
JSR（日本）	JSR 株式会社
	捷时雅株式会社
	捷时雅股份有限公司
	JSR CORP
	JAPAN SYNTHETIC RUBBER CO LTD
	JSR CO LTD
	JSR MICRO INC

续表

约定名称（国别）	对应的申请人名称
斯泰拉（日本）	斯泰拉化工公司
	桥本工业株式会社
	HASHIMOTO KASEI KK
	HASHIMOTO KASEI KOGYO KK
	HASHIMOTO CHEM CO LTD
	STELLA CHEMIFA CORP
布斯（瑞士）	巴斯股份公司
	布斯股份公司
	BUSS
	BUSS AG
	BUSS CHEMTECH AG
VEB（德国）	VEB CHEMIEWERK NUENCHRITZ
	VEB FLUOWERKE DOHNA
	VEB CHEMIEW COSWIG
联合碳塑（美国）	联合碳化化学及塑料技术公司
	UNION CARBIDE CORP
	UNION CARBIDE CHEM & PLASTICS
	UNION CARBIDE CHEM
	UNION CARBIDE CANADA LTD
	UNION CARBIDE CHEM & PLASTICS TECHNOLOGY
	UNION CARBIDE CHEM & PLASTICS CO INC
	UNION CARBIDE CORPN
出光兴产（日本）	出光兴产株式会社
	IDEMITSU KOSAN CO LTD
多氟多（中国）	多氟多化工股份有限公司
	焦作市多氟多化工有限公司
东岳（中国）	山东东岳化工有限公司
	山东东岳高分子材料有限公司
	山东东岳神州新材料有限公司

续表

约定名称（国别）	对应的申请人名称
巨化（中国）	浙江巨化股份有限公司
	巨化集团公司
	浙江衢化氟化学有限公司
	巨化集团技术中心
中化蓝天（中国）	中化蓝天集团有限公司
	浙江蓝天环保高科技股份有限公司
	中化近代环保化工（西安）有限公司
中化集团（中国）	中化宁波（集团）有限公司
	中化环保化工（太仓）有限公司
	上海三爱富新材料股份有限公司
三爱富（中国）	常熟三爱富中昊化工新材料有限公司
	常熟三爱富氟化工有限责任公司
	常熟三爱富氟化工有限责任公司
日东电工（日本）	日东电工株式会社
	NITTO DENKO CORP
	NITTO ELECTRIC IND CO
	NITTO DENKO CORP
	NITTO TECHNOS KK
	NITTO EURO NV
	NITTO ELECTRIC WORKS LTD
佳能（日本）	佳能株式会社
	CANON KK
	CANON KASEI KK
	CANON CAMERA CO
	CANON HANBAI KK
	CANON APTEX KK
三星（韩国）	三星阿托菲纳株式会社
	三星 SDI 株式会社
	三星电子株式会社
	SAMSUNG ELECTRONICS CO LTD
	SAMSUNG DENKAN KK

续表

约定名称（国别）	对应的申请人名称
三星（韩国）	SAMSUNG SDI CO LTD
	SAMSUNG ELECTRO – MECHANICS CO
	SAMSUNG MOBILE DISPLAY CO LTD
	SAMSUNG HEAVY IND CO LTD
	SAMSUNG DISPLAY DEVICES CO LTD
	SAMSUNG ELECTRICS CO LTD
	SAMSUNG GWANGJU ELECTRONICS CO LTD
	SAMSUNG ELECTRO MECHANICS CO LTD
	SAMSUNG GEN CHEM CO LTD
	SAMSUNG FINE CHEM CO LTD
富士胶片（日本）	富士胶片株式会社
	FUJI PHOTO FILM CO LTD
	FUJI FILM CO LTD
	FUJI FILM CORP
	FUJIFILM MFG EURO BV
	FUJIFILM ELECTRONIC MATERIALS CO LTD
	FUJIFILM DIMATIX INC
	FUJI PHOTO FILM BV
	FUJI FILM MFG EURO BV
三井东压（日本）	三井东亚化学株式会社
	三井东压化学有限公司
	MITSUI CHEM INC
中昊晨光（中国）	中昊晨光化工研究院
	中昊晨光化工研究院有限公司
松下电器（日本）	松下电器产业株式会社
	松下冷机株式会社
	MATSUSHITA DENKI SANGYO KK
	MATSUSHITA ELEC IND CO LTD
	PANASONIC CORP
	MATSUSHITA ELECTRIC IND CO LTD
	MATSUSHITA REIKI KK

续表

约定名称（国别）	对应的申请人名称
松下电器（日本）	MATSUSHITA ELEC IND KK
	MATSUSHITA ELEC IND CO LTD
	MATSUSHITA ELECTRIC WORKS LTD
	PANAC KK
	PANASONIC ELECTRIC WORKS CO LTD
三洋电机（日本）	三洋电机株式会社
	三洋杰士电池有限公司
	SANYO ELECTRIC CO LTD
	SANYO ELECTRIC CO
	SANKYO CO LTD
	SANYO DENKI KK
	SANYO EXCELL CO LTD
	SANYO DENKI KUCHO KK
	SANYO DENKI KUCHO KK
	SANYO AIR CONDITIONERS KK
日本三电（日本）	三电有限公司
	SANDEN CO LTD
	SANDEN CORP
	SANKYO ELECTRIC CO
	SANKYO DENKI CO LTD
三菱电机（日本）	三菱电机株式会社
	MITSUBISHI ELECTRIC CORP
	MITSUBISHI DENKI KK
	MITSUBISHI DENKI HOME KIKI KK
	MITSUBISHI DENKI HOME KI
	MITSUBISHI OIL CO
	MITSUBISHI DENKI BUIL TECHNO SERVICE KK
新日本石油（日本）	新日本石油株式会社
	NIPPON OIL CO LTD
	NIPPON OIL KK
	NIPPON MITSUBISHI OIL CORP

续表

约定名称（国别）	对应的申请人名称
新日本石油（日本）	JX NIPPON OIL&ENERGY CORP
	NIPPON OIL SEAL IND CO
	NIPPON OIL CORP
	NIPPON OIL SEAL IND CO LTD
	NIPPON OIL SEAL
法雷奥（法国）	法雷奥热系统公司
	VALEO SYSTEMES THERMIQUES
	VALEO
	VALEO SYSTEMES THERMIQUES BRANCHE THERMI
	VALEO SYSTEMES THERMIQUE
	VALEO SYSTEMES ESSUYAGE SA
	VALEO CLIMATISATION
	VALEO AUTO – ELECTRIC WISCHER & MOTOREN GM
	VALOSIS SAS
	VALEO SYSTEMES THERMIQUES SAS
	VALEO SCHALTER & SENSOREN GMBH
	VALEO JAPAN CO LTD
	VALEO COMPRESSOR EURO GMBH
	VALEO CLIMATISATION SA
三美化工（中国）	浙江三美化工有限公司
	浙江三美化工股份有限公司
中科制冷（中国）	深圳市中科制冷设备有限公司
赫彻斯特（美国）	赫彻斯特股份公司
	德国赫彻斯特研究技术两合公司
	HOECHST AG
	HOECHST CELANESE CORP
	HOECHST GOSEI KK
滕索利特（美国）	滕索利特公司
	TENSOLITE CO
	TENSOLITE INSULATED WIRE CO
中国科学院大连化物所	中国科学院大连化学物理研究所

续表

约定名称（国别）	对应的申请人名称
新源动力（中国）	新源动力股份有限公司
	上海新源动力股份有限公司
	江苏新源动力股份有限公司
优迈特（日本）	优迈特株式会社
	UNIMATEC CO LTD
	UNIMATEC KK
昭和电工（日本）	昭和电工株式会社
	SHOWA DENKO KK
	SHOWA ENG KK
	SHOWA NISHIKAWA KK
三井化学（日本）	三井化学株式会社
	MIT SUI CHEM INC
天津泰源（中国）	天津市泰源工业气体有限公司
天津泰亨（中国）	天津市泰亨气体有限公司
天津泰旭（中国）	天津市泰旭物流有限公司
东芝（日本）	株式会社东芝
	东芝株式会社
	东芝开利株式会社
	TOSHIBA KK
	TOKYO SHIBAURA ELECTRIC CO
	TOKYO SHIBAURA DENKI KK
	TOSHIBA LIGHTECH KK
	TOSHIBA BATTERY CO LTD
	TOSHIBA CORP
	TOSHIBA HOME TECHNO KK
	TOSHIBA CARRIER KK
	TOSHIBA DENSHI ENG KK
	TOSHIBA INT FUEL CELLS KK
丰田（日本）	丰田自动车株式会社
	株式会社丰田自动织机
	丰田通商株式会社
	丰田北美设计生产公司
	TOYOTA JIDOSHA KK
	TOYOTA MOTOR ENG&MFG NORTH AMERICA INC
	TOYOTA BOSHOKU KK
	TOYOTA AUTOCAR LTD
梅兰化工（中国）	江苏梅兰化工有限公司

热销丛书推荐

《**企业专利工作实务手册**》

作者：杨铁军（主编）

出版时间：2013年1月

定价：68元

内容简介：本书旨在为企业提供一整套指导性和操作性较强的模块化专利工作管理实务解决方案。

《**专利分析实务手册**》

作者：杨铁军（主编）

出版时间：2012年10月

定价：46元

内容简介：本手册以专利分析操作流程为主线，梳理了一套完整的专利分析实务操作流程，并对流程中各环节的操作方法、质量要求、使用工具、操作技巧、注意事项等结合案例进行具体说明和详细解析。

《**产业专利分析报告**》（第1册）

作者：杨铁军（主编）

出版时间：2011年9月

定价：50元

内容简介：本书包括了薄膜太阳能电池、等离子体刻蚀机、生物芯片等三个行业的专利分析报告。

《**产业专利分析报告**》（第2册）

作者：杨铁军（主编）

出版时间：2011年9月

定价：36元

内容简介：本书包括了基因工程多肽药物、环保农药两个行业的专利分析报告。

《产业专利分析报告》（第 3 册）

作者：杨铁军（主编）

出版时间：2012 年 3 月

定价：88 元（附光盘）

内容简介：本书包括了切削加工刀具、煤矿机械、燃煤锅炉燃烧设备等三个行业的专利分析报告。

《产业专利分析报告》（第 4 册）

作者：杨铁军（主编）

出版时间：2012 年 3 月

定价：82 元（附光盘）

内容简介：本书包括了有机发光二极管、光通信网络、通信用光器件等三个行业的专利分析报告。

《产业专利分析报告》（第 5 册）

作者：杨铁军（主编）

出版时间：2012 年 3 月

定价：42 元（附光盘）

内容简介：本书包括了智能手机、立体影像两个行业的专利分析报告。

《产业专利分析报告》（第 6 册）

作者：杨铁军（主编）

出版时间：2012 年 3 月

定价：42 元（附光盘）

内容简介：本书包括了乳制品、生物医用天然多糖两个行业的专利分析报告。

《产业专利分析报告》（第7册）
作者： 杨铁军（主编）
出版时间： 2013年3月
定价： 66元
内容简介： 本书为农业机械行业的专利分析报告。

《产业专利分析报告》（第8册）
作者： 杨铁军（主编）
出版时间： 2013年3月
定价： 46元
内容简介： 本书为液体灌装机械行业的专利分析报告。

《产业专利分析报告》（第9册）
作者： 杨铁军（主编）
出版时间： 2013年3月
定价： 46元
内容简介： 本书为汽车碰撞安全行业的专利分析报告。

《产业专利分析报告》（第10册）
作者： 杨铁军（主编）
出版时间： 2013年3月
定价： 46元
内容简介： 本书为功率半导体器件行业的专利分析报告。

《产业专利分析报告》（第11册）
作者： 杨铁军（主编）
出版时间： 2013年3月
定价： 54元
内容简介： 本书为短距离无线通信行业的专利分析报告。

《产业专利分析报告》（第 12 册）
作者： 杨铁军（主编）
出版时间： 2013 年 3 月
定价： 64 元
内容简介： 本书为液晶显示行业的专利分析报告。

《产业专利分析报告》（第 13 册）
作者： 杨铁军（主编）
出版时间： 2013 年 3 月
定价： 56 元
内容简介： 本书为智能电视行业的专利分析报告。

《产业专利分析报告》（第 14 册）
作者： 杨铁军（主编）
出版时间： 2013 年 3 月
定价： 60 元
内容简介： 本书为高性能纤维行业的专利分析报告。

《产业专利分析报告》（第 15 册）
作者： 杨铁军（主编）
出版时间： 2013 年 3 月
定价： 46 元
内容简介： 本书为高性能橡胶行业的专利分析报告。

《产业专利分析报告》（第 16 册）
作者： 杨铁军（主编）
出版时间： 2013 年 3 月
定价： 54 元
内容简介： 本书为食用油脂行业的专利分析报告。